普通高等教育"十三五"力学规划系列教材
普通高等教育"十一五"国家级规划教材

理论力学

（第二版）

华中科技大学理论力学教研室编

U0362853

华中科技大学出版社
中国·武汉

内 容 介 绍

本书共 12 章和 6 个专题。第 1 章至第 4 章为静力学内容，主要介绍各种常见约束的约束力特征，各种平面力系的特征、简化和平衡。第 5 章至第 7 章为运动学内容，主要介绍点运动的基本特征和基本计算方法、刚体的基本运动分析方法、点的合成运动分析方法、刚体平面运动分析方法。第 8 章至第 12 章为动力学内容，主要介绍动力学三大普遍定理及其综合应用、达朗贝尔原理、虚位移原理、动力学普遍方程和第二类拉格朗日方程。大多数工程类专业根据专业特点学习前 11 章或前 12 章即可。专题部分包括在极坐标、柱坐标和球坐标下点的合成运动，质点相对运动动力学，空间运动刚体的相对运动动量矩定理及陀螺运动，空间运动刚体的动能，平衡稳定性判别的基本方法，第一类拉格朗日方程。

本书可以作为高等院校工科力学专业和工程类各专业的理论力学教材，各专业可以根据需要选学全部或部分内容；也可供有关工程技术人员参考。

图书在版编目（CIP）数据

理论力学/华中科技大学理论力学教研室编. —2 版. —武汉：华中科技大学出版社，2018.8
（2024.8 重印）
普通高等教育"十三五"力学规划系列教材　普通高等教育"十一五"国家级规划教材
ISBN 978-7-5680-4142-3

Ⅰ.①理…　Ⅱ.①华…　Ⅲ.①理论力学-高等学校-教材　Ⅳ.①O31

中国版本图书馆 CIP 数据核字（2018）第 193073 号

理论力学（第二版）　　　　　　　　　　　　华中科技大学理论力学教研室　编
Lilun Lixue(Di-er Ban)

策划编辑：万亚军
责任编辑：程　青
封面设计：刘　婷
责任监印：周治超
出版发行：华中科技大学出版社（中国·武汉）　　　电话：(027)81321913
　　　　　武汉市东湖新技术开发区华工科技园　　　邮编：430223
录　　排：武汉市洪山区佳年华文印部
印　　刷：武汉市洪林印务有限公司
开　　本：710mm×1000mm　1/16
印　　张：28.75
字　　数：572 千字
版　　次：2024 年 8 月第 2 版第 5 次印刷
定　　价：68.00 元

前　　言

　　根据世界高等教育与历次产业革命互动的规律,面向未来技术和产业发展的新趋势和新要求,在总结科学范式、技术范式、工程范式经验的基础上,需要探索建立新工科范式。以应对变化、塑造未来为指引,以继承与创新、交叉与融合、协同与共享为主要途径,深入开展新工科研究与实践,推动思想创新、机制创新、模式创新,探索实施工程教育人才培养的"新模式",打造具有国际竞争力的工程教育"新质量",建立完善中国特色工程教育的"新体系",从而实现我国从工程教育大国走向工程教育强国,这是我国高校加快改造传统工科、建设和发展新工科的要求。

　　理论力学是机械、能源、动力、交通、土木、航空航天、力学等专业的一门重要基础课程,一些从这些传统工科专业中孕育出来的新工科专业仍必须学习该课程。对继承与创新能力的培养是新工科的灵魂。新的力学原理大多是在继承先前力学原理基础上创新出现的。为了简化复杂问题的分析而出现的新的力学原理非常明显地体现了继承与创新的特征,该课程正是在继承与创新中建立了力学理论的科学范式,适合学生创新能力的培养。历次产业革命表明,工程改变世界。面对复杂多样的工程问题,研究有规律的工程范式可有效提高生产效率。理论力学是研究机械运动一般规律性的学科,研究力学问题规律性的分析方法,必然蕴含着研究复杂工程问题的规律性分析方法,适合培养学生解决复杂工程问题的工程范式能力。该课程所介绍的力学原理,都是由人类杰出的科学家发现和创立的,在学习力学原理过程中所涉及的哲学思想和科学家的研究经历,是对学生进行人文教育的一个良好载体。力学是工程学重要的基础学科,理论力学又是工程类专业学习力学知识最先了解的基础课程。基于上述特点,该课程一方面可解决实际问题,并为后续专业课程打基础。另一方面,有助于培养学生对物理世界客观规律内在联系的洞察力,从而为研究新的问题、提出创新性思想和理论打下基础,实现新形势下所要求的科学基础厚、工程能力强、综合素质高的人才培养目标。

　　本书是根据国家力学类专业教学指导分委员会提出的工科理论力学教学大纲并结合新工科所要求的科学基础厚、工程能力强等人才培养目标而编写的。在体系上,仍然采用了静力学、运动学和动力学三大模块的传统格局,实践证明,采用这种体系来编写理论力学教材和进行课堂教学是科学的、有效的。理论力学既强调基础理论(如通过引入公理和以此为基础开展数学推导建立力学理论),又强调工程应用(即如何应用力学理论对各种各样的工程问题进行分析计算和设计)。由于理论力学教材不仅仅面向力学专业学生,更多的是面向工程类专业的学生和读者,故本书加强了对典型问题规律性分析方法的研究和对工程问题的工程范式分析方法的介绍。针对工程类学生和读者的知识结构及后续专业课对该课程的主干知识的需求特点,本教材在前面 12 章除了介绍空间静力学外,重点介绍平面(静力学、运动学和动力学)理论。根据平面问题的特点,介绍易于理解的理论体系和分析方法,侧重于帮助读者理解力学原理的物理意义和如何应用力学理论解决各自领域面临的工程问题。专题部分针对空间运动学和动力学以及复杂动力学问题,运用解析几何的矢量运算来进行数学表征和公式推导。对数理基础要求较高的力学等多学时专业的学生,在掌握前面 12 章的平面问题的力学原理和分析方法基础上,重点关注空间运动与平面运动的不同之处,再开始学习专题。这样的内容安排符合由简单到复杂的循序渐进的认知规律。此外,在许多理论力学教材中,有关于机械振动基础的内容,本书没有编入这些内容,主要原因是考虑到目前理论力学课程的教学课时较少,没有时间讲授这方面的内容,而需要学习这方面知识的专业又有专门的振动理论课程。

相比于其他同类教材,本书主要特点如下。

(1) 理论与分析方法并重。该课程的典型力学问题的多种分析方法中蕴含着深刻而丰富的哲学思想和科学的研究方法,本书增加了对典型问题的多种分析方法的比较和剖析,有助于读者深刻了解各力学原理的内在联系及其优缺点,掌握理论力学发展的内在驱动力和脉络,培养独立思考和创新思维能力。

读者在"大学物理"中已学过的部分力学知识注重力学原理本身,较少研究如何应用这些原理分析复杂的工程问题。物理系的理论力学,主要是分析力学,包括拉格朗日力学和哈密顿力学以及一些专题内容。物理系的理论力学为学习电动力学、量子力学打下了基础。本书更多的是面向机械、船舶、航空航天等工程类专业的学生,而工程类专业的理论力学不仅注重力学体系,还要培养学生应用力学原理分析工程中所面临的各种复杂问题的能力,因此也注重追求高效、有规律的工程范式的分析方法,提高学生分析工程问题的能力。

理论力学在不断克服现有力学分析方法在分析某些典型力学问题时存在的不足,追求新的分析方法,是在"否定之否定"中建立起来的。对于理论力学,揭示力学原理在分析问题的缺点时,典型例题是新工科所期望的培养继承与创新能力的一个很好的载体。理论力学发展到分析力学的目标就是建立范式的统一分析方法,本书就是以对典型例题的多种分析方法的研究为主线,围绕该主线展开并逐步深入来安排学习内容的,主要采用启发式编写方式。即介绍新的力学理论之前,先给出典型例题,使读者发现目前所学理论在分析该问题时的不足,然后再对典型问题的多种解法进行比较和剖析,启发式地引入新的理论,从而培养学生发现问题和自主探索的能力。比如,在介绍动力学多种力学原理时,针对同一道例题,先介绍利用动量定理、动量矩定理的分析方法;然后,启发读者发现其需要引入刚体间作用力而导致计算量大的缺点,再针对同一例题启发读者借助数学点积思想来避免引入与速度方向垂直的法向力,从而引入功率方程的分析方法来克服动量定理、动量矩定理的缺点;接着对该题稍做改动,将功率方程只能求单自由度系统中做功力的缺点通过例题暴露出来,启发读者思考哲学上动、静相互转化的思想,为克服其不足而引入动静法;再对该例题稍做改动,揭示动静法仍无法完全克服不引入任何不待求未知力的不足,启发学生再次反思动、静相互转化的哲学原理,通过功率方程求解静力学问题而引入虚功原理;之后通过例题揭示虚功原理的优缺点,再次启发读者反思动、静相互统一的哲学原理,引导读者将虚功原理和动静法结合统一起来而发现动力学普遍方程,从而实现完全不引入任何不待求未知力;最后针对动力学普遍方程需要补充复杂的运动学加速度关系方程,启发读者用所学的线性代数中的基坐标思想,发现不需补充运动学加速度关系的拉格朗日方程。如此步步深入来介绍动力学理论。

此外,本书所介绍的力学原理对人类文明进步产生了巨大的影响,是科学巨匠的创新能力的展现和结晶,一些伟大的哲学思想也与该课程的力学原理息息相关。该课程典型问题的多种分析方法中蕴含着深刻而丰富的哲学思想和科学的研究方法,故本书加强了对分析方法的研究,尽量揭示其所蕴含的哲学原理和辩证的分析方法,使读者能以例题为载体,深刻体会科学巨匠如何取得突破,同时在潜移默化的学习中培养科学的世界观和方法论,提高人文素养,提高创新思维能力。

本书理论与分析方法并重,但相对于其他传统理论力学教材,本书加强了分析方法上的介绍。

(2) 偏重于介绍同一性的求解方法,加强工程范式能力的培养。

本课程基于数学演绎(主要是对时间求导)得到简单的定理和公式,其目的就是针对各种复杂的机械运动,可以直接应用这些结论,避免每次进行机械运动的分析时又重复烦琐、复杂的数学演绎。对于工程类专业的读者,在掌握定理的同时,更重要的是学会针对各种各样的复杂机械系统运用合适的定理的分析能力。与大多数课程不同,本课程一个显著特点是分析方法灵活多样,一道题一般都有多种解法。虽然可以"条条大路通罗马",但因为可选择的途径太多,分析时有时像进入了迷宫,绕来绕去,不知下一步路如何走,甚至回到同一点。更困难的是对于复杂题目,往往需要列出多个联立方程才能求解。但同时应用多个定理解题时,容易列出相关的方程,而它们的相关性有时很难看出来,未列出该列的方程,或列的方程数目过多,使解题困难。一些读者感到理论力学比较灵活,难以掌握。比如用功率方程和动静法列出的方程表面上不同,有时本质上是相关的,一些读者会感到困惑,因为有些教科书上并未直接说明功率方程可由动静法推导得到,功率方程本质上也是一个力/力矩方程。鉴于此,对于主要关注应用力学原理解决工程问题的工程类专业学生来说,面对各种各样的复杂机械系统,其追求分析方法的同一性的愿望,可能更为强烈。

　　本书以典型例题为载体,在一题多解的剖析中,偏重引导读者追求同一性的求解方法。理论力学所研究的客观物理世界具备多样性和同一性,为追求解题方法的同一性提供了可能。此外,从理论力学发展到分析力学,其目标就是建立范式的统一分析方法,本书也偏重于介绍同一性的求解方法,故在每一章,通过对典型例题的不同方法的剖析,引导读者归纳总结出一般规律性的分析方法。

　　(3) 动力学是学习理论力学的难点,相对于其他理论力学教材,本书在分析复杂动力学问题之前,首先引入自由度的概念,然后基于自由度对众多分析方法间的内在联系和差异给出了较深刻的分析,给出了基于自由度选择合适分析方法的判据和选择合适方法后基于自由度建立相应方法(比如动静法、功率方程)的统一分析格式,使读者能有规律地分析复杂的动力学问题。

　　(4) 增加了一些新的知识点。①增加了多接触面摩擦静平衡问题的数学有解性分析法;②刚体的速度瞬心在动力学分析中有重要的作用,因此在第 7 章,增加了运动学速度瞬心的加速度特点研究,并推导了两个任意连续曲面的刚体做平面相对运动的接触点加速度关系;③在动力学有关章节,给出了如何才能应用简约式动量矩定理、功率方程和惯性力简化点的简单判据;④对于单自由度振动系统,增加了弹簧静变形和重力项在运动微分方程中消失的条件的证明,为后续"机械振动"等课程采用简便方法计算势能、求固有频率等重要问题提供了简明判据。

　　由于理论力学教材更多的是面向工程类专业的学生和读者,故本书主要面向工程类中等学时的专业,遵循由浅入深的编排方式,希望读者能从中较容易地体会到力学原理的优美和简洁,并能轻松地掌握该课程的主干知识。一般读者可跳过标注"*"的知识和题目。对该课程要求较高的多学时专业,可参考其他相关教材或学完前 12 章后再阅读专题内容。

　　本书由郑慧明和何锃主编。张雄、杨汉文、刘军华、魏俊红、江雯、杨洪武、匡健、代胡亮、赵高煜、陈贻平、周小强等老师提出了宝贵意见。本书是在何锃教授编写的《理论力学》(第一版)基础上改编的,增加了作者提出的分析方法及有关分析方法的一些重要理论。全书由郑慧明统稿。部分习题取自华中科技大学理论力学教研室原来编写的《理论力学习题集》,这些习题是经过多年积累形成的。中国科学院大学雷现奇博士根据自己在华中科技大学学习理论力学课程及该课程对其研究工作的帮助的切身体会,审阅了全稿,并提出了很多宝贵意见。彭夏尧、董冬冬、田光焱、郭子奇、郑盛煊、钱礼翔、徐登峰、袁菊红、张斯等一些学生从自身学习该课程的角度,对本书部分例题的解题方法和难点阐述方面提出了很多有价值的建议。在此向他们表示衷心的感谢。

　　还要感谢华中科技大学将本书列入"百门精品课程教材建设计划",感谢教育部专家组将本书列为普通高等教育"十一五"国家级规划教材,感谢华中科技大学出版社的领导和编辑为本书出版所付出的辛勤劳动。

　　由于笔者水平所限，书中缺点和错误在所难免，衷心希望读者批评和指正，使本书不断完善。

　　本教材及配套的辅导书《理论力学万能解题法》在天猫华中科技大学出版社旗舰店有售。

　　扫右边二维码可下载课后习题参考答案及文字大题自动批改软件。

华中科技大学理论力学教研室

2018 年 3 月

英语专业词汇

theoretical mechanics   理论力学

Statics　静力学

mechanical motion	机械运动
mechanical interaction	机械作用
axiom	公理
principle	原理
theorem	定理
constraint	约束
free body	自由体
nonfree body	非自由体
rigid body	刚体
action and reaction	作用与反作用
scalar	标量
vector	矢量
sliding vector	滑动矢量
free vector	自由矢量
principal vector	主矢
principal moment	主矩
free body diagram	受力图
force	力
load	载荷
internal force	内力
external force	外力
active force	主动力
reactive force	反作用力
component of force	分力
resultant force	合力
resultant force couple	合力偶

moment of couple	力偶矩
line of force action	力作用线
support reaction	支持力
spring force	弹簧力
gravity	重力
roller	滚子
hinge	铰链
screw bolt and nut	螺栓和螺母
pin	销钉
stationary disc	静止圆盘
prism	棱柱
rod	杆,棒
mechanism	机构,机械装置
structure	结构
cord,rope,cable	绳索
pulley	滑轮
fixed end	固定端
center of moment	矩心
centroid（center of an area）	形心
center of gravity	重心
center of mass	质心
center of reduction	简化中心
differential element	微元
coplanar force system	平面力系
general force system	任意力系
static equilibrium	静平衡
equilibrium force system	平衡力系
concurrent force system	汇交力系
parallel force system	平行力系
force triangle	力三角形
force polygon	力多边形
moment arm	力臂
moment of force about the point A	对点 A 取矩
theorem of moment of resultant force	合力矩定理
reduction of force system	力系的简化

equivalent forces system	等效力系
equation of static equilibrium	静平衡方程
distributed loading	分布载荷
smooth hinge	光滑铰链
two-force member	二力杆
zero-force member	零力杆
statically determinate structure	静定结构
statically indeterminate structure	静不定(超静定)结构
truss	桁架
node	节点
joints	接头
method of joints	节点法
method of sections	截面法
friction	摩擦
Coulomb law of friction	库仑摩擦定律
friction force	摩擦力
static friction	静滑动摩擦
factor of friction	摩擦因数
factor of static friction	静摩擦因数
factor of kinetic friction	动摩擦因数
angle of friction	摩擦角
total reaction force	全约束反力
self-locking	自锁
impending motion	临界运动
rolling resistance	滚动摩阻(摩擦)
rolling resistance couple	滚动摩阻力偶矩
rolling without slipping	纯滚动
forces in space	空间力系
cross product	叉乘
dot product	点乘
determinant	行列式
ball joints	球铰
moment of force about the axis AB	对轴 AB 取矩
force wrench	力螺旋

Kinematics　运动学

motion	运动
kinematics of particles	质点运动学
position vector	矢径
rectangular coordinates system	直角坐标系
cylindrical coordinates system	柱坐标系
polar coordinates system	极坐标系
arc coordinates	弧坐标
natural method	自然法
natural axes	自然轴
principal normal	主法线
binormal	副法线
tangent	切线
normal plane	法平面
osculating plane	密切面
displacement	位移
velocity	速度
acceleration	加速度
hodograph of velocity	速度矢端曲线
normal acceleration	法向加速度
tangential acceleration	切向加速度
total acceleration	全加速度
absolute motion path	绝对运动轨迹
rectilinear motion	直线运动
curvilinear motion	曲线运动
parabolic path	抛物线轨迹
projectile motion	抛体运动
radius of curvature	曲率半径
equations of motion	运动方程
general plane motion	一般平面运动
rotation(revolution)	转动
gear	齿轮
axis of rotation	转轴
angle of rotation	转角

translation	平动
angular displacement	角位移
fixed point	定点
fixed-axis rotation	定轴转动
fixed-point rotation	定点转动
ratio of transmission	传动比
time derivative	时间导数
differentiation and integration	求导和积分
relative derivative	相对导数
composite motion	合成运动
relative-motion analysis	相对运动分析
relative path	相对轨迹
moving point	动点
moving reference (coordinates system)	动参考系
fixed reference (coordinates system)	固定参考系
absolute velocity	绝对速度
relative velocity	相对速度
transport velocity	牵连速度
resultant velocity theorem of composite motion	速度合成定理
resultant acceleration theorem of composite motion	加速度合成定理
Corliolis acceleration	科氏加速度
plane motion	平面运动
instantaneous center of velocity	速度瞬心
instantaneous center of acceleration	加速度瞬心
method of pole	基点法
theorem of projection velocities	速度投影定理
method of instantaneous center of velocities	速度瞬心法
instant translation	瞬时平动
planar crank and rocker mechanism	平面曲柄摇杆机构

Dynamics　动力学

Newton's second law	牛顿第二定律
particle(material point)	质点
kinetics(dynamics) of particles	质点动力学
initial condition	初始条件

system of particle	质点系
differential equations of motion	运动微分方程
momentum of particle system	质点系的动量
moment of momentum of particle system	质点系的动量矩
theorem of motion of mass center	质心运动定理
theorem of momentum	动量定理
moment of inertia	转动惯量
radius of gyration(inertia)	回转(惯性)半径
parallel-axis theorem	平行轴定理
linear momentum	线动量(动量)
angular momentum	角动量(动量矩)
theorem of angular momentum	角动量定理(动量矩定理)
planar kinetics of rigid bodies	刚体的平面动力学
kinetic energy	动能
potential energy	势能
equipotential surfaces	等势面
conservative force	保守力(势力)
conservative system	保守系统
power	功率
efficiency	效率
deceleration	减速
deformation	变形
elastic potential energy	弹性势能
spring constant	弹簧刚度系数
gravity potential energy	重力势能
theorem of kinetic energy	动能定理
conservation of linear momentum	线动量守恒(动量守恒)
conservation of angular momentum	角动量守恒（动量矩守恒）
conservation law of mechanical energy	机械能守恒定律
equation of power	功率方程
geometrical constraint	几何约束
equation of constraint	约束方程
steady constraint	定常约束
ideal constraint	理想约束
degree of freedom（DOF）	自由度

multi-degree-of-freedom	多自由度
impact	碰撞
impulse	冲量
angular impulse	角冲量（冲量矩）
central impact	正碰
eccentric impact	斜碰
elastic impact	弹性碰撞
plastic(nonelastic) impact	塑性碰撞
coefficient of restitution	碰撞恢复系数
principle of impulse	冲量原理
principle of momentum	冲量矩原理
principles of impulse and momentum	冲量-冲量矩原理
D'Alembert's principle	达朗贝尔原理
inertia force	惯性力
dynamic equilibrium	动平衡
method of dynamic equilibrium	动静法
dynamic constraint force	动约束力（动反力）
principle of virtual work	虚功（位移）原理
generalized coordinates	广义坐标
two-order Lagrange's equations of motion	第二类拉格朗日方程
vibration natural frequency	振动固有频率
vibration amplitude	振幅
damping	阻尼
period	周期
circular frequency	角频率
resonance	共振

目　　录

绪　　论

1. 理论力学的研究内容及其发展情况简介

理论力学(theoretical mechanics)是大部分工程技术学科的基础,也称经典力学,其理论基础是牛顿运动定律。20世纪初建立起来的量子力学和相对论,表明经典力学所表述的是相对论力学在物体速度远小于光速时的极限情况,也是量子力学在量子数为无限大时的极限情况。速度远小于光速的宏观物体的运动,包括超音速喷气飞机及宇宙飞行器的运动,都可以用经典力学进行分析。

理论力学是研究物体机械运动的基本规律的学科。它是一般力学各分支学科的基础。理论力学所研究的对象(即所采用的力学模型)为质点或质点系时,称为质点力学或质点系力学;对象为刚体时,称为刚体力学。根据所研究问题的不同,理论力学又可分为静力学、运动学和动力学三部分。静力学研究作用于物体上的力系的简化理论及力系平衡条件;运动学只从几何角度研究物体机械运动特性而不涉及物体的受力;动力学则研究物体机械运动与受力的关系。动力学是理论力学的核心内容。理论力学的重要分支有振动理论、运动稳定性理论、陀螺仪理论、变质量体力学、刚体系统动力学、自动控制理论等。这些内容,有时总称为一般力学。理论力学与许多技术学科直接有关,如水力学、材料力学、结构力学、机器与机构理论、外弹道学、飞行力学等,理论力学是这些学科的基础。

下面简要介绍理论力学中静力学、运动学和动力学三部分的研究内容及其发展历史。

静力学(statics)研究质点系受力作用时的平衡规律。平衡是指质点系相对于惯性参考系保持静止的状态。静力学一词是法国数学家、力学家皮埃尔·伐里农于1725年引入的。按研究对象的不同,静力学可分为质点静力学、刚体静力学、流体静力学等;按研究方法的不同可分为几何静力学(或初等静力学)和分析静力学。

几何静力学是基于力矢量的概念,主要研究作用于刚体上的力系平衡,故这一部分又称为刚体静力学,处理的是力、力矩等矢量的几何关系。几何静力学从静力学公理出发,通过推理得出力系平衡应满足的条件,即平衡条件;这用数学方程表示,就形成平衡方程。静力学中关于力系简化和物体受力分析的结论,也可应用于动力学。借助达朗贝尔原理,可将动力学问题转化为静力学形式的问题。分析静力学基于功和能量标量的概念,不仅仅研究刚体而且研究任意质点系(包括变形体、流体)的平衡问题,给出质点系平衡的充分必要条件(虚功原理)。分析静力学是拉格朗日提出来的,它以虚位移原理为基础,以分析的方法为主要研究手段,建立了任意力学系统平衡的一般准则,因此,相对于几何静力学,分析静力学的方法是一种更为普遍的方法。本书前面部分介绍几何静力学,再介绍动力学,最后再介绍分析静力学。

　　静力学从公元前 3 世纪开始发展,公元 16 世纪伽利略奠定了动力学基础,这期间经历了西欧奴隶社会后期、封建时期和文艺复兴初期。农业、建筑业的要求,以及同贸易发展有关的精密测量的需要,推动了力学的发展。人们在使用简单的工具和机械的基础上,逐渐总结出了力学的概念和公理。例如,从滑轮和杠杆中得出力矩的概念,从斜面得出力的平行四边形法则等。阿基米德是使静力学成为一门真正学科的奠基者。他在关于平面图形的平衡和重心的著作中,创立了杠杆理论,并且奠定了静力学的主要原理。阿基米德得出的杠杆平衡条件是,若杠杆两臂的长度同其上的物体的质量成反比,则此二物体必处于平衡状态。阿基米德是第一个使用严密推理求出平行四边形、三角形和梯形物体的重心位置的人,他还应用近似法,求出了抛物线段的重心。著名的意大利艺术家、物理学家和工程师达·芬奇是文艺复兴时期首先跳出中世纪烦琐科学的人中的一个,他认为运用实验和数学方法解决力学问题有巨大意义。他应用力矩法解释了滑轮的工作原理,应用虚位移原理的概念分析了起重机构中的滑轮和杠杆系统;研究了物体的斜面运动和滑动摩擦阻力,首先得出了滑动摩擦阻力同物体的摩擦接触面的大小无关的结论。对物体在斜面上的力学问题的研究,最有功绩的是斯蒂文,他得出并论证了力的平行四边形法则。静力学一直到皮埃尔·伐里农提出了著名的伐里农定理(合力矩定理)后才完备起来。伐里农定理和潘索力多边形原理是图解静力学的基础。图解静力学是用作图方式求解问题的一种方法,所得结果的精确度虽不如解析法,但能迅速得出一目了然的答案,故在简单的工程结构的设计中也常采用。用此法进行设计,便于随时调整原始数据和快速找出计算过程中的错误,并可用于比较几种设计方案的长处和短处。对于复杂的工程结构,几何静力学常用解析法,即通过平衡条件式用代数的方法求解未知约束反作用力。本书主要介绍解析法。

　　分析静力学是意大利数学家、力学家拉格朗日提出来的,他在大型著作《分析力学》中,根据虚位移原理,用严格的分析方法叙述了整个力学理论。荷兰学者斯蒂文(16 世纪)提出的著名的"黄金定则",是虚位移原理的萌芽。这一原理的现代提法是瑞士学者约翰·伯努利于 1717 年提出的,而应用这个原理解决力学问题的方法的进一步发展和对它的数学研究却是拉格朗日的功绩。

　　我国古代科学家对静力学有着重大的贡献。春秋战国时期,伟大的哲学家墨翟(公元前 5 世纪至公元前 4 世纪)在他的代表作《墨经》中,对杠杆、轮轴和斜面做了分析,并明确指出"衡……长重者下,短轻者上",提出了杠杆的平衡原理。

　　运动学(kinematics)运用几何学的方法来研究物体的运动,通常不考虑力和质量等因素的影响。用几何方法描述物体的运动必须确定一个参照系,因此,单纯从运动学的观点看,对任何运动的描述都是相对的。这里,运动的相对性是指经典力学范畴内的,即在不同的参照系中时间和空间的量度相同,和参照系的运动无关。不过当物体的速度接近光速时,时间和空间的量度就同参照系有关了。这里的"运动"指机械运动,即物体位置的改变,从几何的角度考虑,即不涉及物体本身的物理性质和加在物体上的力。任何一个物体,如车子、火箭、星球等等,不论其尺寸大小,假若能够忽略其内部的相对运动,其内部的每一部分都朝相同的方向、以相同的速度移动,那么,可以简易地将此物体视为质点,将此物体的质心的位置当作质点的位置。在运动学里,这种质点运动,不论是直线运动还是曲线运动,都是最基本的研究对象。运动学主要研究点和刚体的运动规律。点是指没有大小和质量、在空间占据一定位置的几何点。刚体是指没有质量、不变形、但有一定形状、占据空间一定位置的形体。运动学包括点的运动学和刚体运动学两部分。掌握了这两类运动,才可能进一步研究变形体(弹性体、流体等)的运动。在变形体研究中,需把物体中微团的刚性位移和应变分开,这些都随所选的参照系不同而异。而刚体运动学还要研究刚体本身的转动过程、角速度、角加速度等更复杂的运动特征。刚体运动按运动的特性又可分为刚体的平动、刚体定轴转动、刚体平面运动、刚体定点转动和刚体一般运动。运动学为动力学、机械原理(机械学)提供理论基础,也包含自然科学和工程技术很多学科所必需的基本知识。

　　运动学在发展的初期,从属于动力学,随着动力学而发展。在古代,人们通过对地面物体和天体运动的观察,逐渐形成了物体在空间中的位置变化和时间的概念。在我国战国时期,《墨经》中已有了关于运动和时间先后的描述。亚里士多德在《物理学》中讨论了落体运动和圆周运动,已有了速度的概念。伽利略发现了等加速直线运动中,距离与时间的二次方成正比的规律,建立了加速度的概念。在对弹射体运动的研究中,他得出抛物线轨迹,并建立了运动(或速度)合成的平行四边形法则,伽利略为点的运动学奠定了基础。在此基础上,惠更斯在对摆的运动和牛顿在对天体运动的研究中,各自独立地提出了离心力的概念,从而发现了向心加速度与速度的二次方成正比、同半径成反比的规律。18世纪后期,由于天文学、造船业和机械业的发展和需要,欧拉用几何方法系统地研究了刚体的定轴转动和刚体的定点运动问题,提出了后人用他的姓氏命名的欧拉角的概念,建立了欧拉运动学方程和刚体有限转动位移定理,并由此得到了刚体瞬时转动轴和瞬时角速度矢量的概念,深刻地揭示了这种复杂运动形式的基本运动特征。所以欧拉可称为刚体运动学的奠基人。此后,拉格朗日和英国数学家哈密顿引入了广义坐标、广义速度和广义动量,为在多维位形空间和相空间中用几何方法描述多自由度质点系统的运动开辟了新的途径,促进了分析动力学的发展。19世纪末以来,为了适应不同生产需要,可完成不同动作的各种机器相继出现并广泛应用,于是,机构学应运而生。机构学的任务是分析机构的运动规律,根据需要实现的运动设计新的机构和进行机构的综合。现代仪器和自动化技术的发展又促进了机构学的进一步发展,提出了各种平面和空间机构运动分析和综合的问题,作为机构学的理论基础,运动学已逐渐脱离动力学而成为经典力学中一个独立的分支。本书主要介绍机构运动学。

动力学(dynamics)研究作用于物体上的力与物体运动的关系。动力学的研究对象是运动速度远小于光速的宏观物体。原子和亚原子粒子的动力学研究属于量子力学,可以比拟光速的高速运动的研究则属于相对论力学。动力学是物理学和天文学的基础,也是许多工程学科的基础。许多数学上的进展常与解决动力学问题有关,所以数学家对动力学有浓厚的兴趣。动力学的研究以牛顿运动定律为基础,牛顿运动定律的建立则以实验为依据。动力学是牛顿力学或经典力学的一部分,但自 20 世纪以来,动力学又常被人们理解为侧重于工程技术应用方面的一个力学分支。动力学的基本内容包括质点动力学、质点系动力学、刚体动力学、达朗贝尔原理等。以动力学为基础而发展出来的应用学科有天体力学、振动理论、运动稳定性理论、陀螺力学、外弹道学、变质量力学,以及正在发展中的多刚体系统动力学、晶体动力学等。质点动力学有两类基本问题:一是已知质点的运动,求作用于质点上的力,二是已知作用于质点上的力,求质点的运动。求解第一类问题只要对质点的运动方程取二阶导数,得到质点的加速度,代入牛顿第二定律,即可求得力;求解第二类问题需要求解质点运动微分方程或求积分。所谓质点运动微分方程就是把牛顿第二定律写成包含质点的坐标对时间的导数的方程。动力学普遍定理是质点系动力学的基本定理,它包括动量定理、动量矩定理、动能定理以及由这三个基本定理推导出来的其他一些定理。动量、动量矩和动能是描述质点、质点系和刚体运动的基本物理量。作用于力学模型上的力或力矩与这些物理量之间的关系构成了动力学普遍定理。二体问题和三体问题是质点系动力学中的经典问题。刚体区别于其他质点系的特点是其质点之间距离的不变性。描述刚体姿态的经典方法是用三个独立的欧拉角。欧拉动力学方程是刚体动力学的基本方程,刚体定点转动动力学则是动力学中的经典理论。陀螺力学的形成说明刚体动力学在工程技术中的应用具有重要意义。多刚体系统动力学是 20 世纪 60 年代以来由于新技术发展而形成的新分支,其研究方法与经典理论的研究方法已有所不同。达朗贝尔原理是研究非自由质点系动力学的一个普遍而有效的方法。这种方法是指在牛顿运动定律的基础上引入惯性力的概念,从而用静力学中研究平衡问题的方法来研究动力学中不平衡的问题,所以又称为动静法。本书介绍动力学的基本内容。

动力学的学科基础以及整个力学的奠定时期在 17 世纪。伽利略创立了惯性定律,首次提出了加速度的概念。与静力学中力的平行四边形法则相对应,他应用了运动的合成原理,并把力学建立在科学实验的基础上。伽利略的研究开创了为后人所普遍使用的、从实验出发又用实验验证理论结果的研究方法。17 世纪,牛顿和德国数学家莱布尼兹建立了微积分学,使动力学研究进入了一个崭新的时代。牛顿在 1687 年出版的巨著《自然哲学的数学原理》中,明确地提出了惯性定律、质点运动定律、作用力与反作用力定律、力的独立作用定律。他在寻找落体运动和天体运动的原因时,发现了万有引力定律,并根据它导出了开普勒定律,验证了月球绕地球转动的向心加速度同重力加速度的关系,说明了地球上的潮汐现象,建立了十分严格且完善的力学定律体系。动力学以牛顿第二定律为核心,这个定律指出了力、加速度、质量三者间的关系。牛顿首先引入了质量的概念,把它和物体的重力区分开来,说明物体的重力是地球对物体的引力。作用力与反作用力定律建立以后,人们开展了质点动力学的研究。牛顿的力学工作和微积分工作是不可分的。从此,动力学就成为一门建立在实验、观察和数学分析之上的严密学科,从而奠定了现代力学的基础。17 世纪,惠更斯通过对摆的观察,得到了地球重力加速度,建立了摆的运动方程。惠更斯又在研究锥摆时确立了离心力的概念;此外,他还提出了转动惯量的概念。牛顿定律出现 100 年后,拉格朗日建立了能应用于完整系统的拉格朗日方程。这组方程不同于牛顿第二定律的力和加速度的形式,而是用广义坐标为自变量通过拉格朗日函数来表示的。拉格朗日体系研究某些类型问题(例如小振荡理论和刚体动力学)比牛顿定律更为方便。18 世纪,欧拉引入了刚体的概念,把牛顿第二定律推广到刚体,他应用三个欧拉角来表示刚体绕定点转动的角位移,又定义转动惯量,并导出了刚体定点转动的运动微分方程。这样就完整地建立了描述具有六个自由度的刚体普遍运动方程。对于刚体来说,内力所做的功之和为零。因此,刚体动力学就成为了研究一般固体运动的近似理论。1755 年,欧拉又建立了理想流体的动力学方程;1758 年,约翰·伯努利的儿子丹尼尔·伯努利得到了关于沿流线的能量积分(称为伯努利方程);1822 年,纳维得到了不可压缩性流体的动力学方程;1855 年,法国希贡纽研究了连续介质中的激波。这样动力学就渗透到各种形态物质的领域中去了。例如,在弹性力学中,由于研究碰撞、振动、弹性波传播等问题的需要而建立了弹性动力学,它可以用于研究地震波的传动。理论力学发展的重要阶段是建立了解非自由质点系力学问题的较有效方法。虚位移原理表示了质点系平衡的普遍条件。法国数学家达朗贝尔提出的、后来以他本人名字命名的原理,与虚位移原理结合起来,可以得出质点系动力学问题的分析解法,由此产生了分析力学。19 世纪,哈密顿用变分原理推导出了哈密顿正则方程,此方程是以广义坐标和广义动量为变量,用哈密顿函数表示的一阶方程组,其形式是对称的。用正则方程描述运动所形成的体系,称为哈密顿体系或哈密顿动力学,它是经典统计力学的基础,又是量子力学借鉴的范例。哈密顿体系适用于摄动理论,例如天体力学的摄动问题,并对理解复杂力学系统运动的一般性质有重要作用。拉格朗日动力学和哈密顿动力学所依据的力学原理与牛顿的力学原理,在经典力学的范畴内是等价的,但它们研究的途径或方法则不相同。直接运用牛顿方程的力学体系有时称为矢量力学;拉格朗日和哈密顿的动力学则称为分析力学。在目前所研究的力学系统中,需要考虑的因素逐渐增多,例如,变质量、非整、非线性、非保守及反馈控制、随机因素等,使运动微分方程越来越复杂,可正确求解的问题越来越少,许多动力学问题都需要用数值计算法近似地求解,微型、高速、大容量的电子计算机的应用,解决了复杂计算的问题。目前动力学系统的研究领域还在不断扩大,例如增加热和电等成为系统动力学;增加生命系统的活动成为生物动力学等,这都使得动力学在深度和广度两个方面有了进一步的发展。

2. 理论力学的任务

以牛顿运动定律为基础演化、发展而成的力学知识体系称为牛顿力学或经典力学,理论力学是经典力学的基础部分,它研究质点、质点系或物体在力的作用下做机械运动的基本规律。所谓机械运动,就是指物体之间在空间的相对位置随时间的变化。所谓力,是质点、质点系或物体之间的相互机械作用,这种作用使质点、质点系或物体的运动状态发生改变。理论力学研究力与机械运动改变之间的一般规律,物体的平衡(例如相对于地球静止、匀速直线运动)是机械运动的特殊情况,所以理论力学也研究物体的平衡规律,但应该指出,在宇宙中没有绝对的平衡,一切平衡都是相对的和暂时的。

由于质点和质点系是力学研究的最基本物质模型,因此,从知识体系上讲,理论力学中的力学定律、定理和基本方程适用于所有其他力学分支,是整个力学的重要基础,学习理论力学是学习和研究力学的起点。

物体的机械运动是生活和工程中最常见的运动,也是最简单的一种物质运动形式。在机械、航空航天、土木、交通、电力等重要工程领域中,需要解决大量的力学问题,其中大部分问题都涉及理论力学的基本概念和基本方法,因此理论力学是现代工程技术的重要理论基础之一。它与其他专业知识结合,可以帮助我们解决实际工程技术问题,促进科学技术和社会经济的发展。作为一个工科大学生或工程技术人员,必须对此有足够的了解,很好地掌握这些理论基础,才能适应实际工作和社会发展的需要。

由于机械运动具有广泛性,所以理论力学也是工科大学生的一门重要技术基础课。它为学习后续一系列力学和其他专业课程提供基础,如材料力学、机械原理、机械设计、流体力学、弹塑性力学和振动力学等,这些课程中的理论推导和计算,都经常需要用到本书的基本原理和方法。

3. 理论力学的研究方法

理论力学是经过长期的反复实践、深化和提高,逐步归纳总结出来的一个力学知识体系,通常分为三部分,即静力学、运动学和动力学。这种体系是经过长期提炼、发展形成的,它适合理论力学知识的论述,符合人们的认知过程,有利于教学。

因此,本书也是按照这种体系编写的。

理论力学的研究方法与物理学中其他领域中的一样,有理论、计算和实验三种。理论分析的作用主要包括四个方面。

(1) 以公理和定律为基础,应用逻辑推理和数学推演,建立质点、质点系和刚体运动的各种基本定理和基本方程。

(2) 对于实际系统,根据实际情况和力学分析的需要,抓住主要因素,忽略次要因素,将其抽象为质点、质点系或刚体组成的力学模型(本书主要研究刚体系统);再对力学模型进行准确的受力分析,几何、运动分析,然后应用力学基本定理和基本方程建立力学模型的具体力学方程,这样就将实际系统转化成一个数学描述,所以也称为数学模型。

(3) 应用各种数学工具寻求数学模型的解答。

(4) 对得到的解答进行分析,揭示物理意义和各种物理量的变化规律;对于复杂系统,还需要将解答与实验或实际观察结果进行比较,确定解答的准确度和适用范围。

本书对上述(1)进行了比较系统、全面的论述,对上述(2)、(3)和(4)只是针对一些简单问题进行了必要的介绍。

计算和实验两种方法,在理论力学范围内,主要用于复杂系统方程的求解、实际系统的实验验证、复杂环节力学特性的实验研究。鉴于理论力学课程的性质特点、课程的基础性和学时限制,本书基本上不涉及这方面的内容。但应该指出,如果条件容许,应该设计一些数值计算方面的题目,开设一些典型的理论力学实验,对学生进行课内或课外的训练,以加强学生的实际认识。

4. 本书的学习要求

本书内容是根据课程大纲和目前工科各专业的教学需要安排的。前面 12 章需要 60～70 学时,如果将专题全部讲完,需要 80～90 学时,各专业可以根据需要选用。

学生在学习本课程时,希望做好两件主要的事情:

(1) 通过听课、自学、讨论,将课程内容理解透彻并融会贯通,重点关注各力学原理的内在联系与差异,学习选取合适的分析方法;

(2) 一定要独立完成必要的练习或作业,许多细节问题(如受力、运动分析)、具体分析过程、解决问题的思路和技巧等,必须通过练习才能真正体会和掌握。

第1章 静力学公理和物体的受力分析

 力学是最古老的科学之一，它是社会生产和科学实践长期发展的产物。随着古代建筑技术的发展、简单机械的应用，静力学逐渐发展完善。古希腊的数学家阿基米德（公元前3世纪）提出了杠杆平衡公式（限于平行力）及重心公式，奠定了矢量静力学基础。荷兰学者斯蒂文（16世纪）解决了非平行力情况下的杠杆问题，发现了力的平行四边形法则，他还提出了著名的"黄金定则"，这是分析静力学问题的另一种方法——虚位移原理的萌芽。

本书前4章基于力矢量的概念，介绍几何静力学理论和分析方法。本章介绍静力学的基本概念、静力学公理、平面力矩和力偶的定义及基本特性、常见的平面约束类型及约束力、受力分析和受力图。

1.1 基本概念

1. 刚体

任何情况下都不变形的物体称为**刚体**，不变形是指物体上任意两点的距离保持不变。如无特别指出，在本课程中物体即指刚体。对于在空间运动的机构，每个构件因材料不同，内部有不同的变形，但这样的变形量相对于不是非常高速运转的机械来说，太微小了，可忽略不计，故采用刚体的假设分析一般机械运动仍具有非常高的精度。需要说明的是，当将一个物体视为与其刚化部分固连在一起的无限扩展空间时，空间扩展的那部分只要保持刚性且无质量，由理论力学所得到的结论对该刚体成立，对由其所扩展的无限大空间的物体也成立。

2. 力

力的概念来自实践。人类在最早的劳动中就已知如何使用自己的体力。现代科学认为，力总是一个物体对另一个物体的作用，力是造成物体运动变化的原因。在宏观表现上，这种力可以是超距离的，也可以是由接触产生的。一个物体放在桌子上，物体受到地球的引力（即重力）的作用，这是一个超距离的力；物体同时受到桌面的托力，这是一个由接触产生的力。

实践表明，确定一个力，需要说明它的**大小、方向和作用点**，即一个力有三个要素。因此一个力可以用一个定点矢量 F 来表示，矢量 F 的起点就是力的作用点，长度和方向分别代表力的大小和方向。顺便指出，本书以后一般用斜黑体字母来表示矢量，如 F, P, W；对于需要用两个字母表示的线段矢量，采用两个字母上加箭头的符号来表示，如 $\overrightarrow{AB}, \overrightarrow{OC}$。

3. 单位制

国际单位制(international system of units，简写为 SI Units*)已被全世界接受。在 SI 制中，长度单位为米(meter:m)，时间单位为秒(second:s)，质量的单位为千克(kilogram:kg)，它们都是基本单位。力的单位为牛顿(newton:N)，它是由牛顿第二定律 $F=ma$ 导出的，即 1 N=1 kg·m/s²，这种单位也称为导出单位。

美国常用的单位制(US customary system units)为 FPS 制，基本单位有长度单位英尺(foot:ft)，时间单位秒(second:s)，力的单位磅(pound:lb)。质量单位为斯拉格(slug)，它是由牛顿第二定律导出的，即 1 slug=1 lb·s²/ft。两种单位的换算关系如表 1.1 所示。

表 1.1　部分单位换算关系

物理量	FPS 制	SI 制
力	lb	4.4482 N
质量	slug	14.9538 kg
长度	ft	0.3048 m

按 SI 制，当物理量的值很大或很小时，往往使用一个前缀符号来表示原量值的倍数，例如 0.006 m=6 mm,50 000 N=50 kN 等。在 SI 制中常用的前缀符号与其代表的数量级关系如表 1.2 所示。

表 1.2　SI 制中前缀字符及其代表的数量级

倍数	前缀名称	SI 制中的前缀符号
10^9	giga	G
10^6	mega	M
10^3	kilo	k
10^{-3}	milli	m
10^{-6}	micro	μ
10^{-9}	nano	n

4. 力系

作用于物体上的一群力称为**力系**。作用在物体上的力，可以在离散的点上作用，也可以在物体的一个区域上分布作用，因此按作用形式可以将力分为**集中力**和**分布力**。分布力沿着某条线分布，称为**线分布力**，比如锋利刀口对被切物体的作用力，细线的重力；分布力在某个面上分布，称为**面分布力**或**面力**，比如人行走时脚板对地面的作用力；分布力在物体的体积上分布，称为**体力**，如物体的重力。

---

* SI Units 是法文 Système International d'Unités 的缩写。

5. 平衡和平衡力系

平衡:物体相对于绝对静止的物体保持静止或匀速直线运动的状态。

平衡力系:力系中各个力对物体的作用效果彼此抵消的力系,或使物体保持平衡或运动状态不变的力系。因此,平衡物体上作用的力系就是平衡力系。

6. 静力学的研究内容

对于由多个刚体构成的复杂静力学系统,需要确定在已知外力的作用下,其连接处及其受地面的作用反力或构件的内力,获得这些力后就可以应用材料力学等课程的知识分析其承载能力。为了便于分析,对于复杂问题可采用一些简化方法来建立平衡理论。而理论力学是其他力学的基础,此前没有定理,静力学理论只能建立在公理基础上。对图 1.1,为了使分析变得简单,请思考需要哪些公理来处理如下问题。

图 1.1

（1）如何处理点 D 的多个力?

（2）在构件 EH 两端分别作用 3 kN 的共线的拉力,该构件是否一定处于静平衡状态? 如果是,去除该构件影响系统的平衡状态吗?

（3）在 J 和 K 处分别施加如图所示的两个 3 kN 的力对系统的平衡状态有影响吗?

（4）如何处理构件 AB 与 BC 间的相互作用?

（5）构件 BC 和 LO_1 通过受拉的柔性绳索连接,如何考虑柔性绳索的作用?

1.2 静力学公理

公理 1(力的平行四边形法则)　作用点相同的两力,可以用平行四边形法则合成为一个合力,不会改变对物体的作用效果,即合成后不改变物体的机械运动规律。如图 1.2 所示。

有了该公理,分析一个单独的刚体受到多个汇交力时,就可以将多个汇交力合成一个合力,那么就很容易知道其该如何运动了。对于如图 1.1 所示的复杂系统,

就可以将图中点 D 的多个汇交在一点的力合成一个
合力,便于分析。

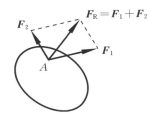

公理 2(二力平衡公理)　只有两个力作用的刚
体平衡的充要条件是该两力等值、反向,且在同一直
线上。

受二力平衡的刚体称为**二力体**。二力平衡公理
只适用于一个刚体,不能用于变形体,一种典型的情

图 1.2　力的平行四边形法则

况如图 1.3 所示,不计重量、不可伸长的细绳,在拉力 F、F' 作用下保持平衡,但在
压力 P、P' 作用下不能平衡。

(a)　　　　　　　　　　　　　　　　(b)

图 1.3　细绳在二力作用下的状态

(a)细绳受拉平衡　(b)细绳受压不平衡

公理 3(加减平衡力系公理)　受力刚体上加、减任意个平衡力系不会改变原
受力刚体的状态。该公理只适用于一个刚体。

由以上公理可得到如下推论。

推论(力的可传性原理)　刚体上的作用力可沿其作用线任意移动而不会改变
对刚体的作用效果。

这一推论的证明很简单,参见图 1.4 就可明白。基于公理 2 和公理 3 可推出
力的可传性原理,由力的可传性原理可知,确定力对刚体的作用效果只需要确定力
的大小、方向和作用线,因此,刚体上的作用力可以视为滑动矢量。

图 1.4　力的可传性原理证明图示

根据力的可传性原理,可以将如图 1.1 所示的不是作用在点 D 而是作用在点 S
的力滑移到 D 变成汇交力系,再用公理 1 将汇交力系变成一个合力,这样就便于分
析了。此外,利用公理 2 和公理 3,可以推出以后将介绍的力的平移定理。有了力的
平移定理,就可以将任意力移到同一点,变成汇交在一点的多个力和以后将介绍的
多个力偶,再进一步合成为一个合力和一个合力偶,从而容易地建立平衡条件。

推论(三力汇交平衡定理)　若受三个互不平行的力作用的刚体处于平衡状态,则此三力必共面且相交于一点。

下面仅就三力已经共面的情况证明这一推论。如图 1.5 所示,由于三个力 F_1、F_2、F_3 互不平行,其中任意两力,比如 F_1、F_2 必相交,设交点为 O;由公理 1,可将 F_1、F_2 合成为合力 $F_{12}=F_1+F_2$,剩下的 F_3 与 F_{12} 要平衡;由公理 2,F_3 与 F_{12} 等值、反向且在同一直线上。这就证明了三力汇交平衡定理。

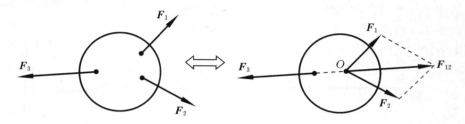

图 1.5　平面上三力汇交平衡的证明

对于共面的三个平行力系作用下处于平衡的物体,可将其视为汇交到无限远处的汇交力系,故从这个意义上,三力汇交平衡定理对于三个平行力也成立。此外,若由多个刚体构成的系统处于平衡,系统在三个外力作用下处于平衡,因为内力相互抵消,三力汇交平衡定理对系统也成立。

公理 4(作用力与反作用力公理)　相互作用的两个物体(刚体和变形体)间总存在等值、反向、共线且分别作用于两个物体上的一对力,此两力互为作用力和反作用力。

有了该公理,就可以研究如图 1.1 所示的多个刚体的复杂系统了。

公理 5(刚化公理)　将变形体视为刚体(刚化)则平衡状态不受影响,反之则不然。

理论力学的研究对象是刚体,但对于受拉的绳索,其内部变形很小,相对于其空间运动可忽略不计。此外,其变形时两端的拉力与不变形时相同。将受拉绳索视为刚体,就可以研究一些通过绳索连接的多刚体系统,从而拓展理论力学的研究范畴。

进一步研究表明,对于由刚体构成的静力学系统,需要且只需要以上五个静力学公理就可以建立分析静平衡系统的理论。

1.3　力系的等效

以上五个公理构成了静力学的基础,所有静力学的方法和结果都是基于静力学公理经过推理、归纳得到的。实际物体或物体系统(简称物系)上往往作用有比较复杂的力,静力学的基本任务就是将力系简化并分析其平衡,简言之,就是**力**

系的简化和平衡。所谓力系的简化,就是将一个给定的复杂力系转化为一个对物体的作用效果等价(机械运动规律相同)的简单力系,这就牵涉到力系的等效问题,实际上,平行四边形法则就是一种力系等效规则,以后我们还要研究力系的其他等效方法。这里只指出,**力系的等效**就是将力系中的力按照静力学公理进行处理的一些操作,或者说,按静力学公理处理后得到的新力系与原力系是两个**等效力系**。

1.4　平面力矩和平面力偶

1.4.1　平面力矩

大家知道,一个装有转轴的物体,在外力 F 作用下(F 不平行于转轴、不通过转轴)将会发生转动,例如扳手拧螺帽。将这种现象加以扩展,对于没有安装转轴的物体,设想在物体的任意点 O 安装一根转轴,如果点 O 在物体之外,因为刚体本质上可视为一个无限大物体,故可设想将物体扩大再安装转轴,那么物体在力 F 作用下,将会绕转轴转动,这就是**力具有使物体产生转动或转动趋势的效应**。平衡的物体不转动,是因为其上各个力对任意轴的转动效应相互抵消了。现在,假设物体在某个平面上运动,作用力 F 也在该平面内,在平面上任意选定点 O(称为**矩心**),设想通过点 O 的转轴垂直于该平面,如图 1.6 所示。实践证明,力使物体

图 1.6　平面力矩

绕转轴产生的转动效应与力的大小 F 及力的作用线到矩心 O 的距离 d(称为**力臂**)成正比,当力 F 的作用线通过点 O 时,物体就不能转动。由于现在只在平面内考虑问题,因此定义:力的大小与力臂的乘积并冠以正负号称为力对点的**平面力矩**,它是力 F 使物体绕转轴产生的转动效应的度量,记为 $M_O(F)$。即

$$M_O(F) = \pm Fd = 2S_{\triangle ABO} \tag{1.1}$$

其中,正负号表示转向,$S_{\triangle ABO}$ 表示 $\triangle ABO$ 的面积。为此,需要事先确定一个参考正转向,当所考虑的力矩的转向与参考转向相同时为正,否则为负。平面力矩在图中用一个弧形箭头表示,如图 1.6 所示。

1.4.2　平面力偶

下面仍然考虑所有力均在一个平面上的问题。在集中力系中,有两种最简单的力系,一种是单个集中力,另一种便是**力偶**,它是由两个等值、平行、反向的力组成的力系,如图 1.7 所示。力偶所在的平面称为**力偶作用面**,力偶的两条力作用线之间的距离 d 称为**力偶臂**。实践证明,力偶总是使物体绕垂直于作用面的轴产生转动效应,这表明单个力偶是不平衡力系。容易证明,力偶的两个力对作用面内任意点的力矩的代数和为常值 $\pm Fd$,参考转向确定后,正负号取决于力偶的转向,$\pm Fd$ 称为**力偶矩**。根据上述力使刚体产生的转动效果用力矩来度量的结论可知,

图 1.7　平面力偶

力偶使刚体产生的转动效果用力偶矩来度量,并且力偶使刚体产生的转动效果对任意矩心均相同。平面力偶在图中用一个弧形箭头表示,如图 1.7 所示。因为力对作用面内的不同点的力矩一般是不同的,因此,一个力使刚体产生的转动效果与一个力偶使同一个刚体产生的转动效果不能相互抵消,所以说,**力偶不能用作用面内的一个力来平衡,一个力偶只能由另一个大小相同、转向相反的力偶来平衡。**

　　力偶可以在其作用面内任意移转,而不改变它对物体的作用效果,如图 1.8、1.9 所示。在图 1.8 中,为使力偶做等效旋转,第一步加两对相同的平衡力系 P、P',其中 $P=F$,并分别将 F 和 P' 合成为 F_R、将 F' 和 P 合成为 F'_R,第二步减去平衡力系 F_R、F'_R,这样就将原来的力偶 F、F' 等效旋转为力偶 P、P'。当改变力偶中力的大小和力偶臂长度时,只要保持力偶矩不变,则力偶对物体的作用也不变,如图 1.10 所示。

图 1.8　力偶的等效旋转

图 1.9　力偶的等效平移

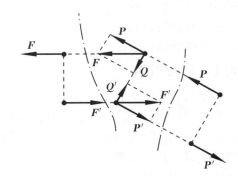

图 1.10　力偶的力偶臂及其力的等效变换

综上所述,可得力偶的性质如下。

（1）力偶既不是一个力，本身也不平衡，因此它是一个基本力系。

（2）力偶总是使物体产生绕垂直于其作用面的轴转动或转动趋势，力偶使刚体产生的转动效果用力偶矩来度量，记为 M，即

$$M = M(\boldsymbol{F}, \boldsymbol{F}') = \pm Fd \tag{1.2}$$

力偶矩 M 与矩心以及力偶在其作用面内的位置均无关。

（3）力偶可以在其作用面内任意移转，而不改变它对物体的作用效果；当改变力偶中力的大小和力偶臂长度时，只要保持力偶矩不变，则力偶对物体的作用效果也不变。

（4）一个力偶只能用另一个等值、反向的力偶来平衡。

1.5　约束与约束力

空中飞行的炮弹等物体在空间的位移不受任何限制。位移不受限制的物体称为自由体。有些物体在空间的位移会受到一定的限制，比如由绳索吊住的灯泡，在背离绳索的方向灯泡不能运动。位移受到限制的物体称为非自由体。对非自由体的某些位移起限制作用的周围物体称为约束。从力学的角度来看，约束对物体的限制作用就是力，这种力称为约束反力，简称约束力。因此，约束力的方向必与该约束所能阻碍的位移方向相反。应用这个准则，就可以确定约束力的作用线位置。物体受到的其他已知力称为主动力。约束力的大小是未知的，根据主动力变化而变化。需要注意的是，从广义上，约束指的是对物体运动所给定的任何形式的限制，限制形式及其性质是多种多样的。根据分析的目的不同，可采用不同的分类方法。本章所给出的约束指的仅仅是对物体在空间的位移（几何位置）的约束，即几何约束，其目的是方便确定约束力的方向。在以后的动力学问题中，为方便求解，对约束将从广义角度来定义和分类，详见第 9 章。

下面介绍在工程中常见的几种平面约束类型及其约束力特点。

1．柔索约束

类型：柔绳、胶带、链条等。

特点：只能受拉力，是一种单向约束，忽略柔索的自重且认为柔索不能伸长。

约束反力：物体受到的柔索的约束反力的作用线沿柔索的轴线方向，且柔索处于受拉状态。图1.11所示为几种典型的柔索约束。

2．光滑接触面（线）约束

类型：面-面接触、面-线接触、面-点接触、线-线接触、线-点接触；如图 1.12 所示。

约束反力：约束反力的作用线沿两物体接触点处的公法线指向被约束物体。如图 1.12(b)所示，直线 AB 可视为曲率中心在无限远处、半径无限大的圆弧，点 A 和 B 可视为半径为 0 的圆。

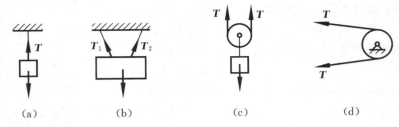

图 1.11　几种典型的柔索约束

(a) 单柔索　(b) 双柔索　(c) 静态条件下跨过动滑轮的柔索　(d) 静态条件下跨过定滑轮的柔索

图 1.12　光滑接触面约束

(a) 面(线)-面(线)接触　(b) 面(线)-点接触

3. 铰链约束

构成及符号：由构件和一个销钉连接而成。结构简图和表示符号如图 1.13 所示。

约束反力：铰链的约束反力是指销钉对各构件的作用力。因为销钉与构件之间可以相对转动，所以无约束力矩，只有约束力。这些约束反力通过销钉中心，方向随主动力而变，故一般将其分解为两个正交的未知力，如图 1.13 所示。

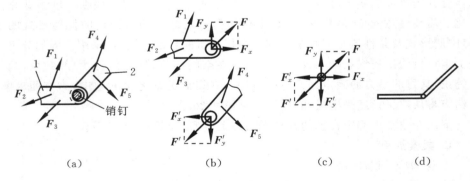

图 1.13　铰链及其约束力

(a) 连接两个构件的铰链　(b) 铰链的约束力　(c) 销钉的受力　(d) 铰链的表示符号

在图 1.13 中，铰链只连接两个构件，并且铰链处除了约束力之外无其他力作用，分析销钉的受力可知，销钉上只有两个构件对它的约束力，由二力平衡公理可知这两个力等值、反向，即在这种情况下，销钉对两个构件的约束力等值、反向。在以后的受力分析中可以应用这一结果。

在图 1.14 中，铰链连接三个构件，或铰链虽然只连接两个构件，但销钉上有主动力 P 作用，对于这些情况，由销钉的受力分析可知，销钉对各构件的约束力不是等值、反向的。

4. 铰支座约束

构成及符号：由底座、构件和一个销钉连接而成，底座与基础固结。结构简图和表示符号如图 1.15 所示，这种约束也称为**固定铰支座**。

约束反力：铰支座的约束力也称为支座反力，是指基础或底座对销钉的作用力 F，它通过销钉中心。方向随主动力而变，故一般将其分解为两个正交的未知力，如图 1.15 所示。

与铰链约束类似，如果铰支座只约束一个构件，且销钉上无其他力作用，则底座和构件对销钉的作用力等值、反向，因此底座对销钉的作用力等于销钉对构件的作用力，如图 1.15 所示。但

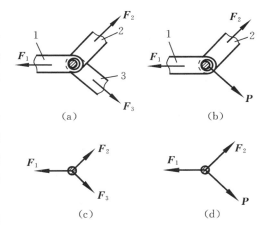

图 1.14　受力比较复杂的铰链

(a) 连接三个构件的铰链
(b) 连接两个构件的铰链，但销钉上有主动力
(c) 图(a)销钉的受力　(d) 图(b)销钉的受力

是，如果铰支座约束两个以上的构件或销钉上有主动力作用，则底座对销钉的作用力不等于销钉对构件的作用力。

图 1.15　铰支座及其约束力

(a) 铰支座　(b) 销钉的受力　(c) 铰支座的表示符号

图 1.16　辊轴支座

(a) 辊轴支座结构简图
(b) 辊轴支座的表示符号 1
(c) 辊轴支座的表示符号 2

5. 辊轴支座(活动铰支座)约束

构成及符号：由底座、辊轴、构件和一个销钉连接而成，底座可在基础上滑动。结构简图和表示符号如图 1.16 所示，这种约束也称为**活动铰支座**。

特点：不能传递力矩和力偶，可以沿支承面滑动。

约束反力：辊轴支座的约束力也称为**支座反力**，是指底座对销钉的作用力，通过销钉中心。由于底座可以沿支承面滑动，所以约束力

一定垂直于支承面,如图 1.16 所示。

6. 固支端(插入端)约束

当构件插入基础或构件与基础焊接时,在理想情况下,构件的根部既不能移动、也不能转动,基础对构件的这种约束称为**固支端约束**或**插入端约束**,如图 1.17(a)所示。固支端的约束力是指基础对构件的作用力,这种作用力一般是围绕构件根部的分布力,如图 1.17(b)所示。由于在固支端约束下,构件既不能移动、也不能转动,因此约束的总效果一般是对构件提供一个约束力和一个约束力偶。由此可以将这个约束分布力系简化成一个作用于构件根部的集中约束力和一个约束力偶;由于约束力的方向和约束力偶的转向随主动力而变,因此,一般将约束力分解为两个分力,如图 1.17(c)所示。分布力系的简化在第 2 章介绍。

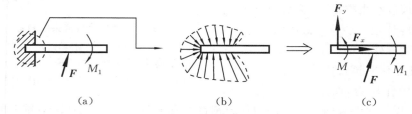

图 1.17　固支端约束

(a) 固支端约束　(b) 分布约束力　(c) 等价的集中约束力和约束力偶

需要指出的是,以上讨论的都是平面约束,即构件和约束力均在一个平面内,空间约束的情况在第 4 章给出。

1.6　受力分析与受力图

静力学的根本任务是分析、计算物体或物体系统(物系)的受力平衡问题,为此,需要对一个物体、几个物体或整个物系进行受力分析,并将分析结果画成相应的力矢量图,即**受力图**。进行受力分析首先要取分析对象,即把待分析的物体或物系单独抽取出来,这就需要将与之相连的约束解除,因此,需要用到以下的解除约束原理。

解除约束原理　当受约束的物体或物系在主动力的作用下处于平衡状态时,若将部分或全部约束去掉,代之以相应的约束力,则物体或物系的平衡状态不变。

分析对象可以是一个物体(或一个物体的一部分)、几个物体或整体,所谓**整体**是指将被研究系统的所有物体同时抽取出来形成的物系。因此,相对于分析对象,约束可以分成外部约束和内部约束,为了将分析对象抽取出来而需要解除的约束称为该分析对象的**外部约束**;分析对象抽取出来后,对象中各物体之间的约束为该分析对象的**内部约束**。显然,外部约束和内部约束一般是两个相对概念,即一个分析对象的外部约束可能是另一个分析对象的内部约束,而前者的内部约束也可能是后者的外部约束。取定分析对象后,外部约束和内部约束对其均有约束力,内部约束力称为**内力**,外部约束力和对象上作用的主动力称为**外力**。由作用力与反作用力定律,内力总是成对出现的,自动形成平衡力系,因此内力不影响物系的平衡状态。所以,在受力分析和受力图中,只考虑和画出对象的外力。

画受力图是求解静力学问题的第一步,为了减少后续计算量,在该步应尽量减少未知量,使后续少列方程,减少计算量。所以,尽量用目前所掌握的知识,在受力图中使未知量最少。画受力图可以遵循以下步骤:

(1) 取分析对象;

(2) 画上主动力;

(3) 分析被解除的约束类型,画出对应的约束力;

(4) 对于静平衡系统,还可以进一步确定未知力方向,推荐先分析整体再分析局部,可以通过二力杆、三力汇交平衡定理来确定力的方向;

(5) 对所画各力标上矢量符号,在同一个题中这些矢量符号要规范和唯一;

(6) 受力图中不能出现约束。但对整体进行分析时,为了简便,约定外部约束与外部约束反力可同时在受力图上出现。

下面给出几个受力分析的例子。

例 1.1　如图 1.18 所示,不计自重,各处光滑,作用在销钉 B 上的力 $F=0$,画 AB(无销钉 B)、销钉 B、BC(无销钉 B)及整体受力图。

解　依据画图步骤,先从整体分析,虽然整体只有 3 点受力,但 A 和 C 处力的方向不能确定,所以此时不能应用三力汇交平衡定理。再观察局部,BC 为一个二

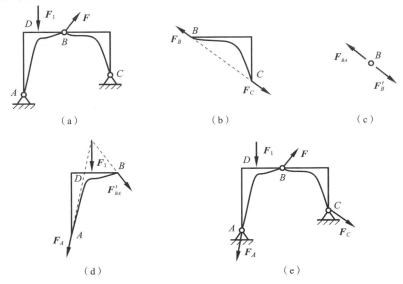

图 1.18　例 1.1 图

力体,受力如图 1.18(b)所示,其中 $F_C = F_B$。

由于销钉 B 为二力体,它对杆 BA 的 B 端的作用力与对杆 BC 的 B 端的作用力等值、反向,所以 $F_{BA} = F'_B$。销钉 B 受力如图 1.18(c)所示。

确定了 F_{BA} 的方向,BA 就能应用三力汇交平衡定理,受力如图 1.18(d)所示。因为没有进行计算,画受力图时并不能准确确定力的指向,但只要其作用线是正确的,图中所画的力的指向即使与实际指向相反,也不会影响计算,只不过结果是负值而已,故图 1.18(d)中 3 个力指向都向下的画法也是正确的。整体受力图如图 1.18(e)所示。

从该题可知,销钉 B 没有外部主动力,此时可将其视为一个平衡力系,在分析时认为可以去除,或认为销钉 B 对 AB 和 BC 的力是作用力与反作用力。

例 1.2　例 1.1 中,当销钉 B 受到的外部主动力 F 不为 0 时,请解答例 1.1 同样的问题。

解　CB 的受力如图 1.19(a)所示,但此时销钉 B 不再是二力体,它对杆 BA 的作用力与对杆 BC 的作用力不相等,销钉 B 受力如图 1.19(b)所示。BA 也不能应用三力汇交平衡定理,受力如图 1.19(c)所示。整体受力图如图 1.19(d)所示。

图 1.19　例 1.2 图

从该题可知,当销钉 B 受外部主动力时,销钉 B 对 AB 和 BC 的作用力是不同的。

例 1.3　如图 1.20(a)所示,不计自重,各处光滑,画出 AB、BC 及整体受力图。

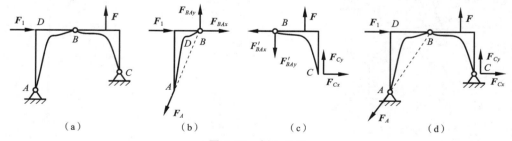

图 1.20　例 1.3 图

解　依据画图步骤,先从整体分析,但有 4 点受力,不能应用三力汇交平衡定理。再观察局部,AB 在 3 个点受力,点 B 力大小、方向未知,但 F_1 通过 B,故可应用三力汇交平衡定理确定 F_A,AB 的受力如图 1.20(b)所示。因为销钉没有外加主动力,其有无不影响受力分析,所以该图中也带上了销钉 B。余下的不能再确定约束力的方向,故 BC 和整体的受力分别如图 1.30(c)、(d)所示。

　　例 1.4　如图 1.21(a)所示,不计自重,各处光滑,画 AB(无销钉 B)、销钉 B、BC(无销钉 B)及整体受力图。

　　解　依据画图步骤,先从整体分析,整体只有 3 点受力,三力汇交平衡定理是由一个刚体得到的,但对于静平衡结构,每一个局部都是平衡的,整体也可视为一个刚体,也可应用三力汇交平衡定理,确定了 F_A 的方向,受力如图 1.21(b)所示。DE 为一个二力体,BA 和 BC 也可以应用三力汇交平衡定理,受力分别如图 1.21(c)、(d)所示。销钉 B 受力如图 1.21(e)所示。

图 1.21　例 1.4 图

　　例 1.5　如图 1.22(a)所示为起重架结构,分析杆 OA、滑轮 A、物块 M 以及整体的受力,画出受力图。杆和柔索的重量不计。

　　解　本题中主动力只有物块重力 W。

　　物块 M 为一个二力体,受力如图 1.22(b)所示,其中 $T_M = W$。

　　滑轮 A 在三个力作用下平衡,根据三力汇交平衡定理,确定 F_A 的方向,滑轮 A 的受力如图 1.22(c)所示,其中 T_D 为柔索 DE 的约束力,根据跨过滑轮的柔索约束力特性,$T'_D = T'_M = T_M = W$。

　　销钉 A 为二力体,它对杆 OA 的 A 端的作用力与对滑轮 A 的作用力等值、反向,所以杆 OA 的 A 端受到的约束力为 F'_A,杆 OA 还受到柔索 BC 和铰支座 O 的约束,因此它是三力平衡体,其受力如图 1.22(d)所示,其中 F_O 为铰支座 O 对杆 OA 的约束力,此处即为销钉 O 对杆 OA 的约束力。

　　将销钉 O 解除,将柔索 BC、DE 剪断,就得到整体,销钉 O 对杆 OA 的约束力 F_O 已经由图 1.22(d)给出,将它平移到整体受力图中,再画上柔索 BC、DE 的约束

图 1.22　例 1.5 图

力,就得到整体受力图,如图 1.22(e)所示。

　　例 1.6　如图 1.23(a)所示的结构,杆 DE 上作用有力偶 M,杆 BC 受到力 P 作用,力 Q 作用于销钉 C,杆件的重量不计。分析各个杆件以及整体的受力,画出

图 1.23　例 1.6 图

受力图。

解　杆 DE 与杆 AC 在点 D 光滑接触，所以杆 AC 对杆 DE 的作用力 $\boldsymbol{F}_D$ 垂直于杆 AC，杆 DE 还受到主动力偶 M 和铰支座 E 的作用。根据力偶必须由力偶来平衡的原则，支座反力 $\boldsymbol{F}_E$ 必须与 $\boldsymbol{F}_D$ 等值、反向，两个力构成力偶与 M 平衡。所以杆 DE 的受力如图 1.23(b)所示。

销钉 C 上有主动力 $\boldsymbol{Q}$ 作用，还受到杆 AC 和杆 BC 的作用，但作用力的方向无法判知，因此，销钉 C 的受力如图 1.23(c)所示。

杆 AC 受到杆 DE、销钉 C 和支座 A 的作用，其中只有杆 DE 的作用力方向已知，因此不能用三力汇交平衡定理；销钉 C 与杆 AC 的作用力互为作用力与反作用力。因此，杆 AC 的受力如图 1.23(d)所示。

杆 BC 的受力分析与杆 AC 类似，如图 1.23(e)所示。

将 A、B、E 三个支座解除，就得到整体，支座反力已经得到，因此整体的受力如图 1.23(f)所示。

例 1.7　如图 1.24(a)所示的结构，构件 AC、EC、BC 通过销钉 C 铰接。细绳一端系在销钉 A 上，跨过滑轮 D 后悬挂重力为 W 的重物 M，另有主动力 $\boldsymbol{P}_1$、$\boldsymbol{P}_2$ 作用。除重物 M 外，其他构件自重不计。分析各杆、滑轮 D、销钉 A、销钉 C 以及整体的受力，画出受力图。

解　杆 BC 为二力杆，受力如图 1.24(b)所示。物块 M 为二力体，受力如图 1.24(c)所示。滑轮 D 为三力平衡体，受力如图 1.24(d)所示。

杆 AC 受到销钉 A、C 和滑轮 D 的作用，由于销钉 A、C 的作用力方向不能判知，所以将它们的约束力分解为两个分量，杆 AC 受力如图 1.24(e)所示。

杆 AB 受到销钉 A、B 和主动力 $\boldsymbol{P}_2$ 的作用，销钉 B 对杆 AB 的作用力与对杆 BC 的作用力 F_{BC} 等值、反向，所以可以用三力汇交平衡定理，最后得杆 AB 的受力如图 1.24(f)所示。

杆 CE 受到销钉 C、插入端 E 和主动力 $\boldsymbol{P}_1$ 的作用，其受力如图 1.24(g)所示。要注意的是插入端的约束力偶不能遗漏。

销钉 A 受到细绳 AD、杆 AC、杆 AB 和底座四个物体的作用，销钉 A 对前三个物体的作用力已经画出，将这些力反向后平移到销钉 A 上就得到了细绳 AD、杆 AC、杆 AB 对销钉 A 的作用力；底座对销钉 A 的作用力就是支座反力，为两个未知分力 $\boldsymbol{F}_{Ax}$、$\boldsymbol{F}_{Ay}$。最后得销钉 A 的受力如图 1.24(h)所示。

销钉 C 受到杆 AC、杆 BC 和杆 CE 的作用，它们的反作用力已经画出，只要将它们反向后平移到销钉 C 上就得到销钉 C 的受力，如图 1.24(i)所示。

将支座 A 中的底座和插入端 E 解除，就得到整体，受力如图 1.24(j)所示。

值得指出的是，例 1.7 中销钉 A 约束了四个物体，因此在取出整体时，不能将

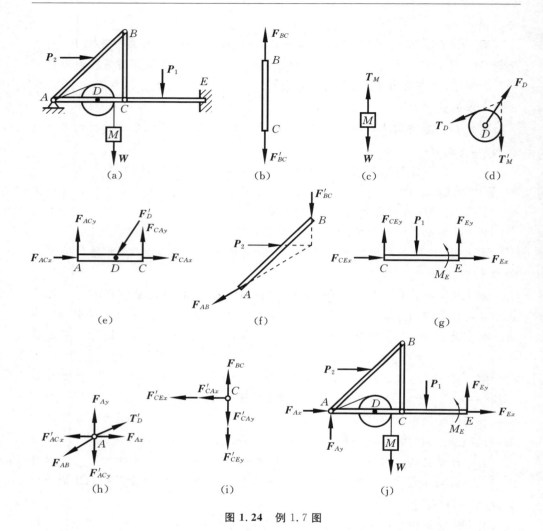

图 1.24　例 1.7 图

销钉 A 解除,否则细绳 AD、杆 AC 和杆 AB 将分离,这样取出的物系自然也就不是整体了。

　　由以上几个例题可知,对初学者来说,受力分析和画受力图并非易事,常见的问题表现为:不能准确取出指定的分析对象、多画或少画力。解决这些问题,一方面要养成尽量用规律性的方法做练习的习惯,每道题可采用上述画受力图的步骤进行训练;另一方面,在具体操作中,要牢记解除约束原理的本质,这就是必须而且只需在解除约束的地方画出相应的约束力。

　　此外,以上过程反复使用了三力汇交平衡定理,目的是为了使学生熟悉该定理;但是,以后将会看到,在力系平衡问题的求解中,很少用这个定理,因为虽然由该公理可以判断出力的方向,但是对于实际问题,其方向角的求解往往比较困难或很麻烦,所以一般宁可去求解一个力的两个分量(或三个分量),而不是去求这个力的大小和方向。

习　　题

1.1　是非题(正确的在括号内画"√",错误的画"×")。

1. 作用于刚体上的力是滑动矢量,作用于变形体上的力是定位矢量。(　　)

2. 二力构件的约束反力的作用线的方位沿二受力点的连线,指向可假设。

(　　)

3. 加减平衡力系公理不但适用于刚体,还适用于变形体。(　　)

4. 若两个力相等,则这两个力就等效。(　　)

5. 作用于点 A、共线、反向的两个力 F_1 和 F_2 如题 1.1.5 图所示,且 $F_1 > F_2$,则合力 $F_R = F_1 - F_2$。(　　)

6. 如题 1.1.6 图所示,力 F 可沿其作用线由点 D 滑移到点 E。(　　)

7. 两物体在光滑斜面 m-n 处接触,不计自重,若力 F_1 和 F_2 的大小相等、方向相反且共线,如题 1.1.7 图所示,则两个物体都处于平衡状态。(　　)

F_1　　A　　F_2

题 1.1.5 图

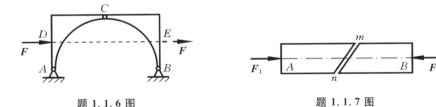

题 1.1.6 图　　　　　　　　　　题 1.1.7 图

1.2　选择题(将正确答案前面的序号写在括号内)。

1. 二力平衡公理适用于(　　)。

① 刚体　　　　　② 变形体　　　　　③ 刚体和变形体

2. 作用力与反作用力公理适用于(　　)。

① 刚体　　　　　② 变形体　　　　　③ 刚体和变形体

3. 作用于刚体上三个相互平衡的力,若其中任意两个力的作用线相交于一点,则其余的一个力的作用线必定(　　)。

① 交于同一点　　② 交于同一点,且三个力的作用线共面

③ 不一定交于同一点

4. 作用于刚体上的平衡力系,如果作用到变形体上,则变形体(　　);反之,作用于变形体上的平衡力系如果作用到刚体上,则刚体(　　)。

① 平衡　　　　　　② 不平衡　　　　　③ 不一定平衡

1.3　画出下列指定物体的受力图。假定各接触处光滑,物体的重量除注明者外均不计。

1. 圆柱体 O。

2. 杆 AB。

3. 弯杆 ABC。

4. 刚架。

5. 杆 AB。

6. 杆 AB。

7. 销钉 A。

题 1.3.1 图　　　　　题 1.3.2 图　　　　　题 1.3.3 图

题 1.3.4 图　　　　　题 1.3.5 图　　　　　题 1.3.6 图

8. 杆 AB。

1.4　各图中系统均处于静平衡状态,试画出下列各物系中指定物体的受力图。假定各接触处光滑,物体的重量除注明者外均不计。

1. 起重机整体、轮 O、杆 AB、杆 BC。

2. 构架整体、AB 部分、弯杆 BC。

3. 三铰拱整体、AB 部分、BC 部分。

4. "A"形构架整体、杆 AB、杆 BC、杆 DE 及销钉 B(力 F 作用在销钉 B 上)。

5. 二跨静定刚架整体、AD 部分、BDE 部分及杆 EC。

6. 构架整体、杆 AB(连同滑轮)、杆 AB(不含滑轮)。

7. 机构整体、杆 O_1B(包括滑块 B)、杆 OA。

8. 构架整体、杆 AB、杆 AC、杆 BC(均不包括销钉 A、C)、销钉 A、销钉 C。

9. 题1.4.8中,若销钉 A、C 均与杆 AC 固连,画出杆 AC 受力图。又若销钉 A、B 均与杆 AB 固连,画出杆 AB 受力图。

题 1.3.7 图　　　　　题 1.3.8 图　　　　　题 1.4.1 图

题 1.4.2 图　　　　　题 1.4.3 图　　　　　题 1.4.4 图

题 1.4.5 图　　　　　　　　题 1.4.6 图

题 1.4.7 图　　　　　题 1.4.8 图

10. 如题1.4.10图所示的结构,构件 DH 通过销钉 D、H 与周围构件相连接。不计构件自重及连接处的摩擦,在图中直接画出地面对 CB 的作用力方向和销钉 B 对构件 BA 的作用力方向。

题 1.4.10 图

11. 机构整体、连杆 AB、圆盘 O、滑块 B。

12. 构架整体、AB 部分、杆 BD、杆 DE。

题 1.4.11 图

题 1.4.12 图

第 2 章　平面力系的简化和平衡

　　静力学的基本任务是力系的简化和平衡,前者是手段,后者是目的。所谓力系的简化,就是通过等效处理将一个给定的力系变为一个更简单、或更有利于平衡分析的力系,即力系简化是为了对其进行更有效的平衡分析。对于既不汇交于一点也不是成对出现的力偶的平面任意力系,直接分析比较困难,因为其本质特征容易被复杂、琐碎的信息掩盖,不易取得结果。科学研究的方法一般是先研究简单的问题,将其本质特征搞清楚后,会得到启发而由此推广来研究复杂问题。对复杂问题只需从其与简单问题不同的特殊之处突破。此外,先研究简单问题,由复杂系统得出的结论可以通过简单系统的结论来验证其正确性,若复杂系统的结论退化到简单系统后与简单系统的结论不一致,则可以肯定复杂系统的结论是错误的。对于汇交于一点的平面汇交力系和成对出现的平面力偶系的平衡问题,分析比较简单。将这两个简单力系搞清楚后,就可以将结论推广,研究复杂的平面任意力系了。本章基于这样的科学研究方法,从简单到复杂,先后介绍各种平面力系的简化方法、特征和平衡方程及其应用。

2.1　力的合成与分解

1. 平行四边形(或三角形)法则

　　如图 2.1(a)、(b)所示,作用点相同的两个力 F_1 和 F_2 可合成为一个合力 F_R;反之,一个力 F 也可以分解成作用点相同的两个力 F_1 和 F_2 或 P_1 和 P_2。前一种操作的结果是唯一的,后一种操作的结果有无数个。

2. 力的投影

　　力也可用投影表示,一般用正交坐标系作为投影坐标系,如图 2.1(c)所示,有

$$F=F_x+F_y=F_x i+F_y j \tag{2.1}$$

$$F_x=F_x \cdot i=F\cos\alpha, \quad F_y=F_y \cdot j=F\cos\beta \tag{2.2}$$

其中,F_x、F_y 分别称为力 F 在 x、y 轴上的**投影**;i、j 分别为 x、y 轴的正向单位矢量;α、β 分别为力 F 与 x、y 轴正方向之间的夹角;F 表示 F 力的大小,它是一个代数量。当 F 是一个已知力时,其方向是确定的,$F=|F|$;当 F 是一个未知力时,其方向只是一个假设方向,因此 $F=|F|$ 或 $F=-|F|$,最终结果取决于力 F 所在力系的平衡条件。

　　注意:F_x、F_y 称为力 F 在 x、y 轴方向的分力,是矢量;而投影 F_x、F_y 是代数量。

图 2.1　力的合成与分解

（a）合成　（b）按平行四边形分解　（c）按直角坐标系分解

2.2　平面汇交力系

2.2.1　力系的简化和平衡

如图 2.2(a)所示,各力在同一平面上且相交于一点的力系称为**平面汇交力系**。用平行四边形法则将各力依次合成,最后汇交力系可合成一个**合力** F_R ,即

$$F_R = F_1 + F_2 + \cdots + F_n = \sum_{i=1}^{n} F_i \tag{2.3}$$

这就是平面汇交力系的简化。由力的三角形法则,式(2.3)可用几何图形表示,将各个力矢量首尾相接,再从第一个力的起点至最后一个力的终点画一个矢量,这个矢量就是合力矢量 F_R ,它与其他所有分力一起构成一个封闭的力多边形,如图 2.2(b)所示;这就是汇交力系合成的几何解释。

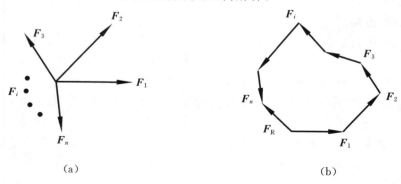

图 2.2　平面汇交力系的合成

（a）汇交力系　（b）力多边形

方程(2.3)可以写成投影式,即

$$\boldsymbol{F}_{\mathrm{R}} = F_{\mathrm{R}x}\boldsymbol{i} + F_{\mathrm{R}y}\boldsymbol{j} = \sum_{i=1}^{n}(F_{ix}\boldsymbol{i} + F_{iy}\boldsymbol{j}) = \left(\sum_{i=1}^{n}F_{ix}\right)\boldsymbol{i} + \left(\sum_{i=1}^{n}F_{iy}\right)\boldsymbol{j} \quad (2.4)$$

所以有
$$F_{\mathrm{R}x} = \sum_{i=1}^{n}F_{ix}, \quad F_{\mathrm{R}y} = \sum_{i=1}^{n}F_{iy} \quad (2.5)$$

这就是**合力投影定理**,即合力的投影等于分力投影的代数和。

综上所述,因为平面汇交力系与合力 $\boldsymbol{F}_{\mathrm{R}}$ 等效,因此力系平衡的充要条件为

$$\boldsymbol{F}_{\mathrm{R}} = \boldsymbol{0},$$

即
$$F_{\mathrm{R}x} = \sum_{i=1}^{n}F_{ix} = 0, \quad F_{\mathrm{R}y} = \sum_{i=1}^{n}F_{iy} = 0 \quad (2.6)$$

这就是平面汇交力系的平衡方程,共有两个独立的平衡方程。

2.2.2　合力矩定理

合力矩定理　平面汇交力系的合力 $\boldsymbol{F}_{\mathrm{R}}$ 对平面内任一点 O 之矩等于力系中各个力对同一点之矩的代数和,即

$$M_O(\boldsymbol{F}_{\mathrm{R}}) = \sum_{i=1}^{n}M_O(\boldsymbol{F}_i) \quad (2.7)$$

证明　以点 O 为原点做任意直角坐标系 Oxy,设力系的汇交点坐标为 $A(x_A, y_A)$,如图 2.3 所示,以逆时针方向为力矩的参考正向,则

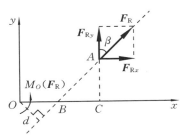

$$M_O(\boldsymbol{F}_{\mathrm{R}}) = F_{\mathrm{R}} \cdot d = F_{\mathrm{R}y} \cdot OB = F_{\mathrm{R}y} \cdot (x_A - BC)$$
$$= F_{\mathrm{R}y} \cdot x_A - F_{\mathrm{R}}\cos\beta \cdot BC$$

因为 $F_{\mathrm{R}} = \dfrac{F_{\mathrm{R}x}}{BC} \cdot AB$,所以

$$M_O(\boldsymbol{F}_{\mathrm{R}}) = F_{\mathrm{R}y} \cdot x_A - F_{\mathrm{R}x}\cos\beta \cdot AB$$
$$= F_{\mathrm{R}y} \cdot x_A - F_{\mathrm{R}x} \cdot y_A \quad (2.8)$$

图 2.3　合力矩和合力作用线

同理,过点 A 的汇交力系中的任一力 $\boldsymbol{F}_i$ 沿 $\boldsymbol{F}_i$ 的作用线平移,使点 A 成为 $\boldsymbol{F}_i$ 的起点,则 $\boldsymbol{F}_i$ 对点 O 之矩为

$$M_O(\boldsymbol{F}_i) = F_{iy} \cdot x_A - F_{ix} \cdot y_A$$

所以
$$\sum_{i=1}^{n}M_O(\boldsymbol{F}_i) = \left(\sum_{i=1}^{n}F_{iy}\right) \cdot x_A - \left(\sum_{i=1}^{n}F_{ix}\right) \cdot y_A = F_{\mathrm{R}y} \cdot x_A - F_{\mathrm{R}x} \cdot y_A \quad (2.9)$$

综合式(2.8)、式(2.9),定理得证。

对于合力 $\boldsymbol{F}_{\mathrm{R}}$ 来说,易知方程(2.8)对合力作用线上的任意点 (x,y) 均成立,因此有

$$M_O(\boldsymbol{F}_{\mathrm{R}}) = F_{\mathrm{R}y} \cdot x - F_{\mathrm{R}x} \cdot y \quad (2.10)$$

方程(2.10)就是在任意直角坐标系 Oxy 中,平面汇交力系的**合力作用线**

方程。

　　例 2.1　如图 2.4(a)所示的四连杆机构,各杆自重不计,$Q=1000$ N。求:
(1) 保持机构在所示位置平衡时所需的铅垂力 $\boldsymbol{P}$ 的大小;(2) 保持机构平衡所需
的作用于 C 的最小力的方向和大小。

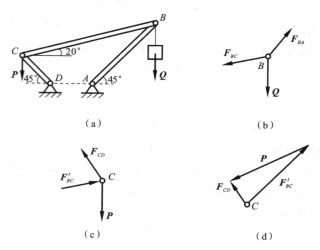

图 2.4　例 2.1 图

　　解　销钉 B 和 C 分别在汇交力系作用下处于静平衡。

　　(1)【B】受力图如图 2.4(b)所示,垂直 AB 投影有

$$Q\cos45°-F_{BC}\cos65°=0 \tag{a}$$

　　【C】受力图如图 2.4(c)所示,垂直 DC 投影有

$$P\cos45°-F_{BC}\cos25°=0 \tag{b}$$

联立式(a)、式(b)得

$$P=2144.5 \text{ N}$$

　　(2) 若要求保持机构平衡所需的作用于 C 的力最小,P 的方向应与 CD 垂直,
如图 2.4(d)所示,与 DA 成 135°。由式(a)解得 F_{BC} 后,得到

$$P=F_{BC}\sin65°\approx1516.2 \text{ N}$$

2.3　平面力偶系

　　当两个力大小相等、方向相反,且不共线时,这一对力叫作力偶。当各个力偶
都作用在一个平面上时,所成的力系称为**平面力偶系**。以力偶系中任一个力偶为
基准,根据力偶的性质,通过移转和改变力偶臂的长度,可以将平面力偶系中的其
他力偶与基准力偶叠合,形成两个汇交力系,这两个汇交力系分别合成后,得到一
个新的力偶,这个力偶就是原力偶系所有力偶的合力偶,如图 2.5 所示。显然,合

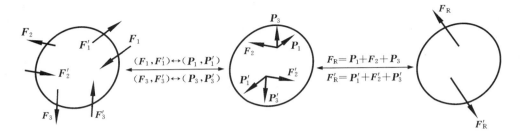

图 2.5　平面力偶系的合成

力偶的力偶矩是原来各个力偶矩的代数和,即

$$M = \sum_{i=1}^{n} M_i \qquad (2.11)$$

如果一个刚体只有平面力偶系作用,那么平衡的充要条件显然为

$$M = 0 \qquad (2.12)$$

例 2.2　如图 2.6 所示,在平衡系统中,大小相同的矩形物块 AB 和 BC 上分别作用有力偶 M_1、M_2,$M_1 = M_2 = M$。不计重力,求支座 A、C 的约束力。

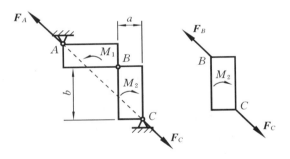

图 2.6　例 2.2 图

解　从整体看,主动力偶系的合力偶为零,因此支座 A、C 的约束力 F_A、F_C 必须形成力偶矩为零的力偶,于是约束力 F_A、F_C 等值、反向,作用在 AC 线上。物块 BC 为力偶系平衡,得

$$M - F_C(b-a)\cos 45° = 0$$

所以

$$F_C = \frac{\sqrt{2}M}{(b-a)}, \qquad F_A = \frac{\sqrt{2}M}{(b-a)}$$

2.4　平面任意力系

2.4.1　力的平移定理

图 2.7 演示了力 F 平移的整个过程,其本质是应用加减平衡力系公理对力做

等效变换。这样就将力 F 由点 A 平移到了点 B,但增加了一个力偶(F,F'),其力偶矩 M 为

$$M(F,F') = M_B(F) \tag{2.13}$$

图 2.7　力的平移

由此可得**力的平移定理**:作用于刚体上的力均可将其平移至刚体内任一点 B,欲不改变该力对刚体的作用,则必须在该力与点 B 所确定的平面内附加一力偶,其力偶矩等于原来的力 F 对新的点 B 之矩。

2.4.2　平面力系向指定点的简化

如图 2.8 所示,已知平面力系 $F_1,F_2,\cdots,F_n$,在其作用面内任意指定一点 O,称为**简化中心**,将力系中各个力向点 O 平移,假设附加力偶后,得到一个过点 O 的汇交力系 $F_1,F_2,\cdots,F_n$ 和一个力偶系 $M_1,M_2,\cdots,M_n$,最后将这两个力系合成,得

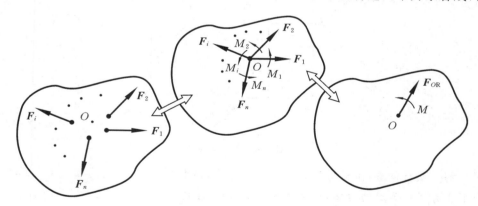

图 2.8　平面任意力系向指定点 O 简化

到一个合力 F_{OR} 和一个合力偶 M,即

$$F_{OR} = F_1 + F_2 + \cdots + F_n = \sum_{i=1}^{n} F_i \tag{2.14}$$

$$M = M_1 + M_2 + \cdots + M_n = \sum_{i=1}^{n} M_i = \sum_{i=1}^{n} M_O(F_i) \tag{2.15}$$

将

$$F_R = \sum_{i=1}^{n} F_i, \quad M_O = \sum_{i=1}^{n} M_O(F_i) \tag{2.16}$$

分别称为力系的**主矢**和**主矩**。

由方程(2.13)至方程(2.16)，显然有

$$\boldsymbol{F}_O = \boldsymbol{F}_R, \quad M = M_O \tag{2.17}$$

以上可归纳为：平面力系向作用面内任一点简化，一般可得到一个合力和一个合力偶，该合力作用于简化中心，其大小、方向与平面力系的主矢相同，合力偶矩等于平面力系对简化中心的主矩。

显然，合力的大小、方向与简化中心无关，即主矢与简化中心无关，是一个自由矢量。对于如图 1.17(a)所示的固支端约束，其受力状态就是如图 1.17(b)所示的分布力系，向其中某一点的简化为一合力和力偶矩。合力的大小和方向均未知，为方便计算，可分解为两个正交的分力，故固支端约束的反力有三项，如图 1.17(c)所示。

2.4.3　简化结果的分析

(1) $\boldsymbol{F}_R = \boldsymbol{0}$，$M_O = 0$，此时，力系平衡。

(2) $\boldsymbol{F}_R = \boldsymbol{0}$，$M_O \neq 0$，此时，不论力系向哪一点简化，均得到一个力偶 ，所得力偶均与原力系等效，由等效的传递性和力偶等效性质，所得力偶之矩均相等。

(3) $\boldsymbol{F}_R \neq \boldsymbol{0}$，$M_O = 0$，力系简化为一合力，已经是最简力系。

(4) $\boldsymbol{F}_R \neq \boldsymbol{0}$，$M_O \neq 0$，此时，将 $\boldsymbol{F}_R$ 再向某点 A 平移，使附加力偶矩与 M_O 抵消，力系最终简化为一合力。

结论：当主矢非零时，平面力系可最终简化为一个合力，当主矢为零时，平面力系可最终简化为一个力偶或平衡。因此平面力系的最终简化结果为一力、一力偶或平衡。

2.4.4　平面力系的合力矩定理

合力矩定理　当主矢非零时，平面力系最终一定可简化成一个合力 $\boldsymbol{F}_R$，合力 $\boldsymbol{F}_R$ 对平面内任一点 A 的矩等于原力系中各力对同一点之矩的代数和，即

$$M_A(\boldsymbol{F}_R) = \sum_{i=1}^{n} M_A(\boldsymbol{F}_i) \tag{2.18}$$

证明　如图 2.9 所示，设合力 $\boldsymbol{F}_R$ 作用线上任一点 B 的坐标为 (x_B, y_B)，以逆时针方向为矩的参考正向，则原力系向点 B 简化的主矩为零，即

$$\sum_{i=1}^{n} M_B(\boldsymbol{F}_i) = (x_i - x_B) \sum_{i=1}^{n} F_{iy} - (y_i - y_B) \sum_{i=1}^{n} F_{ix} = 0 \tag{2.19}$$

应用式(2.19)，合力 $\boldsymbol{F}_R$ 对任意点 $A(x_A, y_A)$ 的矩为

$$M_A(\boldsymbol{F}_R) = (x_B - x_A)F_{Ry} - (y_B - y_A)F_{Rx} = (x_B - x_A)\sum_{i=1}^{n} F_{iy} - (y_B - y_A)\sum_{i=1}^{n} F_{ix}$$

$$= (x_B - x_i + x_i - x_A)\sum_{i=1}^{n} F_{iy} - (y_B - y_i + y_i - y_A)\sum_{i=1}^{n} F_{ix}$$

$$= (x_B - x_i) \sum_{i=1}^{n} F_{iy} + (x_i - x_A) \sum_{i=1}^{n} F_{iy} - (y_B - y_i) \sum_{i=1}^{n} F_{ix}$$

$$- (y_i - y_A) \sum_{i=1}^{n} F_{ix}$$

$$= (x_i - x_A) \sum_{i=1}^{n} F_{iy} - (y_i - y_A) \sum_{i=1}^{n} F_{ix} = \sum_{i=1}^{n} M_A(\boldsymbol{F}_i)$$

证毕。

2.4.5 合力作用线方程

以逆时针方向为矩的正向,如图 2.9 所示,对任意选定的 Oxy 坐标系,设力系向点 O 简化的主矢与主矩分别为

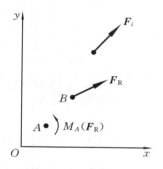

图 2.9 对任一点的合力矩

$$\boldsymbol{F}_R = \sum_{i=1}^{n} \boldsymbol{F}_i, \quad M_O = \sum_{i=1}^{n} M_O(\boldsymbol{F}_i)$$

根据合力矩定理,有

$$M_O(\boldsymbol{F}_R) = \sum_{i=1}^{n} M_O(\boldsymbol{F}_i) = M_O \quad (2.20)$$

设合力作用线上任一点的坐标为 (x, y),则由式(2.20)和力矩的计算可得

$$M_O = x F_{Ry} - y F_{Rx} \quad (2.21)$$

这就是**平面任意力系的合力作用线方程**,其中 M_O 为力系对点 O 的主矩。

例 2.3 求如图 2.10 所示的矩形和三角形分布力系简化后的合力,其中 q_0 为分布强度,量纲为(力/长度)。

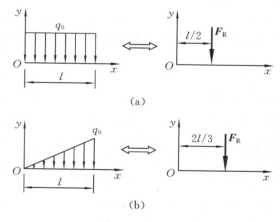

图 2.10 例 2.3 图

(a) 矩形分布力系的简化 (b) 三角形分布力系的简化

解　(1) 矩形分布力系。

显然,这个平行、同向分布力系的主矢非零,因此最终一定能合成为一个合力。

$$F_{\mathrm{R}} = \int_0^l q_0 \mathrm{d}x = q_0 l, \quad M_A = \int_0^l x q_0 \mathrm{d}x = q_0 \frac{l^2}{2}$$

由合力矩定理　　　　　　　　$$M_A = F_{\mathrm{R}} d \Rightarrow d = \frac{l}{2}$$

所以,矩形分布力系的合力作用线为通过矩形形心且与分布力平行的直线,大小为矩形的面积。

(2) 三角形分布力系。

同样,这个平行、同向分布力系的主矢非零,因此最终一定能合成为一个合力。

$$F_{\mathrm{R}} = \int_0^l \frac{x}{l} q_0 \mathrm{d}x = \frac{1}{2} q_0 l, \quad M_A = \int_0^l x \frac{x}{l} q_0 \mathrm{d}x = q_0 \frac{l^2}{3}$$

由合力矩定理　　　　　　　　$$M_A = F_{\mathrm{R}} d \Rightarrow d = \frac{2}{3} l$$

所以三角形分布力系的合力作用线与力系平行,距三角形尖端的距离为力系分布宽度的 2/3。

梯形分布力系可分割为矩形分布力系和三角形分布力系,分别用两个简化的合力来等效。

那么任意平行分布力系如何简化呢? 在上述计算步骤中,求合力大小实际上是求平面图形的面积,求作用线位置实际上是求图形形心坐标,故任意平行分布力系可简化为通过图形形心且与分布力平行的一个合力,其大小等于面积。请读者记住该结论,在解题时可以直接应用。

例 2.4　如图 2.11(a)所示,T 形立柱 ABD 垂直插入水平地面,尺寸如图所示,重力为 $P = 200$ kN,受到的集中力 $F = 800$ kN,力偶矩 $M = 40$ kN·m,水平方向的分布三角形载荷 $q = 40$ kN/m,$l = 1$ m。求固定端 A 处的约束反力。

图 2.11　例 2.4 图

分析　该题待求量为 A 处的 3 个约束反力(力偶矩也是约束反力),构件

ABD 受任意力系作用,因此列 3 个独立方程便可求解。在求解时,力偶矩 M 在力矩平衡方程中对任意点的矩的大小和方向都相同,在力投影方程中不会出现。力 F 对点 A 的力矩计算采用力乘以力臂的方法不方便,一般将 F 分解为 x 和 y 方向的 2 个分量来计算力矩。分布力直接用一个合力等效。

解　AD 受力如图 2.11(b) 所示,其中

$$F_1 = \frac{1}{2} q \times 3l = 30 \text{ kN}$$

$$\sum F_x = 0: \qquad F_{Ax} + F_1 - F\sin 60° = 0 \qquad\qquad\text{(a)}$$

$$\sum F_y = 0: \qquad F_{Ay} - P - F\cos 60° = 0 \qquad\qquad\text{(b)}$$

$$\sum M_A = 0: \quad M_A - M - F_1 \cdot l + F\cos 60° \cdot l + F\sin 60° \cdot 3l = 0 \qquad\text{(c)}$$

由式(a)至式(c)解得

$$F_{Ax} = 316.4 \text{ kN}, \quad F_{Ay} = 300 \text{ kN}, \quad M_A = -1188 \text{ kN} \cdot \text{m}$$

其中,"一"表示实际方向与图示方向相反。

2.4.6　平衡条件和平衡方程

平面任意力系平衡的充要条件是对任一简化中心,主矢、主矩同时等于零。平衡方程有如下三种等价的形式。

$$(1) \begin{cases} \sum_{i=1}^{n} F_x = 0 \\ \sum_{i=1}^{n} F_y = 0 \\ \sum_{i=1}^{n} M_O(\boldsymbol{F}_i) = 0 \end{cases}, \quad (2) \begin{cases} \sum_{i=1}^{n} F_x = 0 \\ \sum_{i=1}^{n} M_A(\boldsymbol{F}_i) = 0 \\ \sum_{i=1}^{n} M_B(\boldsymbol{F}_i) = 0 \end{cases}, \quad (3) \begin{cases} \sum_{i=1}^{n} M_A(\boldsymbol{F}_i) = 0 \\ \sum_{i=1}^{n} M_B(\boldsymbol{F}_i) = 0 \\ \sum_{i=1}^{n} M_C(\boldsymbol{F}_i) = 0 \end{cases}$$

$$\text{(2.22)}$$

可见,平面任意力系的独立平衡方程数目为三个。其中形式(1)的方程组称为**一矩式**;形式(2)的方程组称为**二矩式**,要求矩心 A、B 的连线 AB 与投影轴 x 轴不垂直;形式(3)的方程组称为**三矩式**,要求矩心 A、B、C 不共线。在解题中,可根据需要灵活使用以上三种形式的平衡方程。二矩式和三矩式的限制条件可通过图 2.12 来解释。

如图 2.12(a) 所示的平面任意力系,其简化结果若为图 2.12(b)、(c)、(d),则将不平衡。

令 $\sum M_A = 0$,则图 2.12(b) 不可能出现,但图 2.12(c)、(d) 仍可能出现,比如图 2.12(e)、(f) 的情形。再进一步令 $\sum M_B = 0$,但图 2.12(c)、(d) 仍可能出现,比如图 2.12(g)、(h) 的情形。再进一步令 $\sum F_x = 0$,如图 2.12(i) 所示,只要投影轴 x

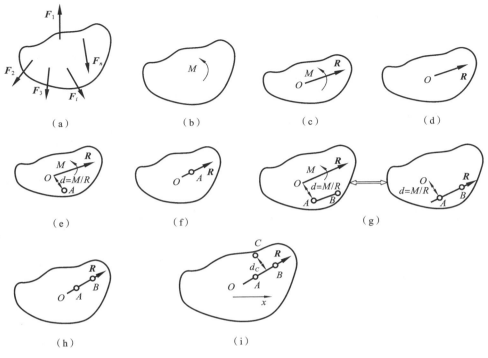

图 2.12 平面力系

轴与 AB 不垂直,或令 $\sum M_C = 0$,只要 A、B 和 C 不共线,则图 2.12(b)、(c)、(d)不可能出现,故满足上述三个条件,系统只能处于静平衡状态。

需要注意的是,不能列三个力投影方程(即零矩式),因为平面中任意第三个力矢量必然可以由其他两个力矢量线性组合而成,是相关的。此外,对于平面任意力系,任何第四个方程必然可以由三个已列的独立方程推导得到,是不独立的。任意一组独立的三个方程必然可以转化为另一组独立的三个方程,其具体证明比较困难,学过线性代数的读者可以通过线性代数中坐标变换的方法来证明。

对于平面平行力系,如将 Oxy 坐标系的 x 轴设为与各力垂直,则 x 方向的力平衡方程自动满足,因此这种力系的独立平衡方程只有两个:

$$\sum_{i=1}^{n} F_y = 0, \qquad \sum_{i=1}^{n} M_O(\boldsymbol{F}_i) = 0 \qquad (2.23)$$

假设平行力与 x 轴的夹角为 θ($\theta \neq 90°$),用一矩式得到 3 个方程,将会发现其中的 2 个力投影方程完全一样。因此,当 Oxy 坐标系的 x 轴与各力不垂直时,平面平行力系的独立平衡方程仍只有两个,且平面平行力系至多只能列一个力投影方程。有一矩式和二矩式,其中一矩式要求力投影轴不能与力垂直,二矩式要求两个矩心的连线不能与力平行。

2.5　物系的平衡、静定与超静定问题

2.5.1　静定和超静定的概念

由第 1 章可知道物系上作用的所有力可分成如下两种。

外力:外界作用于物系的力,即主动力和外部约束的约束力;

内力:物系内各物体间的相互作用力,即内部约束的约束力。

物系取定后,由作用力与反作用力公理,内力总是成对出现的,是平衡力系,因**此内力不影响物系的平衡状态**。

对在任意载荷下均处于静平衡的系统,在主动力已知的前提下,如果根据理论力学静力学理论对系统中的所有物体列出的独立平衡方程总数 n 等于独立未知力总数 m,那么仅仅通过静力平衡理论便可求解出所有的约束反力,这样的结构称为**静定结构**,其中作用力和反作用力的大小相等,方向相反,视为相同力。若 $n<m$,那么仅仅通过静力平衡理论无法求解出所有的约束反力,这样的结构称为**超静定(或静不定)结构**。一般受任意载荷均处于静平衡的系统称为结构,可运动的称为机构。当主动力未知的机构处于静平衡时,仅仅利用理论力学静力学理论就可以求解出所有约束反力和主动力的问题以及静定结构求约束反力的问题,统称为**静定问题**。本书将该类问题的系统称为静定系统。顾名思义,静定问题就是仅仅利用理论力学静力学理论就可以求出处于静平衡系统所有约束反力和主动力的问题。若 $n>m$,这样的问题是**动力学问题**,多余的独立方程是用来描述力与运动的加速度关系的。当然,在动力学中,所列的独立方程与静力学的有些不同。图 2.13所示给出了不同类型。

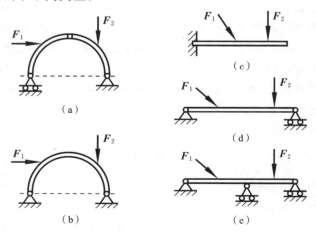

图 2.13　静定和超静定结构

(a)运动机构　(b)超静定拱架　(c)静定悬臂梁　(d)静定简支梁　(e)超静定连续梁

确定静定问题的具体方法一般如下：将系统拆分为不能再拆分的最基本的单元(刚体)，则总的独立平衡方程数 $n = n_1 \times 2 + n_2 \times 2 + n_3 \times 1 + n_4 \times 3$，其中 n_1 为平面汇交力系，n_2 为平面平行力系，n_3 为平面力偶，n_4 为平面任意力系。所有出现的独立未知约束反力(铰链的力分解为两个独立的力)的数目之和就是总的独立未知力个数 m。为了使计算思路清晰，力偶系和二力杆可视为其两端共有 4 个约束反力的可列 3 个独立方程的平面任意力系。

根据以上方法可以确定图 2.13 中各结构的静定情况。

2.5.2 物系的平衡问题分析

物系的平衡问题就是研究物系上外力构成的力系的平衡，在平面力系作用下，一个分析对象的独立平衡方程数至多为三个，在解题时，如何根据具体情况选择适当的分析对象及其平衡方程来求解未知量并不是容易的，下面主要解决这个问题。

1. 方程独立性

对于 n 个未知量，需要列 n 个独立方程。若方程不独立，就会有无数个解，但对于实际的静平衡问题，状态是唯一的，因此只能有唯一解，要求所列的方程不能相关。对于只取一次研究对象的平面任意力系，列二矩式和三矩式时只要稍加注意限制条件，就可很容易地避免列出相关的方程。但是，对于多刚体静力学平衡系统，往往需要多次选取不同的研究对象，从中寻找于问题有利的方程。此时，有可能会列出表面上独立实际上相关的方程，往往经过很复杂的计算后，仍得不到结果而不知问题所在。如何避免列出相关的方程，是分析该类问题所需要注意的。下面讨论容易出现相关性的几种情形。

对于如图 2.14 所示的由两个刚体构成的系统，求 A、B、C 处 6 个约束反力时，有很多方法。下面列出了几种方法。

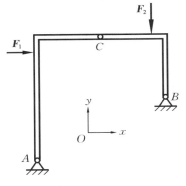

图 2.14 两个刚体构成的系统

【方法 1】 分别以杆件 AC、杆件 CB 和整体为研究对象，可以列如下 3 组共 9 个方程。

杆件【AC】	杆件【CB】	【整体】
$\sum F_x = 0$ (1)	$\sum F_x = 0$ (4)	$\sum F_x = 0$ (7)
$\sum F_y = 0$ (2)	$\sum F_y = 0$ (5)	$\sum F_y = 0$ (8)
$\sum M_A = 0$ (3)	$\sum M_A = 0$ (6)	$\sum M_A = 0$ (9)

6 个未知量，却有 9 个方程，如何选取呢？

在上述 9 个方程中，可以看出，第一组 3 个方程中，(1)+(4)=(7)，只有 2 个方程是独立的;类似地,第二组(2)、(5)、(8)只有 2 个方程是独立的;第三组(3)、(6)、(9)也只有 2 个方程是独立的。所以,从每组中任选 2 个方程,得到 $C_3^2 C_3^2 C_3^2 =$ 27 个独立的方程组,故有 27 种方法,当然,采用不同的形式,就有不同的方法,故实际上有无数种方法,但无论何种方法,独立的方程只有 6 个,每一种方法可以相互推出。但若同时列了(3)、(6)、(9),则方程组是相关的,也就是说,从结构上看,局部 1(如 AB)+局部 2(如 CB)=更大的局部 3(如 ACB),若对每个局部都列力矩方程,则不能对同一点列力矩平衡方程(以下简称为对点取矩)。此外,若其中一个部分列了 2 个力投影方程,则必然可以推出在任意方向的力投影方程,故另 2 个部分不能再对同一个方向列力投影方程。那么,如下两种方法列出的方程是否独立呢?

【方法 2】　对杆件 AC 列了全部 3 个独立方程,但不是对点 A 取矩;杆件 BC 和整体 ABC 对同一点(比如点 A)取矩,那么这样的 5 个方程是否独立呢?

【方法 3】　对杆件 AC 仅列了 2 个独立方程,没有一个方程对点 A 取矩;杆件 BC 和整体 ABC 对同一点(比如点 A)取矩,列了 2 个方程,那么这样的 4 个方程是否独立呢?

在【方法 2】中,取杆件 AC 为研究对象,列了全部 3 个独立方程。因为任何其他方程必然可由这 3 个方程推出,故可推出对点 A 取矩的方程,因此将与以杆件 BC 和整体 ABC 为研究对象时分别对点 A 取矩的 2 个方程相关,因此,这样的 5 个方程是相关的。而在【方法 3】中,取杆件 AC 为研究对象,仅列了 2 个独立方程,一般情形下,是不能推出对点 A 取矩的方程的,因此这 2 个方程将与以 BC 和整体 ABC 为研究对象时分别对点 A 取矩的 2 个方程不相关,因此,这样的 4 个方程一般是独立的。

综上所述,当需要多次取不同研究对象列方程时,从结构上,若局部 1+局部 2 =局部 3,则需注意如下三点:

(1)若需要对 3 个部分列方程,每部分不能对同一点取矩,也不能对同一方向列力投影方程;

(2)若其中一部分列出了全部 3 个方程,则另 2 个部分不能对同一点取矩,也不能对同一方向列力投影方程。

(3)若其中 2 个部分分别列出了各自的所有独立方程,则第 3 个部分不能再列任何方程。

2. 多刚体静力学平衡系统的分析

客观物理世界具有多样性和同一性,是二者的统一。多样性决定了分析问题具有多种方法,同一性揭示了很多问题具有共同的特征,可能具有统一的分析方法。理论力学是研究客观物理世界机械运动一般规律性的科学,其研究的具体问题也具有这样的两面性,一个理论力学问题往往有很多种分析方法。有时为了了解系统更多的信息,取局部为研究对象,但其计算复杂。有时仅需要了解系统整体某方面信息,丢失部分信息使计算简单,有时又将局部和整体分析方法结合在一起,用不太复杂的方法获得我们关心的信息。有多种解题方法的根本原因是,静力学所有定理都是由五大公理得到的,动力学三大定理都是由公理和牛顿第二定理得到的。因为这些定理的起源有很多相同之处,往往可用来求解同一个问题,故导致方法众多。正因为方法众多,但起源可能相同,同时应用多个定理解题时,往往会列出相关的方程,而它们的相关性有时很难看出来,导致该列的独立方程未列出或所列的方程数目过多,思路混乱,使解题困难。

　　静平衡问题分析方法众多,一般有三种分析方法:① 分析整个系统的每个构件,列出所有的独立方程联立求解;② 使所列方程尽量不联立求解;③ 尽量不引入不待求未知量,列最少数目的独立方程,然后,再尽量不联立或联立最少的方程求解。

　　方法①是将系统拆分为最基本的单元,任意力系可列 3 个方程,其他力系列出相应数目的方程,所有 n 个方程必然是独立的。对于静定结构,n 个独立方程必然可以求解出 n 个独立未知力。该方法思路清晰,分析简单,但计算量很大,故不推荐。读者会问,现在计算机计算能力那么强,只要列出方程,采用计算机编程求解不就变得容易了吗? 为何不推荐呢? 其原因是即使现在计算机计算能力很高,但计算机对每个变量采用 0 和 1 的近似存储,每一步都会存在误差,对于方程数目巨大的方程组,计算步越多,累积误差越大。若减少计算步,增加每一计算步间隔,也会出现误差。计算机存在的这些问题在分析复杂的动力学系统时变得尤为突出。实际面临复杂的力学问题时,需要寻找列较少数目的方程的方法,发现有效快速的解法。本课程的例题中方程数目很少,用计算机计算很简单。然而,该课程主要研究重要的力学原理和分析方法,其中蕴含丰富的哲学思想和科学的方法论。正是因为它所具备的这些独特性,学习该课程的目的不仅仅是分析课本中的简单例题,更重要的是培养创新思维,使读者在探讨不同分析方法中深刻理解力学原理的优缺点,为后续研究方程数目巨大的复杂静力学和动力学问题提出创新性的思想。

　　方法②是一种常用的分析方法。为了尽量使所列方程不联立求解,有时需要引入过渡量,分析结构特点,这对培养读者的观察能力很有帮助,计算量也不大。但面临如下的困境:为了不联立求解,往往需要引入某些过渡量,然而,不待求未知量很多,哪一个适合作为过渡量? 过渡量是否一定存在? 在一个未知系统中寻找一个可能不存在的量将导致无功而返。因为引入的过渡量不同,故方法众多,思路比较灵活,也容易列出相关的方程。此外,对于动力学问题,一般不可能实现不联立求解即求出待求量,该方法不易移植到动力学。

　　方法③基于方程数目最少的原则,尽量不引入不待求未知量,解法不会太多,不需过多观察具体结构的特点,分析思路相对简单,对一类问题容易建立寻找方程的规律性方法。理论力学后续将发展到分析力学,分析力学主要研究复杂动力学问题和如何建立高效且有规律性的范式分析方法,其中一个特点就是尽量回避无关的未知量。所以,该方法的思想与该课程的发展目标一致,容易移植到动力学的动静法上,建立规律性的分析方法。但列出的方程需要联立求解的可能性比方法②大,对于静力学问题,有时计算量不一定比方法②小。但对于动力学问题,其计算量往往比方法②小。

方法②和③各有其优缺点,读者可根据自己偏好选用,下面例题主要基于方法③,仅供读者参考。

对于多刚体平面静力学平衡系统,为了分析方便,可以类似分析电路一样,将其分为串联和并联系统。

1) 串联系统

类似图 2.15(a)所示的系统,从任意节点出发,向前层层推进到下一个节点,不会出现任何外部未知的主动力(若外部支路对该线路有约束力,则去掉该约束,该约束对该线路的约束力就变成未知的主动力)。这样的系统,有些类似电路分析的串联系统,不妨将该类系统称为**串联系统**。

例 2.5 如图 2.15(a)所示的构架由直杆 BC、CD 及直角弯杆 AB 组成,各杆自重不计,载荷分布及尺寸如图所示。AB 及 BC 两构件通过销钉 B 铰链连接,在销钉 B 上作用一垂向力 $\boldsymbol{P}$。已知 q、a、M,且 $M = qa^2$。求固定端 A 的约束反力。

分析 静力学问题解法非常灵活,个人偏好不同,方法也不同。对于该类仅求串联系统某一处的力的问题,以下思路可供参考。若仅求 A 的约束反力,A 处总共有 3 个未知力,可采用方法③,按如下思路尽量只列 3 个方程。先取整体为研究对象,可以列 3 个独立方程,但 D 处有 2 个不待求未知约束反力,故能且只能得到 1 个只有待求量的方程。还差 2 个方程,只能从局部选取研究对象。为了尽量不引入不待求的未知力,尽量不要随意拆分。可以从待求量 A 出发,由近及远向周围延伸到没有未知力偶矩的连接部位 B,取 AB 为研究对象,对点 B 取矩得到第 2 个方程。还差 1 个方程,再回头继续从待求量 A 处出发,由近及远向周围延伸到更远的 C,取 ABC 为研究对象,对点 C 取矩得到第 3 个方程。因为每次选取研究对象都会引入新的构件,层层推进,所以所列的方程是独立的。

解 【整体】(见图 2.15(b))

$$\sum M_D = 0:\quad 4aF_{Ax} - 2aF_{Ay} + M_A + 3a \times \frac{3aq}{2} + Pa + M - \frac{a}{2} \times qa = 0 \qquad (a)$$

【局部 AB】(见图 2.15(c))

$$\sum M_B = 0:\quad 3aF_{Ax} - aF_{Ay} + M_A + 2a \times \frac{3aq}{2} = 0 \qquad (b)$$

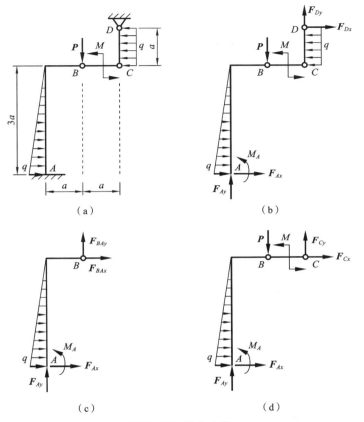

图 2.15　例 2.5 图

【局部 ABC】（见图 2.15(d)）

$$\sum M_C = 0: \quad 3aF_{Ax} - 2aF_{Ay} + M_A + 2a \times \frac{3aq}{2} + Pa + M = 0 \tag{c}$$

联立方程(a)至方程(c)得到

$$F_{Ax} = -qa, \quad F_{Ay} = P + qa, \quad M_A = (P + qa)a$$

该题若仅求销钉 B 对 BA 的约束反力,可以采用类似的分析思路的方法轻松找到所需的方程:待求量为 2 个,尽量列 2 个方程。先取整体为研究对象,但整体有 5 个不待求未知力,只有 3 个方程可列,故只能选取局部构件为研究对象。从待求量所在的 B 出发,向左延伸到 A 处,因为 A 处有未知力偶矩,故放弃。因此只有再向右边构件延伸,取销钉 $B + BC$,对点 C 取矩,再进一步延伸,取销钉 B 和 BC $+ CD$,对点 D 取矩。

值得注意的是,从待求量所在的 B 出发,要延伸到构件的不会出现力偶矩的连接点处。否则,会引入未知的力偶矩,比如,若选取 AB 的部分 AH(H 是 AB 的中间某点),对点 H 取矩,则将引入点 H 的未知力偶矩(在点 H,HB 与 HA 相当于固定端约束,存在力偶矩)。

若同时求多处的力,一般先整体选取仅包含待求量的方程,然后,分别从待求力每一处出发,先选取一个物体,从 3 个方程中挑出仅仅含待求量(包括其他处的待求量)的方程,再由近及远选择两个物体,从 3 个方程中挑出仅仅含待求量的方程,依次类推,层层推进,遇到不待求的未知力,不再推进。这样,由多处的分析,将得到比待求量数目多且仅仅包含待求量的方程,这些方程必然相关。再通过观察,选择计算量少且独立的方程,比如用由单个物体得到的方程替换整体的方程。然后对不容易确定是否独立的方程再进行仔细的相关性分析。若通过相关性检查,所挑出的一组方程独立且计算量一般相对较小。比如,例 2.5 同时求 A 处约束反力及销钉 B 对 BC 的约束反力,有 5 个待求量。先整体对点 D 取矩得到一个方程,再从局部分析。从 A 处出发,先选取 1 个物体 AB,对 AB 取矩得到方程。再推进选取两个物体【$AB+B$】,此时出现的都是待求量,可列全部 3 个方程。再选取 3 个物体【$AB+B+BC$】,对点 C 取矩。再从 B 处出发,向左边延伸选取【$B+AB$】,对点 A 取矩,再从点 B 向右边层层推进分别选取【BC】,对点 C 取矩,【$BC+CD$】对点 D 取矩等。这样所得到的方程仅含有待求量,但方程数目大于 5 ,必然相关。在这些方程中,通过观察选取计算量小且独立的方程。这样,将可以发现选取【$AB+B$】列 3 个方程,【BC】对点 C 取矩,【$BC+CD$】对点 D 取矩。这一组方程计算量小且可以不联立求解。

图 2.16　串联系统

图 2.16 所示的系统看起来与例 2.5 差异很大,但从串联系统的视角来看,实际其是与图 2.15 一样的,因此,求各处的力的分析方法与例 2.5 完全一样。当一个结构是串联系统时,分析方法几乎与上述提到的方法一样,不再列举该结构的例题。

例 2.6　图 2.17(a)所示的结构由直角弯杆 DAB 与直杆 BC、CD 铰链连接而成,并在 A 处与 B 处用固定铰支座和可动铰支座固定。杆 DC 受均布载荷 q 的作用,杆 BC 受力矩为 $M=qa^2$ 的力偶作用。不计各构件的自重,求铰链 D 受力。

分析　该结构虽然不是串联系统,但待求的力来自可以看成串联系统的局部 DCB,这就可以用串联系统的分析方法。

解　【DC】(见图 2.17(b))

$$\sum M_C = 0: \qquad \frac{1}{2}qa^2 - F_{Dy}a = 0 \qquad\qquad (a)$$

【$DC+CB$】(见图 2.17(c))

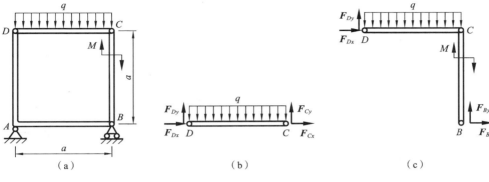

图 2.17　例 2.6 图

$$\sum M_B = 0: \qquad \frac{1}{2}qa^2 - F_{Dy}a - F_{Dx}a - M = 0 \tag{b}$$

由方程（a）和方程（b）得到

$$F_{Dx} = -qa, \quad F_{Dy} = \frac{1}{2}qa$$

思考：(1) 该题若只求销钉 B 对 BAD 的约束反力，至少需要列几个方程？

(2) 该题若同时求销钉 B 对 BAD 的约束反力及销钉 D 对 DC 的约束反力，如何只列 4 个方程求解？

如下结论有助于分析多物体系统静平衡问题。对于平面任意力系，若只有 $s(s<3)$ 个不待求未知力，则必然可得到 $3-s$ 个不含有不待求力的方程。若 $s=1$，对不待求力的垂直方向投影和对其作用线上任意点列力矩平衡方程。若 $s=2$，不待求的 2 个平面力要么相交，要么平行。若相交就对交点取矩列力矩平衡方程；若平行，就对其垂线列力投影方程。对于静定的串联系统，若仅求某一处的所有 N 个约束反力，一定只需要列 N 个方程。若某一处有 N 个约束反力，仅求其中的几个，则至多只需要列 N 个方程。若求多处的 N 个约束反力，则必然可以不引入待求点以外的其他约束反力。

2）并联系统

对于图 2.18(a) 所示的系统，从某一个连接点（比如点 A）向其他的节点延伸，有时要选取 AC 为研究对象，这样必须穿越 AC 间的来自其他构件（如小车）的约束，才能进入一个闭合的子系统（类似电路的并联回路），那么就将引入来自其他构件的不待求未知量并需将其求出。这样的结构称为并联系统。

例 2.7　均质小车重 P，如图 2.18(a) 所示放在水平组合梁 ACB 上，杆 BD 上作用形状为直角三角形、强度为 q 的分布力，已知 a,l，杆重不计，求支座 A、D 的反力。

分析　共 5 个待求未知量，至少需列 5 个方程。先取整体为研究对象，可列 3 个。再取局部，由 D 出发，【DB】$\sum M_B = 0$，得到第 4 个。要得到最后一个独立方

图 2.18　例 2.7 图

程,必然要进入闭合结构里的点 C,故取【$DB+BC$】$\sum M_C = 0$,但这必将引入 F_H(见图 2.18(d))。再将 F_H 视为待求量,取小车,$\sum M_E = 0$,共 6 个方程即可求解。然后,再尽量不联立或联立最少的方程组求解。具体解题步骤顺序往往与分析思路相反。

解　【小车】(见图 2.18(b))

$$\sum M_E = 0: \qquad\qquad Pa - 2F_H a = 0 \qquad\qquad\qquad \text{(a)}$$

分布力简化为 $R = \dfrac{ql}{2}$,与点 B 的距离为 $\dfrac{l}{3}$。

【DB】(见图 2.18(c))

$$\sum M_B = 0: \qquad\qquad F_{Dx}l + F_{Dy}l - \frac{l}{3}R = 0 \qquad\qquad\qquad \text{(b)}$$

【$DB+BC$】(见图 2.18(d))

$$\sum M_C = 0: \qquad\qquad F_{Dx}l + F_{Dy}2l - \frac{l}{3}R - F_H a = 0 \qquad\qquad\qquad \text{(c)}$$

由方程(a)至方程(c)解得　$F_{Dy} = \dfrac{Pa}{2l}$;　　$F_{Dx} = \dfrac{ql}{6} - \dfrac{Pa}{2l}$

【整体】(见图 2.18(e))

$$\sum F_x = 0: \qquad\qquad F_{Ax} - R + F_{Dx} = 0 \qquad\qquad\qquad \text{(d)}$$

$$\sum F_y = 0: \qquad\qquad F_{Ay} - P + F_{Dy} = 0 \qquad\qquad (e)$$

$$\sum M_A = 0: \qquad M_A - Pl - \frac{l}{3}R + 3F_{Dy}l + F_{Dx}l = 0 \qquad\qquad (f)$$

由方程(d)至方程(f)解得 $\quad F_{Ax} = \dfrac{ql}{3} + \dfrac{Pa}{2l}, \quad F_{Ay} = P - \dfrac{Pa}{2l}, \quad M_A = Pl - Pa$

例 2.8 结构及其尺寸、载荷如图 2.19(a)所示。已知 $Q = 1000$ N,$P = 500$ N,力偶矩 $M = 150$ N・m。除重物 Q 外,其他构件自重不计。求销钉 B 对 BA 及 BC 的作用力。

分析 销钉 B 处的具体结构是在构件 AB、BC 和支座上钻孔,再通过圆柱销插入孔。销钉与各构件的作用分别为铰链连接,有两个独立的约束反力分量,故销

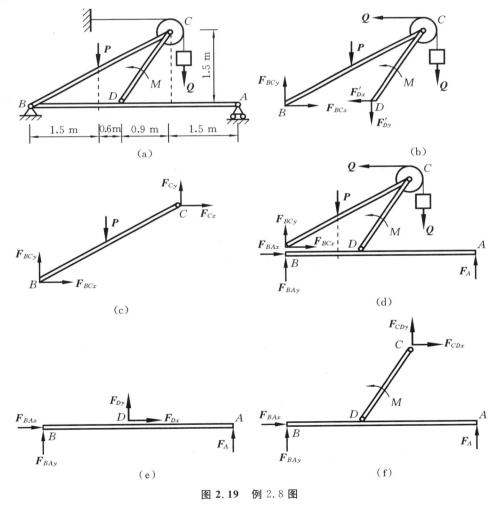

图 2.19 例 2.8 图

钉 B 总共受到 6 个独立的约束反力分量。该题只求其中的 4 个力。去除支座 B 的所有部分可列 3 个方程,但只有 A 处受地面的一个不待求的力 F_A,故可得到 2 个不含 F_A 的方程(对 F_A,可通过对点 A 列力矩方程和垂直 F_A 列力投影方程)。再选取 BC,对点 C 取矩。再从 B 处出发,向前推进,选取 $BC+C+CD$,对点 D 取矩得到第 4 个方程。这种解法比较巧妙,不是很容易想到。类似该题的并联系统的问题,解法一般很多,个人偏好不同,求解方法也不同。对于并联系统,若一时想不到非常巧妙的解法,以下思路可供参考。先从整体寻找不含有不待求未知力的方程(称为有用方程),再从与待求量相关的一个构件上找有用方程,遍历各构件,若方程仍不够,再从包含待求量的两个构件上寻找,层层推进,若无法避免不待求未知力,一般先尽量考虑引入方向已知的力。若求多处力,分别从多处出发,找到有用方程,这些方程的数目往往多于待求量数目,因为它们是相关的。再采用观察和相关性判别等方法,排除相关的方程,并尽量用得到的这些方程中来自个体的方程替代来自整体的方程,减少计算量。按这样的思路,该题也可分别考虑 B 对 BC 的待求量和对 BA 的待求量。先研究 BC 与销钉 B 的待求力,从 B 处出发,选一个物体 BC,对点 C 取矩。再从 B 处出发选更多物体,向前推进,选取 $BC+C+CD$,对点 D 取矩。再研究 BA 与销钉 B 的待求力,从 B 处出发,选一个物体 BA,再选取 $BA+DC$,对点 C 取矩,这样虽无法避免不待求未知力,但可优先考虑引入方向已知的力 F_A,将其视为待求量。本题给出上述两种解法。

解法 1 取去除销钉 B 后的整体(见图 2.19(d)),可列 2 个仅含待求力的方程。再从待求量的点 B 延伸到 C,取 BC 为研究对象,对 C 取矩(见图 2.19(c))。再继续延伸到 D,取 BCD 间所有构件为研究对象(见图 2.19(b)),对 D 取矩。

【BCD 间所有构件】(见图 2.19(b))

$$\sum M_D = 0: \quad 0.6P+1.5Q+M-2.1F_{BCy}-0.9Q=0 \tag{a}$$

解得

$$F_{BCy}=500 \text{ N}$$

【BC】(见图 2.19(c))

$$\sum M_C = 0: \quad 1.5F_{BCx}+1.5P-3F_{BCy}=0 \tag{b}$$

解得

$$F_{BCx}=500 \text{ N}$$

【去除销钉 B 后的整体】(见图 2.19(d))

$$\sum F_x = 0: \quad F_{BAx}+F_{BCx}-Q=0 \tag{c}$$

解得

$$F_{BAx}=500 \text{ N}$$

$$\sum M_A = 0: \quad 3P+1.5Q+1.5+M-4.5(F_{BCy}+F_{BAy})=0 \tag{d}$$

解得

$$F_{BAy}=533.3 \text{ N}$$

解法 2

【BCD 间所有构件】(见图 2.19(b))

$$\sum M_D = 0: \quad 0.6P + 1.5Q + M - 2.1F_{BCy} - 0.9Q = 0 \tag{e}$$

解得
$$F_{BCy} = 500 \text{ N}$$

【BC】(见图 2.19(c))

$$\sum M_C = 0: \quad 1.5F_{BCx} + 1.5P - 3F_{BCy} = 0 \tag{f}$$

解得
$$F_{BCx} = 500 \text{ N}$$

【整体】

$$\sum M_B = 0: \quad 4.5F_A + M + 1.5Q - 1.5P - 3Q = 0 \tag{g}$$

解得
$$F_A = \frac{1400}{3} \text{ N}$$

【BA】(见图 2.19(e))

$$\sum M_D = 0: \quad 2.4F_A - 2.1F_{BAy} = 0 \tag{h}$$

解得
$$F_{BAy} = 533.3 \text{ N}$$

【BA+DC】(见图 2.19(f))

$$\sum M_C = 0: \quad 1.5F_A + 1.5F_{BAx} + M - 3F_{BAy} = 0 \tag{i}$$

解得
$$F_{BAy} = 500 \text{ N}$$

从例 2.7 和例 2.8 可知,对于并联系统,有时需要引入不待求的未知力,此时,一般尽量引入方向已知的未知力。对于静定系统,若有 N 个方向已知的未知力,除非特殊情形,一般至多只需多列 N 个方程,所引入的是 N 个方向已知的力。对于例 2.7 中的系统,小车可移动,故其不是静定系统。

例 2.9　如图 2.20(a)所示,用三根杆连接成一构架,各连接点均为铰链,B 处的接触表面光滑,不计各杆的重力。图中尺寸单位为 m。求铰链 D 处受力。

分析　该题是静定系统,若无法避免引入不待求未知力,可引入 B 处 1 个方向已知的未知力,多列 1 个方程。按照分析方法,先取整体分析,得到的方程无待求量,故放弃该方法。再从局部分析,从待求量出发,先找包含待求量的一个物体,取 AE 为研究对象,无论如何列方程,将引入 A 或 E 处方向未知的不待求力,故放弃。再取 DB,若对点 C 列力矩平衡方程,将会引入 B 处方向已知的力,考虑到该题结构是并联系统,该力一般要引入,故将该力视为待求量,所以,可以选取 DB 为研究对象,得到一个方程。当将 B 处方向已知的力视为未知量时,待求量变成了3 个,故还需要列 2 个方程。按层层推进的思路,再选取包含 D 处待求力的两个物体的组合,组合有 3 种【AE+FC】、【AE+DB】、【DB+FC】。若取【AE+FC】或【AE+DB】为研究对象,有 4 个以上的不待求未知力,而研究对象至多只能列 3 个方程,这样会引入较多不待求未知力,故放弃。若取【DB+FC】,若对点 E 列力矩平衡方程,除了将会引入 B 处方向已知的力外,不会引入其他不待求力,故可以选

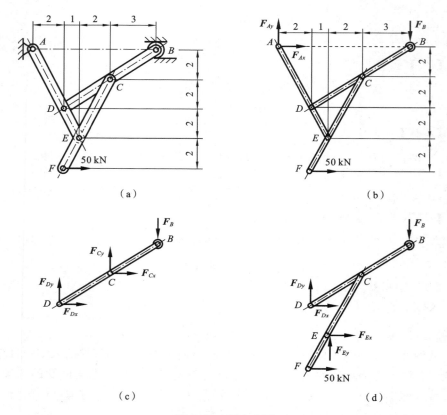

图 2.20　例 2.9 图

取。再将 B 处方向已知的力视为待求量,重复进行先取整体再取局部的分析方法,将发现取整体为研究对象,对点 A 列力矩平衡方程即可。这样得到 3 个方程,而且由于层层推进选取对象,每推进一步会引入新的个体,因此所列的方程是独立的。

解 【整体】(见图 2.20(b))

$$\sum M_A = 0: \qquad\qquad 8F_B - 400 = 0 \qquad\qquad (a)$$

解得 $\qquad\qquad\qquad\qquad F_B = 50 \text{ kN}$

【BD】(见图 2.20(c))

$$\sum M_C = 0: \qquad\qquad 2F_{Dx} - 3F_{Dy} - 3F_B = 0 \qquad\qquad (b)$$

【$BD + CF$】(见图 2.20(d))

$$\sum M_E = 0: \qquad\qquad 100 - 2F_{Dx} - F_{Dy} - 5F_B = 0 \qquad\qquad (c)$$

联立方程(b)和方程(c)解得　$F_{Dx} = -37.5 \text{ kN}$,　$F_{Dy} = -75 \text{ kN}$

例 2.10　如图 2.21 所示的构架 ABC 由三杆 AB、AC 和 DF 组成,杆 DF 上

的销子 E 可在杆 AB 光滑槽内滑动,构架尺寸和载荷如图示,已知 $M=2400$ N·m,$P=200$ N,各构件自重不计。试求固定支座 B 和 C 的约束反力。

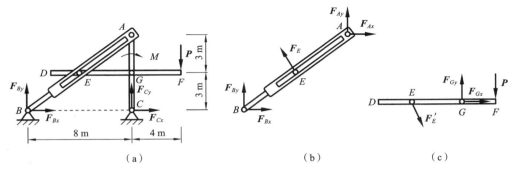

（a）　　　　　　　　　　（b）　　　　　　　　（c）

图 2.21　例 2.10 图

分析　该题求并联系统的多处力。若同时求多处的力,类似串联系统的分析方法,但遇到方向已知的力,一般要将其视为待求量。即:先取整体,选取仅含待求量的方程,再分析局部,分别从待求力的每一处出发,先遍历包含待求量的一个物体,从 3 个方程中挑出仅仅含待求量(包括其他处的待求量及方向已知的力)的方程,再由近及远遍历两个物体,从 3 个方程中挑出仅仅含待求量的方程,依次层层推进。这样,将得到比待求量数目多且仅仅包含待求量的方程,这些方程必然相关。通过观察从中挑出计算量小且极可能独立的方程,然后对不容易确定是否独立的方程进行相关性分析。通过相关性分析挑出的一组方程一般独立且计算量相对较小。该题共求两处的 4 个未知力。先取整体为研究对象,可列 3 个方程。再取局部,从待求点 B 或 C 出发,先取一个物体。若从 C 处出发,选取 CA、G、A 处共 4 个不待求未知力,而 CA 只能列 3 个方程,故放弃。若从 B 处出发,选取 BA、E、A 处共 3 个不待求未知力,但 E 处力的方向已知,一般可视为待求力,故可以选取【BA】$\sum M_A=0$,得到第 4 个方程。再将 E 处的力视为待求量,取【DF】$\sum M_G=0$,共 5 个方程,即可求解。

解　【整体】(见图 2.21(a))

$$\sum F_x=0: \qquad\qquad F_{Bx}+F_{Cx}=0 \qquad\qquad\qquad (a)$$

$$\sum M_B=0: \qquad\qquad F_{Cy}\times 8-P\times 12-M=0 \qquad\qquad (b)$$

$$\sum M_C=0: \qquad\qquad F_{By}\times 8+M+P\times 4=0 \qquad\qquad (c)$$

【AB】(见图 2.21(b))

$$\sum M_A=0: \qquad\qquad F_E\times 5+F_{By}\times 8-F_{Bx}\times 6=0 \qquad (d)$$

【DF】(见图 2.21(c))

$$\sum M_G = 0: \qquad\qquad F_E \times \frac{16}{5} - P \times 4 = 0 \qquad\qquad (e)$$

联立方程(a)至方程(e)得

$$F_{Bx} = -325\ \text{N}, \quad F_{By} = -400\ \text{N}, \quad F_{Cx} = 325\ \text{N}, \quad F_{Cy} = 600\ \text{N}$$

思考:(1) 整体列了 3 个方程后,若再同时选取【DF+AC】$\sum M_A = 0$ 和方程 (d),可行吗? 如果将方程(d)换成方程(e)呢?

(2) 整体列了 3 个方程后,若再同时选取【AC+AB】$\sum M_E = 0$ 与方程(d),可行吗? 如果将方程(d)换成方程(e)呢?

例 2.11　各构件自重不计,各处光滑。四杆 AB、AC、BC、AD 连接及受力如图 2.22(a)所示,其中 AD 与 BC 通过铰链 E 连接。求销钉 C 对 CB 构件的约束反力。

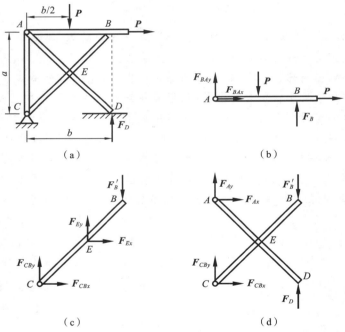

图 2.22　例 2.11 图

分析　此题待求量为 F_{CBx},F_{CBy}。该题是含有 B 处和 D 处 2 个方向已知的未知力的复杂的并联静定系统,对于复杂并联系统,往往需要引入较多的不待求未知力,引入未知力不同,解法就不同,故解题方法较多,并且有时容易列出相关的方程,这是分析此类问题的难点。为了克服这些难点,不同的人有不同的解决方案,下面给出的方法仅供读者参考。一般优先引入方向已知的力,并按下述方法寻找方程。从待求量出发,由近及远,尽量先选一个构件,选完后,没有合适的再选两个,如此层层推进,就不会出现相关的方程,也不会思路混乱。按此方法,该题先选

取 CB(见图 2.22(c)),对 E 取矩。再取两个构件,以 $CB+AD$ 为研究对象(见图 2.22(d)),对点 A 取矩。对于多引入的未知力 F_B 和 F_D,分别选取 AB(见图 2.22(b))和整体(见图 2.22(a))为研究对象即可。

解　【整体】(见图 2.22(a))

$$\sum M_C = 0: \qquad\qquad F_D b - Pa - P\frac{b}{2} = 0 \qquad\qquad (a)$$

解得

$$F_D = P\left(\frac{1}{2} + \frac{a}{b}\right)$$

【AB】(见图 2.22(b))

$$\sum M_A = 0: \qquad\qquad -P\frac{b}{2} + F_B b = 0 \qquad\qquad (b)$$

解得

$$F_B = \frac{P}{2}$$

【CB】(见图 2.22(c))

$$\sum M_E = 0: \qquad\qquad F_{CBx}\frac{a}{2} - F_{CBy}\frac{b}{2} - F_B\frac{b}{2} = 0 \qquad\qquad (c)$$

【$CB+AD$】(见图 2.22(d))

$$\sum M_A = 0: \qquad\qquad F_{CBx}a + F_D b - F_B b = 0 \qquad\qquad (d)$$

联立方程(c)和(d)得

$$F_{CBx} = -P; \quad F_{CBy} = -P\left(\frac{1}{2} + \frac{a}{b}\right)$$

思考:若同时选取【$CB+AD+AB$】$\sum M_A = 0$ 和方程(b)(d),可行吗?

例 2.12　求如图 2.23 所示不计自重的组合梁固定端 A 处的约束反力偶。已知 $q = 2$ kN/m,$P = 5$ kN,$M = 6$ kN·m,$L = 2$ m。

分析　待求量为 1 个。该结构有 2 个方向已知的力 F_E 和 F_D,故可能需要求 3 个未知力。先以整体为研究对象对 A 取矩,再从 E 处出发分别延伸到 C 和 B 处,分别选取 EC(对点 C 取矩)和

图 2.23　例 2.12 图

ECB(对点 B 取矩)为研究对象。具体求解步骤请读者自行完成。

例 2.13　如图 2.24(a)所示的系统处于静平衡状态,各构件自重不计,位置及尺寸如图所示。作用力 P 和 Q 已知,F_B 和 F_C 大小未知,求 F_C。

解　【ICJ】(见图 2.24(b))

$$\sum M_I = 0: \qquad\qquad F_C a + F_{Jy} \cdot 2a = 0 \qquad\qquad (a)$$

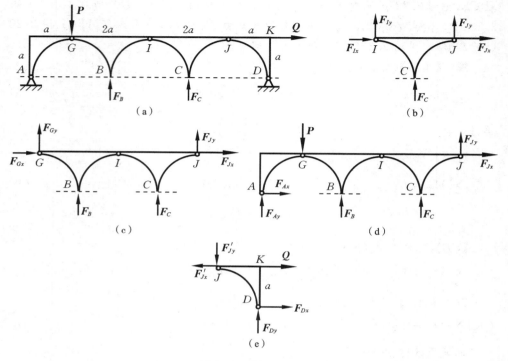

图 2.24　例 2.13 **图**

【$GBI+ICJ$】(见图 2.24(c))

$$\sum M_G = 0: \qquad\qquad F_C \cdot 3a + F_B a + F_{Jy} \cdot 4a = 0 \qquad\qquad (b)$$

【$AG+GBI+ICJG$】(见图 2.24(d))

$$\sum M_A = 0: \quad F_C \cdot 4a + F_B \cdot 2a + F_{Jy} \cdot 5a - F_{Jx} a - P a = 0 \qquad\qquad (c)$$

【JKD】(见图 2.24(e))

$$\sum M_D = 0: \qquad\qquad F_{Jy} a + F_{Jx} a - Q a = 0 \qquad\qquad (d)$$

联立方程(a)至方程(d)解得　$F_C = -Q - P$

思考：若求 A 处的约束反力，至少需列几个方程？

从上述并联系统的例题可知，并联系统问题求解方法更多，更加灵活。这里给出如下建议：并联系统的分析思路与串联系统的基本相同，但往往要引入不待求的未知力，一般尽量引入方向已知的未知力。对于求并联系统多处的力的问题(一个销钉对与其连接的多个物体的力也视为多处的力)，由于前述所介绍的分析整体后，就开始遍历单个刚体的分析步骤较烦琐，可以先对整体进行分析，再根据二力构件、一个力偶需要另一个力偶来平衡、平行力系和汇交力系的特点，确定一些力的方向(往往引入这些力作过渡量，以简化计算)；然后通过观察，选取可得到有用方程的包含待求量的多个构件的局部为研究对象。当不容易找到有用方程时,再类似前面所述,先遍历单个物体,然后遍历两个物体的组合,找有用方程。在寻找有用方程时,要同时考虑各种力系所能列的独立方程数目,并注意相关性。

2.6　简单平面静定桁架

2.6.1　桁架的用途、定义、特点

　　要在跨距很长的河流或山谷上架设一座桥梁,若采用如图 2.25(a)所示的结构,桥梁就会很重,且难以制造和安装。采用图 2.25(b)所示的开孔结构,桥梁重量将变轻,但车辆的载荷会传导到细长的构件上。细长的构件与桥面的连接是固定端约束,在其两端将有弯曲力矩,导致构件容易因弯曲而损坏。那么,如何消除弯矩呢？若采用所学的铰链连接方式,并且构件都是直的(见图 2.25(c)),构件自重相对于外部载荷一般可忽略不计,外部载荷都作用在铰链处,传递到细长构件的力就沿着构件轴向方向,从而在减轻桥梁重量的同时,几乎没有降低桥梁承载能力。这类结构称为**桁架**。桁架结构还具有制造安装简单的优点,故广泛用于屋架、桥梁、飞机骨架等大型结构中。

　　从上述可知,从力学特性上看,桁架是二力直杆(根据以后材料力学课程定义,受拉压的细长棒称为杆,弯曲的称为梁,扭转的称为轴),能承受巨大的轴向拉压载荷。具体来说,其结构特点如下：

图 2.25　桥梁形式

　　(1) 所有连接处均视为铰接,称为**节点**(除了杆件的两端之外,这一假设对杆件大部分长度上的内力分析结果影响很小)；

　　(2) 杆件的轴线都是直线,且通过铰的中心；

　　(3) 载荷和支座反力均作用在节点(销钉)上；

　　(4) 各杆自重不计或平均分配到两端节点(销钉)上。

2.6.2　桁架的计算假设和分析

1.　平面静定桁架的构造

　　我们只研究平面静定桁架,如图 2.26 所示,其构造特征为：

　　(1) 桁架的全部杆件和受力均在同一平面内；

　　(2) 以三角形为基础,每附加两个杆组成一个节点,支座反力的分量不超过 3

图 2.26　平面静定桁架

个(桁架整体在两个支座上简支)。

杆件数 n_g 和节点数 n_d 之间的关系为

$$n_g = 2n_d - 3$$

注意,有时需要将两个支座的连线或一个三角形作为一个杆件进行计算。

对于桁架结构整体来说,一般一端为铰链支座,另一端为类似辊轴支座,这样,可以降低冬、夏季温度变化引起的结构内部热应力。这也意味着,取整体为研究对象,必然可以求得整体所受地面的 3 个约束反力。

2. 内力计算方法

1)节点法

先求支座反力,再从支座开始,依次选取一些节点作为分析对象,进行求解。因为桁架结构各杆均为二力直杆,所受的力均沿杆件方向,称为杆的**内力**。在后续材料力学等课程中,计算拉力引起杆件的变形量时,规定沿坐标轴正方向拉伸表示变形量为正,故各杆均假设拉力为正。

例 2.14　桁架的载荷与尺寸如图 2.27 所示。求杆 1~6 的内力。

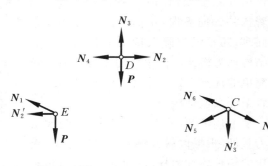

图 2.27　例 2.14 图

解法 1　采用节点法求解。

【节点 E】

$$\sum F_y = 0: \qquad\qquad \frac{1}{\sqrt{5}}N_1 - P = 0$$

所以

$$N_1 = \sqrt{5}P$$

$$\sum F_x = 0: \qquad\qquad \frac{2}{\sqrt{5}}N_1 + N_2 = 0$$

所以

$$N_2 = -2P$$

【节点 D】

$$\sum F_x = 0: \qquad\qquad N_4 - N_2 = 0$$

所以 $\qquad N_4 = -2P$

$\sum F_y = 0$ ： $\qquad N_3 - P = 0$

所以 $\qquad N_3 = P$

【节点 C】

$\sum F_x = 0$ ： $\qquad \dfrac{2}{\sqrt{5}} N_6 + \dfrac{2}{\sqrt{5}} N_5 - \dfrac{2}{\sqrt{5}} N_1 = 0$

$\sum F_y = 0$ ： $\qquad \dfrac{1}{\sqrt{5}} N_6 - \dfrac{1}{\sqrt{5}} N_5 - \dfrac{1}{\sqrt{5}} N_1 - N_3 = 0$

解得 $\qquad N_5 = -\dfrac{\sqrt{5}}{2} P , N_6 = \dfrac{3\sqrt{5}}{2} P$

　　节点法的优点是可按规律依次求出所有的力。这常用在初步设计需要了解所有杆件的受力情形时。但设计完,需要校核时,一方面往往采用不同的方法更易验证计算的正确性;另一方面,若仅需要校核一些重要杆件,则该法存在如下不足:每次得到的是汇交力系,只能列 2 个方程,一次只能求解 2 个未知力,计算效率不高,且为了得到一个杆件力,依次需求很多力。而平面任意力系中取一次研究对象可以列 3 个方程,求解 3 个未知力,且为了得到一个杆件力,往往不需求其他的力。因此,这种方法也得到广泛应用。这种方法称为**截面法**。

　　2)截面法

　　截断桁架的某些杆件,使桁架的某一部分从整体中分离出来,以此作为分析对象,进行求解。

　　解法 2　采用截面法求解。

　　截杆 4、5、6,取右边为研究对象,只有 3 个未知力。**若求其中一个力 N_6,在平面内另两个力要么平行要么相交,若相交就对交点取矩,若平行,就向其垂直方向投影。**按此方法,可以不联立求解就求出杆 4、5、6 的内力。类似地选用截面法,求出杆 1、2、3 的内力。

　　解　【截杆 4、5、6,取右边为研究对象】

$\sum M_B = 0$ ： $\qquad \dfrac{4a}{\sqrt{5}} N_6 - 2aP - 4aP = 0$ 　　　　　　(a)

求得 $\qquad N_6 = \dfrac{3\sqrt{5}}{2} P$

$\sum M_C = 0$ ： $\qquad -aN_4 - 2aP = 0$ 　　　　　　(b)

求得 $\qquad N_4 = -2P$

$\sum M_E = 0$ ： $\qquad \dfrac{4a}{\sqrt{5}} N_5 + 2aP = 0$ 　　　　　　(c)

求得
$$N_5 = -\frac{\sqrt{5}}{2}P$$

【截杆 1、3、4,取右边为研究对象】

$$\sum M_E = 0: \qquad\qquad -2aN_3 + 2aP = 0 \qquad\qquad\qquad (d)$$

求得
$$N_3 = P$$

【截杆 1、2,取右边为研究对象】

$$\sum M_C = 0: \qquad\qquad -aN_2 - 2aP = 0 \qquad\qquad\qquad (e)$$

求得
$$N_2 = -2P$$

$$\sum M_D = 0: \qquad\qquad \frac{2a}{\sqrt{5}}N_1 - 2aP = 0 \qquad\qquad\qquad (f)$$

求得
$$N_1 = \sqrt{5}P$$

该题截杆 1、2,取右边为研究对象,相当于取节点 E,可以列 2 个独立方程,求 N_1、N_2 的方法很多,比如分别垂直于 N_1、N_2 投影。节点法可视为截面法的特殊情况。

3)零力杆的判断

内力为零的杆称为**零力杆**。平面静定桁架中的某些零力杆无须计算即可直接判断出来,这些情况只与节点连接的杆件和所受外力有关,如图 2.28 所示。零力杆的判断方法归纳如下:

图 2.28　可以直接判断的零力杆

(a)杆 1、2 均为零力杆　(b)杆 1 为零力杆　(c)杆 1 为零力杆

(1)一点两杆无外力,则两杆均为零力杆;

(2)一点两杆有外力,外力沿其中一杆,则另一杆为零力杆;

(3)一点三杆无外力,其中两杆共线,则另一杆为零力杆。

对节点应用平衡条件即可证明以上结果,请读者自己完成。

例 2.15　平面桁架受力如图 2.29(a)所示。ABC 为等边三角形,且 $AD = DB$。求杆 CD 的内力。

解　对图 2.29(a)去除零力杆后,得到图 2.29(b),对图 2.29(b),截杆 AD、DC、CE,取右边为研究对象,对点 B 取矩,解得 $F_{CD} = -\frac{\sqrt{3}}{2}F$(受压)。

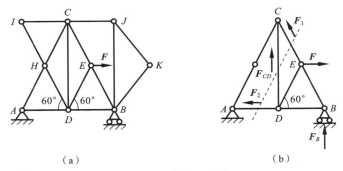

图 2.29　例 2.15 图

例 2.16　如图 2.30 所示,桁架由边长为 a 的等腰直角三角形为基本单元构成,已知外力 $F_1=10$ kN,$F_2=F_3=20$ kN。求杆 4、5、7、10 的内力。

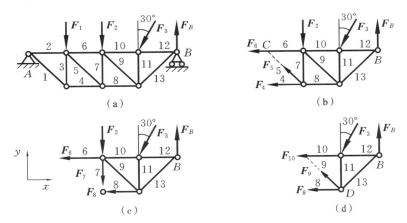

图 2.30　例 2.16 图

解　【整体】(见图 2.30(a))

$$\sum M_A = 0: \qquad 4aF_B - aF_1 - 2aF_2 - 3a\cos 30°F_3 = 0 \qquad (a)$$

$$F_B = \frac{25+15\sqrt{3}}{2} \text{ kN}$$

【截杆 4、5、6,取右边为研究对象】(见图 2.30(b))

$$\sum M_C = 0: \qquad -aF_4 - aF_2 - 2a\cos 30°F_3 + 3aF_B = 0 \qquad (b)$$

$$F_4 = \frac{35+5\sqrt{3}}{2} \text{ kN}$$

$$\sum F_y = 0: \qquad F_5\cos 45° - F_2 - F_3\cos 30° + F_B = 0 \qquad (c)$$

$$F_5 = \frac{15\sqrt{2}+5\sqrt{6}}{2} \text{ kN}$$

【截杆 6、7、8,取右边为研究对象】(见图 2.30(c))

$$\sum F_y = 0: \qquad -F_7 - F_2 - F_3\cos30° + F_B = 0 \qquad (d)$$

$$F_7 = -\frac{15+5\sqrt{3}}{2} \text{ kN}$$

【截杆 8、9、10 或杆 10、11、13,取右边为研究对象】(见图 2.30(d))

$$\sum M_D = 0: \qquad aF_{10} + a\sin30°F_3 + aF_B = 0 \qquad (e)$$

$$F_{10} = -\frac{45+15\sqrt{3}}{2} \text{ kN}$$

平面桁架静力学平衡系统的计算,有节点法和截面法以及两者混合法,各有其优缺点。对于特殊的桁架结构,需要观察其结构特点,找出分析方法。对于一些简单平面静定桁架,以下方法可供参考。

(1)先去除零力杆。

(2)一般桁架的一端是固定铰支座,另一端是滚轴支座,对整体分析必可求出所有外力。分析时,先将外力视为已知量,若需要引入外力,一般引入滚轴支座端方向已知的力。

(3)再从局部出发,一般先采用截面法。采用截面法应从以下原则入手。

① 一次尽量只截出 3 个未知量(因为平面任意力系最多只能列出 3 个独立方程),并最大限度包含待求未知量。这里的 3 个未知量不包括整体的约束反力。

② 使用截面法后,只要能截出 3 个未知量,对于平面任意力系,若求其中一个未知量,则另两个未知量要么平行,要么相交。若相交就对交点取矩,若平行,就向其垂直方向投影。

(4)若一次无法截出 3 个未知量,就尝试一次截出 4 个未知量,在 4 个未知量中再尝试用上述方法求出其中一个过渡的未知量,则又变成了只有 3 个未知量。依次多次循环,一般就可找到合适的方法。

复杂桁架的分析计算在《结构力学》中有专门介绍。

例 2.17 求如图 2.31 所示桁架中杆件 1、2、3 的内力。

解法 1 【截 EA、CD、IB,取上部为研究对象】(见图 2.31(b))

$$\sum M_H = 0: \qquad F_3 a + \frac{1}{2}Fa + \frac{2}{3}Fa = 0 \qquad (a)$$

$$F_3 = -\frac{7}{6}F$$

【截 1、2、3,取右上部为研究对象,相当于取节点 I】(见图 2.31(c))

$$\sum M_E = 0: \qquad F_3 a + F_2 a\sin\theta = 0 \qquad (b)$$

$$F_2 = \frac{7F}{6\sin\theta} = \frac{7\sqrt{3}}{18}F$$

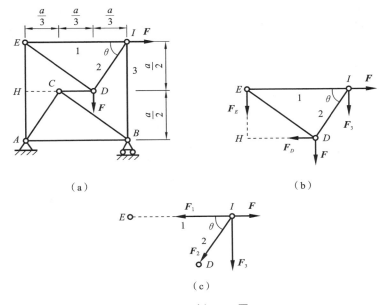

（a）　　　　　　　　　　　　　　　　（b）

（c）

图 2.31　例 2.17 图

$$\sum M_D = 0: \qquad (F_1 - F)\frac{a}{2} - F_3\frac{a}{3} = 0 \qquad\qquad (c)$$

$$F_1 = \frac{2}{9}F$$

思考 1:有人采用如下方法,在不具体求解的前提下,判断该方法能否求出 3 个杆的内力。

解法 2　先截断杆 1、2,CB 和 AB,取右边为研究对象,对 B 取矩,得到 1 个方程。然后,取节点 I,再得到 2 个方程。共 3 个方程,3 个未知量。

解法 3　先截断 EA,ED,杆 2、3,取上部为研究对象,对点 E 取矩,得到 1 个方程。然后,取节点 I,再得到 2 个方程。共 3 个方程,3 个未知量。

解法 4　先截断杆 1、2,CB 和 AB,取右边为研究对象,对 B 取矩,再截断 EA,ED,杆 2、3,取上部为研究对象,对点 E 取矩。对图 2.31(b) 的研究对象,对点 H 取矩。共 3 个方程,3 个未知量。

解法 5　若先取整体为研究对象,对点 A 列力矩平衡方程,求得地面对支座 B 的支持力 F_B;再截断杆 1、2、3,取其左下部为研究对象,对点 A 列力矩平衡方程;再取销钉 I 为研究对象,列 2 个力投影方程。4 个方程即可求解包含所引入的 F_B 及待求的未知力,共 4 个未知力。

解法 6　取整体为研究对象,得到 3 个方程。再截断杆 1、2、3,取下部为研究对象,得到 3 个方程,共 6 个方程,求解杆 1、2、3 和整体引入的 3 个力。

思考2:对于静定问题,若只求一个未知力,采用目前所学的静力学分析方法不能实现一定不引入不待求未知力,那么,能否建立一种新的理论来实现这一目的,使分析思路更简单呢?

习 题

2.1 思考题。

1. 平面汇交力系(F_1、F_2、F_3),这三个力构成的力三角形分别如题 2.1.1 图(a)、(b)所示,分别说明两个力系的合成结果。

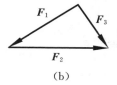

(a)   (b)

题 **2.1.1** 图

2. 刚体受汇交力系(F_1、F_2、F_3、F_4)作用,这四个力构成的力多边形分别如题 2.1.2 图(a)、(b)、(c)所示。试说明哪种情况不平衡,如果不平衡,力系的合力是怎样的?

(a)   (b)   (c)

题 **2.1.2** 图

3. 平面汇交力系、平面平行力系、平面力偶系、平面一般力系的独立平衡方程数各为多少?

4. 圆轮在力偶矩为 M 的力偶和力 F 的共同作用下平衡,如题 2.1.4 图所示,这是否说明一个力偶可用一个合适的力与之平衡?

5. 在刚体上 A、B、C、D 四点各作用一力,如题 2.1.5 图所示,其力多边形封闭,问刚体是否平衡?

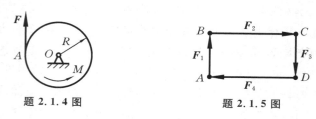

题 **2.1.4** 图   题 **2.1.5** 图

2.2 选择题。

1. 如题 2.2.1 图所示质量为 m 的圆球,以绳索挂在墙上,若绳长等于球的半径,则球对墙的压力大小为( )。

① mg ② $mg/2$ ③ $\sqrt{3}mg/3$ ④ $2mg$

2. 如题 2.2.2 图所示,两绳 AB、AC 悬挂一重为 W 的重物,已知 $\alpha < \beta < \gamma = 90°$,则绳的张力 T_{AB}、T_{AC} 与重力 W 三力之间的关系为( )。

① T_{AB} 最大   ② T_{AB} 最小   ③ T_{AC} 最大   ④ T_{AC} 最小

3. 如题 2.2.3 图所示三铰拱架中,若将作用于构件 AC 上的力偶 M 移到构件 BC 上,则 A、B、C 各处的约束力( )。

① 都不变   ② 只有 C 处的不改变

③ 都改变   ④ 只有 C 处的改变

           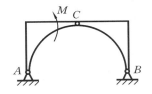

题 2.2.1 图   题 2.2.2 图   题 2.2.3 图

4. 如题 2.2.4 图所示,若矩形平板受力偶矩为 $M = 60$ N·m 的力偶作用,不计各构件自重。则直角弯杆 ABC 对平板的约束力为( )。

① 15 N   ② 20 N   ③ 12 N   ④ 60 N

2.3 如题 2.3 图所示,平面汇交系 $F_1 = 173$ N,$F_2 = 50$ N,F_3 的大小未知,此三力的合力 F_R 的方位已知,如图所示,试求 F_R 的大小和指向。若 F_2 的大小未知,但 $F_R = 0$,试求此情况下力 F_2 的大小。

2.4 如题 2.4 图所示四连杆机构,各杆自重不计,$Q = 1000$ N。求:(1) 保持机构在所示位置平衡时所需的垂向力 P 的大小;(2) 保持机构平衡所需作用于 C 的最小力的方向和大小(要求不引入不待求未知力)。

题 2.2.4 图   题 2.3 图   题 2.4 图

2.5 液压式压紧机构如题 2.5 图所示,已知力 P 及角 α。不计各构件自重,

题 2.5 图

请分别用 4 个、3 个方程求滑块 E 受到工件 H 和光滑滑道的作用力。

2.6 如题 2.6 图所示，输电线 ACB 架在两电线杆之间，形成一下垂曲线，下垂距离 $CD=f=1$ m，两电线杆距离 $AB=40$ m，电线 ACB 段重 $P=400$ N，其重量可近似认为沿 AB 连线均匀分布。求电线中点和两端的拉力。

2.7 如题 2.7 图所示，利用铰链机构从四面挤压水泥立方块 M，其中杆 AB、BC 和 CD 分别与正方形 $ABCD$ 的三边重合，杆 1、2、3、4 完全相同，分别沿着正方形的对角线分布。大小相等、方向相反的一对力 P 分别加在 A、D 两点上。设 $P=50$ kN，求加在立方块的压力 N_1、N_2、N_3、N_4 以及杆 AB、BC 和 CD 的内力 S_1、S_2、S_3。

题 2.6 图

题 2.7 图

2.8 如题 2.8 图所示，电车的两根导线挂在横缆上，每一横缆都系结在两根电线杆上，电线杆沿轨道布置，间隙为 40 m。对于每一横缆，$AK=KL=LB=5$ m；$KC=LD=0.5$ m。横缆重量不计。设每米电线重 7.5 N，求横缆 AC 段、CD 段与 DB 段的张力。

2.9 如题 2.9 图所示，两个小球 A、B 放置在光滑圆柱面上，用长 0.2 m 的线连接两小球。圆柱的轴线水平，半径 $OA=0.1$ m。球 A 重量为 1 N，球 B 重量为 2 N。求小球在平衡时 OA 与 OB 分别与竖直线的夹角 φ_1 和 φ_2，并求在点 A 和点 B 处小球对圆柱的压力 N_1 和 N_2。小球的尺寸不计。

2.10 如题 2.10 图所示，灌渠的长方形闸门 AB 可绕轴 O 转动，如果水位不高，闸门就关闭，当水位达到一定高度 H 时，闸门绕轴翻转，打开水渠。不计摩擦和闸门重量，求闸门打开时的水位高度 H。

2.11 如题 2.11 图所示，蒸汽锅炉的安全阀 A 用杆 AB 连接在均质杠杆 CD 上，CD 长 50 cm、重 10 N，可绕固定点 C 转动。阀的直径 $d=6$ cm，臂 $BC=7$ cm，锅炉内气压为 1100 kPa 时安全阀自动开启。求杠杆 D 端的配重 Q。

题 2.8 图　　　　　　题 2.9 图　　　　　　题 2.10 图

　　2.12　如题 2.12 图所示,相同的均质板彼此堆叠,每一块板都比下面的一块伸出一段,在这些板处于平衡时,求各伸出段的极限长度。

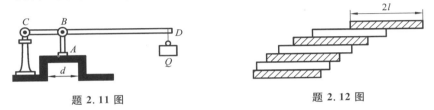

题 2.11 图　　　　　　　　　　题 2.12 图

　　2.13　如题 2.13 图所示,为了测量较大的力 Q,把两根不等臂杠杆 ABC 和 EDF 用拉杆 CD 连成一个系统。点 B 和点 E 为固定点,重 125 N 的 P 可沿杠杆 EDF 移动,作用在点 A 的力 Q 平衡该重物。已知 P 到点 D 的距离为 l,当力 Q 增加到 10 kN 时,需要将重物 P 移出多大距离 x 才能保持平衡? 图示尺寸:$a=3.3$ mm,$b=660$ mm,$c=50$ mm。

题 2.13 图

　　2.14　如题 2.14 图所示,为了观察排水量 $D=2000$ kN 的浮桥船的浮动情况,由提升能力为 $P=750$ kN 的起重机把船头吊起。设水的重度 $\gamma=10$ kN/m³,求船底浮出水平面的最大高度 h。船的形状是长 $L=20$ m、宽 $B=10$ m 的立方体,船重心 C 位于其纵长的中心,起重机钢索的固定点 K 和重心 C 到船底的距离相同(认定船的排水量等于它的重量)。

　　2.15　如题 2.15 图所示,机械手操纵器的机构在竖直平面内处于平衡。由于铰链不能传递力偶矩,因此,机械手的铰链中安装了产生力矩的装置。各杆长度:

$l_1 = 0.8$ m, $l_2 = 0.5$ m, $l_3 = 0.3$ m;各杆质量:$m_1 = 40$ kg, $m_2 = 25$ kg, $m_3 = 15$ kg。求各铰链中的力矩。设操纵器的抓手 CD 携带着质量为 $m_D = 15$ kg 的载荷,各杆均可视为均质杆。

题 2.14 图   题 2.15 图

2.16 如题 2.16 图所示,杆 AB 上有导槽,套在杆 CD 的销子 E 上,在杆 AB 和杆 CD 上各有一力偶作用,已知 $M_1 = 1000$ N·m,求平衡时作用在杆 CD 上的力偶矩 M_2,不计杆重以及所有的摩擦阻力。如果导槽在杆 CD 上,销子 E 在杆 AB 上,则结果又如何?

2.17 为求题 2.17 图所示结构中 A、B 两处反力,可将力 P 与矩为 M 的力偶先合成为虚线所示的力 P' 以简化计算,对否?试说明理由。

题 2.16 图   题 2.17 图

2.18 如题 2.18 图所示结构中,不计杆重,试判断哪些结构是静定的,哪些结构是超静定的。为什么?

(a)   (b)

(c)   (d)

题 2.18 图

2.19　试直接指出题 2.19 图所示桁架中哪些杆件的内力为零，并说明理由。

(a)

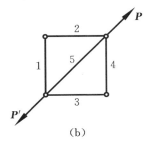
(b)

题 2.19 图

2.20　求题 2.20 各图中分布力的合力及作用线方程。

(a)　　　　　　　　(b)

题 2.20 图

2.21　如题 2.21 图所示，求不计自重的梁在图示载荷作用下固定端 A 的反力。

2.22　如题 2.22 图所示，两个光滑均质球 C_1 和 C_2 的半径分别为 R_1 和 R_2，重量分别为 P_1 和 P_2，这两球用绳子 AB 和 AD 挂在点 A，且 $AB=l_1$，$AD=l_2$，$l_1+R_1=l_2+R_2$，$\angle BAD=\alpha$，求绳子 AD 与水平面 AE 的夹角 θ、绳子的张力 T_1 和 T_2，以及两球之间的压力。

题 2.21 图　　　　　　　**题 2.22 图**

2.23　如题 2.23 图所示，构架由直杆 BC、CD 及直角弯杆 AB 组成，各杆自重不计，载荷分布及尺寸如图所示。AB 及 BC 两构件通过销钉 B 铰链连接，在销钉 B 上作用一垂向力 P。已知 q、a、M，且 $M=qa^2$。求固定端 A 及销钉 B 对 BA 和 BC 的约束反力。

2.24 如题 2.24 图所示,桥由两相同的水平梁构成,用铰链 A 相互连接,并用刚杆 1、2 和 3、4 铰接在基础上。外面两杆是竖直的,中间两杆与水平面的夹角 $\alpha=60°,BC=6$ m,$AB=8$ m。设桥承受载荷 $P=15$ kN,此载荷到点 B 的距离 $a=4$ m。求各杆的内力和铰链 A 的反力。

题 2.23 图   题 2.24 图

2.25 如题 2.25 图所示(尺寸单位为 m),不计各构件自重。载荷 $F_1=120$ kN,$F_2=75$ kN。求杆 AC 及 AD 所受的力。

2.26 如题 2.26 图所示,连续梁 ACB 上有一起重机重 $G=40$ kN,重心在垂向线 CK 上,力臂 $KL=4$ m,所吊重物 $P=10$ kN,试求两端支座 A、B 的反力。图中长度单位是 m,不计各构件自重。

题 2.25 图   题 2.26 图

2.27 如题 2.27 图所示,铰接支架由杆 AB 和杆 BC 组成,载荷 $P=20$ kN。已知 $AD=DB=1$ m,$AC=2$ m,两个滑轮的半径 r 都是 0.3 m,不计各构件自重。求铰链 B 对各杆的作用力。

2.28 如题 2.28 图所示,"A"形架由三杆铰接组成,P、Q 二力作用在杆 AE 的 A 端。不计各构件自重。(1)求销钉 A 对杆 AD、杆 AE 的约束力;(2)若 P、Q 二力作用在销钉 A 上,其结果有何变化?

题 2.27 图 题 2.28 图

2.29 已知如题 2.29 图所示结构由直杆 CD、BC 和曲杆 AB 组成,杆重不计,且 $M=12$ kN·m,$P=13$ kN,$q=10$ kN/m,试求固定铰支座 D 及固定端 A 处的约束反力。

2.30 杆 AB、AC、BC、AD 连接如题 2.30 图所示。水平杆 AB 上有垂直向下的力 P 作用。不计各构件自重。求证无论 P 的位置如何,杆 AC 总是受到大小等于 P 的压力(只允许列三个方程求解)。

题 2.29 图 题 2.30 图

2.31 构架 BAC 由杆 AB、AC 和 DF 组成,杆 DF 上的销子 E 可在杆 AB 光滑槽内滑动,构架尺寸和载荷如题 2.31 图所示,已知 $M=2400$ N·m,$P=200$ N,不计各构件自重,试求固定铰支座 C 的约束反力(要求平衡方程个数最少,且不联立求解)。

题 2.31 图

2.32 求如题 2.32 图所示桁架中标有数字的杆件的内力。

2.33 求如题 2.33 图所示桁架中杆 AB 的内力(要求只用两个平衡方程求解)。

2.34 求如题 2.34 图所示桁架中杆 1、2、3、4 的内力。

(a)

(b)

题 2.32 图

题 2.33 图

题 2.34 图

2.35　一拱架支承及载荷如题 2.35 图所示，$P=20$ kN，$Q=10$ kN，自重不计，求支座 A、B、C 的约束反力。

2.36　物体重 $Q=12$ kN，由杆 AB、BC 和 CE 组成的支架及滑轮 E 的支持方式如题 2.36 图所示，已知 $AD=BD=2$ m，$CD=DE=1.5$ m，不计杆与滑轮的重量，求支座 A 的约束力以及杆 BC 的内力。

题 2.35 图

题 2.36 图

2.37　组合结构的载荷及尺寸如题 2.37 图所示，长度单位为 m，不计各构件自重，求支座反力及各二力杆的内力。

题 2.37 图

第 3 章 摩 擦

当两个物体产生相对运动或具有相对运动趋势时,在其接触处会产生一种阻止相对运动或相对运动趋势的效应,这种效应便是**摩擦**。摩擦有几种,主要有滑动摩擦、黏性摩擦和滚动摩擦,这几种摩擦的机理各不相同。当两个接触面是干的、接触点具有沿接触面切线方向的运动或运动趋势时,产生的摩擦称为**滑动摩擦**(也称**干摩擦**或 Coulomb **摩擦**);如果两接触面之间有一薄层流体隔开,产生的摩擦称为**黏性摩擦**;当两个物体做相对滚动,或具有相对滚动趋势,即接触点的瞬时相对速度为零时,产生的摩擦称为**滚动摩擦**。本章介绍滑动摩擦和滚动摩擦,从宏观的角度研究摩擦对物体产生的作用力,即**摩擦力**,主要目的是解决带摩擦力的物系平衡问题。

3.1 滑动摩擦

3.1.1 滑动摩擦力

如图 3.1 所示,物体 A 在主动力作用下,如果产生相对滑动趋势,周围物体(图示为约束面)会对该物体产生一个与相对滑动趋势方向相反的力 F_s,它总是力图阻止相对滑动的发生,这个力 F_s 就是**滑动摩擦力**。F_s 沿接触点的切线,其指向总是与相对运动趋势方向相反。实验表明,摩擦力的大小随主动力增大而增大,当物体即将滑动(将动未动)时,摩擦力达到最大值,因此有

$$0 \leqslant F_s \leqslant F_{max} \tag{3.1}$$

图 3.1 滑动摩擦

其中,最大摩擦力 F_{max} 称为**临界摩擦力**。物体处于平衡的临界状态,称为**临界平衡状态**。F_{max} 的值由库仑摩擦定律决定,即

$$F_{max} = F_N f_s \tag{3.2}$$

其中,F_N 表示正压力的大小;f_s 称为**静摩擦因数**,是一个无量纲的常数,取决于物体的材料。

当物体已经做相对运动时,摩擦力 F_d 仍然沿接触点的切线,其指向总是与相对运动方向相反,其大小只有在低速范围内时,才近似与正压力 F_N 成正比,即库仑摩擦定律(3.2)仍然近似成立,但是,其中的摩擦因数符号需要改动,有

$$F_d = F_N f_d \tag{3.3}$$

其中，F_d 表示动摩擦力 $\boldsymbol{F}_d$ 的大小；f_d 称为**动摩擦因数**，对于确定的两种材料，一般 $f_d < f_s$。表 3.1 列出了一些常用材料的摩擦因数。

表 3.1　常用材料的滑动摩擦因数

材料名称	静摩擦因数		动摩擦因数	
	干摩擦	润滑	干摩擦	润滑
钢-钢	0.15	0.1~0.12	0.15	0.05~0.1
钢-软钢	—	—	0.2	0.1~0.2
钢-铸铁	0.3	—	0.18	0.05~0.15
钢-青铜	0.15	0.1~0.15	0.15	0.1~0.15
软钢-铸铁	0.2	—	0.18	0.05~0.15
软钢-青铜	0.2	—	0.18	0.07~0.15
铸铁-铸铁	—	0.18	0.15	0.07~0.12
铸铁-青铜	—	—	0.15~0.2	0.07~0.15
青铜-青铜	—	0.1	0.2	0.07~0.1
皮革-铸铁	0.3~0.5	0.15	0.6	0.15
橡皮-铸铁	—	—	0.8	0.5
木材-木材	0.4~0.6	0.1	0.2~0.5	0.07~0.15

值得指出的是，以上关于摩擦力的规律只是对常规情况的近似，比如物体表面没有做特殊的光洁处理、没有涂润滑油（这些措施一般会使摩擦力减小），接触面之间没有喷洒增大摩擦力的介质（在金属物体之间撒细砂等）或气候变化导致空气湿度改变。特殊情况需要重新测定。滑动摩擦因数也可能大 1，比如某些橡胶轮胎与沥青地面的接触面的摩擦因数。

3.1.2　摩擦角、自锁

如图 3.1 所示，$\boldsymbol{F}_R = \boldsymbol{F}_N + \boldsymbol{F}_s$，称为**全约束反力**，它与接触面法线之间有一个夹角 φ，当摩擦力达到最大时，夹角 φ 也达到最大，记为 φ_f，称为**摩擦角**。显然有

$$\tan\varphi_f = f_s \tag{3.4}$$

因此，对确定的两种材料，摩擦角为常值。

利用摩擦角的概念可以阐明一个很重要的物系平衡现象。如图 3.2(a) 所示，当包括自重的主动力合力 $\boldsymbol{F}_A$ 的作用线在摩擦角内时，此时为了平衡，全约束反力 $\boldsymbol{F}_R$ 中需要的摩擦力值为线段 AB 的长度，而接触面可以提供的最大摩擦力的值为线段 AC 的长度，因此接触面总能提供保持平衡所需的摩擦力，进而物体处于平

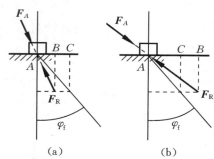

图 3.2　自锁现象解释

(a) 自锁　(b) 不平衡

衡;当主动力合力 F_A 的方向、大小改变时,只要 F_A 的作用线在摩擦角内,则点 C 总是在点 B 右侧,物体总是保持平衡,这种平衡现象称为**摩擦自锁**。反之,对于如图3.2(b)所示的情况,主动力合力 F_A 的作用线在摩擦角外,此时接触面所能提供的最大摩擦力(线段 AC)小于保持平衡所需的摩擦力(线段 AB),因此物体不平衡。

自锁现象在生活和工程设施中很常见,下面列举两例。

第一例,图 3.3(a)所示为一螺杆,假定与螺杆连接的物体对螺纹接触面的作用力沿螺杆轴线方向。由图 3.3(b)、(c)可见,螺杆与被连接物体的关系可以等效为斜面上放置一个物体,物体受到的主动力(即连接力)为 P,如图 3.3(c)所示。因此螺纹连接的自锁条件为

$$\alpha \leqslant \varphi_f \tag{3.5}$$

即螺旋升角 α 要小于摩擦角 φ_f。如果螺杆和连接件均由钢制成,摩擦因数取有润滑情况的下限值0.1,则摩擦角 $\varphi_f = 5°43'$。螺旋千斤顶就是利用螺纹连接自锁现象制成的起重装置,其螺杆升角 $\alpha = 4° \sim 4.5°$。

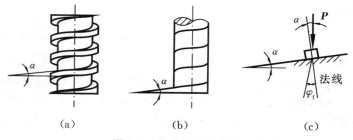

图 3.3　螺纹连接的自锁

第二例,如图 3.4 所示为门锁的示意图,将锁身视为固定,设锁舌受到门框作用力的合力为 F_A,锁身对锁舌的约束力合力为 F_R,图示情况下,F_A 的作用线在摩擦角之内,锁舌自锁,此时门无法锁上。我们平时经常发现,房门用一段时间后,门锁就不

图 3.4　门锁的自锁

易锁上,这实际上是由锁舌自锁导致的,加点润滑剂,减小锁舌的摩擦角,就可以解决。

例 3.1　如图3.5所示,不计自重的木楔3,连接构件1和2,木楔与1和2的

摩擦角 φ 均为 $30°$。当两构件受水平拉力 F 时，假设不破坏，请问无论 F 多大，木楔打入后，楔角 θ 不超过多大时才不致退出？

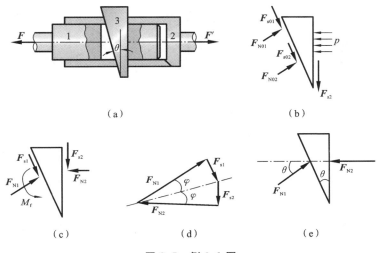

图 3.5　例 3.1 图

解　木楔受力如图 3.5(b)所示。木楔左侧有两处受力，这两处的力向左侧面任意点简化得到支持力的合力 F_{N1} 和摩擦力的合力 F_{s1} 以及附加力偶矩 M_f，右侧受到均布力 p，向分布力中点简化得到 F_{N2}，无附加力偶矩，简化结果如图 3.5(c)所示。因为不需要求 M_f，所以不需要列力矩平衡方程，只需分析在何条件下主矢为 0，这可视为汇交力系平衡问题。对于多个力的汇交力系的平衡，可用力多边形自行封闭的几何法来确定楔角 θ。所画的封闭的力多边形如图 3.5(d)所示。由图 3.5(d)可知，处于临界状态时，F_{N1} 和 F_{N2} 的夹角为 2φ。而根据如图 3.5(e)所示的受力分析图可知，F_{N1} 和 F_{N2} 的夹角为 θ。因此楔角 θ 不超过 $2\varphi=60°$ 时，木楔将不会退出。

　　如图 3.6 所示的减速机，上盖与底座通过螺丝连接后，螺孔间仍存在间隙，工作时上盖相对底座会水平错动，导致减速机里的润滑油由于密封损坏而泄漏，故还要安装圆锥形定位销，使上盖与底座无缝隙连接。该定位销不能因工作时上盖相对底座会水平错动而被推出，故要求其锥角比自锁角小，其计算方法类似例 3.1。

图 3.6　减速机图

　　例 3.2　捶击如图 3.7 所示的楔块可以产生较大的冲击力而使 C 移动。求使自重 2 kN 的物块 C 刚开始向右滑动时，作用于楔块 B 上的力 P 的大小，不计楔块自重。已知各接触面间摩擦角均为 $15°$。

　　分析　各摩擦面受到的是分布力，分布力向其作用的摩擦面上的任一个接触

图 3.7　例 3.2 图

点简化,得到支持力和摩擦力,以及力偶矩 M_f。考虑到该题列力矩平衡方程的目的仅仅是求不待求的未知力偶矩 M_f,而该题只求 P,故只需要研究主矢为 0 的条件,可视为汇交力系平衡问题。此题涉及多个研究对象,单独一个研究对象有多个大小未知的力,各研究对象之间的未知力又存在关联,若如例 3.1 应用力多边形自行封闭的几何法平衡条件,画封闭的力多边形需要综合考虑几个物体,涉及较多的不确定量,比较复杂,故不采用力多边形自行封闭的方法。若利用摩擦角的概念确定每个摩擦面的全约束反力方向,对每个物体分别用列力投影方程的方法,分析起来就简单一些。

解　物块 C 向右滑动时,接触面间均为动摩擦(取 $\varphi=15°,\theta=6°$)。

【物体 C】受力分析如图 3.7(b)所示。

垂直 R_3 方向:　　　　　　　　$G\sin\varphi=R_2\cos(2\varphi)$

【物体 B】受力分析如图 3.7(c)所示。

垂直 R_1 方向:　　　　$R_2\sin(\theta+2\varphi)=P\cos(\theta+\varphi)$

解得　　　　　$P=\dfrac{\sin(\theta+2\varphi)\sin\varphi}{\cos(\theta+\varphi)\cos(2\varphi)}G=0.376\text{ kN}$

例 3.3　设皮带与固定圆柱之间的摩擦因数为 f,皮带绕过的角度为 ϕ,如图 3.8(a)所示。问皮带静止时,两端拉力 T_1 和 T_2 满足什么关系?皮带自重不计。

解　假设皮带沿顺时针方向达到临界状态。在 θ 处取一个皮带微元,其中心角为 $\mathrm{d}\theta$,画出它的受力图,如图 3.8(b)所示。微元两端的张力为

$$F_1=T(\theta),\quad F_2=T(\theta)+\mathrm{d}T \tag{a}$$

微元受到的正压力为 $\mathrm{d}N$、摩擦力为 $\mathrm{d}F$。取微元中心的切向 $\boldsymbol{\tau}$ 和法向 $\boldsymbol{n}$,在这两个方向上建立微元的平衡方程,有

$$\sum F_n=0:\qquad \mathrm{d}N-(F_1+F_2)\sin\frac{\mathrm{d}\theta}{2}=0 \tag{b}$$

$$\sum F_t=0:\qquad \mathrm{d}F+(F_2-F_1)\cos\frac{\mathrm{d}\theta}{2}=0 \tag{c}$$

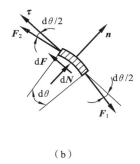

图 3.8　例 3.3 图

(a) 圆柱上绕过的皮带　(b) 皮带微元的受力

补充方程：
$$dF = dN \cdot f \tag{d}$$

因为
$$\sin\frac{d\theta}{2} \approx \frac{d\theta}{2}, \quad \cos\frac{d\theta}{2} \approx 1 \tag{e}$$

将方程(a)、(d)、(e)代入(c)和(d)，得

$$dN - Td\theta = 0$$

$$dN \cdot f + dT = 0$$

所以
$$dT = -fTd\theta \tag{f}$$

将式(f)在 $\theta = 0° \sim \phi$ 上积分，得

$$\int_{T_1}^{T_2} \frac{dT}{T} = -f\int_0^{\phi} d\theta$$

因此得
$$\frac{T_1}{T_2} = e^{f\phi} \tag{g}$$

这是皮带沿顺时针方向达到临界状态时的结果。如果皮带沿逆时针方向达到临界状态，则有

$$\frac{T_2}{T_1} = e^{f\phi} \quad 或 \quad \frac{T_1}{T_2} = e^{-f\phi} \tag{h}$$

所以皮带静止时，两端拉力 T_1 和 T_2 满足的关系为

$$e^{-f\phi} \leqslant \frac{T_1}{T_2} \leqslant e^{f\phi} \tag{i}$$

为了使上述结果有一个定量概念，设有一绳子绕木桩两周，木桩与绳之间的摩擦因数为 0.5，绳的一端作用有拉力 $T_1 = 10$ kN，则另一端只需拉力 $T_2 = 18.67$ N 就能保持绳不滑动。

3.2　滚动摩擦

3.2.1　滚阻及其规律

　　如图 3.9(a)所示,一个柱形物体(滚子)放置在一个约束面上,如果两者均为刚体,则形成点(或线)接触,接触处只有集中力作用,因此,只要主动力合力对接触点之矩非零,滚子就会滚动(或转动)。但实际情况并非如此,只有当主动力合力对接触点之矩达到某一值时,滚子才能产生滚动,这表明接触处存在一个阻止滚子滚动的约束力偶。因此刚体假设不能解释这一现象。实际上,因为滚子与约束面为非平面接触,容易使接触处变形,因而在变形处产生分布的相互作用力,如图 3.9(a)所示;滚子在这一分布力系下,能产生一个约束力合力和约束力偶来抵抗主动力合力和主动力偶,使滚子平衡。这种由非平面接触产生的、阻止物体滚动的效应称为**滚动摩擦**。

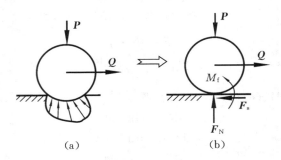

图 3.9　滚动摩擦分析

　　由于接触处的变形一般很小,为了处理问题方便,还是将各个物体看作刚体,将这一分布力系向接触中心简化成如图 3.9(b)所示的 F_s、F_N、M_f,其中 F_s、F_N 分别为阻止滑动的摩擦力和正压力,M_f 为阻止物体滚动的约束力偶,称为**滚动摩阻力偶**,简称**滚阻力偶**或**滚动摩擦**。滚阻力偶的转向总是与滚子的滚动方向或滚动趋势方向相反。实践表明,当主动力对接触中心的主矩从零逐渐增大时,滚阻力偶的值也随着增大,当主动力的主矩增大到某个值时,滚子达到滚动的临界状态(将滚未滚),此时滚阻力偶达到最大值,称为**最大滚阻力偶**,用 M_{max} 表示。所以有

$$0 \leqslant M_f \leqslant M_{max} \tag{3.6}$$

实验证明,M_{max} 有如下近似表达式:

$$M_{max} = \delta F_N \tag{3.7}$$

这就是**滚动摩擦定律**。其中,δ 称为**滚阻系数**,它是一个具有长度量纲的常量,其值与物体的材料和物态有关,一般与滚子的曲率半径无关。常用的滚阻系数列于表 3.2。

表 3.2　常用的滚阻系数 δ

材料名称	δ/mm	材料名称	δ/mm
铸铁-铸铁	0.5	软钢-钢	0.5
钢轮-钢轨	0.05	有滚珠轴承的料车-钢轨	0.09
木材-钢	0.3～0.4	无滚珠轴承的料车-钢轨	0.21
木材-木材	0.5～0.8	钢轮-木轨	1.5～2.5
软木-软木	1.5	轮胎-路面	2～10
淬火钢珠-钢	0.01		

3.2.2　滚动摩擦与滑动摩擦的对比

下面将滑动摩擦和滚动摩擦的异同点、分析问题时的注意事项做一总结,结果如下。

(1) 任何带摩擦的物体在主动力作用下,一般都同时具有滑动和滚动两种运动或运动趋势,因此摩擦面上同时具有滑动摩擦力和阻止滚动的约束力偶,对柱形物体和矩形(或多边形)物体均如此。

比如,矩形物体,当主动力变化时,接触面上的正压力和摩擦力实际上也是一个分布力系,该力系向接触面上某点简化,得到平时所指的正压力和摩擦力,一般还会有一个约束力偶,它可以平衡主动力系对同一点简化的合力偶。在求解滑动临界状态时,只需用到分布力系的合力,不需要知道合力作用点的位置,或者无须知道该力系向任一点简化的合力偶,所以将这一问题掩盖了。

(2) 矩形物体一般同时存在滑动临界状态和翻倒临界状态。柱形物体同样如此,只是在一般情况下,柱形物体会先达到滚动临界状态。比如,在图 3.9 中,圆柱在滚动临界状态下有矩平衡关系:

$$Q_滚 R = M_{max} = \delta F_N \Rightarrow Q_滚 = \frac{\delta F_N}{R} \tag{3.8}$$

而圆柱在滑动临界状态下有力平衡关系:

$$Q_滑 = F_s = F_N f_s \tag{3.9}$$

所以

$$\frac{Q_滚}{Q_滑} = \frac{\delta}{R f_s} \tag{3.10}$$

由表 3.1 和表 3.2 可见,一般有

$$\frac{\delta}{R} \ll f_s \tag{3.11}$$

所以通常滚子总是滚动而不滑动。

3.3　多接触面带摩擦力的平衡问题

对于例 3.1 和例 3.2 的问题,因为不需要求摩擦面处未知的力偶矩,故不需要

列力矩平衡方程,只需列力投影方程,即只研究主矢为 0 的情况,便可求解相应的问题。可用力多边形自行封闭的几何法或利用摩擦角确定全约束反力方向,将问题视为汇交力系平衡问题,然后利用类似汇交力系的解析法,使得计算变得简单。由此可知,只要能将问题转化为汇交力系问题,则只需要研究主矢为 0 的条件,此时采用几何法求解,问题将变得简单。但对于多于 3 个力的平面任意力系的平衡问题或一些带摩擦力的多接触面复杂问题,往往需要列力矩平衡方程,仅仅通过主矢为 0 的条件无法求解,采用下面将介绍的分类讨论的解析法更合适。

　　当把摩擦力和支持力当作独立变量时,带摩擦力的物系平衡问题可以分为两类。一类是未知量数目等于平衡方程数目,只需按照前面各章的方法列平衡方程求解即可。另一类是未知量数目超过了平衡方程数目,往往需要将临界条件下的摩擦定律作为补充方程。对于具有多个摩擦面的问题,需要事先假定某个或某些摩擦面达到临界状态。处理这些问题往往是一个难点。为了解决这些问题,一般采用基于运动可能性的分析法。该方法假设所有需要考虑的可能的基本运动(一种可能的运动已被包含在其他可能的运动中,它就不是基本运动),然后对每一种可能的运动在所假设的临界运动状态下分别讨论。但是,该方法需要穷尽所有的基本运动,当需要考虑滚动摩擦时,这种方法有时是比较困难的。比如,对下文例 3.4 的情形,当考虑滚动摩擦时,要枚举所有基本运动的可能性是比较困难的。为了克服这种方法的困难,本书提出基于数学有解性的分析方法,以供参考。先以下文例 3.5 等较简单的例子为例,然后再介绍例 3.4 的分析方法。

图 3.10　例 3.4 图

　　例 3.4　如图 3.10 所示,均质圆盘 A 重 100 N,半径为 4 cm,其边缘通过左边滑轮和绳子吊一 100 N 的物体,圆心通过绳索与轮轴 O 以图示方式相连。轮轴 O 重 200 N,轮轴的两个半径为 $R=10$ cm,$r=5$ cm;物块与轮轴以绳连接,在轮轴上绕一细绳,此绳跨过光滑的滑轮 D,在其端点上系一重物 C,如圆盘 A 与地面的静摩擦因数和滚阻系数分别为 0.5 和 0.05 cm,而轮轴与地面的静摩擦因数和滚阻系数分别为 0.2 和 0.04 cm,求使物系平衡时,重物 C 的重力 G 的范围。

　　例 3.5　系统如图 3.11(a)所示,半径为 R 的均质圆盘 O 重为 P,圆盘与地面的静摩擦因数和滚阻系数分别为 f_s 与 δ。试确定能使系统处于平衡的最大 Q 值。

　　分析　物体 O 的受力如图 3.11(b)所示,有 $n=4$ 个未知力,但该物体只能列 $m=3$ 个独立方程,系统又处于平衡,需且只需补充 $k=n-m=1$ 个临界摩擦方程,

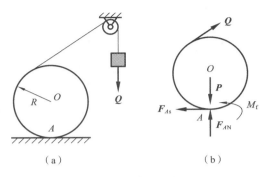

图 3.11 例 3.5 图

该方程的来源是接触面处的支持力与滑动摩擦力或滚动摩擦力的关系,有 4 种关系式可选,即 $M_{fmax}=\delta F_N$(逆时针或顺时针)和 $F_{smax}=f_s F_N$(向左或向右)。从数学有解性上,每次只需在上述 4 个可以用来补充的关系式中选取 1 个,故总共有 4 种基本可能性,所要求的解必然在这 4 种可能性内。不过,根据题意和实际可能产生的运动,轮子不可能逆时针转动或点 A 相对地面向左滑动,故 M_{fmax}(顺时针)和 F_{smax}(向右)2 种可能性就不用讨论,故该题只需讨论剩余的 2 种可能性,请读者自行完成。

对于上述简单问题,上述基于数学有解性的分析方法与常用的基于运动的分析方法差异不大。但可以发现,前者是先通过数学有解性来确定需要讨论的几种基本可能性,其次才从运动可能性的角度,排除不可能发生的运动,如果某种可能的运动无法确定是否发生,就保留下来进一步讨论,这样可以保证不会漏掉可能的真解。而后者是先枚举出所有可能的运动,分别讨论,若漏掉某种运动,可能就漏掉了真解,对于下文的一些多接触面摩擦问题,枚举出所有可能的运动尤其困难。

例 3.6 如图 3.12(a)所示的物块 A(视为质点)重 $P_1=50$ N,轮轴 O 重 $P_2=100$ N,轮轴的两个半径分别为 $R=10$ cm 和 $r=5$ cm。物块与轮轴以水平绳连接,在轮轴上绕一细绳,此绳跨过光滑的滑轮,在其端点上系一重物 C,如物块 A 与水平面间的静摩擦因数为 0.5,而轮轴与水平面间的静摩擦因数为 0.2,滚阻系数为 $\delta_B=0.02$ cm。求使物系平衡时,重物 C 的最大重力 Q。

分析 该题具有多个带摩擦力的接触面,可采用如下的基于数学有解性的分析方法。

(1) 确定需补充的摩擦方程的个数。

先确定独立方程数目:对于具有多个刚体的平面静平衡系统,每个刚体可列 3 个独立方程(质点可列 2 个独立方程),则系统可列 $k=3n+2s$ 个方程,s 为其中视为质点的刚体的数目,n 为有尺寸的刚体数目。

再确定系统所有独立未知量的数目:将系统拆分为不能再拆分的基本单元(刚

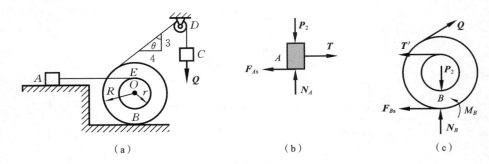

图 3.12　例 3.6 图

体),统计所有独立的未知力的总数 p,其中为了方便计算未知力和独立方程数目,将二力杆视为任意力系,二力杆两端共有 4 个未知力。对于摩擦问题的求解,只需补充 $q=p-k$ 个摩擦方程,从数学上即可求解。

　　对于图 3.12(b)和(c),滑块 A 汇交力系和轮 O(任意力系)的独立的静平衡方程个数为 5,但存在 7 个未知力。因此,需要补充 2 个摩擦方程,才能求解。

　　(2) 确定至多需要考虑几种基本的临界的可能性。

　　为了确定摩擦问题的解,需要补充 q 个摩擦方程。设多个摩擦面总共有 t 个发生临界运动(转动或相对滑动)可能,故可提供 t 个摩擦方程(形式为 $F_{smax}=f_s N$ 或 $M_{fmax}=\delta N$)。此外,每个摩擦力(力矩)又有两个不同方向,故可提供的摩擦方程有 $2t$ 个。所以补充 q 个摩擦方程的排列组合有 C_{2t}^q。再排除同一接触面滑动摩擦力不可能同时向左或向右,滚动摩擦力矩不可能同时逆时针和顺时针的互斥情形。如此就很容易确定至多只需要讨论的几种可能性了。

　　对于该题,有 2 个接触面。A 处可提供的方程为

$$F_{Asmax}=f_{As}N_A(\text{向右}) \tag{1}$$

$$F_{Asmax}=f_{As}N_A(\text{向左}) \tag{2}$$

B 处可提供方程为

$$F_{Bsmax}=f_{Bs}N_B(\text{向右}) \tag{3}$$

$$F_{Bsmax}=f_{Bs}N_B(\text{向左}) \tag{4}$$

和

$$M_{Bfmax}=\delta_B N_B(\text{逆时针}) \tag{5}$$

$$M_{Bfmax}=\delta_B N_B(\text{顺时针}) \tag{6}$$

故可提供的摩擦方程有 6 个,补充 2 个摩擦方程的排列组合有 $C_{2t}^q=C_6^2=15$ 种。排除 3 种互斥的,所以,所要讨论的基本情形为 12 种。

　　(3) 尽量排除不需讨论的可能性。

　　对于 12 种基本的临界的可能性,根据题目已给定的力的施加方式和几何所约

束的运动关系,有些可能性可以排除,不用分析。

排除的方法如下。

(a) 先从运动特点上,根据题意排除不可能的情形。如该题 A 不可能向左运动,故排除方程(1)与其他 4 个方程的组合,还剩余 8 种。轮 O 不可能逆时针转动,即 M_{Bfmax} 不可能顺时针,这样又排除方程(6)分别与方程(2)(3)(4)的 3 种组合,还剩余 5 种,如图 3.13 所示。

摩擦面　摩擦方程　摩擦力(矩)方向

$$A\!-\!\!-\!\!F_{As}=f_{As}N_A$$

向右　　(1)

向左　　(2)

$$F_{Bs}=f_{Bs}N_B$$

向右　　(3)

向左　　(4)

$$B$$

$$M_B=\delta_B N_B$$

逆时针　(5)

顺时针　(6)

图 3.13　摩擦方程

(b) 再类似集合的思想,若一种可能性(相当于集合 1)被包含于另一种可能性(相当于集合 2)当中,则不用再考虑集合 1 了。

比如该题,集合③包含集合⑤,只需要讨论集合③。原因是:集合③的假设对应的运动为 A 向右滑动和轮 B 顺时针转动,点 D 摩擦力为任意可能的状态;集合⑤的假设对应的运动为点 D 向右滑动和轮 B 顺时针转动,点 A 摩擦力为任意状态;但要达到点 D 向右滑动和轮 B 顺时针转动,点 A 必须向右滑动。因此集合⑤是集合③的子集。集合④包含集合①,原因是:集合④的假设对应的运动为点 D 向左滑动和轮 B 顺时针转动,A 不动(实际是可能的)或向右滑动。集合①对应的运动为点 D 向左滑动和 A 向右滑动,轮 B 顺时针转动或不转(不可能逆时针转动),但要达到点 D 向左滑动和 A 向右滑动,轮 B 不可能不转,必须顺时针转动。因此集合①是集合④的子集。若读者难以想到这样的包含关系,就不排除集合①,这样总能保证不漏掉真解,只需要多计算一种可能性而已。

因此,该题只需考虑方程(2)(4)(集合②)、方程(2)(5)(集合③)和方程(3)(5)(集合④)3 种情形。

(c) 利用力学原理排除不可能的情形。

对于此题,若认为轮 O 脱离地面也是一种可能的运动,但取轮 O 为研究对象,对点 E 取矩不等于 0,说明脱离地面之前轮 O 就发生了转动,故排除此种可能性。实际上,这种情形已包含在方程(3)(5)组合中,故不需讨论。

解　基于数学有解性,每种情形需同时补充 2 个摩擦方程。根据题意,由上述分析可知,只需讨论如下 3 种可能。

(1) 设 A 处摩擦力满足

$$F_{As\max} = f_{As} N_A (向左) \qquad (a)$$

B 处摩擦力满足

$$F_{Bs\max} = f_{Bs} N_B (向左) \qquad (b)$$

因为摩擦方程将引入 A、B 处的摩擦力和支持力,共 4 个未知量,再加上待求量 Q,共有 5 个待求量。已知待求量后,变成静平衡问题,采用静力学分析方法即可。

【整体】

$$\sum F_x = 0: \qquad Q\sin\theta - F_{Bs\max} - F_{As\max} = 0 \qquad (c)$$

$$\sum F_y = 0: \qquad N_A + N_B + Q\cos\theta - P_1 - P_2 = 0 \qquad (d)$$

【A】

$$\sum F_y = 0: \qquad N_A - P_1 = 0 \qquad (e)$$

联立方程(a)至方程(e)解得　　$Q_1 = 48.9 \text{ N}$

(2) 设 A 处摩擦力满足

$$F_{As\max} = f_{As} N_A (向左) \qquad (f)$$

B 处摩擦力矩满足

$$M_{Bf\max} = \delta_B N_B (逆时针) \qquad (g)$$

【整体】

$$\sum M_B = 0: \qquad M_{Bf\max} + F_{As\max}(R+r) - QR(1+\sin\theta) = 0 \qquad (h)$$

在求 Q 对 B 的力矩时,可将 Q 平移到点 E,附加上一力偶矩,这样计算方便些。

$$\sum F_y = 0: \qquad N_A + N_B + Q\cos\theta - P_1 - P_2 = 0 \qquad (i)$$

【A】

$$\sum F_y = 0: \qquad N_A - P_1 = 0 \qquad (j)$$

联立方程(f)至方程(j)解得

$$Q_2 = \frac{\delta_B P_2 + 0.5 P_1 (R+r)}{(1+\sin\theta)R + \delta_B \cos\theta} = 20.9 \text{ N}$$

(3) 设 B 处摩擦力满足

$$F_{Bs\max} = f_{Bs} N_B (向右) \qquad (k)$$

和

$$M_{Bf\max} = \delta_B N_B (逆时针) \qquad (l)$$

因此此种情形临界方程全部来自轮 O,对于轮 O,只有 5 个未知力,但与 A 连接的绳子张力 T 是可以不引入的未知力,除了上述 2 个摩擦方程,故只需再列 2 个平衡方程,取轮 O 为研究对象便可得到。

【轮 O】

$$\sum F_y = 0: \qquad N_B + Q\cos\theta - P_2 = 0 \qquad (m)$$

$$\sum M_E = 0: \quad M_{Bfmax} + F_{Bsmax}(R+r) - Q(R - r\sin\theta) = 0 \quad\quad\quad (\text{n})$$

联立方程(k)至方程(n)可解得 $Q_3 = 38.5$ N。

在 Q_1、Q_2、Q_3 中取 $Q_2 = 20.9$ N，此即为所求。

【说明】若不计滚动摩擦，等价于 $M_B = 0$ 摩擦方程恒成立。M_B 为已知量了，故只需补充 1 个摩擦方程。根据上述方法，图 3.13 的 5 种可能性退化为图 3.14 的 3 种可能性，即 A 右滑（图 3.13 中的第③种）、B 左滑（图 3.13 中的第④种）和 B 右滑（图 3.13 中的第⑤种）共 3 种情况。第⑤种（B 右滑）的情况也包含在第③种（A 右滑）的情况中，故此时只用考虑③④共 2 种情况，即设 A 处摩擦力满足 $F_{Asmax} = f_{As}N_A$（向左）或设 B 处摩擦力满足 $F_{Bsmax} = f_{Bs}N_B$（向右）。具体过程如下。

图 3.14　摩擦力（矩）方向

(1)【对应例 3.6 第③种情形】设 A 处摩擦力满足

$$F_{Asmax} = f_{As}N_A（向左）$$

【整体】

$$\sum M_B = 0: \quad F_{Asmax}(R+r) - QR(1+\sin\theta) = 0$$

【A】

$$\sum F_y = 0: \quad\quad\quad N_A - P_1 = 0$$

联立解得

$$Q_1 = \frac{P_1(R+r)}{2R(1+\sin\theta)} = \frac{125}{6} \text{ N} \approx 20.83 \text{ N}$$

(2)【对应例 3.6 第④种情形】设 B 处摩擦力满足

$$F_{Bsmax} = f_{Bs}N_B（向右）$$

【整体】

$$\sum M_A = 0: \quad F_{Bsmax}(R+r) - Q\sin\theta(R\sin\theta - r) - QR\cos^2\theta = 0$$

【轮 O】

$$\sum F_y = 0: \quad\quad\quad N_B + Q\cos\theta - P_2 = 0$$

联立解得

$$Q_2 = \frac{P_2(R+r)}{R(5+\cos\theta) + r(\cos\theta - 5\sin\theta)} = \frac{500}{13} \text{ N} \approx 38.46 \text{ N}$$

所以 Q 的最大值为 20.83 N。

　　从上述例子可知,考虑滚动摩擦,Q 的最大值由 20.83 N 增加到 20.9 N。滚动摩擦的影响很小,故本书只要未做特殊说明,一般就认为滚动摩擦可忽略不计。

　　工程中可能出现如图 3.15 所示的更复杂的情况。图 3.15(b)给出了 8 个未知力,但系统总共只能列 6 个独立的平衡方程,故需补充 $q=2$ 个摩擦方程。可提供的运动可能数 $t=4$,考虑每一种运动的方向有两种,所以可提供 8 个摩擦方程,其达到临界的组合为 $C_8^2=28$,减去互斥的 4 种,讨论 24 种即可。

(a)　　　　　　　　　　　　　　　　　　(b)

图 3.15　工程中可能出现的情形

　　对于 24 种可能性,分别对所假设的摩擦方程组合一一讨论即可,这样就不会漏掉任何可能性了。若采用基于运动可能性的逻辑分析方法,出现 A,B 处均滑动的运动情况就有好几种,则很可能漏掉运动可能性,或重复分析(比如同时假设达到 3 个摩擦临界条件)。虽然要讨论 24 种,计算量大,但基于运动可能性的逻辑分析方法将更复杂。这就是本书推荐采用基于数学有解性分析方法的缘故。

　　例 3.7　如图 3.16(a)所示,重为 $P_1=450$ N 的水平均质梁 AB 的 A 端为固定铰支座,另一端搁置在重 $W=343$ N 的线圈架的芯轴上,轮心 C 为线圈架的重心。线圈架与梁 AB 和水平地面间的静摩擦因数分别为 $f_{s1}=0.4,f_{s2}=0.2$,不计滚动摩擦,线圈架的半径 $R=0.3$ m,芯轴的半径 $r=0.1$ m。在线圈架的芯轴上绕一不计重量的软绳,求使线圈架由静止开始运动的水平拉力 F 的最小值。

(a)　　　　　　　　　　　　(b)　　　　　　　　　　　　(c)

图 3.16　例 3.7 图

　　解　如图 3.16(b)和(c)所示,该系统有 6 个独立方程,有 7 个未知力,尽管有两个摩擦面,但仅需根据摩擦条件补充一个临界方程。假设轮 C 的 D 处所受摩擦力最大,有两种可能的方向,但对轮 C 的点 E 取矩,排除了摩擦力向右的情形。再假设轮 C 的 E 处所受摩擦力最大,有两个可能的方向,但对轮 C 的点 D 取矩,排除了摩擦力向右的情形。

根据以上分析,只需讨论如下两种可能性。

(1) 假设轮 C 的 D 处所受摩擦力最大,方向向左。

【轮 C】(见图 3.16(c))

$$\sum M_E = 0: \qquad F_{Dx} \times 0.4 - F \times 0.2 = 0 \qquad \text{(a)}$$

【AB】(见图 3.16(b))

$$\sum M_A = 0: \qquad P_1 \times 2 - F_{Dy} \times 3 = 0 \qquad \text{(b)}$$

再补充 D 处摩擦条件方程:

$$F_{Dx} = f_{s1} F_{Dy} (\text{向左}) \qquad \text{(c)}$$

解得 $\qquad\qquad\qquad F_1 = 240 \text{ N}$

(2) 假设轮 C 的 E 处所受摩擦力最大,方向向左。

【轮 C】(见图 3.16(c),图中 F_{Ex} 方向在此情形下向左)

$$\sum M_D = 0: \qquad -F_{Ex} \times 0.4 + F \times 0.2 = 0 \qquad \text{(d)}$$

【整体】

$$\sum M_A = 0: \quad W \times 3 + P_1 \times 2 - F \times 0.2 + F_{Ex} \times 0.4 - F_{Ey} \times 3 = 0 \qquad \text{(e)}$$

再补充 E 处摩擦条件方程:

$$F_{Ex} = f_{s2} F_{Ey} (\text{向左}) \qquad \text{(f)}$$

解得 $\qquad\qquad\qquad F_2 = 257.2 \text{ N}$

所以水平拉力 F 的最小值为 240 N

该题若考虑接触面的滚动摩擦,则要同时补充 3 个摩擦方程,然后按类似分析方法也可以得到正确范围,请读者自行完成。

综上所述,对于多接触面、存在多种临界状态的摩擦问题,采用先假设临界运动可能性再分别讨论的逻辑推理法,容易漏掉真解,且逻辑复杂。而基于数学有解性的方法,首先从数学有解性上确定需要补充的摩擦方程的数目,再给出得到真解至多应考虑的可能性的计算公式。然后再利用运动特点,排除不需讨论的临界运动可能性。该方法保证了真解总在所讨论的可能性范围内,可用统一的格式解决任意多个接触面、任意多种临界状态的复杂摩擦问题。

习　题

3.1 选择题。

1. 如题 3.1.1 图所示,物块 A 重 $P = 60 \text{ kN}$,拉力 $T = 20 \text{ kN}$,A 与地面间的摩擦因数 $f = 0.5$,物块平衡,则物块 A 所受的摩擦力大小为(　　　　)。

① 30 kN　　　　　　② 25 kN　　　　　　③ $10\sqrt{3}$ kN

2. 如题 3.1.2 图所示，两物块 A 和 B 叠放在水平面上，它们的重量分别 P_A、P_B，设 A 和 B 间的摩擦因数为 f_1，B 与水平面间的摩擦因数为 f_2，试问，施水平拉力 P 拉动物块 B，图示两种情况中较省力的是（　　）。

3. 如题 3.1.3 图所示，若楔子两侧面与槽之间的摩擦角均为 ϕ_s，楔子被打入槽后，槽受到外力可能会挤压楔子，欲使楔子被打入槽后不致自动滑出，楔重不计，α 角应为（　　）。

① $\alpha\leqslant\phi_s$　　　② $\alpha\leqslant2\phi_s$　　　③ $\alpha\geqslant\phi_s$　　　④ $\alpha\geqslant2\phi_s$

题 3.1.1 图　　　　　　　题 3.1.2 图　　　　　　　题 3.1.3 图

3.2　欲转动一置于"V"形槽中的棒料，如题 3.2 图所示，需作用一力偶矩 M＝1500 N·cm 的力偶，已知棒料重 P＝400 N，直径 D＝25 cm，试求棒料与"V"形槽的摩擦因数 f。

3.3　滑块 B 重量为 G，放在倾角为 θ 的斜面上，摩擦因数为 f；杆 OA 上作用一个已知力偶 M，OA＝r。杆 OA 垂直、杆 AB 水平，两杆重量不计。求系统平衡时，G 的容许范围（其余各处摩擦不计，认为系统不会自锁）。

3.4　如题 3.4 图所示，两无重刚杆在 B 处用套筒式无重滑块连接，在杆 AD 上作用一力偶 M_A＝40 N·m，滑块和杆 AD 间的摩擦因数为 f＝0.3。求系统保持平衡时，力偶矩 M_C 的范围。

题 3.2 图　　　　　　　题 3.3 图　　　　　　　题 3.4 图

3.5　修电线的工人攀登电线杆所用的脚上套钩如题 3.5 图所示。已知电线

杆的直径 $d=30$ cm,套钩的尺寸 $b=10$ cm,套钩与电线杆之间的滑动摩擦因数 $f=0.3$,套钩的重量略去不计,试求踏脚处到电线杆轴线间的距离 a 为多大才能保证工人安全操作。

3.6 砖夹的宽度为 0.25 m,曲杆 AGB 与 $GCED$ 在点 G 铰接,尺寸如题 3.6 图所示。设砖重 $P=120$ N,提起砖的力 F 作用在砖夹的中心线上,砖夹与砖间的摩擦因数 $f_s=0.5$,求距离 b 为多大才能把砖夹起。

3.7 如题 3.7 图所示,木板 AO_1、BO_1 用光滑铰固定于点 O_1,在木板间放一重 Q 的均质圆柱,并用大小等于 P 的两个水平力维持平衡。设圆柱与木板间的摩擦因数为 f,不计木板重量,求平衡时 P 的范围(排除圆柱上滑自锁的情况)。

题 3.5 图

题 3.6 图

3.8 如题 3.8 图所示,均质长方体 A,宽 1 m、高 2 m、重 10 kN,置于 $30°$ 的斜面上,长方体与斜面间的摩擦因数 $f=0.8$,在长方体上系一与斜面平行的绳子,绳子绕过一光滑圆轮,下端挂一重 Q 的重物 B,求平衡时重量 Q 的范围。

3.9 如题 3.9 图所示,一叠纸片按图示形状堆叠,露出的自由端用纸粘连,成为两叠彼此独立的纸本 A 和 B。每张纸片重 0.06 N,纸片总数有 200 张,纸与纸之间以及纸与桌面之间的摩擦因数都是 0.2。假设其中一叠纸是固定的,求拉出另一叠纸所需的水平力 P。

题 3.7 图

题 3.8 图

题 3.9 图

3.10　圆柱重 G，放在倾角 $\alpha=30°$ 的斜面上，由一直角弯杆挡住，如题 3.10 图所示。圆柱各处摩擦因数均为 f，不计杆重，支撑弯杆的双列滚珠轴承光滑。求向上拉动弯杆所需的最小力 P_{min}。

3.11　重为 P_1、半径为 r 的圆柱 A 与重为 P_2 的物块 B 由绕过定滑轮 C 的软绳互相连接，且放在粗糙斜面上，如题 3.11 图所示。设接触面间的滑动摩擦因数为 f，滚阻系数为 δ，试求能拉动物块 B 所需力 Q 的大小。略去绳和滑轮的重量及其与轴承的摩擦，绳及力 Q 均与斜面平行，设 A 先达到滚动临界状态。

题 3.10 图　　　　　　　　　　题 3.11 图

第4章　空间力系的简化和平衡

各力作用线不在一个平面内的力系称为**空间力系**。本章介绍空间汇交力系、空间力矩和力偶理论、空间力偶系的简化和平衡、空间一般力系的简化和平衡。大部分分析方法可以由第2章相应的方法移植得到,因此,请读者对照第2章相关部分学习。

4.1　空间汇交力系

4.1.1　空间力的投影

如图 4.1(a)所示,在直角坐标系中,已知力 $\boldsymbol{F}$ 与坐标轴正方向的夹角分别为 α、β、γ,那么力 $\boldsymbol{F}$ 的三个投影分别为

$$F_x = F\cos\alpha, \quad F_y = F\cos\beta, \quad F_z = F\cos\gamma \tag{4.1}$$

此法称**直接投影法**。其中 α、β、γ 不独立,有约束关系

$$\cos^2\alpha + \cos^2\beta + \cos^2\gamma = 1 \tag{4.2}$$

直接投影法需要补充约束方程,比较复杂。一般采用**二次投影法**,如图 4.1(b)所示,投影为

$$F_x = F\sin\gamma\cos\varphi, \quad F_y = F\sin\gamma\sin\varphi, \quad F_z = F\cos\gamma \tag{4.3}$$

(a)　　　　　　　　　　　(b)

图 4.1　力的空间投影

4.1.2　空间汇交力系的合成与平衡

空间汇交力系中的任意两力可以按平行四边形法则合成,因此将各力依次合成,最后汇交力系可合成为一个通过汇交点的合力 $\boldsymbol{F}_{\mathrm{R}}$,即

$$\boldsymbol{F}_{\mathrm{R}} = \boldsymbol{F}_1 + \boldsymbol{F}_2 + \cdots + \boldsymbol{F}_n = \sum_{i=1}^{n} \boldsymbol{F}_i \tag{4.4}$$

用投影表示为

$$F_{R} = F_{Rx}\boldsymbol{i} + F_{Ry}\boldsymbol{j} + F_{Rz}\boldsymbol{k} = \left(\sum_{i=1}^{n} F_{ix}\right)\boldsymbol{i} + \left(\sum_{i=1}^{n} F_{iy}\right)\boldsymbol{j} + \left(\sum_{i=1}^{n} F_{iz}\right)\boldsymbol{k} \quad (4.5)$$

所以有
$$F_{Rx} = \sum_{i=1}^{n} F_{ix}, \quad F_{Ry} = \sum_{i=1}^{n} F_{iy}, \quad F_{Rz} = \sum_{i=1}^{n} F_{iz} \quad (4.6)$$

由此,空间汇交力系平衡的充要条件为

$$\sum_{i=1}^{n} \boldsymbol{F}_{i} = \boldsymbol{0} \quad (4.7)$$

或
$$\sum_{i=1}^{n} F_{ix} = 0, \quad \sum_{i=1}^{n} F_{iy} = 0, \quad \sum_{i=1}^{n} F_{iz} = 0 \quad (4.8)$$

图 4.2 例 4.1 图

例 4.1 作用于长方体(长、宽、高分别为 a、b、c)顶点 A 处的三力,由矢量 $\overrightarrow{AC}$、$\overrightarrow{AF}$、$\overrightarrow{AH}$(大小和方向)表示,如图 4.2 所示。求它们的合力。

解 各力的投影式为
$$\overrightarrow{AC} = b\boldsymbol{i} + a\boldsymbol{j}$$
$$\overrightarrow{AF} = a\boldsymbol{j} + c\boldsymbol{k}$$
$$\overrightarrow{AH} = b\boldsymbol{i} + c\boldsymbol{k}$$

所以合力为
$$\boldsymbol{F}_{R} = \overrightarrow{AC} + \overrightarrow{AF} + \overrightarrow{AH} = 2b\boldsymbol{i} + 2a\boldsymbol{j} + 2c\boldsymbol{k}$$

例 4.2 三条长度分别等于 l_1、l_2、l_3 的细绳系在一重为 W 的均匀三角形板的三个角顶上,细绳的另一端合系于一固定点,三角板不在垂直面内。证明:细绳中的张力分别等于 kWl_1、kWl_2、kWl_3,其中

$$k = [3(l_1^2 + l_2^2 + l_3^2) - (a^2 + b^2 + c^2)]^{-1/2}$$

a、b、c 为三角形的三边长。

证明 板的受力构成空间汇交力系,如图 4.3 所示,其中 D 为三角形 ABC 的几何中心。平衡方程为

$$\boldsymbol{T}_1 + \boldsymbol{T}_2 + \boldsymbol{T}_3 + \boldsymbol{W} = \boldsymbol{0} \quad (a)$$

设 $OA = l_1$,$OB = l_2$,$OC = l_3$,$BC = a$,$AC = b$,$AB = c$,$OD = h$;$\boldsymbol{T}_1$,$\boldsymbol{T}_2$,$\boldsymbol{T}_3$,$\boldsymbol{W}$ 的正向单位矢量分别为 $\boldsymbol{e}_1$,$\boldsymbol{e}_2$,$\boldsymbol{e}_3$,$\boldsymbol{k}$。于是方程(a)可写成

$$T_1 \boldsymbol{e}_1 + T_2 \boldsymbol{e}_2 + T_3 \boldsymbol{e}_3 + W\boldsymbol{k} = \boldsymbol{0} \quad (b)$$

由几何关系得

$$\overrightarrow{DA} + l_1 \boldsymbol{e}_1 + h\boldsymbol{k} = \boldsymbol{0} \quad (c)$$
$$\overrightarrow{DB} + l_2 \boldsymbol{e}_2 + h\boldsymbol{k} = \boldsymbol{0} \quad (d)$$
$$\overrightarrow{DC} + l_3 \boldsymbol{e}_3 + h\boldsymbol{k} = \boldsymbol{0} \quad (e)$$

图 4.3 例 4.2 图

方程(c)、(d)、(e)相加,并注意到 $\overrightarrow{DA}+\overrightarrow{DB}+\overrightarrow{DC}=\mathbf{0}$,得

$$l_1\,\mathbf{e}_1+l_2\,\mathbf{e}_2+l_3\,\mathbf{e}_3+3h\mathbf{k}=\mathbf{0} \tag{f}$$

方程(b)除以 W,方程(f)除以 $3h$,将结果相减,得

$$\left(\frac{T_1}{W}-\frac{l_1}{3h}\right)\mathbf{e}_1+\left(\frac{T_2}{W}-\frac{l_2}{3h}\right)\mathbf{e}_2+\left(\frac{T_3}{W}-\frac{l_3}{3h}\right)\mathbf{e}_3=\mathbf{0}$$

由于单位矢量 $\mathbf{e}_1,\mathbf{e}_2,\mathbf{e}_3$ 相互独立,所以有

$$T_1=\frac{Wl_1}{3h}, \quad T_2=\frac{Wl_2}{3h}, \quad T_3=\frac{Wl_3}{3h} \tag{g}$$

下面计算 $3h$。由方程(f)可得

$$9h^2=l_1^2+l_2^2+l_3^2+2l_1l_2\,\mathbf{e}_1\cdot\mathbf{e}_2+2l_2l_3\,\mathbf{e}_2\cdot\mathbf{e}_3+2l_1l_3\,\mathbf{e}_1\cdot\mathbf{e}_3 \tag{h}$$

根据余弦定理可得

$$c^2=l_1^2+l_2^2-2l_1l_2\,\mathbf{e}_1\cdot\mathbf{e}_2$$
$$b^2=l_1^2+l_3^2-2l_1l_3\,\mathbf{e}_1\cdot\mathbf{e}_3$$
$$c^2=l_2^2+l_3^2-2l_2l_3\,\mathbf{e}_2\cdot\mathbf{e}_3$$

将此代入方程(h),得

$$9h^2=3(l_1^2+l_2^2+l_3^2)-(a^2+b^2+c^2)$$

令 $k=1/(3h)$,则有

$$k=1/(3h)=[3(l_1^2+l_2^2+l_3^2)-(a^2+b^2+c^2)]^{-1/2} \tag{i}$$

将(i)代入(g),得三根细绳的张力为

$$T_1=kWl_1, \quad T_2=kWl_2, \quad T_3=kWl_3 \tag{j}$$

证毕。

4.2　空间力矩理论

1. 力对点之矩

实践表明,一个力 $\mathbf{F}$ 可使刚体产生转动或转动趋势,其转轴过点 O 且垂直于力 $\mathbf{F}$ 与点 O 决定的平面,转向绕转轴顺着力 $\mathbf{F}$ 的方向;这种转动效应的大小与力 $\mathbf{F}$ 的大小和力 $\mathbf{F}$ 的作用线到点 O 垂直距离的乘积成正比,如图 4.4 所示。因此,对于空间力系,各力使刚体绕同一点 O 产生的转动不再共轴,此时用平面力矩理论无法表征空间力系使刚体产生的转动效应的总和。

根据上面的论述,需要引入一个矢量来表征空间力系中任意力 $\mathbf{F}$ 使刚体产生的转动效应(大小和转向),称为**力矩矢**,简称**力矩**;力矩矢的指向根据转轴和转向应用右手规则确定,力矩矢的大小为力 $\mathbf{F}$ 的大小和力 $\mathbf{F}$ 的作用线

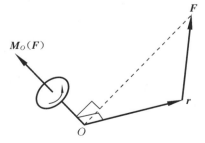

图 4.4　力对点之矩

到转动点 O 垂直距离的乘积,转动点 O 称为**矩心**,力矩矢的作用点就是矩心。用矢量符号 $M_O(F)$ 表示力矩矢,则有

$$M_O(F)=r\times F \tag{4.9}$$

如图 4.4 所示,可见,**力矩矢为一个定位矢量**。这样定义得到的力矩矢称为**力对点之矩**,该定义式应用到平面力矩时,与第 2 章的结果完全相同。

力矩矢的计算,根据矢量运算法则,在直角坐标系中可写为

$$M_O(F)=r\times F=\begin{vmatrix} i & j & k \\ x & y & z \\ F_x & F_y & F_z \end{vmatrix} \tag{4.10}$$

力矩矢在直角坐标中的三个投影为

$$\begin{cases} M_{Ox}(F)=yF_z-zF_y \\ M_{Oy}(F)=zF_x-xF_z \\ M_{Oz}(F)=xF_y-yF_x \end{cases} \tag{4.11}$$

图 4.5　力对轴之矩 1

2. 力对轴之矩

如果刚体上安装了转轴或设想安装一根转轴,那么力 F 将使刚体绕该轴转动或产生转动趋势,如图 4.5 所示。这种转动效应用**力对轴之矩**来度量。参见图 4.5,F_{xy} 为力 F 在与转轴垂直的 Oxy 平面上的分力,显然只有分力 F_{xy} 才对刚体的转动有贡献,因此,可以在刚体上取一个垂直于转轴且与刚体固联的平面,在此平面上考虑分力 F_{xy} 使该刚性平面绕点 O 的转动效应,这就是力对轴之矩。空间力系中的其他力可按同样的方法处理,因此,空间力系对轴之矩变为一个平面力矩问题。由此,定义力对轴之矩为该力在垂直于转轴的平面上的分力对刚体的平面力矩,矩心为轴线与该平面的交点,即

$$M_z(F)=M_O(F_{xy})=\pm F_{xy}h \tag{4.12}$$

按照这种定义,力对轴之矩是一个代数量,矩的符号根据轴的方向按右手定则确定。

由于一般计算力臂比较复杂,因此力对轴之矩的计算一般采用如下两种方法。

(1)可以通过先将力向轴的正交平面分解,再计算该分力对轴的平面力矩。

(2)力对轴之矩等于该力对轴上任一点之矩在该轴上的投影。这一结论称为力矩矢量投影定理。

证明　如图 4.6 所示,在转轴 z 上任选一点 O,做正交坐标系 $Oxyz$,设点 O 到力作用线上任一点的矢径为

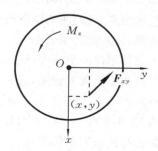

图 4.6　力对轴之矩 2

$$r = xi + yj + zk$$

分力 F_{xy} 为

$$F_{xy} = F_x i + F_y j$$

那么由图 4.6 可得

$$M_z(F) = M_O(F_{xy}) = xF_y - yF_x$$

而

$$M_O(F) = r \times F = \begin{vmatrix} i & j & k \\ x & y & z \\ F_x & F_y & F_z \end{vmatrix}$$

由此有

$$M_z(F) = xF_y - yF_x = M_O(F) \cdot k$$

例 4.3　长方体各边长分别为 $a = b = 0.2 \text{ m}$, $c = 0.1 \text{ m}$, 如图 4.7 所示, 沿对角线 AB 作用的力 $F = 10\sqrt{6}$ N。求力 F 对轴 ξ 之矩。

解　因为轴 ξ 通过点 O, 因此先求力 F 对点 O 之矩 $M_O(F)$。

$$F = F\frac{\overrightarrow{AB}}{AB} = 10\sqrt{6} \times \frac{10}{\sqrt{6}}(-0.2i + 0.1j + 0.1k)$$

$$= -20i + 10j + 10k$$

$$\overrightarrow{OA} = 0.2i + 0.1j$$

图 4.7　例 4.3 图

力 F 对点 O 之矩为

$$M_O(F) = \overrightarrow{OA} \times F = \begin{vmatrix} i & j & k \\ 0.2 & 0.1 & 0 \\ -20 & 10 & 10 \end{vmatrix} = i - 2j + 4k$$

因此, 力 F 对轴 ξ 之矩为

$$M_\xi = M_O(F) \cdot \frac{\overrightarrow{OC}}{OC} = M_O(F) \cdot \frac{1}{\sqrt{5}}(2i + k) = \frac{6\sqrt{5}}{5} \text{ N} \cdot \text{m}$$

4.3　空间力偶理论

4.3.1　空间力偶

将平面力偶理论推广到空间力偶系, 主要变化是各个力偶的作用面和旋转方向是空间分布的, 因此为了度量各个力偶对刚体的转动效应, 需要定义**力偶矩矢**, 它定义为力偶中的两个力对空间任意一点之矩的矢量和, 即

$$M(F, F') = M_O(F) + M_O(F') = r_{AB} \times F \tag{4.13}$$

其中, r_{AB} 为从力 F' 作用线上任一点指向力 F 作用线上任一点的长度矢量, 易证明, 对于确定的力偶, $M(F, F')$ 为常矢量。该定义式应用到平面力偶时, 情况与第 2 章中的结果完全相同。实际上, 力偶矩矢的指向可以根据力偶的转向用右手规

则确定,其大小则是其中一力的大小乘以力偶臂。

力偶等效定理　作用面平行的两个力偶,若其力偶矩的大小相等、转向相同,则两力偶等效。

图 4.8 证明了力偶等效定理。由此可知,在保持力偶矩矢大小和指向不变的条件下,空间力偶可以在作用面内和平行于作用面的任意平面之间任意移转而不改变对刚体的作用。因此**力偶矩矢为自由矢量,它可以在空间自由平移**。

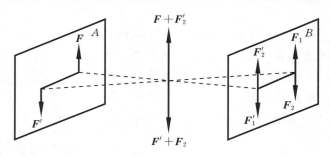

图 4.8　空间力偶的等效

对于一个空间力偶系,由上述结论,可以将其中所有力偶矩矢平移到某一点,形成一个汇交的力偶矩矢量系,再将各个力偶矩矢量叠加,就得到合力偶矩矢,即

$$M = M_1 + M_2 + \cdots + M_n = \sum_{i=1}^{n} M_i = \underbrace{\left(\sum_{i=1}^{n} M_{ix}\right)i + \left(\sum_{i=1}^{n} M_{iy}\right)j + \left(\sum_{i=1}^{n} M_{iz}\right)k}_{\text{投影表示}}$$

(4.14)

因此空间力偶系平衡的充要条件为

$$\sum_{i=1}^{n} M_{ix} = 0, \quad \sum_{i=1}^{n} M_{iy} = 0, \quad \sum_{i=1}^{n} M_{iz} = 0 \tag{4.15}$$

4.3.2　任意空间力偶的合成方法

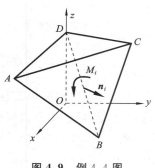

图 4.9　例 4.4 图

例 4.4　对如图 4.9 所示的物体,相应力偶作用在各表面上,求合力偶。

解　$M_i = M_i n_i$,n_i 为 M_i 作用面的外法线向量。

建立坐标系,按如下方法求。对于面 ABC,按 ABC 顺序根据右手规则可得其法向量方向,因此 $n_i = r_{AB} \times r_{BC} / |r_{AB} \times r_{BC}|$。总的合力偶 $M = \sum M_i n_i$。

一些简单力偶合成,用其他方法将更简单,但上述方法对任意力偶的合成均适用。

4.4 空间任意力系的简化

4.4.1 空间任意力系向指定点简化

显然,力的平移定理在空间力系中仍然适用,只是附加的力偶要看成空间力偶,其力偶矩矢等于原来的力对指定点之矩。

应用力的平移定理,将空间力系的各力向指定的简化中心 O 平移,得到一个在点 O 汇交的汇交力系和汇交力偶系,分别将这两个力系合成,得到通过简化中心 O 的一个合力 $\boldsymbol{F}_{OR}$ 和合力偶 $\boldsymbol{M}$,如图 4.10 所示。合力的大小和方向为原力系中各力的矢量和,合力偶的力偶矩矢等于原力系中各力对指定点之矩的矢量和,主矢和主矩一般成任意角度,写成表达式为

$$\begin{cases} \boldsymbol{F}_{OR} = \boldsymbol{F}_1 + \boldsymbol{F}_2 + \cdots + \boldsymbol{F}_n = \sum_{i=1}^{n} \boldsymbol{F}_i \\ \boldsymbol{M} = \boldsymbol{M}_1 + \boldsymbol{M}_2 + \cdots + \boldsymbol{M}_n = \sum_{i=1}^{n} \boldsymbol{M}_i = \sum_{i=1}^{n} \boldsymbol{M}_O(\boldsymbol{F}_i) \end{cases} \tag{4.16}$$

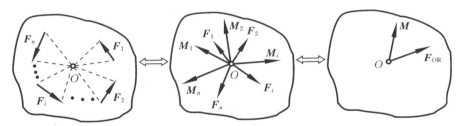

图 4.10 空间力系向指定点 O 简化

将

$$\boldsymbol{F}_R = \sum_{i=1}^{n} \boldsymbol{F}_i, \quad \boldsymbol{M}_O = \sum_{i=1}^{n} \boldsymbol{M}_O(\boldsymbol{F}_i) \tag{4.17}$$

分别称为力的**主矢**和**主矩**,由方程(4.16)和(4.17),显然有

$$\boldsymbol{F}_R = \boldsymbol{F}_{OR}, \quad \boldsymbol{M}_O = \boldsymbol{M} \tag{4.18}$$

以上可归纳为:**空间力系向空间内任一点简化,一般可得到一个合力和合力偶,该合力作用于简化中心,其大小、方向与原力系的主矢相同,合力偶矩矢等于原力系对简化中心的主矩。**

注意:(1) 合力的大小、方向与简化中心无关,即主矢与简化中心无关,但合力具有明确的作用点 O(简化中心),因此合力为定位矢量,主矢为自由矢量。

(2) 合力偶矩矢的大小和方向与简化中心 O 有关,但一旦形成,却是一个自由矢量,而主矩是以点 O 为作用点的定位矢量。

4.4.2 简化结果的分析

(1) $\boldsymbol{F}_R = 0$, $\boldsymbol{M}_O = 0$,此时力系平衡。

（2）$F_R=0$，$M_O\neq0$，此时，不论力系向哪一点简化，均得一力偶 ，所得力偶均与原力系等效，由等效的传递性和力偶等效定理，所得力偶矩均相等。

（3）$F_R\neq0$，$M_O=0$，力系已简化为一合力，已经是最简力系。

（4）$F_R\neq0$，$M_O\neq0$，但 $F_R\perp M_O$，如图 4.11 所示。此时可将 F_R 在合力偶的作用面内再平移一次，使附加力偶与 M_O 抵消，力系最终简化为一个合力。

（5）$F_R\neq0$，$M_O\neq0$，但 $F_R/\!/M_O$，如图 4.12 所示。此时如果将 F_R 再平移，会使力系更复杂，因此这种情况下力系不能再简化。由此得，平行的 F_R 与 M_O 组成的力系是一种最简力系，称为**力螺旋**。

图 4.11　主矢、主矩垂直时，力系进一步简化为一合力　　**图 4.12　力螺旋**

（6）$F_R\neq0$，$M_O\neq0$，F_R、M_O 成任意角，如图 4.13 所示。此时将 M_O 在 F_R 与 M_O 组成的平面内正交分解，再将 F_R 在分力偶 M_{O1} 的作用面内再平移一次，使附加力偶与 M_{O1} 抵消，力系最终简化为一力螺旋。

图 4.13　主矢、主矩成任意角时，力系最终简化为力螺旋

结论：空间力系最终可简化成四种情况之一：一力、力偶、力螺旋或平衡。因此空间力系的最简力系为一力、或一力偶、或一力螺旋。

4.4.3　合力矩定理

定理　当空间力系可合成为一个合力时，则合力对任一点之矩等于原力系中各力对同一点之矩的矢量和。

该定理的证明不难，请学生自行试证。

例 4.5　在边长为 a 的正方体顶点 O、F、C 和 E 上作用有大小都等于 P 的力，方向如图 4.14 所示。求此力系的最终简化结果。

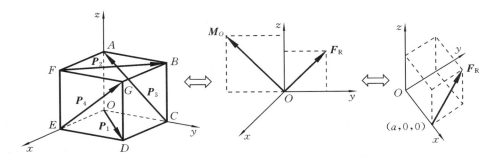

图 4.14　例 4.5 图

解　各力的投影式为

$$P_1 = P\frac{\sqrt{2}}{2}(i+j), \quad P_2 = P\frac{\sqrt{2}}{2}(-i+j)$$

$$P_3 = P\frac{\sqrt{2}}{2}(-j+k), \quad P_4 = P\frac{\sqrt{2}}{2}(j+k)$$

力系先向点 O 简化。主矢为

$$F_R = P_1 + P_2 + P_3 + P_4 = \sqrt{2}P(j+k) \qquad (a)$$

向点 O 简化的主矩为

$$M_O = M_O(P_1) + M_O(P_2) + M_O(P_3) + M_O(P_4)$$

$$= 0 + \frac{\sqrt{2}}{2}Pa(-i-j+k) + \frac{\sqrt{2}}{2}Pai + \frac{\sqrt{2}}{2}Pa(-j+k)$$

$$= \sqrt{2}Pa(-j+k) \qquad (b)$$

显然 $F_R \perp M_O$，所以力系最终可以简化为一个合力 F_R，设合力作用线上任一点的矢径为 $r = xi + yj + zk$，则有

$$M_O - r \times F_R = 0$$

即

$$\sqrt{2}Pa(-j+k) - \sqrt{2}P[(y-z)i - xj + xk] = 0$$

由此得

$$x = a, \quad y = z \qquad (c)$$

综上所述，所给力系的最终简化结果为一合力 $F_R = \sqrt{2}P(i+k)$，其作用线方程为

$$r = ai + yj + yk \qquad (d)$$

4.5　空间任意力系的平衡

4.5.1　空间任意力系的平衡条件

空间任意力系平衡的充要条件显然为主矢和主矩同时等于零，因此平衡方程为

$$\begin{cases} \sum_{i=1}^{n} F_{ix} = 0 \\ \sum_{i=1}^{n} F_{iy} = 0, \\ \sum_{i=1}^{n} F_{iz} = 0 \end{cases} \begin{cases} \sum_{i=1}^{n} M_{Ox}(\boldsymbol{F}_i) = 0 \\ \sum_{i=1}^{n} M_{Oy}(\boldsymbol{F}_i) = 0 \\ \sum_{i=1}^{n} M_{Oz}(\boldsymbol{F}_i) = 0 \end{cases} \tag{4.19}$$

对于空间力系,因为一个空间力矢量总可以由 3 个独立分力表示,可列 3 个力投影方程,那么任何一个力投影方程总可以由该 3 个方程推出,所以空间最多只能列 3 个力投影方程。但一个轴的力矩与距离有关,故可以有三、四、五、六矩式。但注意,因为通过同一点的任意轴对应的矢量必然可以由通过该点的 3 根轴分别对应的矢量的组合来表示,故**不能对通过同一点的 3 根以上的轴取矩列力矩方程**。类似地,认为 4 根平行轴是通过无限远的同一点,所以也**不能对 3 根以上的平行轴取矩列力矩方程**。

对于**空间平行力系**,取 z 轴平行于力系,则平衡方程退化为

$$\sum_{i=1}^{n} F_{iz} = 0, \quad \sum_{i=1}^{n} M_{Ox}(\boldsymbol{F}_i) = 0, \quad \sum_{i=1}^{n} M_{Oy}(\boldsymbol{F}_i) = 0 \tag{4.20}$$

对于平行力系,最多只能列 1 个力投影方程,可以有二矩或三矩式。

在分析空间结构时,遇到的约束类型和约束力比平面结构更多、更复杂,表4.1给出了一些典型的空间约束类型及其约束力,在解决实际问题时可参考使用。需要说明的是,认为第 3 行中所示的径向轴承和蝶形铰链(蝶铰)只受 2 个分力,而第 5 行中与径向轴承画法相似的导向轴承还承受力偶矩。如图 4.15(a)(b)所示的 2 种轴承支承方式,当轴(比如齿轮 B)上有一个载荷时,轴将偏转导致载荷作用的 B 处有一定的位移。若如图 4.15(a)所示,轴承相对轴的长度很短,若只用一个轴承支承,在轴上承受最大载荷的 B 处偏离轴线的位移较大,工程上认为轴承发生了转动,该轴承无法提供限制其转动的力偶矩,类似一个点,只有 2 个方向的约束力分量,该轴承只能限制轴上轴承处的该点的径向位移,称为径向轴承。而图 4.15(b)所示的方式中,轴承相对轴长有可比性长度,若只用一个轴承,在轴上承受最大载荷的 B 处的偏离轴线的位移不大,满足工程上认为没有转动的要求,认为轴受到力偶矩的限制,轴没有偏转,该轴承只可在轴向移动或绕该轴线转动,故称为导向轴承,只装一个轴承即可限制相对轴线偏转。对于如图 4.15(c)所示的安装 3 个蝶形铰链的门,若只安装一个蝶形铰链,门的重力合力作用点及开门的外力作用点与蝶形铰链的距离远大于蝶形铰链的尺寸,类似图 4.15(a)所示的载荷作用处偏移轴线过多,因此也认为有 2 个分量(实际的蝶形铰链在轴向有限位设置,提供轴向约束反力,但理论的蝶形铰链模型,没有轴向限位)。因此,导向轴承都画得很长。表 4.1 中第 3 行中给出的其他几种约束的受力类似图 4.15(a)的受力,认为是一个点约束,只有 2 个约束反力。

表 4.1 一些典型空间约束的类型及其约束力

约束力未知量	约束类型
1	光滑表面　滚动支座　绳索　二力杆
2	径向轴承　圆柱铰链　铁轨　蝶形铰链
3	球形铰链　止推轴承
4 (a) (b)	导向轴承　万向接头 (a) (b)
5 (a) (b)	带有销子的夹板　导轨 (a) (b)

续表

约束力未知量	约束类型
6	空间的固定端支座

图 4.15　径向轴承及蝶形铰链的受力特点

4.5.2　空间任意力系的平衡问题分析

例 4.6　重 P 的均质长方体由不计自重的杆件支承,在水平位置处于平衡,各尺寸如图 4.16 所示,P 作用在 $ABCD$ 的中心。求杆 1~6 的内力。

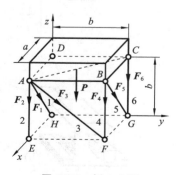

图 4.16　例 4.6 图

分析　空间平衡问题分析方法众多,各有其优缺点。虽然可以对点列力矩方程 $\sum \boldsymbol{M}_O = \sum \boldsymbol{r}_{Oi} \times \boldsymbol{F}_i = \boldsymbol{0}$ 来求解,但该方程是矢量方程,等价于列了 3 个对轴取矩的方程。而实际解题时,往往不需要所有这 3 个方程,因此一般直接对轴列力矩方程。

对于简单的空间结构,以下方法仅供参考。

(1) 选取最多未知力的汇交点(如 A),作为轴的第一个点。

(2) 选取另一个点 B,使得不待求的力对 AB 的矩尽量为 0(即 $\boldsymbol{F}$ 通过轴或平行于轴),并让 AB

尽量与轴 x,y,z 平行（为了方便计算力臂），最多只能对过同一点的 3 根轴取矩。类似地，也不能对超过 3 根的平行轴取矩。

（3）然后再选取次多未知力的汇交点（如 B），作为轴的第一个点。依次类推。

解　　　$\sum M_{AB}=0$：　　　　$0.5aP+aF_6=0$ 　　　　　　　　（a）

解得　　　　　　　　　　　$F_6=-0.5P$

$\sum M_{AE}=0$：　　　　$bF_5\cos\angle GBC=0$ 　　　　　　　　（b）

解得　　　　　　　　　　　$F_5=0$

$\sum M_{AD}=0$：　　$0.5bP+bF_4+F_5\cos\angle FBG+bF_6=0$ 　　　（c）

解得　　　　　　　　　　　$F_4=0$

$\sum F_x=0$：　　　　　$F_5+F_1=0$ 　　　　　　　　　　　　　（d）

解得　　　　　　　　　　　$F_1=0$

$\sum F_y=0$：　　　　$F_3\cos\angle FAB=0$ 　　　　　　　　　　（e）

解得　　　　　　　　　　　$F_3=0$

$\sum F_z=0$：　　　　$F_2+F_4+F_6+P=0$ 　　　　　　　　　（f）

解得　　　　　　　　　　　$F_2=-0.5P$

例 4.7　两个均质杆 AB 和 BC 分别重 P_1 和 P_2，其端点 A 和 C 用球铰固定在水平面上，另一端 B 由球铰链相连接，靠在光滑的垂直墙上，墙面与 AC 平行，如图 4.17(a) 所示。如 AB 与水平线交角为 $45°$，$\angle BAC=90°$，求 A 和 C 的支座约束力以及墙上点 B 所受的压力。

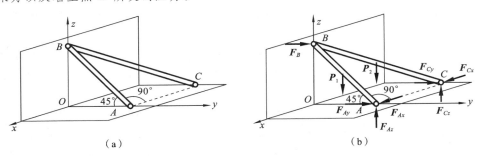

（a）　　　　　　　　　　　　　　　（b）

图 4.17　例 4.7 图

解　【整体】

$\sum M_{AC}=0$：　$OB\cdot F_B-0.5OA\cdot P_1-0.5OA\cdot P_2=0$ 　　（a）

解得　　　　　　　　　　$F_B=0.5(P_1+P_2)$

【整体】

$\sum M_{Cz}=0$：　　　　$AC\cdot F_{Ay}+AC\cdot F_B=0$ 　　　　　　（b）

解得 $$F_{Ay} = -0.5(P_1 + P_2)$$

【整体】

$$\sum M_{Ay} = 0: \qquad AC \cdot F_{Cz} - 0.5AC \cdot P_2 = 0 \qquad \text{(c)}$$

解得 $$F_{Cz} = 0.5P_2$$

【整体】

$$\sum M_{Cy} = 0: \qquad 0.5AC \cdot P_2 + AC \cdot P_1 - AC \cdot F_{Az} = 0 \qquad \text{(d)}$$

解得 $$F_{Az} = P_1 + 0.5P_2$$

【整体】

$$\sum M_{Az} = 0: \qquad AC \cdot F_{Cy} = 0 \qquad \text{(e)}$$

解得 $$F_{Cy} = 0$$

【AB】

$$\sum M_{By} = 0: \qquad OA \cdot F_{Ax} = 0 \qquad \text{(f)}$$

解得 $$F_{Ax} = 0$$

【整体】

$$\sum F_x = 0: \qquad F_{Ax} + F_{Cx} = 0 \qquad \text{(g)}$$

解得 $$F_{Cx} = 0$$

4.5.3 空间力系平衡理论在设计中的应用

如何固定一个空间自由体,是一个经常面临又具有工程意义的问题,下面介绍力学原理在设计中的应用。

例 4.8 如图 4.18(a)所示,一空间自由物体,比如屋顶,如何使用最少的二力杆使其承受任意载荷?

若采用图 4.18(b)的固定方式,支承力柱可能受到弯矩作用,当立柱不够粗时,受到弯矩作用的细长构件容易弯曲而折断。为了节省材料,采用更细的构件,

(a) 　　　　　　　(b) 　　　　　　　(c)

图 4.18 例 4.8 图

且要求承载能力足够,往往采用图 4.18(c)所示的二力杆固定方式。那么,至少需要几根杆件才是稳定的呢? 下面来分析如下几种设计。

【设计 1】少于 6 根(5 根)。

图 4.19 给出了 5 根杆的结构。对图 4.19(a)固定方式,物体可能会绕 *AE* 转动;对图 4.19(b)固定方式,物体可能会绕 *AG* 转动;对图 4.19(c)固定方式,在任意载荷作用下,物体是否都不动呢? 对于类似图 4.19(c)这样的固定方式或 5 根杆两两不共面情形,若从具体会如何运动来分析,问题会变得很复杂,但我们关心的仅仅是所设计的结构,所以,可由空间力系平衡理论来判断。屋顶平衡可以列 6 个独立方程,但只有 5 个未知力,多余的一个方程可用来描述动力学的加速度量。因此,无论怎样布置 5 根杆,该结构在任意变化的载荷作用下,可能会动,是不稳定的,故图 4.19(c)这样的固定方式也可能在某种载荷下运动,至于如何运动,感兴趣的读者请自行思考。那么到底至少需要几根二力杆呢? 根据力的平衡方程,6 个平衡方程可以求出 6 个未知力,所以至少需要 6 根,如例 4.6 所示。但并不是所有的 6 根杆都可以使得系统是稳定的,还要避免如下特殊情形。

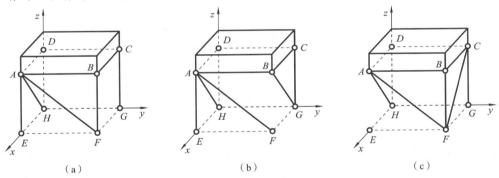

| (a) | (b) | (c) |

图 4.19　设计 1

【设计 2】6 根(通过一点有 4 根轴)。

图 4.20 给出了 6 根杆(通过一点有 4 根轴)的几种结构。对图 4.20(a)固定方式,物体可能会绕 *AE* 转动;对图 4.20(b)固定方式,物体可能会绕 *AC* 转动;对图 4.20(c)固定方式,在任意载荷作用下,物体是否都不动呢? 同样,这可由空间力系平衡理论来判断。因为列平衡方程时,最多只能对过同一点的 3 根轴取矩,故通过一点有 4 根轴的 6 根杆的结构,必然会绕某根轴转动。因此,图 4.20(c)这样的固定方式也可能在某种载荷运动,至于具体如何动,感兴趣的读者请自行思考。因为 4 根平行轴可认为是通过无限远的同一点。因此,也不能设计如图 4.21 所示的有 4 根平行轴的总杆数为 6 的结构。

【设计 3】6 根,已有 3 根杆通过一点或已有 3 根杆平行于轴,则另外 3 根杆不能平行或相交于一点。因为已有 3 根杆通过一点(比如点 *A*),若另外 3 根杆相交

图 4.20　设计 2

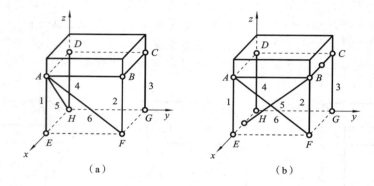

图 4.21　有 4 根平行轴的结构

于点 B,则 6 根杆内力对 AB 的力矩为 0,不能抵抗外部施加的对 AB 有力矩的力;若另外 3 根杆平行,则 6 根杆内力对过点 A 且与另 3 根平行杆平行的轴 B 的力矩为 0,不能抵抗外部施加的对 AB 有力矩的力。当已有 3 根平行杆(比如平行于某根直线 L_1)时,若 3 根杆也平行(比如平行于某根直线 L_2),L_1 与 L_2 平移到一个平面 s,则在垂直于平面 s 的法向施加外力,物体会在法向运动。

　　由空间力系平衡原理可知,当采用二力杆来固定一个物体时,需注意如下几点。

　　(1) 至少使用 6 根二力杆。

　　(2) 当采用 6 根杆时:①通过一点不能有 3 根以上轴;②不能有 3 根以上平行轴,从力学上分析,其本质原因是通过同一点的任意轴矢量必然可以由通过该点的 3 根轴矢量线性组合来表示,其效果已由该 3 根轴实现,类似于不能对通过同一点的 3 根以上的轴取矩列力矩方程,类似地,4 根平行轴可认为是通过无限远的同一点;③通过一点有 3 根或已有 3 根平行轴,则另外 3 根轴不能平行或相交于一点。

　　【稳定设计】①当采用 6 根杆时,3 根及以下的杆平行或通过一点,其余两两不共面。②当采用 6 根杆仍难以根据上述方法确定结构是否稳定时,可以建立平衡方程,并写成 $AX=F$ 的矩阵形式,其中 X 为未知约束力矢量,F 为已知力矢量,若反映结构固有特性的矩阵 A 可逆,则无论施加什么载荷,方程都有唯一解,说明结构是稳定的,否则就是不稳定的。

从该题可知,若对力学原理有深刻了解,设计结构时就容易避免一些不该发生的问题。

思考:对于图 4.18(c),有人认为可能会动。其理由是:杆 4 和 5 的合力与杆 6 的力会有一交点 S,那么,一个外力作用在 AS 轴线以外,又不平行或通过 AS 轴线,将对 AS 轴有力矩,就会转动。请指出其错误原因,并从理论上证明理由是错误的。

习　题

4.1　是非题(正确的在括号内画"√",错误的画"×")。

1. 空间力对某一点之矩在任意轴上的投影等于力对该轴的矩。（　　）

2. 空间平行力系不可能简化为力螺旋。（　　）

3. 空间汇交力系不可能简化为合力偶。（　　）

4. 空间平行力系的平衡方程可表示为两投影方程和一矩方程。（　　）

5. 空间任意力系向某点 O 简化,主矢 $F_R \neq 0$,主矩 $M_O \neq 0$,则该力系一定能简化为一个合力。（　　）

6. 力偶可在刚体同一平面内任意移转,也可在不同平面之间移转,而不改变力偶对刚体的作用。（　　）

7. 用解析法求汇交力系的平衡问题,需选定坐标系再建立平衡方程 $\sum F_x = 0, \sum F_y = 0, \sum F_z = 0$,所选的轴 x、y、z 必须彼此垂直。（　　）

8. 固定空间物体,至少需要 6 根二力杆。（　　）

9. 空间平衡力系不能对通过同一点的 3 根以上的轴列力矩方程。（　　）

10. 空间平衡力系不能对 3 根以上的平行轴列力矩方程。（　　）

4.2　选择题。

1. 力 F 作用在 $OABC$ 平面内,如题 4.2.1 图所示。F 对轴 Ox, Oy, Oz 之矩为（　　）。

① $M_x(F)=0, M_y(F)=0, M_z(F)=0$

② $M_x(F)=0, M_y(F)=0, M_z(F) \neq 0$

③ $M_x(F) \neq 0, M_y(F) \neq 0, M_z(F)=0$

④ $M_x(F) \neq 0, M_y(F)=0, M_z(F)=0$

2. 空间同向平行力系 F_1, F_2, F_3, F_4 如题 4.2.2 图所示。该力系向点 O 简化,

主矢和主矩分别用 $\boldsymbol{F}_R$、$\boldsymbol{M}_O$ 表示,则(　　　)。

① $\boldsymbol{F}_R\neq0,\boldsymbol{M}_O\neq0$　② $\boldsymbol{F}_R\neq0,\boldsymbol{M}_O=0$　③ $\boldsymbol{F}_R=0,\boldsymbol{M}_O\neq0$　④ $\boldsymbol{F}_R=0,\boldsymbol{M}_O=0$

3. 题 4.2.2 中,简化的最后结果是(　　　)。

① 一合力　　　② 一合力偶　　　③ 一力螺旋　　　④ 平衡

4. 如题 4.2.4 图所示,长方体上受三个力 $\boldsymbol{P}_1$,$\boldsymbol{P}_2$,$\boldsymbol{P}_3$ 作用,三力的大小均为 P,要使力系简化为一合力,长方体边长 a、b、c 应满足的条件是(　　　)。

① $a=b+c$　　　② $b=c+a$　　　③ $c=a+b$　　　④ $a+b+c=0$

题 4.2.1 图　　　　　　题 4.2.2 图　　　　　　题 4.2.4 图

4.3　长方体的顶角 A 和 B 处分别作用有力 $\boldsymbol{P}$ 和 $\boldsymbol{Q}$,$P=500$ N,$Q=700$ N。求此二力在轴 x、y、z 上的投影。$Oxyz$ 坐标系如题 4.3 图所示。

4.4　有一重量为 P、边长为 $2a$ 的正方形均质钢板,以三根绳子 AD、BD、CD 悬挂于水平位置,如题 4.4 图所示。设点 D 与板的重心 O 在同一竖直线上,$OD=a$,求绳子的拉力。

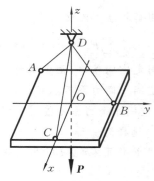

题 4.3 图　　　　　　　　　　题 4.4 图

4.5　计算如题 4.5 图所示手柄上的力 F 对轴 x、y、z 之矩。已知 $F=500$ N,$AB=0.2$ m,$BC=0.4$ m,$CD=0.15$ m,$\alpha=60°$,$\beta=45°$。

4.6　如题 4.6 图所示,$P=10$ N,$\alpha=30°$,点 A 的坐标为 $(3,4,-2)$,单位为 m。求力 $\boldsymbol{P}$ 对轴 x、y、z 之矩。

题 4.5 图　　　　　　　　　题 4.6 图

4.7　将如题 4.7 图所示三力偶合成。已知 $F_1=F_2=F_3=F_4=F_5=F_6=100$ N,正方体边长 $L=1$ m。

4.8　如题 4.8 图所示,一物体由三圆盘 A、B、C 和轴组成。圆盘半径分别是 $r_A=15$ cm,$r_B=10$ cm, $r_c=5$ cm。轴 OA、OB、OC 在同一平面内,且 $\angle BOA=90°$;在这三个圆盘的边缘上各自作用有力偶(P_1,P_1')、(P_2,P_2') 和(P_3,P_3') 而使物体保持平衡。已知 $P_1=100$ N,$P_2=200$ N,求 P_3 和角 α。

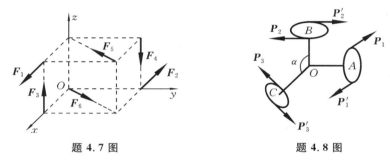

题 4.7 图　　　　　　　　　题 4.8 图

4.9　如题 4.9 图所示,长方体各边长分别为 $a=0.1$ m,$b=0.1$ m,$c=0.05$ m,作用于顶角 A 处的作用力 $F=25$ N。求力 F 对轴 ξ 之矩。

4.10　杆系由铰链连接,位于立方体的边和对角线上,如题 4.10 图所示。在节点 D 作用有力 Q,沿对角线 LD 方向;在节点 C 作用有力 P,沿 CH 边竖直向下。如铰链 B、L、H 是固定的,求支座的约束力和杆的内力。各杆重量不计。

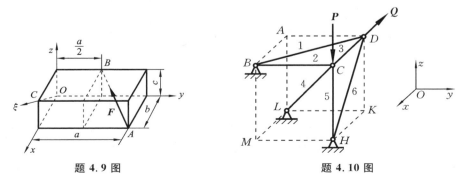

题 4.9 图　　　　　　　　　题 4.10 图

4.11　如题 4.11 图所示,正四面体的三个侧面 ABD、ACD 和 BCD 上各作用有一个力偶。设各力偶矩的大小 $M_1 = M_2 = M_3 = M$,求合力偶。又如在第四个面 ABC 上施加 $M_4 = M$ 的另一力偶,试问此力偶能否平衡前面的三个力偶?

4.12　将如题 4.12 图所示立方体上的四力向点 O 简化为一等效力系,并求其合成的最后结果。已知 $F_1 = 300$ N,$F_2 = 100$ N,$F_3 = F_4 = 100\sqrt{2}$ N,立方体的边长为 2 m。

题 4.11 图　　　　　　　　　题 4.12 图

4.13　将如题 4.13 图所示空间力系(两个力和两个力偶)向点 A 简化为一等效力系,并求出力系对轴 AB 的主矩。已知 $F_1 = 20$ N,$F_2 = 50$ N,$M_1 = 80$ N·m,$M_2 = 100$ N·m,其中力偶 M_1 作用在 ACD 面上,力偶 M_2 作用在 $BCDE$ 面上。

4.14　如题 4.14 图所示,长方形门的转轴 AB 是垂直的,门打开 $60°$ 角,并用两根绳子维持平衡。其中一绳系在点 C,跨过小滑轮 D 悬挂着重量为 $P = 320$ N 的物体,另一绳 EF 系在地板的点 F 上。门重 $Q = 640$ N,宽 $AC = AD = 1.8$ m,高 $AB = 2.4$ m。求绳子 EF 的张力 T 及轴承 A、B 的约束力。

题 4.13 图　　　　　　　　　题 4.14 图

4.15　如题 4.15 图所示,重 $G = 10$ kN 的重物被电动机通过链条传动的水平轮轴 AB 匀速提升,链条两边都和水平面成 α 角($\alpha = 30°$)。已知鼓轮半径 $r = 10$ cm,链轮半径 $R = 20$ cm,链条主动边(紧边)的拉力 T_1 是从动边(松边)拉力 T_2 的两倍。求

轴承 A 和 B 的约束力以及链条拉力的大小。图中长度单位是 cm(轮轴的自重不计)。

4.16　水平均质吊臂 AB 重 $Q=500$ N,长 $AB=5$ m,由 A 处的球铰链及从点 C 到在 Ayz 平面内的点 D 和 E 的两索支持在 Axy 平面内,与轴 x 成 $30°$ 倾角,如题 4.16 图所示。若吊臂在 B 处承受一个 $P=5000$ N 的载荷,求平衡时铰链 A 的约束力(只允许列 3 个方程求解)。

题 4.15 图　　　　　　　　　　题 4.16 图

4.17　如题 4.17 图所示,用球铰链 A 和蝶形铰链 B 将重 200 N 的均质矩形框架固定在墙上,并用绳 CE 将它维持在水平位置,绳 CE 缚在框架的点 C 并挂在墙上的钉子 E 上,$\angle ECA=\angle BAC=30°$。求绳子的张力和支点的反力。

4.18　重 50 N 的方块放在倾斜的粗糙面上,斜面的边 AB 与 BC 垂直,如题 4.18 图所示。如在方块上施加水平力 F,与 BC 边平行,此力由零逐渐增加,方块与斜面间的静摩擦因数为 0.6。求保持方块平衡时,水平力 F 的最大值。

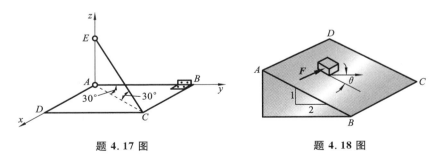

题 4.17 图　　　　　　　　　　题 4.18 图

4.19　如题 4.19 图所示,车厢的搁板 $ABCD$ 可绕轴 AB 转动,杆 ED 将其支撑在水平位置上。杆 ED 用铰链 E 连接在竖直墙面 BAE 上。搁板连同其上重物重 $P=800$ N,且作用在矩形 $ABCD$ 的对角线交点上。已知尺寸:$AB=150$ cm,$AD=60$ cm,$AK=BH=25$ cm,$ED=75$ cm,杆 ED 的重量不计,求杆的内力 S,以

及蝶形铰链 K 和 H 的反力。

题 4.19 图

*4.20　用空间力系平衡理论证明三力平衡平面汇交定理。

*4.21　用空间力系平衡理论证明:(1) 对通过同一点的 3 根以上轴列的力矩平衡方程必然相关;(2) 对 3 根以上的平行轴列的力矩平衡方程必然相关。

第5章　点的运动学和刚体的基本运动

本章和第6、第7章为运动学内容。运动学中只研究点和物体的几何位置随时间的变化关系,不涉及引起这种变化的原因。动力学研究力与运动之间的关系,所以运动学的内容是研究动力学的基础。运动学的知识也可直接应用于实际,如机械设计中经常需要做的机构运动分析。

质点系是力学研究的最基本模型,质点也是组成物体的最基本单元。由于运动学研究的问题与质点的质量无关,可以将质点视为没有大小和形状的几何点,因此研究点的运动具有基本意义。本章先介绍点的运动的描述方法、基本特征及其分析计算方法,然后再研究刚体的两种基本运动:平动和定轴转动。

5.1　运动学的基本概念

(1) 要研究点和物体的运动,首先要确定它们的几何位置(定位),这只能从它们与周围物体的相互关系中去描述,指明被考察的点和物体相对于周围哪个物体做运动,做参考的物体称**参考体**。为度量点和物体相对于参考体的位置,在参考体上固定一个坐标标架,称为**参考系**。

(2) 建立参考系解决了物体运动的位置度量,而运动物体的位置是随时间变化的,所以引入时间的两个概念:**瞬时(或时刻)、时间间隔**。瞬时是指某个时间点或时间轴上的一个点,时间间隔是指任意两个不同时刻之间的一段时间或时间轴上的一个区间。为了方便,规定时间间隔为一个正实数。

(3) 点的运动由三个物理量来描述:**位移、速度**和**加速度**。相对于参考系运动的点称为**动点**;在任意一个时间间隔,动点从起始位置到终止位置的长度矢量称为动点在该时间间隔上的**位移**;位移的大小和方向随时间的变化率就是**速度**,所以速度描述了动点运动的快慢和方向;速度的大小和方向随时间的变化率就是**加速度**。

(4) 点在运动过程中在空间扫描出的一条空间曲线称为动点的**轨迹**。对同一个动点,在不同参考系中观察到的轨迹一般是不一样的。比如,一个在轮船甲板上沿直线爬行的甲虫,它相对于船(以船为参考系)的轨迹为直线,当船转弯时,它相对于地球的轨迹(在岸上的观察者看到的)显然是一条曲线。

5.2　点的运动方程描述方法

点的**运动方程**是指点在参考系中的空间位置随时间变化的函数。点在参考系中的空间位置可以用不同的方法来描述(即具有不同的定位方法)。描述方法不同,分析的复杂程度可能差异很大。本章仅介绍三种与本课程相关的描述方法。

1. 矢径法

在选定的参考系中固定一点 O,每一时刻从点 O 指向动点 M 都有一个矢径 $\boldsymbol{r}$,该矢径完全确定了动点 M 的瞬时空间位置,如图 5.1 所示。因此矢径的时变函数就是动点 M 的一种运动方程,称为矢径运动方程,即

$$\boldsymbol{r} = \boldsymbol{r}(t) \tag{5.1}$$

该方法的优点是研究矢量随时间变化的理论时,对矢量求导,既可同时考虑矢量大小与方向变化的问题,又能方便考虑大小变化与方向变化相互耦合的问题,在推导公式和定理时相对其他方法更方便,所以,在建立矢量变化的相关理论时,常采用此方法。本书在推导各种定理时就是采用此方法。其缺点是,在具体解题时,往往不需要所有的投影方程,而是直接应用其推导的结论来简化问题的分析,故解题一般不采用矢径法。

2. 直角坐标法

动点 M 每一时刻的空间位置可以用三个直角坐标完全确定,即同一时刻的三个直角坐标与矢径是一一对应的,因此直角坐标形式的运动方程可写为

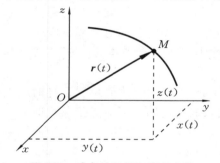

$$x = x(t), \quad y = y(t), \quad z = z(t) \tag{5.2}$$

其中,$x(t)$、$y(t)$、$z(t)$ 为矢径在直角坐标系 $Oxyz$ 中的三个投影,如图 5.1 所示。

该方法是比较常见的方法,可在计算中列具体代数方程。但本书所研究的点往往做曲线运动,一般其运动轨迹及速度大小是已知的,实际上就已知了以后要学到的法向加速度。在求解其加速度时,若采用直角坐标法,加速度要假设为 a_x, a_y, a_z 三个未知量(平

图 5.1　动点的矢径和直角坐标

面运动则假设为 a_x, a_y 两个未知量),而这样的假设将会出现更多的未知量。本课程常采用点的加速度合成定理来简化问题的分析,加速度合成定理中的相对加速度量采用直角坐标描述比较困难。而下述的**弧坐标法**就可以解决此问题,使分析加速度变得相对简便。

3. 弧坐标法

设点的运动轨迹已知,因为点的运动轨迹一旦形成,便与参考系之间的相对位置关系永远不变,因此可以用点的运动轨迹作为参考系来确定点的位置,轨迹就是一根曲线坐标。如图 5.2 所示,在轨迹上任取一点 O,

图 5.2　动点在其自身轨迹上的弧坐标

以点 O 为原点在轨迹上定义弧坐标 s，显然 $s(t)$ 唯一地确定了动点 M 的瞬时位置，因此弧坐标 $s(t)$ 就是动点 M 的运动方程，即

$$s = s(t) \tag{5.3}$$

5.3　动点的速度和加速度

根据质点位置的不同描述方法，质点的速度、加速度也可以用不同的方法来描述。

5.3.1　矢径表示法

根据前面的论述，动点的速度是位移的时间变化率，由动点位置的矢径描述法，设动点在微小时间段 Δt 内的位移为 $\Delta \boldsymbol{r}$，则**速度 $\boldsymbol{v}$** 定义为

$$\boldsymbol{v} = \lim_{\Delta t \to 0} \frac{\Delta \boldsymbol{r}}{\Delta t} = \frac{\mathrm{d}\boldsymbol{r}}{\mathrm{d}t} \tag{5.4}$$

如图 5.3(a) 所示。显然动点的速度是一个矢量，它沿轨迹的切线方向，表示动点运动的瞬时方向和快慢。

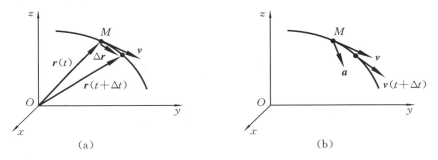

图 5.3　速度 v 和加速度 a 的定义

(a) 位移和速度　(b) 速度的改变与加速度

动点的加速度为动点速度矢量的时间变化率，表示动点在任意瞬时运动速度的大小和方向改变的程度。因此**加速度**定义为

$$\boldsymbol{a} = \lim_{\Delta t \to 0} \frac{\Delta \boldsymbol{v}}{\Delta t} = \frac{\mathrm{d}\boldsymbol{v}}{\mathrm{d}t} \tag{5.5}$$

如图 5.3(b) 所示。动点的加速度也是一个矢量，但加速度矢量一般与速度矢量不同向，偏向轨迹凹的一侧。

5.3.2　直角坐标表示法

因为　　　　　　　　　　　　　$\boldsymbol{r} = x\boldsymbol{i} + y\boldsymbol{j} + z\boldsymbol{k}$

所以速度、加速度在直角坐标系中可表示为

$$\boldsymbol{v} = \frac{\mathrm{d}\boldsymbol{r}}{\mathrm{d}t} = \frac{\mathrm{d}x}{\mathrm{d}t}\boldsymbol{i} + \frac{\mathrm{d}y}{\mathrm{d}t}\boldsymbol{j} + \frac{\mathrm{d}z}{\mathrm{d}t}\boldsymbol{k} = v_x\boldsymbol{i} + v_y\boldsymbol{j} + v_z\boldsymbol{k} \tag{5.6}$$

其中，$v_x = \dfrac{dx}{dt}$；$v_y = \dfrac{dy}{dt}$；$v_z = \dfrac{dz}{dt}$。

$$a = \frac{dv}{dt} = \frac{d^2 x}{dt^2} i + \frac{d^2 y}{dt^2} j + \frac{d^2 z}{dt^2} k = \frac{dv_x}{dt} i + \frac{dv_y}{dt} j + \frac{dv_z}{dt} k = a_x i + a_y j + a_z k \quad (5.7)$$

其中，$a_x = \dfrac{dv_x}{dt} = \dfrac{d^2 x}{dt^2}$；$a_y = \dfrac{dv_y}{dt} = \dfrac{d^2 y}{dt^2}$；$a_z = \dfrac{dv_z}{dt} = \dfrac{d^2 z}{dt^2}$。

5.3.3 自然轴系表示法

如图 5.4 所示，在动点轨迹上任一点 M 处可以作出一套正交轴系，各轴的正

图 5.4 轨迹的自然轴系

向单位矢量为 $\boldsymbol{\tau}, \boldsymbol{n}, \boldsymbol{b}$，它们分别为轨迹上点 M 处的切线、主法线和副法线单位矢量，其中，$\boldsymbol{\tau}$ 的正向与轨迹的假设正向一致，$\boldsymbol{\tau}$ 与 $\boldsymbol{n}$ 位于密切面上。这样得到的正交轴系称为**自然轴系**。下面建立自然轴系，同时将速度和加速度矢量用自然轴系中的投影式来表示。

如图 5.5(a)所示，在轨迹上任意点 M 及其邻近作出切向单位矢量 $\boldsymbol{\tau}(t)$ 和 $\boldsymbol{\tau}(t+\Delta t)$，于是可以在 $\boldsymbol{\tau}(t)$ 和 $\boldsymbol{\tau}(t+\Delta t)$ 所在平面上作出与 $\boldsymbol{\tau}(t)$ 和 $\boldsymbol{\tau}(t+\Delta t)$ 相切的圆 C。显然，$\boldsymbol{\tau}(t)$ 和 $\boldsymbol{\tau}(t+\Delta t)$ 所夹的圆弧与所夹的轨迹弧段 Δs 是很接近的。当 $\Delta s \to 0$ 时，两者趋于同一值，圆 C 趋于一个确定的圆，其半径 ρ 就是 $\Delta s/\Delta \phi$ 的极限。这样得到的圆 C 称为轨迹上点 M 的曲率圆，圆心 C 称为**曲率中心**，其半径 ρ 称为**曲率半径**，曲率半径的倒数称为**曲率**。对照图 5.5(a)和图 5.4 可知，密切面就是曲率圆所在的平面，在密切面上作出主法线矢量 $\boldsymbol{n}$，它垂直于 $\boldsymbol{\tau}$ 指向曲率中心，副法线矢量 $\boldsymbol{b} = \boldsymbol{\tau} \times \boldsymbol{n}$，这样就建立了自然轴系。基于上述，轨迹在点 M 处的曲率和曲率半径为

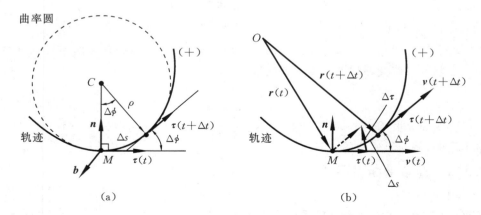

图 5.5 轨迹的曲率、速度及其变化和自然轴系的关系

(a)轨迹的曲率和自然轴系　(b)速度及其变化与自然轴系的关系

$$\kappa = \lim_{\Delta s \to 0} \frac{|\Delta \phi|}{|\Delta s|}, \quad \rho = \frac{1}{\kappa} \tag{5.8}$$

现在来推导速度、加速度的自然轴系表达式。如图 5.5(b)所示，速度为

$$v = \frac{\mathrm{d}\boldsymbol{r}}{\mathrm{d}t} = \frac{\mathrm{d}\boldsymbol{r}}{\mathrm{d}t}\frac{\mathrm{d}s}{\mathrm{d}s} = \frac{\mathrm{d}\boldsymbol{r}}{\mathrm{d}s}\frac{\mathrm{d}s}{\mathrm{d}t}$$

而

$$\frac{\mathrm{d}\boldsymbol{r}}{\mathrm{d}s} = \lim_{\Delta s \to 0}\frac{\Delta \boldsymbol{r}}{\Delta s} = \boldsymbol{\tau}$$

所以

$$\boldsymbol{v} = \frac{\mathrm{d}s}{\mathrm{d}t}\boldsymbol{\tau} = v\boldsymbol{\tau} \tag{5.9}$$

其中

$$v = \frac{\mathrm{d}s}{\mathrm{d}t} \tag{5.10}$$

可见，速度矢量 $\boldsymbol{v}$ 与 $\boldsymbol{\tau}$ 平行，所以 v 就是速度矢量 $\boldsymbol{v}$ 的代数值，当 v 与 $\boldsymbol{\tau}$ 同向时 v 为正值，反之为负值。

加速度

$$\boldsymbol{a} = \frac{\mathrm{d}(v\boldsymbol{\tau})}{\mathrm{d}t} = \frac{\mathrm{d}v}{\mathrm{d}t}\boldsymbol{\tau} + \frac{\mathrm{d}\boldsymbol{\tau}}{\mathrm{d}t}v$$

由图 5.5(b)可知，$\Delta\boldsymbol{\tau}$ 的极限方向趋于主法线方向 $\boldsymbol{n}$，因此有

$$\frac{\mathrm{d}\boldsymbol{\tau}}{\mathrm{d}t} = \lim_{\Delta t \to 0}\frac{\Delta\boldsymbol{\tau}}{\Delta t} = \lim_{\Delta t \to 0}\frac{\Delta\boldsymbol{\tau}}{\Delta s}\frac{\Delta s}{\Delta t} = v\lim_{\Delta s \to 0}\frac{\Delta\boldsymbol{\tau}}{\Delta s}$$

$$= v\lim_{\Delta s \to 0}\frac{|\Delta\boldsymbol{\tau}|}{|\Delta s|}\boldsymbol{n} = v\lim_{\Delta s \to 0}\frac{|\Delta\phi|}{|\Delta s|}\boldsymbol{n} = \frac{v}{\rho}\boldsymbol{n}$$

所以

$$\boldsymbol{a} = \frac{\mathrm{d}(v\boldsymbol{\tau})}{\mathrm{d}t} = \frac{\mathrm{d}v}{\mathrm{d}t}\boldsymbol{\tau} + \frac{v^2}{\rho}\boldsymbol{n} = \frac{\mathrm{d}^2 s}{\mathrm{d}t^2}\boldsymbol{\tau} + \frac{v^2}{\rho}\boldsymbol{n} \tag{5.11}$$

或写成

$$\boldsymbol{a} = \boldsymbol{a}_t + \boldsymbol{a}_n = a_t\boldsymbol{\tau} + a_n\boldsymbol{n} \tag{5.12}$$

其中，$\boldsymbol{a}_t$ 称为**切向加速度**；$a_t = \frac{\mathrm{d}v}{\mathrm{d}t}\boldsymbol{\tau} = \frac{\mathrm{d}^2 s}{\mathrm{d}t^2}\boldsymbol{\tau}$，它表示速度的大小发生改变；$\boldsymbol{a}_n$ 称为**法向加速度**，$a_n = \frac{v^2}{\rho}\boldsymbol{n}$，总是沿主法线方向，它表示速度的方向发生改变。

在复杂的机构中，机构上点的运动往往是曲线运动，在第 6 章的合成运动分析方法中，选取合适的动点、动系后，一般其运动轨迹及其速度大小是已知的，若采用弧坐标描述，法向加速度就是已知量了，要求的仅是切向加速度，未知量变少了，这样就可直接应用点的加速度合成定理来分析问题，使运动分析变得相对简单。

例 5.1　一绳 AMC 的一端系于固定点 A，绳子穿过滑块 M 上的小孔，绳的另一端系于滑块 C 上，如图 5.6 所示。滑块 M 以已知速度 v_0 匀速运动。绳长为 l，AE 的距离为 a 且垂直于 DE。求滑块 C 的速度与距离 $AM(AM=x)$ 之间的关系。又当滑块 M 经过点 E 时，滑块 C 的速度为何值？

解　由几何关系得

$$DC = DE - CE = DE - \sqrt{(l-x)^2 - (a-x)^2}$$

图 5.6　例 5.1 图

所以

$$v_C = \frac{\mathrm{d}(DC)}{\mathrm{d}t} = \frac{(l-a)\dot{x}}{\sqrt{(l-x)^2 - (a-x)^2}}$$

$$= \frac{(l-a)v_0}{\sqrt{(l-x)^2 - (a-x)^2}}$$

即

$$v_C = v_0 \sqrt{\frac{l-a}{l+a-2x}}$$

当滑块 M 经过点 E 时,即 $x = a$ 时,有

$$v_C = v_0$$

例 5.2　设一点的运动方程为

$$\boldsymbol{r} = \boldsymbol{q}_1 \cos t + \boldsymbol{q}_2 \sin t + \boldsymbol{q}_3 t$$

其中,$\boldsymbol{q}_1$、$\boldsymbol{q}_2$、$\boldsymbol{q}_3$ 为固定的正交矢量基,且 $q_1^2 = q_2^2$。求点的运动轨迹、速度大小、加速度大小和曲率半径。

解　令

$$\boldsymbol{e}_1 = \frac{\boldsymbol{q}_1}{q_1}, \quad \boldsymbol{e}_2 = \frac{\boldsymbol{q}_2}{q_2}, \quad \boldsymbol{e}_3 = \frac{\boldsymbol{q}_3}{q_3}; \quad q_i = |\boldsymbol{q}_i|$$

那么,$\boldsymbol{e}_1$、$\boldsymbol{e}_2$、$\boldsymbol{e}_3$ 构成固定的单位正交矢量基,在相应的正交坐标系中,点的运动方程的分量形式为

$$x(t) = q_1 \cos t, \quad y(t) = q_2 \sin t, \quad z(t) = q_3 t \tag{a}$$

因此有

$$x^2 + y^2 = q_1^2 \tag{b}$$

由式(a)、(b)可知,点的轨迹为螺旋线,螺旋线所在圆柱面以 $\boldsymbol{q}_3$ 矢量所在的直线为中心轴线,半径为 q_1,螺距为 $2\pi q_3$。

下面求曲率半径。由式(a)有

$$\dot{x}(t) = -q_1 \sin t, \quad \dot{y}(t) = q_2 \cos t, \quad \dot{z}(t) = q_3$$

$$\ddot{x}(t) = -q_1 \cos t, \quad \ddot{y}(t) = -q_2 \sin t, \quad \ddot{z}(t) = 0$$

所以速度和加速度大小为

$$v = \sqrt{q_1^2 + q_3^2}, \quad a^2 = q_1^2$$

进而

$$a_\mathrm{t} = \dot{v} = 0$$

$$a_\mathrm{n} = a = q_1$$

于是曲率半径为

$$\rho = \frac{v^2}{a_\mathrm{n}} = \frac{q_1^2 + q_3^2}{q_1}$$

5.4　刚体的平动和定轴转动

机器不做超高速运转时,作为机器的机构可以视为多个刚体构成的系统。在机器设计与运行中,需要掌握各刚体的运动规律,尤其是所关心位置的速度和加速度等。刚体与点的不同之处是它有大小,即至少有一维的尺度非零,因此刚体内存在由点连成的直线段,当刚体运动时,如果其上所有线段相对于参考系不发生角度

变化,发生的运动是**刚体的平动**。但是,通常的情况是,刚体上的线段相对于参考系会发生角度变化,发生的运动是**刚体的转动**。刚体的转动需要用角度变化来描述,这是刚体运动与点运动的最大区别。刚体的转动有**定轴转动**和**定点转动**两种形式。刚体的任何运动可以由**平动**、**定轴转动**和**定点转动**这三种(或其中两种)运动叠加而成,因此这三种运动是刚体的三种基本运动。下面先来研究刚体平动和定轴转动的基本特性。

5.4.1　刚体的平动

定义　刚体在运动过程中其内任一直线的方向不改变,则称刚体做平行移动,简称平动。

平动定理　当刚体平动时,刚体内各点轨迹的形状相同(或重叠),在同一瞬时各点都有相同的速度和加速度。

该定理的证明非常简单,请学生自证。由以上定理,平动刚体的运动归结为刚体上任一点的运动,因此,刚体的平动可以视为点的运动。

5.4.2　刚体的定轴转动

定义　当刚体运动时,刚体及其所展开的无穷大空间上有一直线上的所有点始终保持不动,刚体的这种运动称为**定轴转动**,该直线称**转轴**。

如图 5.7 所示,AB 为刚体的转轴。过转轴作一个固定平面 π_1,过转轴作另一个与刚体固连的平面 π_2,这两个平面之间的瞬时夹角 φ 称为**转角**,显然,只要每一瞬时的转角已知,刚体的位置也随之确定,因此定轴转动刚体只需用转角这个参数就可以完全确定它的位置,转角随时间变化的函数称为**转动方程**,即

$$\varphi = \varphi(t) \tag{5.13}$$

以上定义的转角是个代数量,其与参考正方向相同

图 5.7　刚体的定轴转动

时为正转角,反之为负转角。若规定了转轴的正方向,则规定转角参考正向为面对转轴的箭头的逆时针方向,这样的规定是为了和数学上的规定保持一致,以便直接应用数学中的各种结论,静力学中的力矩和后面要学习的角速度、角加速度正负的规定都是基于这个原因。转角的标准单位为 rad。

转角对时间的导数称为**角速度**,用 ω 表示,它表征了转动的方向和快慢,即

$$\omega = \frac{\mathrm{d}\varphi}{\mathrm{d}t} = \dot{\varphi} \,(\mathrm{rad/s}) \tag{5.14}$$

角速度对时间的导数称为**角加速度**,用 α 表示,它表征了角速度变化的方向和快慢,即

$$\alpha = \frac{\mathrm{d}\omega}{\mathrm{d}t} = \frac{\mathrm{d}^2\varphi}{\mathrm{d}t^2} = \ddot{\varphi} \quad (\mathrm{rad/s^2}) \tag{5.15}$$

角速度和角加速度也是代数量，当它们与参考正方向相同时为正，反之为负。

可见，以上定义的 φ、ω、α 均为代数量，它们的参考正方向可以选为同一个，也可以各自选不同的参考正方向；φ、ω、α 的正负号（或各量的真实转向）是相对于各自的参考方向而定的。但是在解决具体问题时，建议将三者的参考正方向取成相同的，这样可以减少错误。比如，令 φ、ω 的参考正方向不同，如果按前者的正向计算出的 φ 的增量 $\Delta\varphi > 0$，则在计算角速度时，由于参考正向变了，必须视 $\Delta\varphi < 0$，这样显然很容易搞错。ω 与 α 之间、φ 与 α 存在同样的问题。当 ω、α 的参考正方向一致时，如果它们同号，则表示刚体在加速转动，否则刚体减速转动。

5.4.3　定轴转动刚体上各点的速度与加速度

定轴转动刚体上任意点的轨迹为圆，其弧坐标运动方程为

$$s = r \cdot \varphi(t) \tag{5.16}$$

其中，r 为点到转轴的距离，称为**转动半径**。该点的速度由式（5.10）、（5.16）确定，即

$$v = \frac{\mathrm{d}s}{\mathrm{d}t} = \dot{\varphi}(t)r = \omega r \tag{5.17}$$

速度矢量 $\boldsymbol{v}$ 的正方向与 ω 的参考正向一致。

由式（5.12）可知，定轴转动刚体上任意点的加速度为

$$\boldsymbol{a} = \boldsymbol{a}_t + \boldsymbol{a}_n = a_t\boldsymbol{\tau} + a_n\boldsymbol{n} \tag{5.18}$$

其中，切向加速度的大小为 $a_t = \dot{v} = \alpha r$，法向（径向）加速度的大小为 $a_n = v^2/r = \omega^2 r$。切向加速度矢量 $\boldsymbol{a}_t$ 的方向与 α 的参考正向一致。

例 5.3　揉茶机由如图 5.8 所示三个互相平行的曲柄来带动，ABC 和 $A'B'C'$ 为两个等边三角形机构。根据该机构的运动原理，可以设计为不同功能的机器。比如作为揉茶桶，揉茶时堆积的茶叶不会倾翻出来，或作为自动揉面机或使医院久置混浊的药瓶变均匀用的振动器等。已知每一曲柄长均为 $r = 15\ \mathrm{cm}$，且都以匀速 $n = 45\ \mathrm{r/min}$ 分别绕轴 A、B、C 转动，求揉茶桶中心 O 的轨迹、速度和加速度（要求

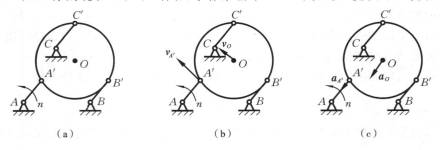

（a）　　　　　　　　　（b）　　　　　　　　　（c）

图 5.8　例 5.3 图

在图上标出点 O 速度、加速度方向)。

　　解　根据题中条件知,$AA'BB'$,$CC'BB'$,$AA'CC'$ 为平行四边形,在运动过程中,平面 $A'B'C'$ 保持平动,所以每一点的轨迹都与 A' 一样,均为半径 r 的圆。各点速度与加速度也与 A' 相同,而点 A' 做定轴转动,求得 $v_O \approx 70.7$ cm/s,$a_O \approx 333$ cm/s^2。点 O 速度、加速度方向分别如图 5.8(b)(c)所示。

5.4.4　轮系的传动比

　　旋转机械的旋转运动及其能量通常采用齿轮(或摩擦轮)、皮带轮进行传递。如图 5.9 所示为一对齿轮啮合传动的情况。

1. 齿轮传动

　　齿轮传动,根据两个齿轮的安装方式,分为外啮合和内啮合,如图 5.10 所示;外啮合时两轮转向相反,内啮合时两轮转向相同。两轮的接触点称为啮合点,无论是外啮合还是内啮合,两轮在啮合点的速度相同(无相对滑动),每对啮合齿轮的齿厚和齿间距相同,有

$$v_1 = v_2$$

$$v_1 = \omega_1 R_1, \quad v_2 = \omega_2 R_2$$

所以

$$\frac{\omega_1}{\omega_2} = \frac{R_2}{R_1} \tag{5.19}$$

图 5.9　齿轮传动

图 5.10　齿轮传动的运动分析

(a) 外啮合　(b) 内啮合

　　对于两个啮合的齿轮,其齿数 Z_1、Z_2 与齿轮的半径 R_1、R_2 成正比,即

$$\frac{R_2}{R_1} = \frac{Z_2}{Z_1} \tag{5.20}$$

机械学中,将两个齿轮的角速度比称为**传动比**,用 i_{12} 表示,有

$$i_{12} = \frac{\omega_1}{\omega_2} = \frac{R_2}{R_1} = \frac{Z_2}{Z_1} \tag{5.21}$$

　　齿轮传动能传动的力矩大,传动精度高,但传递距离近,成本高。

图 5.11　带传动运动分析

2. 带传动

如图 5.11 所示是带传动。两带轮的转向相同。不考虑带的厚度,假设带与带轮之间无相对滑动,则带上各点速度的大小相同且等于轮缘的速度大小。因此有

$$v_1 = v_2$$
$$v_1 = \omega_1 R_1, \quad v_2 = \omega_2 R_2$$

所以带轮的传动比为

$$i_{12} = \frac{\omega_1}{\omega_2} = \frac{R_2}{R_1} \tag{5.22}$$

带传动能传动的力矩不大,此外,因为张紧的带会变形,并可能与轮子产生滑动,所以传动精度不高。但其成本低,简单易行,可以远距离传动,且在外部载荷过大时,带打滑或断裂,可以保护更关键的部件,有时作为安全防护的保护装置。

5.4.5　定轴转动刚体的角速度、角加速度,其上各点的速度、加速度的矢量表示

如图 5.12 所示,可以按右手安培定则将定轴转动刚体的角速度、角加速度的代数量 ω、α 转化为角速度、角加速度矢量 $\boldsymbol{\omega}$、$\boldsymbol{\alpha}$。进一步,可以写出刚体上任一点 A 的速度、加速度矢量表达式,参见图 5.12,可得速度矢量为

$$\boldsymbol{v} = \boldsymbol{\omega} \times \boldsymbol{r} \tag{5.23}$$

其中,r 为转轴上任一点 O 至刚体上点 A 的矢径。式(5.23)的正确性按速度矢量的大小、方向,参照图 5.12 容易证明,请学生自证。点的运动轨迹是一条线,故有时也称点的速度和加速度分别为线速度和线加速度。需要说明的是,"点的角速度"的说法严格来说是不正确的,应理解为该点与固定点的连线相对参考线的夹角的变化率,或说点做圆周运动。角速度指的是一个刚体的角速度或一根线的角速度。描述点的运动指的是线速度和线加速度,简称速度和加速度。

图 5.12　定轴转动刚体各个运动量的矢量表示

加速度的矢量表达式可对式(5.23)关于 t 求导数直接得到:

$$\boldsymbol{a} = \frac{\mathrm{d}\boldsymbol{v}}{\mathrm{d}t} = \frac{\mathrm{d}(\boldsymbol{\omega} \times \boldsymbol{r})}{\mathrm{d}t} = \frac{\mathrm{d}\boldsymbol{\omega}}{\mathrm{d}t} \times \boldsymbol{r} + \boldsymbol{\omega} \times \frac{\mathrm{d}\boldsymbol{r}}{\mathrm{d}t} = \boldsymbol{\alpha} \times \boldsymbol{r} + \boldsymbol{\omega} \times \boldsymbol{v}$$

即

$$\boldsymbol{a} = \boldsymbol{\alpha} \times \boldsymbol{r} + \boldsymbol{\omega} \times \boldsymbol{v} \tag{5.24}$$

注意:r 的起点必须在 $\boldsymbol{\omega}$ 的轴上。

例 5.4　如图 5.13 所示的机构,折杆 ABC 可在倾角为 $60°$ 的槽中滑动,BC 段

水平,曲柄 OC 通过套筒 C 与杆 ABC 相连,以匀角速度 ω 转动,$OC=r$。求当 $\varphi=30°$ 时,杆 ABC 的速度和加速度。

解　显然,折杆 ABC 沿槽做直线平动,只需求其上一点 B 的速度、加速度。由几何关系,点 B 的瞬时坐标 x_B 为

$$x_B=\frac{r\cos\varphi}{\cos30°}=\frac{2r}{\sqrt{3}}\cos\varphi$$

所以点 B 的速度为

$$v_B=\dot{x}_B=-\frac{2r}{\sqrt{3}}\dot{\varphi}\sin\varphi \qquad\qquad (a)$$

点 B 的加速度为

$$a_B=\dot{v}_B=-\frac{2r}{\sqrt{3}}(\ddot{\varphi}\sin\varphi+\dot{\varphi}^2\cos\varphi) \qquad\qquad (b)$$

因为 $\dot{\varphi}=\omega,\ddot{\varphi}=0$,所以当 $\varphi=30°$ 时,由式(a)(b)得

$$v_B=-\frac{\omega r}{\sqrt{3}},\qquad a_B=-\omega^2 r$$

图 5.13　例 5.4 图

例 5.5　在如图 5.14 所示的机构中,杆 AB 与套筒 B 固连,可在垂直滑道内滑动,杆 CD 穿过套筒 B 与齿轮 E 固连,齿轮 E 的半径为 r,曲柄 OC 长度为 R,以匀角速度 ω 转动,齿轮 G 与齿轮 E 始终啮合。求:(1) 齿轮 G 的半径,轮心的位置如何确定;(2) 齿轮 G 的角速度。

图 5.14　例 5.5 图

解　(1) 显然,杆 CD 做平动,因此齿轮 E 的中心 E 的轨迹与点 C 轨迹相同,是一个半径为 R 的圆,将点 C 的轨迹圆连同线段 OC 一起、跟随点 C 沿线段 CD 平移到点 E,就得到点 E 的轨迹圆的位置,显然该圆的圆心 G 在 OC 的平行线上,且 $EG=OC$。于是,在以 G 为圆心、半径分别为 $R-r$,$R+r$ 的两个圆周上,每一时刻均有齿轮 E 轮缘上的点,因此,要使齿轮 G 始终与齿轮 E 啮合,齿轮 G 的圆心必须在点 G,半径可分别取为 $R-r$、$R+r$,前者为外啮合、后者为内啮合。图 5.14 所示为外啮合情况,因此,取齿轮 G 的半径为 $R-r$。

(2) 计算齿轮 G 的角速度。两轮啮合点 H 的切线瞬时速度与点 C 的相等,所以有

$$v_H=v_C=\omega R,\qquad \omega_G=\frac{v_H}{R-r},\qquad 即\qquad \omega_G=\frac{\omega R}{R-r}$$

图 5.15　例 5.6 图

例 5.6　如图 5.15 所示,某定轴转动刚体的转轴通过 $M_0(2,1,3)$,其角速度的方向余弦为 $0.6,0.48,0.64$,角速度的大小为 25 rad/s。求刚体上点 $M(10,7,11)$ 的速度矢量。

解　角速度矢量

$$\boldsymbol{\omega} = \omega \boldsymbol{n}$$

其中 $\boldsymbol{n} = (0.6, 0.48, 0.64)$,点 M 相对于转轴上一点 M_0 的矢径为

$$\boldsymbol{r} = \boldsymbol{r}_M - \boldsymbol{r}_{M_0} = (10,7,11) - (2,1,3) = (8,6,8)$$

$$\boldsymbol{v} = \boldsymbol{\omega} \times \boldsymbol{r} = \omega(\boldsymbol{n} \times \boldsymbol{r}) = \omega \begin{vmatrix} \boldsymbol{i} & \boldsymbol{j} & \boldsymbol{k} \\ 0.6 & 0.48 & 0.64 \\ 8 & 6 & 8 \end{vmatrix} = 8\boldsymbol{j} - 6\boldsymbol{k}$$

*5.5　刚体的定点转动

定义　刚体运动时,如果其上有一点始终不动,则称该刚体做**定点转动**。

为了研究刚体的定点转动,先来推导速度投影定理。如图 5.16 所示,取刚体上任意两点 A、B,设它们在同一瞬时的速度分别为 $\boldsymbol{v}_A$、$\boldsymbol{v}_B$,则有

$$\boldsymbol{v}_B = \frac{\mathrm{d}\boldsymbol{r}_B}{\mathrm{d}t} = \frac{\mathrm{d}\boldsymbol{r}_A}{\mathrm{d}t} + \frac{\mathrm{d}\overrightarrow{AB}}{\mathrm{d}t} = \boldsymbol{v}_A + \frac{\mathrm{d}\overrightarrow{AB}}{\mathrm{d}t} \qquad (5.25)$$

式(5.25)两边点乘矢量 $\overrightarrow{AB}$,得

$$\boldsymbol{v}_B \cdot \overrightarrow{AB} = \boldsymbol{v}_A \cdot \overrightarrow{AB} + \frac{\mathrm{d}\overrightarrow{AB}}{\mathrm{d}t} \cdot \overrightarrow{AB} = \boldsymbol{v}_A \cdot \overrightarrow{AB} + \frac{1}{2}\frac{\mathrm{d}(AB)^2}{\mathrm{d}t}$$

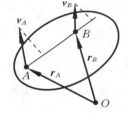

图 5.16　速度投影

由于长度 AB 为常值,所以 $\mathrm{d}(AB)^2/\mathrm{d}t = 0$,因此

$$\boldsymbol{v}_B \cdot \overrightarrow{AB} = \boldsymbol{v}_A \cdot \overrightarrow{AB} \qquad (5.26)$$

将方程(5.26)中的 $\overrightarrow{AB}$ 换成 AB 连线方向的单位矢量 $\boldsymbol{e}_{AB}$($\boldsymbol{e}_{AB}$ 可以是 AB 方向或 BA 方向)显然成立,即

$$\boldsymbol{v}_B \cdot \boldsymbol{e}_{AB} = \boldsymbol{v}_A \cdot \boldsymbol{e}_{AB} \qquad (5.27)$$

方程(5.27)就是刚体的**速度投影定理**,用文字叙述为:刚体上任意两点在同一瞬时的速度在两点连线方向的投影相等。

下面研究定点转动刚体的角速度、角加速度和其上各点的速度、加速度。如图 5.17 所示,设 t 瞬时定点转动刚体上某点 A 的速度 $\boldsymbol{v}_A \neq \boldsymbol{0}$(只要刚体运动,一定有这样的点),根据速度投影定理,$\boldsymbol{v}_A \perp OA$,由此,过线 OA 一定可作出平面 $\pi \perp \boldsymbol{v}_A$,这时,再应用速度投影定理可知,平面 π 上所有点的速度均垂直于该平面。平面 π 可视为绕瞬时轴转动,故平面 π 上任意直线上各点的速度必须直线分布;否则 Δt 时

间后,该直线将被弯曲或伸缩,这对刚体是
不容许的。

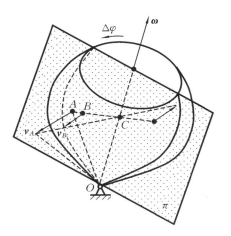

　　再在平面 π 上、异于线 OA 任取一点
B,使 $v_B \neq v_A$(一定可以找到这样的点 B,因
为线 OB 上的速度是直角三角形分布的),
由于线 AB 上各点的速度也必须是直线分
布的,同时因为 v_A 与 v_B 矢端的连线不平行
于平面 π,所以这条矢端连线一定会与平面
π 相交,设交点为 C,那么 $v_C = \mathbf{0}$。由于线
OC 上所有点的速度必须直线分布,所以线
OC 上所有点的速度为零,如图 5.17 所示。

　　显然,在 t 瞬时,线 OC 是唯一的,因

图 5.17　定点转动刚体运动分析

为,如果刚体上还有一条速度为零的直线,
则可推知这两条直线决定的平面上所有点的速度也为零,进一步可推知整个刚体
的速度为零,这与 $v_A \neq 0$ 矛盾。

　　因此,在 t 至 $t+\Delta t$ 时间内,平面 π 只能绕线 OC 转动一个微小角度 $\Delta\varphi$,否则,
在 $t+\Delta t$ 瞬时,平面 π 将沿线 OC 折成一个角或变成凹凸不平的曲面,这对刚体是
不容许的。由于平面 π 与刚体固连,在 t 至 $t+\Delta t$ 时间内,刚体的运动也只能跟随
平面 π 绕线 OC 转动一个微小角度 $\Delta\varphi$。因此在 t 到 $t+\Delta t$ 时间内,可以将刚体看
成绕线 OC 做定轴转动,转过的角度为 $\Delta\varphi$,如图 5.17 所示。线 OC 称为刚体在 t
瞬时的**瞬时转动轴**,简称**瞬轴**。

　　由以上分析得:定点转动刚体在每一瞬时都有一根瞬轴,刚体的定点转动是刚
体绕一系列瞬轴转动的合成。

　　在每一瞬时 t,$\Delta\varphi(t)/\Delta t$ 便是刚体的**瞬时角速度的值**,按右手定则化为矢量,
便是**瞬时角速度矢量 $\boldsymbol{\omega}$**,$\boldsymbol{\omega}$ 与瞬轴共线。

　　通过角速度矢量定义定点转动刚体的**角加速度矢量 $\boldsymbol{\alpha}$**,定义为

$$\boldsymbol{\alpha} = \frac{\mathrm{d}\boldsymbol{\omega}}{\mathrm{d}t} \tag{5.28}$$

　　与定轴转动刚体相比,定点转动刚体的瞬轴无论相对刚体的位置,还是相对于
参考系的位置,一般都在变化,因此定点转动刚体角速度矢量 $\boldsymbol{\omega}$ 的大小、方向一般
是随时间变化的,但其作用线总是通过固定点 O;由方程(5.28)可知,定点转动刚
体的角加速度矢量 $\boldsymbol{\alpha}$ 的大小、方向一般也是随时间变化的,并且 $\boldsymbol{\alpha}$ 与 $\boldsymbol{\omega}$ 的方向一
般不在同一直线上。

　　根据前面的分析,定点转动刚体上任意点的瞬时速度矢量为

$$\boldsymbol{v} = \boldsymbol{\omega} \times \boldsymbol{r} \tag{5.29}$$

其中,r 为固定点 O 指向刚体上一点的矢径。式(5.29)关于 t 求导数,可得定点转动刚体上任意点的瞬时加速度矢量

$$a = \alpha \times r + \omega \times v \qquad (5.30)$$

式(5.30)与定轴转动刚体的相同,但 ω 与 α 的方向是变化的。

习　题

5.1　选择题。

1. 点做直线运动,方程为 $x = 12 - t^3$(x 的单位为 cm,t 的单位为 s),可算出点在 0～3 s 内经过的路程为(　　)。

① 30 cm　　　　　　② 15 cm　　　　　　③ 27 cm

题 5.1.2 图

2. 如题 5.1.2 图所示,点 M 做圆周运动,运动方程为 $s = \pi R t^2 / 2$(s 的单位为 mm,t 的单位为 s),当第一次到达 y 坐标最大值时,点 M 的加速度在轴 x、y 上的投影分别为(　　)。

① $a_x = \pi R, a_y = \pi^2 R$　② $a_x = -\pi R, a_y = \pi^2 R$

③ $a_x = \pi R, a_y = -\pi^2 R$

3. 动点的运动方程以弧坐标表示为 $s = f(t)$,在某一瞬时沿坐标正向运动,但越来越慢,则(　　)。

① $\dfrac{ds}{dt} < 0, \dfrac{d^2 s}{dt^2} < 0$　② $\dfrac{ds}{dt} > 0, \dfrac{d^2 s}{dt^2} > 0$　③ $\dfrac{ds}{dt} < 0, \dfrac{d^2 s}{dt^2} > 0$　④ $\dfrac{ds}{dt} > 0, \dfrac{d^2 s}{dt^2} < 0$

5.2　填空题。

1. 动点的运动方程以直角坐标表示为 $x = t^2 + 1, y = 2t^2$(x、y 的单位 mm),则 $t = 1$ s 时,加速度为(　　),此时动点所处位置的曲率半径为(　　)。

2. 动点在运动过程中,当切向加速度恒等于零时,则动点做(　　)运动;当法向加速度恒等于零时,则动点做(　　)运动;当动点的加速度恒等于零时,则动点做(　　)运动。

3. 点沿如题 5.2.3 图所示轨迹运动,请按下列条件标出各点的加速度 a。

(1) 动点在点 B 附近沿弧坐标正向运动,速度越变越大。

题 5.2.3 图

(2) 动点在点 C(拐点)沿弧坐标正向运动,速度大小没有变化。

(3) 动点在点 D 附近沿弧坐标正向匀速运动。

(4) 动点沿弧坐标正向减速接近点 E,到达点 E 速度恰好为零,并开始反向运动。

5.3　指出如题 5.3 图所示机构中,刚体 1、2 各做什么形式的运动(答案填在

括号内)。

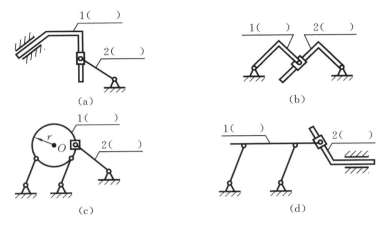

题 5.3 图

5.4 是非题(对的在括号内画"√",错的画"×")。

1. 某瞬时平动刚体上各点速度大小相等而方向可以不同。　　　　(　)

2. 定轴转动刚体,转动轴不能在外形轮廓之外。　　　　　　　　(　)

3. 定轴转动刚体上与转动轴平行的直线,其上各点的速度均相等。　(　)

4. 平动刚体上各点的轨迹一定是直线。　　　　　　　　　　　　(　)

5. 定轴转动刚体的角速度为 ω,角加速度为 α,其上各点的速度与转动半径垂直,则各点加速度与转动半径的夹角为 $\theta = \arctan \dfrac{|\alpha|}{\omega^2}$。　　　　　　(　)

5.5 如题 5.5 图所示,曲柄 OB 的转动规律为 $\varphi = 2t$,它带动杆 AD,使杆 AD 上的点 A 沿水平轴 Ox 运动,点 C 沿垂直轴 Oy 运动。设 $AB = OB = BC = CD = 0.12$ m,求当 $\varphi = 45°$ 时,杆上点 D 的速度,并求点 D 的轨迹方程。

题 5.5 图

5.6 点的运动方程用直角坐标表示为 $x = 5\sin 5t^2$,$y = 5\cos 5t^2$,如改用弧坐标描述点的运动方程,自运动开始时的位置计算弧长,求点的弧坐标形式的运动方程。

5.7 点 M 的运动方程为 $x = t^2$,$y = t^3$(x、y 的单位为 cm,t 的单位为 s),试求点 M 在点 $(1,1)$ 处的曲率半径。

5.8 点沿一平面上的曲线轨迹运动,其速度在 y 轴上的投影为一常数 C,试证明加速度值 $a = v^3 / (C\rho)$,其中 v 为速度,ρ 为曲率半径。

5.9 小车 A 与 B 以绳索相连,如题 5.9 图所示,小车 A 高出小车 B 1.5 m,

令小车 A 以 $v_A = 0.4$ m/s 匀速拉动小车 B，开始时 $BC = L_0 = 4.5$ m，求 5 s 后小车 B 的速度与加速度(滑轮尺寸不计)。

5.10 如题 5.10 图所示，某飞轮绕固定轴 O 转动，在转动过程中，其轮缘上任一点的加速度与轮半径的交角恒为 $60°$。当转动开始时其转角 φ_0 等于零，其角速度为 ω_0，求飞轮的转动方程、角速度和转角间的关系。

5.11 如题 5.11 图所示为连续印刷过程，纸(厚 b)以匀速 v 水平输送，试以纸盘的半径 r 表示纸盘的角加速度 α。

题 5.9 图　　　　　　　题 5.10 图　　　　　　　题 5.11 图

5.12 如题 5.12 图所示为车床走刀机构，已知齿轮的齿数分别为 $z_1 = 40, z_2 = 90, z_3 = 60, z_4 = 20$，主轴转速 $n_1 = 120$ r/min，丝杠每转一圈，刀架移动一个螺距 $h = 6$ mm，求走刀速度。

5.13 如题 5.13 图所示，杆 AB 以匀速 v 沿竖直导轨向下运动，其一端 B 靠在直角杠杆 CDO 的 CD 边上，因而使杠杆绕导轨轴线上一点 O 转动，试求杠杆上一点 C 的速度和加速度大小(表示为角 φ 的函数)。假定 $OD = a, CD = 2a$。

5.14 如题 5.14 图所示，直角坐标系 $Oxyz$ 固定不动，已知某瞬时刚体以角速度 $\omega = 18$ rad/s 绕过原点的轴 OA 转动，点 A 的坐标为 $(10, 40, 80)$，求此瞬时刚体上另一点 $M(20, -10, 10)$ 的速度 v_M(坐标的单位为 mm)。

题 5.12 图　　　　　　　题 5.13 图　　　　　　　题 5.14 图

5.15 如题 5.15 图所示，在千斤顶机构中，摇把 A 转动时，齿轮 1、2、3、4 与 5 开始转动，并带动千斤顶的齿条 B。各齿轮的齿数分别是：$z_1 = 6, z_2 = 24, z_3 = 8, z_4 = 32$；第 5 个齿轮的半径是 $r_5 = 4$ cm。已知摇柄 A 以角速度 π rad/s 转动，求齿条的速度。

5.16 如题 5.16 图所示,为了获得周期变化的角速度,将两个相同的椭圆齿轮啮合在一起。其中一个齿轮以 9π rad/s 的角速度绕轴 O 匀速转动,另一齿轮由第一个齿轮带动绕轴 O_1 转动,轴 O 与 O_1 相互平行并各自通过椭圆的焦点。距离 OO_1 等于 50 cm,椭圆长半轴和短半轴分别为 25 cm 和 15 cm。求齿轮 O_1 的最小角速度和最大角速度。

题 5.15 图

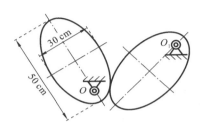

题 5.16 图

第6章 点的合成运动

第5章论述了点运动的一般规律和刚体的基本运动。一个动点可以是单个质点,也可以是刚体上的一点。在数学上,只需建立坐标系,给出动点的运动方程,对时间求导就可以得到速度和加速度以时间表示的关系式,代入具体位置便可。然而,一些机构往往由多个构件组成,它们的运动关系可能非常复杂,以上求速度和加速度的解析法(数学求导法)需要给出动点在一个运动过程中复杂的几何关系函数,还需进行求导运算。对于容易找到函数关系的简单机构是可行的,但对于做复杂运动的机构就不太合适,所以,需要研究更合适的分析方法。现在用第5章的知识作为基本工具来解决具体动点的运动问题。解决的思路是先将点的复杂运动分解为一些简单运动,再将简单运动合成,这称为点的**合成运动**(或点的**复合运动**)方法。所谓合成运动,并非是指点的一种运动类型,而是相对于点的运动分解而言的。本章介绍点运动的分解方法、速度和加速度合成定理及其推导,在推导时,需要同时引入刚体任意运动的分解、运动矢量的相对导数和绝对导数等概念和知识。

6.1 点合成运动的基本概念

6.1.1 动点、静参考系、动参考系

如图 6.1 所示,点 M 相对于管 OB 运动,而管 OB 环绕轴 O 做定轴转动,这时地球上的观察者看到的点 M 的运动是比较复杂的。但是,点 M 相对管 OB 是直线运动,管 OB 相对地球是定轴转动,都是简单运动。下面将点的复杂运动在不同参考系中分解为比较简单的运动,然后再按一定的规则叠加而得到点的原来的运动规律,这就是**点的合成运动方法**。为了建立这种方法,先介绍动点、静参考系、动参考系这三个概念。

图 6.1 点的合成运动例子

动点指被研究的运动点,它可以是单个点,也可以是刚体上某点。

静参考系简称**静系**,它是被指定用来研究动点运动规律的参考系,一般与地球固结。

动参考系简称**动系**,它是相对于静系运动的任何参考系。

例如图 6.1 中,Oxy 为静系,$Ox'y'$ 为动系,M 为动点。动系通常与某个刚体固连,为了简单,以后直接将该刚体称为动系。

6.1.2　绝对运动、相对运动、牵连运动及其速度和加速度

为将动点的运动向静系和动系分解,先给出三种运动的概念。

绝对运动:动点相对于静系的运动。

相对运动:动点相对于动系的运动。

牵连运动:动系相对于静系的运动。

绝对运动和相对运动只是一个点的运动,而牵连运动是动系所展开的无穷空间上所有点的运动的集合。

对应于这三种运动,定义点的三种速度和加速度。

绝对速度、绝对加速度:动点相对于静系的速度、加速度,用 v_a、a_a 表示。

相对速度、相对加速度:动点相对于动系的速度、加速度,用 v_r、a_r 表示。

牵连速度、牵连加速度:动系(研究平面问题时是一个无穷大平面图形)上与动点相重合的点(牵连点)相对于静系的瞬时速度和瞬时加速度,用 v_e、a_e 表示。

前两种速度和加速度是相对动点而言的,牵连速度和牵连加速度则是相对牵连点而言的。下面用一个具体问题来说明这些速度和加速度。

如图 6.2 所示的凸轮顶杆机构,凸轮做匀速转动,为了研究顶杆(丁字杆 ABD)的平动,可以取圆凸轮的圆心 C 作为动点,丁字杆 ABD 作为动系(凸轮不能作为动系,否则相对速度为零,应用合成定理会得到一个恒等式,对解题没有任何意义)。此时,地球为静系,绝对运动为圆周运动,相对运动为直线运动,牵连运动为平动;绝对速度、相对速度和牵连速度如图 6.2(a)所示,绝对加速度、相对加速度和牵连加速度如图 6.2(b)所示。其中,牵连速度和牵连加速度是顶杆上与点 C 相重合的点相对于静系的瞬时速度和瞬时加速度,实际的顶杆与点 C 没有重合点,可以假想将顶杆这一刚体扩大,扩大后就有重合点了,这样做不会改变顶杆原

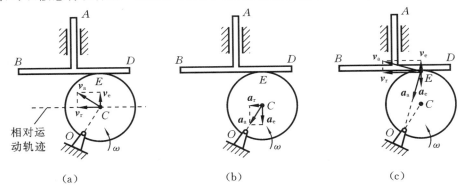

(a)　　　　　　　　　　　(b)　　　　　　　　　　　(c)

图 6.2　凸轮顶杆机构取不同动点时的合成运动分析

(a) 动点为点 C 时的速度分析　　(b) 动点为点 C 时的加速度分析

(c) 动点为点 E 时的速度和部分加速度分析

来的运动。因此,也可以这样说,牵连速度和牵连加速度是顶杆(扩大后)上与点 C 位置重合的点的绝对速度和绝对加速度。实际上,有尺寸的刚体理解为无穷大的平面图形更合适。

　　画出图 6.2(a)、(b)中的速度、加速度矢量的过程称为**速度分析**和**加速度分析**,这两个图分别称为**速度分析图**和**加速度分析图**。它们如同静力学中的受力图一样重要,如果图画错了,后面的分析一定错,类似受力图,只要它们的方向正确,其指向即使与实际指向相反也可以。

　　若选取凸轮与顶杆的接触点 E 作为动点,此时,绝对运动分析和牵连运动分析与上述类似。此外,图示瞬时相对速度的方向,可以由凸轮与顶杆既不能脱离也不能侵彻可知,它必须沿接触点的切向,这些速度和加速度如图 6.2(c)所示。但是相对加速度的分析将遇到麻烦,因为点 E 是固连在凸轮上的,随着运动的进行,下一时刻,点 E 就不是接触点了,只能看到点 E 相对于顶杆的相对运动轨迹为一条向下凹的曲线。于是,相对加速度有两个分量 a_r^n 和 a_r^t,$a_r^t = \dfrac{dv_r}{dt}$,在应用下文的加速度合成定理时,求解 a_r^t 不是用求导的方法,所以 a_r^t 是未知量。$a_r^n = \dfrac{v_r^2}{\rho_r}$,即使 v_r 方向假设正确,可以求出,但 ρ_r 未知。这样,在加速度合成定理的一个矢量方程中仅相对加速度就有两个未知分量,一个矢量方程没有办法求解第 3 个未知量(比如绝对切向加速度或牵连切向加速度)。这会给以后的求解带来很大的困难,甚至无法求解。

6.2　点的速度、加速度合成定理及其应用

6.2.1　点的速度、加速度合成定理

　　以上定义的绝对速度、相对速度和牵连速度之间的关系就是**速度合成定理**,它们的关系为

$$v_a = v_r + v_e \tag{6.1}$$

　　绝对加速度、相对加速度和牵连加速度之间的关系就是**加速度合成定理**,表达式为

$$a_a = a_r + a_e + 2\boldsymbol{\omega} \times v_r \tag{6.2}$$

或写成

$$a_a = a_r + a_e + a_k \tag{6.3}$$

其中,$a_k = 2\boldsymbol{\omega} \times v_r$ 称为**科氏加速度**(Coriolis acceleration);$\boldsymbol{\omega}$ 为动系的角速度矢量,比如,图 6.1 中的定轴转动动系的角速度矢量垂直于纸面。动系的角速度矢量 $\boldsymbol{\omega}$ 和科氏加速度 a_k 将在后面详细研究。当然,牵连点可以取为动系上其他的点,但那样得到的合成定理会比较复杂,所以选取动系上与动点相重合的点为牵连点,将绝对运动和相对运动关联起来。

注意,加速度合成定理与速度合成定理的形式有点不同,其中加速度合成定理多了一项科氏加速度 a_k,从它的表达式可见,a_k 只与速度项有关,它是动系的转动和动点的相对运动在动点上产生的一个加速度附加项。因此,a_k 的获得需要先进行速度分析,当动系平动时,a_k 恒为零。

对于平面问题,相对速度 v_r 总是在角速度 ω 的旋转平面内,因此将角速度 ω 变成矢量 ω 后,ω 总是与 v_r 垂直,于是,a_k 矢量必在角速度 ω 的旋转平面内,a_k 的指向为 v_r 沿 ω 的方向旋转 $90°$ 形成的方向,其大小为 $2\omega v_r$。

以上两个定理的形式很简单,物理意义很明确,但它们的推导却比较复杂,因此,先通过例题来应用它们,而将推导留到本章的最后介绍。

6.2.2　点的速度、加速度合成定理的应用

求点的速度和加速度问题时,可以建立动点的运动方程,再对时间求导。一般当相关位置关系都是比例常数或可通过直角三角形关系建立的简单函数关系时,求导法才相对简单。但对于复杂的机构,建立与整个运动过程相关的函数表达式一般比较困难,其建立的表达式也很复杂,会导致复杂的求导运算。而应用速度和加速度合成定理时,只需求解待求位置的一些几何尺寸的具体值,这比建立函数表达式简单,且不需要求导。因此,**对于相关位置关系不都是比例关系或直角三角形关系的问题,常直接应用合成定理来分析运动学问题**。那么,如何运用这两个定理来使得问题求解变得方便和有规律,就值得进一步研究了。以下通过例题演示如何直接应用这两个定理分析问题。

例 6.1　如图 6.3(a)所示,半径为 R 的半圆形凸轮沿水平方向向右移动,使推杆 AB 沿垂直导轨滑动,在图示位置时,凸轮有速度 v 和加速度 a,求该瞬时推杆 AB 的速度和加速度。

解法 1　解析法(数学求导法)。

建立如图 6.3(b)所示的坐标系,得到 $x(t)$ 与 $y_A(t)$ 关系,对时间分别求一阶和二阶导数。

图 6.3　例 6.1 图

由图 6.3(b)可知

$$(b-x)^2 + y_A^2 = R^2 \tag{a}$$

对时间 t 求导得

$$v_A = \frac{b-x}{y_A} \cdot v = v \cdot \cot\theta \tag{b}$$

式(b)对时间 t 求导并考虑式 $\tan\theta = \dfrac{y_A}{b-x}$ 得

$$a_A = a\cot\theta - \frac{v^2}{R\sin^3\theta}$$

以上的解析法对于类似该题容易找到函数关系的简单机构是可行的。但对于做复杂运动的机构,就不太合适了。对于复杂机构,直接应用已得到的速度和加速度合成定理这两个定理来分析就相对简单多了。下面介绍选取不同的动点、动系分析此题的方法。

解法 2　取 AB 上点 A 为动点,轮 O 为动系(动系的原点及其坐标轴都固定在轮 O 所展开的无穷大平面上),如图 6.4(a)所示。该方法中相对运动的轨迹为圆。

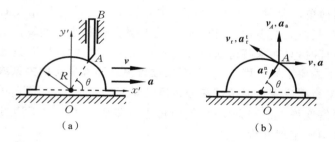

图 6.4　例 6.1 **解法** 2

(1) 求速度 v_A,如图 6.4(b)所示:

$$\boldsymbol{v}_a = \boldsymbol{v}_e + \boldsymbol{v}_r \tag{c}$$

平面矢量方程(c)中,$v_a = v_A$,$v_e = v$,1 个平面矢量方程可得到 2 个代数方程,只有 2 个未知量 v_A、v_r,故可求解。

$\perp \boldsymbol{v}_r$:　　　　　　　　　　　　　$v\cos\theta = v_A\sin\theta$

$\perp \boldsymbol{v}_A$:　　　　　　　　　　　　　$v - v_r\sin\theta = 0$

求解上述方程组,可得

$$v_A = v\cot\theta, \quad v_r = v/\sin\theta$$

(2) 求加速度 a_A,如图 6.4(b)所示:

$$\boldsymbol{a}_a = \boldsymbol{a}_e + \boldsymbol{a}_r^n + \boldsymbol{a}_r^t \tag{d}$$

方程(d)中,$a_a = a_A$,$a_e = a$,$a_r^n = \dfrac{v_r^2}{R}$。

$\perp \boldsymbol{a}_r^t$:　　　　　　　　　　　　　$a_A\sin\theta = a\cos\theta - a_r^n$

得到点 A 的加速度

$$a_A = a\cot\theta - \frac{v^2}{R\sin^3\theta}$$

解法 3　取轮 O 上 O 为动点,AB 为动系(动系的原点在点 A,坐标轴都固定在 AB 所展开的无穷大平面上),如图 6.5(a)所示,因为每一时刻动点到动系坐标原点的距离为 R,故其相对运动轨迹为圆。

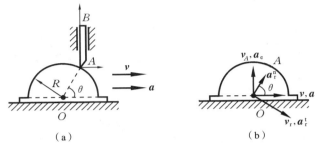

图 6.5　例 6.1 解法 3

(1) 求速度 v_A,如图 6.5(b)所示:

$$\boldsymbol{v}_a = \boldsymbol{v}_e + \boldsymbol{v}_r \tag{e}$$

平面矢量方程(e)中,$v_a = v$,$v_e = v_A$,1 个平面矢量方程可得到 2 个代数方程。方程(e)中只有 2 个未知量 v_A、v_r,故可求解。

$\perp \boldsymbol{v}_A:$ 　　　　　　　　　$v_r\sin\theta = v$

$\perp \boldsymbol{v}_r:$ 　　　　　　　　　$v_A\sin\theta = v\cos\theta$

求解上述方程组,可得

$$v_A = v\cot\theta, \quad v_r = \frac{v}{\sin\theta}$$

(2) 求加速度 a_A,如图 6.5(b)所示:

$$\boldsymbol{a}_a = \boldsymbol{a}_e + \boldsymbol{a}_r^n + \boldsymbol{a}_r^t \tag{f}$$

方程(f)中,$a_a = a$,$a_e = a_A$,$a_r^n = \dfrac{v_r^2}{R}$。

$\perp \boldsymbol{a}_r^t:$ 　　　　　　　$a_A\sin\theta + a_r^n = a\cos\theta$

求解上述方程,可以得到

$$a_A = a\cot\theta - \frac{v^2}{R\sin^3\theta}$$

解法 4　如图 6.6 所示,取轮 O 上与 AB 上点 A 重合的 A_1 为动点,AB 为动系(动系的原点在点 A,坐标轴都固定在 AB 所展开的无穷大平面上)。

思考:(1) 解法 4 中,相对运动轨迹一般不太清楚,但若认为该方法中相对速度与轮相切,法向加速度为 $\dfrac{v_r^2}{R}$,方向为 $O \rightarrow A_1$,则有的人可以得到与解法 3 相同的结果。为什么会如此巧合呢?

(2)图 6.7 和图 6.8 的机构很相似,如果将上述 3 种动点、动系的方法推广到图 6.7 的机构,3 种方法都能得到同样的结果吗? 为什么?

图 6.6　例 6.1 解法 4　　　　图 6.7　机构 1　　　　图 6.8　机构 2

从上述例题可知,可以选取不同的动点和动系来分析问题,方法众多。但选取不当,会导致在错误理解下得到正确或错误的结果,同一种方法向表面上类似的机构推广也不能肯定是否可以,这就是应用点的速度和加速度合成定理的难点所在。对于解法 4,为何在例 6.1 中可以而在图 6.7 的机构中却不行,其原因可从图 6.8 来分析。在图 6.8 中,动系为 AB,可以理解为动系的原点不在点 A,而是在 AB 所展开的平面上的点 H,其中 H 与 A 的距离为 R',$\overrightarrow{AH}$ 与 $\overrightarrow{OA}$ 平行。因为轮 O 与 AB 均平动,所以选取轮 O 上点 A_1 为动点时,动点相对原点在点 H 的动系 AB 的运动与解法 3 中选取轮 O 上的点 O 为动点,动点相对原点在点 A 的动系 AB 的运动是一样的,故解法 4 和解法 3 等价。实际上,当两个刚体均平动时,若能选取其中一个刚体上的点为动点,另一刚体为动系,那么,也可以取另一刚体的任意点为动点,该刚体为动系,反之亦然,有无数种动点、动系选取方法,但其相对运动轨迹都是相同的。但在图 6.7 中,轮 C 做转动,不再有这样的等价关系。

从上述例题可知,可以选取不同的动点动系来分析问题。但选取方法不同,在计算加速度问题时计算量有所差异。图 6.7 和图 6.8 这样的机构存在一个共同点:其中一个构件上的点总是接触点,这类问题可归纳为**存在稳定接触点问题**。对于这类问题,一般取稳定接触点为动点,另一个构件为动系。但当稳定接触点与转动的曲线边缘的构件接触,且稳定接触点所在的构件平动时(见图 6.8),一般取曲线构件在接触点处弧长所拟合的曲率圆的圆心为动点,稳定接触点所在的构件为动系,从而避免计算科氏加速度,简化计算。

此外,从上述几种解法可知以下几点。

(1)法向加速度和科氏加速度与速度有关,在分析加速度问题时,可当作已知量。求加速度主要是求切向加速度,而采用动点、动系的方法求切向加速度时,认为不能通过对速度大小求导得到,所以即使知道速度,切向加速度也是未知量。

(2)应用动点、动系方法,认为切向加速度不能通过对速度求导得到,因此求速度和求加速度是两个独立的问题。此外,在分析这两个问题时,若选取同样的动点、动系,那么,将会发现,两者的分析方式类似。分析完速度后,分析加速度时,只要将速度量换成切向加速度,再补充法向加速度和科氏加速度(动系转动时)即可,未知量对应的位置也是相同的。因此,能分析速度,必然就可以分析加速度了。

对于如图 6.9 所示的几种机构,虽然有不同的动点、动系选取方法,比如图 6.9(a)所示的机构,可取套筒 B 为动系,CD 上与 B 重合的点为动点,但它们存在一个共同点:其中一个构件上的点总是接触点,且与另一个直线构件相接触。为了避免将简单问题复杂化,可以都选取该点为动点,另一个构件为动系。比如图 6.9(a)中,AB 上点 B 与 CD 总保持接触,就取该点为动点,CD 为动系。

图 6.9　几种机构

从图 6.9 可知,动点、动系的选取很重要,只要动点、动系选取合理,直接应用两个定理,问题就迎刃而解了。一般绝对加速度和牵连加速度的切向分量有一个是已知的,另一个是未知待求的。而相对加速度切向分量一般是未知的。为了应用加速度合成定理求待求切向加速度,就要求选取合适的动点、动系使得相对加速度的法向分量变成已知的。其中相对速度只要方向正确,就可通过速度合成定理求得。相对速度方向有时在错误的理解下也可能得到方向正确的结论。因此,仅仅求速度,动点、动系的选择比较容易,但是要方便求加速度,选取合适的动点、动系并不容易。下面给出选取方法供读者参考。

(1) 为了分解点的运动,动点与动系之间必须有相对运动,否则使用动系失去意义;因此若动点为刚体上一点,则该刚体就不能作为动系。

(2) 动点、动系的选取,一般应使相对运动轨迹能够成为已知的(一般为直线或圆或已知曲率半径的曲线),目的是使得 $a_r^n = \dfrac{v_r^2}{\rho_r}$ 变成已知的。此外,还要兼顾牵连点的牵连加速度法向分量也是已知的。否则,难以应用加速度合成定理来分析问题。

例 6.2　如图 6.10(a)所示,杆 AB 和圆环 E 均以匀角速度 ω 做定轴转动,图示瞬时,杆 AB 与圆环半径 DE 垂直,AB=DE=R。求该瞬时两物体的交点 P 的速度和加速度的大小。

解　两物体的交点 P 可用有形的套环 P 来理解。动点:小环 P;动系 1:杆

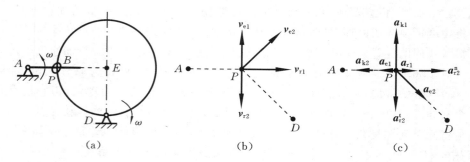

图 6.10　例 6.2 图

AB；动系 2：圆环 E。速度分析和加速度分析分别如图 6.10(b)、(c)所示，其中下标中带‘1’的量对应动系 1，下标中带‘2’的量对应动系 2。

由速度合成定理，有

$$v_P = v_{r1} + v_{e1} \tag{a}$$

$$v_P = v_{r2} + v_{e2} \tag{b}$$

其中，v_{e1}、v_{e2} 的大小已知，只要求出 v_{r1}、v_{r2} 中的任一个，就可由式(a)或式(b)求出 v_P。为此，将式(a)、(b)合并，得

$$v_{r1} + v_{e1} = v_{r2} + v_{e2} \tag{c}$$

式(c)向 v_{r1} 所在方向投影，得

$$v_{r1} = \frac{\sqrt{2}}{2} v_{e2} = \frac{\sqrt{2}}{2} \omega \cdot \sqrt{2}R = \omega R$$

考虑到 $v_{r1} \perp v_{e1}$，得

$$v_P = \sqrt{v_{r1}^2 + v_{e1}^2} = \sqrt{(\omega R)^2 + (\omega R)^2} = \sqrt{2}\omega R$$

式(c)向 v_{r2} 所在方向投影，得

$$v_{e1} = -v_{r2} + \frac{\sqrt{2}}{2} v_{e2} \Rightarrow v_{r2} = 0$$

由加速度合成定理得

$$a_P = a_{r1} + a_{e1} + a_{k1} \tag{d}$$

$$a_P = a_{r2}^n + a_{r2}^t + a_{e2} + a_{k2} \tag{e}$$

式(d)(e)合并，得

$$a_{r1} + a_{e1} + a_{k1} = a_{r2}^n + a_{r2}^t + a_{e2} + a_{k2} \tag{f}$$

式(f)向 a_{r1} 所在方向投影，得

$$a_{r1} - a_{e1} = a_{r2}^n + \frac{\sqrt{2}}{2} a_{e2} - a_{k2} \tag{g}$$

因为　　　$a_{e1} = \omega^2 R, \quad a_{e2} = \sqrt{2}\omega^2 R, \quad a_{r2}^n = \dfrac{v_{r2}^2}{R} = 0, \quad a_{k2} = 2\omega v_{r2} = 0$

代入式(g),得 $\qquad a_{r1}=2\omega^2R$

所以 $\qquad a_P=\sqrt{(a_{r1}-a_{e1})^2+a_{k1}^2}=\sqrt{(\omega^2R)^2+(2\omega v_{r1})^2}$

$$=\sqrt{(\omega^2R)^2+(2\omega^2R)^2}=\sqrt{5}\omega^2R$$

这类问题可归纳为**交点(套环)问题**。

　　例 6.3　图 6.7 和 6.8 所示的机构,顶杆上的点工作时总处于接触状态,容易磨损。有时采用如图 6.11 所示的机构来降低磨损。如图所示,半径为 R 的圆轮 D 以匀角速度 ω 绕轮缘上的轴 O_1 转动,杆 OA 定轴转动并始终与圆轮接触。求图示瞬时杆 OA 的角速度和角加速度。

图 6.11　例 6.3 图

　　解　动点:轮心点 D;动系:杆 OA。速度和加速度分析如图 6.11(b)、(c)所示。

　　由速度合成定理得

$$\boldsymbol{v}_D=\boldsymbol{v}_r+\boldsymbol{v}_e \qquad\qquad (a)$$

式(a)分别向 OD 方向和 DO_1 方向投影,得

$$v_r=v_D=\omega R,\quad v_e=v_r=\omega R$$

于是 $\qquad \omega_{OA}=\dfrac{v_e}{OD}=\dfrac{\omega}{2}$

　　由加速度合成定理得

$$\boldsymbol{a}_D=\boldsymbol{a}_r+\boldsymbol{a}_e^n+\boldsymbol{a}_e^t+\boldsymbol{a}_k \qquad\qquad (b)$$

式(b)向 $\boldsymbol{a}_k$ 所在方向投影,得

$$a_D\sin30°=-a_e^n\sin30°-a_e^t\cos30°+a_k$$

所以 $\qquad a_e^t=\dfrac{\sqrt{3}}{3}(2a_k-a_e^n-a_D)$

因为 $\qquad a_D=\omega^2R,\quad a_k=2\omega_{OA}v_r=\omega^2R,\quad a_e^n=\omega_{OA}^2\times OD=\dfrac{\omega^2R}{2}$

代入式(a),得
$$a_e^t = \frac{\sqrt{3}}{6}\omega^2 R$$

所以杆 OA 的角加速度为

$$\alpha_{OA} = \frac{a_e^t}{OD} = \frac{\sqrt{3}}{12}\omega^2$$

注:若类似例 6.2,用一套环 P 等效接触点,取套环 P 为动点,AB 和轮 D 为动系,则还需要补充取 D 为动点,AB 为动系才能求解,所以不采用此解法。若取构件上的接触处的点为动点,另一物体为动系,求解速度可能是正确的,但相对运动轨迹不是圆或直线,无法确定 $a_r^n = \dfrac{v_r^n}{\rho_r}$ 中的 ρ_r。这类问题称为**无稳定接触点问题**。对于该类问题,若是曲线与曲线接触,将接触处拟合为 2 个曲率圆,可任取其中一个构件的曲率圆心为动点,另一构件为动系,动点相对于另一个曲率圆心做圆周运动。若其中一个构件平动,优先选该构件为动系,可避免计算科式加速度。若是曲线与直线接触,取曲线构件的曲率圆心为动点,直线构件为动系。

例 6.4　如图 6.12(a)所示的机构中,杆 OA 以匀角速度 ω 转动,$OA=r$,图示瞬时,$AO \perp OB$。求该瞬时杆 AD 的角速度和角加速度。

(a)　　　　　　　　　　　(b)　　　　　　　　　　　(c)

图 6.12　例 6.4 图

解　动点:点 A;动系:套筒 B。速度和加速度分析分别如图 6.12(b)、(c)所示。

由速度合成定理得
$$\boldsymbol{v}_A = \boldsymbol{v}_r + \boldsymbol{v}_e$$

所以
$$v_r = v_A \cos 30° = \frac{\sqrt{3}}{2}\omega r, \quad v_e = v_A \sin 30° = \frac{1}{2}\omega r \tag{a}$$

于是
$$\omega_{AD} = \frac{v_e}{AB} = \frac{\omega}{4}$$

由加速度合成定理得
$$\boldsymbol{a}_A = \boldsymbol{a}_r + \boldsymbol{a}_e^n + \boldsymbol{a}_e^t + \boldsymbol{a}_k \tag{b}$$

式(b)向 $\boldsymbol{a}_k$ 所在方向投影,得
$$a_A \cos 30° = a_e^t + a_k$$

所以 $$a_e^t = \frac{\sqrt{3}}{2}a_A - a_k \tag{c}$$

因为 $$a_A = \omega^2 r, \quad a_k = 2\omega_{AD}v_r$$

代入式（c），得 $$a_e^t = \frac{\sqrt{3}}{4}\omega^2 r$$

所以，杆 AD 的角加速度为

$$\alpha_{AD} = \frac{a_e^t}{AB} = \frac{\sqrt{3}}{8}\omega^2$$

注：（1）本题如果取杆 AD 上的点 B 为动点，则 $v_e = \mathbf{0}$，所以 $v_B = v_r$；这意味着，当直杆与铰支套筒连接时，杆上与套筒重合的点的绝对速度方向沿杆的轴线。这一结论，以后可以直接使用。

（2）本题如果取杆 AD 为动系，套筒上的点 B 为动点，点 B 相对杆 AD 做直线运动，尽管 $a_r^n = 0$，但牵连速度的方向未知，牵连加速度的法向分量未知，所以，还要补充建立新的动点、动系，得到新的方程，计算复杂，故一般不这样选取动点、动系。这样的机构不妨称为套筒/滑杆（当滑杆很短时，称之为滑块）。

（3）从上述分析可知，对于套筒/滑杆（滑块）机构，无论选取套筒还是滑杆作为动系，动点相对动系的法向加速度分量均为 0，但兼顾牵连速度和加速度，一般选取做基本运动（平动或定轴转动）的构件为动系，其他构件上待求点或部分信息已知的点为动点。图 6.9（a）（c）机构也可以归类为此类问题。对于图 6.13 所示的机构，套筒 B 和滑杆 CD 都做平动，可任选其中一构件为动系，另一构件上的任意点

图 6.13　套筒/滑杆问题

为动点。若套筒 B 和滑杆 CD 都做第 7 章介绍的平面任意运动，可任选取其中一构件为动系，另一构件上的任意点为动点。

这类问题可归纳为**套筒/滑杆问题**。

上面给出了机构做平面运动的 4 种典型问题。做平面运动（不包括空间运动）的两个刚体都是通过点与线的接触或线与线的接触来传递运动的。进一步地，可细分为点与刚体上的线的关系、线与线的关系。点与刚体上的曲线无相对运动就是第 7 章要介绍的同一刚体上点的运动。点与刚体上的曲线有相对运动，又分为该点与曲线总保持接触（即例 6.1）和仅瞬时接触（即例 6.3）。线与线的关系中，若线与线既无相对转动又无滑动就变成同一刚体，若有相对运动则分为线与线无相对转动有滑动（即例 6.4）和线与线有相对转动无滑动（即例 6.2）。因此，**所有做平面运动（不包括空间运动）的机构必然可以分解为上述 4 种典型问题和第 7 章的同一刚体的两点间的运动关系问题共 5 种问题**。只是上述 4 种典型问题中，动系所

在的刚体有时做平面任意运动。若动系做平面任意运动,可进一步用第 7 章的知识来补充牵连点与动系上其他点的运动关系。

平面机构的运动类型也有其他的分类方法,比如分为更基本的 3 种类型。

(1) 存在稳定接触点问题。将套筒(滑块)/滑杆问题中套筒(滑块)上与其他机构以铰链连接的点视为与滑杆保持稳定接触的点。将交点(套环)问题中的套环视为稳定的接触点。

(2) 无稳定接触点问题,也称为相切型问题。对于 2 个任意边缘曲线以相切形式保持接触的物体,在接触点处有 1 个公法线,各自有一个曲率圆。取其中一个曲率圆的圆心为动点,另一个物体为动系,动点绕另一个曲率圆的圆心做相对圆周运动。对于直杆,由于其无曲率中心,只能取其为动系,另一刚体的曲率中心为动点。

(3)同一刚体两点间的运动关系问题。

本书仍按前述更具体的 5 种类型来分类。

例 6.5　圆盘半径 $r=50$ mm,以匀角速度 $\omega_1=5$ rad/s 绕水平轴 A_1A_2 转动,同时框架和轴 A_1A_2 以匀角速度 $\omega_2=3$ rad/s 绕通过圆盘中心 O 的垂直轴 B_1B_2 转动,ω_1、ω_2 方向如图 6.14 所示。求图示最高点 1 和水平点 2 的绝对加速度。

解　(1) 求点 1 的绝对加速度。

图 6.14　例 6.5 图

取圆盘上的点 1 为动点,动系为框架。加速度关系如图 6.14 所示。则有

$$a_a=a_e+a_r+a_k$$

其中

$$a_e=0, \quad a_r=r\omega_1^2=1.25 \text{ m/s}^2$$
$$a_k=2\omega_2 v_r \sin90°=2\omega_2\omega_1 r=1.5 \text{ m/s}^2$$

a_k 垂直圆盘平面,方向如图所示。

因此,点 1 的绝对加速度大小为 $a_a=\sqrt{a_r^2+a_k^2}=1.953 \text{ m/s}^2$。

其与垂直线的夹角 $\varphi=\arctan\dfrac{a_k}{a_r}=50.2°$。

(2) 求点 2 的绝对加速度。

取圆盘上的点 2 为动点,动系为框架。加速度关系如图所示。则有

$$a_a=a_e+a_r+a_k$$

其中

$$a_e=r\omega_2^2=0.45 \text{ m/s}^2, \quad a_r=r\omega_1^2=1.25 \text{ m/s}^2,$$
$$a_k=2\omega_2 v_r \sin180°=0$$

因此,点 2 的绝对加速度大小为 $a_a=a_e+a_r=1.7 \text{ m/s}^2$,方向指向圆盘中心。

　　类似该题的机构,各刚体相对不平行的轴(不是定点转动)做转动的简单空间运动问题,可以分解为两个刚体间的相对运动,其动点、动系的选取很容易,选取后分别对其应用合成定理即可,不再举例。

　　以下给出较复杂的机构运动的示例,较复杂的机构可以分解为上述典型问题。

　　例 6.6　如图 6.15(a)所示的机构中,转臂 OA 以匀角速度绕 O 转动,转臂中有垂直于 OA 的滑道,杆 DE 可在滑道中相对滑动。图示瞬时 DE 垂直于地面,求此时点 D 的速度、加速度。

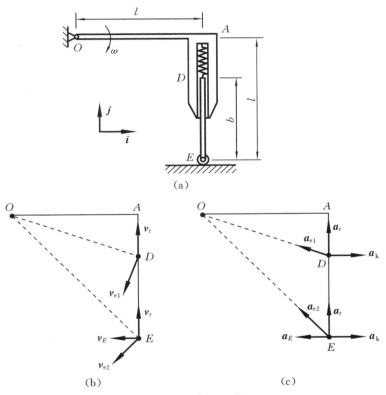

图 6.15　例 6.6 图

　　解　动系:转臂 OA;动点 1:杆 DE 上 D;动点 2:杆 DE 上 E。速度分析和加速度分析分别如图 6.15(b)、(c)所示,其中,由于杆 DE 的相对运动为直线平动,因此 D、E 两点的相对速度、相对加速度和科氏加速度相等。

　　对点 E 应用速度合成定理,有

$$v_E = v_r + v_{e2} \tag{a}$$

式(a)向 v_r 所在方向投影,得

$$v_r = \frac{\sqrt{2}}{2} v_{e2} = \frac{\sqrt{2}}{2} \omega \cdot \sqrt{2} l = \omega l$$

对点 D 应用速度合成定理,有

$$\boldsymbol{v}_D = \boldsymbol{v}_r + \boldsymbol{v}_{e1}$$

因为
$$v_{e1} = \omega\sqrt{l^2+(l-b)^2}$$

所以
$$\boldsymbol{v}_D = -(v_{e1}\sin\angle DOA)\boldsymbol{i} + (v_r - v_{e1}\cos\angle DOA)\boldsymbol{j} = -\omega(l-b)\boldsymbol{i}$$

对点 E 应用加速度合成定理,有

$$\boldsymbol{a}_E = \boldsymbol{a}_r + \boldsymbol{a}_{e2} + \boldsymbol{a}_k \tag{b}$$

式(b)向 $\boldsymbol{a}_r$ 所在方向投影,得

$$a_r = -\frac{\sqrt{2}}{2}a_{e2} = -\omega^2 l$$

而
$$a_k = 2\omega \cdot v_r = 2\omega^2 l, \quad a_{e1} = \omega^2\sqrt{l^2+(l-b)^2}$$

对点 D 应用加速度合成定理,有

$$\boldsymbol{a}_D = \boldsymbol{a}_r + \boldsymbol{a}_{e1} + \boldsymbol{a}_k$$

所以

$$\boldsymbol{a}_D = (a_k - a_{e1}\cos\angle DOA)\boldsymbol{i} + (a_r + a_{e1}\sin\angle DOA)\boldsymbol{j} = \omega^2 l\boldsymbol{i} - \omega^2 b\boldsymbol{j}$$

思考:本题中取杆 DE 上的点 D 为动点,动系原点为点 E 但动系做平动,以此替代 E 为动点、OA 为动系的那一步,也可以分析此问题,请读者思考这两种方法的优缺点。除了上述两种方法外,还有第三种选取动点、动系的方法,第三种方法是什么?

例 6.7　如图 6.16(a)所示的机构中,杆 DE 以匀速度 v 沿垂直滑道向下运动,图示瞬时,杆 OA 垂直,$AB=BD=2r$,$OA/\!/ED$。求此时杆 OA 的角速度和角加速度。

解　动点1:AB 上点 A,动系1:杆 OA;动点2:ED 上点 D,动系2:杆 ABD。两个动点的速度、加速度分析分别如图 6.16(b)、(c)所示。

对点 D 应用速度合成定理,有

$$\boldsymbol{v} = \boldsymbol{v}_{r2} + \boldsymbol{v}_{e2}$$

所以
$$v_{e2} = \frac{\sqrt{3}}{2}v, \quad v_{r2} = \frac{1}{2}v$$

进而
$$v_A = \frac{v_{e2}}{BD}\cdot AB = \frac{\sqrt{3}}{2}v$$

对点 A 应用速度合成定理,有

$$\boldsymbol{v}_A = \boldsymbol{v}_{r1} + \boldsymbol{v}_{e1}$$

所以
$$v_{r1} = \frac{\sqrt{3}}{2}v_A = \frac{3}{4}v, \quad v_{e1} = \frac{1}{2}v_A = \frac{\sqrt{3}}{4}v$$

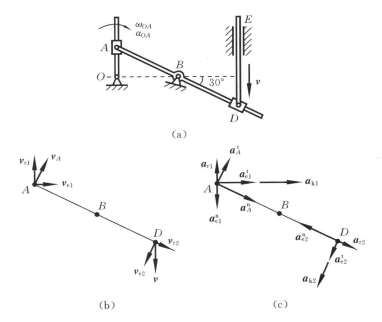

图 6.16　例 6.7 图

于是
$$\omega_{OA}=\frac{v_{e1}}{OA}=\frac{\sqrt{3}\,v}{4r}$$

对点 D 应用加速度合成定理，有
$$\boldsymbol{0}=\boldsymbol{a}_{r2}+\boldsymbol{a}_{e2}^{n}+\boldsymbol{a}_{e2}^{t}+\boldsymbol{a}_{k2}$$

向 $\boldsymbol{a}_{e2}^{t}$ 所在方向投影，得
$$a_{e2}^{t}=-a_{k2}=-2\omega_{AB}\boldsymbol{\cdot} v_{r2}=-2\boldsymbol{\cdot}\frac{v_{e2}}{2r}\boldsymbol{\cdot} v_{r2}=-\frac{\sqrt{3}}{4}\frac{v^{2}}{r}$$

所以
$$a_{A}^{t}=\frac{a_{e2}^{t}}{BD}\boldsymbol{\cdot} AB=-\frac{\sqrt{3}\,v^{2}}{4r}$$

而
$$a_{k1}=2\omega_{OA}\boldsymbol{\cdot} v_{r1}=\frac{3\sqrt{3}}{8}\frac{v^{2}}{r},\qquad a_{A}^{n}=\frac{v_{A}^{2}}{2r}=\frac{3v^{2}}{8r}$$

对点 A 应用加速度合成定理，有
$$\boldsymbol{a}_{A}^{n}+\boldsymbol{a}_{A}^{t}=\boldsymbol{a}_{r1}+\boldsymbol{a}_{e1}^{n}+\boldsymbol{a}_{e1}^{t}+\boldsymbol{a}_{k1}$$

向 $\boldsymbol{a}_{e1}^{t}$ 所在方向投影，得
$$a_{e1}^{t}=\frac{\sqrt{3}}{2}a_{A}^{n}+\frac{1}{2}a_{A}^{t}-a_{k1}=-\frac{5\sqrt{3}\,v^{2}}{16r}$$

于是
$$\alpha_{OA}=\frac{a_{e1}^{t}}{OA}=-\frac{5\sqrt{3}\,v^{2}}{16r^{2}}$$

图 6.17　流速控制阀

思考 1：做平面运动的复杂机构由几个上述典型问题构成，只要能分解为上述典型问题，分别对其对应的问题选取动点、动系分析就能将复杂问题变得简单了。那么，如何简单地将复杂机构分解为典型问题，从而建立规律性的运动学分析方法呢？

思考 2：如图 6.17 所示的流速控制阀，电动机驱动轮 C 做匀速转动，为使阀以某一速度匀速开闭以调节管道流量，请设计 C 的轮廓形状。

6.3　动系任意运动时速度、加速度合成定理的推导

6.3.1　绝对导数、相对导数的概念

在合成运动方法中，静系与动系有相对运动，由于一个矢量有大小和方向，一般，静系和动系中的观察者所看到的同一个运动矢量 A 的变化情况是不一样的，因此对时间求导数的结果一般也不一样。比如，在图 6.1 中，动点的相对速度矢量 v，对于动系中的观察者，v 只有大小的变化而没有方向变化，而对于静系中的观察者，v 同时有大小和方向的变化。因此，动系中的观察者将 v 对 t 求导得到的结果为相对加速度 a_r，而静系中的观察者将 v 对 t 求导得到的结果则不等于 a_r。

另一方面，一个标量只有大小，没有方向，比如物体的长度、质量密度、温度等标量，其大小的变化与参考系运动无关，否则与客观物理事实不符。因此，同一标量 S 在不同的坐标系中对时间的导数值相等。

因此，当有多个参考系时，一个运动矢量 A 对时间的导数，必须明确是相对于哪个参考系的。对于合成运动中的静系和动系，有如下定义。

$\dot{A}\big|_F = \dfrac{dA}{dt}\big|_F$，为 **绝对导数**，即静系里的观察者将矢量 A 对时间 t 求导；

$\dot{A}\big|_M = \dfrac{dA}{dt}\big|_M$，为 **相对导数**，即动系里的观察者将矢量 A 对时间 t 求导。

设静系和动系均为直角坐标系，静系的矢量基为 i、j、k，动系的矢量基为 e_1、e_2、e_3，如图 6.18 所示，则矢量 A 在静系和动系中的投影式可分别表示为

$$A = A_x i + A_y j + A_z k$$
$$A = A_1 e_1 + A_2 e_2 + A_3 e_3 \qquad (6.4)$$

于是矢量 A 的相对导数为

图 6.18　同一运动矢量 A 在不同坐标系中的投影

$$\dot{\boldsymbol{A}}|_M = \frac{d}{dt}(A_1\boldsymbol{e}_1 + A_2\boldsymbol{e}_2 + A_3\boldsymbol{e}_3)|_M = \frac{dA_1}{dt}\boldsymbol{e}_1 + \frac{dA_2}{dt}\boldsymbol{e}_2 + \frac{dA_3}{dt}\boldsymbol{e}_3 \qquad (6.5)$$

矢量 $\boldsymbol{A}$ 的绝对导数为

$$\dot{\boldsymbol{A}}|_F = \frac{d}{dt}(A_x\boldsymbol{i} + A_y\boldsymbol{j} + A_z\boldsymbol{k})|_F = \frac{dA_x}{dt}\boldsymbol{i} + \frac{dA_y}{dt}\boldsymbol{j} + \frac{dA_z}{dt}\boldsymbol{k} \qquad (6.6)$$

$\boldsymbol{A}$ 的绝对导数也可写为

$$\dot{\boldsymbol{A}}|_F = \frac{d}{dt}(A_1\boldsymbol{e}_1 + A_2\boldsymbol{e}_2 + A_3\boldsymbol{e}_3)|_F$$

$$= \frac{dA_1}{dt}\boldsymbol{e}_1 + \frac{dA_2}{dt}\boldsymbol{e}_2 + \frac{dA_3}{dt}\boldsymbol{e}_3 + \frac{d\boldsymbol{e}_1}{dt}A_1 + \frac{d\boldsymbol{e}_2}{dt}A_2 + \frac{d\boldsymbol{e}_3}{dt}A_3$$

$$= \dot{\boldsymbol{A}}|_M + \frac{d\boldsymbol{e}_1}{dt}A_1 + \frac{d\boldsymbol{e}_2}{dt}A_2 + \frac{d\boldsymbol{e}_3}{dt}A_3 \qquad (6.7)$$

可见，一般 $\dot{\boldsymbol{A}}|_F \neq \dot{\boldsymbol{A}}|_M$，只有当动系做平动时，有

$$\frac{d\boldsymbol{e}_1}{dt} = \frac{d\boldsymbol{e}_2}{dt} = \frac{d\boldsymbol{e}_3}{dt} \equiv \boldsymbol{0} \Rightarrow \frac{d\boldsymbol{e}_1}{dt}A_1 + \frac{d\boldsymbol{e}_2}{dt}A_2 + \frac{d\boldsymbol{e}_3}{dt}A_3 \equiv \boldsymbol{0} \qquad (6.8)$$

此时才有 $\dot{\boldsymbol{A}}|_F = \dot{\boldsymbol{A}}|_M$。

*6.3.2　空间任意运动刚体的运动分析

如图 6.19 所示，在空间做任意运动的刚体上任取一点 A，称为基点，附加一个随基点平动的坐标系 $Ax_Ay_Az_A$，那么，在动坐标系 $Ax_Ay_Az_A$ 中的观察者将看到刚体做定点转动。根据第 5 章关于刚体定点转动的论述，每一瞬时都会观察到从点 A 出发的角速度矢量 $\boldsymbol{\omega}$ 以及相应的角加速度矢量 $\boldsymbol{\alpha}$，由于坐标系 $Ax_Ay_Az_A$ 做平动，动系与静系之间始终无角度变化，因此，静系中的观察者也将观察到相同大小和指向的 $\boldsymbol{\omega}$ 与 $\boldsymbol{\alpha}$ 矢量。由此推知，当选取不同的基点时，比如另有一基点 B，在平动坐标系 $Bx_By_Bz_B$ 中，观察到的角速度和角加速度矢量仍然为

图 6.19　任意运动刚体

$\boldsymbol{\omega}$ 与 $\boldsymbol{\alpha}$，因此，**任意运动刚体的角速度和角加速度矢量 $\boldsymbol{\omega}$ 与 $\boldsymbol{\alpha}$ 的大小和指向与基点的选取无关，它们没有明确的起点，为自由矢量。**

由以上分析可知，**刚体的任意运动可以分解成随基点的平动和绕基点的转动的合成。**

现在给出刚体上任一点 M 的速度和加速度。由方程(5.29)有

$$\boldsymbol{v}_M = \dot{\boldsymbol{r}}_M|_F = \dot{\boldsymbol{r}}_A|_F + \dot{\overrightarrow{AM}}|_F = \dot{\boldsymbol{r}}_A|_F + \dot{\overrightarrow{AM}}|_M = \boldsymbol{v}_A + \boldsymbol{\omega} \times \overrightarrow{AM} \qquad (6.9)$$

注意式(6.9)中的第三个等号，只有动系平动时才成立。

由方程(6.9)可得，空间任意运动刚体上任一固连矢量 $\overrightarrow{AM}$ 的绝对导数为

$$\dot{\overrightarrow{AM}}|_F = \boldsymbol{v}_M - \boldsymbol{v}_A = \boldsymbol{\omega} \times \overrightarrow{AM} = \boldsymbol{\omega} \times \boldsymbol{r} \qquad (6.10)$$

方程(6.10)很重要,它是下节推导的基础之一。

由方程(5.30),空间任意运动刚体上任一点 M 的加速度为

$$a_M = \dot{v}_M = a_A + \boldsymbol{\alpha} \times \boldsymbol{r} + \boldsymbol{\omega} \times (\boldsymbol{\omega} \times \boldsymbol{r}) \tag{6.11}$$

6.3.3　速度、加速度合成定理的推导

如图 6.20 所示,设静系为直角坐标系 $Oxyz$,其矢量基为 $\boldsymbol{i}$、$\boldsymbol{j}$、$\boldsymbol{k}$;动点为 M,动系为直角坐标系 $Dx_1x_2x_3$,动系及其固连的动参考体做任意运动,$\boldsymbol{e}_1$、$\boldsymbol{e}_2$、$\boldsymbol{e}_3$ 为动系的矢量基;$\boldsymbol{r}$ 为相对运动矢径,$\boldsymbol{r}_a$ 为绝对运动矢径;$\boldsymbol{R}$ 为动系原点 D 的矢径。

图 6.20　动系任意运动时点合成运动图示

因为 $\boldsymbol{e}_1$、$\boldsymbol{e}_2$、$\boldsymbol{e}_3$ 与动系固连,所以由方程(6.10)可得

$$\dot{\boldsymbol{e}}_1|_F = \boldsymbol{\omega} \times \dot{\boldsymbol{e}}_1, \quad \dot{\boldsymbol{e}}_2|_F = \boldsymbol{\omega} \times \dot{\boldsymbol{e}}_2, \quad \dot{\boldsymbol{e}}_3|_F = \boldsymbol{\omega} \times \dot{\boldsymbol{e}}_3 \tag{6.12}$$

式(6.12)称为**泊松(Poisson)公式**。

下面先来推导速度合成定理。相对运动矢径 $\boldsymbol{r}$ 可表示为

$$\boldsymbol{r} = \sum_{i=1}^{3} x_i \boldsymbol{e}_i \tag{6.13}$$

由相对速度的定义得

$$\boldsymbol{v}_r = \dot{\boldsymbol{r}}|_M = \sum_{i=1}^{3} \dot{x}_i \boldsymbol{e}_i \tag{6.14}$$

根据牵连速度 $\boldsymbol{v}_e$ 的定义,$\boldsymbol{v}_e$ 等于参考体上的点 M(牵连点)在 t 瞬时的速度,由方程(6.9)得

$$\boldsymbol{v}_e = \boldsymbol{v}_D + \boldsymbol{\omega} \times \boldsymbol{r} \tag{6.15}$$

所以可得绝对速度为

$$\boldsymbol{v}_a = \dot{\boldsymbol{r}}_a|_F = (\dot{\boldsymbol{R}} + \dot{\boldsymbol{r}})|_F = \dot{\boldsymbol{R}}|_F + \dot{\boldsymbol{r}}|_F$$

$$= \boldsymbol{v}_D + \frac{\mathrm{d}}{\mathrm{d}t}\left(\sum_{i=1}^{3} x_i \boldsymbol{e}_i\right)\Big|_F = \boldsymbol{v}_D + \sum_{i=1}^{3} \dot{x}_i \boldsymbol{e}_i + \sum_{i=1}^{3} x_i \dot{\boldsymbol{e}}_i\Big|_F \tag{6.16}$$

将式(6.12)至式(6.15)代入式(6.16),得

$$\boldsymbol{v}_a = \boldsymbol{v}_r + \boldsymbol{v}_D + \boldsymbol{\omega} \times \sum_{i=1}^{3} x_i \boldsymbol{e}_i = \boldsymbol{v}_r + \boldsymbol{v}_D + \boldsymbol{\omega} \times \boldsymbol{r} = \boldsymbol{v}_r + \boldsymbol{v}_e$$

即

$$\boldsymbol{v}_a = \boldsymbol{v}_r + \boldsymbol{v}_e \tag{6.17}$$

这样就得到了**速度合成定理**。

速度合成定理也可采用更简单的图解方法来推导。如图 6.21 所示,假定相对

轨迹已知,那么相对轨迹就是在 $t \sim t + \Delta t$ 时间内,动点 M 到达 M'' 的位置,牵连点到达 M' 的位置,因此在 Δt 时间内,绝对运动的位移为 $\Delta \boldsymbol{r}_a$,相对运动的位移为 $\Delta \boldsymbol{r}_r$,牵连点的位移为 $\Delta \boldsymbol{r}_e$。由图 6.21 可得

$$\Delta \boldsymbol{r}_a = \Delta \boldsymbol{r}_r + \Delta \boldsymbol{r}_e \tag{6.18}$$

图 6.21　动点位移的分解

式(6.18)除以 Δt,取极限即得速度合成定理 (6.16)。

下面推导加速度合成定理。由定义可得相对加速度为

$$\boldsymbol{a}_r = \dot{\boldsymbol{v}}_r |_M = \sum_{i=1}^{3} \ddot{x}_i \boldsymbol{e}_i \tag{6.19}$$

由定义,牵连加速度 $\boldsymbol{a}_e$ 等于参考体上的点 M(牵连点)在 t 瞬时的加速度,因此,由方程(6.11)可得 $\boldsymbol{a}_e$ 为

$$\boldsymbol{a}_e = \boldsymbol{a}_D + \boldsymbol{\alpha} \times \boldsymbol{r} + \boldsymbol{\omega} \times (\boldsymbol{\omega} \times \boldsymbol{r}) \tag{6.20}$$

而绝对加速度为

$$\boldsymbol{a}_a = \frac{\mathrm{d} \boldsymbol{v}_a}{\mathrm{d} t} \Big|_F = \frac{\mathrm{d}}{\mathrm{d} t} (\boldsymbol{v}_r + \boldsymbol{v}_e) |_F = \dot{\boldsymbol{v}}_r |_F + \dot{\boldsymbol{v}}_e |_F \tag{6.21}$$

再来计算 $\dot{\boldsymbol{v}}_r |_F$ 和 $\dot{\boldsymbol{v}}_e |_F$。

$$\begin{aligned}
\dot{\boldsymbol{v}}_r |_F &= \frac{\mathrm{d}}{\mathrm{d} t} \Big(\sum_{i=1}^{3} \dot{x}_i \boldsymbol{e}_i \Big) \Big|_F = \sum_{i=1}^{3} \ddot{x}_i \boldsymbol{e}_i + \sum_{i=1}^{3} \dot{x}_i \dot{\boldsymbol{e}}_i \Big|_F \\
&= \boldsymbol{a}_r + \boldsymbol{\omega} \times \sum_{i=1}^{3} \dot{x}_i \boldsymbol{e}_i = \boldsymbol{a}_r + \boldsymbol{\omega} \times \boldsymbol{v}_r
\end{aligned} \tag{6.22}$$

$$\begin{aligned}
\dot{\boldsymbol{v}}_e |_F &= \frac{\mathrm{d} \boldsymbol{v}_D}{\mathrm{d} t} \Big|_F + \frac{\mathrm{d}}{\mathrm{d} t} (\boldsymbol{\omega} \times \boldsymbol{r}) \Big|_F = \boldsymbol{a}_D + \boldsymbol{\alpha} \times \boldsymbol{r} + \boldsymbol{\omega} \times \frac{\mathrm{d} \boldsymbol{r}}{\mathrm{d} t} \Big|_F \\
&= \boldsymbol{a}_D + \boldsymbol{\alpha} \times \boldsymbol{r} + \boldsymbol{\omega} \times \frac{\mathrm{d}}{\mathrm{d} t} \Big(\sum_{i=1}^{3} x_i \boldsymbol{e}_i \Big) \Big|_F \\
&= \boldsymbol{a}_D + \boldsymbol{\alpha} \times \boldsymbol{r} + \boldsymbol{\omega} \times \Big(\sum_{i=1}^{3} \dot{x}_i \boldsymbol{e}_i \Big) + \boldsymbol{\omega} \times \sum_{i=1}^{3} x_i \dot{\boldsymbol{e}}_i \\
&= \boldsymbol{a}_D + \boldsymbol{\alpha} \times \boldsymbol{r} + \boldsymbol{\omega} \times \boldsymbol{v}_r + \boldsymbol{\omega} \times \Big(\boldsymbol{\omega} \times \sum_{i=1}^{3} x_i \boldsymbol{e}_i \Big) \\
&= \boldsymbol{a}_D + \boldsymbol{\alpha} \times \boldsymbol{r} + \boldsymbol{\omega} \times (\boldsymbol{\omega} \times \boldsymbol{r}) + \boldsymbol{\omega} \times \boldsymbol{v}_r \\
&= \boldsymbol{a}_e + \boldsymbol{\omega} \times \boldsymbol{v}_r
\end{aligned} \tag{6.23}$$

将式(6.22)、式(6.23)代入式(6.21),即得**加速度合成定理**:

$$\boldsymbol{a}_a = \boldsymbol{a}_r + \boldsymbol{a}_e + 2\boldsymbol{\omega} \times \boldsymbol{v}_r = \boldsymbol{a}_r + \boldsymbol{a}_e + \boldsymbol{a}_k \tag{6.24}$$

其中,$\boldsymbol{a}_k = 2\boldsymbol{\omega} \times \boldsymbol{v}_r$,为科氏加速度。

对式(6.22)、式(6.23)和式(6.24)所得结果做以下分析。

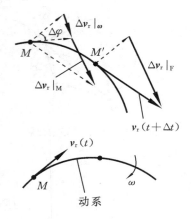

图 6.22　相对速度增量分析

（1）动系做任意运动时，一般有

$$\dot{\boldsymbol{v}}_r\big|_F \neq \boldsymbol{a}_r, \quad \dot{\boldsymbol{v}}_e\big|_F \neq \boldsymbol{a}_e \tag{6.25}$$

只有当动系做平动时，才有 $\dot{\boldsymbol{v}}_r\big|_F \equiv \boldsymbol{a}_r, \dot{\boldsymbol{v}}_e\big|_F \equiv \boldsymbol{a}_e$；或只有当动系角速度 $\boldsymbol{\omega}=0$ 或 $\boldsymbol{v}_r=0$ 或 $\boldsymbol{v}_r \mathbin{/\mkern-5mu/} \boldsymbol{\omega}$ 时，$\dot{\boldsymbol{v}}_r\big|_F=\boldsymbol{a}_r, \dot{\boldsymbol{v}}_e\big|_F=\boldsymbol{a}_e$ 瞬时成立。

（2）科氏加速度 $\boldsymbol{a}_k$ 的一半 $\boldsymbol{\omega}\times\boldsymbol{v}_r$ 由 $\dot{\boldsymbol{v}}_r\big|_F$ 产生，对平面情况，可用图解法来解释其运动学原因。如图 6.22 所示，在 Δt 时间内，$\boldsymbol{v}_r$ 相对于静系的增量 $\Delta\boldsymbol{v}_r\big|_F$ 可以分解为两个增量之和，一个增量为 $\boldsymbol{v}_r$ 相对于动系的增量 $\Delta\boldsymbol{v}_r\big|_M$，另一个增量为动系与 $\boldsymbol{v}_r$ 一起顺着 $\boldsymbol{\omega}$ 的转向转 $\Delta\varphi=\omega\Delta t$ 所形成的增量，将它记为 $\Delta\boldsymbol{v}_r\big|_\omega$，则 $\Delta\boldsymbol{v}_r\big|_\omega$ 写成矢量形式为

$$\Delta\boldsymbol{v}_r\big|_\omega = (\boldsymbol{\omega}\times\boldsymbol{v}_r)\Delta t \tag{6.26}$$

因此可得

$$\Delta\boldsymbol{v}_r\big|_F = \Delta\boldsymbol{v}_r\big|_M + \Delta\boldsymbol{v}_r\big|_\omega = \Delta\boldsymbol{v}_r\big|_M + (\boldsymbol{\omega}\times\boldsymbol{v}_r)\Delta t \tag{6.27}$$

式(6.27)除以 Δt，取极限即得式(6.22)。可见，增量 $\Delta\boldsymbol{v}_r\big|_\omega$ 是由 $\boldsymbol{v}_r$ 在 Δt 时间内的牵连运动形成的，即科氏加速度 $\boldsymbol{a}_k$ 的一半是由 $\boldsymbol{v}_r$ 的牵连运动形成的。

（3）科氏加速度 $\boldsymbol{a}_k$ 的另一半 $\boldsymbol{\omega}\times\boldsymbol{v}_r$ 由 $\dot{\boldsymbol{v}}_e\big|_F$ 产生，也用图 6.23 所示的平面特殊情况来解释其运动学原因。在 Δt 时间内，动系上的同一点 M 在 Δt 时间内的速度增量记为 $\Delta\boldsymbol{v}_e\big|_\omega$，根据定义，$\Delta\boldsymbol{v}_e\big|_\omega/\Delta t \to \boldsymbol{a}_e$；由于在 Δt 时间内，牵连点从点 M 运动到了点 M'，在动系中看，将这两点的牵连速度增量记为 $\Delta\boldsymbol{v}_e\big|_M$，则 $\Delta\boldsymbol{v}_e\big|_M$ 写成矢量形式为

$$\Delta\boldsymbol{v}_e\big|_M = (\boldsymbol{\omega}\times\boldsymbol{v}_r)\Delta t \tag{6.28}$$

由图 6.23 可见，$\boldsymbol{v}_e$ 相对于静系的增量 $\Delta\boldsymbol{v}_e\big|_F$ 恰好为 $\Delta\boldsymbol{v}_e\big|_\omega$ 与 $\Delta\boldsymbol{v}_e\big|_M$ 这两个增量之和，即

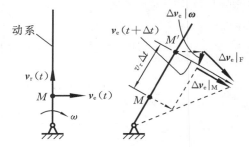

图 6.23　牵连速度增量分析

$$\Delta\boldsymbol{v}_e\big|_F = \Delta\boldsymbol{v}_e\big|_\omega + \Delta\boldsymbol{v}_e\big|_M = \Delta\boldsymbol{v}_e\big|_\omega + (\boldsymbol{\omega}\times\boldsymbol{v}_r)\Delta t \tag{6.29}$$

式(6.29)除以 Δt，取极限即得式(6.23)。可见，增量 $\Delta\boldsymbol{v}_e\big|_\omega$ 是在 Δt 时间内，由牵连点的相对运动和动系的牵连运动形成的，即科氏加速度 $\boldsymbol{a}_k$ 的一半是由牵连点的相对运动和动系的牵连运动形成的。

本章给出了点的速度、加速度的直角坐标和自然轴系表示法，这两种坐标系都是正交轴系，将点的速度、加速度在这两种坐标系中表示为投影式，得到点的速度

和加速度合成定理。有时采用极坐标、柱坐标和球坐标描述运动,再采用相应形式
的合成定理,将使问题的计算变得更简单。例如,图 6.17 对应的"思考 2",采用极
坐标法更合适。那么,如何用合成运动方法分析在极坐标等三种描述方法下的动
点运动呢? 读者可阅读"专题 1　在极坐标、柱坐标和球坐标下点的合成运动"。

习　　题

6.1　在题 6.1 图所示的机构中,选取适当的动点及动系,分析
三种运动,画出图示位置时三种速度矢量图。

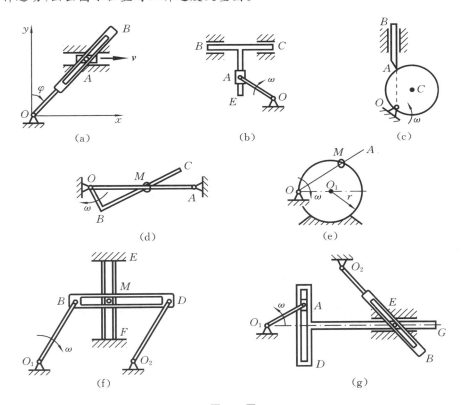

题 6.1 图

6.2　选择题。

1. 在点的复合运动中,有(　　)。

① 牵连运动是指动系相对于静系的运动

② 牵连运动是指动系上在该瞬时与动点重合之点对静系的运动

③ 牵连速度和加速度是指动系相对于静系的运动速度和加速度

④ 牵连速度和加速度是指动系上在该瞬时与动点相重合之点相对于静系的

运动速度和加速度

2. $a_e = \dfrac{\mathrm{d}\boldsymbol{v}_e}{\mathrm{d}t}$ 和 $a_r = \dfrac{\mathrm{d}\boldsymbol{v}_r}{\mathrm{d}t}$ 两式对 t 的导数为绝对导数,则这两式(　　　)。

① 只有当牵连运动为平动时成立

② 只有当牵连运动为转动时成立

③ 无论牵连运动为平动或转动均成立

④ 无论牵连运动为平动或转动均不成立

3. 在应用点的合成运动方法进行加速度分析时,若牵连运动为转动,动系的角速度用 $\boldsymbol{\omega}$ 表示,动点的相对速度用 v_r 表示,则在某瞬时(　　　)。

① 只要 $\boldsymbol{\omega} \neq \boldsymbol{0}$,动点在该瞬时的科氏加速度 a_k 就不会等于零

② 只要 $v_r \neq \boldsymbol{0}$,动点在该瞬时就不会有 $a_k = \boldsymbol{0}$

③ 只要 $\boldsymbol{\omega} \neq \boldsymbol{0}$,$v_r \neq \boldsymbol{0}$,动点在该瞬时就不会有 $a_k = \boldsymbol{0}$

④ $\boldsymbol{\omega} \neq \boldsymbol{0}$ 且 $v_r \neq \boldsymbol{0}$,动点在该瞬时也可能有 $a_k = \boldsymbol{0}$

4. 在题 6.2.4 图所示机构中,圆盘以匀角速度 ω 绕轴 O 转动,取杆 AB 上的点 A 为动点,动系与圆盘固连,则在图示位置时,动点 A 的速度平行四边形为(　　　)。

① 图(a)所示　　　② 图(b)所示　　　③ 图(c)所示　　　④ 图(d)所示

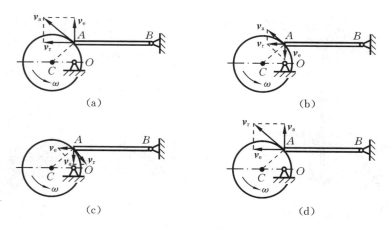

题 6.2.4 图

5. 在题 6.2.5 图所示机构中,杆 $O_2 B$ 以匀角速度 ω 绕轴 O_2 转动,取 $O_2 B$ 上的点 B 为动点,动系与 $O_1 A$ 固定,则动点 B 在图示位置时的各项加速度可表示为(　　　)。

① 图(b)所示　　　② 图(c)所示　　　③ 图(d)所示　　　④ 图(e)所示

6. 如题 6.2.6 图所示的曲柄滑道机构,设 $OA = r$,已知角速度 ω 与角加速度 α,转向如图所示。取 OA 上的点 A 为动点,动系与"T"形构件固连,点 A 的加速度矢量图如图所示,为求 a_r、a_e 取坐标系 Axy,根据加速度合成定理有(　　　)。

题 6.2.5 图

题 6.2.6 图

① $a_a^n\cos\varphi+a_a^t\sin\varphi=a_e$,$a_a^t\cos\varphi-a_a^n\sin\varphi=a_r$

② $a_a^n\cos\varphi+a_a^t\sin\varphi=a_e$,$a_a^t\cos\varphi+a_a^n\sin\varphi=a_r$

③ $a_a^n\cos\varphi+a_a^t\sin\varphi=-a_e$,$a_a^t\cos\varphi-a_a^n\sin\varphi=-a_r$

④ $a_a^n\cos\varphi-a_a^t\sin\varphi=-a_e$,$a_a^t\cos\varphi+a_a^n\sin\varphi=-a_r$

6.3 由直角推杆 BCD 推动长为 L 的杆 OA 在如题 6.3 图所示平面内绕点 O 转动,已知推杆以速度 v 向左匀速运动和距离 b。求当 $OC=x$ 时,杆端 A 的速度和加速度大小(表示为距离 x 的函数)。

6.4 如题 6.4 图所示机构中,水平杆 CD 与摆杆 AB 铰接,杆 CD 做平动,而摆杆 AB 插在绕点 O 转动的导管内,设水平杆速度为 v。求图示瞬时导管的角速度及摆杆在导管中运动的速度。

6.5 如题 6.5 图所示,杆 $O_1A=r$,以匀角速度 ω 绕轴 O_1 逆时针转动,图示位置 O_1A 水平,$O_2A=AB=L$,杆 O_2B 的倾角为 $60°$,杆 CDE 的 CD 段水平,DE 段在倾角为 $60°$ 的滑槽内滑动。求杆 CDE 的速度。

6.6 如题 6.6 图所示,直杆 AB 和 CD 的交角为 α,两杆分别以垂直于杆的方向的速度 v_1 和 v_2 运动。求套在两杆交点处的小环 M 的速度大小。

题 6.3 图　　　　　　　　　　题 6.4 图

6.7　计算机构在如题 6.7 图所示位置时杆 CD 上点 D 的速度和加速度。设图示瞬时水平杆 AB 的角速度为 ω,角加速度为零,$AB=r$,$CD=3r$。

6.8　在如题 6.8 图所示连杆机构中,当 $\varphi=\pi/4$ 时,求摇杆 OC 的角速度和角加速度。设杆 AB 以匀速 v 向上运动,开始时 $\varphi=0$。

6.9　在如题 6.9 图所示机构中,长度皆为 0.2 m 的杆 O_1A 和 O_2B 按规律 $\varphi=5\pi t^3/48$ 分别绕轴 O_1 和 O_2 转动,并带动半径为 $r=0.16$ m 的细半圆环在图示平

题 6.5 图　　　　　　　　题 6.6 图　　　　　　　题 6.7 图

面内运动,点 M 沿圆环按 $AM=s=0.01\pi t^2$(单位为 m)运动。试求在 $t=2$ s 时,点 M 的绝对速度和绝对加速度。

6.10　在如题 6.10 图所示机构中,曲柄 $O_1A=r$,角速度 ω 为常量,$L=4r$,试以 r 和 ω 表示在图示位置时水平杆 CD 的速度和加速度。

题 6.8 图　　　　　　　　题 6.9 图　　　　　　　题 6.10 图

6.11　如题 6.11 图所示,点 M 按方程 $OM=s=2.5t^2$(单位为 cm)沿截锥母线运动,锥以匀角速度 $\omega=0.5$ rad/s 绕自身轴线转动,截锥上下底面半径分别为 $r=20$ cm,$R=50$ cm,母线长度 $L=60$ cm。求在 $t=4$ s 时,点 M 的绝对速度和绝对加速度。

6.12　一偏心圆盘凸轮机构如题 6.12 图所示,圆盘 C 的半径为 R,偏心距为 e,设凸轮以匀角速度 ω 绕轴 O 转动,求图示 φ 位置时,导板 AB 的速度和加速度。

6.13　如题 6.13 图所示,圆盘以匀角速度 $\omega=2t$ rad/s 绕轴 O_1O_2 转动,点 M 沿圆盘的半径 OA 以离开圆心的方向做相对运动,其运动规律为 $OM=4t^2$(长度的单位为 cm,时间的单位为 s),半径 OA 与 O_1O_2 的夹角为 $60°$,求在 $t=1$ s 时,点 M 的绝对加速度的大小。

题 6.11 图　　　　　　　題 6.12 图　　　　　　　題 6.13 图

6.14　如题 6.14 图所示,圆环状构件绕转轴以匀角速度 ω 转动,转过一圈时,在与之连接的半径为 r 的圆环上做匀速运动的质点 M 沿圆环也走过一圈。求质点经过圆环上 A 和 B 两点时的绝对速度和加速度(分题 6.14 图(a)、(b)两种情况)。

6.15　如题 6.15 图所示,杆 OA 绕轴 O 转动,图示瞬时,OA 水平,角速度为 ω,角加速度为零,杆 BC 平动,两杆都穿过小环 P,该瞬时杆 BC 与 OA 垂直,离点 O 的距离为 L,速度大小为 v,加速度为零,试分析该瞬时小环 P 的运动,求出小环 P 的绝对速度和绝对加速度的大小。

(a)　　　　　　　　　(b)

题 6.14 图　　　　　　　　題 6.15 图

6.16 如题 6.16 图所示,半径为 R 的圆轮以匀角速度 ω 绕轴 O 顺时针转动,从而带动杆 AB 绕轴 A 转动,试求在图示位置时,杆 AB 的角速度 ω_{AB} 和角加速度 α_{AB}。

6.17 如题 6.17 图所示,计算机构在图示位置杆 CD 上点 D 的速度和加速度。设图示瞬时水平杆 AB 的角速度为 ω,角加速度为零,$AB=r$,$CD=3r$。

题 6.16 图   题 6.17 图

6.18 平面机构如题 6.18 图所示,已知 $CD /\!/ EG$,B 为杆 DG 的中点,$CD=EG=0.2\ \text{m}$,$DG=0.5\ \text{m}$,$OA=0.4\ \text{m}$,在图示位置,杆 CD 垂直,$OA /\!/ CD$,$v_B=0.2\ \text{m/s}$,方向水平向左,点 B 的加速度沿水平方向的分量 $a_{Bx}=0.1\ \text{m/s}^2$,$\tan\theta=0.3$。求此瞬时:(1) 杆 CD 和杆 OA 的角速度;(2) 点 B 的加速度沿垂直方向的分量;(3) 杆 OA 的角加速度。

6.19 在如题 6.19 图所示的机构中,已知 v 为常量,当 O、A、D 处于同一水平直线上时,$\varphi=30°$,$OA=AD=R$,试求该瞬时杆 AB 的角速度 ω_{AB} 和角加速度 α_{AB}。

题 6.18 图   题 6.19 图

6.20 如题 6.20 图所示,自行车在水平直线道路上按规律 $s=0.1t^2$(s 以 m 为单位,t 以 s 为单位)行驶。已知:$R=0.35\ \text{m}$,$l=0.18\ \text{m}$,齿数 $z_1=18$,$z_2=48$。当 $t=10\ \text{s}$ 时,曲柄 MN 在竖直位置,求此时自行车踏板轴 M 和 N 的绝对加速度(假定车轮做纯滚动)。

6.21 如题 6.21 图所示,河宽 $500\ \text{m}$,水以 $1.5\ \text{m/s}$ 的速度从南向北流动。

已知水面垂直于重力加速度 g 和科氏加速度负向的合成矢量。求北纬 $60°$ 处水点的科氏加速度。又问靠哪一岸的水面较高？高出多少？

题 6.20 图

题 6.21 图

6.22 如题 6.22 图所示,瓦特离心调速器绕其竖直轴转动。已知瞬时转动角速度为 $\omega=\pi/2$ rad/s、角加速度为 $\varepsilon=1$ rad/s^2；与此同时,调速器的两个重球以角速度 $\omega_1=\pi/2$ rad/s、角加速度 $\varepsilon_1=0.4$ rad/s^2 分开。球柄长 $l=0.5$ m,两球柄的悬挂轴相距 $2e=0.1$ m,此时调速器的张角为 $2\alpha=90°$。求重球的绝对加速度。重球的尺寸略去不计,可将重球看作一个点。

6.23 如题 6.23 图所示,秋千 $ABCD$ 按规律 $\varphi=\varphi_0\sin\omega t$ 绕水平轴 O_1O_2 摆动,在横木 AB 上做练习的运动员以相对角速度 $\omega=$ 常数绕横木转动。已知 $BC=AD=l$,在初始瞬时运动员处于竖直位置,头朝上,秋千 $ABCD$ 在竖直最低位置。求 $t=\pi/\omega$ s、运动员脚底 M 到横木 AB 的距离为 a 时,点 M 的绝对加速度。

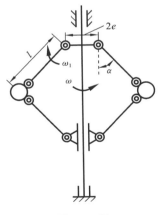

题 6.22 图

题 6.23 图

第 7 章　刚体的平面运动

　　　　　在第 6 章例 6.4 的套筒/滑杆问题中,取杆 AC 为动系,此时杆 AC 在平面内的运动既不是平动也不是定轴转动,像这样在平面内的运动,称为刚体的平面运动。刚体的平面运动是一种常见的刚体运动,实际中有很多平面运动的机构和可以简化成平面运动的机构,如曲柄连杆机构、气缸活塞机构、传动减速机构、振动机构等,如图 7.1 所示。刚体的平面运动在变形体的力学分析中也是经常使用的,比如在梁的变形运动中,其轴线的弯曲通常假设为某一平面内的运动。因此,学习刚体平面运动分析方法是很重要的。就分析方法而言,刚体平面运动分析只是点的合成运动分析方法的一个特例,但这样的特例在机构设计与运动分析中经常遇到。一个刚体的角加速度和质心的加速度可以通过动力学理论得到,但该刚体与其他刚体一般通过质心以外的点的连接来传递运动,所以需要研究同一刚体上两点间的速度和加速度关系。对这种特例,在点的合成运动分析方法的基础上,针对同一刚体上两点间距离不变的特点,获得更快捷、简便和高效的方法对那些长期从事此方面工作的人来说,会节省很多时间,具有非常重要的意义。因此将这方面的内容专门用一章来介绍。

(a)	(b)	(c)	(d)

图 7.1　平面运动机构例子

（a）曲柄连杆机构　（b）气缸活塞机构　（c）传动减速(行星轮)机构　（d）振动机构

7.1　刚体的平面运动及其分解

　　刚体平面运动定义　一个刚体运动时,如果存在一个与之固连的平面,在刚体运动过程中该平面始终与某个固定平面平行且距离恒定,则该刚体做平面运动。

　　由定义可知,刚体内与固定平面平行的任意两个刚性平面的运动状况完全相同,因此刚体内与固定平面平行的任意一个刚性平面的运动代表了整个刚体的运动,因此,研究刚体的平面运动只需研究其上的一个平面图形即可。

　　如图 7.2 所示为一个做平面运动的平面图形,在该图形上任取一点 D,称为**基**

点,再人为附加一个随基点平动的坐标系 Dx_Dy_D;显然,在动系 Dx_Dy_D 中的观察者看到该图形绕轴 D 转动。设基点 D 在固定直角坐标系 Oxy 中的瞬时坐标为 (x_D,y_D),该图形上的一条直线 DM 在动系中的瞬时转角为 φ,显然,只要每一瞬时的 (x_D,y_D) 和 φ 已知,该图形的瞬时位置也就确定了,因此平面运动图形(或平面运动刚体)的运动方程形式为

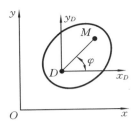

图 7.2　平面运动的分解

$$x_D = x_D(t), \quad y_D = y_D(t), \quad \varphi = \varphi(t) \qquad (7.1)$$

根据以上分析,平面运动图形的运动可以分解为一系列连续的随基点的平动和绕基点的转动。转角 φ 对时间 t 的一阶和二阶导数分别称为**平面运动刚体的角速度 ω 和角加速度 α**,即

$$\omega = \dot{\varphi}(t), \quad \alpha = \ddot{\varphi}(t) \qquad (7.2)$$

ω、α 为代数量,其正负号与定轴转动刚体中的确定方法相同。

以上没有规定基点一定要选在何处,因此基点的选取是任意的,根据实际问题的需要而定。对于同一平面运动图形,选取不同的基点不影响角速度和角加速度的大小和转向,这是因为 φ 是在平动动系中定义的,而无论哪个平动动系与固定坐标系 Oxy 之间均没有角度的变化,因此在 Δt 时间内,任意平动动系与固定坐标系 Oxy 中的观察者将测得相同的转角增量 $\Delta\varphi$(大小和转向),进而所有平动动系中的观察者与固定坐标系 Oxy 中的观察者看到的角速度和角加速度相同。这与任意运动刚体的角速度和角加速度矢量与基点选取无关是一样的道理。图 7.3 很好地说明了以上的论断,图中杆 AB 做平面运动,在 Δt 时间内,从 AB 位置运动到 $A'B'$ 位置,A、B 两处的观察者看到的转角增量

图 7.3　不同基点的转角
增量相等

$\Delta\varphi_1$ 与 $\Delta\varphi_2$ 显然相等。若 C 为刚体 AB 所确定的平面上的点,因为 ABC 为同一刚体,所以以 C 为基点来观察 A、B 两点,看到的转角增量的大小和转向也是相同的。综上所述可得:平面运动刚体的角速度与角加速度的大小和转向与基点选取无关,即 $\omega_{AB} = \omega_{BA} = \omega_{AC} = \omega_{CB} = \cdots = \omega$,$\alpha_{AB} = \alpha_{BA} = \alpha_{AC} = \alpha_{CB} = \cdots = \alpha$。

7.2　平面运动图形上任意点速度的求法

7.2.1　基点法

如图 7.4 所示,在平面运动图形上取基点 A,附加平动动系 Ax_Ay_A,需要知道该图形上任意点 B 的瞬时速度 v_B。为此,令点 B 为动点,Ax_Ay_A 为动系,设点 A 的瞬时速度为 v_A,根据点的速度合成定理,有

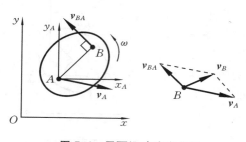

图 7.4　平面运动速度分析

$$v_B = v_A + v_{BA}, \quad v_{BA} = \omega \cdot AB \tag{7.3}$$

其中，v_A 为基点速度，它也是牵连速度；v_{BA} 是相对速度，这里专门将其称为 **B 相对于 A 的速度**。这种分析方法称为平面运动速度分析的**基点法**。基点的选取无一定的规则，具体问题需要具体分析，一般选取速度已知的点作为基点。

方程(7.3)为一个平面矢量方程，等价于两个独立的代数方程，因此可以求解其中的任意两个未知量。

7.2.2　速度投影法

将方程(7.3)沿 AB 连线方向上投影，得

$$v_A \cdot e_{AB} = v_B \cdot e_{AB} \tag{7.4}$$

其中，e_{AB} 表示 AB 连线方向上的单位矢量。式(7.4)在 AB 连线方向投影，其结果为投影长度相等，指向相同。这种方法称为**速度投影法**，也就是(5.27)的速度投影定理。该定理对空间任意运动刚体也成立，它表征了刚体上任意两点的距离始终不变的特性。

该方法在仅求速度关系，比如在如图 7.5(a)所示的连杆机构中使用比较方便。此外，如图 7.5(b)所示，受拉的绳索中 BC 段也可视为相对轮 C 做纯滚动的刚体，应用速度投影定理很容易确定物体 B 与 A 的速度关系。

（a）　　　　　　　　　　　（b）

图 7.5

7.2.3　速度瞬心法

应用基点法时，若基点的速度为 0，其计算就很简单了。那么能否很容易地找到这一特殊点呢？对于如图 7.6 所示的刚体，当 $\omega \neq 0$ 时，过点 A 作 v_A 的垂线，在该垂线上取 $AC = v_A/\omega$，根据方程(7.3)，点 C 的速度为零，而且这样的作法是唯一的。这样的在做平面运动的平面图形上(或其扩大部分上)瞬时速度为零的点叫作

速度瞬心,简称**瞬心**。但是,在不同的时刻,无论是瞬心的绝对位置还是相对于平面图形自身的位置一般不是固定的,而是随时间变化的。且不同的刚体有不同的速度瞬心。速度瞬心是角速度不为 0 时,刚体所在无限大平面上速度为 0 的点,每个刚体该瞬时的速度瞬心是唯一的。对于物体由静止释放这一特殊状态,每个点的速度均为 0,为了叙述方便,不妨定义由静止释放的物体在该位置有角速度时其速度瞬心为静止状态的速度瞬心。

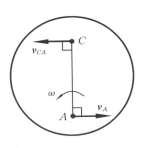

图 7.6　速度瞬心的位置

当处于运动的平面运动图形不做平动,但某瞬时 ω =0,根据方程(7.3),此时平面图形上所有点的瞬时速度相等,这种情况称为**瞬时平动**。因此刚体瞬时平动的瞬间,其上没有瞬心,或认为瞬心在无穷远处。虽然在瞬时平动的瞬间,平面图形上点的速度分布特性与平动的情况相同,但在其他瞬时,两者的速度分布特性可能是不同的。此外,两者加速度的分布特性即使在瞬时平动的瞬间也可能是完全不同的,因此,一定要注意,瞬时平动不等于平动,平动需满足的条件更多,可以认为平动是瞬时平动的特殊情形。

瞬时平动有以下两种情形:① 两点速度方向平行,且与两点连线不垂直;② 速度方向与两点连线垂直,两点速度方向和大小相同。

速度瞬心 C 找到后,该瞬时平面图形的运动可视为绕 C 做定轴转动(仅速度的分布),因此平面图形上任一点 M 的瞬时速度值为

$$v_M = \omega \cdot MC \tag{7.5}$$

速度的方向与角速度 ω 的转向一致。这种速度分析方法称为**速度瞬心法**。

速度瞬心的求法:根据以上分析,速度瞬心一定在任意点速度矢量的垂线上,因此,一般只要知道任意两点的速度方向,作它们的垂线,交点就是速度瞬心,如图 7.7 (a)所示;如图 7.7(b)(c)所示为两种确定瞬心的特殊情况,需要利用方程(7.5)所示的点的速度与其至瞬心的距离成正比的特性;图 7.7(d)为瞬时平动的情况。

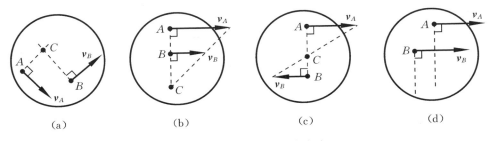

| (a) | (b) | (c) | (d) |

图 7.7　速度瞬心的确定方法

(a) 两速度不平行　(b) 两速度平行同向　(c) 两速度平行反向　(d) 无瞬心

下面来考察平面运动刚体在地面上滚动的情况。如图 7.8 所示,刚体 A 做平

图 7.8　刚体的滚动

面运动,假定其与地面始终接触,那么刚体与地面在接触点 C 处既不能相互离开,也不能相互侵彻,所以刚体上的接触点 C 的速度 v_C 一定沿接触处的切线方向或者为零。当 v_C 不恒等于零且接触点相对于刚体的位置不断改变时,刚体的运动称为**有滑动的滚动**;当 v_C 恒等于零且接触点相对于刚体的位置不断改变时,刚体的运动称为**无滑动的滚动**或**纯滚动**。因此,在静止物体上做纯滚动的刚体,每一瞬时的接触点就是刚体的速度瞬心。实际中做纯滚动的物体很多,如各种车轮在常规情况下就做纯滚动,因此纯滚动是刚体的一种重要运动形式。

例 7.1　如图 7.9(a)所示,滚压机构的滚子沿水平面做纯滚动。曲柄 OA 长 r,连杆 AB 长 l,滚子半径为 R。已知曲柄以匀角速度 ω 绕轴 O 转动,$\angle AOB = \varphi$。求杆 AB、滚子的角速度。

$$\begin{array}{ccc}\text{(a)} & \text{(b)} & \text{(c)}\end{array}$$

图 7.9　例 7.1 图

(a)滚压机构　(b)基点法速度分析　(c)瞬心法速度分析

解　杆 AB 做平面运动,下面采用不同方法求解。

(1)用基点法和速度投影法,如图 7.9(b)所示。

以 A 为基点,得

$$\boldsymbol{v}_B = \boldsymbol{v}_A + \boldsymbol{v}_{BA} \tag{a}$$

其中,$v_A = \omega r$。式(a)向垂直方向投影,得

$$v_A \cos\varphi - v_{BA} \cos\angle ABO = 0 \Rightarrow v_{BA} = \frac{v_A \cos\varphi}{\cos\angle ABO}$$

由正弦定理得

$$\frac{\sin\angle ABO}{r} = \frac{\sin\varphi}{l}$$

所以　　　　　$$\sin\angle ABO = \frac{r\sin\varphi}{l}, \quad \cos\angle ABO = \frac{\sqrt{l^2 - r^2 \sin^2\varphi}}{l}$$

进而　　　　　$$v_{BA} = \frac{v_A l \cos\varphi}{\sqrt{l^2 - r^2 \sin^2\varphi}} = \frac{\omega r l \cos\varphi}{\sqrt{l^2 - r^2 \sin^2\varphi}}$$

$$\omega_{BA} = \frac{v_{BA}}{l} = \frac{\omega r \cos\varphi}{\sqrt{l^2 - r^2 \sin^2\varphi}}$$

由速度投影法得

$$v_A \cos\theta = v_B \cos\angle ABO \Rightarrow v_B = \frac{v_A \cos\theta}{\cos\angle ABO}$$

而

$$\cos\theta = \sin\angle OAB = \sin(\varphi + \angle ABO)$$
$$= \sin\varphi\cos\angle ABO + \cos\varphi\sin\angle ABO$$
$$= \frac{(\sqrt{l^2 - r^2 \sin^2\varphi} + r\cos\varphi)\sin\varphi}{l}$$

所以

$$v_B = \omega r(1 + \frac{r\cos\varphi}{\sqrt{l^2 - r^2 \sin^2\varphi}})\sin\varphi$$

滚子的角速度 ω_B 为

$$\omega_B = \frac{v_B}{R} = \frac{\omega r}{R}(1 + \frac{r\cos\varphi}{\sqrt{l^2 - r^2 \sin^2\varphi}})\sin\varphi$$

（2）用瞬心法，如图 7.9(c) 所示。

杆 AB 的瞬心为点 D，可得

$$\omega_{BA} = \frac{v_A}{AD}, \quad v_B = \omega_{BA} \cdot BD$$

由几何关系求出 AD、BD 后可得相同的结果，具体过程请读者自行完成。

从例 7.1 可知，基点法相对计算量大一些。当仅求刚体间各点的速度关系时，若速度与投影轴的角度容易计算，应用速度投影定理比较方便。当能找到速度瞬心时，若仅求角速度或同时要求速度和角速度，一般采用速度瞬心法更简单些。当不能确定速度瞬心或速度瞬心的距离计算复杂时，可应用基点法。

采用速度瞬心法时需要计算点到速度瞬心的长度。可通过解三角形的几何方法，应用正弦定理或余弦定理等；若应用几何法较复杂，可利用解析法建立坐标方程，得到相关速度点和速度瞬心的坐标，应用两点间的距离公式；若通过两个已知方向的速度的交点确定速度瞬心，则可以建立速度矢量的直线方程，求解两个直线方程得到速度瞬心的坐标。

例 7.2　如图 7.10 所示的机构，已知图示瞬时 AG 的角速度为 ω。求点 C 的速度。

解　GIB 的速度瞬心 P 如图 7.10 所示。

$$v_G = AG \cdot \omega$$
$$\omega_{IB} = v_G/GP, \quad v_I = IP \cdot \omega_{IB}$$

由图示几何关系可知，ICJ 瞬时平动，故

$$v_C = v_I$$

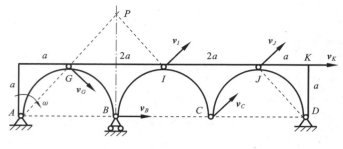

图 7.10　例 7.2 图

例 7.3　如图 7.11 所示为平面运动机构,证明在图示瞬时,点 B 的速度为有限值时,点 E 的速度为 0。

图 7.11　例 7.3 图

解　对 BC,由速度投影定理,$v_C = v_B \cos 90° = 0$

因为 DE 平动,所以 $v_E = v_C = 0$。

从该题可知,在图示位置,在微小时间内,点 B 垂直方向的位移 $\mathrm{d}r_B$ 引起的点 E 的水平位移 $\mathrm{d}r_E$ 是 $\mathrm{d}r_B$ 的无穷小量,这一结论在虚位移原理中将用到。

图 7.12　例 7.4 图

例 7.4　如图 7.12 所示为平面运动机构,证明在图示瞬时,点 D 的速度为有限值时,AC 的角速度为 0。

解　对 BD,由速度投影定理得

$$v_B = v_D \cos 90° = 0$$

对 BC,由速度投影定理,$v_C \cos \varphi = v_B \cos 30°$,得 $v_C = 0$,$v_C = \omega \cdot AC$,故 $\omega = 0$。

7.3　平面运动图形上任意点加速度的求法

7.3.1　基点法

如图 7.13 所示,在平面运动图形上取基点 A,在点 A 附加一个平动动系(图中未画出),希望求出该图形上任一点 B 的加速度 a_B。为此,以 B 为动点,以附加平动动系为动系,由加速度合成定理,得

$$a_B = a_A + a_{BA}^{\mathrm{n}} + a_{BA}^{\mathrm{t}} \qquad (7.6)$$

其中，a_A 为牵连加速度；a_{BA}^n、a_{BA}^t 分别为相对加速度的法向和切向分量，这里专门将其称为 **B 相对于 A 的加速度**。a_{BA}^n、a_{BA}^t 的大小分别为

$$a_{BA}^n = \omega^2 \cdot AB = \frac{v_{BA}^2}{AB}, \quad a_{BA}^t = \alpha \cdot AB \qquad (7.7)$$

这种分析方法称为平面运动加速度分析的基点法。基点的选取无一定的规则，具体问题需要具体分析，一般选取加速度已知的点作为基点。

图 7.13　平面运动加速度分析

方程(7.6)为一个平面矢量方程，等价于两个独立的代数方程，因此可以求解其中的任意两个未知量。

由方程(7.6)可见，一般情况下，不能推出类似于速度投影法的加速度投影方法，只有在 $\omega = 0$ 的瞬时才有 $a_A \cdot e_{BA} = a_B \cdot e_{BA}$。

当 ω 和 α 不同时为零时，平面运动图形上存在加速度为零的点，即**加速度瞬心**，这可由方程(7.6)、(7.7)推出。如图 7.14 所示，将任一点加速度 a_A 分解为两个正交分量 a_A^n 和 a_A^t，由方程(7.6)可知，要使 $a_B = 0$，必须满足

$$a_A^n = a_{BA}^n, \quad a_A^t = a_{BA}^t \qquad (7.8)$$

由方程(7.7)和(7.8)，a_A^n 和 a_A^t 的大小必须满足

$$a_A^n = \omega^2 \cdot AB, \quad a_A^t = \alpha \cdot AB \qquad (7.9)$$

由此可得，AB 与 a_A 之间的夹角 θ 为

$$\tan\theta = \frac{\alpha}{\omega^2} \qquad (7.10)$$

由此可得结论：在与 a_A 正方向夹角为 θ 的两条直线的某一条上，一定存在加速度瞬心。特别地，当 $\alpha = 0$ 时，$\theta = 0$，即加速度瞬心在 a_A 所在的直线上；当 $\omega = 0$ 时，$\theta = 90°$，即加速度瞬心在垂直于 a_A 的直线上。

图 7.14　加速度瞬心的位置

遗憾的是，即使求出了加速度瞬心 B，并以加速度瞬心为基点，平面图形上其他点 D 的加速度一般仍然有两个分量 a_{DB}^n 和 a_{DB}^t，分析过程并不能得到实质性的简化。因此，平面运动的加速度分析一般只采用基点法，不推荐加速度瞬心法。

7.3.2　速度瞬心的加速度

刚体的速度瞬心容易知道，研究速度瞬心的加速度对分析运动学特别是对动力学的分析有重要的作用。所以，本节通过例题研究速度瞬心的加速度特点，例题的结论常用来分析动力学问题。

例 7.5　证明：如图 7.15 所示的平面运动图形上，有两点 A、B 的瞬时加速度矢量 a_A 和 a_B，当 a_A 满足如下条件之一时：

图 7.15　例 7.5 图

(1) 当该刚体绕 A 做定轴转动时；

(2) $\boldsymbol{a}_A = \boldsymbol{0}$（称为加速度瞬心）；

(3) $\boldsymbol{a}_A$ 不等于 $\boldsymbol{0}$，但通过 B。

则有：$a_{Bx} = BA \cdot \alpha$（其中 a_{Bx} 是 $\boldsymbol{a}_B$ 分解为沿 AB 和垂直 AB 的两个分量中的垂直 AB 的分量）。或者用一句话概括：点 A 加速度通过 B（当认为加速度为 0 的矢量可以沿任意方向时）。

证明

$$【AB】\quad a_{Bx} + a_{By} = \boldsymbol{a}_A + a_{BA}^n + a_{BA}^t$$

$$\perp AB：a_{Bx} = \boldsymbol{a}_A|_{\perp AB} + BA \cdot \alpha$$

当点 A 加速度满足以上三个条件之一时

$$a_{Bx} = BA \cdot \alpha$$

上述这一结论对解题很有用，但要利用该题结论，该点需满足一些条件。该点所需满足的条件(1)很容易判断，条件(2)或(3)比较难判断。刚体的速度瞬心容易知道，速度瞬心在某些条件下，其加速度能满足上述条件(2)或(3)。研究速度瞬心的加速度不仅有助于一些刚体平面运动问题的分析，而且对动力学分析有重要的作用。下面通过例题重点研究速度瞬心的加速度特点。

例 7.6　如图 7.16 所示，一半径为 r 的圆轮在半径为 R 的圆形轨道上做纯滚动，圆轮的角速度为 ω、角加速度为 α。求圆轮上速度瞬心（接触点）C 的加速度。

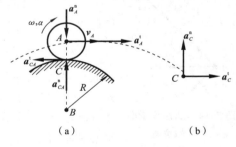

图 7.16　例 7.6 图

解　C 为圆轮的速度瞬心，有

$$v_A = AP(t)\omega(t) \tag{a}$$

设 P 为圆轮任意时刻的速度瞬心，图示位置 P 为轮与地面的接触点 C。再考虑到轮心 A 的轨迹为圆，半径为 $R+r$，所以

$$a_A^n = \frac{v_A^2}{R+r} = \frac{\omega^2 r^2}{R+r}$$

$$a_A^t = \frac{\mathrm{d}v_A}{\mathrm{d}t} = \frac{\mathrm{d}[AP(t)\omega(t)]}{\mathrm{d}t} = \frac{\mathrm{d}[AP(t)]}{\mathrm{d}t}\omega(t) + \frac{AP(t)\mathrm{d}[\omega(t)]}{\mathrm{d}t} \tag{b}$$

因为圆轮在轨道上做纯滚动，$AP(t) \equiv r$，因此

$$a_A^t = \frac{\mathrm{d}v_A}{\mathrm{d}t} = AP(t) \cdot \frac{\mathrm{d}\omega}{\mathrm{d}t} = r\alpha$$

再以 A 为基点求点 C 的加速度，则有

$$\boldsymbol{a}_C = \boldsymbol{a}_A^n + \boldsymbol{a}_A^t + \boldsymbol{a}_{CA}^n + \boldsymbol{a}_{CA}^t \tag{c}$$

其中

$$a_{CA}^n = \omega^2 r, \quad a_{CA}^t = \alpha r \tag{d}$$

令　　　　　　　　　　　　　　　$$a_C = a_C^n + a_C^t \qquad \qquad \text{(e)}$$

其中,如图 7.16(b)所示,a_C^n 为 a_C 在地面与轮的接触点的弧的公法线方向的分量,a_C^t 为 a_C 在地面与轮的接触点的弧的公切线方向的分量。由式(c)(d)可得

$$a_C^n = a_{CA}^n - a_A^n = \omega^2 r - \frac{\omega^2 r^2}{R+r} = \frac{\omega^2 Rr}{R+r} \qquad \text{(f)}$$

$$a_C^t = a_A^t - a_{CA}^t = \alpha r - \alpha r = 0 \qquad \text{(g)}$$

注意,上述的 a_C^t 和 a_C^n 并不是点 C 的切向加速度和法向加速度。因为速度瞬心的速度为 0,故其法向加速度必为 0,总的加速度就是其切向加速度。a_C^t 和 a_C^n 应该分别是点 C 的法向加速度和切向加速度。

由例 7.6 的式(b)(f)和式(g),可得到如下重要结论:

(1) 刚体角速度 $\omega \neq 0$ 时,若 $\dfrac{\mathrm{d}[AP(t)]}{\mathrm{d}t} = 0$,速度瞬心 P 的加速度不为 0,但在接触点的公法线上,$a_P = \dfrac{Rr}{R \pm r}\omega^2$(分母中的负号表示两曲率圆内切,正号表示外切)。取 P 为基点,可知,若刚体的形心在公法线上,则形心 C 的切向加速度等于该刚体的角加速度与形心到速度瞬心 P 的距离的乘积,即 $a_C^t = PC \cdot \alpha$。公法线上任意点 D 的切向加速度 $a_D^t = DP \cdot \alpha$。

(2) 若刚体角速度不为 0,存在速度瞬心点 P(不是无穷远处),当角速度为 0 时,该刚体所在平面的点 P 的加速度为 0。

对于图 7.17 所示的任意边缘曲线的刚体,在任意边缘曲线的地面上做纯滚动,其接触点为速度瞬心 P,那么,点 P 的加速度具有怎样的特点呢?如图 7.17 所示,物体 Q 与任意边缘形状的地面 S,在接触点处可以拟合为半径分别为 ρ_1 和 ρ_2 的曲率圆。在微小时间段,该图情形就等价于例 7.6,得到的结论也适用于任意边缘的纯滚动情形。

应用该结论就可确定图 7.18 所示的在地面上做纯滚动的椭圆的速度瞬心的加速度特点。

在图 7.18(a)中,椭圆中心不在接触点的公法线上,而图 7.18(b)中的椭圆中心却在公法线上。这可以通过条件 $\dfrac{\mathrm{d}[AP(t)]}{\mathrm{d}t}\omega(t) = 0$ 来理解。对椭圆求导

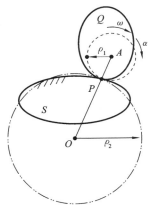

图 7.17　任意边缘曲线的刚体纯滚动

来判断该条件是否为 0 比较复杂,要判别 $\dfrac{\mathrm{d}[AP(t)]}{\mathrm{d}t} = 0$,可以根据导数的定义,判断该位置的上一个无限小变更的位置 CP 长度是否等于下一个无限小变更的位置 CP 长度。故可判断图 7.18(b)满足该条件为 0,而图 7.18(a)就不满足。

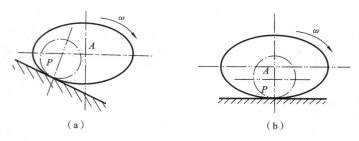

图 7.18　纯滚动的椭圆

对于图 7.19 所示的刚体,当速度瞬心并不是刚体与地面的接触点时,该如何分析其加速度呢?

对于图 7.16 所示的在地面做纯滚动的圆盘,其速度瞬心的轨迹与地面的轮廓重合。当刚体的速度瞬心不是与地面接触的点时,可以将刚体视为在轮廓形状与速度瞬心轨迹重合的地面做纯滚动。如图 7.20 所示,AB 的速度瞬心 P 的运动轨迹为 $P_{-1}PP_{+1}P_{+2}$,AB 所展开的刚体可视为在轮廓形状为 $P_{-1}PP_{+1}P_{+2}$ 的地面做纯滚动,这样,上述结论(1)(2)对于这样的情形也就适用。因此,当 $\omega=0$ 时,图 7.19(a)(b)的 AB 展开平面上的速度瞬心点 P 的加速度为 0。当 $\omega\neq0$ 时,图 7.19(a)中 $\dfrac{\mathrm{d}\left[AP(t)\right]}{\mathrm{d}t}\neq0$(按导数定义,该位置的上一个无限小变更的位置 CP 长度不等于下一个无限小变更的位置 CP 长度),故在图 7.19(a)中,AB 的速度瞬心 P 的加速度不通过中心点 C。而图 7.19(b)中,当 $\theta=90°$ 时,CP 为常数,AB 的速度瞬心 P 的加速度通过中心点 C;当 $\theta\neq90°$ 时,AB 的速度瞬心 P 的加速度不通过中心。

　　　图 7.19　　　　　　　　　　　　　　　　　　　**图 7.20**

*　**例 7.7**　如图 7.21(a)所示的椭圆在直线上做纯滚动,图示位置时椭圆角速度和角加速度分别为 ω 和 α,求其中心的加速度在垂直于直线和平行于直线的分量。

　　解　建立如图 7.21(b)所示的坐标系,由椭圆方程 $\dfrac{x^2}{a^2}+\dfrac{y^2}{b^2}=1$ 可得

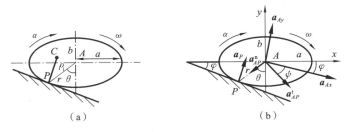

图 7.21　例 7.7 图

$$x_P = -a\sin\phi, \quad y_P = -b\cos\phi \tag{a}$$

其中 ϕ 是图 7.21(a)所示的椭圆与斜面接触点 P 处的离心角,从 y 轴的负半轴按顺时针方向计算。图 7.21(a)中 θ 也从 y 轴的负半轴按顺时针方向计算,其与离心角 ϕ 的关系为 $\tan\theta = \dfrac{a}{b}\tan\phi$。

根据题意,当椭圆长轴处于水平时,长轴与斜面的夹角为 φ。根据斜面与椭圆相切的关系,得到接触点 P 处的离心角 ϕ 与 φ 的关系为 $\sin\phi = \dfrac{a\tan\varphi}{\sqrt{b^2 + a^2\tan^2\varphi}}$。应用上述结论可知速度瞬心的加速度关系如图 7.21(b)所示,利用基点法有

$$\boldsymbol{a}_{Ax} + \boldsymbol{a}_{Ay} = \boldsymbol{a}_P + \boldsymbol{a}_{AP}^{\mathrm{t}} + \boldsymbol{a}_{AP}^{\mathrm{n}} \tag{b}$$

$$a_P = \frac{\rho_1\rho_2}{\rho_2 + \rho_1}\omega^2 = \frac{\rho_1}{\rho_1/\rho_2 + 1}\omega^2 \bigg|_{\rho_2 = \infty} = \rho_1\omega^2$$

$$a_{AP}^{\mathrm{t}} = r\alpha, \quad a_{AP}^{\mathrm{n}} = r\omega^2$$

其中

$$\frac{1}{\rho_1} = \frac{y''_x}{(1 + y'^2_x)^{3/2}}$$

求得

$$\rho_1 = \frac{\cos\phi(a^2 + b^2\tan^2\phi)^{3/2}}{ab(1 + \tan^2\phi)}$$

$$r = (a^2\sin^2\phi + b^2\cos^2\phi)^{1/2}$$

根据几何关系,有

$$\psi = \theta - \varphi$$

由上述几何关系和式(b)得

$$a_{Ax} = r\alpha\cos\psi - r\omega^2\sin\psi, \quad a_{Ay} = \rho_1\omega^2 - r\alpha\sin\psi - r\omega^2\cos\psi$$

*7.3.3　任意边缘曲线刚体间的平面相对运动

任意边缘曲线的刚体在任意边缘曲线的刚体上做纯滚动或接触点具有相对运动,且都在同一平面运动,这类运动在机构中也是常见的,比如液压控制系统的关键部件伺服调节阀。此类问题该如何分析呢?下面通过例题来介绍关于这类典型问题的一些重要的结论。

例 7.8　任意边缘曲线的两运动刚体,在接触点处可拟合为如图 7.22(a)所示的两个半径分别为 ρ_1 和 ρ_2 的曲率圆 C 和 O。两个曲率圆的角速度分别为 ω_1 和 ω_2,角加速度分别为 α_1 和 α_2,曲率圆 O 的接触点 B 的加速度已知,曲率圆 C 的接触点 A 相对点 B 在公切线方向有相对速度 v_r。求接触点 A 和 B 的加速度关系。

解　(1)求相对速度。

任意边缘曲线的两运动刚体,在接触点处可拟合为如图 7.22(a)所示的两个半径分别为 ρ_1 和 ρ_2 的曲率圆 C 和 O。两个曲率圆的角速度分别为 ω_1 和 ω_2,角加速度分别为 α_1 和 α_2,曲率圆 O 的接触点 B 的加速度已知,曲率圆 C 的接触点 A 相对点 B 在公切线方向有相对速度 v_r。取圆心 C 为动点,动系为圆 O,其速度方向如图 7.22(b)所示,其速度关系为

$$\boldsymbol{v}_{Cx} + \boldsymbol{v}_{Cy} = \boldsymbol{v}_{e1} + \boldsymbol{v}_{r1} \tag{a1}$$

其中,$\boldsymbol{v}_{e1}$ 为图 7.22(b)中的动系上与 C 重合的点 C_0 的速度 $\boldsymbol{v}_{C_0}$(图中未画出)。

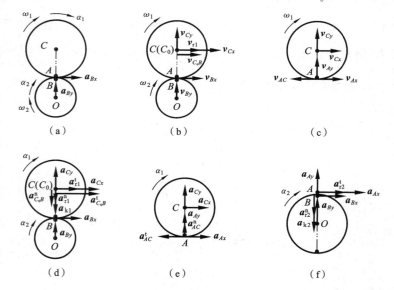

图 7.22　两运动曲率圆

(a) 相对运动的曲率圆　(b) 点 C 的合成速度关系　(c) 点 A 与 C 速度关系

(d) 点 C 的合成加速度关系　(e) 点 A 与 C 加速度关系　(f) 点 A 的合成加速度关系

对动系上的两点 B、C_0,由基点法有

$$\boldsymbol{v}_{C_0} = \boldsymbol{v}_{Bx} + \boldsymbol{v}_{By} + \boldsymbol{v}_{C_0B} \tag{a2}$$

其中,$v_{C_0B} = \rho_1 \omega_2$,方向如图 7.22(b)所示。

对刚体 AC,由基点法有

$$\boldsymbol{v}_{Ax} + \boldsymbol{v}_{Ay} = \boldsymbol{v}_{Cx} + \boldsymbol{v}_{Cy} + \boldsymbol{v}_{AC} \tag{a3}$$

其中,$v_{AC} = \rho_1 \omega_1$,方向如图 7.22(c)所示。

取圆 C 的接触点 A 为动点,动系为圆 O,其速度方向如图 7.22(b)所示(相对速度 v_r 图中未画出),其速度关系为

$$v_{Ax} + v_{Ay} = v_{e2} + v_r \tag{a4}$$

其中, v_{e2} 为圆 O 上的点 B 的速度。

将式(a2)代入式(a1)有

$$v_{Cx} + v_{Cy} = v_{Bx} + v_{By} + v_{C_0B} + v_{r1} \tag{a5}$$

将式(a5)在 x 方向投影有

$$v_{r1} = v_{Cx} - v_{Bx} - \rho_1 \omega_2 \tag{a6}$$

将式(a3)在 x 方向投影有

$$v_{Cx} = v_{Ax} + \rho_1 \omega_1 \tag{a7}$$

将式(a7)代入式(a6)有

$$v_{r1} = v_{Ax} - v_{Bx} + \rho_1 (\omega_1 - \omega_2) \tag{a8}$$

将式(a4)在 x 方向投影有

$$v_{Ax} - v_{Bx} = v_r \tag{a9}$$

将式(a9)代入式(a8)有

$$v_{r1} = v_r + \rho_1 (\omega_1 - \omega_2) \tag{a10}$$

(2) 相切点的加速度。

求加速度关系,只需将上述求速度的关系式中的速度矢量用相应的切向加速度替换,再补充法向加速度和科氏加速度(如果有)即可,其他步骤基本相同。下面给出其过程。

取圆心 C 为动点,动系为圆 O,其加速度方向如图 7.22(d)所示,其加速度关系为

$$a_{Cx} + a_{Cy} = a_{e1} + a_{r1}^n + a_{r1}^t + a_{k1} \tag{a11}$$

其中, a_{e1} 为图 7.22(d)中的动系上与 C 重合的 C_0 的加速度 a_{C_0} (图中未画出), $a_{r1}^n = \dfrac{v_{r1}^2}{\rho_1 + \rho_2}$,科氏加速度 $a_{k1} = 2\omega_2 v_{r1}$ 。

对动系上的两点 B、C_0,由基点法有

$$a_{C_0} = a_{Bx} + a_{By} + a_{C_0B}^n + a_{C_0B}^t \tag{a12}$$

其中, $a_{C_0B}^t = \rho_1 \alpha_2$, $a_{C_0B}^n = \rho_1 \omega_2^2$,方向如图 7.22(d)所示。

对刚体 AC,由基点法有

$$a_{Ax} + a_{Ay} = a_{Cx} + a_{Cy} + a_{AC}^n + a_{AC}^t \tag{a13}$$

其中, $a_{AC}^t = \rho_1 \alpha_1$, $a_{AC}^n = \rho_1 \omega_1^2$,方向如图 7.22(e)所示。

取圆 C 的接触点 A 为动点,动系为圆 O,其加速度方向如图 7.22(f)所示,其加速度关系为

$$a_{Ax} + a_{Ay} = a_{e2} + a_{r2}^n + a_{r2}^t + a_{k2} \tag{a14}$$

其中，$\boldsymbol{a}_{e2}$ 为圆 O 上的点 B 的加速度，$a_{r2}^{n}=\dfrac{v_r^2}{\rho_2}$，$a_{r2}^{t}=\dfrac{\mathrm{d}v_r}{\mathrm{d}t}$，科氏加速度 $a_{k2}=2\omega_2 v_r$。

将式（a12）代入式（a11）后，再将得到的 $\boldsymbol{a}_{Cx}$、$\boldsymbol{a}_{Cy}$ 代入式（a13），得

$$\boldsymbol{a}_{Ax}+\boldsymbol{a}_{Ay}=\boldsymbol{a}_{AC}^{n}+\boldsymbol{a}_{AC}^{t}+\boldsymbol{a}_{r1}^{n}+\boldsymbol{a}_{r1}^{t}+\boldsymbol{a}_{k1}+\boldsymbol{a}_{Bx}+\boldsymbol{a}_{By}+\boldsymbol{a}_{C_0B}^{n}+\boldsymbol{a}_{C_0B}^{t} \tag{a15}$$

将式（a15）在 y 方向投影有

$$a_{Ay}-a_{By}=\rho_1(\omega_1^2-\omega_2^2)-2\omega_2 v_{r1}-\frac{v_{r1}^2}{\rho_1+\rho_2} \tag{a16}$$

将式（a10）代入式（a16）得

$$a_{Ay}-a_{By}=2v_r\frac{\rho_1\omega_1+\rho_2\omega_2}{\rho_1+\rho_2}+\frac{\rho_1\rho_2(\omega_1-\omega_2)^2-v_r^2}{\rho_1+\rho_2} \tag{a17}$$

将式（a14）在 x 方向投影有

$$a_{Ax}-a_{Bx}=\frac{\mathrm{d}v_r}{\mathrm{d}t} \tag{a18}$$

任意边缘曲线的两运动刚体，在接触点处可拟合为两个半径分别为 ρ_1 和 ρ_2 的曲率圆 C 和 O。故式（a17）和式（a18）也是任意边缘曲线的两运动刚体接触点的相对加速度关系。从式（a17）和式（a18）可知，当刚体接触点间无相对加速滑动时，接触点的加速度的公切线加速度分量相同。进一步地，若刚体 C 在静止的刚体 O 上做纯滚动，则刚体 C 的接触点 A（此时为速度瞬心）的加速度 $a_A=\dfrac{\rho_1\rho_2\omega_1^2}{\rho_2+\rho_1}$，并沿着公法线的方向，由该题得到的结论退化为例 7.6 所得的结论。

对于任意凸形曲面的相对运动，从该题可得到如下重要结论：当刚体间无相对运动时，接触点的加速度的公切线加速度分量相同。若刚体 O 静止，则刚体 C 的接触点（也是速度瞬心）加速度沿着公法线方向，若形心不在公法线上，速度瞬心的加速度就不通过形心。有了式（a17）和式（a18）就可以方便地分析任意凸形曲面平面运动问题和以后的动力学问题了。

例 7.9 液压控制系统的伺服调节阀如图 7.23(a) 所示。带有齿的凸轮 O 以角速度 ω_1 匀速转动，与带有齿的凸轮 C 总保持啮合，驱动阀杆 CD 上下运动来调节管道流体阀门的开口度。在图示位置，OB 与 CD 平行，各尺寸关系如图所示。求图示瞬时阀杆 CD 的速度和加速度。若阀杆负载过大，导致齿断裂，在图示瞬时，凸轮 C 上的接触点相对凸轮 O 上的接触点的相对速度为 v_r，公切线方向无相对加速度，两轮仍保持接触。求图示瞬时阀杆 CD 的速度和加速度。

解　（1）齿轮完好情形。

① 求速度。

如图 7.23(b) 所示，因为齿轮啮合，故啮合点速度相同，P 为凸轮 C 的速度瞬心，所以

$$\omega_2=\frac{v_A}{r_2\cos\varphi}=\frac{r_1\omega_1}{r_2\cos\varphi} \tag{a}$$

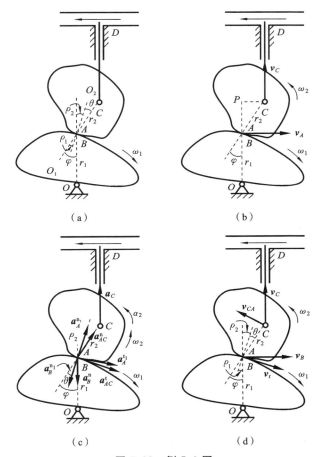

图 7.23　例 7.9 图

$$v_C = r_2 \sin\varphi\omega_2 = r_1\omega_1\tan\varphi \tag{b}$$

② 求加速度。

如图 7.23(c)所示,因为齿轮啮合,所以

$$a_A^{n_1} = a_B^{n_1} + \frac{\rho_1\rho_2\,(\omega_1-\omega_2)^2}{\rho_1+\rho_2} = -r_1\omega_1^2\cos(\varphi-\theta) + \frac{\rho_1\rho_2\,(\omega_1-\omega_2)^2}{\rho_1+\rho_2}$$

$$a_A^{t_1} = a_B^{n_1}\sin(\varphi-\theta) + \frac{\mathrm{d}v_r}{\mathrm{d}t} = r_1\omega_1^2\sin(\varphi-\theta) + \frac{\mathrm{d}v_r}{\mathrm{d}t} = r_1\omega_1^2\sin(\varphi-\theta)$$

其中,$a_A^{t_1}$、$a_A^{n_1}$ 分别是凸轮 C 的接触点 A 处的公切线和公法线方向分量,$a_B^{n_1}$ 是凸轮 O 的接触点 B 处的公法线方向分量。

【AC】

$$\boldsymbol{a}_A^{n_1} + \boldsymbol{a}_A^{t_1} = \boldsymbol{a}_C + \boldsymbol{a}_{AC}^{t} + \boldsymbol{a}_{AC}^{n} \tag{c}$$

其中,$a_{AC}^{n} = r_2\omega_2^2$,$a_{AC}^{t} = r_2\alpha_2$。

将式(c)向 a_{AC}^t 垂直方向投影,得

$$a_C \cos\varphi = a_A^{n_1} \cos\theta + a_A^{t_1} \sin\theta - r_2 \omega_2^2$$

将 $a_A^{n_1}$、$a_A^{t_1}$、ω_2 代入上式,得

$$a_C = \frac{\omega_1^2}{\cos\varphi} \left\{ \left[-r_1 \cos(\varphi-\theta) + \frac{\rho_1 \rho_2 (r_2 \cos\varphi - r_1)^2}{(\rho_1+\rho_2) r_2^2 \cos^2\varphi} \right] \cos\theta + r_1 \sin(\varphi-\theta) \sin\theta - \frac{r_1^2}{r_2 \cos^2\varphi} \right\}$$

(2) 齿轮断裂情形。

① 求速度。

如图 7.23(d)所示,对 AC,采用基点法,有

$$\boldsymbol{v}_C = \boldsymbol{v}_A + \boldsymbol{v}_{CA} = \boldsymbol{v}_B + \boldsymbol{v}_r + \boldsymbol{v}_{CA} \tag{d}$$

令 $v_B = r_1 \omega_1$,$v_{CA} = r_2 \omega_2$,由式(d)得

$$v_C = \frac{1}{\cos\varphi} (r_1 \omega_1 \sin\varphi + v_r \sin\theta), \quad \omega_2 = \frac{r_1 \omega_1 + v_r \cos\theta}{r_2 \cos\varphi} \tag{e}$$

② 求加速度。

因为题中已知公切线方向无相对加速度,该情形下,加速度图与图 7.23(c)所示一样,只要计算时代入式(e)的 ω_2,并且点 A 相对点 B 的加速度考虑相对速度的影响项。计算方法同式(c)。

其中　　　$a_A^{n_1} = -r_1 \omega_1^2 \cos(\varphi-\theta) + 2v_r \dfrac{\rho_1 \omega_1 + \rho_2 \omega_2}{\rho_1+\rho_2} + \dfrac{\rho_1 \rho_2 (\omega_1-\omega_2)^2 - v_r^2}{\rho_1+\rho_2}$

$$a_A^{t_1} = r_1 \omega_1^2 \sin(\varphi-\theta) + \frac{\mathrm{d}v_r}{\mathrm{d}t} = r_1 \omega_1^2 \sin(\varphi-\theta)$$

因此

$$a_C = \frac{1}{\cos\varphi} \left\{ \left[-r_1 \omega_1^2 \cos(\varphi-\theta) + 2v_r \frac{\rho_1 \omega_1 + \rho_2 \omega_2}{\rho_1+\rho_2} + \frac{\rho_1 \rho_2 (\omega_1-\omega_2)^2 - v_r^2}{\rho_1+\rho_2} \right] \cos\theta \right.$$

$$\left. + r_1 \omega_1^2 [\sin(\varphi-\theta) \sin\theta + \cos\varphi] - r_2 \omega_2^2 \right\}$$

7.4　运动学的综合应用举例

如图 7.24 所示,平面运动有五种典型问题:① 存在稳定接触点问题;② 套环(交点)问题;③ 不存在稳定接触点问题;④ 套筒/滑杆(滑块)问题;⑤ 同一刚体两点关系(刚体平面运动)问题。

第 6 章所研究的点的合成运动主要研究刚体以外的点相对刚体的运动,不仅动系坐标原点固定在刚体上,坐标轴也固定在刚体上,动系的运动规律与所固定的刚体相同,若刚体做转动,将会出现科氏加速度项 $2\boldsymbol{\omega} \times \boldsymbol{v}_r$。本章所研究的是同一刚体两点间的运动量关系,为了分析方便,仅动系的原点固结在刚体上已知信息的基点上,而坐标轴与刚体无关,动系做平动。这种方法使得动点到动系原点的连线

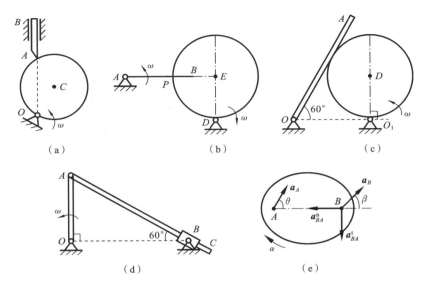

图 7.24　平面运动典型问题

相对动系的角速度和角加速度与刚体的绝对角速度和绝对角加速度相同,且不会出现科氏加速度,牵连点的速度、加速度与基点的也相同,这样便于分析同一刚体上两点间的运动关系。

　　工程中由多个刚体构成的复杂机构的平面运动(不包括空间运动)的分析方法很多。复杂机构的平面运动可以分解为第 6 章所归纳的四种典型问题和本章的刚体平面运动。只是四种动点、动系的典型问题中,动系所在的刚体有时做平面任意运动。若动系做平面任意运动,可进一步用本章的知识来补充牵连点与动系上其他点的运动关系。当分解为所熟悉的典型问题后,分析就变得简单和具有规律性。

　　机构中的各刚体相对不平行的轴(不是定点转动)做转动的简单空间运动问题,可以分解为两刚体间的相对运动,其动点、动系选取很容易,选取后分别对其应用合成定理即可,未归入五种典型问题中。关于刚体做空间任意运动的内容,感兴趣的读者请阅读 6.3.2。

　　例 7.10　半径为 r 的圆盘 B,由连杆 AB 和曲柄 OA 带动,在半径为 $5r$ 的固定圆上做纯滚动。$AB=4r$,$OA=2r$。杆 OA 以匀角速度 3ω 转动,求图示瞬时:(1) AB 的中点 C 的速度和加速度沿 AB 和垂直 AB 方向的分量;(2)圆盘 B 的角速度和角加速度。

　　分析　求速度比较简单。为了得到加速度量间的关系,需要利用待求点与机构间连接点的相互关系。运动的机构中各构件的运动都相互有联系,分析运动必须体现出所有的这些联系。找这些关系的方法很多。如下方法仅供参考。可如图 7.25(b)画线。画线的方法:若两构件接触处有相对运动,该处就可以画一根线体现两个物体在此处的联系(属于 4 种典型的动点动系问题之一)。若通过一个过渡物体采用铰链的方式将另外两个物体连接起来,则可以画一根线来体现两个铰链之间的关系(属于同一刚体两点之间的刚体平面运动)。若刚体中间有一点为待求点,则将刚体中间的该点与两个连接点连线,这两根线与两个连接点的线共三根线,形成一个闭合回路,三根线反映的联系信息重复,只能三选二。通过这样的画线方法,可将复杂的平面运动分解为五种典型的问题。得到的线条体现了刚体间所有的独立的联系,其中一根线对应一个矢量方程。然后,再画线体现连接点与外部的联系。本题图 7.25(b)中线 1 体现待求点 C 与另一刚体 OA 的联系,是同一刚体两点关系的典型问题(刚体平面运动)。线 3 体现刚体点 C 与圆盘 B 的联系,也是同一刚体两点关系的典型问题。其他线体现刚体与外部联系(线 2 体现点 A 绕 O 做圆周转动,线 4 体现点 B 绕圆形地面的圆心 O_1 做圆周转动,线 5 体现圆盘 B 做纯滚动)。

图 7.25　例 7.10 图

此外,线 6 体现部分信息已知的点 B 与另一刚体 OA 的联系,也是同一刚体两点关系的典型问题。但线 1、3 和 6 构成闭合回路,其中两条线必然包含了另一条的信息,不能三条线都选。在线 1、3 和 6 中三选二,故该题至少有三种方法。因为线 6 已知信息最多,更方便分析,线 1 次之,线 3 最少。所以选取线 1 与线 6 组合最佳。下面给出线 1 与线 6 组合的解法。

解　(1)求速度。

因为 AB 做瞬时平动,圆盘 B 做纯滚动,所以

$$\omega_{AB}=0,\quad v_B=v_A=6r\omega,\quad \omega_B=v_B/r=6\omega$$

(2)求加速度:加速度关系如图 7.25(c)所示。

【CA】　　　　　　　　　　$\boldsymbol{a}_{Cx}+\boldsymbol{a}_{Cy}=\boldsymbol{a}_A+\boldsymbol{a}_{CA}^{t}$　　　　　　　(a)

方程(a)中,$a_A=18r\omega^2$,$a_{CA}^{t}=2r\alpha_{AB}$。

【AB】　　　　　　　　　　$\boldsymbol{a}_B^{n}+\boldsymbol{a}_B^{t}=\boldsymbol{a}_A+\boldsymbol{a}_{BA}^{t}$　　　　　　　(b)

方程(b)中,$a_B^{n}=\dfrac{v_B^2}{6r}$,$a_{BA}^{t}=4r\alpha_{AB}$。

从上述两个矢量方程可知,有 4 个未知量 $a_{Cx}, a_{Cy}, \alpha_{AB}, a_B^t$,只要 4 个独立方程(一个平面矢量方程可得到两个代数方程)即可求解。因为做纯滚动圆盘 B 的速度瞬心到轮心的距离不变。所以

$$a_B^t = r\alpha_B \qquad\qquad\qquad (c)$$

联立两个矢量方程(a)(b)及式(c),采用不同的求解方程组的方法,均可得到

$$a_{Cy} = 9\omega^2 r, \quad a_{Cx} = 5\sqrt{3}\omega^2 r, \quad \alpha_B = 4\sqrt{3}\omega^2$$

例 7.11　如图 7.26 所示的机构中,转臂 OA 以匀角速度 ω 绕 O 转动,转臂中有垂直于 OA 的滑道,杆 DE 可在滑道中相对滑动。图示瞬时 DE 垂直于地面,求此时点 D 的速度、加速度。

图 7.26　例 7.11 图

分析　题目中点 D 是待求点,线 1 体现待求点 D 与另一刚体 OA 的联系,是套筒/滑杆问题。线 3 体现刚体 DE 上点 D 与轮 E 的联系,是刚体平面运动问题。其他线体现刚体与外部的联系。此外,线 5 体现部分信息已知的点 E 与另一刚体 OA 的联系,也是套筒/滑杆问题。但线 1、3 和 5 构成闭合回路,不能三条线都选。在线 1、3 和 5 中三选二,该题至少有三种方法。线 1 和 5 的组合就是第 6 章例 6.6 所采用的方法。下面选用线 1 和 3 的组合,因为这样画线先左后右,且以待求点作为目标点是很容易想到的。

解　(1) 求速度 v_{Dx}, v_{Dy}。

选取 DE 上的点 D 为动点，OA 为动系(见图 7.26(c))。则

$$\boldsymbol{v}_{Dx} + \boldsymbol{v}_{Dy} = \boldsymbol{v}_e + \boldsymbol{v}_r \tag{a}$$

方程(a)中，$v_e = OD \cdot \omega$。

【DE】如图 7.26(c)所示。

$$\boldsymbol{v}_{Dx} + \boldsymbol{v}_{Dy} = \boldsymbol{v}_E + \boldsymbol{v}_{DE} \tag{b}$$

方程(b)中，$v_{DE} = DE \cdot \omega_{DE}$。

因为 DE 在滑道内，所以 $\omega_{DE} = \omega$。

由方程(a)(b)可得到 4 个代数方程，只有 4 个未知量。对方程(a)垂直 $\boldsymbol{v}_r$ 投影，再对方程(b)垂直 $\boldsymbol{v}_E$ 投影，得到仅含 v_{Dx} 和 v_{Dy} 的两个方程，求得 v_{Dx} 和 v_{Dy}，再求出 v_r。具体结果如下：

$$v_{Dx} = -\omega(l-b), \quad v_{Dy} = 0, \quad v_r = \omega l$$

(2) 求加速度 a_{Dx}, a_{Dy}。

因为求速度和求加速度都采用同样的动点、动系，故求速度和求加速度的分析方法很类似。分析加速度时，只要将速度量换成切向加速度，再补充法向加速度和科氏加速度(动系转动时)，未知量对应的位置也是相同的。因此，解方程的思路也相同。

选取 DE 上的点 D 为动点，OA 为动系，如图 7.26(d)所示，则

$$\boldsymbol{a}_{Dx} + \boldsymbol{a}_{Dy} = \boldsymbol{a}_e^n + \boldsymbol{a}_e^t + \boldsymbol{a}_r + \boldsymbol{a}_k \tag{c}$$

方程(c)中，$a_e^n = OD \cdot \omega^2$，$a_e^t = 0$，$a_k = 2\omega v_r$。

【DE】

$$\boldsymbol{a}_{Dx} + \boldsymbol{a}_{Dy} = \boldsymbol{a}_E + \boldsymbol{a}_{DE}^t + \boldsymbol{a}_{DE}^n \tag{d}$$

方程(d)中，$a_{DE}^t = DE \cdot \alpha_{DE}$，$a_{DE}^n = DE \cdot \omega_{DE}^2$。

因为 DE 在滑道内，所以 $\alpha_{DE} = \alpha_{OA} = 0$。

由方程(c)(d)可得到 4 个代数方程，只有 4 个未知量。对方程(c)垂直 $\boldsymbol{a}_r$ 投影，再对方程(d)垂直 $\boldsymbol{a}_E$ 投影，得到仅含 a_{Dx}、a_{Dy} 的两个方程，求得 a_{Dx} 和 a_{Dy}。具体结果如下：

$$a_{Dx} = \omega^2 l, \quad a_{Dy} = -\omega^2 b$$

例 7.12 如图 7.27 所示的机构中，杆 OA 以匀角速度 ω 转动，$OA = r$，图示瞬时，$AO \perp OB$。求该瞬时杆 AC 上与地面点 B 重合的点 D 的加速度。

分析 点 D 是待求点，如图 7.27(b)所示，线 1 体现刚体 AC 上点 D 与套筒 B 的联系，是套筒/滑杆问题。线 3 体现 AC 上点 D 与刚体 OA 上点 A 的联系，是刚体平面运动问题。线 2 和 4 体现刚体与外部地面的联系。线 5 体现点 A 与套筒 B 的联系，也是套筒/滑杆问题。但线 1、3 和 5 构成闭合回路，不能三条线都选。线 1、3、5 中三选二，故该题至少有三种方法。下面选取线 1 和 3 的组合。

解 (1) 求速度 ω_{DA}, v_r。

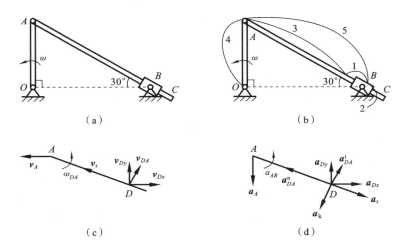

图 7.27　例 7.12 图

选取 AC 上的点 D 为动点,套筒 B 为动系,速度关系如图 7.27(c)所示,则

$$\boldsymbol{v}_{Dx} + \boldsymbol{v}_{Dy} = \boldsymbol{v}_e + \boldsymbol{v}_r \tag{a}$$

方程(a)中,$v_e = v_B = 0$。

【DA】如图 7.27(c)所示。

$$\boldsymbol{v}_{Dx} + \boldsymbol{v}_{Dy} = \boldsymbol{v}_A + \boldsymbol{v}_{DA} \tag{b}$$

方程(b)中,$v_A = r\omega$,$v_{DA} = DA \cdot \omega_{DA}$。

方程(a)(b)的右边相等,故

$$\boldsymbol{v}_e + \boldsymbol{v}_r = \boldsymbol{v}_A + \boldsymbol{v}_{DA} \tag{c}$$

对方程(c)垂直 $\boldsymbol{v}_r$ 投影得 $\omega_{DA} = \dfrac{\omega}{4}$。

对方程(c)平行 $\boldsymbol{v}_r$ 投影得 $v_r = \dfrac{\sqrt{3}}{2}\omega r$。

(2) 求加速度 a_{Dx},a_{Dy}

选取 DA 上的点 D 为动点,套筒 B 为动系,加速度关系如图 7.27(d)所示,则

$$\boldsymbol{a}_{Dx} + \boldsymbol{a}_{Dy} = \boldsymbol{a}_e + \boldsymbol{a}_r + \boldsymbol{a}_k \tag{d}$$

方程(d)中,$a_e = a_B = 0$,$a_k = 2\omega_{DA} v_r$。

【DE】如图 7.27(d)所示。

$$\boldsymbol{a}_{Dx} + \boldsymbol{a}_{Dy} = \boldsymbol{a}_A + \boldsymbol{a}_{DA}^{t} + \boldsymbol{a}_{DA}^{n} \tag{e}$$

方程(e)中,$a_A = r\omega^2$,$a_{DA}^{n} = DA \cdot \omega_{DA}^2$。

由方程(d)(e)可得到 4 个代数方程,只有 4 个未知量。对方程(d)垂直 $\boldsymbol{a}_r$ 投影,再对方程(e)垂直 $\boldsymbol{a}_{DA}^{t}$ 投影,得到仅含 a_{Dx}、a_{Dy} 的两个方程,求得 a_{Dx} 和 a_{Dy}。具体结果如下:

$$a_{Dx}=\frac{\sqrt{3}}{16}\omega^2 r,\quad a_{Dy}=-\frac{9}{16}\omega^2 r$$

例 7.12 可以在图 7.27(b)的线 1、3、5 中三选二,有三种方法。该题求速度和加速度时选取相同的动点、动系,故求速度后,求加速度时,只需将速度量替换为切向加速度量,再补充上法向加速度和科氏加速度项,分析格式与求速度的相同,只是计算量大些而已。求 ω_{DA} 和 v_r 也可以采用更简单的速度瞬心法。对于刚体平面运动问题,求速度采用速度瞬心法而不用基点法时,求速度和加速度(常用基点法)的分析格式就不同了。但若求速度采用的是基点法,则求速度和加速度格式相同。对于刚体以外的点相对刚体运动,求速度和加速度所选的动点、动系往往相同,此时,求速度和加速度格式相同。

例 7.13 杆 AB 的 A 端沿水平线以匀速 v_A 运动,在运动过程中杆 AB 始终与一固定的半圆周相切,半圆周的半径为 R,求当杆与水平线夹角 $\theta=30°$ 时,杆 AB 的角速度和角加速度。

分析 如图 7.28(b)所示,线 1 体现地面点 O 与 AB 的联系,是无稳定接触点问题,此时,动系做平面任意运动,牵连点的加速度大小、方向均未知。线 2 体现牵连点与点 A 关系,是刚体平面运动问题。线 3 点 C 信息都未知,所以不选该线。选取线 1 和 2 的组合,分析完速度后,分析加速度时,只要将速度量换成切向加速度,再补充上法向加速度和科氏加速度,未知量对应的位置也是相同的。因此,能分析速度,必然就可以分析加速度了。

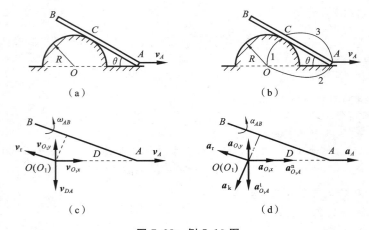

图 7.28　例 7.13 图

解 (1)求角速度 ω_{AB}。

选取地面点 O 为动点,AB 为动系,速度关系如图 7.28(c)所示,则

$$\boldsymbol{v}_O=\boldsymbol{v}_e+\boldsymbol{v}_r \tag{a}$$

方程(a)中,$v_O=0$,$v_e=v_{O_1}$(O_1 为动系上位置与地面点 O 重合的点)。

【O_1A】速度关系如图 7.28(c)所示。

$$\boldsymbol{v}_{O_1}=\boldsymbol{v}_A+\boldsymbol{v}_{O_1A} \tag{b}$$

方程(b)中，$v_{O_1}=v_e$，$v_{O_1A}=O_1A \cdot \omega_{AB}$。

将方程(b)中的 $\boldsymbol{v}_{O_1}$ 代入方程(a)后得到一个矢量方程，对该矢量方程垂直 $\boldsymbol{v}_r$ 和 $\boldsymbol{v}_{O_1A}$ 投影得

$$v_r=\frac{\sqrt{3}}{2}v_A, \qquad \omega_{AB}=\frac{\sqrt{3}}{6R}v_A$$

(2) 求角加速度 α_{AB}。

选取地面点 O 为动点，AB 为动系，加速度关系如图 7.28(d)所示，则

$$\boldsymbol{a}_O=\boldsymbol{a}_e+\boldsymbol{a}_r+\boldsymbol{a}_k \tag{c}$$

方程(c)中，$a_O=0$，$a_k=2\omega_{AB}v_r$，$a_e=a_{O_1}$。

【O_1A】加速度关系如图 7.28(d)所示。

$$\boldsymbol{a}_{O_1x}+\boldsymbol{a}_{O_1y}=\boldsymbol{a}_{O_1}=\boldsymbol{a}_A+\boldsymbol{a}_{O_1A}^t+\boldsymbol{a}_{O_1A}^n \tag{d}$$

方程(d)中，$a_{O_1}=a_e$，$a_{O_1A}^t=O_1A \cdot \alpha_{AB}$，$a_{O_1A}^n=O_1A \cdot \omega_{AB}^2$。

将方程(d)中的 $\boldsymbol{a}_{O_1}$ 代入方程(c)后得到一个矢量方程，该矢量方程分别垂直 $\boldsymbol{a}_r$ 和 $\boldsymbol{a}_{O_1A}^t$ 投影得

$$\alpha_{AB}=\frac{7\sqrt{3}v_A^2}{36R^2}$$

该题求速度可用速度瞬心法，但求加速度需要知道方程(a)中的 v_r，故求速度不推荐采用速度瞬心法。

思考：该题与例 7.11、例 7.12 的分析思路有何相似之处？

例 7.14　如图 7.29 所示，机构在同一垂直面内运动，在某瞬时到达图示位置，O_1B 水平，B、D、O 三点在同一垂直线上，杆 ECH 的 CH 段水平，$EC \perp CH$，A、B、D 处均为铰链连接，杆 ECH 通过套筒 A 与三角形 ABD 相连。轮 O 的半径为 r，$BD=AB=AD=2r$，$O_1B=r$。轮沿地面只滚不滑，轮心速度 $v_O=$ 常数。求此瞬时杆 ECH 的速度与加速度。

分析　求速度因为未采用基点法而采用速度瞬心法，画线来找速度关系思路不太明确，采用速度瞬心法会使问题变得比较简单，难点是如何找到加速度关系式。如图 7.29(b)所示，线 1~4 体现了刚体间的所有 4 种联系(分别分解为套筒/滑杆问题和平面刚体间问题)，可得到 4 个矢量方程。线 5~8 体现刚体与外部的联系，其中线 6 表示的是轮 O 做纯滚动，有关系式 $a_O=r\alpha_O=0$。此外，线 9 与线 2、3 构成闭合回路，信息重复，只用三选二，线 2 和 3 组合已知信息更多，故本题选取线 2 和 3 组合。线 1~8 已体现出该机构的所有联系，由此得到对应的运动学矢量方程必然可以求解。

解　(1) 求速度(见图 7.29(c))。

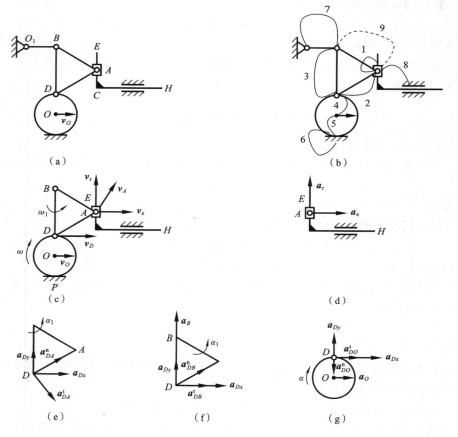

图 7.29　例 7.14 图

B、P 分别为 BDA 和轮 O 的速度瞬心，因此

$$\omega=\frac{v_O}{r},\quad v_D=2v_O,\quad \omega_1=\frac{v_D}{BD},\quad v_A=v_D$$

取套筒 A 为动点，ECH 为动系，则

$$\boldsymbol{v}_A=\boldsymbol{v}_e+\boldsymbol{v}_r \tag{a}$$

由式(a)，向垂直 $\boldsymbol{v}_r$ 投影得 $v_{ECH}=v_e=v_O$。

（2）求加速度。

由图 7.29(b) 中的线 1～4 得到如下 4 个矢量方程。

如图 7.29(d) 所示，取套筒 A 为动点，ECH 为动系，则

$$\boldsymbol{a}_A=\boldsymbol{a}_e+\boldsymbol{a}_r \tag{b}$$

【DA】如图 7.29(e) 所示。

$$\boldsymbol{a}_D=\boldsymbol{a}_A+\boldsymbol{a}_{DA}^n+\boldsymbol{a}_{DA}^t \tag{c}$$

【DB】如图 7.29(f)所示。

$$\boldsymbol{a}_D = \boldsymbol{a}_B + \boldsymbol{a}_{DB}^n + \boldsymbol{a}_{DB}^t \tag{d}$$

【DO】如图 7.29(g)所示。

$$\boldsymbol{a}_D = \boldsymbol{a}_O + \boldsymbol{a}_{DO}^n + \boldsymbol{a}_{DO}^t \tag{e}$$

由式(d)至式(e)得

$$\boldsymbol{a}_B + \boldsymbol{a}_{DB}^n + \boldsymbol{a}_{DB}^t = \boldsymbol{a}_O + \boldsymbol{a}_{DO}^n + \boldsymbol{a}_{DO}^t \tag{f}$$

式(b)代入式(c)后,再由式(c)至式(e)得

$$\boldsymbol{a}_e + \boldsymbol{a}_r + \boldsymbol{a}_{DA}^n + \boldsymbol{a}_{DA}^t = \boldsymbol{a}_O + \boldsymbol{a}_{DO}^n + \boldsymbol{a}_{DO}^t \tag{g}$$

在式(f)和式(g)中,

$$a_{DB}^n = DB \cdot \omega_1^2, \quad a_{DB}^t = DB \cdot \alpha_1, \quad \alpha = 0, \quad a_O = 0, \quad a_{DO}^t = 0, \quad a_{DO}^n = r\omega^2$$

$$a_{DA}^n = DA \cdot \omega_1^2, \quad a_{DA}^t = DB \cdot \alpha_1, \quad a_e = a_{ECH}$$

对式(f)垂直 $\boldsymbol{a}_B$ 投影得 $\alpha_1 = 0$。

对式(g)垂直 $\boldsymbol{a}_r$ 投影得 $a_{ECH} = -\dfrac{\sqrt{3}\,v_O^2}{r}$。

例 7.15　如图 7.30(a)所示,曲柄连杆机构带动摇杆 O_1C 绕轴 O_1 摆动。在连杆 AB 上装有两个滑块,滑块 B 在水平槽内滑动,而滑块 D 则在摇杆 O_1C 的槽内滑动,并且摇杆 O_1C 绕 O_1 做定轴转动。已知:曲柄长 $r = 50$ mm,绕轴 O 转动的匀角速度 $\omega = 10$ rad/s。在图示位置时,曲柄 OA 与水平线间 90° 角,$\angle OAB = 60°$,摇杆与水平线间成 60° 角;距离 $O_1D = L = 70$ mm。求摇杆的角速度和角加速度。

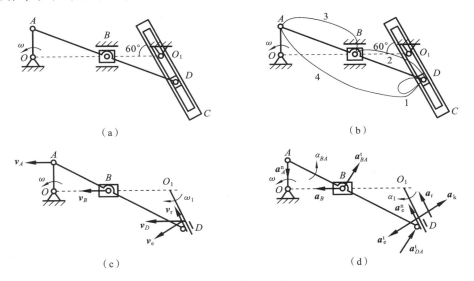

图 7.30　例 7.15 图

分析　如图 7.30(b)所示,线 1 体现滑块 D 与 O_1C 的相对运动(稳定接触点

或套筒/滑杆问题),线 2、3 体现滑块 B 分别与 D、A 的关系(同一刚体两点关系问题)。线 4 体现 A 与 D 两点间的联系。但线 2、3 和线 4 形成了闭合线路,信息重复,只能三选二,线 3 和线 4 组合比线 3 和线 2 组合的已知信息更多,故不选用线 2。所以该题只要由线 1、3 和 4 列出三个关键的刚体间联系的矢量方程,再补充相应点与外部联系即可。

解　(1) 求速度。

取滑块 D 为动点,O_1C 为动系,DBA 做瞬时平动,速度关系如图 7.30(c)所示,则

$$\boldsymbol{v}_D = \boldsymbol{v}_e + \boldsymbol{v}_r \tag{a}$$

$$v_D = v_A = r\omega = 0.50 \text{ m/s}, \quad v_r = v_D\cos60° = 0.25 \text{ m/s}$$

$$v_e = v_D\sin60°, \quad \omega_1 = \frac{v_e}{L} = 6.186 \text{ rad/s}$$

(2) 求加速度。

取滑块 D 为动点,O_1C 为动系,DBA 做瞬时平动,加速度关系如图 7.30(d)所示,则

$$\boldsymbol{a}_D = \boldsymbol{a}_e^t + \boldsymbol{a}_e^n + \boldsymbol{a}_r + \boldsymbol{a}_k \tag{b}$$

【DA】　　　　　　　　$$\boldsymbol{a}_D = \boldsymbol{a}_A^n + \boldsymbol{a}_{DA}^t \tag{c}$$

【BA】　　　　　　　　$$\boldsymbol{a}_B = \boldsymbol{a}_A^n + \boldsymbol{a}_{BA}^t \tag{d}$$

由式(b)(c)右边相等得

$$\boldsymbol{a}_e^t + \boldsymbol{a}_e^n + \boldsymbol{a}_r + \boldsymbol{a}_k = \boldsymbol{a}_{DA}^t + \boldsymbol{a}_A^n \tag{e}$$

其中

$$a_A^n = r\omega^2, \quad a_{BA}^t = BA \cdot \alpha_{BA}, \quad a_{DA}^t = DA \cdot \alpha_{BA}, \quad a_k = 2\omega_1 v_r, \quad a_e^n = L\omega_1^2, \quad a_e^t = L\alpha_1$$

由式(d),垂直 $\boldsymbol{a}_B$ 投影得 $\alpha_{BA} = \dfrac{100}{\sqrt{3}}$ rad/s².

由式(e),垂直 $\boldsymbol{a}_r$ 投影得 $\alpha_1 = -70.08$ rad/s².

例 7.16　牛头刨床机构如图 7.31(a)所示。已知 $O_1A = 200$ mm,以角速度 $\omega_1 = 2$ rad/s 匀速转动。求图示位置滑枕 CD 的速度和加速度。

分析　如图 7.31(b)所示,线 1 体现滑块 A 与 O_2B 的相对运动(稳定接触点或套筒/滑杆问题),线 2 体现滑块 B 与 CB 的相对运动(稳定接触点或套筒/滑杆问题)。线 4 体现 A 与 B 两点间的联系,线 3 和线 5 分别体现 A 与 B 两点与外部的联系。但线 3、4 和线 5 形成了闭合线路,信息重复,只能三选二,线 3 和线 5 组合比线 3 和线 4 组合的已知信息更多,故不选用线 4。所以该题只要由线 1 和线 2 列出两个关键的刚体间联系的矢量方程,再补充相应点与外部的联系即可。

解　(1) 求速度。

取 O_1A 上 A 为动点,O_2B 为动系,速度关系如图 7.31(c)所示,则

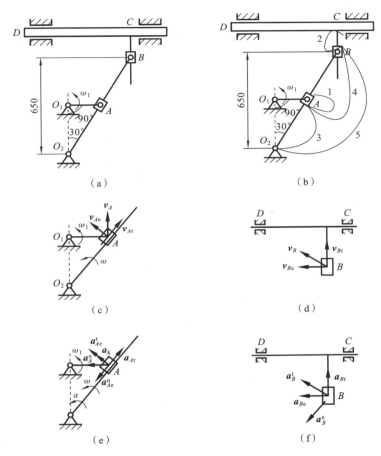

图 7.31　例 7.16 图

$$v_A = v_{Ae} + v_{Ar} \tag{a}$$

其中　　　　　　　$v_A = \omega_1 \cdot O_1 A = 0.4 \ \mathrm{m/s}, \quad v_{Ae} = \omega \cdot O_2 A$

由式(a)得　　　　　　$v_{Ar} = 0.20\sqrt{3} \ \mathrm{m/s}, \quad \omega = 0.5 \ \mathrm{rad/s}$

取 O_2B 上 B 为动点，CD 为动系，速度关系如图 7.31(d)所示，则

$$v_B = v_{Be} + v_{Br} \tag{b}$$

其中　　　　　　　　　$v_{Be} = \omega \cdot O_2 B$

$$v_{CD} = v_{Be} = 0.325 \ \mathrm{m/s}$$

（2）求加速度。

　　因为求加速度和求速度选取相同的动点、动系，只需将上述求速度的公式中的速度量换成切向加速度，再补充法向加速度和科氏加速度（如果存在），加速度的关系如图 7.31(e)(f)所示，其他计算步骤也同上述近似。由此求得 $a_{CD} = 0.657$

m/s²,具体过程请读者自行完成。

例 7.17　如图 7.32(a)所示放大机构中,杆 BI 和 AE 分别以速度 v_1 和 v_2 沿箭头方向匀速运动,其位移分别以 x 和 y 表示。如杆 AE 与杆 CD 平行,其间距离为 a,求:(1) 杆 CD 的速度和加速度;(2) 滑道 AH 的角速度及其角加速度。

图 7.32　例 7.17 图

分析　如图 7.32(b)所示,线 1、2 分别体现滑块 B 和 D 相对于 AH 的关系(分解为两个套筒/滑杆问题),得到两个矢量方程。由此引入 AH 上的牵连点 C_1(与 C 重合)和 B_1(与 B 重合),线 3～5 体现 A 分别与 C_1 和 B_1 的联系,但三选二,选取信息量更多的线 4 和 5 组合。线 4 和 5 采用基点法可得到两个矢量方程。

解　(1) 求速度(见图 7.32(c)),C_1 和 B_1 分别为 AH 上与 C 与 B 重合的点。取滑块 C 为动点,AH 为动系,则

$$v_C = v_{C_1} + v_{Cr} \tag{a}$$

【$C_1 A$】
$$v_{C_1} = v_A + v_{C_1 A} \tag{b}$$

将式(b)代入式(a)得

$$v_C = v_A + v_{C_1 A} + v_{Cr} \tag{c}$$

取滑块 B 为动点,AH 为动系,则

$$v_B = v_{B_1} + v_{Br} \qquad\qquad\qquad (d)$$

【B_1A】
$$v_{B_1} = v_A + v_{B_1A} \qquad\qquad\qquad (e)$$

将式(e)代入式(d)得

$$v_B = v_A + v_{B_1A} + v_{Br} \qquad\qquad\qquad (f)$$

式(c)和式(f)中,$v_A = v_1$,$v_B = v_2$,$v_{C_1A} = C_1A \cdot \omega$,$v_{B_1A} = B_1A \cdot \omega$,其中 $v_C, v_{Cr}, v_{Br}, \omega$ 为未知量。

由式(f),垂直 v_{Br} 投影得
$$\omega = \frac{v_1 y - v_2 x}{x^2 + y^2} \qquad\qquad\qquad (g)$$

将式(g)代入式(c),由式(c),垂直 v_{Cr} 投影得

$$v_C = v_2 + \frac{a\omega}{\sin^2\theta} = v_1 \frac{ay}{x^2} - v_2 \frac{a-x}{x}$$

(2) 因为求速度和求加速度采用同样的动点、动系,故只需将求速度的公式中的速度量换成切向加速度,再补充法向加速度和科氏加速度(如果存在),其计算步骤也同求速度近似,具体过程请读者自行完成。

7.5　刚体绕平行轴转动的合成

如图 7.33 所示,刚体 A 同时绕平行轴 O、A 公转和自转。刚体相对于固定参考系的转角称为绝对转角,记为 φ_a;以转轴连线 OA 为动系,则刚体相对于转轴连线 OA 的转角称为相对转角,记为 φ_r;转轴连线 OA 的转角称为牵连转角,记为 φ_e。将 φ_a、φ_r 和 φ_e 三者的参考正向取为一致,由图可得

$$\varphi_a = \varphi_r + \varphi_e \qquad (7.11)$$

式(7.11)对时间 t 求导数,得平行轴转动合成公式:

$$\omega_a = \omega_r + \omega_e, \quad \alpha_a = \alpha_r + \alpha_e \qquad (7.12)$$

式中各量分别为绝对、相对和牵连角速度及角加速度。注意,以上各个量均为代数量,正负号由各量的实际转向与参考正向是否相同确定。

图 7.33　刚体绕平行轴转动

例 7.18　如图 7.34 所示的行星轮机构,中间的主动轮 A 以匀角速度 ω 转动、半径为 r_1,行星轮 B 的半径为 r_2,固定轮 C 的半径为 $r_3 = r_1 + 2r_2$。求曲柄 AB 和行星轮 B 的角速度。

解　以曲柄 AB 为动系,其角速度即为牵连角速度 ω_e。角速度分析如图 7.34

图 7.34　例 7.18 图

(b)所示,要注意的是,在曲柄 AB 上看,三个轮子做定轴传动,A、B 两轮为外啮合,因此两者的相对角速度必须假设反向;B、C 两轮为内啮合,因此两者的相对角速度必须假设同向。因此,分别对三个轮子应用平行轴转动合成公式,得

$$\text{轮 } A: \qquad \omega = \omega_{r1} + \omega_e \qquad\qquad (a)$$

$$\text{轮 } B: \qquad\qquad \omega_{a2} = \omega_{r2} - \omega_e \qquad\qquad (b)$$

$$\text{轮 } C: \qquad\qquad \omega_{a3} = \omega_{r3} - \omega_e \qquad\qquad (c)$$

其中 $\omega_{a3} = 0$。三个轮子的相对角速度满足传动比关系:

$$\frac{\omega_{r2}}{\omega_{r1}} = \frac{r_1}{r_2}, \qquad \frac{\omega_{r3}}{\omega_{r2}} = \frac{r_2}{r_3}$$

所以

$$\omega_{r2} = \frac{r_1}{r_2}\omega_{r1}, \qquad \omega_{r3} = \frac{r_1}{r_3}\omega_{r1} \qquad\qquad (d)$$

由式(c)(d)得

$$\omega_{r1} = \frac{r_3}{r_1}\omega_e, \qquad \omega_{r2} = \frac{r_3}{r_2}\omega_e \qquad\qquad (e)$$

将式(d)(e)代入式(a)(b),得

$$\omega = \frac{r_3}{r_1}\omega_e + \omega_e, \qquad \omega_{a2} = \frac{r_3}{r_2}\omega_e - \omega_e$$

在上述问题中,取的是动线而不是动点,且所研究的仅仅是角度变化的关系,所以,取转动的 AB 为动系,不涉及科氏加速度,这种方法在机械专业课程"机械原理"关于齿轮系中会深入讲解。此外,若已知或求解里出现线速度、线加速度信息,可以取 AB 为动系,但该方法会引入科氏加速度,且牵连速度和牵连加速度计算麻烦,此类问题最好还是采用基点法,不要选取 AB 为动系。

习　　题

7.1　找出如题 7.1 图所示的机构中做平面运动的构件在图示瞬时的速度瞬心位置。

7.2　在如题 7.2 图所示两机构中,$OA = O_2 B$,$AB = O_1 O_2$,请就所给结果做出判断(正确的在括号里画"√",错误的画"×")。

图(a):

(1) $\omega_{AB} = 0$(　　)　　　(2) $a_{BA}^n = 0$(　　)　　　(3) $\alpha_{AB} = 0$(　　)

(4) $a_{BA}^t = 0$(　　)　　　(5) $a_A^t = a_B^t$(　　)

图(b):

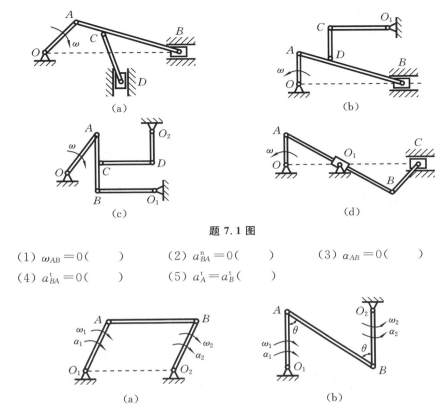

题 7.1 图

(1) $\omega_{AB}=0$（ ）   (2) $a_{BA}^{n}=0$（ ）   (3) $\alpha_{AB}=0$（ ）

(4) $a_{BA}^{t}=0$（ ）   (5) $a_{A}^{t}=a_{B}^{t}$（ ）

题 7.2 图

7.3 如题 7.3 图所示，半径为 r 的圆盘分别在水平面上、圆周曲线的内侧以及圆周曲线的外侧做无滑动的滚动，角速度 ω 为常数，试分别求出以上各种情况下圆盘中心点 A、圆盘边缘点 B 以及圆盘速度瞬心点 P 的加速度。

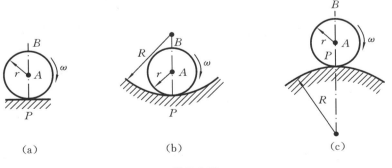

题 7.3 图

7.4 如题 7.4 图所示，曲柄 OA 长为 $12\ cm$，以匀转速 $n=60\ r/min$ 转动。连

杆 AC 长 34 cm,齿轮半径 $r=6$ cm。在图示位置时,$\varphi=30°$,AC 水平,求连杆 AC 的角速度与齿条 D 的速度。

7.5　如题 7.5 图所示,曲柄机构在其连杆 AB 的中点 C 以铰链与 CD 连接。而杆 CD 又与杆 DE 铰接,杆 DE 可绕点 E 转动。已知 OAB 水平,曲柄 OA 的角速度 $\omega=8$ rad/s,$OA=0.25$ m,$DE=1$ m,$\angle CDE=90°$。求图示位置时,杆 DE 的角速度。

　　　　題 7.4 图　　　　　　　　　　　　題 7.5 图

7.6　如题 7.6 图所示的机构中,杆 AB 以匀角速度 ω 绕轴 A 转动,半径为 r 的圆轮 C 在半径为 R 的圆形轨道上做纯滚动,$AB=b$。图示瞬时,$\angle BAC=60°$。求此时杆 BC 和圆轮 C 的角速度、角加速度。

7.7　如题 7.7 图所示,轮 O 在水平面上滚动而不滑动,轮缘上有一固定销 B,固定销 B 可在摇杆 O_1A 的槽内滑动,并带动摇杆绕轴 O_1 转动。已知轮 O 的半径 $R=0.5$ m,在图示位置时,O_1A 是轮 O 的切线,轮心的速度 $v_O=0.2$ m/s,摇杆与水平面的夹角为60°。求摇杆的角速度。

　　　　題 7.6 图　　　　　　　　　　　　題 7.7 图

7.8　如题 7.8 图所示,销子 B 通过套筒带动摇杆 O_1C,销子 B 又与水平运动的滑块相连,设 $\varphi=\pi t/3$,$OA=AB=0.15$ m,$OO_1=0.2$ m,$O_1C=0.5$ m,试求在瞬时 $t=7$ s 时,点 C 的速度。

7.9　在如题 7.9 图所示的瓦特行星传动机构中,平衡杆 O_1A 绕轴 O_1 转动,并借连杆 AB 带动曲柄 OB 绕定轴 O 转动,在轴 O 上还装有齿轮 I。齿轮 II 与连杆 AB 连为一体,并带动齿轮 I 转动。已知 $r_1=r_2=0.3\sqrt{3}$ m,$O_1A=0.75$ m,

$AB=1.5$ m,平衡杆的角速度 $\omega_{O_1}=6$ rad/s,求当 $\theta=60°$ 和 $\beta=90°$ 时,曲柄 OB 及齿轮 I 的角速度。

题 7.8 图   题 7.9 图

7.10 如题 7.10 图所示,直线 AB 在图面内运动。A 端始终在半圆 CAD 上,且该直线始终通过直径 CD 上的点 C。当半径 OA 垂直于 CD 时,点 A 的速度等于 4 m/s,求此时直线上与 C 重合的点的速度。

7.11 如题 7.11 图所示是一种求和机构,其中杆 1 和 2 可沿竖直导轨运动。这两杆都用圆柱铰链与摇臂 AB 连接,两个铰销各自可在摇臂的槽中滑动。杆 3 铰接于摇臂 AB 的中心 O,可沿竖直导轨滑动。已知杆 1 和 2 分别以速度 v_1 和 v_2 运动,试证明杆 3 的速度大小等于

$$v=\frac{b}{a+b}v_1+\frac{a}{a+b}v_2$$

其中 a 和 b 的尺寸如图所示,并求摇臂 AB 的角速度。

题 7.10 图   题 7.11 图

7.12 如题 7.12 图所示,杆 AB 的运动如下:点 A 以点 O 为圆心、r 为半径做圆周运动,杆 AB 始终通过圆周上的给定点 N。求杆 AB 的速度瞬心轨迹。

7.13 如题 7.13 图所示,水压机的活塞 D 由铰接杠杆机构 $OABD$ 带动。在如图所示位置,杠杆 OL 具有角速度 $\omega=2$ rad/s,角加速度 $\alpha=4$ rad/s²。设 $OA=15$ cm,求该瞬时活塞 D 的加速度和杆 AB 的角加速度。

题 7.12 图　　　　　　　　　　题 7.13 图

7.14　如题 7.14 图所示,为了剪断金属,剪刀的活动刀刃 L 由铰接杠杆机构 $AOBD$ 带动。在图示位置,杠杆 AB 的角速度等于 2 rad/s,角加速度等于 4 rad/s^2, $OB=5$ cm、$O_1D=10$ cm。求铰链 D 在该位置的加速度和杆 BD 的角加速度。

7.15　如题 7.15 图所示,边长 $L=2$ cm 的正方形 $ABCD$ 做平面运动。在图示位置,其顶点 A 与 B 的加速度分别为 $a_A=2$ cm/s^2,$a_B=4\sqrt{2}$cm/s^2,方向如图所示。求正方形顶点 C 的加速度。

题 7.14 图　　　　　　　　　　　　題 7.15 图

7.16　如题 7.16 图所示,杆 AB 长 $L=0.8$ m,其 A 端搁置在斜面 AC 上,B 端与圆轮铰接。圆轮的半径 $r=0.2$ m,斜面 CD 与水平面成 30° 角,设圆轮沿 CD 斜面做匀速纯滚动,其轮心的速度 $v_O=0.12$ m/s。求当杆 AB 位于图示水平位置时的角速度和角加速度。

7.17　如题 7.17 图所示,滑块 A 和 B 可分别沿相互垂直的两直线导轨运动。滑块间用两杆 AC 和 BC 相铰接,且 $AC=L_1$、$BC=L_2$,试求当两杆分别垂直于两导轨时,点 C 的速度和加速度的大小。设这时两滑块分别具有速度 v_A 和 v_B,如图所示,并分别具有任意数值的加速度。

7.18　在如题 7.18 图所示的曲柄连杆机构中,曲柄 OA 绕轴 O 转动,其角速度为 ω_O,角加速度为 α_O,在某瞬时,曲柄与水平线交成 60° 角,而连杆 AB 与曲柄 OA 垂直,滑块 B 在圆弧槽内滑动,此时 O_1B 半径与连杆交成 30° 角。如 $OA=r$, $AB=2\sqrt{3}r$,$O_1B=2r$,求在该瞬时滑块 B 的切向加速度和法向加速度。

题 7.16 图　　　　　　　　　　题 7.17 图

7.19　如题 7.19 图所示,在行星齿轮差动机构中,曲柄和半径为 r_1 的轮 I 都做变速运动。在给定瞬时已知半径为 r_2 的轮 II 节圆上啮合点 A 的加速度大小等于 a_1,而方向指向轮 II 的中心,同一直径上对称点 B 的加速度大小等于 a,而方向偏离直径 AB 某一锐角 β。试求该给定瞬时曲柄 O_1O_2 和齿轮 II 的角速度和角加速度的大小。

题 7.18 图　　　　　　　　　　题 7.19 图

7.20　在如题 7.20 图所示的配汽机构中,曲柄 OA 长为 r,以等角速度 ω_0 绕轴 O 转动。在某瞬时,$\varphi=60°$,$\beta=90°$,$AB=6r$,$BC=3\sqrt{3}r$。求机构在图示位置时,滑块 C 的速度和加速度。

7.21　如题 7.21 图所示,曲柄 OA 绕固定齿轮中心轴 O 转动,在曲柄上安装一个双联齿轮和一个小齿轮。已知曲柄转速 $n_0=30$ r/min,固定齿轮齿数 $z_0=60$,双联齿轮齿数 $z_1=40$ 和 $z_2=50$,小齿轮齿数 $z_3=25$。求小齿轮的转速和转向。

题 7.20 图　　　　　　　　　　题 7.21 图

7.22　在如题 7.22 图所示机构中,曲柄 $OA=r$,以匀角速度 ω_0 绕轴 O 转动,连杆 $AB=L$,滑块 B 在水平滑道内滑动。在连杆的中点 C 铰接一滑块 C,滑块可在摇杆 O_1D 槽内滑动,从而带动摇杆 O_1D 绕轴 O_1 转动。当 $\theta=60°$,$O_1C=2r$ 时,试求摇杆 O_1D 的角速度 ω 及角加速度 α。

7.23　如题 7.23 图所示机构中,$AB=CD=r$,$DE=2r$,AB 以匀角速度 ω 转动。在图示位置时,B 位于 DE 的中点。求此时杆 CD 的角速度和角加速度。

题 7.22 图　　　　　　　　　　　题 7.23 图

7.24　在如题 7.24 图所示机构中,曲柄 O_1A 的角速度 $\omega_1=4$ rad/s,曲柄 O_2B 的角速度 $\omega_2=2$ rad/s,两杆均以匀角速度转动,杆 BD 可在套筒 AC 中滑动。若曲柄 O_2B 处于水平位置,曲柄 O_1A 处于垂直位置,尺寸如图所示,求图示瞬时杆 BD 的角速度和角加速度。

7.25　如题 7.25 图所示,蒸汽机车的车轮由连杆 AB 连接。车轮沿轨道向左做纯滚动,半径 $r=80$ cm。当由静止状态开始运动后,车轮的转角 $\varphi=\angle PO_1A$ 按规律 $\varphi=\dfrac{3\pi}{4}t^2$ 变化(φ 以 rad 为单位),滑块 M 沿连杆 AB 按规律 $s=AM=(10+40t^2)$ 运动(s 以 cm 为单位)。已知 $O_1O_2=AB$,$O_1A=O_2B=\dfrac{r}{2}$。求 $t=1$ s 的瞬时滑块 M 的绝对速度和绝对加速度。

题 7.24 图　　　　　　　　　　　题 7.25 图

7.26 如题 7.26 图所示,转式起重机以角速度 $\omega = 1$ rad/s 绕竖直固定轴转动,小车沿着与轴 s 重合的水平悬臂做纯滚动。后轮的半径是 10 cm,质心 C 按规律 $s_C = OC = 60(1+t)$ 运动(s_C 以 cm 为单位)。当 $t=1$ s,有 $\angle MCD = 30°$。求此时轮缘上点 M 的绝对速度。又知在 $t=1$ s,有 $\angle ACD = 90°$,求此时轮缘上点 A 和 D 的绝对加速度。

*7.27 如题 7.27 图所示,陀螺仪安装在水平平台 L 上,平台以匀角速度 $\omega_1 = 2\pi$ rad/s 绕固定竖直轴 O_1O_1' 转动,陀螺仪的圆盘以匀角速度 $\omega_2 = 8\pi$ rad/s 绕水平轴 O_2O_2' 转动,半径 $r = 10$ cm。同时,轴 O_2O_2' 按规律 $\varphi_3 = 2\pi t^2$(φ_3 以 rad 为单位)绕竖直轴 O_3O_3' 转动,当 $t=0$ 时,圆盘和轴 O_1O_1' 位于同一竖直平面内,φ_3 角由此平面按图示方向计量,O_2O_2' 与 O_3O_3' 相交于圆盘中心 K。已知平行轴 O_1O_1'、O_3O_3' 之间的距离 $OO_3 = 30$ cm。求 $t=1$ s 时圆盘竖直直径 AB 顶端 A 的绝对速度和绝对加速度大小。

题 7.26 图

题 7.27 图

第 8 章　动力学普遍定理

前面 7 章为静力学和运动学内容。在静力学中只研究力与力之间的平衡关系,不考虑质点和物体的运动,其主要特征是与时间无关;而在运动学中,只研究在选定参考系中质点和物体的位置随时间变化的分析方法,不考虑引起这种运动所需要的力。从本章开始研究力与运动之间的关系,这就是动力学。实际上,静力学只是动力学的特殊情况,而运动学是研究动力学必要的基础。

力学研究的最基本物质模型是质点。动力学的学科基础以及整个力学的奠定时期在 17 世纪。意大利物理学家伽利略创立了惯性定律,首次提出了加速度的概念。他应用运动的合成原理,与静力学中力的平行四边形法则相对应,并把力学建立在科学实验的基础上。英国物理学家牛顿推广了力的概念,引入质量的概念,总结出机械运动的三大定律(1687 年)。牛顿运动定律完整地描述了质点的动力学规律,由牛顿定律可以进一步推导出质点系的动力学规律,因此牛顿定律是动力学的基础,也是整个力学学科最基本的物理定律。

艾萨克·牛顿(Isaac Newton,1642.12.25—1727.3.20)是英国物理学家、数学家、天文学家和自然哲学家。他在 1687 年 7 月 5 日发表的《自然哲学的数学原理》里提出的万有引力定律以及他的牛顿运动定律是经典力学的基石。牛顿把地球上物体的力学和天体力学统一到一个基本的力学体系中,创立了经典力学理论体系,正确地反映了宏观物体低速运动的宏观运动规律,实现了自然科学的第一次大统一。这是人类对自然界认识的一次飞跃。

牛顿运动定律只解决了单个质点的动力学问题,但是在经典力学范围内,绝大部分力学对象是由很多质点组成的一个集合,即质点系,如物体(刚体、变形体),散体集合(如干沙、煤、谷物等粉体或颗粒物质)等。一般质点系中质点的数量庞大,特别是刚体,可视为无限个质点构成的质点系,质点之间的相互作用力未知,因此试图用牛顿定律得到每个质点的运动规律一般是不可能的,实际上,也是不必要的。以牛顿和德国人莱布尼兹所发明的微积分为工具,瑞士数学家欧拉系统地研究了质点动力学问题,并奠定了刚体力学的基础。从现在开始,我们研究质点系的整体动力学基本规律,即动量定理、动量矩定理和动能定理。这三个定理分别有导数形式和积分形式。对于同一种形式,三个定理中只有两个是独立的。动能定理因为不用考虑与速度方向垂直的力(或做功之和为零的一对约束力副),所以在一些情形下可以取代动量定理和动量矩定理,使计算变得简单。应用动量定理、动量矩定理和动能定理,可求解经典力学的动力学问题。它们一般称为动力学普遍定理,所谓普遍是指它们适用于任何质点系的宏观力学特性研究。鉴于读者在大学物理等前期课程中已了解了动力学部分知识,特别是质点动力学,因此本书重点介绍刚体动力学理论。基于循序渐进、由浅入深的认知规律,本书先介绍刚体平面动力学理论,刚体空间动力学的部分理论则采用专题的方式介绍,专题内容请读者根据需求选学。

8.1　质点的运动微分方程描述方法

1. 矢量形式

矢量形式的质点运动微分方程为

$$m\,\frac{\mathrm{d}^2\boldsymbol{r}}{\mathrm{d}t^2}=\boldsymbol{F} \tag{8.1}$$

2. 直角坐标形式

在直角坐标系中,令 $\boldsymbol{r}=x\boldsymbol{i}+y\boldsymbol{j}+z\boldsymbol{k}$,$\boldsymbol{F}=F_x\boldsymbol{i}+F_y\boldsymbol{j}+F_z\boldsymbol{k}$,则方程(8.1)变为

$$m\,\frac{\mathrm{d}^2x}{\mathrm{d}t^2}=F_x,\quad m\,\frac{\mathrm{d}^2y}{\mathrm{d}t^2}=F_y,\quad m\,\frac{\mathrm{d}^2z}{\mathrm{d}t^2}=F_z \tag{8.2}$$

这就是直角坐标形式的质点运动微分方程。

3. 自然坐标形式

加速度 $\boldsymbol{a}$ 和力 $\boldsymbol{F}$ 在自然轴系中的表达式为

$$\boldsymbol{a}=\frac{v^2}{\rho}\boldsymbol{n}+\frac{\mathrm{d}v}{\mathrm{d}t}\boldsymbol{\tau}=\frac{v^2}{\rho}\boldsymbol{n}+\frac{\mathrm{d}^2s}{\mathrm{d}t^2}\boldsymbol{\tau}$$

$$\boldsymbol{F}=F_\mathrm{n}\boldsymbol{n}+F_\mathrm{t}\boldsymbol{\tau}+F_\mathrm{b}\boldsymbol{b}$$

代入方程 $\boldsymbol{F}=m\boldsymbol{a}$,得

$$m\,\frac{v^2}{\rho}=F_\mathrm{n},\quad m\,\frac{\mathrm{d}^2s}{\mathrm{d}t^2}=F_\mathrm{t}\quad 或 \quad m\,\frac{\mathrm{d}v}{\mathrm{d}t}=F_\mathrm{t},\quad 0=F_\mathrm{b} \tag{8.3}$$

这就是自然坐标形式的质点运动微分方程。

以上微分方程均为二阶方程,每个位移变量的通解中有两个待定常数,需要给定初始位置和速度两个初始条件才能定解,如求方程(8.2)中的位移坐标 x、y、z。因此,在没有应用初始条件之前,每个位移及其速度(位移的一阶导数)是可以独立取值的,即它们是相互独立的变量。

类似于点的运动学所述,上述三种描述牛顿第二定律的方法各有所长。矢量形式一般用于推导动力学原理(比如动量定理、动能定理);自然坐标形式中的法向加速度为已知量,使得在动力学问题中要进一步补充运动学加速度关系的方程中未知量变少。

上述给出的是质点在惯性系中的运动与力之间的关系。研究质点在非惯性系中的运动与力之间的关系,可解决一些实际问题,比如,交通工具上质点的相对运

动,流体质点在转动坐标系中的运动,高速、大范围运动物体(炮弹、导弹、飞船等)相对地球的运动等。本书重点介绍刚体动力学问题,关于质点在非惯性系中的运动与力之间的关系,读者可采用第 10 章的动静法来分析,也可采用"专题 2　质点相对运动动力学"中介绍的方法分析。

8.2　动量定理

8.2.1　质点系动量定理

质点的质量与其瞬时速度的乘积 $m\boldsymbol{v}$ 称为**质点的动量**。对于质点系中任意一个质量为 m_i 的质点,由牛顿第二定律,有

$$\frac{\mathrm{d}(m_i\boldsymbol{v}_i)}{\mathrm{d}t} = \boldsymbol{F}_i^{(\mathrm{e})} + \boldsymbol{F}_i^{(\mathrm{i})} \tag{8.4}$$

图 8.1　质点系的动量和质点的受力

其中,$\boldsymbol{F}_i^{(\mathrm{e})}$ 为质点系的外部对质点 m_i 的作用力的合力,即质点 m_i 受到的外力合力;$\boldsymbol{F}_i^{(\mathrm{i})}$ 为质点系中其他质点对质点 m_i 的作用力的合力,即质点 m_i 受到的内力合力,如图 8.1 所示。方程(8.4)对质点系中所有质点均成立,假定质点系有 N 个质点,将 N 个方程(8.4)相加,得

$$\sum_{i=1}^{N} \frac{\mathrm{d}(m_i\boldsymbol{v}_i)}{\mathrm{d}t} = \sum_{i=1}^{N} \boldsymbol{F}_i^{(\mathrm{e})} + \sum_{i=1}^{N} \boldsymbol{F}_i^{(\mathrm{i})} \tag{8.5}$$

根据定义,$\boldsymbol{F}_i^{(\mathrm{i})}$ 可写为

$$\boldsymbol{F}_i^{(\mathrm{i})} = \sum_{j=1, j\neq i}^{N} \boldsymbol{F}_{ij}^{(\mathrm{i})}, \quad \boldsymbol{F}_{ii}^{(\mathrm{i})} \equiv \boldsymbol{0}$$

其中,$\boldsymbol{F}_{ij}^{(\mathrm{i})}$ 表示质点 m_j 对质点 m_i 的作用力。设质点 m_i 对质点 m_j 的作用力为 $\boldsymbol{F}_{ji}^{(\mathrm{i})}$,由作用力与反作用力定律有 $\boldsymbol{F}_{ij}^{(\mathrm{i})} = -\boldsymbol{F}_{ji}^{(\mathrm{i})}$,如图 8.1 所示。将所有的 $\boldsymbol{F}_{ij}^{(\mathrm{i})}$ 排成一个矩阵,有

$$\begin{bmatrix} \boldsymbol{0} & \boldsymbol{F}_{12}^{(\mathrm{i})} & \cdots & \boldsymbol{F}_{1N}^{(\mathrm{i})} \\ \boldsymbol{F}_{21}^{(\mathrm{i})} & \boldsymbol{0} & \cdots & \boldsymbol{F}_{2N}^{(\mathrm{i})} \\ \vdots & \vdots & \ddots & \vdots \\ \boldsymbol{F}_{N1}^{(\mathrm{i})} & \boldsymbol{F}_{N2}^{(\mathrm{i})} & \cdots & \boldsymbol{0} \end{bmatrix}$$

可见,以上矩阵的第 i 行元素之和为 $\boldsymbol{F}_i^{(\mathrm{i})}$,所有元素之和为 $\sum_{i=1}^{N} \boldsymbol{F}_i^{(\mathrm{i})}$,但由于矩阵元素关于对角线反对称,因此所有元素之和为零,即

$$\sum_{i=1}^{N} \boldsymbol{F}_i^{(\mathrm{i})} \equiv \boldsymbol{0} \tag{8.6}$$

于是方程(8.5)可写为

$$\frac{\mathrm{d}}{\mathrm{d}t}\Big(\sum_{i=1}^{N} m_i \boldsymbol{v}_i\Big) = \sum_{i=1}^{N} \boldsymbol{F}_i^{(e)} \tag{8.7}$$

令
$$\boldsymbol{p} = \sum_{i=1}^{N} m_i \boldsymbol{v}_i, \quad \boldsymbol{F}^{(e)} = \sum_{i=1}^{N} \boldsymbol{F}_i^{(e)} \tag{8.8}$$

称矢量 $\boldsymbol{p}$ 为**质点系的动量**,它是质点系中所有质点动量的矢量和;$\boldsymbol{F}^{(e)}$ 为质点系受到的所有外力的矢量和,即外力主矢。动量的量纲为【质量】×【长度】/【时间】。

这样方程(8.5)可写为

$$\frac{\mathrm{d}\boldsymbol{p}}{\mathrm{d}t} = \boldsymbol{F}^{(e)} \tag{8.9}$$

方程(8.9)就是质点系**动量定理**的数学表达式,称为动量定理的微分形式,用语言表述为:质点系动量的时间变化率等于质点系受到的所有外力之和。

方程(8.9)可以写成积分形式,有

$$\mathrm{d}\boldsymbol{p} = \boldsymbol{F}^{(e)}\,\mathrm{d}t \tag{8.10}$$

对式(8.10)积分,得

$$\boldsymbol{p}_2 - \boldsymbol{p}_1 = \int_{t_1}^{t_2} \boldsymbol{F}^{(e)}\,\mathrm{d}t \tag{8.11}$$

或写为
$$\boldsymbol{p}_2 - \boldsymbol{p}_1 = \boldsymbol{I}_{12} \tag{8.12}$$

其中
$$\boldsymbol{p}_1 = \Big[\sum_{i=1}^{N} m_i \boldsymbol{v}_i\Big]_{t=t_1}, \quad \boldsymbol{p}_2 = \Big[\sum_{i=1}^{N} m_i \boldsymbol{v}_i\Big]_{t=t_2}, \quad \boldsymbol{I}_{12} = \int_{t_1}^{t_2} \boldsymbol{F}^{(e)}\,\mathrm{d}t \tag{8.13}$$

$\boldsymbol{F}^{(e)}\,\mathrm{d}t$ 和 $\boldsymbol{I}_{12}$ 分别称为**力的元冲量**和**冲量**。方程(8.11)就是动量定理的积分形式。

由方程(8.9)(8.11)可见,动量定理不需要考虑质点系的内力,只需知道整体的动量或外力,正是这一点为它的应用提供了简便的分析方法。

以上推导过程表明,**动量定理成立的前提条件是质点系的质量不能变化**,否则,如果被研究质点系中的质点或质量跑出该质点系,或者从其他质点系中提取质点或质量,同时仍然将原来的质点系作为分析对象,则内力将不平衡。因此,在应用动量定理时,质点系一旦取定,以后不管如何变化,初始属于该质点系的所有质量始终属于该质点系,也不接纳外来质量,请读者牢记这一点。对于与外界有质量交换的质点系,需要将交换质量始终计入质点系中构成一个质量封闭系统,这样才能应用动量定理。

将矢量方程(8.9)(8.11)在任取的直角坐标系 $Oxyz$ 中投影,可得动量定理的代数方程。

$$
\begin{cases}
\dfrac{\mathrm{d}}{\mathrm{d}t}(m v_x) = F_x \\[2mm]
\dfrac{\mathrm{d}}{\mathrm{d}t}(m v_y) = F_y, \\[2mm]
\dfrac{\mathrm{d}}{\mathrm{d}t}(m v_z) = F_z
\end{cases}
\quad
\begin{cases}
m v_{2x} - m v_{1x} = \displaystyle\int_{t_1}^{t_2} F_x\,\mathrm{d}t = I_{12x} \\[2mm]
m v_{2y} - m v_{1y} = \displaystyle\int_{t_1}^{t_2} F_y\,\mathrm{d}t = I_{12y} \\[2mm]
m v_{2z} - m v_{1z} = \displaystyle\int_{t_1}^{t_2} F_z\,\mathrm{d}t = I_{12z}
\end{cases}
\tag{8.14}
$$

质点系的动量保持常值,即**动量守恒**的情况有以下两种可能。

(1) 当 $\boldsymbol{F}^{(e)} \equiv \boldsymbol{0}$ 时,有 $\boldsymbol{p}=$ 常矢量;

(2) 当 $F_i^{(e)} \equiv 0, i=x, y, z$ 时,有 $p_i=$ 常数。

8.2.2　质心运动定理

一个运动刚体可以认为是由无数个质点构成的质点系,其动量为 $\boldsymbol{p}=\sum\limits_{i=1}^{\infty} m_i \boldsymbol{v}_i$,若要能应用动量定理,需要解决 $\boldsymbol{p}$ 中所涉及的无限问题。那么,如何解决这一问题呢?

1. 质点系的质心和动量的计算

选取惯性参考系上某一确定点 O 为坐标原点,自点 O 到任一质点 i 的矢量为 $\boldsymbol{r}_i$,则其速度为 $\boldsymbol{v}_i=\dfrac{\mathrm{d}\boldsymbol{r}_i}{\mathrm{d}t}$,代入式(8.8),注意到质量 m_i 是不变的,则有

$$\boldsymbol{p}=\sum m_i \boldsymbol{v}_i=\sum m_i \frac{\mathrm{d}\boldsymbol{r}_i}{\mathrm{d}t}=\frac{\mathrm{d}}{\mathrm{d}t}\sum m_i \boldsymbol{r}_i \tag{8.15}$$

令 $M=\sum m_i$ 为质点系的总质量,定义质点系质量中心(简称质心)C 的矢径为

$$\boldsymbol{r}_C=\frac{\sum m_i \boldsymbol{r}_i}{M} \tag{8.16}$$

将式(8.16)代入式(8.15)得到系统动量为

$$\boldsymbol{p}=\frac{\mathrm{d}}{\mathrm{d}t}\sum m_i \boldsymbol{r}_i=\frac{\mathrm{d}}{\mathrm{d}t}(M\boldsymbol{r}_C)=M\boldsymbol{v}_C \tag{8.17}$$

引入质心的概念,质点系的动量就可以用式(8.16)所确定的质心的速度和系统总的质量来简单表示了。对于图8.2所示的质心为 C 的均质圆盘,图8.2(a)所示的定轴转动圆盘虽然转动,但动量为 0。图8.2(b)和(c)所示的均质圆盘的运动状态虽然不同,但动量相同。

式(8.16)就是求质心的公式,其在直角坐标系的3个分量分别为

$$x_C=\sum m_i x_i/M, \quad y_C=\sum m_i y_i/M, \quad z_C=\sum m_i z_i/M \tag{8.18a}$$

若是由多个物体组成的系统,其质心的计算公式为

$$x_C=\sum m_i x_{iC}/M, \quad y_C=\sum m_i y_{iC}/M, \quad z_C=\sum m_i z_{iC}/M \tag{8.18b}$$

式中:m_i、x_{iC}、y_{iC}、z_{iC} 分别为第 i 个物体的质量及其质心的坐标分量。

需要说明的是,类似质量和重量是不同的概念,质心与重心也是不同的概念。

通常一物体的重心是指该物体在地球表面附近受到的地球引力合力的作用点。由于地球引力源自两物体间的引力,它的精确计算应满足万有引力公式。因此,一个物体的重心不仅与其自身的质量分布有关,还与施加引力的地球的质量分布

图 8.2　均质圆盘

有关,而质心只与该物体的质量分布有关,由此可见,重心这一特征点显然比质心特征点复杂。

　　将物体和地球视为由多个质点构成的质点系,各质点间的万有引力并不是平行的。不过,对于工程问题来说,地球半径很大,地球表面物体所组成的各质点的重力可以视作平行力系,此平行力系的中心就可以视为物体的重心。平行力系的中心是平行力系合力通过的一个点,按照静力学力系简化的方法,可得到类似质心的计算平行力系的中心公式:

$$\boldsymbol{r}_C = \frac{\sum F_i \boldsymbol{r}_i}{\sum F_i} \tag{8.19}$$

　　若将地球表面物体的重力视为平行力系,得到的质心与重心是物体上同一个点。此外,如果物体是均质的,物体的质心就是物体的几何中心,即形心。当地球表面物体的重力视为平行力系且物体是均质的时,重心与形心重合。一些简单均质物体的重心位置如表 8.1 所示。

表 8.1　一些简单均质物体的重心位置

图　形	重心位置	图　形	重心位置
三角形 （图：三角形，高 h，底 b，$\frac{b}{2}$，y_C，质心 C）	在中线的交点 $y_C = \frac{1}{3}h$	梯形 （图：梯形，上底 a，$\frac{a}{2}$，高 h，底 b，$\frac{b}{2}$，y_C，质心 C）	$y_C = \frac{h(2a+b)}{3(a+b)}$
圆弧 （图：圆弧，半径 r，角 φ，O，C，x 轴，x_C）	$x_C = \frac{r\sin\varphi}{\varphi}$ 对于半圆弧 $x_C = \frac{2r}{\pi}$	弓形 （图：弓形，半径 r，角 φ，O，C，x_C）	$x_C = \frac{2}{3}\frac{r^3\sin^3\varphi}{A}$ 面积 $A = \frac{r^2(2\varphi - \sin 2\varphi)}{2}$

续表

图　形	重心位置	图　形	重心位置
扇形 	$x_C = \dfrac{2}{3}\dfrac{r\sin\varphi}{\varphi}$ 对于半圆扇形 $x_C = \dfrac{4r}{3\pi}$	部分圆环 	$x_C = \dfrac{2}{3}\dfrac{R^3-r^3}{R^3+r^3}\dfrac{\sin\varphi}{\varphi}$
二次抛物线面 	$x_C = \dfrac{5}{8}a$ $y_C = \dfrac{2}{5}b$	二次抛物线面 	$x_C = \dfrac{3}{4}a$ $y_C = \dfrac{3}{10}b$
正圆锥体 	$z_C = \dfrac{1}{4}h$	正角锥体 	$z_C = \dfrac{1}{4}h$
半圆球 	$z_C = \dfrac{3}{8}r$	锥形筒体 	$y_C = \dfrac{4R_1+2R_2-3t}{6(R_1+R_2-t)}L$

2. 质心运动定理

将式(8.17)代入式(8.9),得

$$Ma_C = F^{(e)} \tag{8.20}$$

其中,a_C 为质心加速度。

方程(8.20)就是**质心运动定理**,即质点系的总质量与质心加速度的乘积等于质点系所受的外力合力。

将方程(8.20)在直角坐标系中投影,可得

$$\begin{cases} Ma_{Cx} = M\ddot{x}_C = \sum F_x^{(e)} \\ Ma_{Cy} = M\ddot{y}_C = \sum F_y^{(e)} \\ Ma_{Cz} = M\ddot{z}_C = \sum F_z^{(e)} \end{cases} \qquad (8.21)$$

从以上结果可得以下结论。①不管质点系内各质点的运动如何复杂,其质心的运动只受控于质点系所受的外力。比如爆炸现象中,各个碎片的运动是很复杂的,一般难以估计,但对其质心的运动预测却是可能的,定向爆破就需要用质心运动定理作为它的一个理论基础。②质心运动定理相当于将质点系的质量集中到质心,形成一个"质点",将所有外力集中到这个"质点"上,再对质心这个含有质点系总质量的"质点"应用牛顿第二定律。同时可见,质心运动定理与动量定理是完全等价的,因此,我们说动量定理是牛顿定律在质点系中的直接推广,它控制了质点系的整体线运动规律,即质点系质心的运动规律。

引入质心的概念,就将质点系,尤其是刚体中无限个质点的动量矢量和转化为一个点的速度问题,将不能精确求解的无限问题转化为有限问题,这就是质心的重要意义。这种转化方法是研究问题的一种重要思想,请读者仔细体会。

由动量表达式(8.17)可知,质点系的动量守恒与质心速度恒定是等价的,质心速度恒定的情况称为**质心运动守恒**。由质心运动定理,可知有两种守恒情况:

(1) 当 $F^{(e)} \equiv 0$ 时,有 $v_C =$ 常矢量;

(2) 当 $F_i^{(e)} \equiv 0, i = x, y, z$ 时,有 $v_i =$ 常数。

进一步,如果上述常值为零,则还可得**质心位置守恒**的两种情况:

(1) 如果 $v_C =$ 常矢量 $= 0$,则 $r_C =$ 常矢量,即质心位置不变;

(2) 如果 $v_{Ci} =$ 常数 $= 0, i = x, y, z$,则 $x_C(y_C、z_C) =$ 常数,即某一质心坐标不变。

例 8.1　如图 8.3(a)所示,半径为 r,质量为 m_1 的光滑圆柱放在光滑水平面上,一质量为 m_2 的小球 A,从圆柱顶点无初速下滑,试求小球离开圆柱前的轨迹。

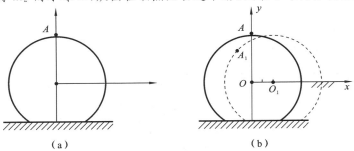

图 8.3　例 8.1 图

解 由系统质心水平位置守恒得

$$m_1 x_O + m_2 x_A = 0 \tag{a}$$

几何位置关系得

$$(x_O - x_A)^2 + y_A{}^2 = r^2 \tag{b}$$

由式(a)和式(b)消去 x_O,得到 A 的运动轨迹方程:

$$\frac{x_A^2}{\left(\dfrac{m_1 r}{m_1 + m_2}\right)^2} + \frac{y_A^2}{r^2} = 1$$

*8.2.3 理想不可压缩流体一维定常流动管壁的附加动反力

动量定理在流体力学中的一个直接应用,就是计算理想不可压缩流体一维定常流动管壁的附加动反力。"一维"是指运动是单个空间变量的函数,"理想流体"

图 8.4 理想流体的一维定常流动

是指没有内摩擦的流体,"不可压缩"是指任何一个流体微团在运动过程中体积或密度不变,"定常"是指在任一个确定的空间点上,流体的速度不变。如图 8.4 所示为一段管子的示意图,其内为理想不可压缩一维定常运动的流体。我们的目的是应用动量定理,计算管壁对流体的附加动反力,即由于流体流动而需要管壁提供的额外的约束力。

在 t 瞬时截取任意一段流体为 $ABCD$,以此为分析对象。设进口截面 AB 处流体的流速为 $\boldsymbol{v}_1$,压力为 $\boldsymbol{F}_1$;出口截面 CD 处流体的流速为 $\boldsymbol{v}_2$,压力为 $\boldsymbol{F}_2$。在 $t+\Delta t$ 瞬时,这段流体运动到了 $A'B'C'D'$。设 $ABB'A'$ 段的质量为 $\mathrm{d}m$,由于流体不可压缩,$CDD'C'$ 段的质量也为 $\mathrm{d}m$。又因为流体为定常运动,因此 $A'B'CD$ 段流体的动量不变,设为 $\boldsymbol{p}_0$。于是同一段流体在 t 瞬时和在 $t+\Delta t$ 瞬时的动量分别为

$$\boldsymbol{p}(t) = \boldsymbol{p}_0 + \mathrm{d}m \cdot \boldsymbol{v}_1$$

$$\boldsymbol{p}(t+\Delta t) = \boldsymbol{p}_0 + \mathrm{d}m \cdot \boldsymbol{v}_2$$

所以动量的增量为

$$\Delta \boldsymbol{p}(t) = \boldsymbol{p}(t+\Delta t) - \boldsymbol{p}(t) = (\boldsymbol{v}_2 - \boldsymbol{v}_1)\mathrm{d}m = \rho q_v (\boldsymbol{v}_2 - \boldsymbol{v}_1)\Delta t$$

其中,q_v 为管中流体的体积流量;ρ 为流体的密度。由动量定理 $\displaystyle\lim_{\Delta t \to 0}\frac{\Delta \boldsymbol{p}}{\Delta t} = \boldsymbol{F}^{(e)}$,得

$$\rho q_v (\boldsymbol{v}_2 - \boldsymbol{v}_1) = \boldsymbol{G} + \boldsymbol{F} + \boldsymbol{F}_1 + \boldsymbol{F}_2$$

其中,$\boldsymbol{G}$ 为流体重力,$\boldsymbol{F}$ 为管壁对流体的约束力合力。将 $\boldsymbol{F}$ 分解为

$$\boldsymbol{F} = \boldsymbol{F}_{\mathrm{S}} + \boldsymbol{F}_{\mathrm{D}}$$

其中,$\boldsymbol{F}_{\mathrm{S}}$ 为管壁对流体的静态约束力合力,由于静态力(系统处于静平衡时受的

力)只能由静态力来平衡,因此它与其他静态力 G、F_1、F_2 一起构成平衡力系,即 $F_S = -(G+F_1+F_2)$。所以有

$$F_D = \rho q_v (v_2 - v_1)$$

因此,F_D 就是由于流体流动而需要管壁额外提供的约束力,称为**管壁的附加动反力**。

例 8.2　如图 8.5 所示,水流入固定水管。进口流速 $v_1 = 2$ m/s,方向垂直,进口截面积为 0.02 m^2。出口流速 $v_2 = 4$ m/s,与水平成 30°。求水对管壁的动压力。

解　体积流量为

$$q_v = 0.02 \times v_1 = 0.04 \ m^3/s$$

所以管壁的附加动反力为

$$F_{Dx} = \rho q_v (v_{2x} - v_{1x})$$
$$= 1000 \times 0.04 \times v_2 \cos 30° \ N = 80\sqrt{3} \ N$$
$$F_{Dy} = \rho q_v (v_{2y} - v_{1y})$$
$$= 1000 \times 0.04 \times (v_2 \sin 30° - v_1) = 0$$

水对管壁的动压力与上述附加动反力等值反向。

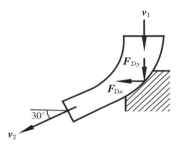

图 8.5　例 8.2 图

*8.2.4　一类变质量系统问题

上述给出了质量不变的质点系和刚体的动量定理,若系统是变质量的,如何应用动量定理呢?

考虑如下问题:设一个系统的质量随时间 t 连续变化,t 瞬时质量为 $m(t)$,在 Δt 时间内,质量的变化量为 $dm = (dm/dt)dt$,当 $dm > 0$ 时,外界向系统输入质量,当 $dm < 0$ 时,系统向外界抛出质量。下面推导这种变质量系统的控制微分方程。

瞬时质量为 $m(t)$ 的系统称为**主系统**,设 t 瞬时主系统的质心速度为 v,质量为 m,到 $t + \Delta t$ 瞬时,主系统的质量变为 $m + dm$,质心的速度变为 $v + dv$。在 Δt 时间内,主系统与外界交换的质量为 dm,假定 dm 进入(或离开)主系统时相对于主系统质心的速度为 v_r。将 $m + dm$ 作为分析对象,如图 8.6 所示,那么在 $[t, t + \Delta t]$ 时间内,分析对象的质量不变,可以应用动量定理。

t 瞬时的动量为

$$p(t) = mv + dm \cdot (v + v_r)$$

$t + \Delta t$ 瞬时的动量为

$$p(t + \Delta t) = (m + dm)(v + dv) = mv + vdm + mdv + dmdv$$

仅仅当主质量 $m(t) \gg dm$ 时,认为 t 时刻主系统的质心速度 v 是 t 时刻总质量的质心速度,上式才成立,故在系统开始几乎没有质量,由外部输入质量的微小时间段内,下面得到的变质量系统的质心运动微分方程不成立。

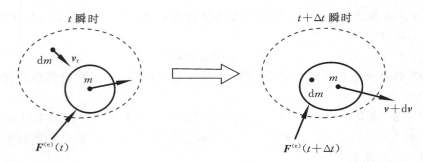

图 8.6　变质量系统的运动和受力

所以动量的增量为

$$\Delta \boldsymbol{p}(t) = \boldsymbol{p}(t+\Delta t) - \boldsymbol{p}(t) = m\mathrm{d}\boldsymbol{v} - \boldsymbol{v}_r \mathrm{d}m + \mathrm{d}m\mathrm{d}\boldsymbol{v}$$

由动量定理 $\lim\limits_{\Delta t \to 0} \dfrac{\Delta \boldsymbol{p}}{\Delta t} = \boldsymbol{F}^{(e)}$,得

$$m\frac{\mathrm{d}\boldsymbol{v}}{\mathrm{d}t} - \boldsymbol{v}_r \frac{\mathrm{d}m}{\mathrm{d}t} = \boldsymbol{F}^{(e)}(t)$$

这就是**变质量系统的质心运动微分方程**。

例 8.3　如图 8.7 所示,细绳绕过定滑轮垂直提升链条。假设链条总长度为 $l = 20\text{m}$,链条以 $v = 0.4 \text{ m/s}$ 匀速上升,求提升力 $\boldsymbol{F}$ 和地面支持力 $\boldsymbol{N}$ 的大小随时间 t 变化的函数。已知初始时链条静止在地面上,链条单位长度的质量为 2 kg/m。

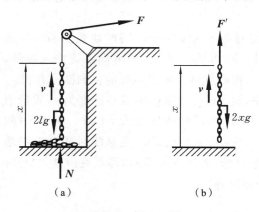

图 8.7　例 8.3 图

解　设链条最高点 H 的瞬时高度为 $x = vt$,链条运动部分(即主系统)的质量为 $2x$。以运动部分的链条为分析对象,在 $\mathrm{d}t$ 时间内进入运动的、长度为 $\mathrm{d}x$ 的一小段链条,经链条运动部分的冲击,绝对速度由零突变为 $\boldsymbol{v}$,所以 $\boldsymbol{v}_r = \boldsymbol{0} - \boldsymbol{v}$。在 x 方向应用变质量系统的运动微分方程,得

$$2x\frac{\mathrm{d}v}{\mathrm{d}t} + v\frac{2\mathrm{d}x}{\mathrm{d}t} = F - 2xg$$

因为 $\mathrm{d}x/\mathrm{d}t = v, \mathrm{d}v/\mathrm{d}t = 0$,所以

$$F = 2gvt + 2v^2 = (7.84t + 0.32)\text{ N}$$

再以整根链条为质点系,链条总质量为 $2l$,垂直方向的动量为

$$p_y(t) = 2xv$$

由动量定理,得

$$\frac{\mathrm{d}p_y}{\mathrm{d}t} = \frac{\mathrm{d}(2xv)}{\mathrm{d}t} = F + N - 2lg$$

所以 $\qquad\qquad\qquad N=2gl-2gvt=(392-7.84t)\ \mathrm{N}$

上述结论在链条整体在地面,开始向上提升的微小时间段内不成立。

思考: 如果链条从上往下以匀速 v 落到地面上,则分析有何不同?结果如何?

例 8.4　如图 8.8 所示,水平地面光滑,设车厢质量为 2000 kg,车上载有 1000 kg 的沙子。原来车和沙子都是静止的,后将沙子水平向后抛出,沙子离开车厢时的相对速度大小为 v_r。设车子不受水平外力,求沙子抛完时车厢的速度大小 v 与 v_r 的比值。

解　在水平方向应用变质量系统的运动微分方程,得

$$m\frac{\mathrm{d}v}{\mathrm{d}t}+v_r\frac{\mathrm{d}m}{\mathrm{d}t}=0$$

即 $\qquad\qquad\qquad \mathrm{d}v+v_r\frac{\mathrm{d}m}{m}=0$

因为 v_r 为常值,所以对上式积分,得

$$v+v_r\ln m=C$$

其中,C 为积分常数。由初始条件得

图 8.8　例 8.4 图

$$C=v_r\ln m_0=v_r\ln 3000$$

所以 $\qquad v+v_r\ln m=v_r\ln 3000\quad\Rightarrow\quad \dfrac{v}{v_r}=\ln\dfrac{3000}{m}$

沙子抛完时,$m=2000$ kg,此时有

$$\frac{v}{v_r}=\ln\frac{3}{2}\approx 0.405$$

8.3　动量矩定理

动量定理或质心运动定理只解决了质点系和物体随质心的平动问题,或者说对于质量相同、质心速度相同的两个质点系,动量定理不能揭示它们之间的运动差别。一个很典型的例子是,对于绕过质心的任意轴做定轴转动的刚体,动量定理得到的信息与该刚体静止时一样。实践中已经知道,刚体的转动是由力矩或力偶造成的,这就启发我们,需要考察在力矩或力偶作用下质点系的运动规律,本章将要研究的动量矩定理就是要解决这类问题。

8.3.1　固定点的质点动量矩定理

1. 方程推导

将牛顿第二定律重写为

$$\frac{\mathrm{d}(mv)}{\mathrm{d}t}=\boldsymbol{F} \qquad\qquad\qquad (8.22)$$

转动一般是由力矩引起的,要研究转动问题,需将牛顿第二定律中力的量变为力矩,力矩为 $\boldsymbol{r}\times\boldsymbol{F}$,$\boldsymbol{r}$ 为从固定点 O 出发到质点的矢径,如图 8.9 所示。将 $\boldsymbol{r}$ 与方

图 8.9　质点的动量矩

程(8.22)做矢量积,得

$$r \times \frac{\mathrm{d}(m\boldsymbol{v})}{\mathrm{d}t} = r \times \boldsymbol{F} \qquad (8.23)$$

这样,方程(8.23)右边就是质点上作用的合力 $\boldsymbol{F}$ 对点 O 的力矩,再将方程(8.23)左边做如下处理:

$$r \times \frac{\mathrm{d}(m\boldsymbol{v})}{\mathrm{d}t} = \frac{\mathrm{d}(r \times m\boldsymbol{v})}{\mathrm{d}t} - \boldsymbol{v} \times (m\boldsymbol{v})$$

$$= \frac{\mathrm{d}(r \times m\boldsymbol{v})}{\mathrm{d}t} = \frac{\mathrm{d}\boldsymbol{L}_O(m\boldsymbol{v})}{\mathrm{d}t} \qquad (8.24)$$

因为当 O 为惯性系中任意选取的一个固定点 O 时,有 $\dfrac{\mathrm{d}r}{\mathrm{d}t} = \boldsymbol{v}$,故当 O 为惯性系中任意选取的一个固定点时,式(8.24)才成立。其中

$$\boldsymbol{L}_O(m\boldsymbol{v}) = r \times m\boldsymbol{v} \qquad (8.25)$$

式(8.25)是质点的动量矢量 $m\boldsymbol{v}$ 对点 O 之矩,其含义和计算方法与力矩类似,称为质点的**动量矩**。于是方程(8.23)变为

$$\frac{\mathrm{d}\boldsymbol{L}_O(m\boldsymbol{v})}{\mathrm{d}t} = r \times \boldsymbol{F} = \boldsymbol{M}_O(\boldsymbol{F}) \qquad (8.26)$$

方程(8.26)就是**质点的动量矩定理**,即质点对任意固定点 O 的动量矩对时间的导数等于质点上的合力对同一点之矩。它揭示了矩心为任意固定点时,质点上作用的力矩与其动量矩(即运动)之间的关系。

注意,若不是固定点,上述定理将会变得很复杂,难以用来解决实际问题,所以,这里强调的是固定点的质点动量矩定理。

方程(8.26)在直角坐标系中的投影式为

$$\begin{cases} \dfrac{\mathrm{d}}{\mathrm{d}t} L_x(m\boldsymbol{v}) = M_x(\boldsymbol{F}) \\[2mm] \dfrac{\mathrm{d}}{\mathrm{d}t} L_y(m\boldsymbol{v}) = M_y(\boldsymbol{F}) \\[2mm] \dfrac{\mathrm{d}}{\mathrm{d}t} L_z(m\boldsymbol{v}) = M_z(\boldsymbol{F}) \end{cases} \qquad (8.27)$$

2. 动量矩守恒

在某些情况下,选取合适的矩心时,动量矩可守恒。由方程(8.26)、(8.27)有
(1) $\boldsymbol{M}_O(\boldsymbol{F}) \equiv \boldsymbol{0} \Rightarrow \boldsymbol{L}_O(m\boldsymbol{v}) =$ 常矢量;
(2) $M_i(\boldsymbol{F}) \equiv 0 \Rightarrow L_i(m\boldsymbol{v}) =$ 常量,$i = x, y, z$。

8.3.2　固定点的质点系动量矩定理

1. 定理的推导

显然,对于质点系中任意一个质量为 m_i 的质点,方程(8.26)都成立,只是现在

质点 m_i 受到的合力可分为内力合力与外力合力,所以有

$$\frac{\mathrm{d}(\boldsymbol{r}_i \times m_i \boldsymbol{v})}{\mathrm{d}t} = \boldsymbol{r}_i \times \boldsymbol{F}_i^{(\mathrm{e})} + \boldsymbol{r}_i \times \boldsymbol{F}_i^{(\mathrm{i})} \tag{8.28}$$

假定质点系有 N 个质点,将 N 个方程相加,得

$$\frac{\mathrm{d}}{\mathrm{d}t}\sum_{i=1}^{N}\boldsymbol{r}_i \times m_i \boldsymbol{v} = \sum_{i=1}^{N}\boldsymbol{r}_i \times \boldsymbol{F}_i^{(\mathrm{e})} + \sum_{i=1}^{N}\boldsymbol{r}_i \times \boldsymbol{F}_i^{(\mathrm{i})} = \boldsymbol{M}_O^{(\mathrm{e})} + \boldsymbol{M}_O^{(\mathrm{i})} \tag{8.29}$$

方程(8.29)右边第一项为外力矩之和,第二项为内力矩之和。令

$$\boldsymbol{L}_O = \sum_{i=1}^{N}\boldsymbol{r}_i \times m_i \boldsymbol{v}, \quad \boldsymbol{M}_O^{(\mathrm{e})} = \sum_{i=1}^{N}\boldsymbol{r}_i \times \boldsymbol{F}_i^{(\mathrm{e})}, \quad \boldsymbol{M}_O^{(\mathrm{i})} = \sum_{i=1}^{N}\boldsymbol{r}_i \times \boldsymbol{F}_i^{(\mathrm{i})} \tag{8.30}$$

其中,$\boldsymbol{L}_O$ 为**质点系的动量矩**。所以方程(8.29)可写为

$$\frac{\mathrm{d}\boldsymbol{L}_O}{\mathrm{d}t} = \boldsymbol{M}_O^{(\mathrm{e})} + \boldsymbol{M}_O^{(\mathrm{i})} \tag{8.31}$$

内力 $\boldsymbol{F}_i^{(\mathrm{i})}$ 可写为

$$\boldsymbol{F}_i^{(\mathrm{i})} = \sum_{j=1, j \neq i}^{N} \boldsymbol{F}_{ij}^{(\mathrm{i})}, \quad \boldsymbol{F}_{ii}^{(\mathrm{i})} \equiv \boldsymbol{0} \tag{8.32}$$

其中,$\boldsymbol{F}_{ij}^{(\mathrm{i})}$ 表示质点 m_j 对质点 m_i 的作用力,且有 $\boldsymbol{F}_{ij}^{(\mathrm{e})} = -\boldsymbol{F}_{ji}^{(\mathrm{e})}$。将式(8.32)代入方程(8.31)后,将所有内力矩的项 $\boldsymbol{r}_i \times \boldsymbol{F}_{ij}^{(\mathrm{i})}$ 排成一个矩阵:

$$\begin{pmatrix} \boldsymbol{0} & \boldsymbol{r}_1 \times \boldsymbol{F}_{12}^{(\mathrm{i})} & \cdots & \boldsymbol{r}_1 \times \boldsymbol{F}_{1N}^{(\mathrm{i})} \\ \boldsymbol{r}_2 \times \boldsymbol{F}_{21}^{(\mathrm{i})} & \boldsymbol{0} & \cdots & \boldsymbol{r}_2 \times \boldsymbol{F}_{2N}^{(\mathrm{i})} \\ \vdots & \vdots & \ddots & \vdots \\ \boldsymbol{r}_N \times \boldsymbol{F}_{N1}^{(\mathrm{i})} & \boldsymbol{r}_N \times \boldsymbol{F}_{N2}^{(\mathrm{i})} & \cdots & \boldsymbol{0} \end{pmatrix}$$

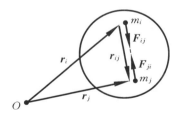

图 8.10　任意两个质点相互作用
的内力和矢径关系

显然,该矩阵所有元素之和为 $\boldsymbol{M}_O^{(\mathrm{i})}$。下面考察关于对角线对称的任意两个元素 $\boldsymbol{r}_i \times \boldsymbol{F}_{ij}^{(\mathrm{i})}$ 与 $\boldsymbol{r}_j \times \boldsymbol{F}_{ji}^{(\mathrm{i})}$ 之和,如图 8.10 所示,可得 $\boldsymbol{r}_i$ 与 $\boldsymbol{r}_j$ 虽然不同,但点 O 到 $\boldsymbol{F}_{ij}^{(\mathrm{i})}$ 与 $\boldsymbol{F}_{ji}^{(\mathrm{i})}$ 的力臂相同,因此可得

$$\begin{aligned} \boldsymbol{r}_i \times \boldsymbol{F}_{ij}^{(\mathrm{i})} + \boldsymbol{r}_j \times \boldsymbol{F}_{ji}^{(\mathrm{i})} &= \boldsymbol{r}_i \times \boldsymbol{F}_{ij}^{(\mathrm{i})} + (\boldsymbol{r}_i + \boldsymbol{r}_{ij}) \times \boldsymbol{F}_{ji}^{(\mathrm{i})} \\ &= \boldsymbol{r}_i \times \boldsymbol{F}_{ij}^{(\mathrm{i})} + \boldsymbol{r}_i \times \boldsymbol{F}_{ji}^{(\mathrm{i})} \\ &= \boldsymbol{r}_i \times \boldsymbol{F}_{ij}^{(\mathrm{i})} - \boldsymbol{r}_i \times \boldsymbol{F}_{ij}^{(\mathrm{i})} \equiv \boldsymbol{0} \end{aligned} \tag{8.33}$$

矩阵的所有元素都是由这种成对的元素组成的,所以 $\boldsymbol{M}_O^{(\mathrm{i})} \equiv \boldsymbol{0}$。于是方程(8.31)可写为

$$\frac{\mathrm{d}\boldsymbol{L}_O}{\mathrm{d}t} = \boldsymbol{M}_O^{(\mathrm{e})} \tag{8.34}$$

方程(8.34)就是固定点的质点系**动量矩定理**,用语言表述为:质点系对任一固定点 O 的动量矩的时间变化率等于质点系受到的所有外力对同一点 O 的主矩。

在直角坐标系中,方程(8.34)的投影式为

$$\frac{\mathrm{d}L_x}{\mathrm{d}t} = M_x^{(e)}, \quad \frac{\mathrm{d}L_y}{\mathrm{d}t} = M_y^{(e)}, \quad \frac{\mathrm{d}L_z}{\mathrm{d}t} = M_z^{(e)} \tag{8.35}$$

2. 动量矩守恒

对于取定的或合适选取的矩心,在某些情况下,质点系的动量矩可守恒。由方程(8.34)、(8.35)有

(1) $\boldsymbol{M}_O^{(e)} \equiv \boldsymbol{0}$ ⇒ $\boldsymbol{L}_O$=常矢量;

(2) $M_i^{(e)} \equiv 0$ ⇒ L_i=常数, $i=x,y,z$。

8.3.3　定轴转动刚体的动力学

一个运动刚体可以认为是由无数个质点构成的质点系,其对固定点 O 的动量矩为 $\boldsymbol{L}_O = \sum\limits_{i=1}^{\infty} \boldsymbol{r}_i \times m_i \boldsymbol{v}_i$,若要能应用动量矩定理,需要解决 $\boldsymbol{L}_O$ 中所涉及的无限个质点的问题。能否借鉴引入质心来解决动量定理中的无限问题的思想,引入一个特殊量,也将无限问题变成有限的来解决这一问题呢? 寻找解决该问题的途径,科学的研究方法一般是将复杂问题简单化,先研究既简单又体现转动的本质特征的特殊问题,将简单问题研究清楚后,再尝试将其推广到复杂问题。因此,一个做定轴转动的刚体是最合适的选择。

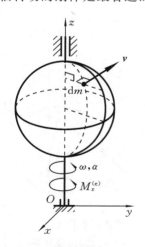

图 8.11　定轴转动刚体

1. 动力学方程

设一刚体绕某定轴 z 转动,如图 8.11 所示,可得

$$\frac{\mathrm{d}L_z}{\mathrm{d}t} = M_z^{(e)} \tag{8.36}$$

其中,$M_z^{(e)}$ 为刚体上作用的所有外力对轴 z 之矩,L_z 为定轴转动刚体对轴 z 的动量矩,它们均为代数量,其正负号根据参考正转向来确定,从面对 z 轴的正向看,逆时针为正,顺时针为负。L_z 的计算可以仿照力对轴之矩进行,如图 8.11 所示,可得

$$L_z = \int_M r(v\mathrm{d}m) = \int_M \omega r^2 \mathrm{d}m = \omega \int_M r^2 \mathrm{d}m = J_z \omega \tag{8.37}$$

其中

$$J_z = \int_M r^2 \mathrm{d}m \tag{8.38}$$

由于刚体的形状不变,它与转轴的相对位置一旦确定,无论刚体转速多大,J_z 都是一个不变量。引入 J_z 这个不变量,就将质点系,尤其是刚体中无限个质点的动量矩矢量之和不能精确求解的无限问题转化为有限问题,使刚体转动动力学分析变得简单可行,这一重要量称为**转动惯量**。

对于由不同刚体构成的可以相对运动的构件,在运动过程中,J_z 是变化的,在动量矩定理中需要对 J_z 求导,问题会变得很复杂。所以,转动惯量一般是对一个

刚体来说的,对于由不同刚体构成的可以相对运动的构件,定义转动惯量是没有意义的。此外,有时为了理解方便或建立用质点替代刚体的等效分析方法,假设刚体所有质量集中于距离转轴为 ρ 处的质点,用该质点的转动等效刚体的转动,这样研究刚体转化为研究质点(动量定理也可以认为全部质量在质心 C,看作质点的动量定理),因此也将转动惯量写成如下形式:

$$J_z = M\rho_z^2 \tag{8.39}$$

其中,ρ_z 具有长度的量纲,称为刚体对轴 z 的**回转半径**(或惯性半径)。

将式(8.37)代入式(8.36),得

$$J_z\alpha = M_z^{(e)} \tag{8.40}$$

这就是定轴转动刚体的动力学方程,也称为转动微分方程。

2. 刚体对轴的转动惯量计算

1) 平行轴定理

设有平行的两轴 z 和 z_C,轴 z_C 通过刚体的质心 C,令 J_z、J_C 分别为同一刚体对两轴的转动惯量,M 为刚体的质量,d 为两轴间的距离,如图 8.12(a)所示。图 8.12(b)中的 x_m、y_m 表示矢量 $\boldsymbol{r}_m$ 在坐标系 Oxy 中的投影,根据质心坐标的计算公式,得

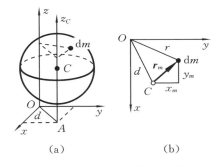

图 8.12　刚体对平行轴的转动惯量

$$x_C = \frac{\int_M x_m \mathrm{d}m}{M} = 0, \quad y_C = \frac{\int_M y_m \mathrm{d}m}{M} = 0$$

所以转动惯量 J_z 为

$$
\begin{aligned}
J_z &= \int_M r^2 \mathrm{d}m = \int_M (x^2 + y^2)\mathrm{d}m = \int_M \left[(x_C + x_m)^2 + (y_C + y_m)^2 \right]\mathrm{d}m \\
&= \int_M (x_m^2 + y_m^2)\mathrm{d}m + \int_M (x_C^2 + y_C^2)\mathrm{d}m + 2x_C\int_M x_m\mathrm{d}m + 2y_C\int_M y_m\mathrm{d}m \\
&= J_C + Md^2
\end{aligned}
$$

即

$$J_z = J_C + Md^2 \tag{8.41}$$

从式(8.41)可知,通过质心的转动惯量最小。

2) 复杂形状刚体的转动惯量

按如下一般公式进行解析或数值积分计算:

$$J_z = \int_M r^2 \mathrm{d}m = \begin{cases} \displaystyle\iint_V r^2 \rho\, \mathrm{d}V, & \text{对于非均质刚体} \\[2mm] \displaystyle\rho\int_V r^2 \mathrm{d}V, & \text{对于均质刚体} \end{cases} \tag{8.42}$$

其中,V 为刚体的体积;$\rho = \rho(x,y,z)$ 为刚体的密度。

3) 简单形状刚体的转动惯量

对于由若干个简单形状刚体通过焊接等方式组合成的刚体,可按下式计算转动惯量:

$$J_z = \sum (J_{C_i} + M_i d_i^2) \tag{8.43}$$

其中,J_{C_i} 为第 i 个简单形状刚体的质心轴(平行于轴 z)转动惯量;d_i 为第 i 个刚体的质心 C_i 与轴 z 之间的距离,若刚体中挖去某一部分,在求和中取负号。一些简单均质物体的转动惯量如表 8.2 所示。

表 8.2　一些简单均质物体的转动惯量

物体的形状	简　图	转 动 惯 量	惯 性 半 径	体积
细直杆		$J_{z_C} = \dfrac{m}{12}l^2$ $J_z = \dfrac{m}{3}l^2$	$\rho_{z_C} = \dfrac{l}{2\sqrt{3}}$ $\rho_z = \dfrac{l}{\sqrt{3}}$	—
薄壁圆筒		$J_z = mR^2$	$\rho_z = R$	$2\pi Rlh$
圆柱		$J_z = \dfrac{1}{2}mR^2$ $J_x = J_y$ $= \dfrac{m}{12}(3R^2 + l^2)$	$\rho_z = \dfrac{R}{\sqrt{2}}$ $\rho_x = \rho_y$ $= \sqrt{\dfrac{1}{12}(3R^2 + l^2)}$	$\pi R^2 l$
空心圆柱		$J_z = \dfrac{m}{2}(R^2 + r^2)$	$\rho_z = \sqrt{\dfrac{1}{2}(R^2 + r^2)}$	$\pi l(R^2 - r^2)$
薄壁空心球		$J_z = \dfrac{2}{3}mR^2$	$\rho_z = \sqrt{\dfrac{2}{3}}R$	$\dfrac{3}{2}\pi Rh$

物体的形状	简　图	转动惯量	惯性半径	体积
实心球		$J_z = \dfrac{2}{5} mR^2$	$\rho_z = \sqrt{\dfrac{2}{5}} R$	$\dfrac{4}{3} \pi R^3$
圆锥体		$J_z = \dfrac{3}{10} mr^2$ $J_x = J_y$ $= \dfrac{3}{80} m(4r^2 + l^2)$	$\rho_z = \sqrt{\dfrac{3}{10}} r$ $\rho_x = \rho_y$ $= \sqrt{\dfrac{3}{80}(4r^2 + l^2)}$	$\dfrac{\pi}{3} r^2 l$
圆环		$J_z = m\left(R^2 + \dfrac{3}{4} r^2\right)$	$\rho_z = \sqrt{R^2 + \dfrac{3}{4} r^2}$	$2\pi^2 r^2 R$
椭圆形薄板		$J_z = \dfrac{m}{4}(a^2 + b^2)$ $J_y = \dfrac{m}{4} a^2$ $J_x = \dfrac{m}{4} b^2$	$\rho_z = \dfrac{1}{2}\sqrt{a^2 + b^2}$ $\rho_y = \dfrac{a}{2}$ $\rho_x = \dfrac{b}{2}$	πabh
长方体		$J_z = \dfrac{m}{12}(a^2 + b^2)$ $J_y = \dfrac{m}{12}(a^2 + c^2)$ $J_x = \dfrac{m}{12}(b^2 + c^2)$	$\rho_z = \sqrt{\dfrac{1}{12}(a^2 + b^2)}$ $\rho_y = \sqrt{\dfrac{1}{12}(a^2 + c^2)}$ $\rho_x = \sqrt{\dfrac{1}{12}(b^2 + c^2)}$	abc

续表

物体的形状	简　图	转 动 惯 量	惯 性 半 径	体积
矩形薄板	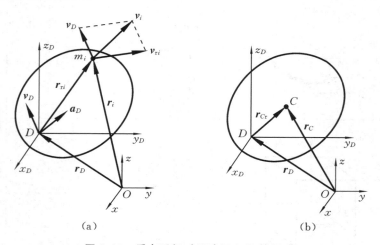	$J_z = \dfrac{m}{12}(a^2+b^2)$ $J_y = \dfrac{m}{12}a^2$ $J_x = \dfrac{m}{12}b^2$	$\rho_z = \sqrt{\dfrac{1}{12}(a^2+b^2)}$ $\rho_y = 0.289a$ $\rho_x = 0.289b$	abh

8.3.4　质点系的相对运动动量矩定理

1. 定理的推导

前述得到的动量矩定理要求矩心为惯性系中的一个固定点,计算动量矩的速度为绝对速度,这可以称为绝对运动动量矩定理。在很多场合,它应用起来很不方便,为此,下面来推导质点系相对于动矩心的动量矩定理,即所谓的相对运动动量矩定理。如图 8.13 所示,设动矩心 D 以速度 $\boldsymbol{v}_D$ 和加速度 $\boldsymbol{a}_D$ 在惯性系 $Oxyz$ 中运动。任取一个随 D 一起平动的坐标系 $Dx_D y_D z_D$,在平动坐标系 $Dx_D y_D z_D$ 中的观察者,按照所观察到的各个质点的速度和动量矩的计算方法,每一瞬时他都可以计算出质点系关于点 D 的动量矩,这个动量矩就是相对运动动量矩,它的变化规律就是相对于动矩心的动量矩定理或相对运动动量矩定理。这个定理可以用绝对运动动量矩定理演化得到。

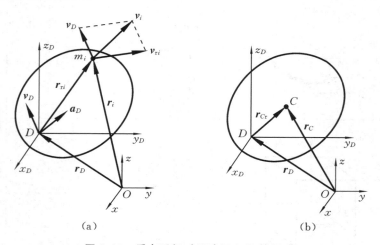

图 8.13　质点系相对于动矩心 D 的运动

(a) 任意质点 m_i 的复合运动　(b) 质心的运动

设质点系中任一质点 m_i 的瞬时绝对速度为 $\boldsymbol{v}_i$，由合成运动方法，有

$$\boldsymbol{v}_i = \boldsymbol{v}_{ri} + \boldsymbol{v}_D \tag{8.44}$$

则质点系对固定点 O 的绝对运动动量矩为

$$
\begin{aligned}
\boldsymbol{L}_O &= \sum \boldsymbol{r}_i \times m_i \boldsymbol{v}_i = \sum \left[(\boldsymbol{r}_{ri} + \boldsymbol{r}_D) \times (m_i \boldsymbol{v}_{ri} + m_i \boldsymbol{v}_D) \right] \\
&= \sum \boldsymbol{r}_{ri} \times m_i \boldsymbol{v}_{ri} + \boldsymbol{r}_D \times \sum m_i \boldsymbol{v}_{ri} + \sum \boldsymbol{r}_{ri} \times m_i \boldsymbol{v}_D + \boldsymbol{r}_D \times \sum m_i \boldsymbol{v}_D \\
&= \boldsymbol{L}_{Dr} + \boldsymbol{r}_D \times M \boldsymbol{v}_{Cr} + \boldsymbol{r}_{Cr} \times M \boldsymbol{v}_D + \boldsymbol{r}_D \times M \boldsymbol{v}_D \\
&= \boldsymbol{L}_{Dr} + \boldsymbol{r}_D \times M \boldsymbol{v}_C + \boldsymbol{r}_{Cr} \times M \boldsymbol{v}_D
\end{aligned} \tag{8.45}
$$

其中，$\boldsymbol{L}_{Dr} = \sum \boldsymbol{r}_{ri} \times m_i \boldsymbol{v}_{ri}$ 就是质点系的相对运动动量矩，而

$$\boldsymbol{r}_{Cr} = \frac{\sum m \boldsymbol{r}_{ri}}{M}, \quad \boldsymbol{v}_{Cr} = \frac{\sum m \boldsymbol{v}_{ri}}{M} \tag{8.46}$$

分别为质心 C 的相对运动矢径和相对速度。

注意，在方程(8.44)、(8.45)中所有质点的牵连速度均为 $\boldsymbol{v}_D$，这只有在平动动系中才是正确的，因此 $\boldsymbol{L}_{Dr}$ 必须在平动动系中计算。

对式(8.45)求时间绝对导数，并注意到 $\boldsymbol{r}_C = \boldsymbol{r}_D + \boldsymbol{r}_{Cr}$，$\boldsymbol{v}_C = \boldsymbol{v}_D + \boldsymbol{v}_{Cr}$，得

$$\frac{\mathrm{d}\boldsymbol{L}_O}{\mathrm{d}t} = \frac{\mathrm{d}\boldsymbol{L}_{Dr}}{\mathrm{d}t} + \boldsymbol{v}_D \times M \boldsymbol{v}_C + \boldsymbol{r}_D \times M \boldsymbol{a}_C + \boldsymbol{v}_{Cr} \times M \boldsymbol{v}_D + \boldsymbol{r}_{Cr} \times M \boldsymbol{a}_D \tag{8.47}$$

式(8.47)等号右边第二、第四项之和为零，即

$$\frac{\mathrm{d}\boldsymbol{L}_O}{\mathrm{d}t} = \frac{\mathrm{d}\boldsymbol{L}_{Dr}}{\mathrm{d}t} + \boldsymbol{r}_D \times M \boldsymbol{a}_C + \boldsymbol{r}_{Cr} \times M \boldsymbol{a}_D \tag{8.48}$$

外力对固定点 O 的主矩为

$$
\begin{aligned}
\boldsymbol{M}_O^{(\mathrm{e})} &= \sum \boldsymbol{r}_i \times \boldsymbol{F}_i^{(\mathrm{e})} = \sum (\boldsymbol{r}_{ri} + \boldsymbol{r}_D) \times \boldsymbol{F}_i^{(\mathrm{e})} = \sum \boldsymbol{r}_{ri} \times \boldsymbol{F}_i^{(\mathrm{e})} + \sum \boldsymbol{r}_D \times \boldsymbol{F}_i^{(\mathrm{e})} \\
&= \boldsymbol{M}_D^{(\mathrm{e})} + \boldsymbol{r}_D \times \sum \boldsymbol{F}_i^{(\mathrm{e})}
\end{aligned} \tag{8.49}
$$

将式(8.48)、(8.49)代入动量矩定理 $\dfrac{\mathrm{d}\boldsymbol{L}_O}{\mathrm{d}t} = \boldsymbol{M}_O^{(\mathrm{e})}$，得

$$\frac{\mathrm{d}\boldsymbol{L}_{Dr}}{\mathrm{d}t} = \boldsymbol{M}_D^{(\mathrm{e})} + \boldsymbol{r}_D \times \left(\sum \boldsymbol{F}_i^{(\mathrm{e})} - M \boldsymbol{a}_C \right) - \boldsymbol{r}_{Cr} \times M \boldsymbol{a}_D \tag{8.50}$$

由质心运动定理，有 $\sum \boldsymbol{F}_i^{(\mathrm{e})} - M \boldsymbol{a}_C = \boldsymbol{0}$，所以方程(8.50)变为

$$\frac{\mathrm{d}\boldsymbol{L}_{Dr}}{\mathrm{d}t} = \boldsymbol{M}_D^{(\mathrm{e})} + \boldsymbol{r}_{Cr} \times (-M \boldsymbol{a}_D) \tag{8.51}$$

以上 $\mathrm{d}\boldsymbol{L}_{Dr}/\mathrm{d}t$ 是在惯性系 $Oxyz$（即静系）中对 t 求导数，由于 $Dx_D y_D z_D$ 平动，它也等于 $\boldsymbol{L}_{Dr}$ 在动系中对 t 求导数，因此方程(8.51)就变为一个完全在平动动系 $Dx_D y_D z_D$ 中也适用的方程，这就是**质点系的相对运动动量矩定理**。此外，当选取点 D 为质心 C 时，

$$\boldsymbol{r}_{Cr} = \boldsymbol{0}$$

由式(8.45),质点系对任一固定点 O 的动量矩 $\boldsymbol{L}_O$ 为

$$\boldsymbol{L}_O = \boldsymbol{L}_{Cr} + \boldsymbol{r}_C \times M\boldsymbol{v}_C \tag{8.52}$$

式(8.52)可用来计算任意运动刚体对某一固定点的绝对运动动量矩。

对于角速度为 $\boldsymbol{\omega}$ 的刚体,$\boldsymbol{L}_{Cr} = J_C\boldsymbol{\omega}$,其对任意固定点 O 的动量矩为

$$\boldsymbol{L}_O = J_C\boldsymbol{\omega} + \boldsymbol{r}_C \times M\boldsymbol{v}_C \tag{8.53}$$

当刚体做瞬时平动时,则

$$\boldsymbol{L}_O = \boldsymbol{r}_C \times M\boldsymbol{v}_C$$

当刚体绕 O 做定轴转动时,则

$$\boldsymbol{L}_O = J_C\boldsymbol{\omega} + \boldsymbol{r}_C \times M\boldsymbol{v}_C = (J_C + mr_C^2)\boldsymbol{\omega} = J_O\boldsymbol{\omega}$$

该结论与前文刚体做定轴转动时得到的结论相同。

2. 特殊动矩心

方程(8.51)右边的第二项使用起来一般很困难,为了消除这一项,只要

$$\boldsymbol{r}_{Cr} = 0 \quad \text{或} \quad \boldsymbol{a}_D = 0 \quad \text{或} \quad \boldsymbol{r}_{Cr} /\!/ \boldsymbol{a}_D \tag{8.54}$$

不管哪种情况,都有

$$\boldsymbol{r}_{Cr} \times (-M\boldsymbol{a}_D) = 0 \tag{8.55}$$

选择以下三种点为动矩心 D:

(1) 质心 C;

(2) 加速度为零的点;

(3) 加速度矢量通过质心的点。

则质点系相对动量矩定理(8.51)可简化为

$$\frac{\mathrm{d}\boldsymbol{L}_D}{\mathrm{d}t} = \boldsymbol{M}_D^{(\mathrm{e})} \tag{8.56}$$

8.3.5　刚体平面运动动力学

现在将质点系相对运动动量矩定理应用于平面运动刚体。对于由多个刚体组成的系统,即使选取了特殊动矩心 D,方程(8.56)中 $\dfrac{\mathrm{d}\boldsymbol{L}_D}{\mathrm{d}t}$ 的计算也很复杂,难以应用。对于单个刚体,就简单得多。对于单个刚体,可将刚体的平面运动简化为通过质心的平面运动图形,并且设想将刚体的质量沿该平面的垂线方向压缩到该平面上,因此,这个平面运动图形有质量分布,且其总质量等于原刚体的质量。该平面图形的运动可分解为随质心 C 的平动和绕基点 D 的转动,如图8.14所示。取基点 D 为以上三种特殊的动矩心之一,由质心运动定理和相对运动动量矩定理,得

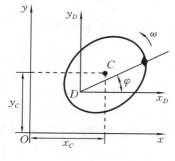

图 8.14　平面运动刚体

$$\begin{cases} M\boldsymbol{a}_C = \boldsymbol{F}^{(\mathrm{e})} \\ \dfrac{\mathrm{d}L_{Dr}}{\mathrm{d}t} = M_D^{(\mathrm{e})} \end{cases} \tag{8.57}$$

其中，$L_{Dr} = J_D\omega$。将式(8.57)中的第一个质心运动定理方程写成投影式，得

$$\begin{cases} Ma_{Cx} = F_x^{(\mathrm{e})} \\ Ma_{Cy} = F_y^{(\mathrm{e})} \\ J_D\dot{\omega} = M_D^{(\mathrm{e})} \end{cases} \text{ 或 } \begin{cases} M\dot{v}_{Cx} = F_x^{(\mathrm{e})} \\ M\dot{v}_{Cy} = F_y^{(\mathrm{e})} \\ J_D\dot{\alpha} = M_D^{(\mathrm{e})} \end{cases} \text{ 或 } \begin{cases} M\ddot{x}_C = F_x^{(\mathrm{e})} \\ M\ddot{y}_C = F_x^{(\mathrm{e})} \\ J_D\ddot{\varphi} = M_D^{(\mathrm{e})} \end{cases} \tag{8.58}$$

加速度是位移的二阶微分，所以这组方程也称为**刚体平面运动微分方程**。

对于一个刚体，选择以下四种具体点为动矩心 D，可使式(8.58)中每个投影式组的第 3 个式子成立：

(1) 该刚体绕其做定轴转动的点；

(2) 质心 C；

(3) 加速度为零的点；

(4) 加速度矢量通过质心的点。

这也可概括为**加速度矢量通过质心的点**。本书将式(8.58)每个投影式组中的第 3 个式子称为**简约式动量矩定理**。

对于(3)和(4)的特殊动矩心，实际应用时并不易判别。刚体的速度瞬心 P 很容易确定，若能对其应用简约式动量矩定理 $\sum M_P = J_P\alpha$，计算会相对简单。下面给出其成立条件。

如图 8.15 所示，图中 P 为速度瞬心。O 为与 P 重合的固定点。由式(8.53)知，该刚体对固定点 O 的动量矩为

$$\boldsymbol{L}_O = \boldsymbol{r}_{OC} \times m\boldsymbol{v}_C + J_C\boldsymbol{\omega}$$

O 为与 P 重合的固定点，所以

$$L_O = mr_{OC}^2\omega + J_C\omega \tag{8.59}$$

图 8.15　运动刚体

$$\frac{\mathrm{d}L_O}{\mathrm{d}t} = mr_{OC}^2\alpha + J_C\alpha + 2mr_{OC}\frac{\mathrm{d}r_{OC}}{\mathrm{d}t}\omega = J_P\alpha + 2mr_{OC}\frac{\mathrm{d}r_{OC}}{\mathrm{d}t}\omega \tag{8.60}$$

从式(8.60)可知，$\sum M_P = J_P\alpha$ **成立的条件为** $r_{PC} = 0$ **或** $\dfrac{\mathrm{d}r_{PC}}{\mathrm{d}t} = 0$ **或** $\omega = 0$。

对于均质物体，其质心位置就是形心。实际上，当 $r_{PC} = 0$ 时，P 就是质心。当 P 为速度瞬心且满足 $\dfrac{\mathrm{d}r_{PC}}{\mathrm{d}t} = 0$ 时，在刚体平面运动中已证明其加速度通过形心，$\omega = 0$ 时其加速度为 0。也就是此时速度瞬心满足式(8.58)成立的条件(2)、(3)和(4)。

由上述结论可知，对于图 7.19(a)的均质杆 AB，其角速度为 0 时，其速度瞬心是

特殊动矩心,否则就不是。在图 7.19(b)中,当 $\theta=90°$ 时,无论 AB 是否有速度,其速度瞬心都是特殊动矩心;但若 $\theta\neq90°$,仅 AB 无速度时,其速度瞬心才是特殊动矩心。根据刚体平面运动的介绍,对于在任意形状地面做纯滚动的非圆形刚体,转速不为 0 时,当其质心在公法线上时,其速度瞬心(与地面的接触点)才是特殊动矩心。

此外,从上述推导过程可知,转动惯量要求不变,故式(8.58)中动量矩定理仅适用于一个刚体,且对特殊动矩心才成立。**故应用该式时往往会引入刚体间的相互作用力,这也是简约式动量矩定理的不足之处。**

例 8.5 如图 8.16 所示,均质实心圆盘 O 质量 $m=1000$ kg,半径 $R=3$ m,在圆盘上挖去半径 $r=1$ m 的圆孔 A。圆盘 O 垂直放在水平面上,由静止释放后在粗糙水平地面做纯滚动。试求释放瞬时圆盘 O 的角加速度。

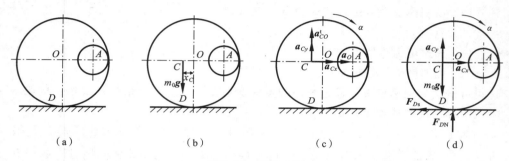

（a）　　　　　　　　（b）　　　　　　　　（c）　　　　　　　　（d）

图 8.16　例 8.5 图

解 被挖去的质量 $m_1=\left(\dfrac{r}{R}\right)^2 m$,挖孔后圆盘的总质量 $m_0=\left[1-\left(\dfrac{r}{R}\right)^2\right]m$,质心 $x_C=r^2/(R+r)$,转动惯量 $J_C=\dfrac{1}{2}mR^2+mx_C^2-\left[\dfrac{1}{2}m_1r^2+m_1(R-r+x_C)^2\right]$。质心位置如图 8.16(b)所示,加速度如图 8.16(c)所示。该题中,当刚体无角速度时,速度瞬心 D 的加速度为 0,故是特殊矩心,可直接应用 $\sum M_D=J_D\alpha$ 求得 α。但该题若刚体有角速度,则速度瞬心 D 不是特殊矩心,只能取质心 C 为动矩心,这样将引入摩擦力和支持力,下面给出取质心 C 为动矩心的分析方法。

【动力学】 分析如图 8.16(d)所示。

$$\sum X=m_0 a_{Cx}: \qquad\qquad -F_{Ds}=m_0 a_{Cx} \tag{a}$$

$$\sum Y=m_0 a_{Cy}: \qquad\qquad F_{DN}-m_0 g=m_0 a_{Cy} \tag{b}$$

$$\sum M_C=J_C\alpha: \qquad\qquad F_{Ds}R-F_{DN}x_C=J_C\alpha \tag{c}$$

补充运动关系:

【OC】 $\qquad\qquad\qquad\qquad \boldsymbol{a}_{Cx}+\boldsymbol{a}_{Cy}=\boldsymbol{a}_O+\boldsymbol{a}_{CO}^t \tag{e}$

$$a_O=R\alpha \tag{f}$$

其中
$$a_{CO}^{t} = x_{C}\alpha \qquad\qquad\qquad\qquad\text{(g)}$$

方程(a)(b)(c)(f)(g)和矢量方程(e)共含 7 个方程,包含 7 个未知量,故可求解。联立求解得
$$\alpha = 0.185 \ \text{rad/s}^2$$

例 8.6　如图 8.17 所示,质量 $m = 50$ kg 的均质杆 AB,A 端搁在光滑的水平面上,另一端由质量不计的绳子系在固定点 O 上,且 ABO 在同一垂直面内,当绳子在水平位置时,杆由静止释放。求释放瞬时杆的角加速度。已知 AB 长 $L = 2.5$ m,绳 BO 长 $b = 1$ m,点 O 高出地面 $h = 2$ m。

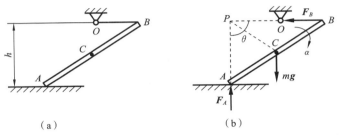

（a）　　　　　　　　　　　　　　　（b）

图 8.17　例 8.6 图

解　因为刚体由静止释放,AB 此时角速度为 0,故速度瞬心 P 的加速度为 0,是特殊动矩心,可直接应用
$$\sum M_P = J_P\alpha$$
解得
$$\alpha = 3.53 \ \text{rad/s}^2$$

思考:该题若 AB 此时存在角速度,则上述方法可行吗?

例 8.7　如图 8.18 所示,质量为 m 的均质杆 AB 长 $2L$,靠在光滑的墙面上,墙面与光滑水平地面的夹角 $\varphi = 90°$,在 $\theta = 30°$ 时,$\omega = 0$,求此时杆 AB 的角加速度 α。

解　因为刚体此时角速度为 0,故速度瞬心 P 的加速度为 0,是特殊动矩心,可直接应用

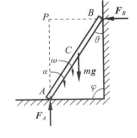

$$\sum M_P = J_P\alpha: \quad mgL\sin\theta = J_P\alpha, \quad J_P = \frac{4}{3}mL^2$$
解得
$$\alpha = \frac{3}{8L}g$$

图 8.18　例 8.7 图

思考:(1) 该题若 AB 此时存在角速度,上述方法可行吗?(2) 该题若 AB 存在角速度且 $\varphi \neq 90°$,上述方法可行吗?

例 8.8　如图 8.19 所示,质量为 m、对质心 A 的转动惯量为 J_A 的均质椭圆在倾角为 φ 的固定斜面上做纯滚动,图示位置时其长轴正好处于水平,其长、短轴长度分别为 a 和 b,角速度为 ω,求图示位置椭圆的角加速度。

解　建立如图 8.19(b)所示的坐标系。

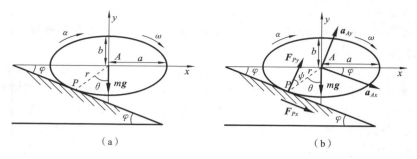

图 8.19　例 8.8 图

由角度关系有　　　　　　　　　　　　$\psi = \theta - \varphi$

由例题 7.7 可知，长轴正好水平时，椭圆与斜面接触点 P 处的离心角 ϕ（从 y 轴的负半轴按顺时针方向计算）与 φ 的关系为　$\sin\phi = \dfrac{a\tan\varphi}{\sqrt{b^2 + a^2\tan^2\varphi}}$。

图 8.19(a) 中 θ 也是从 y 轴的负半轴按顺时针方向计算的，其与离心角 ϕ 的关系为 $\tan\theta = \dfrac{a}{b}\tan\phi$。

$$\rho_1 = \frac{\cos\phi(a^2 + b^2\tan^2\phi)^{3/2}}{ab(1 + \tan^2\phi)}$$

$$r = (a^2\sin^2\phi + b^2\cos^2\phi)^{1/2}$$

只能对质心应用动量矩定理，如图 8.19(b) 所示。

$$\sum M_A = J_A\alpha : \qquad -F_{Px}r\cos\psi + F_{Py}r\sin\psi = J_A\alpha \tag{a}$$

$$F_{Px} + mg\sin\varphi = ma_{Ax} \tag{b}$$

$$F_{Py} - mg\cos\varphi = ma_{Ay} \tag{c}$$

由例 7.7 得

$$a_{Ax} = r\alpha\cos\psi - r\omega^2\sin\psi \tag{d}$$

$$a_{Ay} = \rho_1\omega^2 - r\alpha\sin\psi - r\omega^2\cos\psi \tag{e}$$

联立式(a)至式(e)得

$$\alpha = \frac{mr(g\sin\theta + \rho_1\omega^2\sin\psi)}{J_A + mr^2}$$

例 8.9　内燃机动力机构或冲孔机构等可简化为如图 8.20 所示的曲柄滑块机构。均质曲柄 OA 长度为 r，质量为 m，在变化的未知力偶矩 M 作用下，在垂直面内，以匀角速度 ω 转动，均质连杆 AB 长度为 $2r$，质量为 m。已知滑块的工作阻力为 F，不计滑块 B 的质量，忽略所有阻碍运动的摩擦。求图示瞬时滑道对滑块 B 的约束力。OB 处于水平位置。

解　由杆 AB 平面运动动力学方程，得

(a)

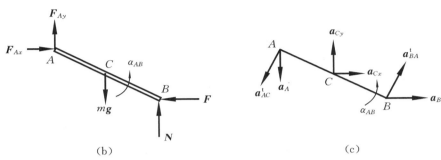

(b)　　　　　　　　　　　　(c)

图 8.20　例 8.9 图

$$\begin{cases} ma_{Cx}=F_{Ax}-F \\ ma_{Cy}=F_{Ay}+N-mg \\ \left(\dfrac{1}{12}m\times 4r^{2}\right)\alpha_{AB}=-\dfrac{1}{2}(F+F_{Ax})r+\dfrac{\sqrt{3}}{2}(N-F_{Ay})r \end{cases} \tag{a}$$

方程组(a)的 3 个方程中有 a_{Cx}、a_{Cy}、α_{AB}、F_{Ax}、F_{Ay}、N 这样 6 个未知量,因此需要补充 3 个方程才能使方程组封闭。对于 OA,虽然还可以列 3 个动力学方程,但会引入 3 个不待求的未知力 F_{Ox}、F_{Oy} 和 M,故从中挑不出有用的方程。余下除了运动学关系之外,没有其他可以补充的关系。因此分析杆 AB 的加速度,可得

以 A 为基点求 $\boldsymbol{a}_B$:

$$\boldsymbol{a}_B=\boldsymbol{a}_A+\boldsymbol{a}^{\mathrm{t}}_{BA} \tag{b}$$

以 C 为基点求 $\boldsymbol{a}_A$:

$$\boldsymbol{a}_A=\boldsymbol{a}_{Cx}+\boldsymbol{a}_{Cy}+\boldsymbol{a}^{\mathrm{t}}_{AC} \tag{c}$$

方程(b)向垂直方向投影,得

$$0=a_A-\dfrac{\sqrt{3}}{2}a^{\mathrm{t}}_{BA} \tag{d}$$

由式(d)得

$$\alpha_{AB}=\dfrac{\sqrt{3}}{3}\omega^2 \tag{e}$$

方程(c)分别向水平和垂直方向投影,得

$$0=a_{Cx}-\dfrac{1}{2}a^{\mathrm{t}}_{AC},\quad a_A=-a_{Cy}+\dfrac{\sqrt{3}}{2}a^{\mathrm{t}}_{AC}$$

由此得
$$a_{Cx} = \frac{\sqrt{3}}{6}\omega^2 r \qquad\qquad\qquad\qquad (f)$$

$$a_{Cy} = -\frac{1}{2}\omega^2 r \qquad\qquad\qquad\qquad (g)$$

方程(e)(f)和(g)就是 3 个补充方程。将它们代入方程组(a),解得

$$N = \frac{1}{2}mg + \frac{\sqrt{3}}{3}F - \frac{1}{18}mr\omega^2$$

　　该题若求销钉 A 对 OA 的约束反力,当考虑销钉的质量时,根据牛顿第二定律,销钉对两个物体的作用力大小并不相等。不过,因为销钉质量相对其他构件的质量可以忽略不计,故可不计销钉质量,这样,销钉对两个物体的作用力可视为作用力与反作用力。

　　思考:从该题可知,**对于多刚体动力学问题,应用动量、动量矩定理,由于取整体为研究对象,应用动量矩定理时,$\dfrac{\mathrm{d}\boldsymbol{L}_O}{\mathrm{d}t}$ 的计算一般很复杂,故往往取每个刚体为研究对象,这样刚体间必然会出现相互作用力。而简约式动量矩定理只对特殊动矩心成立,一般会引入刚体间相互作用力,使得动力学方程数目增多**。从分析方法上来看,若每个刚体列 3 个方程,分析思路将非常简单,但计算量过大。那么,能否建立一种新的分析方法来尽量避免引入刚体间相互作用力,克服计算量大的缺点呢?

　　上述给出了刚体做平面运动的相对运动动量矩定理,刚体做空间运动的转动理论又是如何呢? 读者可阅读"专题 3　空间运动刚体的相对运动动量矩定理及陀螺运动"。

8.4　动能定理积分形式

　　在外力作用一段时间后,物体在一个运动过程中速度大小及方向会发生改变。一般关注的是开始运动后某一个位置时的速度大小。应用动量定理和动量矩定理的积分形式可以达到这一目的。但是这样会引入很多不需关注的未知力,比如与速度方向垂直的力。我们知道与速度方向垂直的力仅改变速度方向,不会改变速度大小。那么,如果有一种方法可以不引入与速度方向垂直的力,就可以得到一个更简便的分析物体在一个运动过程中速度大小改变的方法,能在一些情形下克服动量定理和动量矩定理的积分形式计算量大的缺点。我们知道,在数学上将作用点的力矢量与该点速度矢量进行点积运算,那么,与速度方向垂直的法向力与速度矢量点积为零,这样就可以达到目的。此数学方法启发我们寻找一个替代动量定理和动量矩定理的积分形式的计算方法,这样的分析方法就是动能定理的积分形式。该定理主要用于求解一个过程中的速度变化,其与求某一瞬时加速度的动量

定理和动量矩定理的导数形式,构成了 3 个独立的定理。此外,由于动能定理引入动能和势能及功的概念,以后逐渐发展出基于能量的拉格朗日力学体系,该体系比基于力和加速度概念的牛顿力学体系更容易分析复杂的动力学问题。下面主要介绍动能定理的积分形式及其简单的应用。

8.4.1　质点的动能定理

对于牛顿第二定律 $ma=F$,为了不引入与速度方向垂直的力,在数学上将作用点的力矢量与该点速度矢量做点积,得

$$ma \cdot v = F \cdot v$$

因此

$$m \frac{\mathrm{d}v}{\mathrm{d}t} \cdot v = F \cdot v$$

$$mv \cdot \mathrm{d}v = F \cdot v\mathrm{d}t = F \cdot \mathrm{d}r$$

得

$$\mathrm{d}\left(\frac{1}{2}mv^2\right) = \delta W \tag{8.61}$$

这就是**质点动能定理的微分形式**,其中 $\frac{1}{2}mv^2$ 称为质点的**动能**,而

$$\delta W = F \cdot \mathrm{d}r \tag{8.62}$$

称为力 F 对质点所做的(微)**元功**。δW 是一个代数量,并且一般与力 F 的运行路径有关,因此不是某个函数 W 的全微分,所以一般不用全微分符号 $\mathrm{d}W$ 表示元功。

对方程(8.66)两边积分,得

$$\int_{v_1}^{v_2} \mathrm{d}\left(\frac{1}{2}mv^2\right) = \int_{r_1}^{r_2} F \cdot \mathrm{d}r$$

即

$$\frac{1}{2}mv_2^2 - \frac{1}{2}mv_1^2 = W_{12} \tag{8.63}$$

$$W_{12} = \int_{r_1}^{r_2} F \cdot \mathrm{d}r \tag{8.64}$$

可见,动能定理是由牛顿定律经过直接的数学变形得到的,因此其中用到的速度、力的功都必须相对于惯性系计算。从上述推导过程可知,质点动能定理实际上是牛顿定律在质点的运动切向方向的分量形式,舍弃与速度方向垂直的法向分量形式,从而不引入与速度方向垂直的力,因此应用这种方法将给动力学问题的研究带来很大的方便。动能定理揭示了动能与功的转换关系,它是力学系统必须遵守的基本力学定理之一。

功的标准单位为 J(焦耳),1 J=1 N·m。

8.4.2　质点系的动能定理

对质点系中的每一质点 m_i,设其上的外力、内力的合力分别为 $F_i^{(e)}$、$F_i^{(i)}$,则有

$$\mathrm{d}\left(\frac{1}{2}m_iv_i^2\right) = \delta W_i^{(e)} + \delta W_i^{(i)}$$

其中，$\delta W_i^{(e)} = \boldsymbol{F}_i^{(e)} \cdot \mathrm{d}\boldsymbol{r}_i$ 为质点 m_i 上的外力的合力 $\boldsymbol{F}_i^{(e)}$ 对质点 m_i 所做的功，简称**外力功**；$\delta W_i^{(i)} = \boldsymbol{F}_i^{(i)} \cdot \mathrm{d}\boldsymbol{r}_i$ 为质点 m_i 上的内力的合力 $\boldsymbol{F}_i^{(i)}$ 对质点 m_i 所做的功，简称**内力功**。与动量定理和动量矩定理中不出现内力不同，系统内力有时会做功，所以，动能定理中有时会出现内力。

对整个质点系，可得

$$\mathrm{d} \sum_i \left(\frac{1}{2} m_i v_i^2 \right) = \sum_i \delta W_i^{(e)} + \sum_i \delta W_i^{(i)}$$

令

$$T = \sum_i \left(\frac{1}{2} m_i v_i^2 \right) \tag{8.65}$$

这就是**质点系的动能**。于是**质点系动能定理的微分形式**为

$$\mathrm{d}T = \delta W^{(e)} + \delta W^{(i)} \tag{8.66}$$

其中

$$\delta W^{(e)} = \sum_i \delta W_i^{(e)} = \sum_i \boldsymbol{F}_i^{(e)} \cdot \mathrm{d}\boldsymbol{r}_i, \quad \delta W^{(i)} = \sum_i \delta W_i^{(i)} = \sum_i \boldsymbol{F}_i^{(i)} \cdot \mathrm{d}\boldsymbol{r}_i \tag{8.67}$$

分别为质点系的外力功之和和内力功之和。无法证明质点系的内力功之和 $\sum \delta W^{(i)}$ 恒为零，恰恰相反，它一般不等于零，比如电动机定子与转子之间有相对转动，其内力矩对转子做功；包含弹簧的系统，弹簧所引起的内力会做功。

对方程(8.66)两边积分，可得**质点系动能定理的积分形式**为

$$T_2 - T_1 = W_{12} \tag{8.68}$$

其中

$$W_{12} = \sum_i \int_{r_{i1}}^{r_{i2}} \boldsymbol{F}_i^{(e)} \cdot \mathrm{d}\boldsymbol{r}_i + \sum_i \int_{r_{i1}}^{r_{i2}} \boldsymbol{F}_i^{(i)} \cdot \mathrm{d}\boldsymbol{r}_i \tag{8.69}$$

T_1 为质点系起始时刻 t_1 的动能；T_2 为质点系终止时刻 t_2 的动能；W_{12} 为这段时间内质点系上所有力对质点系所做的功。

8.4.3 力对质点之功

1. 力对质点之功在直角坐标系中的表示

在图 8.21 所示的直角坐标系 $Oxyz$ 中，$\boldsymbol{F} = F_x \boldsymbol{i} + F_y \boldsymbol{j} + F_z \boldsymbol{k}$，$\mathrm{d}\boldsymbol{r} = \mathrm{d}x \boldsymbol{i} + \mathrm{d}y \boldsymbol{j} + \mathrm{d}z \boldsymbol{k}$，所以力 $\boldsymbol{F}$ 对质点所做的元功为

$$\delta W = \boldsymbol{F} \cdot \mathrm{d}\boldsymbol{r} = F_x \mathrm{d}x + F_y \mathrm{d}y + F_z \mathrm{d}z \tag{8.70}$$

当质点从 M_1 运动到 M_2，力 $\boldsymbol{F}$ 沿曲线 $\widehat{M_1 M_2}$ 对质点所做的功 W 为

图 8.21　力做功

$$W = \int_{\widehat{M_1 M_2}} \delta W = \int_{\widehat{M_1 M_2}} \boldsymbol{F} \cdot \mathrm{d}\boldsymbol{r}$$

$$= \int_{\widehat{M_1 M_2}} (F_x \mathrm{d}x + F_y \mathrm{d}y + F_z \mathrm{d}z) \tag{8.71}$$

显然上述线积分一般与路径有关。

2. 合力对质点所做的功

质点 m 同时受 n 个力 $F_1, F_2, \cdots, F_n$ 的作用,其合力 F_R 为

$$F_R = F_1 + F_2 + \cdots + F_n$$

则合力对该质点的功为

$$\begin{aligned}
W &= \int_{\widehat{M_1 M_2}} F_R \cdot \mathrm{d}r = \int_{\widehat{M_1 M_2}} (F_1 + F_2 + \cdots + F_n) \cdot \mathrm{d}r \\
&= \int_{\widehat{M_1 M_2}} F_1 \cdot \mathrm{d}r + \int_{\widehat{M_1 M_2}} F_2 \cdot \mathrm{d}r + \cdots + \int_{\widehat{M_1 M_2}} F_n \cdot \mathrm{d}r \\
&= W_1 + W_2 + \cdots + W_n
\end{aligned} \tag{8.72}$$

即合力对质点的功等于各个分力对质点功的代数和。

8.4.4　常见力的功的计算

1. 重力的功

在图 8.22 所示的直角坐标系 $Oxyz$ 中,一质点的重力 $P = 0i + 0j - Pk$,所以重力的功为

$$W = \int_{\widehat{M_1 M_2}} (0\mathrm{d}x + 0\mathrm{d}y - P\mathrm{d}z) = -\int_{z_1}^{z_2} P\mathrm{d}z = P(z_1 - z_2) \tag{8.73}$$

其中:$z_1 - z_2$ 为起点与终点的高度差。

由此可见,重力的功与路径无关。另外,当质点从高处往低处运动时,重力对质点做正功,反之做负功。高度不变时,重力不做功。

在图 8.23 所示的直角坐标系 $Oxyz$ 中,质量为 M 的刚体在重力和 F 的共同作用下,质心从位置 C_1 运动到位置 C_2 并发生转动,重力在该运动路程所做的功为构成刚体的无数个质点的重力所做的功之和,即

$$W_{12} = \sum m_i (z_{1i} - z_{2i}) g = Mg(z_{1C} - z_{2C}) \tag{8.74}$$

图 8.22　质心的重力做功

图 8.23　刚体的重力做功

从式(8.74)可知,刚体重力所做的功仅仅与质心的起始位置有关,与路径及刚体上其他点的位置变化无关。

2. 弹性力的功

1) 拉压弹簧对质点的功

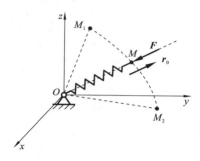

图 8.24 所示为拉压弹簧,在这种弹簧的两端作用拉力或压力时,弹簧会伸长或缩短,在没有受轴向外力时弹簧的轴向长度称为**自然长度**或**原长**,记为 l_0。在弹簧-质点系统的运动中,质点会受到弹簧的作用力,这种力称为**弹性力**,其大小一般与弹簧的伸长或缩短长度成正比,比例系数称为弹簧的**刚度系数**或**刚度**,记为 k(其标准单位为 N/m);由于弹性力的方向总是使弹簧的长度回复到原长,因此弹簧的作用力也称为**恢复力**。

图 8.24　拉压弹簧的弹性力

参见图 8.24,设弹簧端点从起点 M_1 运动到终点 M_2,这两点弹簧长度分别为 $OM_1=l_1$ 和 $OM_2=l_2$,中间过程中弹簧的瞬时长度为 l。设质点矢径方向的单位矢量为 $\boldsymbol{r}_0$,根据前述弹性力的性质,弹簧弹性力矢量 $\boldsymbol{F}$ 为

$$\boldsymbol{F}=-k(l-l_0)\boldsymbol{r}_0 \tag{8.75}$$

从 M_1 到 M_2 弹性力对质点所做的功为

$$W_{12}=\int_{\widehat{M_1 M_2}}\boldsymbol{F}\cdot\mathrm{d}\boldsymbol{r}=\int_{\widehat{M_1 M_2}}-k(l-l_0)\boldsymbol{r}_0\cdot\mathrm{d}\boldsymbol{r}=\int_{l_1}^{l_2}-k(l-l_0)\boldsymbol{r}_0\cdot\boldsymbol{r}_0\mathrm{d}l$$
$$=\int_{l_1}^{l_2}-k(l-l_0)\mathrm{d}l=\frac{1}{2}k(\Delta l_1^2-\Delta l_2^2)$$

即

$$W_{12}=\frac{1}{2}k(\Delta l_1^2-\Delta l_2^2) \tag{8.76}$$

式中:$\Delta l_1=l_1-l_0$ 为弹簧的初变形量;$\Delta l_2=l_2-l_0$ 为弹簧的终变形量。

故弹性力对质点做的功只与弹簧的初、终变形量有关,而与质点的运动路径无关。

2) 平面扭转弹簧(扭簧)对质点的功

图 8.25 所示为扭转弹簧的示意图,当扭簧自由地放在光滑水平面上时,呈现的形状就是其自然状态。当扭簧不在自然状态时,会对被约束的质点产生作用力,即扭簧的弹性力。扭簧的弹性力 $\boldsymbol{F}$ 的径向分量很小,可以忽略,可以认为 $\boldsymbol{F}$ 总是垂直于扭簧的径向(即扭簧两端的瞬时连线方向)。扭簧弹性力的特征,可用弹性力对扭簧中心的力矩,即弹性力矩来描述。弹性力矩的转向总是力图使扭簧回复到自然状态,其大小与扭簧的扭转角成正比,扭转角是指扭簧的瞬时径向线与自然状态时的径向线之间的夹角。比例系数称为扭

图 8.25　扭转弹簧的弹性力

的**刚度系数**或**刚度**,记为 k(其标准单位为 $\mathrm{N \cdot m/rad}$)。

参见图 8.25,设 x 轴为任意一条过扭簧中心的固定参考线,设扭簧自然状态时径向线与 x 轴的夹角为 φ_0,扭簧瞬时径向线与 x 轴的夹角为 φ,根据扭簧的特性,其弹性力矩的表达式可写为

$$M_O(\boldsymbol{F}) = -k(\varphi - \varphi_0) \tag{8.77}$$

设质点从起点 M_1 运动到终点 M_2,对应的位置角分别为 φ_1、φ_2。则在这个过程中扭簧对质点所做的功为

$$W_{12} = \int_{\widehat{M_1 M_2}} \boldsymbol{F} \cdot \mathrm{d}\boldsymbol{r} = \int_{\widehat{M_1 M_2}} -F \mathrm{d}s = \int_{\varphi_1}^{\varphi_2} -F \cdot r \mathrm{d}\varphi = \int_{\varphi_1}^{\varphi_2} M_O(\boldsymbol{F}) \mathrm{d}\varphi$$
$$= \int_{\varphi_1}^{\varphi_2} -k(\varphi - \varphi_0) \mathrm{d}\varphi = \frac{1}{2} k(\Delta\varphi_1^2 - \Delta\varphi_2^2)$$

即

$$W_{12} = \frac{1}{2} k(\Delta\varphi_1^2 - \Delta\varphi_2^2) \tag{8.78}$$

式中:$\Delta\varphi_1 = \varphi_1 - \varphi_0$ 为扭簧的初角位移;$\Delta\varphi_2 = \varphi_2 - \varphi_0$ 为扭簧的终角位移。

故扭簧弹性力对质点做的功只与弹簧的初角位移和终角位移有关,而与质点的运动路径无关。

3)摩擦力做功

如图 8.26 所示的系统,放在水平地面上的木板的 B 上有圆盘,P 为圆盘的重力,不考虑圆盘与板间的滚动摩擦力矩,板在外力 $\boldsymbol{F}$ 作用下以速度 $\boldsymbol{v}_B$ 运动,圆盘与板接触点 A 处的速度为 $\boldsymbol{v}_A$。接触处作用在两个物体上的滑

图 8.26　摩擦力做功

动摩擦力分别为 $\boldsymbol{F}_{As}$、$\boldsymbol{F}'_{As}$(包括纯滚动的静滑动摩擦力)。现在来考察接触点处摩擦力做功问题。根据功的定义,作用在点 A 的摩擦力 $\boldsymbol{F}_{As}$ 所做的微元功

$$\delta W(\boldsymbol{F}_{As}) = \boldsymbol{F}_{As} \cdot \mathrm{d}\boldsymbol{r}_A = \boldsymbol{F}_{As} \cdot \boldsymbol{v}_A \mathrm{d}t \tag{8.79}$$

类似地,作用在点 B 的摩擦力 $\boldsymbol{F}'_{As}$ 所做的微元功

$$\delta W(\boldsymbol{F}'_{As}) = \boldsymbol{F}'_{As} \cdot \mathrm{d}\boldsymbol{r}_B = -\boldsymbol{F}_{As} \cdot \boldsymbol{v}_B \mathrm{d}t \tag{8.80}$$

从式 (8.79) 和 (8.80) 可知,摩擦力可以做正功,也可以做负功,也可以不做功。但是摩擦力总是成对出现的,一对摩擦力称为摩擦力副。将式 (8.79) 和 (8.80) 相加便是摩擦力副所做的微元功

$$\delta W(\boldsymbol{F}_{As}, \boldsymbol{F}'_{As}) = \boldsymbol{F}_{As} \cdot (\boldsymbol{v}_A - \boldsymbol{v}_B) \mathrm{d}t \tag{8.81}$$

当 $v_A < v_B$ 时,摩擦力方向如图 8.26 所示,此时摩擦力 $\boldsymbol{F}_{As}$ 与相对速度 $\boldsymbol{v}_{AB}$ 的方向相反,故摩擦力副做负功。当 $v_A > v_B$ 时,摩擦力与图 8.26 所示的方向相反,此时摩擦力 $\boldsymbol{F}_{As}$ 仍与相对速度 $\boldsymbol{v}_{AB}$ 的方向相反,摩擦力副仍然做负功。当 $v_A = v_B$,即无相对滑动(圆盘相对木板做纯滚动便是这种情形)时,在微小时间段 $\mathrm{d}t$ 内摩擦力副做功为 0。由此可知,摩擦力副不可能做正功。摩擦力副所做的负功一般转

化为热能。

圆盘相对板做纯滚动,无论木板运行多远,圆盘与木板间的一对摩擦力在每个时刻所做的微元功互相抵消,故摩擦力副做功之和为 0(不考虑滚动摩擦时)。又因为接触点处的一对支持力总与 v_{AB} 垂直,故支持力也不做功。在运动过程中,做相对纯滚动的物体间的所有约束反力做功之和为 0,在取圆盘与木板一起为研究对象,计算内力功时,不需要考虑摩擦力副做的功。

当板固定不动(相当于静止的地面),圆盘相对木板做纯滚动时,取圆盘为研究对象,只需要计算地面施加给圆盘的一个摩擦力 F_{As} 所做的功。不过,从式(8.79)可知,因为圆盘在静止物体上做纯滚动,圆盘上与地面接触的点的速度总为 0,在微小时间段 dt 内,$\delta W(F_{As}) = F_{As} \cdot v_A dt = F_{As} \cdot \mathbf{0} dt = 0$。这表明,圆盘与地面接触的瞬时,受到地面的摩擦力不做功。在下一个时刻,圆盘上新的点与地面接触,受到地面的摩擦力仍不做功,因此,当不考虑滚动摩擦时,无论圆盘运动距离多远,即使仅仅取圆盘为研究对象,在应用动能定理积分形式时,也无须考虑地面对纯滚动圆盘的摩擦力做功问题。

对于一任意边缘曲线的物体在另一物体上做纯滚动,上述结论同样成立。

4)力偶矩做功

图 8.27(a)所示的刚体 OA 在力偶矩 M 作用下绕通过点 O 的轴以角速度 ω 做定轴转动,M 可以采用图 8.27(b)所示的力偶(F_O, F_A)来替代,其中 $F_O = F_A = M/OA$。因此,在微小时间段 dt 内,M 所做的微元功为

$$\delta W(M) = \delta W(\boldsymbol{F}_A, \boldsymbol{F}_O) = \boldsymbol{F}_A \cdot d\boldsymbol{r}_A + \boldsymbol{F}_O \cdot d\boldsymbol{r}_O = \boldsymbol{F}_A \cdot \boldsymbol{v}_A dt + \boldsymbol{F}_O \cdot \boldsymbol{v}_O dt = F_A v_A dt$$
$$= F_A \cdot OA \cdot \omega dt = M\omega dt = M d\varphi \tag{8.82}$$

在 $t_1 \sim t_2$ 时间段,力偶矩 M 所做的功为

$$W(M) = \int_{t_1}^{t_2} \delta W(\boldsymbol{F}_A, \boldsymbol{F}_O) = \int_{t_1}^{t_2} M\omega dt = \int_{t_1}^{t_2} M d\varphi \tag{8.83}$$

由式(8.83)可知,当力偶矩为常数时,

$$W(M) = M\Delta\varphi \tag{8.84}$$

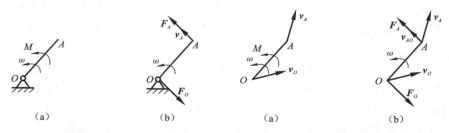

图 8.27 力偶矩对定轴转动刚体做功　　图 8.28 平面运动刚体的力偶矩做功

图 8.28(a)所示的平面运动刚体 OA,其上作用力偶矩 M,其角速度为 ω。M

可以采用图 8.28(b)所示的力偶(F_O,F_A)来替代，其中 $F_O=F_A=M/OA$。因此，在微小时间段 $\mathrm{d}t$ 内，M 所做的微元功为

$$\delta W(M)=\delta W(F_A,F_O)=F_A\cdot\mathrm{d}r_A+F_O\cdot\mathrm{d}r_O=F_A\cdot v_A\mathrm{d}t-F_A\cdot v_O\mathrm{d}t=F_A\cdot v_{AO}\mathrm{d}t$$
$$=F_Av_{AO}\mathrm{d}t=F_A\cdot OA\cdot\omega\mathrm{d}t=M\omega\mathrm{d}t=M\mathrm{d}\varphi \tag{8.85}$$

从式(8.82)和(8.85)可知，平面运动刚体的力偶矩做功的计算与力偶矩对定轴转动刚体做功的计算公式完全相同。

对于图 8.26 所示的系统，当圆盘相对木板做纯滚动时，不考虑滚动摩擦(实际上其对滚动影响很小，一般忽略不计)，接触处所有约束反力做功之和为 0，这样的约束称为**理想约束**，在功的计算中，无须考虑。如图 8.29 所示就是几种理想约束。如图 8.29(a)所示的**固定光滑接触面约束**，物体受到约束力 N、地面受到约束力 N'，地面上受力点的速度恒为零，物体上受力点的速度总是与 N 垂直，这种约束的约束力做功之和恒为零。如图 8.29(b)所示的**光滑铰支座约束**，这种约束是由销钉和底座构成的光滑接触面约束，与上面的情况相同，这种约束的约束力做功之和也恒为零。如图 8.29(c)所示的**光滑铰链约束**，各个构件受到的约束力合力为 N，销钉受到的约束力合力为 N'，如果忽略销钉的大小和质量，则 N 与 N' 始终等值、反向，而且受力点始终重合，因此这种约束的约束力做功之和 $N\mathrm{d}r+N'\mathrm{d}r$ 恒为零。

（a）　　　　　　　　（b）　　　　　　　　（c）

图 8.29　三种典型的理想约束

8.4.5　质点系和刚体的动能计算

1. 质点系动能的分解计算

一个运动刚体可以认为是无数个质点构成的质点系，其动能 $T=\sum\limits_{i=1}^{\infty}\dfrac{1}{2}m_iv_i^2$，要能应用动能定理，需要解决 T 中所涉及的无限个质点的问题。以下利用质心和转动惯量等概念将无限变成有限来解决这一问题，得到刚体动能的两种表述形式。

将质点系的动能分解为随质心的平动动能和相对于质心的相对运动动能。如图 8.30 所示，在质点系的质心 C 附加一个随点 C 平动的动系 $Cx_Cy_Cz_C$，将各个质点 m 的速度 v 分解为相对速度 v_r 和牵连速度 v_C，则

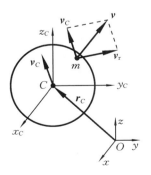

图 8.30　质点系运动分解

质点系的动能为

$$T = \frac{1}{2}\sum mv^2 = \frac{1}{2}\sum m(\boldsymbol{v}_r + \boldsymbol{v}_C) \cdot (\boldsymbol{v}_r + \boldsymbol{v}_C)$$

$$= \frac{1}{2}\sum mv_r^2 + \frac{1}{2}\sum mv_C^2 + \sum m\boldsymbol{v}_C \cdot \boldsymbol{v}_r$$

$$= \frac{1}{2}Mv_C^2 + T_r + \boldsymbol{v}_C \cdot \sum m\boldsymbol{v}_r$$

$$= \frac{1}{2}Mv_C^2 + T_r + M\boldsymbol{v}_C \cdot \boldsymbol{v}_{Cr} \xrightarrow{\boldsymbol{v}_{Cr} \equiv \boldsymbol{0}} = \frac{1}{2}Mv_C^2 + T_r$$

即
$$T = \frac{1}{2}Mv_C^2 + T_r \tag{8.86}$$

其中
$$T_r = \frac{1}{2}\sum mv_r^2 \tag{8.87}$$

M 为质点系的总质量,$\frac{1}{2}Mv_C^2$ 为随质心的平动动能,T_r 为相对于质心的相对运动动能。

2. 刚体的动能

1) 平动刚体的动能

平动刚体上同一瞬时各点速度相等,所以动能为

$$T = \sum \frac{1}{2}mv^2 = \frac{1}{2}v^2\sum m = \frac{1}{2}Mv^2 \tag{8.88}$$

其中,v 为平动刚体上任一点的速度。

2) 定轴转动刚体的动能

定轴转动刚体上同一瞬时各点速度为 $v = \omega r$,所以动能为

$$T = \sum \frac{1}{2}mv^2 = \sum \frac{1}{2}m(\omega r)^2 = \frac{1}{2}\omega^2\sum mr^2 = \frac{1}{2}J_O\omega^2 \tag{8.89}$$

其中,J_O 为刚体绕转轴 O 的转动惯量。

图 8.31　平面运动刚体的速度分布

3) 平面运动刚体的动能

如果平面运动刚体某一时刻做瞬时平动,则该瞬时刚体上各点速度相等,此时动能的计算与平动刚体相同。在其他时刻,刚体的角速度 $\omega \neq 0$,一定有速度瞬心 D,此时平面运动刚体上同一瞬时各点速度为 $v = \omega r_D$,r_D 为各点至瞬心 D 的距离,如图 8.31 所示;所以动能为

$$T = \frac{1}{2}J_D\omega^2 \tag{8.90}$$

其中,J_D 为刚体绕瞬心轴 D 的转动惯量。由转动惯量的平行轴定理有

$$J_D = J_C + \frac{1}{2}M \cdot CD^2$$

将此代入式(8.90),平面运动刚体的动能也可写为

$$T=\frac{1}{2}M\omega^2\cdot CD^2+\frac{1}{2}J_C\omega^2=\frac{1}{2}Mv_C^2+\frac{1}{2}J_C\omega^2 \tag{8.91}$$

其中,$\frac{1}{2}Mv_C^2$ 为随质心的平动动能,$\frac{1}{2}J_C\omega^2$ 为绕质心的转动动能。式(8.91)也可以由将方程(8.86)用于平面运动刚体得到。

8.4.6 动能定理积分形式的简单应用

求一个动力系统在力作用一段时间后的速度改变问题,联合运用动量定理和动量矩定理的积分形式虽然也可以求解,但一般会引入与运动方向垂直的不做功的力,而动能定理积分形式可以克服这些缺点。相对于动量定理和动量矩定理的积分形式,对于单自由度(第9章将详细介绍自由度的概念)系统,若所有做功的力或力偶矩都已知,速度问题用动能定理积分形式求解尤为方便。对于多自由度系统,分析方法比较复杂,将在第9章讨论,本章仅介绍动能定理在单自由度系统中的简单应用。

例 8.10 如图 8.32 所示,机构在水平面内运动,作用在曲柄 OA 上的不变力矩 L 使机构由静止开始运动。曲柄 OA 的重量是 Q,定齿轮 Ⅰ 的半径为 r_1,动齿轮 Ⅱ 的半径为 r_2,重量为 P。齿轮可视为均质圆盘,曲柄可视为均质细杆。求曲柄 OA 的角速度和角加速度(以 OA 与它的初始位置的夹角 φ 表示)。

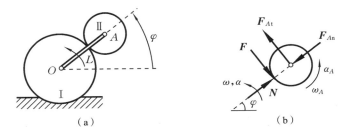

（a）　　　　　　　　　　（b）

图 8.32　例 8.10 图

解 以整体为分析对象。曲柄做定轴转动,轮 Ⅱ 沿轮 Ⅰ 的圆周做纯滚动(轮 Ⅱ 的受力和运动分析如图 8.32(b)所示)。设曲柄 OA 的角速度为 ω,由动能定理,得

$$\frac{1}{2}\left[\frac{1}{3}\frac{Q}{g}(r_1+r_2)^2\right]\omega^2+\frac{1}{2}\left(\frac{3}{2}\frac{P}{g}r_2^2\right)\left[\frac{\omega(r_1+r_2)}{r_2}\right]^2=L\varphi$$

所以

$$\omega=\frac{2}{r_1+r_2}\sqrt{\frac{3Lg\varphi}{2Q+9P}}$$

$$\alpha=\frac{\mathrm{d}\omega}{\mathrm{d}t}=\frac{6Lg}{(r_1+r_2)^2(2Q+9P)}$$

从该题可知,求角加速度,可以先用动能定理积分形式求出角速度的表达式,然后对其求导。若是速度,求导得到的是切向加速度。这是求加速度的一种方法。

相对于本书其他求加速度的方法,该方法对于具有理想约束的单自由度系统,所有速度关系都是比例或直角三角形关系,且同时求速度和加速度时,才比较合适。

例 8.11　在如图 8.33 所示垂直面内,均质曲柄 OA 上作用一常力偶矩 M_1,使 OA 以变角速度逆时针转动,并通过不计质量的连杆 AB 带动半径均为 r 的圆盘 B 和 C 在粗糙的水平地面上做纯滚动。曲柄 OA 和连杆 BC 的质量均 m,均质圆盘 B 和 C 的质量分别为 m 和 $2m$,$AB=4r$,$OA=2r$。不计地面对圆盘的滚动摩擦,但需考虑静滑动摩擦力。在图示位置时,$\varphi=90°$,$\omega=\omega_0$。求

图 8.33　例 8.11 图

当杆 OA 转到水平位置($\varphi=180°$)时,OA 的角速度 ω_2。

解　$\varphi=90°$时,AB 是瞬时平动,故此时

$$\omega_{AB}=0$$

$$\omega=\omega_0,\quad v_B=v_C=v_A=2r\omega_0$$

所以

$$\omega_B=\omega_C=2\omega_0$$

$$T_1=\frac{1}{2}J_O\omega^2+\frac{1}{2}J_D\omega_B^2+\frac{1}{2}J_H\omega_C^2+\frac{1}{2}mv_B^2=\frac{35}{3}mr^2\omega^2$$

$\varphi=180°$,B 为 AB 的速度瞬心,则

$$v_B=v_C=0,\quad \omega_B=\omega_C=0$$

故

$$T_2=\frac{1}{2}J_O\omega_2^2$$

$$W_{12}=M_1\pi/2+mgr$$

应用动能定理

$$W_{12}=T_2-T_1$$

得出,当 $\varphi=180°$时,有

$$\omega_2^2=\frac{2}{J_O}(W_{12}+T_1)=\frac{6mgr+70r^2\omega_0^2+3M_1\pi}{4mr^2}$$

$$\omega_2=\frac{1}{2r}\sqrt{\frac{6mgr+70r^2\omega_0^2+3M_1\pi}{m}}$$

思考: 当杆转到水平位置时,如何求圆盘 B 的角加速度?

上述给出了刚体做平面运动的动能,刚体做空间运动时其动能又如何表示呢?读者可阅读"专题 4　空间运动刚体的动能"。

思考 1:热轧带钢表面往往有氧化铁皮,在后续工艺中需要采用如图 8.34(a)所示的抛丸机对其进行抛丸处理,即向如图 8.34(b)所示的运行钢带上下表面喷高速硬丸粒,去除氧化铁皮并使钢带表面产生有利的残余应力。抛丸处理工作原理如图 8.34(c)所示,丸粒通过如图 8.34(d)所示的分配器从一定角度进入旋转叶轮的叶片上,丸粒相对叶片滑动到叶片边缘而抛出。为了保证丸粒喷到钢带上而

（a）　　　　　（b）　　　　　　（c）　　　　　　　　（d）

叶片
砂丸
控制定向套
分丸轮
叶轮

图 8.34　带钢抛丸机工作原理

不是喷到如图 8.34(a)所示的抛丸机的舱壁而导致击穿舱壁伤人,需要对抛丸机丸粒抛射角进行计算。请查阅抛丸机的详细结构资料,思考如何分析计算。

　　思考 2:转动惯量的测量　很多构件为回转件,需要知道其绕某一轴的转动惯量。构件形状各异,有如图 8.35(a)所示的质量不均匀的细长轴(比如装有火药的导弹向前飞行,需要计算滚动的转动惯量),需要知道其绕 O_1O 转动的转动惯量,有时需要知道该构件绕垂直于轴 O_1O 并通过点 C 的转动惯量。有的构件如图 8.35(b)(c)所示,其中图 8.35(c)所示的构件厚薄不一。也需要知道其绕 O_1O 转动的转动惯量以及该构件绕垂直于轴 O_1O 并通过点 C 的转动惯量。如何测量转动惯量呢? 如图 8.36(a)(b)所示是其中两种测量装置原理示意图,请思考如何利用该测量装置测量上述转动惯量。根据构件形状,选取何种测量方式精度更高? 测量转动惯量需要知道质心的位置,那么三维构件重心如何测量? 能设计出精度更高的测量装置吗?

（a）　　　　　　　　　　（b）　　　　　　　　（c）

图 8.35　构件

图 8.36　测量装置原理图

习　题

8.1　动量定理简单计算题。

1. 如题 8.1.1 图所示的各均质物体,质量均为 m,计算它们的动量大小,并在图上画出动量的方向。

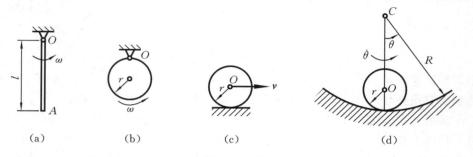

(a)　　　　　　　(b)　　　　　　　(c)　　　　　　　(d)

题 **8.1.1** 图

2. 如题 8.1.2 图所示机构中,已知 $O_1A = O_2B$,$O_1A // O_2B$,$O_3M = r$,杆 O_3G 绕轴 O_3 转动的角速度为 ω,求杆 MD 的动量(均质杆 MD 的质量为 m)。

3. 如题 8.1.3 图所示,曲柄 O_1O_2 质量为 m_1,长为 L,角速度为 ω;小齿轮质量为 m_2,半径为 L,在半径为 $2L$ 的固定内齿轮上滚动,啮合点为 C;导杆 AB 质量为 m_3。图示瞬时,A、B、O_1 三点共线且 $CB \perp AB$,令 $\angle O_2O_1B = \theta$。求此机构在图示位置时的动量。

题 **8.1.2** 图　　　　　　　　　　　题 **8.1.3** 图

4. 棒球的质量 $m = 0.14$ kg,以速度 $v_0 = 50$ m/s 向右沿水平方向运动,如题 8.1.4 图所示。它被球棒打击后速度方向改变,与 v_0 成 $\alpha = 135°$ 角(向左朝上),速度大小降至 $v = 40$ m/s,试计算球棒作用于球的冲量的水平及垂直分量各多少。

5. 在如题 8.1.5 图所示曲柄机构中,曲柄 OA 在未知力偶矩驱动下以匀角速度 ω 绕轴 O 转动。开始时,曲柄 OA 的位置水平向右。已知曲柄质量为 m_1,滑块 A 质量为 m_2,滑杆质量为 m_3,曲柄的质心在 OA 的中点,$OA = L$,滑杆的质心 E 至滑槽 AB 的距离为 $L/2$。求此机构质量中心的运动方程。

6. 椭圆规尺 AB 的重量为 $2P$,曲柄 OC 的重量为 P,滑块 A、B 的重量均为 Q,如题 8.1.6 图所示。已知 $OC = AC = CB = L$,直尺与曲柄均可视为均质杆,滑块

题 8.1.4 图　　　　　　题 8.1.5 图　　　　　　题 8.1.6 图

可视为质点。求当曲柄 OC 在未知力偶矩驱动下以角速度 ω 转动时,此椭圆机构质量中心的运动方程和轨迹。

8.2　如题 8.2 图所示,椭圆规连接在置于光滑水平面上的底座上,底座重 G,曲柄 OC 重 P,规尺 AB 重 $2P$,滑块 A、B 各重 G_1,$OC=AC=BC=L$,曲柄以匀角速度 ω 转动,且 $t=0$ 时,$\varphi=0$,底座的速度 $v_0=0$。求曲柄 OC 在未知力偶矩驱动下转动至任意位置 φ 时底座的速度 v。已知曲柄和规尺都是均质的,底座不会跳离水平面。

8.3　如题 8.3 图所示凸轮机构中,半径为 r、偏心距为 e 的圆形凸轮在未知力偶矩驱动下绕轴 A 以匀角速度 ω 转动,并带动滑杆 BD 在套筒 E 中做水平方向的往复运动。已知凸轮重 P,滑杆重 G,求任一瞬时机座与螺钉的附加动反力。

题 8.2 图　　　　　　　　　　　　题 8.3 图

8.4　如题 8.4 图所示,曲柄滑道机构连在重 G 的底座 BC 上,底座放在光滑水平面上。均质曲柄 OA 重 P_1、长 L,滑块 A 重 P_2,滑道重 P_3。当曲柄在未知力偶矩驱动下从一个水平位置转到另一个水平位置时,如果底座被凸台嵌住,而曲柄 OA 以匀角速度 ω 转动,求底座对凸台的最大水平压力。

8.5　如题 8.5 图所示水平安放的发动机,曲柄 OA 重 P_1,连杆 AB 重 P_2,活塞 BD 重 P_3,$OA=r$,$AB=6r$,曲柄在未知力偶矩驱动下以匀角速度 ω 旋转。求曲柄位于两水平位置时,外壳对支座 E 和 F 的水平压力。

8.6　如题 8.6 图所示,直径 $d=0.3$ m 的水管管道有一个 $135°$ 的弯头,水的流量 $q_v=0.57$ m³/s。求弯头的附加动反力。

8.7　质量均布的各平面物体尺寸如题 8.7 图所示,单位是 cm,求它们的质心坐标。

题 8.4 图   题 8.5 图

题 8.6 图   题 8.7 图

8.8 均质的细长杆被弯成如题 8.8 图所示的形状,求质心的坐标。图中长度单位是 mm。

8.9 动量矩定理选择题。

1. 质量为 m、半径为 r 的均质半圆形薄板(见题 8.9.1 图),对过圆心且垂直于板面的轴 O 的转动惯量为(   )。

① $\frac{1}{4}mr^2$ ② $\frac{1}{2}mr^2$ ③ mr^2 ④ $2mr^2$

2. 如题 8.9.2 图所示,均质矩形板的质量为 m,轴 z_1、z_2、z_3 相互平行,薄板对三轴的转动惯量分别为 J_{z1}、J_{z2}、J_{z3},则(   )。

题 8.8 图   题 8.9.1 图   题 8.9.2 图

① J_{z1} 最小, J_{z2} 最大　　　② J_{z1} 最小, J_{z3} 最大

③ J_{z1} 最大, J_{z2} 最小　　　④ J_{z1} 最小, J_{z3} 最小

3. 如题 8.9.3 图所示,轮 Ⅰ、轮 Ⅱ 均为半径为 r、质量为 m 的均质圆盘,轮 Ⅰ 上绳的一端受拉力 G,轮 Ⅱ 上绳的一端挂一重物,重量为 G。设轮 Ⅰ 的角加速度为 α_1,绳的张力为 T_1;轮 Ⅱ 的角加速度为 α_2,绳的张力为 T_2,则(　　)。

① $\alpha_1 < \alpha_2$, $T_1 < T_2$　　　② $\alpha_1 > \alpha_2$, $T_1 > T_2$

③ $\alpha_1 < \alpha_2$, $T_1 > T_2$　　　④ $\alpha_1 > \alpha_2$, $T_1 < T_2$

4. 均质杆长为 L,质量为 m,在题 8.9.4 图所示位置,质心速度为 v_C,则此杆对轴 O 的动量矩为(　　)。

① $\dfrac{1}{2}mv_C$　② $\dfrac{2L}{3}mv_C$　③ $\dfrac{L}{3}mv_C$

5. 圆环以角速度 ω 绕轴 z 转动(见题 8.9.5 图),转动惯量为 J_z,在圆环顶点 A 处放一质量为 m 的小球,由于微小干扰,小球离开点 A 运动,不计摩擦,则此系统在运动过程中(　　)。

① ω 不变,对轴 z 的动量矩守恒　② ω 改变,对轴 z 的动量矩守恒　③ ω 改变,对轴 z 的动量矩不守恒　④ ω 不变,对轴 z 的动量矩不守恒

題 8.9.3 图　　　　　　題 8.9.4 图　　　　　　題 8.9.5 图

8.10　动量矩定理简单计算。

1. 各均质物体质量均为 m,尺寸和角速度如题 8.10.1 图所示,分别计算出物体对轴 O 的动量矩。

2. 如题 8.10.2 图所示,各均质物体质量均为 m,以不同连接形式组合在一起,尺寸和角速度如图所示,其中 ω_A 为圆盘相对于杆的角速度。分别计算出系统对轴 O 的动量矩。

8.11　如题 8.11 图所示,跨在滑轮上的软绳两端各有一人,两人重量相等,从静止开始分别相对于软绳以 v_1、v_2 的速度向上运动,不计滑轮和轴承的摩擦,试就下列两种情况计算两人的绝对速度:

题 8.10.1 图

题 8.10.2 图

(1) 不计滑轮的质量；

(2) 视滑轮为均质圆盘，质量为人的一半，与绳没有相对滑动。

8.12 如题 8.12 图所示，电动铰车提升一重 P 的物体 C，其主动轴作用有一常值力矩 M，主动轴和从动轴部件对各自转轴的转动惯量分别为 J_1 和 J_2，传动比 $z_2/z_1=k$，z_1、z_2 分别为齿轮的齿数，鼓轮的半径为 R，不计轴承的摩擦和吊索的质量，求重物的加速度。主、从动轴均水平。

题 8.11 图　　　　　题 8.12 图

8.13 如题 8.13 图所示，轮子质量 $m=100$ kg，半径 $r=1$ m，可视为均质圆盘，当轮以转速 $n=120$ r/min 绕定轴 C 转动时，在杆的 A 端施加垂直常力 P，经 10 s 轮子转动停止，设轮与闸块间的动摩擦因数 $f=0.1$，试求力 P 的大小(不计轴承的摩擦及闸块的厚度)。在不计水平杆 OA 自重。

8.14 如题 8.14 图所示,水平圆盘对轴 O 的转动惯量为 J_O,其上一质量为 m 的质点以匀速 v_0 相对圆盘做半径为 r 的圆周运动,圆心在圆盘上的点 O_1 上, $OO_1=L$。当质点在 M_0 时,圆盘的转速为 $\omega_0=0$,不计摩擦。试求:

(1) 质点在 M_0 位置时系统对轴 O 的动量矩;

(2) 质点在 M 位置时(φ 视为已知)圆盘的角速度。

8.15 均质圆柱重 P,半径为 r,如题 8.15 图所示放置,并具有初始角速度 ω_0,设在 A 和 B 处的摩擦因数均为 f,问经过多少时间圆柱停止转动?墙与水平地面垂直。

题 8.13 图　　　　　　　　　题 8.14 图　　　　　　　　　题 8.15 图

8.16 如题 8.16 图所示,平板的质量 m_1,受水平力 F 作用而沿水平面运动, 板与水平面间的摩擦因数为 f,在平板上放一质量为 m_2、半径为 r 的均质圆柱体, 它相对平板只滚不滑,求平板的加速度。

8.17 如题 8.17 图所示,长为 L 的均质杆置于水平桌面上,质心 C 与桌边 E 的距离 $CE=kL$(k 为常数),由静止开始杆将以 E 为支点转动,设杆与桌边的摩擦因数为 f,试求杆开始滑动时杆与水平线的夹角 θ。

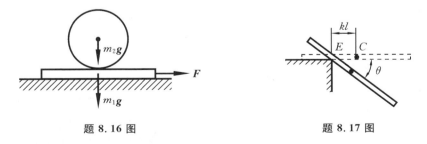

题 8.16 图　　　　　　　　　　　　题 8.17 图

8.18 如题 8.18 图所示,质量 $m=50$ kg 的均质杆 AB,A 端搁在光滑的水平面上,另一端由质量不计的绳子系在固定点 O,且 ABO 在同一垂直面内,当绳子在水平位置时,杆的角速度为 $\omega=1$ rad/s。求此时杆的角加速度。已知 AB 长 $L=$

2.5 m,绳 BO 长 $b=1$ m,点 O 高出地面 $h=2$ m。

8.19 如题 8.19 图所示,均质圆柱重 P,半径为 r,放在倾角 60°的斜面上,一细绳绕于其上,绳的一端固于点 A,绳段 AB 与斜面平行,若圆柱与斜面的摩擦因数为 $f=1/3$,试求圆柱体中心下落的加速度 a_C。

8.20 如题 8.20 图所示,滚轮 A 与鼓轮 B 可视为均质圆盘,它们的质量都是 m,半径均为 R,若在鼓轮 B 上加一常值力偶,其矩为 M,使滚轮 A 沿倾角为 θ 的斜面做纯滚动。鼓轮轮心 D 在斜面延长线上,垂直杆 DC 长为 L,不计杆和绳的质量,试求:

(1) 滚轮 A 中心 O 的加速度和绳子的张力;

(2) 杆 DC 固定端 C 的约束力。

题 8.18 图   题 8.19 图   题 8.20 图

8.21 计算动能。

1. 如题 8.21.1 图所示,图(a)(b)中各均质物体分别绕定轴转动,图(c)中的均质圆盘在水平面上滚动而不滑动。设物体的质量都等于 m,物体的角速度均为 ω,杆子的长度是 L,圆盘的半径是 r,试分别计算各物体的动能。

2. 拖车的车轮 A 和垫滚 B 的半径均为 r,设拖车与垫滚 B、轮 A 与地面之间均无滑动,并设拖车质量为 m_1,均质轮 A 质量为 m_2,均质垫滚 B 质量为 m_3,如题 8.21.2 图所示。求当拖车以速度 v 前进时,整个系统的动能。

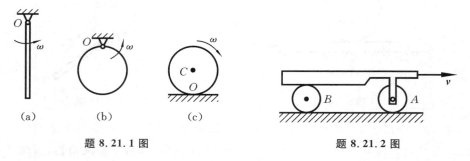

(a)   (b)   (c)

题 8.21.1 图   题 8.21.2 图

3. 如题 8.21.3 图所示,已知边长为 a 的均质等边三角板的质量为 m,对质心

的回转半径为 ρ，ρ 可通过计算得到具体数值，此题用 ρ 表示即可。$O_1D /\!/ O_2E$，$O_1D = O_2E = r$，绕轴 O_1 转动的角速度为 ω，图示瞬时 D、E、B、C 在同一水平线上。试求三角板的动能。

4. 如题 8.21.4 图所示，输送器 A 以 $v = 10$ m/s 的速度沿轨道运动，其上用轻杆吊一重 450 N、半径为 0.3 m 的均质圆盘。若圆盘以 $\omega = 5$ rad/s 的角速度转动，试计算圆盘在此瞬时的动能。

题 8.21.3 图　　　　　　　　題 8.21.4 图

8.22 计算力的功。

1. 连接两个滑块 A 和 B 的弹簧原长 $L_0 = 0.04$ m，刚度系数 $k = 4.9$ kN/m，试求当两滑块分别从位置 A_1 和 B_1 运动到位置 A_2 和 B_2 的过程中弹性力的功。各点的位置坐标分别是 $A_1(0.04,0)$、$B_1(0,0.03)$、$A_2(0.06,0)$、$A_2(0,0.06)$，单位为 m，如题 8.22.1 图所示。

2. 如题 8.22.2 图所示，质点 M 沿轨迹 $x^2/25 + y^2/9 = 1$ 运动，求其上某一作用力 $\mathbf{F} = -5x\mathbf{i} - 5y\mathbf{j}$（力的单位为 N）在由 $M_0(5,0)$ 至 $M_1(0,3)$ 的路程上所做的功。

3. 如题 8.22.3 图所示，均质杆 OA 和 O_1A_1 均重 P、长为 L，杆 AA_1 重为 P_1，盘重 G；盘与 AA_1 固结在一起，求系统由 $\varphi = 0°$ 运动到 $\varphi = 90°$ 重力做的功。O_1O_2 水平。

4. 如题 8.22.4 图所示，初始时 M_2 与 M_1 均处于静止，弹簧为自由长度，当一恒力 $\mathbf{F}$ 作用后，刚性系数为 k 的弹簧压缩了 δ，滑块 M_1 沿光滑水平面移动了 s 位移，力 $\mathbf{F}$ 做了多少功？设 m_1 和 m_2 为 M_1 和 M_2 的质量。力 $\mathbf{F}$ 所做的功是否等于 M_1 和 M_2 的动能之和？

题 8.22.1 图　　　　題 8.22.2 图　　　　題 8.22.3 图

8.23 如题 8.23 图所示，已知轮子半径为 r，对转轴 O 的转动惯量为 J_O；连杆

AB 长 L，质量为 m_1，并可视为均质细杆；滑块 A 的质量为 m_2，可沿光滑竖直导槽滑动。滑块在最高位置（$\theta = 0°$）受微小扰动后，由静止开始运动。求当滑块到达最低位置时轮子的角速度（各处的静摩擦均不计）。

8.24　等长、等重的三根均质杆用光滑铰链连接，在垂直平面内摆动，如题8.24图所示。求自图示位置无初速地运动到平衡位置时，杆 AB 中点 C 的速度，设杆长 $L = 1$ m。O_1O_2 水平。

题 8.22.4 图　　　　　　题 8.23 图　　　　　　题 8.24 图

8.25　如题8.25图所示行星轮机构，三齿轮均可视为均质圆盘，质量均为 m，半径为 R。曲柄 O_1O_3 可视为均质细杆，质量为 m_1。作用在曲柄上的力矩 M 为常数，整个机构在水平面内由静止开始运动，不计摩擦。求曲柄的角速度和角加速度（表示为曲柄转角 φ 的函数）。

8.26　如题8.26图所示，置于水平面的均质杆 ABC 的质量为 m，在杆端 A 受到一常值但始终与杆垂直的力 P 作用，由静止开始运动。静止时 $\theta = 180°$，且 A、B、C 与 O 共线。求当 B 到达点 O 时（此时 $\theta = 0°$）杆的角速度。滚子 B 与曲柄 OC 的质量不计。

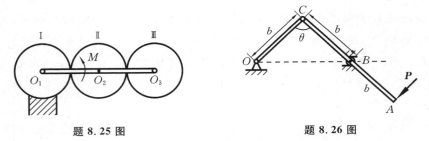

题 8.25 图　　　　　　　　题 8.26 图

8.27　如题8.27图所示，为了避免飞轮爆裂发生事故，可利用如下的安全装置：在飞轮缘上安装物体 A，由弹簧 S 将其压入轮内；当飞轮转速达到极限值时，物体 A 的一端碰到活门栓 CD 的凸角 B，活门栓即将气缸的入口关闭。设物体 A 的质量等于 1.5 kg，凸角 B 到飞轮边缘的距离 e 等于 2.5 cm，飞轮的极限转速为 120 r/min，又设物体 A 的质量集中在离飞轮转轴 147.5 cm 的一点，求弹簧的刚度系数。

8.28　如题8.28图所示，蒸汽涡轮的安全开关是质量 $m = 0.225$ kg 的销子

A，装在涡轮前端的小孔内，小孔垂直钻入轴内，销子由弹簧压入孔内，当涡轮以正常速度 $n=1500$ r/min 转动时，销子的重心到转动轴的距离 $l=8.5$ mm。当涡轮转速增加 10% 时，销子在弹簧作用下，离开正常位置到达 $x=4.5$ mm 处，碰到杠杆 B 的一端，使活动钩松脱。于是，与钩子相连的杠杆组将涡轮安全机构的气阀关闭，设弹簧的弹力与缩短量成正比，求弹簧的刚度系数。

题 8.27 图　　　　　　　　　　　题 8.28 图

8.29　飞机俯冲时的竖直初速度为零，空气阻力与速度平方成正比。求飞机的瞬时竖直速度与所经路程、最大俯冲速度的关系。

8.30　静止的潜艇在力 p 作用下向水底平稳下沉。当 p 不大时，水的阻力可以认为与下沉速度成正比，等于 kSv。其中 k 是比例常数，S 是潜艇的水平投影面积，v 是下沉速度。潜艇的质量是 M，设当 $t=0$ 时，$v_0=0$，求潜艇下沉速度 v。

8.31　圆形水池的中心竖立一根上端封口的竖直水管，在管子的 1 m 高处沿侧表面钻了许多小孔。假设从这些孔喷出的水柱的仰角为变量 $\varphi(\varphi<\pi/2)$，各水柱的初速度为 $v_0=\sqrt{\dfrac{4g}{3\cos\varphi}}$（以 m/s 为单位），其中 g 为重力加速度，管高为 1 m。不论池壁怎样低，管子喷出的水都应该全部落入水池中，求水池的最小半径 R。

8.32　为了迅速制动大飞轮，可以采用一种电制动器。电制动器由安置在直径两端的一对电极构成，电极上绕有直流电线圈。在飞轮运动过程中，飞轮实体内产生感应电流，形成阻力矩 $M_1=kv$，其中 v 为飞轮边缘的速度，k 为常数（与磁通量和飞轮尺寸有关）。设轴承中阻力矩 M_2 可认为不变，飞轮直径为 D，对转轴的转动惯量为 J。问：以角速度 ω_0 转动的飞轮经过多长时间才停止？

8.33　如题 8.33 图所示，为了确定物体 A 对竖直轴 Oz 的转动惯量，把物体连接在竖直弹性杆 OO_1 上。扭转弹性杆，使物体绕轴 Oz 转过一个小角度 φ_0，然后释放。测定扭转振动的周期为 T_1，对 Oz 轴的弹性力矩为 $M_z=-c\varphi$。为了确定系数 c，进行了第二个实验：把半径为 r、质量为 M 的均质圆盘安装在杆 OO_1 上，测得扭转振动周期为 T_2。求物体 A 的转动惯量 J_z。

8.34　如题 8.34 图所示,为了确定刚体对通过质心 G 的某轴 AB 的转动惯量,把刚体固连细杆 AD 与 BE,并自由悬挂于水平轴 DE 上,DE 与 AB 平行,此后使刚体摆动。设已求得单向摆一次的时间 T,如果刚体的质量为 M,AB 与 DE 的距离为 h,求刚体对轴 AB 的转动惯量。两杆的质量不计。

题 8.33 图　　　　　　　　题 8.34 图

第9章 动力学普遍定理的综合应用

前面章节仅给出了动量定理、动量矩定理和动能定理的简单应用。动力学问题分析方法众多,但难易程度差异很大,特别是不知到底需要列多少个动力学方程,列出的方程是否独立。如何应用动力学普遍定理分析复杂的动力学问题,有时并不容易。

系统之所以能够运动,是因为它是自由的。如何列出所需的以方便问题求解的动力学方程以及能否建立规律性的动力学分析格式,与自由度有内在联系。所以本章先引入自由度的概念及其计算方法,然后基于自由度,介绍如何应用动力学普遍定理分析复杂动力学问题,包括碰撞问题。

9.1 约束及其分类

*9.1.1 约束的几何与运动特性

对非自由质点系中的质点位置或速度所加的几何或运动学的限制条件称为**约束**。非自由质点系的约束条件可用约束方程表示为

$$f_j(\boldsymbol{r}_1, \boldsymbol{r}_2, \cdots, \boldsymbol{r}_N, \dot{\boldsymbol{r}}_1, \dot{\boldsymbol{r}}_2, \cdots, \dot{\boldsymbol{r}}_N, t) = 0; \quad j = 1, 2, \cdots, m$$

或用坐标表示为

$$f_j(x_1, y_1, z_1, x_2, y_2, z_2, \cdots, x_N, y_N, z_N, \dot{x}_1, \dot{y}_1, \dot{z}_1, \dot{x}_2, \dot{y}_2, \dot{z}_2,$$
$$\cdots, \dot{x}_N, \dot{y}_N, \dot{z}_N, t) = 0; \quad j = 1, 2, \cdots, m$$

对于图 9.1(a)所示的约束,其约束方程为

$$x^2 + y^2 = l^2 \tag{9.1a}$$

对于图 9.1(b)所示的约束,其约束方程为

$$x^2 + y^2 = (l_0 - v_0 t)^2 \tag{9.1b}$$

(a)   (b)

图 9.1 约束 1

(a) 定常约束 $x^2 + y^2 = l^2$ (b) 非定常约束 $x^2 + y^2 = (l_0 - v_0 t)^2$

从式(9.1b)可见,在某些情况下,约束方程不仅与点的坐标有关,有时还与时间参数 t 有关(约束方程中显含时间参数 t)。

图 9.2(a)所示的半径为 r 的车轮沿着水平直线轨道做纯滚动,直线轨道的约束条件为

$$y_C = r \tag{9.2a}$$

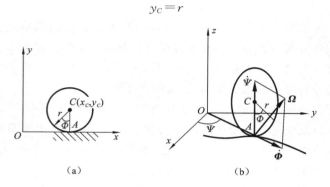

(a)　　　　　　　　　　(b)

图 9.2 约束 2

车轮沿直线轨道做纯滚动的约束条件为车轮上与轨道接触的点 A 处的速度为 0,即

$$\dot{x}_C - r\dot{\Phi} = 0 \tag{9.2b}$$

从式(9.2b)可见,约束方程中有时可能含有坐标对时间的导数。这就是说,约束不仅对系统坐标进行限制,在某些情况下,约束还可能对坐标的一阶导数(甚至高阶导数)进行限制。

图 9.2(b)所示的半径为 r 的圆盘沿着水平面内某一曲线做竖直纯滚动。作图 9.2(b)所示的直角坐标系 $Oxyz$,设 Oxy 平面为水平面,圆盘在运动过程中由于盘面保持竖直,因此圆盘中心 $C(x_C, y_C, z_C)$ 到水平面 Oxy 的距离为常数,即有一个约束方程为

$$z_C = r \tag{9.2c}$$

因为圆盘做纯滚动,所以圆盘的瞬时转动轴恒通过圆盘与地面相接触的点 A,如图 9.2(b)所示。而瞬时角速度 $\boldsymbol{\Omega}$ 可分解为两个分量,其中一个分量为 $\dot{\boldsymbol{\Phi}}$,它的方向与圆盘平面垂直,且永远处于坐标平面 Oxy 内,此分量表征圆盘滚动的快慢程度;另一个分量 $\dot{\boldsymbol{\Psi}}$ 沿着通过点 A 的圆盘直径,此分量表征圆盘滚动方向随时间的变化率。因此有以下关系式:

$$\boldsymbol{\Omega} = \dot{\boldsymbol{\Phi}} + \dot{\boldsymbol{\Psi}} = \Omega_x \boldsymbol{i} + \Omega_y \boldsymbol{j} + \Omega_z \boldsymbol{k} = \dot{\Phi}\cos\Psi \boldsymbol{i} + \dot{\Phi}\sin\Psi \boldsymbol{j} + \dot{\Psi} \boldsymbol{k} \tag{9.2d}$$

由于点 A 为瞬时转动轴必定通过的一点,根据点 A 速度 $v_A = 0$ 的条件,采用基点法,可得约束方程:

$$\boldsymbol{v}_A = \boldsymbol{v}_C + \boldsymbol{v}_{AC} = \boldsymbol{v}_C + \boldsymbol{\Omega} \times \boldsymbol{r}_{CA} = \boldsymbol{0}$$

或
$$v_C - r_{CA}\boldsymbol{\Omega} \times \boldsymbol{k} = \boldsymbol{0} \tag{9.2e}$$

将式(9.2e)写成投影形式,即
$$\begin{cases} \dot{x}_C = r\dot{\Phi}\sin\Psi \\ \dot{y}_C = -r\dot{\Phi}\cos\Psi \end{cases} \tag{9.2f}$$

约束方程(9.2f)与方程(9.2b)都包含坐标的导数,所不同的是方程(9.2b)可以写成包含积分常数 C 的可积分的形式:
$$x_C - r\Phi + C = 0$$

而对于方程(9.2f),由于 Ψ 是一个变量,它不能写成可积分的形式,即方程(9.2f)是不可积分的。

9.1.2　约束的分类

动力学问题的分析方法众多,难易程度差异很大,不同的分析方法适合于不同的类型。这些类型可根据约束方程的特点来分类,有多种约束分类方法,下面主要介绍与本书内容密切相关的三种分类。

1. 定常约束与非定常约束

根据约束方程是否与时间参数 t 有关,将约束分为定常约束与非定常约束。定常约束,指约束与时间参数 t 无关,如方程(9.1a)和(9.2a)(9.2b)(9.2c)对应的约束。定常约束的约束方程的一般形式为
$$f(x_1, x_2, x_3, \cdots, x_n, \dot{x}_1, \dot{x}_2, \dot{x}_3, \cdots, \dot{x}_n) = 0$$

非定常约束指约束与时间参数 t 有关,如方程(9.1b)对应的约束。非定常约束的约束方程的一般形式为
$$f(x_1, x_2, x_3, \cdots, x_n, \dot{x}_1, \dot{x}_2, \dot{x}_3, \cdots, \dot{x}_n, t) = 0$$

2. 几何约束与运动约束

根据约束方程是否含有坐标对时间的导数,将约束分为几何约束和运动约束。几何约束指约束只限制系统中各质点在空间的位置,而不限制其运动速度以及对时间求高阶导数得到的高阶导数量等,即在约束方程中不显含质点坐标对时间的导数。例如约束方程(9.1a)(9.1b)(9.2a)(9.2c)对应的约束。几何约束的约束方程的一般形式为
$$f(x_1, x_2, x_3, \cdots, x_n, t) = 0$$

运动约束指约束对质点的运动参数进行限制。这就是说在约束方程中将显含坐标对时间的导数,例如约束方程(9.2b)(9.2f)对应的约束。运动约束的约束方程的一般形式为
$$f(x_1, x_2, x_3, \cdots, x_n, \dot{x}_1, \dot{x}_2, \dot{x}_3, \cdots, \dot{x}_n, \cdots, \ddot{x}_i, \cdots, \dddot{x}_n, t) = 0$$

在运动约束中,由于约束方程显含质点坐标对时间的导数,因此运动约束的约束方程是一个微分方程(或微分方程组),如果该方程或方程组是可积分的,那么就

称该约束是可积分的,例如方程(9.2b),否则是不可积分的。例如在方程(9.2f)中,由于 Ψ 是一个变量,如果没有其他的附加方程,该方程就没有解,因为变量的数目超过了方程的数目,而可积分运动约束方程通过积分可转化为几何约束方程。

3. 完整约束与非完整约束

可积分为有限形式的运动约束,积分后就转化为几何约束。几何约束的数学形式中不显含质点坐标对时间的导数。**可积分的运动约束和几何约束统称为完整约束**,例如方程(9.1a)(9.1b)(9.2a)(9.2b)(9.2c)对应的约束。完整约束方程(包括可积分运动约束积分后的形式)的一般形式为

$$f_k(x_1,x_2,x_3,\cdots,x_n,t)=0 \quad (k=1,2,\cdots,s)$$

其中 s 是完整约束的个数。一个力学系统,如果仅受到完整约束的作用,这样的系统称为完整系统。

非完整约束指不可积分的运动约束。例如方程(9.2f)所表示的约束。非完整约束的约束方程的一般形式为

$$f_k(x_1,x_2,x_3,\cdots,x_n,\dot{x}_1,\dot{x}_2,\dot{x}_3,\cdots,\dot{x}_n,\cdots,\ddot{x}_i,\cdots,\ddot{x}_n,t)=0 \quad (k=1,2,\cdots,p)$$

其中 p 表示非完整约束的个数。一个力学系统,如果受到的约束中包含非完整约束,那么这样的系统称为非完整系统。

对于完整系统,不需要考虑动力学微分方程便可根据运动约束方程找到各个质点坐标之间的代数关系式。而非完整系统由于存在非完整约束,这些约束的约束方程本身在不考虑动力学微分方程的条件下是不可积分的,因此,若不考虑动力学方程则找不到各个质点坐标之间的代数关系式。进一步分析将发现,求解完整系统和非完整系统的动力学问题,两者在方法上是不同的,后者比前者困难得多。工程中常见的是完整系统,本书前 12 章中所涉及的动力学系统都是完整系统,读者暂时不必刻意判断目前所研究的系统是否是完整系统。

9.2　广义坐标与自由度

9.2.1　广义坐标

定义　能确定系统几何位置的、彼此独立的一组时间变量称为该系统的**广义坐标**,或称**独立坐标**。

图 9.3　双摆及其广义坐标

例如,如图 9.3 所示为由两个质点构成的双摆,约束方程为

$$\begin{cases} x_1^2+y_1^2=l_1^2 \\ (x_2-x_1)^2+(y_2-y_1)^2=l_2^2 \end{cases}$$

故 x_1,y_1,x_2,y_2 四个坐标变量不是独立的,其中只有两个变量是独立的。可选

$$\varphi_1 = \arctan \frac{x_1}{y_1}, \qquad \varphi_2 = \arctan \frac{x_2 - x_1}{y_2 - y_1}$$

作为广义坐标,但不能选互不独立的 x_1 与 y_1 或 x_2 与 y_2 作为广义坐标。

定义　广义坐标对时间的导数称为**广义速度**。

*9.2.2　广义坐标、广义速度与约束的关系

1. 广义坐标的选取

广义坐标的选取完全取决于系统的完整约束。如果没有约束,系统就是完全自由的,系统中每个质点的运动范围是整个空间,N 个质点的 $3N$ 个直角坐标就可以作为系统的广义坐标。如果有约束,系统每个质点只能在约束规定的空间范围内运动,并且该质点可能到达这个空间范围内的任意位置。因此,所谓"系统的几何位置"是由约束规定的一个空间范围。具体说,设系统有 l 个完整约束方程,m 个非完整约束方程,$l+m < 3N$,即

$$f_j(x_1, y_1, z_1, x_2, y_2, z_2, \cdots, x_N, y_N, z_N, t) = 0, \quad j = 1, 2, \cdots, l$$

$$g_i(x_1, y_1, z_1, x_2, y_2, z_2, \cdots, x_N, y_N, z_N, \dot{x}_1, \dot{y}_1, \dot{z}_1, \dot{x}_2, \dot{y}_2, \dot{z}_2, \cdots, \dot{x}_N, \dot{y}_N, \dot{z}_N, t) = 0,$$

$$i = 1, 2, \cdots, m$$

满足这 $l+m$ 个方程的 $3N$ 维位置向量 $\boldsymbol{x} = (x_1, y_1, z_1, x_2, y_2, z_2, \cdots, x_N, y_N, z_N)^{\mathrm{T}}$,它的所有取值就是系统的几何位置。用 A 表示系统的几何位置集合,只满足完整约束的位置向量 $\boldsymbol{x}$ 的全体取值记为 B,下面证明 $A = B$。

证明　如果 $\boldsymbol{x} \in A$,则 $\boldsymbol{x}$ 一定满足完整约束,所以 $\boldsymbol{x} \in B$。

反之,如果 $\boldsymbol{x} \in B$,则对 $\boldsymbol{x}$ 的任何一组值,一定能满足 m 个非完整约束方程:

$$g_i(x_1, y_1, z_1, x_2, y_2, z_2, \cdots, x_N, y_N, z_N, \dot{x}_1, \dot{y}_1, \dot{z}_1, \dot{x}_2, \dot{y}_2, \dot{z}_2, \cdots, \dot{x}_N, \dot{y}_N, \dot{z}_N, t) = 0,$$

$$i = 1, 2, \cdots, m$$

这是因为,在以上 m 个方程中,有 $3N$ 个速度分量 $\dot{x}_1, \dot{y}_1, \dot{z}_1, \dot{x}_2, \dot{y}_2, \dot{z}_2, \cdots, \dot{x}_N, \dot{y}_N, \dot{z}_N$ 可以调节,其中一定可以选出 $3N-m$ 个独立变量,使非完整约束方程组成立。因此 $\boldsymbol{x}$ 满足全部约束,进而 $\boldsymbol{x} \in A$。这就证明了 $A = B$。

由此可知,质点系位置向量 $\boldsymbol{x} = (x_1, y_1, z_1, x_2, y_2, z_2, \cdots, x_N, y_N, z_N)^{\mathrm{T}}$ 的确定只需要满足完整约束方程。另一方面,在 l 个完整约束方程中,有 $3N$ 个 $x_1, y_1, z_1, x_2, y_2, z_2, \cdots, x_N, y_N, z_N$ 位置变量,且 $3N > l$,所以一定可以选出 $n = 3N-l$ 个独立变量 $q_1, q_2, \cdots, q_n$,使完整约束方程组成立,这组独立变量完全确定了系统的位置,根据定义,$q_1, q_2, \cdots, q_n$ 就是系统的一组广义坐标。显然,**任意一组满足完整约束的独立变量都可作为广义坐标**,因此广义坐标的选取一般不唯一。

由于广义坐标已经满足完整约束,因此,**对于完整系统,广义坐标已没有任何限制,可以自由变动**。

2. 广义坐标的变分及其独立性

将广义坐标向量 $\boldsymbol{q} = (q_1, q_2, \cdots, q_n)^{\mathrm{T}}$ 的全体取值形成的集合称为系统的**位形**

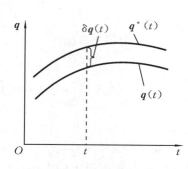

图 9.4　位形曲线和坐标变分

空间;广义坐标的每一组值是位形空间的一个点,称它为**位形点**。

从几何观点来看,一个位形点在位形空间中的任意一次运动对应于在位形空间中画出的一条位形曲线,如图 9.4 所示。根据广义坐标的定义,任意一条位形曲线都已经满足系统的完整约束,因此在任意一条位形曲线附近一定还存在其他位形曲线,否则,所有位形点被约束在这条位形曲线上,这意味着位形空间中将出现完整约束,与广义坐标的定义矛盾。如果一条位形曲线是实际可以实现的,称其为真实位形曲线;如果一条位形曲线只满足系统的全部约束而不知它是否能真正实现,称其为可能位形曲线。

现在来考察两条邻近的真实或可能位形曲线 $q(t)$ 和 $q^*(t)$,如图 9.4 所示。对这两条位形曲线,可以求出同一时刻 t 的广义坐标的差值:

$$\delta q(t) = q^*(t) - q(t) \tag{9.3}$$

$\delta q(t) = (\delta q_1(t), \delta q_2(t), \cdots, \delta q_n(t))^{\mathrm{T}}$。$\delta q_1(t), \delta q_2(t), \cdots, \delta q_n(t)$ 是 n 个广义坐标的**等时变分**,将这 n 个量称为**广义坐标变分**或**坐标变分**。

对于完整系统,$\delta q_1(t), \delta q_2(t), \cdots, \delta q_n(t)$ 之间已没有任何限制(否则,$q_1, q_2, \cdots, q_n$ 之间会有完整约束,与广义坐标的定义矛盾),因此,**对于完整系统,$\delta q_1(t)$,$\delta q_2(t), \cdots, \delta q_n(t)$ 是相互独立的**,各个量可以独立地自由变动。

对于非完整系统,在任意位形点,系统的广义速度要满足非完整约束。将非完整约束方程用广义坐标形式写为

$$g_i(q_1, q_2 \cdots, q_n, \dot{q}_1, \dot{q}_2, \cdots, \dot{q}_n, t) = 0, \quad i = 1, 2, \cdots, m \tag{9.4}$$

假定 $\dot{q}_{10}, \dot{q}_{20}, \cdots, \dot{q}_{n0}$ 为 t 时刻满足方程(9.4)的广义速度的某组确定取值,即有

$$g_i(q_1, q_2, \cdots, q_n, \dot{q}_{10}, \dot{q}_{20} \cdots, \dot{q}_{n0}, t) = 0, \quad i = 1, 2, \cdots, m \tag{9.5}$$

由于广义坐标的取值只取决于完整约束,因此可以固定 $q_1, q_2, \cdots, q_n, t$,将方程(9.4)在 $\dot{q}_{10}, \dot{q}_{20}, \cdots, \dot{q}_{n0}$ 附近做泰勒展开,得

$$\sum_{k=1}^{n} \frac{\partial g_i}{\partial \dot{q}_{k0}}(\dot{q}_k - \dot{q}_{k0}) + \cdots = 0, \quad i = 1, 2, \cdots, m$$

即

$$\sum_{k=1}^{n} \frac{\partial g_i}{\partial \dot{q}_{k0}} \frac{\mathrm{d}q_k}{\mathrm{d}t} - \sum_{k=1}^{n} \frac{\partial g_i}{\partial \dot{q}_{k0}} \dot{q}_{k0} + \cdots = 0, \quad i = 1, 2, \cdots, m \tag{9.6}$$

两边同乘以 $\mathrm{d}t$,得

$$\sum_{k=1}^{n} \frac{\partial g_i}{\partial \dot{q}_{k0}} \mathrm{d}q_k - \sum_{k=1}^{n} \frac{\partial g_i}{\partial \dot{q}_{k0}} \dot{q}_{k0} \mathrm{d}t + \cdots = 0, \quad i = 1, 2, \cdots, m \tag{9.7}$$

因为 $\dot{q}_{10}, \dot{q}_{20}, \cdots, \dot{q}_{n0}$ 可以为 t 时刻满足方程(9.4)的任意一组广义速度的取值,因此

$\partial g_i / \partial \dot{q}_{k0}$ 可以写为 $\partial g_i / \partial \dot{q}_k$，再令 $dt = 0$，则 dq_k 变为 δq_k，于是有

$$\sum_{k=1}^{n} \frac{\partial g_i}{\partial \dot{q}_k} \delta q_k = 0, \quad i = 1, 2, \cdots, m \qquad (9.8)$$

这就是由非完整约束产生的对坐标变分的约束方程。由此可见，**在非完整系统中，坐标变分** $\delta q_1(t), \delta q_2(t), \cdots, \delta q_n(t)$ **需要满足方程**(9.8)的 m **个方程，因此它们不相互独立，其中独立的坐标变分数目为** $n - m$ **个**。

假设一个系统的位置需要用 n 个广义坐标 $q_1, q_2, \cdots, q_n$ 来确定，受到 m 个线性非完整约束

$$\sum_{k=1}^{n} a_{jk} \dot{q}_k + a_j = 0, \quad j = 1, 2, \cdots, m$$

根据方程(9.8)，坐标变分 $\delta q_1(t), \delta q_2(t), \cdots, \delta q_n(t)$ 需要满足的约束方程为

$$\sum_{k=1}^{n} a_{jk} \delta q_k = 0, \quad j = 1, 2, \cdots, m$$

3. 自由度

设一个系统需要用 n 个广义坐标 $q_1(t), q_2(t), \cdots, q_n(t)$ 才能确定它的瞬时位置，那么可以做出 n 个坐标变分 $\delta q_1(t), \delta q_2(t), \cdots, \delta q_n(t)$。如果这些坐标变分相互独立，那么系统在位形空间的任意方向上，都可能做一个满足约束的微小变动；否则，系统只在位形空间的某些方向上，才有可能做一个满足约束的微小变动。可见，坐标变分 $\delta q_1(t), \delta q_2(t), \cdots, \delta q_n(t)$ 的独立分量的多少，表征了系统可以自由变动的程度的大小。由前面的讨论可知，对于都具有 n 个广义坐标 $q_1(t), q_2(t), \cdots, q_n(t)$ 的完整系统和非完整系统，独立的坐标变分数目是不同的。因此，一个系统自由变动的程度不能用广义坐标的数目来衡量，只能用独立的坐标变分数目来表征。

由此，定义系统自由度的概念为：系统独立的坐标变分数目称为该系统的**自由度**。自由度的数目就是系统在广义坐标空间中可以独立变动的方向数目。

9.2.3　完整系统自由度的计算

1. 计算自由度的广义坐标法

如图 9.5 所示的平面运动刚体，若给以完整约束

$$x_C^2 + y_C^2 = r^2$$

则其广义坐标数为 2 (可选 θ, ϕ)，其自由度为 2。

若给以非完整约束

$$\dot{x}_C \tan\phi - \dot{y}_C = 0$$

则其广义坐标数为 3 (可选 x_C, y_C, ϕ)，其自由度为 2，因为 $\delta x_C, \delta y_C$ 之间应满足约束

$$\delta x_C \tan\phi - \delta y_C = 0 \quad \text{或} \quad \frac{\delta x_C}{\delta y_C} = \tan\phi$$

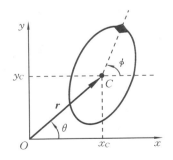

图 9.5　平面运动刚体的广义
坐标和自由度

需要说明的是,已知 1 个物体匀速转动,则系统自由度将少 1 个。为了讲解方便,后文已知 1 个物体匀速转动,其自由度是基于未给定匀速所计算的。

例 9.1 如图 9.6 所示的圆盘做平面运动,计算图 9.6(a)(b)(c)中的自由度。其中图 9.6(b)中圆盘相对地面滑动,图 9.6(c)中圆盘做纯滚动。

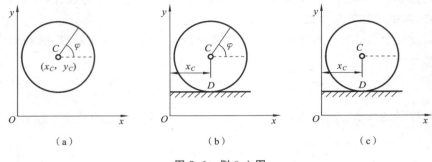

(a)　　　　　　　　　(b)　　　　　　　　　(c)

图 9.6　例 9.1 图

解 图 9.6(a)需要给定点 C 的 2 个独立坐标以及转角,自由度为 3。图 9.6(b)需要给定点 C 的 x_C 以及转角 φ,自由度为 2。图 9.6(c)只需要给定点 C 的 x_C,自由度为 1。

例 9.2 对图 9.7 中给出的 10 个完整系统,分别选取一组广义坐标,指出它们的自由度。

解 这 10 个系统均为完整系统,所以自由度数等于广义坐标数。

如图 9.7(a)所示的机构若限制在平面内运动,点 D 的位置确定后,因为 OA 的长度还可以改变,故 OA 还可以绕点 O 转动,系统自由度为 2。

图 9.7(b)中用 φ_1 表示 AB 转动位置,BC 与 AB 通过圆柱销连接,用 φ 表示杆 BC 的位置,故选角 φ_1、φ 为广义坐标,系统自由度为 2。

图 9.7(c)中若圆柱在三角块上做纯滚动,三角块直线平动,以位移坐标 x 定位,再用 φ 表示圆柱相对于三角块的纯滚动位置,则 x、φ 为广义坐标,系统自由度为 2。

图 9.7(d)所示为细绳缠绕圆柱后系到固定点 O,绳做定轴转动,以 φ 定位;再以角表示圆柱相对细绳的纯滚动位置,则 φ、θ 为广义坐标,系统自由度为 2。

图 9.7(e)中物块 A 直线平动,以位移坐标 x 定位,再用 $\varphi_1=0$ 表示杆 AB 绕点 A 的转动位置,以 φ_2 表示圆盘绕点 B 的平面运动转角。所以 x、φ_1、φ_2 为广义坐标,系统自由度为 3。

图 9.7(f)所示为一个振动机构,部件 O 做平面运动,其位置用 x、y 和角 φ_1 确定;再用角 φ_2 表示杆 AB 的平面运动转角,用角 φ_3 表示部件 C 的平面运动转角,最后用角 φ_4 表示 C 内的转子相对于部件 C 的转动。所以 x、y、φ_1、φ_2、φ_3、φ_4 为广

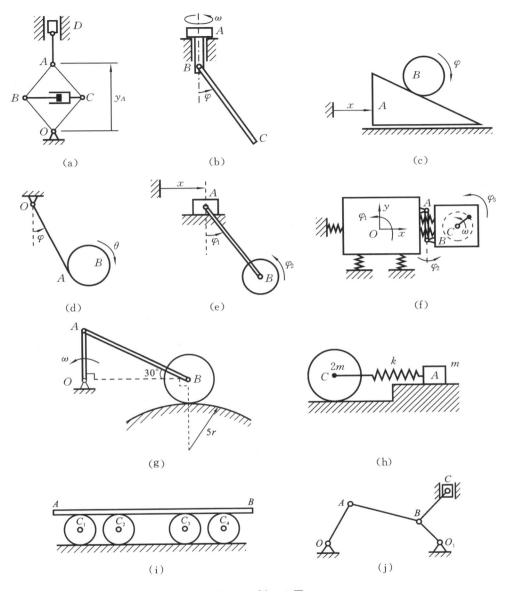

图 9.7　例 9.2 图

义坐标,系统自由度为 6。

　　图 9.7(g)中,若轮 B 做纯滚动,∠BOA 确定,所有构件就确定了,系统自由度为 1;若轮 B 相对地面可以滑动,还需要确定轮 B 转动的角度,系统自由度为 2。

　　图 9.7(h)中,若轮 C 做纯滚动,由一个角确定,但滑块 A 仍可运动,则系统自由度为 2。

图 9.7(i)中,假设半径相等的各圆轮相对直线地面和平板 AB 都做纯滚动,用 x 表示平板的位移,所有构件位置便确定,故系统自由度为 1。

图 9.7(j)中,判断所需要给定的广义坐标个数不太容易,但仔细分析,将发现给定滑块 C 上下移动的位移 y,所有构件位置便确定,故系统自由度为 1。

2. 动力学方程数与约束反力数之差法

采用广义坐标法求自由度,需要清楚了解机构间的运动关系,对复杂机构,有时这并不容易,例如图 9.7(g)(j)所示的机构。对于完整系统,约束是限制位移的几何约束,可以从计算约束力数的角度,从侧面来计算自由度。自由度等于系统独立方程的总数减去系统中限制位移的独立的约束反力的总数。将系统拆分为不能再拆分的刚体,对每个刚体列出相应数目的独立方程,其中会出现约束反力。所有刚体的独立方程数之和就是系统独立方程的总数,每个刚体所出现的所有限制位移的独立的约束反力数之和就是系统中限制位移的独立的约束反力的总数。

如图 9.7(g)所示,如果未能清楚了解机构间的运动关系,在轮 B 纯滚动和滑动两种情形下,采用广义坐标法,可能得不到正确的自由度 。

对于图 9.7(g)所示机构,有 3 个构件,总共有 9 个独立动力学方程。但 O、A 和 B 三处铰链共有 6 个独立约束反力。轮 B 与地面有支持力 F_{DN}、摩擦力 F_{Ds} 和滚动摩擦力矩 M_f 三个约束反力。当系统做纯滚动时,M_f 达到最大,$M_f = M_f^{max} = \delta F_{DN}$,故 M_f 与 F_{DN} 是不独立的,所以总的独立约束反力个数为 8,系统自由度为 $9 - 8 = 1$。若轮 B 相对地面既滚动又滑动,F_{Ds} 也达到最大,$F_{Ds} = F_{Ds}^{max} = f_s F_{DN}$,故 F_{Ds} 与 F_{DN} 也是不独立的,所以总的独立约束反力个数为 7,系统自由度为 $9 - 7 = 2$。

尤其值得注意的是,自由度与限制位移的独立约束反力才有关系,如图 9.7(h)中的弹簧的约束反力并不限制位移,在计算自由度时就不算入。此外,自由度还与题中所给条件有关,比如图 9.7(c)和图 9.7(g),若圆盘出现了相对滑动,则自由度会增加 1 个。

对于图 9.7(i),动力学方程数目为 15 个,独立的约束反力有 16 个(每个接触点有静滑动摩擦力和支持力),按方程与约束力之差计算得到的自由度不是 1,这是因为该系统运动规律与只需要 2 个轮子的系统的运动规律相同,有 2 个轮子是多余的,这 2 个多余轮子称为多余约束。采用方程与约束力之差计算具有多余约束的系统的自由度,需要将多余的约束去除。这样图 9.7(i)所示系统就变成具有 2 个轮子的系统,有 9 个方程,8 个独立约束反力,得到的自由度便是 1 。

对于图 9.7(j),销钉 B 分别与 3 个构件均有 2 个独立的约束反力,共有 6 个约束反力,而对于销钉 B 只能得到 2 个方程。对于类似销钉 B 这样的复合铰链,计算时不能认为其只有 2 个独立约束反力。

更多的计算自由度的问题,"机械原理"课程将有更多的介绍。

9.2.4　自由度与动力学方程数目的关系

对于具有 n 个自由度的完整系统,其自由度等于广义坐标数。假设其广义坐标为 $x_i(t),i=1,2,3,\cdots,n$,给定 t 时刻 n 个 $x_i(t)$,就可以确定系统该时刻的位形,因此可以确定系统的任意点 P 的坐标,比如 $x_P(t)=f(x_1,x_2,x_3,\cdots,x_n)$。

当位形确定时,该时刻的 $\dfrac{\partial f}{\partial x_i}$ 就可确定。当给定 n 个独立的速度量时,比如 $\dot{x}_i(t),i=1,2,3,\cdots,n$,系统的任意点 P 的速度分量比如 $\dot{x}_P(t)=\sum\limits_{i=1}^{n}\dfrac{\partial f}{\partial x_i}\dot{x}_i$ 就可以确定了。

当位形确定时,若已知 n 个独立的速度量,比如 $\dot{x}_i(t),i=1,2,3,\cdots,n$,再已知 s 个加速度分量 $\ddot{x}_i(t),i=1,2,3,\cdots,s$,则系统任意一点 P 的加速度分量 $\ddot{x}_P(t)$ 可表示为

$$\ddot{x}_P(t)=\sum_{i=1}^{s}\left[\sum_{j=1}^{s}\frac{\partial^2 f}{\partial x_i \partial x_j}\dot{x}_i\dot{x}_j+\frac{\partial f}{\partial x_i}\ddot{x}_i\right]+\sum_{i=s+1}^{n}\left[\sum_{j=1}^{n}\frac{\partial^2 f}{\partial x_i \partial x_j}\dot{x}_i\dot{x}_j+\frac{\partial f}{\partial x_i}\ddot{x}_i\right] \quad (9.9)$$

当位形确定时,该时刻的 $\dfrac{\partial f}{\partial x_i}$、$\dfrac{\partial^2 f}{\partial x_i \partial x_j}$ 就可确定。求某一时刻的速度问题,必然要已知 n 个独立的速度量。从式(9.9)可知,$\dfrac{\partial^2 f}{\partial x_i \partial x_j}\dot{x}_i\dot{x}_j$ 本质上与法向加速度相关,由给定速度确定。$\dfrac{\partial f}{\partial x_i}\ddot{x}_i$ 本质上与切向加速度或角加速度有关。求系统该时刻任意点的加速度,当仅已知 s 个加速度分量 $\ddot{x}_i(t)$ 时,还需 $n-s$ 个与切向加速度或角加速度有关的量。对于动力系统,这些量只有通过动力学方程才能描述力与 $n-s$ 个未知切向加速度或角加速度关系。因此,可以得到如下结论:**对于 n 个自由度完整系统,若已知 s 个与切向加速度(或角加速度)有关的加速度量,不求任何未知力,则至少需 $k=n-s$ 个动力学二阶微分方程;若还需求 m 个力,则至少还需补充 m 个动力学二阶微分方程。若利用某种理论能不引入其他不待求的未知力,则需且只需列 $k=n-s+m$ 个动力学二阶微分方程。由其他任何动力学理论得到的未引入其他不待求的未知力的动力学二阶微分方程必然可由这 k 个方程联合运动学加速度关系推出,是不独立的,因此不需要再列。**

9.3　机械能守恒定律

有的时候动能定理积分形式可以转化为更简单的形式,比如机械能守恒定律。在机械能守恒定律中引入势能的概念,用能量变化来表示功的作用效果,这样的转化在物理学研究中具有很重要的意义。借助势能和机械能的概念,不仅有助于机械系统的分析,而且可将其推广到多物理场复杂系统的动力学分析上。各物理场所遵循的规律有些不同,但采用能量来描述,各物理场之间可通过能量这一共同量

建立相互作用的桥梁,使得分析多物理场耦合问题变得相对方便。

9.3.1　势力和势能

1. 势力与势能

如果质点在一个空间区域内的任意位置上,受到确定大小和方向的作用力,这个力作为矢量是位置的单值、有界和可微的函数,则这个区域称为**力场**,力场对质点的作用力称为**场力**。如果一个场力 $F=F(x,y,z)=F(r)$ 所做的功与路径无关,则 F 称为**势力**(或有势力)或**保守力**,对应的力场称为**势力场**或**保守力场**。

在直角坐标系 $Oxyz$ 中,设势力为

$$F(x,y,z)=F_x\boldsymbol{i}+F_y\boldsymbol{j}+F_z\boldsymbol{k} \tag{9.10}$$

如图 9.8 所示,当质点从点 $M(x,y,z)$ 运动到点 $M_0(x_0,y_0,z_0)$ 时,势力所做的功记为 V。让 M_0 不变而改变 M,因为势力做功与路径无关,所以 V 是点 M 的矢径 r 或坐标 (x,y,z) 的单值函数,这个单值函数 $V(x,y,z)$ 称为势力 F 的势能,即

$$V(x,y,z)=\int_{\overset{\frown}{MM_0}}\boldsymbol{F}\cdot\mathrm{d}\boldsymbol{r}=\int_{\overset{\frown}{MM_0}}(F_x\mathrm{d}x+F_y\mathrm{d}y+F_z\mathrm{d}z) \tag{9.11}$$

显然,不管点 M_0 取在何处,都有 $V(x_0,y_0,z_0)=0$,所以点 M_0 称为**零势点**。从方程(9.11)易知,对同一个势力场,选取不同的零势点,势能的结果只相差一个常数,因此,计算势能时,零势点可以视方便任意选取。

*2. 势力与势能的关系

由 $V(x,y,z)=$ 常数所确定的空间曲面称为**等势面**。显然,质点在等势面上运动,势力不做功。由前面功的计算已知,重力和弹性力对质点做功与路径无关,因此它们是势力。由这两种力做功的计算公式可知,重力的等势面是任意一个水平面;而一端固定的拉伸弹簧,其弹性力的等势面为任意一个球面。

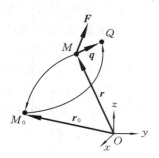

图 9.8　势力在微小位移上做功

下面来推导势能与势力的微分关系。如图 9.8 所示,在势力场中,质点以任意路径到达点 $M(x,y,z)$ 后,再让它沿任意路径到达点 M 邻域内的任意点 Q,由于势力做功与路径无关,从点 M 到点 Q,势力 F 所做的功为

$$\delta W_{MQ}=\boldsymbol{F}\cdot\boldsymbol{q} \tag{9.12}$$

其中　$\boldsymbol{q}=\overrightarrow{MQ}=q_x\boldsymbol{i}+q_y\boldsymbol{j}+q_z\boldsymbol{k}$,　$|\boldsymbol{q}|\to0$ (9.13)

即 $\boldsymbol{q}$ 为一个任意长度的微元矢量。另一方面,由方程(9.11)并考虑方程(9.13),功 δW_{MQ} 也可用势能来表示,即

$$\delta W_{MQ}=\int_{\overset{\frown}{MQ}}\boldsymbol{F}\cdot\mathrm{d}\boldsymbol{r}=\int_{\overset{\frown}{MM_0}}\boldsymbol{F}\cdot\mathrm{d}\boldsymbol{r}+\int_{\overset{\frown}{M_0Q}}\boldsymbol{F}\cdot\mathrm{d}\boldsymbol{r}$$

$$=-\left(\int_{\overset{\frown}{QM_0}}\boldsymbol{F}\cdot\mathrm{d}\boldsymbol{r}-\int_{\overset{\frown}{MM_0}}\boldsymbol{F}\cdot\mathrm{d}\boldsymbol{r}\right)$$

$$= -[V(x+q_x, y+q_y, z+q_z) - V(x, y, z)]$$

$$= -\left(\frac{\partial V}{\partial x}q_x + \frac{\partial V}{\partial y}q_y + \frac{\partial V}{\partial z}q_z\right)$$

$$= -\left(\frac{\partial V}{\partial x}\boldsymbol{i} + \frac{\partial V}{\partial y}\boldsymbol{j} + \frac{\partial V}{\partial z}\boldsymbol{k}\right) \cdot (q_x\boldsymbol{i} + q_y\boldsymbol{j} + q_z\boldsymbol{k})$$

$$= -(\mathbf{grad}V) \cdot \boldsymbol{q} \qquad (9.14)$$

其中
$$\mathbf{grad}V = \frac{\partial V}{\partial x}\boldsymbol{i} + \frac{\partial V}{\partial y}\boldsymbol{j} + \frac{\partial V}{\partial z}\boldsymbol{k} \qquad (9.15)$$

为势能函数 $V(x, y, z)$ 的梯度矢量。由于 $\mathbf{grad}V$ 也是在空间分布的一个函数,因此也称为势能函数 $V(x, y, z)$ 的梯度场。由式(9.12)和式(9.14)得

$$\boldsymbol{F} \cdot \boldsymbol{q} = -(\mathbf{grad}V) \cdot \boldsymbol{q} \qquad (9.16)$$

由于矢量 $\boldsymbol{q}$ 的大小和方向都是任意的,因此由式(9.16)可知

$$\boldsymbol{F} = -(\mathbf{grad}V) = -\left(\frac{\partial V}{\partial x}\boldsymbol{i} + \frac{\partial V}{\partial y}\boldsymbol{j} + \frac{\partial V}{\partial z}\boldsymbol{k}\right) \qquad (9.17)$$

或
$$F_x = -\frac{\partial V}{\partial x}, \quad F_y = -\frac{\partial V}{\partial y}, \quad F_z = -\frac{\partial V}{\partial z} \qquad (9.18)$$

以上实际上证明了一个结论:势力一定是某个空间函数的梯度。这里取了势能这个功函数。

这个结论的逆命题也是成立的,即如果一个场力是某个空间函数的梯度,则该力做功一定与路径无关,所以也一定是势力。证明比较简单,请读者自己完成。

9.3.2　具有势力时系统的动能定理

一个质点系中的所有力可以分成势力(保守力)和非势力(非保守力)。由上面的结果已知,势力对质点系中每个质点所做的功可以用势能来描述,显然,将质点系中各个质点的势能叠加就得到整个质点系的势能,仍然记为 V。在图 9.9 中,仅有势力作用的质点系在 t_1 到 t_2 时刻,从位置 1 运动到位置 2,因为势力做功与路径无关,所以势力对质点系所做的功可以等效为质点系从位置 1 运动到位置 0,再运动到位置 2。设位置 0 为势力的零势能点,因此

$$W_{12} = W_{10} + W_{02} = V_1 - V_2 \qquad (9.19)$$

其中,V_1、V_2 分别代表质点系在 t_1、t_2 时刻的势能。可将仅有势力做功的动能定理写成

$$T_2 + V_2 = T_1 + V_1 \qquad (9.20)$$

如图 9.10 所示为由具有质量的物体和弹簧构成的系统,受到扰动后就可以一直振动下去,体现了机械运动最基本的特征,是最简单的机械系统。因此将弹簧所具有的势能与物体所具有的重力势能和动能的总和称为**机械能**,记为 E,即

图 9.9　仅有势力作用的质点系的运动过程

图 9.10　具有质量
的物体和
弹簧构成
的系统

$$E = T + V \tag{9.21}$$

则方程(9.20)可写为

$$E_2 = E_1 \tag{9.22}$$

这就是在势力作用下,质点系动能定理的积分形式。将 E_1 固定,对式(9.22)微分,可得动能定理的微分形式

$$dE = 0 \tag{9.23}$$

当质点系只有势力和做功恒为零的力作用时,该质点系称为保守系统。该系统

$$E = 常数 \tag{9.24}$$

上述定律称为机械能守恒定律。

9.3.3　带弹簧的动力学问题

　　例 9.3　如图 9.11(a)所示,光滑斜面上有一质量为 m 的物块 A 在与斜面平行的刚度系数为 k 的弹簧作用下,在图 9.11(b)位置处于静平衡,其中 Δ 为处于静平衡位置时弹簧拉伸变形量。若在静平衡位置时物块以速度 v 沿斜面向下运动,求:(1) 弹簧拉伸变形为 $x+\Delta$ 时,物块 A 的速度 v_2;(2) 在静平衡位置附近做微幅振动的运动微分方程。

　　(a)　　　　　(b)　　　　　(c)　　　　　(d)

图 9.11　例 9.3 图

解　(1)求速度。

解法 1　取弹簧原长位置为弹性势能和重力零势的零势能点。

如图 9.11(b)所示,处于静平衡位置(弹簧拉伸变形为 Δ)时,有

$$mg\sin\theta = k\Delta \tag{a}$$

$$U_1 = -mg\Delta\sin\theta + \frac{1}{2}k\Delta^2 \tag{b}$$

如图 9.11(c)所示,处于弹簧拉伸变形为 $x+\Delta$ 位置时,有

$$U_2 = -mg(x+\Delta)\sin\theta + \frac{1}{2}k(x+\Delta)^2 \tag{c}$$

由式(a)至式(c)有

$$U_2 - U_1 = -mgx\sin\theta + \frac{1}{2}kx^2 + kx\Delta = \frac{1}{2}kx^2$$

由机械能守恒定律有

$$\frac{1}{2}mv_2^2 = \frac{1}{2}mv^2 - \frac{1}{2}kx^2 \tag{d}$$

故
$$v_2 = \sqrt{v^2 - \frac{k}{m}x^2}$$

解法 2　取系统处于静平衡的位置为弹性势能和重力势能零势能点。
$$mg\sin\theta = k\Delta$$
$$U_1 = 0$$
$$U_2 = -mg\sin\theta x + \frac{1}{2}k\,(x+\Delta)^2 - \frac{1}{2}k\Delta^2 = -mg\sin\theta x + \frac{1}{2}kx^2 + kx\Delta = \frac{1}{2}kx^2$$

由机械能守恒定律有
$$\frac{1}{2}mv_2^2 = \frac{1}{2}mv^2 - \frac{1}{2}kx^2 \tag{e}$$

故
$$v_2 = \sqrt{v^2 - \frac{k}{m}x^2}$$

（2）求在静平衡位置附近做微幅振动的运动微分方程。

由牛顿第二定律，有
$$mg\sin\theta - k(x+\Delta) = \frac{m\mathrm{d}^2(x+\Delta)}{\mathrm{d}t^2} \tag{f}$$

将式（a）代入式（f）得到运动微分方程：
$$\frac{\mathrm{d}^2 x}{\mathrm{d}t^2} + \omega_\mathrm{n}^2 x = 0 \tag{g}$$

其中
$$\omega_\mathrm{n} = \sqrt{\frac{k}{m}}$$

从上面分析可知，选取的零势能点不同，各时刻的势能也不同，但前后时刻的势能差不变，故计算结果相同，取静平衡位置计算一般要简单些。此外，从例 9.3 可知，系统处于静平衡位置是因为重力与弹性力平衡，故能够建立重力与弹性力关系式，将该关系式代入势能表达式。如果弹性势能从静平衡方程开始计算，就可以不考虑重力，问题就变得简单，如此，系统就可以等效为如图 9.11(d)所示的光滑水平面上的质量系统，不用计算重力，只计算弹性系数乘以相对于静平衡位置的变形量的部分弹性力。式（g）是振动问题中以固有频率 ω_n 做周期振动的运动微分方程。式（g）表明，运动微分方程或固有频率中没有弹簧静变形和重力项。那么，什么条件下才能采用这样的简单方法呢？

在学习虚功原理后，可以得到如下简单的判据。对于大幅振动的单自由度保守系统，应用机械能守恒定律求速度问题时，若在振动过程中时，同时满足如下两个条件，则在计算势能时，不考虑弹簧静变形和重力势能：**(1)有势力作用点处的速度与速度自变量的比例系数一直保持不变；(2)有势力作用点处的速度矢量与有势**

力矢量夹角一直保持不变。 对于在静平衡位置做微幅振动的单自由度保守系统,应用下文的机械能守恒定律微分法建立运动微分方程或求固有频率,若同时满足如下两个条件,则在计算势能时,不考虑弹簧静变形和重力势能,即弹簧静变形和重力势能不在运动微分方程中出现:**(1) 在静平衡位置做微幅振动时,有势力作用点处的速度与速度自变量的比例系数一直保持不变;(2) 在静平衡位置的有势力作用点处的速度矢量与有势力矢量共线,或在静平衡位置做微幅振动时,有势力作用点处的速度矢量与有势力矢量夹角一直保持不变。** 需要说明的是,上述仅仅是充分条件,但其他要确定是否考虑弹簧静变形和重力势能的特殊情形,将涉及复杂的求导运算,对这这类问题不采用该法为宜,故上述两个条件在分析实际问题时已足够了。

例 9.4　　有一系统如图 9.12 所示,当物体 M 距离地面 h 时,系统处于平衡。现在给 M 一向下的初速度 v_0,使其恰能到达地面处,问 v_0 应为多少?已知物体 M 和滑轮 A、B 所受的重力均为 P,且滑轮可看成均质圆盘,弹簧的刚度系数为 k,绳与轮之间无滑动。

解法 1　　取弹簧原长所处位置为弹簧的零势能点,地面为重力零势能点。

图 9.12　例 9.4 图

$$T_1 = \frac{1}{2}\frac{P}{g}v_0^2 + \frac{1}{2}\frac{1}{2}\frac{P}{g}r^2\frac{v_0^2}{r^2} + \frac{1}{2}\frac{3}{2}\frac{P}{g}r^2\left(\frac{v_0}{2r}\right)^2 = \frac{15}{16}\frac{P}{g}v_0^2$$

$$T_2 = 0, \quad U_1 = Ph + \frac{k}{2}\delta_s^2 + Pd + U_A$$

式中,δ_s 为弹簧静平衡时伸长量;d 为滑轮 B 的质心在静平衡时距离地面的高度;U_A 为滑轮 A 的重力势能。

$$U_2 = \frac{k}{2}\left(\delta_s + \frac{h}{2}\right)^2 + P\left(d + \frac{h}{2}\right) + U_A$$

故

$$U_1 - U_2 = \frac{Ph}{2} - \frac{1}{2}k\delta_s h - \frac{kh^2}{8}$$

由滑轮 B 的静力平衡可得

$$k\delta_s = P$$

所以

$$U_1 - U_2 = -\frac{kh^2}{8}$$

由机械能守恒定律得

$$v_0 = h\sqrt{\frac{2kg}{15P}}$$

解法 2　　动能。

$$T_1 = \frac{1}{2}\frac{P}{g}v_0^2 + \frac{1}{2}\frac{1}{2}\frac{P}{g}r^2\frac{v_0^2}{r^2} + \frac{1}{2}\frac{3}{2}\frac{P}{g}r^2\left(\frac{v_0}{2r}\right)^2 = \frac{15}{16}\frac{P}{g}v_0^2, \quad T_2 = 0$$

该题同时满足上述可以消除重力的两个条件,故取静平衡位置为弹簧及重力的零势能点,有

$$V_1 = U_A, \quad V_2 = \frac{1}{2}k\left(\frac{h}{2}\right)^2 + U_A = \frac{1}{8}kh^2 + U_A$$

得
$$v_0 = h\sqrt{\frac{2kg}{15P}}$$

9.4　功率方程

9.4.1　功率方程

在例 8.9 中,若求作用在杆 OA 上的力偶矩 M,应用动量和动量矩定理,会引入很多不待求的未知力,计算量过大。那么,能否建立一种新的分析方法,在一定程度上克服应用动量和动量矩定理导数形式求加速度与力的关系问题时计算量大的缺点呢? 这些不待求未知力的特点是与其作用速度垂直或者约束力副做功之和为 0,那么能否借鉴推导动能定理的积分形式求一个过程的速度问题时,采用点积的数学方法来解决此问题呢? 下文探讨该思路是否可行。为不引入与速度方向垂直的力,应用牛顿第二定律 $m\boldsymbol{a}=\boldsymbol{F}$,将如图 9.13 所示的作用点的力矢量与该点速度矢量做点积可得

$$\boldsymbol{F}\cdot\boldsymbol{v}=m\boldsymbol{a}\cdot\boldsymbol{v} \tag{9.25}$$

$$\boldsymbol{F}\cdot\boldsymbol{v}=m\frac{\mathrm{d}\boldsymbol{v}}{\mathrm{d}t}\cdot\boldsymbol{v}=\frac{\mathrm{d}\left(\frac{1}{2}mv^2\right)}{\mathrm{d}t}=\frac{\mathrm{d}T}{\mathrm{d}t} \tag{9.26}$$

图 9.13　力矢量和速度矢量

力对系统做同样的功,或者系统对外做同样的功,可以多花一些时间,也可以少花一些时间。在日常生活中,大家有这样的体会,搬运同样的重物(做功相同),搬快了人明显感到吃力。由此可见,系统做功的快慢表征了系统的一种性能或能力。因此将系统做功的时间变化率,即式(9.26)左边称为**功率**,记为 P。定义式为

$$P=\frac{\delta W}{\mathrm{d}t}=\boldsymbol{F}\cdot\boldsymbol{v} \tag{9.27}$$

从式(9.26)可知功率等于动能的变化率,方程(9.26)称为**功率方程**。

如图 9.13 所示,由式(9.26)得

$$Fv\cos\theta=ma'v \tag{9.28}$$

对于质点系,功率方程表示为 $\sum\boldsymbol{F}_i\cdot\boldsymbol{v}_i+\sum\boldsymbol{M}_j\cdot\boldsymbol{\omega}_j=\frac{\mathrm{d}T}{\mathrm{d}t}$。

方程(9.27)中,若功率用 $\frac{\delta W}{\mathrm{d}t}$ 表示,则功率方程写作

$$\frac{\delta W}{\mathrm{d}t}=\frac{\mathrm{d}T}{\mathrm{d}t} \tag{9.29}$$

从式(9.28)左边可知,式(9.29)的微元功 δW 中的力及位置量 θ 应当作常量,

$\dfrac{\delta W}{\delta t}$ 应采用除法法则而不是如同动能应用求导法则。实际上,式(9.28)就是牛顿第二定律的切向分量形式,舍弃不做功的法向分量,避免引入与速度方向垂直的力,用来求解切向加速度,揭示的是质点在微小时间段 $\mathrm{d}t$ 内做匀加速直线运动,故力与速度夹角保持不变,力的大小也认为不变。

转动的物体作用于被连接物体的力对转轴的矩为**转矩**,转矩 M 的功率为

$$P=\frac{\delta W}{\mathrm{d}t}=\frac{M\mathrm{d}\varphi}{\mathrm{d}t}=M\omega \tag{9.30}$$

其中,ω 为物体转动的角速度。功率的标准单位为 W(瓦),$1\ \mathrm{W}=1\ \mathrm{J/s}$。

从力学的观点看,大部分机械系统是要对外做功去完成某个预定任务的。在任意时刻 t,一个机械系统在 Δt 时间内所做的功,可以分为外界输入到系统的功(input work)δW_{I}、系统为了完成要求的任务而对外做的有用功(effective work)δW_{E} 以及系统所做的无用功(unavailable work)δW_{U}。当这些量按以上定义都为正值时,则动能定理可以写成

$$\mathrm{d}T=\delta W_{\mathrm{I}}-\delta W_{\mathrm{E}}-\delta W_{\mathrm{U}} \tag{9.31}$$

必须指出,式(9.31)右边各个功的计算不能死板地套用前面功的计算公式,而需要先将系统所受的力分类,再分别计算各类力做功之和的绝对值,然后再赋以正确的符号,其中 δW_{I} 以能源向系统输入能量为正,δW_{E} 以系统向外界做有效功为正,δW_{U} 以系统消耗不必要的(预定任务之外的)能量为正。式(9.31)两边除以 $\mathrm{d}t$ 得

$$\frac{\mathrm{d}T}{\mathrm{d}t}=P_{\mathrm{I}}-P_{\mathrm{E}}-P_{\mathrm{U}} \tag{9.32}$$

其中 P_{I}、P_{E}、P_{U} 分别为输入功率、有用功率和无用功率。可知:

当 $P_{\mathrm{I}}>P_{\mathrm{E}}+P_{\mathrm{U}}$ 时,$\mathrm{d}T/\mathrm{d}t>0$,系统加速运行;

当 $P_{\mathrm{I}}<P_{\mathrm{E}}+P_{\mathrm{U}}$ 时,$\mathrm{d}T/\mathrm{d}t<0$,系统减速运行;

当 $P_{\mathrm{I}}=P_{\mathrm{E}}+P_{\mathrm{U}}$ 时,$\mathrm{d}T/\mathrm{d}t=0$,系统恒速运行。

实际中,总是希望将输入功率尽可能转化为有用功率,机械系统的这种性能称为**机械效率**,定义为

$$\eta=\frac{P_{\mathrm{E}}}{P_{\mathrm{I}}}\times100\% \tag{9.33}$$

例 9.5　一电动机功率为 $4\ \mathrm{kW}$ 的水泵机组,其效率为 0.6,如果要将 $900\ \mathrm{m}^3$ 的水送到 $12\ \mathrm{m}$ 高的地方,问需要多少时间?

解　有用功率为

$$P_{\mathrm{E}}=P_{\mathrm{I}}\eta=4\times0.6\ \mathrm{kW}=2.4\ \mathrm{kW}$$

将 $900\ \mathrm{m}^3$ 的水送到 $12\ \mathrm{m}$ 高的地方,需要做的功为

$$W_{\mathrm{E}}=mgh=900\times10^3\times9.8\times12\ \mathrm{J}=1.0584\times10^8\ \mathrm{J}$$

设送水所需时间为 T,则有

$$P_E T = W_E$$

所以　　　　　$$T = \frac{W_E}{P_E} = \frac{1.0584 \times 10^8}{2.4 \times 10^3} \text{ s} = 44100 \text{ s} = 12.25 \text{ h}$$

9.4.2　功率方程的应用

例 9.6　已知质量为 m、半径为 R 的均质圆盘，圆心 C 通过刚度系数为 k 的弹簧沿水平连接在固定墙面上，放置在粗糙水平地面上，如图 9.14(a) 所示。在力偶矩 M 和力 F 作用下，当弹簧压缩量为 δ 时，由静止释放后做纯滚动，求释放瞬时圆盘的角加速度。

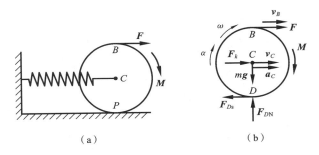

（a）　　　　　　　　　　　　　　（b）

图 9.14　例 9.6 图

分析　该题为一个自由度系统，未知任何切向加速度和角加速度信息，所以至少需列 1 个动力学方程。当然，可以应用动量矩定理。这里采用功率方程来分析，探讨功率方程求加速度问题的一般格式。

解　虽然此时 $\omega = 0$，但在未求导之前，根据数学求导的本质，应将 ω 视为时间的变量，而不能代入具体值，故设圆盘角速度为 ω，则

$$T = \frac{1}{2} m v_C^2 + \frac{1}{2} J_C \omega^2 \tag{a}$$

$$\frac{\mathrm{d}T}{\mathrm{d}t} = m a_C^t v_C + J_C \alpha \omega \tag{b}$$

由功率方程有

$$\boldsymbol{F}_k \cdot \boldsymbol{v}_C + \boldsymbol{F} \cdot \boldsymbol{v}_B + \boldsymbol{M} \cdot \boldsymbol{\omega} = \mathrm{d}T/\mathrm{d}t \tag{c}$$

由式(c)得

$$v_C k \delta + F v_B + M \omega = \mathrm{d}T/\mathrm{d}t = m a_C^t v_C + J_C \alpha \omega \tag{d}$$

由运动学速度关系：

$$v_B = 2R\omega, \quad v_C = R\omega \tag{e}$$

将式(e)代入式(d)得

$$(R k \delta + 2R F + M)\omega = (m a_C^t R + J_C \alpha)\omega \tag{f}$$

对式(f)消去变量 ω 得

$$Rk\delta + 2RF + M = ma_C^t R + J_C\alpha \tag{g}$$

由运动学加速度关系:

$$a_C^t = R\alpha \tag{h}$$

将式(h)代入式(g)得

$$\alpha = \frac{2}{3mR^2}(Rk\delta + 2RF + M)$$

刚体的速度瞬心容易找到,若采用速度瞬心来表示动能,在一定条件下可得到 $\frac{dT}{dt} = J_P\alpha\omega$。那样计算更简单。下面给出其成立条件。

如第 8 章图 8.15 所示,有

$$T = \frac{1}{2}J_C\omega^2 + \frac{1}{2}mv_C^2 = \frac{1}{2}J_C\omega^2 + \frac{1}{2}mr_{PC}^2\omega^2$$

$$\frac{dT}{dt} = (J_C + mr_{PC}^2)\alpha\omega + mr_{PC}\frac{dr_{PC}}{dt}\omega^2 = J_P\alpha\omega + mr_{PC}\frac{dr_{PC}}{dt}\omega^2 = \left(J_P\alpha + mr_{PC}\frac{dr_{PC}}{dt}\omega\right)\omega \tag{i}$$

将式(i)代入功率方程(9.26)有

$$\left(\sum F_i s_i\right)\omega = \left(J_P\alpha + mr_{PC}\frac{dr_{PC}}{dt}\omega\right)\omega \tag{j}$$

式(j)的左右两边消去速度 ω 后便可得到类似动量矩形式的方程:

$$\sum F_i s_i = J_P\alpha + mr_{PC}\frac{dr_{PC}}{dt}\omega \tag{k}$$

式中:s_i 是单自由度系统中做功力 F_i 作用点处的速度与速度 ω 的关系系数。

若式(k)能变成 $\sum F_i s_i = J_P\alpha$,则功率方程 $\sum \boldsymbol{F}_i \cdot \boldsymbol{v}_i = J_P\alpha\omega$ 成立条件为: $\frac{dr_{PC}}{dt} = 0$(求导比较复杂,可利用导数定义,其左极限与右极限相等来确定)或 $\omega = 0$ 或 $r_{PC} = 0$(即速度瞬心为质心,此时并不要求 $\frac{dr_{PC}}{dt} = 0$)。这也是对速度瞬心应用简约式动量矩定理的成立条件。对于单个刚体,功率方程与满足上述条件的特殊速度瞬心的简约式动量矩定理是相同的。对于在任意形状地面做纯滚动的任意曲面刚体,当质心在与地面接触面对应点 P 的公法线上时,$\frac{dT}{dt} = J_P\alpha\omega$ 才成立。

通过例 9.6,可以发现功率方程求解具有理想约束的单自由度系统的力与加速度关系问题具有如下格式。

(1) 给出功率和动能的表达式。

(2) 对于 1 个自由度系统,任选某一速度(比如 ω_1,最好为便于其他速度量计算的速度)为自变量,则其他任意点速度量 $\dot{x}_i$ 必然由运动学得到如下格式的关系:

$$\dot{x}_i(t) = s_i(t)\omega_1 + 0 \tag{9.34}$$

将式(9.34)代入功率方程,对于单自由度系统,必然为如下形式:

$$f_1(F_1,F_2,F_3,\cdots,F_i,M_1,M_2,\cdots,M_j)\omega_1=f_2(a_1,a_2,\cdots,a_i,\cdots)\omega_1 \qquad (9.35)$$

消去式(9.35)中的 ω_1 后,得到加速度与力的关系式:

$$f_1(F_1,F_2,F_3,\cdots,F_i,M_1,M_2,\cdots,M_j)=f_2(a_1,a_2,\cdots,a_i,\cdots) \qquad (9.36)$$

(3) 对于单自由度系统,任选某一切向加速度或角加速度(比如 α_1)为自变量,则其他加速度量必然由运动学得到如下格式的关系

$$a_i=s_i(t)\alpha_1+g_i(t)\omega_1^2 \qquad (9.37)$$

将式(9.37)代入式(9.36),则功率方程为如下形式

$$f_1(F_1,F_2,F_3,\cdots,F_i,M_1,M_2,\cdots,M_j)=f_2(\alpha_1,\omega_1^2) \qquad (9.38)$$

由式(9.38)可知,对于单自由度系统,应用功率方程,当所有做功的力均已知时,可以方便地求任意切向加速度或角加速度,进而求得任一点的加速度。反之,若系统具有理想约束,已知任意一个与切向加速度或角加速度有关的加速度量,应用功率方程可方便地求解做功的力。若系统具有非理想约束,功率方程中必将引入非理想约束力,以后将学习的动静法一般比功率方程更合适。

由式(9.35)可知,功率方程适用于单自由度系统。对于多自由度系统,系统独立的速度变量不再是 1 个,无法直接消去速度量,需要补充其他动力学积分方程及运动学速度关系才能消去,求解将变得很复杂,故多自由度系统不推荐采用功率方程方法。

需要说明的是,得到式(9.38)有 3 种方法。

方法①:对动能中的所有类似 v_i^2,先求导得到 $a_i^t v_i$(或将 v_i^2 写成 $v_x^2+v_y^2$,求导后得到 $a_{ix}v_{ix}+a_{iy}v_{iy}$),再用速度合成定理(包括由此推出的刚体平面运动的基点法等),将 v_i 等速度量全部用自变量 ω_1 表示为 $v_i(t)=s_i(t)\omega_1$,代入功率方程得到如式(9.35)形式的方程,消去速度自变量 ω_1 后得到如式(9.36)形式的方程。然后采用加速度合成定理(包括由此推出的刚体平面运动的基点法)得到用速度自变量 ω_1 和角加速度自变量 α_1 所表示的式(9.37)中的系数 s_i、g_i,代入式(9.36)得到式(9.38)。该法不需要对式(9.34)中的系数 $s_i(t)$ 求导。一般对于工程中的复杂机构,$s_i(t)$ 往往不是常数,故本书推荐采用此法。

方法②:对动能中的所有速度量,先用速度合成定理(包括由此推出的刚体平面运动的基点法等),全部用自变量 ω_1 表示为 $v_i(t)=s_i(t)\omega_1$,这样动能中只含有速度自变量和一些长度变量 $s_i(t)$,然后再对动能方程求导,直接得到式(9.38),不需应用加速度合成定理来建立任一点加速度与加速度自变量间的关系。该法需要对式(9.34)中的系数 $s_i(t)$ 求导,例题 9.12 的解法 2(机械能守恒定律微分法)就是采用此法。该法虽然不需要采用点的加速度合成定理建立加速度关系,直接就可得到式(9.38),但该方法隐藏着通过求导法得到加速度关系,就要对 $s_i(t)$ 求导,那么,不仅需由几何关系得到此位置的 $s_i(t)$,还需要建立 $s_i(t)$ 与位置自变量 θ_1 在任

意位置的关系式。对于由多个构件构成的单自由度系统,这往往是很麻烦的工作。其本质就是运动学中采用求导法建立加速度关系而不是直接应用加速度合成定理,因此存在数学求导法固有的缺陷。当所有系数 $s_i(t)$ 都容易得到且求导也都较容易(一般 $s_i(t)$ 为常数或由直角三角形得到的函数关系)时,该法相对方法①才比较简单。

　　方法③:直接建立坐标系,所有位置量全部用自变量 θ_1 表示,然后对时间求导得到速度和加速度,这就是完全的求导法,得到式(9.38)。该方法未采用点的速度和加速度合成定理,因此存在数学求导法固有的缺陷,如运动学所述,对于容易找到函数关系(一般所有位置因变量与所选的位置自变量的关系为比例常数关系或由直角三角形得到的函数关系)的简单机构是可行的,但对于做复杂运动的机构就不太合适。因此,应用功率方程时,往往不采用该法。

　　此外,需要注意的是,因为 ω_1 是自变量(从数学上,在求导或积分之前,所有的变量,无论此时是何值,应把其视为时间的变量),所以,功率方程中的动能项未求导之前,不能代入该时刻自变量的具体值,后续计算不涉及任何求导,便可代入具体时刻的值。以后例题中采用的机械能守恒微分法就是功率方程的方法②或方法③的变形。因此,其具有方法②或方法③的特点,对于机构运动关系比较复杂的机械能守恒系统,建议采用功率方法①,而不采用机械能守恒微分法。

　　功率方程不仅给出了分析力与加速度关系的一种新方法,而且该方法引入能量与功的思想,当系统以无限小速度匀速转动,该方法就可能转化为分析静平衡问题的虚功原理,克服静力学不能实现一定不引入不待求力的缺陷,为发现高效的动力系统分析方法提供思想的火花。比如,采用广义坐标得到的第二类拉格朗日方程与采用广义坐标的多自由度功率方程的方法②有内在的联系。

　　例 9.7　电动机输出的运动一般都是整圈的圆周运动,有时要求实现在一定角度范围内的摆动,比如擦拭车玻璃的雨刷,这样的运动可以通过图 9.15 所示的曲柄摇杆机构来实现。如图所示,已知杆 OA 的角速度 ω_0 为常值,均质杆 OA 质量为 m、长度为 r,杆 BD 视为均质细杆,质量为 $8m$、长度为 $3r$;OB 为竖直线,图示瞬时,OA 水平,$\theta=30°$;整个机构在垂直面内,不计滑块 A 的质量和各处摩擦。求图示瞬时驱动力偶矩 M。

　　分析　该题为 1 个自由度系统,已知角加速度,求做功力,可选用功率方程方法求解。又因为在运动过程中,$\triangle OAB$ 不总是直角三角形,若采用功率方程方法②或③得到系数 s_i,将需要利用余弦或正弦定理,会出现求根计算,计算复杂。若采用方法③,对根号里的表达式要进行二阶求导计算,计算量更大。故选用功率方程方法①。

　　解　系统动能为

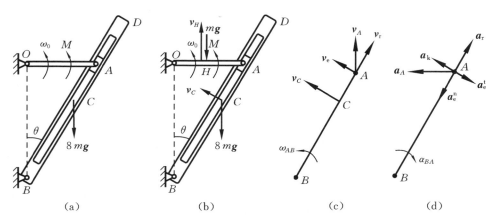

图 9.15　例 9.7 图

$$T=\frac{1}{2}J_0\omega_0^2+\frac{1}{2}J_B\omega_{BA}^2 \tag{a}$$

由功率方程有

$$mg\cdot v_H+M\omega_0+8mg\cdot v_C=\frac{\mathrm{d}T}{\mathrm{d}t} \tag{b}$$

由式(b)有

$$-mgv_H+M\omega_0-8mgv_C\sin\theta=J_0\alpha_{OA}\omega_0+J_B\alpha_{BA}\omega_{BA} \tag{c}$$

取 ω_0 为自变量，$v_H=\frac{1}{2}r\omega_0$，$v_A=r\omega_0$。

速度关系：取滑块 A 为动点，BD 为动系，速度关系如图 9.15(b)所示。

$$\boldsymbol{v}_A=\boldsymbol{v}_e+\boldsymbol{v}_r \tag{d}$$

由式(d)得 $v_r=\frac{\sqrt{3}}{2}r\omega_0$，$\omega_{BA}=\frac{\omega_0}{4}$，因此

$$v_C=\frac{3}{2}r\omega_{BA}=\frac{3r\omega_0}{8} \tag{e}$$

将上述各速度量代入式(c)得

$$\left(-\frac{1}{2}mgr+M-3mgr\sin\theta\right)\omega_0=\left(J_0\alpha_{OA}+\frac{1}{4}J_B\alpha_{BA}\right)\omega_0 \tag{f}$$

其中

$$J_0=\frac{1}{3}mr^2,\quad J_B=24mr^2$$

取 OA 的角加速度 α_0 为自变量，取滑块 A 为动点，BD 为动系，加速度关系如图 9.15(d)所示。

$$\boldsymbol{a}_A=\boldsymbol{a}_e^n+\boldsymbol{a}_e^t+\boldsymbol{a}_r+\boldsymbol{a}_k \tag{g}$$

其中　　　　　$a_k=2\omega_{BA}v_r,\quad a_e^t=2r\alpha_{BA},\quad a_e^n=2r\omega_{BA}^2,\quad a_A=r\omega_0^2$

式(g)向 $\boldsymbol{a}_k$ 方向投影得

$$\alpha_{BA} = \frac{a_e^t}{BA} = -\frac{\sqrt{3}\omega_0^2}{8} \tag{h}$$

将式(h)代入式(f)得

$$M = 2mgr + \frac{3\sqrt{3}mr^2\omega_0^2}{4}$$

该题中若滑块 A 处有摩擦,则该系统具有非理想约束,功率方程中必将引入非理想约束力。对于该题此种情形,采用功率方程方法没有动量、动量矩定理或以后将学习的动静法合适。

例 9.8 内燃机动力机构或冲孔机构等可简化为如图 9.16 所示的曲柄滑块机构。在垂直面内,均质曲柄 OA 长度为 r,质量为 m,在变化的未知力偶矩 M 作用下,以匀角速度 ω 转动;均质连杆 AB 长度为 $2r$,质量为 m。已知滑块的工作阻力为 F,不计滑块 B 的质量,忽略所有阻碍运动的摩擦。求图示瞬时驱动力偶矩 M。OB 水平。

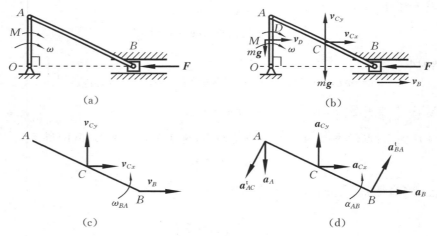

图 9.16 例 9.8 图

分析 该题为 1 个自由度系统,已知 1 个角加速度,求做功的力矩,可选用功率方程方法。又因为在运动过程中,$\triangle OAB$ 不总是直角三角形,故选用功率方程方法①。

解 系统动能为

$$T = \frac{1}{2}J_0\omega^2 + \frac{1}{2}mv_{Cx}^2 + \frac{1}{2}mv_{Cy}^2 + \frac{1}{2}J_C\omega_{AB}^2 \tag{a}$$

由功率方程有

$$m\boldsymbol{g} \cdot \boldsymbol{v}_D + M\omega + m\boldsymbol{g} \cdot \boldsymbol{v}_C + F \cdot \boldsymbol{v}_B = \frac{\mathrm{d}T}{\mathrm{d}t} \tag{b}$$

结合图 9.16(b),由式(b)有

$$M\omega - mgv_{Cy} - Fv_B = J_0\alpha_{OA}\omega + J_C\alpha_{BA}\omega_{BA} + ma_{Cx}v_{Cx} + ma_{Cy}v_{Cy} \tag{c}$$

取 ω 为自变量,因为 AB 瞬时平动,由图 9.16(c)的速度关系得 $v_{Cy} = 0, \omega_{BA} = 0, v_{Cx} = v_B = v_A = r\omega$。

将上述各速度量代入式(c)得

$$(M - Fr)\omega = (J_0\alpha_{OA} + ma_{Cx}r)\omega \tag{d}$$

其中　　　　　　　　　　$J_0 = \dfrac{1}{3}mr^2, \quad J_C = \dfrac{1}{3}mr^2$

取 OA 的角加速度 α_0 为自变量,分析杆 AB 的加速度,如图 9.16(d)所示,可得

以 A 为基点求 $\boldsymbol{a}_B$:

$$\boldsymbol{a}_B = \boldsymbol{a}_A + \boldsymbol{a}_{BA}^{\mathrm{t}} \tag{e}$$

以 C 为基点求 $\boldsymbol{a}_A$:

$$\boldsymbol{a}_A = \boldsymbol{a}_{Cx} + \boldsymbol{a}_{Cy} + \boldsymbol{a}_{AC}^{\mathrm{t}} \tag{f}$$

式(e)向垂直方向投影,得

$$0 = a_A - \frac{\sqrt{3}}{2}a_{BA}^{\mathrm{t}} \tag{g}$$

由式(f)得

$$\alpha_{AB} = \frac{\sqrt{3}}{3}\omega^2 \tag{h}$$

式(f)分别向水平和垂直方向投影,得

$$0 = a_{Cx} - \frac{1}{2}a_{AC}^{\mathrm{t}}$$

由此得　　　　　　　　　　$a_{Cx} = \dfrac{\sqrt{3}}{6}\omega^2 r \tag{i}$

将式(i)代入式(d)得

$$M = Fr + \frac{\sqrt{3}mr^2\omega^2}{6}$$

例 9.8 中做瞬时平动的杆 AB 的动能也可直接表示为 $T = \dfrac{1}{2}mv_C^2$,求导得到的 $a_C^{\mathrm{t}} = \dfrac{\mathrm{d}v_C}{\mathrm{d}t}$ 的方向与 v_C 的方向一致,是切向加速度,即该题中的 a_{Cx}。若如此,注意求加速度关系时不要漏掉与 v_C 垂直的未知的法向加速度分量,即该题中的 a_{Cy}。

该题若滑块 B 处有摩擦,则该系统具有非理想约束,功率方程中必将引入非理想约束力。对于该题此种情形,采用功率方程方法有时没有以后将学习的动静法合适。

例9.9 如图9.17所示,均质圆柱 A 的半径为 r,质量为 M;均质杆 AB 的长度为 l,质量为 m。铰 A 和墙 B 处都是光滑接触,地面粗糙使得圆柱做纯滚动,墙面与水平地面垂直。初始时系统静止,且 $\theta=45°$,然后释放,求初始时刻杆 AB 的角加速度、点 A 和点 B 的加速度。

(a)   (b)

图9.17 例9.9图

解法1(功率方程方法①) 系统动能为

$$T=\frac{1}{2}J_P\omega^2+\frac{1}{2}J_D\omega_{AB}^2 \tag{a}$$

由功率方程有

$$m\boldsymbol{g}\cdot\boldsymbol{v}_C=\frac{\mathrm{d}T}{\mathrm{d}t} \tag{b}$$

由式(b)有

$$mgv_C\cos\theta=J_P\alpha_A\omega_A+J_D\alpha_{BA}\omega_{BA} \tag{c}$$

取 ω_A 为自变量,由图9.17(a)的速度关系得 $\omega_{BA}=\dfrac{v_A}{AD}=\dfrac{\sqrt{2}r\omega_A}{l}$,$v_C=\dfrac{l}{2}\omega_{BA}$ $=\dfrac{\sqrt{2}r\omega_A}{2}$。

将上述各速度量代入式(c)得

$$\frac{r\omega_A mg}{2}=\left(J_P\alpha_A+J_D\alpha_{BA}\frac{\sqrt{2}r}{l}\right)\omega_A \tag{d}$$

其中

$$J_P=\frac{3}{2}mr^2,\quad J_D=\frac{1}{3}mL^2$$

取待求量 a_A 为自变量

$$\alpha_A=\frac{a_A}{r} \tag{e}$$

对杆 AB 做加速度分析,如图9.17(b)所示。以 A 为基点分析点 B 的加速度,

得

$$\boldsymbol{a}_B = \boldsymbol{a}_A + \boldsymbol{a}_{BA}^t \tag{f}$$

式(f)向水平方向投影,得

$$a_A + \frac{\sqrt{2}}{2} a_{BA}^t = 0 \quad \Rightarrow \quad a_A - \frac{\sqrt{2}}{2} l \alpha_{AB} = 0 \tag{g}$$

由式(g)得

$$\alpha_{AB} = \frac{\sqrt{2} a_A}{l} \tag{h}$$

将式(e)和式(h)代入式(d)得

$$a_A = \frac{3mg}{4m + 9M} \tag{i}$$

再由式(e)和式(f)分别得到

$$\alpha_{AB} = \frac{3\sqrt{2}\,mg}{l(4m + 9M)}, \quad a_B = \frac{3mg}{4m + 9M}$$

　　因为该题条件特殊,故即使应用功率方程,方法也有多种。上述采用的是功率方程的方法①。因为 D 为 AB 的加速度瞬心,故按照上述方法,在求解加速度关系时,利用加速度瞬心的特点来求更简单。此外,因为计算动能所涉及的速度量与速度自变量的系数是常数及可通过直角三角形 ADB 得到,故该题采用机械能守恒定律微分(功率方程的方法②)或功率方程的方法③更简单。当 AB 有角速度时,也是如此。

　　下面通过该题给出应用机械能守恒定律求导来求解的两种解法。在建立速度关系时,一种解法是由运动学合成运动(包括刚体平面运动的速度瞬心法等),另一种解法是通过建立坐标关系,然后对时间求导得到速度关系。这两种求导法分别对应功率方程方法②和③,下面通过这两种方法演示当全部位置或速度关系在运动过程中总保持比例关系或可由直角三角形得到的关系时,采用功率方程方法②和③解法的优点。

解法 2【机械能守恒求导法 1(等价于功率方程方法②)】
取图 9.17(a)中的 x 轴为重力零势能点:

$$U = mgl\cos\theta/2, \quad T = \frac{1}{2} J_P \omega_A^2 + \frac{1}{2} J_D \omega_{AB}^2$$

由机械能守恒定律有

$$T + U = mgl\cos 45°/2 \tag{j}$$

对图 9.17(a)中任意 θ 位置,取 $\omega_{AB} = \dot{\theta}$ 为速度自变量。由运动学速度瞬心法有

$$v_A = l\cos\theta\dot{\theta}, \quad \omega_A = v_A/r = \frac{l}{r}\cos\theta\dot{\theta}, \quad v_B = l\sin\theta\dot{\theta} \tag{k}$$

对式(k)求导,有

$$a_A = a_A^t = \dot{v}_A = l(-\sin\theta\dot{\theta}^2 + \cos\theta\ddot{\theta})$$

$$\alpha_A = \dot{\omega}_A = \frac{l}{r}(-\sin\theta\dot{\theta}^2 + \cos\theta\ddot{\theta})$$

$$a_B = a_B^t = \dot{v}_B = l(\cos\theta\dot{\theta}^2 + \sin\theta\ddot{\theta}) \tag{1}$$

将式(k)代入动能表达式有

$$T = \frac{1}{2}J_P\left(\frac{l\cos\theta}{r}\right)^2\dot{\theta}^2 + \frac{1}{2}J_D\dot{\theta}^2 \tag{m}$$

将式(m)代入式(j),然后对时间求导,有

$$\left[-\frac{1}{2}mgl\sin\theta + \dot{\theta}\left(J_D + \frac{J_Pl^2\cos^2\theta}{r^2}\right)\ddot{\theta} + \left(-\frac{J_Pl^2}{r^2}\sin\theta\cos\theta\right)\dot{\theta}^2\right]\dot{\theta} = 0 \tag{n}$$

消去式(n)中速度自变量 $\dot{\theta}$,将 $\theta=45°,\dot{\theta}=0,J_D=\frac{1}{3}ml^2,J_P=\frac{3}{2}Mr^2$,代入后得到

$$\ddot{\theta} = \alpha_{AB} = \frac{3\sqrt{2}mg}{l(4m+9M)}$$

将 $\ddot{\theta}$ 代入式(l),有

$$a_A = \frac{3mg}{4m+9M}, \qquad a_B = \frac{3mg}{4m+9M}$$

解法 3　【机械能守恒求导法②(等价于功率方程方法③)】

建立图 9.17(a)所示的 x、y 坐标轴,取 x 轴为重力零势能点:

$$U = mgl\cos\theta/2, \qquad T = \frac{1}{2}J_P\omega_A^2 + \frac{1}{2}J_D\dot{\theta}^2$$

由机械能守恒定律有

$$T + U = mgl\cos45°/2 \tag{o}$$

取 θ 为坐标自变量,则

$$x_A = l\sin\theta, \qquad \varphi_A = x_A/r, \qquad y_B = l\cos\theta$$
$$\dot{x}_A = l\cos\theta\dot{\theta}, \qquad \ddot{x}_A = l\cos\theta\ddot{\theta} - l\sin\theta\dot{\theta}^2,$$
$$\omega_A = \frac{l\cos\theta}{r}\dot{\theta}, \qquad \alpha_A = \ddot{x}_A/r, \qquad \ddot{y}_B = -l\sin\theta\ddot{\theta} \tag{p}$$

将式(p)代入动能表达式有

$$T = \frac{1}{2}J_P\left(\frac{l\cos\theta}{r}\right)^2\dot{\theta}^2 + \frac{1}{2}J_D\dot{\theta}^2 \tag{q}$$

将式(q)代入式(o)并对时间求导,有

$$\left[-\frac{1}{2}mgl\sin\theta + \dot{\theta}\left(J_D + \frac{J_Pl^2\cos^2\theta}{r^2}\right)\ddot{\theta} + \left(-\frac{J_Pl^2}{r^2}\sin\theta\cos\theta\right)\dot{\theta}^2\right]\dot{\theta} = 0 \tag{r}$$

消去式(r)中的 $\dot{\theta}$,将 $\theta=45°,\dot{\theta}=0,J_D=\frac{1}{3}ml^2,J_P=\frac{3}{2}Mr^2$ 代入后得到

$$\ddot{\theta} = \alpha_{AB} = \frac{3\sqrt{2}mg}{l(4m+9M)}$$

将 $\ddot{\theta}$ 代入式(p),有

$$a_A=a_A^t=\ddot{x}_A=\frac{3mg}{4m+9M},\quad a_B=a_B^t=-\ddot{y}_B=\frac{3mg}{4m+9M}$$

思考: 当墙面与地面不垂直且 AB 有角速度时,该题采用何种方法较合适呢?

例 9.10　如图 9.18(a)所示,质量为 m,长度为 L 的均质杆 OA 在垂直面内在静平衡位置附近做微幅摆动,O 端为光滑铰支座。弹簧的刚度系数为 k,杆在水平位置处于静平衡,此时弹簧轴线与 OA 垂直。求其运动微分方程。

(a)　　　　　　　　(b)　　　　　　　　(c)

图 9.18　例 9.10 图

解　该题满足计算势能时不考虑弹簧静变形和重力项这两个条件。

由机械能守恒定律有

$$\frac{1}{2}J_O\dot{\varphi}^2+\frac{1}{2}k(L\varphi)^2=常数$$

其中

$$J_O=\frac{1}{3}mL^2$$

上式对时间 t 求导,得运动微分方程:

$$m\ddot{\varphi}+3k\varphi=0$$

该题也可以采用功率方程法或动量矩定理求解。

思考: 杆 OA 在图 9.18(b)(c)所示的位置处于静平衡,均质杆 OA 在垂直面在静平衡位置附近做微幅摆动,如何求其运动微分方程?

＊例 9.11　液压控制系统的伺服调节阀如图 9.19(a)所示,机构工作在水平面。带有齿的凸轮 O 在反馈信号控制的力偶矩 M_1 作用下转动,图示瞬时角速度为 ω_1,与带有齿的凸轮 C 总保持啮合,驱动阀杆 CD 上下运动来调节管道流体阀门的开口度。凸轮对转轴 O 的转动惯量为 J_O,C 是凸轮 C 的质心,凸轮 C 的质量为 m,对质心的转动惯量为 J_C,杆 CD 的质量也是 m,不计 CD 导槽对 CD 的摩擦力,负载的阻力为 F,作用在 CD 轴线上。图示位置,OB 与 CD 平行,各尺寸关系如图所示。求图示瞬时凸轮 O 的角加速度。

解　(1)求速度。

如图 9.19(b)所示,因为齿轮啮合,故啮合点速度相同,P 为轮 C 的速度瞬心,所以

$$\omega_2=\frac{v_A}{r_2\cos\varphi}=\frac{r_1\omega_1}{r_2\cos\varphi}\tag{a}$$

$$v_C=r_2\sin\varphi\omega_2=r_1\omega_1\tan\varphi\tag{b}$$

图 9.19　例 9.11 图

(2) 求加速度。

该机构为单自由度系统,齿轮保持啮合时纯滚动,不计滚动摩擦则为理想约束,应用功率方程分析。

$$M_1\omega_1 - Fv_C = \frac{\mathrm{d}T}{\mathrm{d}t} \tag{c}$$

$$T = \frac{1}{2}J_O\omega_1^2 + \frac{1}{2}J_C\omega_2^2 + \frac{1}{2}mv_C^2 + \frac{1}{2}mv_C^2$$

$$\frac{\mathrm{d}T}{\mathrm{d}t} = J_O\alpha_1\omega_1 + J_C\alpha_2\omega_2 + 2ma_C^t v_C \tag{d}$$

将式(a)(b)代入式(c)(d)有

$$(M_1 - Fr_1\tan\varphi)\omega_1 = \left(J_O\alpha_1 + J_C\frac{r_1}{r_2\cos\varphi}\alpha_2 + 2ma_C r_1\tan\varphi\right)\omega_1 \tag{e}$$

如图 9.19(c)所示,因为齿轮啮合,所以

$$a_A^n = a_B^n + \frac{\rho_1\rho_2\,(\omega_1-\omega_2)^2}{\rho_1+\rho_2} = -r_1\omega_1^2\cos(\varphi-\theta) + \frac{\rho_1\rho_2\,(\omega_1-\omega_2)^2}{\rho_1+\rho_2}$$

$$a_A^t = a_B^n\sin(\varphi-\theta) + \frac{\mathrm{d}v_r}{\mathrm{d}t} = r_1\omega_1^2\sin(\varphi-\theta) + \frac{\mathrm{d}v_r}{\mathrm{d}t} = r_1\omega_1^2\sin(\varphi-\theta)$$

式中:a_A^t、a_A^n 分别是凸轮 C 的接触点 A 处的公切线和公法线方向分量;a_B^n 是凸轮 O 的接触点 B 处的公法线方向分量。

【AC】

$$a_A^n + a_A^t = a_C + a_{AC}^t + a_{AC}^n \tag{f}$$

其中

$$a_{AC}^n = r_2\omega_2^2, \quad a_{AC}^t = r_2\alpha_2$$

式(c)向 a_{AC}^t 垂直方向投影,得

$$a_C\cos\varphi = a_A^{n_1}\cos\theta + a_A^{t_1}\sin\theta - r_2\omega_2^2$$

将 $a_A^{n_1}$、$a_A^{t_1}$、ω_2 代入上式,得

$$a_C = \frac{\omega_1^2}{\cos\varphi}\left\{\left[-r_1\cos(\varphi-\theta)+\frac{\rho_1\rho_2(r_2\cos\varphi-r_1)^2}{(\rho_1+\rho_2)r_2^2\cos^2\varphi}\right]\cos\theta + r_1\sin(\varphi-\theta)\sin\theta - \frac{r_1^2}{r_2^2\cos^2\varphi}\right\}$$

$$(g)$$

式(f)向 $\boldsymbol{a}_C$ 垂直方向投影,得 α_2,将 α_2 和 a_C 代入式(e)便可求得 α_1。具体结果比较复杂,感兴趣的读者可自行演算。

例 9.12　两相同均质杆和两相同的均质圆柱滚子,用光滑铰链组成如图 9.20 (a)所示的系统,两杆用弹簧拉住。设滚子在水平地面上运动时为纯滚动,已知杆子的质量为 m,长为 l,$CS=CE=b$,滚子的半径为 r,质量为 M,弹簧刚度系数为 k、原长为 l_0。求当铰链 C 沿同一条垂直线运动时,系统的运动微分方程(用图示 θ 角表示)。

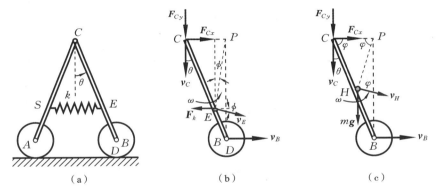

（a）　　　　　　　　（b）　　　　　　　　（c）

图 9.20　例 9.12 图

分析　求运动微分方程实际上就是已知某位置及其速度,求该时刻的切向加速度或角加速度问题。该题中机构对称,质量分布对称,主动力也对称,因此,销钉 C 分别对 CA 和 CB 的垂直方向力方向相同。又因为销钉 C 质量不计,由动量定理可知图 9.20(b)和(c)中的 $F_{Cy}=0$。水平分力大小相等方向相反,因此,C 点做竖直运动,$\boldsymbol{F}_{Cx}$ 与 $\boldsymbol{v}_C$ 垂直,不做功。因此,C 的左右部分运动反对称,只需考虑其中一部分即可。该题就转化为例 9.9 题墙面光滑的情形,只是多了弹簧力。

对于单自由度系统,所有做功的力均已知,仅仅求角加速度 $\ddot{\theta}$,可采用功率方程方法。在功率方程的 3 种方法中,该机构建立位置关系或速度关系可通过比例常数或直角三角形得到,故用功率方程方法③和②都很简单。考虑到该系统机械能守恒,用功率方程方法②或③的变式,即机械能守恒微分法更简单。为了进行比较,下面给出 2 种分析法。

解法 1　功率方程方法 1

系统动能为

$$T=\frac{1}{2}J_D\omega_B^2+\frac{1}{2}J_P\omega_{BC}^2 \tag{a}$$

由功率方程有

$$m\boldsymbol{g}\cdot\boldsymbol{v}_H+\boldsymbol{F}_k\cdot\boldsymbol{v}_E=\frac{\mathrm{d}T}{\mathrm{d}t} \tag{b}$$

由式(b)有

$$mgv_H\cos\varphi-F_kv_E\cos\phi=J_D\alpha_B\omega_B+J_P\alpha_{BC}\omega_{BC} \tag{c}$$

其中

$$F_k=2k\left(b\sin\theta-\frac{1}{2}l_0\right)$$

取 ω_{BA} 为自变量,由图9.20(b)的几何关系有

$$v_E\cos\phi=PE\cdot\omega_{BC}\cos\phi=b\cos\theta\omega_{BC} \tag{d}$$

由图9.20(c)的几何关系有

$$v_H\cos\varphi=PH\cdot\omega_{BC}\cos\varphi=\frac{1}{2}l\sin\theta\omega_{BC} \tag{e}$$

又因为

$$\omega_B=\frac{v_B}{r}=\frac{PB\cdot\omega_{BC}}{r}=\frac{l\cos\theta\omega_{BC}}{r} \tag{f}$$

将式(d)(e)(f)各速度量代入式(c)得

$$\left(mg\frac{1}{2}l\sin\theta-F_kb\cos\theta\right)\omega_{BC}=\left(J_D\alpha_B\frac{l\cos\theta}{r}+J_P\alpha_{BC}\right)\omega_{BC} \tag{g}$$

其中

$$J_D=\frac{3}{2}Mr^2,\quad J_P=\frac{1}{3}ml^2$$

取待求量 α_{BC} 为自变量,BC 的加速度关系类似图9.17(b)AB 的加速度关系(补充法向加速度)。

【BC】

$$\boldsymbol{a}_B=\boldsymbol{a}_C+\boldsymbol{a}_{BC}^t+\boldsymbol{a}_{BC}^n \tag{h}$$

其中

$$a_B=r\alpha_B,\quad a_{BC}^n=l\alpha_{BC},\quad a_{BC}^n=l\omega_{BC}^2$$

$\perp\boldsymbol{a}_C$:

$$\alpha_B=(l\alpha\cos\theta-l\omega^2\sin\theta)/r \tag{i}$$

将式(i)代入式(g)并将 $F_k=2k\left(b\sin\theta-\frac{1}{2}l_0\right)$ 代入式(g),速度和加速度写成微分形式得

$$\left(\frac{2}{3}ml^2+3Ml^2\cos^2\theta\right)\ddot{\theta}-3Ml^2\cos\theta\sin\theta\dot{\theta}^2-mgl\sin\theta+4k\left(b\sin\theta-\frac{1}{2}l_0\right)b\cos\theta=0$$

解法2　机械能守恒微分法。

如图9.20(b)(c)所示,点 P 为杆 BC 的速度瞬心,系统的动能为

$$T=2\left[\frac{1}{2}J_D\omega_B^2+\frac{1}{2}J_P\omega_{BC}^2\right]=2\left[\frac{1}{2}J_D\left(\frac{v_B}{r}\right)^2+\frac{1}{2}J_P\dot{\theta}^2\right]$$

$$=\frac{1}{3}ml^2\dot{\theta}^2+\frac{3}{2}Ml^2\dot{\theta}^2\cos^2\theta$$

以水平线 AB 作为重力势能的零势位,取弹簧原长状态所处位置为弹性势能

的零势位,则系统的势能为

$$V = mgl\cos\theta + \frac{1}{2}k(2b\sin\theta - l_0)^2$$

由系统机械能守恒,得

$$\frac{1}{3}ml^2\dot{\theta}^2 + \frac{3}{2}Ml^2\dot{\theta}^2\cos^2\theta + mgl\cos\theta + \frac{1}{2}k(2b\sin\theta - l_0)^2 = 常数 \tag{j}$$

式(j)对 t 求导,即得系统的运动微分方程,为

$$\left(\frac{2}{3}ml^2 + 3Ml^2\cos^2\theta\right)\ddot{\theta} - 3Ml^2\cos\theta\sin\theta\dot{\theta}^2 - mgl\sin\theta + 4k\left(b\sin\theta - \frac{1}{2}l_0\right)b\cos\theta = 0$$

该题系统不满足计算势能时不考虑弹簧静变形和重力项的 2 个条件,故运动微分方程包含弹簧静变形和重力项。

该题也可以分别取轮 B 和杆 BC 为研究对象,应用动量、动量矩定理来解,但那样会列较多的动力学方程,引入不待求的未知力,计算复杂;也可以用动能定理积分形式求出任意角度时杆 BC 的角速度表达式,再对角速度求导,该法本质上与解法 2 相同,只是对动能求导得到加速度的先后顺序不同而已。解法 2 中的速度关系也可以不采用点的合成运动定理所推出的基点法等,而建立坐标系,所有位置量全部用自变量 θ 表示,然后对时间求导。

下面通过该题分析机械能守恒定律的微分形式与功率方程方法②或③的相似性。解法 2 的机械能守恒定律中的势能项对时间求导 $\dfrac{\partial V}{\mathrm{d}t}$ 可以理解为在弹力方向和重力方向求导。在图 9.20(b)中,$\dfrac{\partial V}{\mathrm{d}t}\Big|x_E = \dfrac{\partial V}{\partial x_E}\dfrac{\mathrm{d}x_E}{\mathrm{d}t} = \dfrac{\partial V}{\partial x_E}v_{Ex}$,而 $F_k\partial x_E = \partial W = -\partial V$,故 $F_k = -\dfrac{\partial V}{\partial x_E}$。类似地,在图 9.20(c)中,$\dfrac{\partial V}{\mathrm{d}t}\Big|z_H = \dfrac{\partial V}{\partial z_H}\dfrac{\mathrm{d}z_H}{\mathrm{d}t} = \dfrac{\partial V}{\partial z_H}v_{Hz}$,而 $mg\partial z_H = \partial W = -\partial V$,故 $mg = -\dfrac{\partial V}{\partial z_H}$。由此可发现,势能对时间求导 $\dfrac{\partial V}{\mathrm{d}t}$ 实际上就是各有势力的功率之和。该题在计算动能时,先通过运动学速度瞬心法将所有速度因变量用 1 个速度自变量表示,然后对时间求导,故可以认为其与功率方程方法②类似。当机械能守恒时,选用功率方程方法①还是机械能守恒微分法,与选择功率方程方法①和②的判据是相同的。解法 2 中计算动能若通过建立位置函数关系,再将位置函数对时间求导得到速度,那么机械能守恒微分法就与功率方程方法③类似。

该题也可以采用类似例题 8.10 的解法来求解,先由机械能守恒定律得到任意位置的角速度表达式,然后对时间求导得到角加速度。这样的解法虽然只是将本题解法 2 中求加速度的顺序移到最后,但导致了更复杂的求导计算。

从上面分析可知,**当位置关系表达式或速度关系表达式都是比例关系或可通过直角三角形得到时,机械能守恒微分法相对于功率方程方法①才比较简单,否**

则,应尽量选用功率方程方法①。比如图 9.21 所示的复杂机构,曲柄 OA 在未知力偶矩 M 驱动下以角速度 ω_0 匀速转动,求图示瞬时 M 与加速度的关系。因为图 9.21 中△OAB 不一直为直角三角形,采用功率方程方法①就简单些。

例 9.13 证明一个做平面运动的刚体所建立的功率方程与动量、动量矩定理是不独立的。

证明 一个受平面任意力系作用的刚体,将各个力分别向质心平移将得到一个合力和力偶矩。如图 9.22 所示,动量定理

$$\boldsymbol{F}=m\boldsymbol{a}_C \tag{a}$$

式(a)写成切向与法向分量的形式有

$$\boldsymbol{F}^{\mathrm{t}}=m\boldsymbol{a}_C^{\mathrm{t}} \tag{b}$$

$$\boldsymbol{F}^{\mathrm{n}}=m\boldsymbol{a}_C^{\mathrm{n}} \tag{c}$$

由动量矩定理有

$$\boldsymbol{M}=J_C\boldsymbol{\alpha} \tag{d}$$

式(b)点乘 $\boldsymbol{v}_C$,加上式(c)点乘 $\boldsymbol{v}_C$,再加上式(d)点乘 $\boldsymbol{\omega}$,得到

$$\boldsymbol{F}^{\mathrm{n}}\cdot\boldsymbol{v}_C+\boldsymbol{F}^{\mathrm{t}}\cdot\boldsymbol{v}_C+\boldsymbol{M}\cdot\boldsymbol{\omega}=m a_C^{\mathrm{n}}\cdot v_C+m\frac{\mathrm{d}v_C}{\mathrm{d}t}v_C+m\frac{\mathrm{d}\omega}{\mathrm{d}t}\omega \tag{e}$$

在式(e)中,左边和右边第一项均为 0,故有

$$\boldsymbol{F}^{\mathrm{t}}\cdot\boldsymbol{v}_C+\boldsymbol{M}\cdot\boldsymbol{\omega}=\frac{\mathrm{d}}{\mathrm{d}t}\left(\frac{1}{2}mv_C^2+\frac{1}{2}m\omega^2\right)=\frac{\mathrm{d}T}{\mathrm{d}t} \tag{f}$$

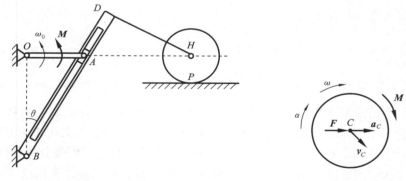

图 9.21 复杂机构　　　图 9.22 例 9.13 图

式(f)就是功率方程。由此可知,对于一个做平面运动的刚体,其所建立的功率方程与动量定理和动量矩定理是相关的。更准确地说,质心运动定理的切向分量形式、动量矩定理和功率方程这 3 个方程是相关的,只有 2 个是独立的。进一步可证明(见参考文献[17]),对于一个做平面运动的刚体,动量矩方程若是通过对满足特殊动矩心条件的速度瞬心取矩得到的,则该方程与由功率方程方法得到的方程相同,不独立。此外,对于多刚体动力学系统,取整体为研究对象,用动量、动量

矩定理所列的 3 个方程,与由功率方程方法得到的方程一般是独立的。

利用上述结论,可以有目的地预判所列的方程是否独立。功率方程可以不引入不做功的力,方便有些问题的分析。在什么情况下选择功率方程呢?下面建议可供参考。**对于具有理想约束的单自由度系统:① 当所有未知力不做功,只求任意与切向加速度或角加速度相关的加速度量;② 已知任一与切向加速度或角加速度相关的加速度量,仅求做功的力。这两种情况下一般选用功率方程方法。当得到的速度关系不都是比例关系或可通过直角三角形得到的关系时,就选用功率方程方法①,否则,选用功率方程的其他方法。**

思考:例 9.12 中若轮 A 质量是 B 的 2 倍,请思考自由度是多少?若不引入任何不待求未知力,又如何求解此题?

9.5 求一个过程的速度及位置问题

对于单自由度系统,求一个过程中外力所引起的速度变化问题,一般应用动能定理积分就可求解(在做功外力未知时,采用动量定理和动量矩定理积分),第 8 章给出了一些例题,比较简单。但对于多自由度系统,涉及求解积分方程组,分析就比较复杂。

前文给出了自由度与动力学加速度关系方程数目的关系,用来分析加速度问题。上述思想也可以推广到求一个过程的速度变化问题。对具有 n 个自由度的完整约束系统,已知待求时刻 s 个速度(或角速度),若仅求速度,则至少需 $k=n-s$ 个来自动力学理论的积分方程。若利用某些理论得到的动力学积分方程能不引入其他不待求的未知力,则需且只需列 $k=n-s$ 个动力学微分方程再积分(比如动能定理的积分形式、动量守恒定理和动量矩守恒定理)。由其他任何动力学理论得到的不引入其他不待求的未知力的动力学积分形式的方程必然可由这 k 个方程联合运动学速度关系推出,是不独立的,因此不需再列。

由于动能定理积分形式不会引入与速度方向垂直的力(包括理想约束的约束反力),先用动能定理积分形式列一个(所有做功力均已知时)方程,余下的方程由其他动力学理论(比如动量、动量矩)定理积分得到。

对于单个刚体,类似功率方程可由动量、动量矩定理得到,动能定理积分形式也可以由动量、动量矩定理积分形式得到,它们是相关的。

例 9.14 如图 9.23 所示,均质圆柱 C 半径为 r,质量为 $2m$,可沿粗糙水平轨道做纯滚动,物块 A 质量为 m,可沿光滑水平轨道滑动,C、A 两点在同一水平直线上,用刚度系数为 k 的弹簧相连。初瞬时弹簧伸长为 δ,无初速度释放,求当弹簧恢复到自然长度时,圆柱轴心 C 的速度。

图 9.23 例 9.14 图

解　该系统自由度为 2 ，故至少需列并尽量列两个动力学理论的积分方程。

【整体】　由动能定理，有

$$T_1 = 0, \quad T_2 = \frac{1}{2}\frac{3}{2}2mr^2\left(\frac{v_C}{r}\right)^2 + \frac{1}{2}mv_A^2 = \frac{3}{2}mv_C^2 + \frac{1}{2}mv_A^2 \tag{a}$$

$$W_{12} = \frac{k}{2}\delta^2$$

故

$$\frac{3}{2}mv_C^2 + \frac{1}{2}mv_A^2 = \frac{k}{2}\delta^2 \tag{b}$$

取圆柱 C 为研究对象，设 F_k 为弹簧力，对轮的速度瞬心点 D 应用简约式动量矩定理，有

$$F_k r = J_D\alpha_C \tag{c}$$

取物块 A 为研究对象，有

$$F_k = ma_A \tag{d}$$

将式(d)代入式(c)，得

$$ma_A r = J_D\alpha_C \tag{e}$$

式(c)和式(d)在运动过程中均成立，故对式(e)积分有

$$v_A = 3r\omega \tag{f}$$

由运动学有

$$v_C = r\omega \tag{g}$$

由式(b)、式(f)和式(g)解得

$$v_C = \frac{\delta}{2}\sqrt{\frac{k}{3m}}$$

* **例 9.15**　如图 9.24 所示，半径为 R、质量为 m 的薄圆环直立在光滑水平面上，环上有一质量为 m 的甲虫，原来环和甲虫静止，后甲虫相对圆环以匀速 u 沿圆环逆时针爬行。(1) 求甲虫开始运动时圆环的角速度；(2) 相对速率 u 多大时，甲虫才能爬到与圆环中心 O 同样的高度？(3) 求甲虫爬到与圆环中心 O 同样的高度时，地面对圆环的作用力。

(a) 初始时刻　(b) 任意 t 时刻

图 9.24　例 9.15 图

解 （1）该系统 3 个自由度,已知相对速度,故至少需列 2 个动力学积分方程。因为虫做功未知,故不采用动能定理积分形式。整体受地面未知的支持力,取整体为研究对象就有可能不引入任何未知力得到这 2 个方程。甲虫从静止到以匀速 u 开始运动,在很短的时间内完成,可以视为冲击过程,在此过程中系统的位置不变。由系统水平动量守恒,得

$$-mv+m(-v-\omega_0 R+u)=0 \tag{a}$$

取整体为研究对象,所有外力对地面上与圆环接触点 D 的力矩在任意时刻恒为 0,所以系统对点 D 的动量矩守恒。因此,有

$$-mR^2\omega_0+m(-v-\omega_0 R+u)R=0 \tag{b}$$

式(a)、(b)中的速度关系是通过取虫 A 为动点,圆环为动系,再用基点法建立牵连点与圆环中心 O 的关系得到的。

由式(a)、式(b)解出

$$\omega_0=\frac{u}{3R}$$

（2）任意时刻系统质心 C 的垂直坐标为

$$y_C=R-\frac{1}{2}R\cos\theta$$

所以

$$\ddot{y}_C=\frac{1}{2}R(\ddot{\theta}\sin\theta+\dot{\theta}^2\cos\theta) \tag{c}$$

由 y 方向的质心运动定理,得

$$mR(\ddot{\theta}\sin\theta+\dot{\theta}^2\cos\theta)=N-2mg \tag{d}$$

在随质心 C 平动的坐标系 Cx_Cy_C 中,圆环做平面运动,其角速度为 ω,OA 连线绕点 C 以角速度 $\dot{\theta}$ 转动。因此,由相对于质心 C 的动量矩定理,得

$$\frac{\mathrm{d}}{\mathrm{d}t}\left[\frac{1}{4}mR^2\dot{\theta}+\left(\frac{1}{4}mR^2\dot{\theta}-mR^2\omega\right)\right]=-N\times\frac{1}{2}R\sin\theta \tag{e}$$

其中左边第一项为甲虫的相对运动动量矩,左边圆括号中的两项为圆环的相对运动动量矩。

因为

$$\frac{u}{R}=\dot{\theta}+\omega \tag{f}$$

所以方程(e)变为

$$3mR\ddot{\theta}=-N\sin\theta \tag{g}$$

在方程(d)(g)中消去 N,得

$$R(\sin^2\theta+3)\ddot{\theta}+R\dot{\theta}^2\sin\theta\cos\theta+2g\sin\theta=0 \tag{h}$$

因为

$$\frac{1}{2}\frac{\mathrm{d}}{\mathrm{d}t}[\dot{\theta}^2(\sin^2\theta+3)]=\ddot{\theta}\dot{\theta}(\sin^2\theta+3)+\dot{\theta}^3\sin\theta\cos\theta$$

所以方程(h)可写为

$$\frac{R}{2}\frac{\mathrm{d}}{\mathrm{d}t}[\dot{\theta}^2(\sin^2\theta+3)]+2g\dot{\theta}\sin\theta=0$$

即

$$R\mathrm{d}[\dot{\theta}^2(\sin^2\theta+3)]+4g\sin\theta\mathrm{d}\theta=0$$

积分得

$$R\dot{\theta}^2(\sin^2\theta+3)-4g\cos\theta=c \tag{i}$$

其中 c 为积分常数。由题意和方程(f),可得

$$\theta(0)=0,\quad \dot{\theta}(0)=\frac{u}{R}-\omega_0=\frac{2u}{3R}$$

将这些初始条件代入方程(i),得

$$c=\frac{4u^2}{3R}-4g$$

因此方程(i)变为

$$R\dot{\theta}^2(\sin^2\theta+3)-4g\cos\theta=\frac{4u^2}{3R}-4g \tag{j}$$

要使甲虫能爬到与圆环中心 O 同样的高度,必须在 $\theta=90°$ 时有 $\dot{\theta}\geqslant0$,由此得 u 应满足的条件为

$$\dot{\theta}^2=\frac{u^2}{3R^2}-\frac{g}{R}\geqslant0 \tag{k}$$

即

$$u\geqslant\sqrt{3Rg}$$

(3) 当 $\theta=90°$ 时,由方程(d)(g)得

$$mR\ddot{\theta}=N-2mg,\quad N=-3mR\ddot{\theta}$$

得

$$N=\frac{3}{2}mg$$

*例 9.16　如图 9.25 所示,半径为 R、质量为 m 的薄圆环放在光滑水平面上,环上有一质量为 m 的甲虫,原来环和甲虫静止,后甲虫相对圆环以匀速 v 沿圆环爬行。当甲虫爬完一周时,求圆环绕其中心转过的角度和圆环中心绕整个系统的质心转过的角度。

解　该题中系统有 4 个自由度,已知相对速度,所以要列 3 个动力学理论的积分方程。整体未受任何未知外力,取整体为研究对象就有可能不引入任何未知力得到这 3 个方程。系统整体质心 C 位置不动,等价于列了 x 和 y 方向系统动量守恒的 2 个积分方程,再列 1 个转动的积分方程。得到 3 个动力学方程后,余下的工作就是根据题意采用数学方法求解积分方程组了。求解积分方程组一般都是比较复杂的,但那是后续数学课程所需学的知识,本课程的主要目的是学习如何建立所

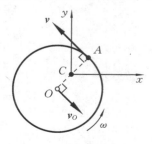

图 9.25　例 9.16 图

需独立的动力学方程。具体求解如下。系统在水平面内无外力,所以系统整体质心 C 位置不动,同时整体对点 C 动量矩守恒。以 C 为原点建立固定直角坐标系 Cxy,如图 9.25 所示。显然,点 C 位于圆环中心 O 和甲虫 A 的连线中点,因此圆环中心 O 和甲虫 A 的轨迹均为以点 C 为圆心、半径为 $R/2$ 的圆。设圆环的绝对角速度为 ω、中心 O 的速度为 v_O。则甲虫的绝对速度 v_A 为

$$v_A = v + v_O + v_{AO}$$

其中 $v_{AO} = \omega R$，所以 v_A 沿 v 方向，大小为

$$v_A = v + \omega R - v_O$$

由系统动量守恒可知 $v_A = v_O$，所以

$$v_A = v_O = \frac{v + \omega R}{2}$$

计算系统对 C 的动量矩，并由动量矩守恒，得

$$mv_O \frac{R}{2} + mR^2\omega + mv_A \frac{R}{2} = 0$$

所以

$$\omega = -\frac{v}{3R} \qquad\qquad\qquad \text{(a)}$$

甲虫爬完一周所需时间为

$$t = \frac{2\pi R}{v} \qquad\qquad\qquad \text{(b)}$$

由式（a）（b）可得圆环绕其中心转过的角度 φ_{AO} 为

$$\varphi_{AO} = \omega t = -\frac{v}{3R} \frac{2\pi R}{v} = -\frac{2\pi}{3}$$

负号表示与假设的 ω 的转向相反，即圆环绕其中心的转向与甲虫的转向相反。

圆环中心 O 相对于整体质心 C 的角速度 ω_{OC} 为

$$\omega_{OC} = \frac{v_O}{R/2} = \frac{2v}{R}$$

所以圆环中心 O 绕整体质心 C 转过的角度 φ_{OC} 为

$$\varphi_{OC} = \omega_{OC} t = \frac{4\pi}{3}$$

φ_{OC} 为正值表明其与假设的 ω 的转向相同，即与甲虫的转向相同。

例 9.17　如图 9.26 所示，滑轮 O 上悬有一根绳子，绳子两端离过轴 O 的水平线的距离分别为 l_1 和 l_2。两个质量分别为 m_1 和 m_2 的人抓着绳子的两端，同时开始向上爬并同时到达过轴 O 的水平线。滑轮半径为 r，绳子相对滑轮无相对滑动，不计滑轮和绳子的质量，忽略所有运动的阻力。求两人同时到达的时间。

解　设 m_1 和 m_2 的绝对速度分别为 v_1、v_2，两人同时到达的时间为 T。则系统对轴 O 的动量矩为

$$L_O = m_1 v_1 r - m_2 v_2 r$$

由动量矩定理，得

$$\frac{\mathrm{d}L_O}{\mathrm{d}t} = (m_2 g - m_1 g) r$$

图 9.26　例 9.17 图

即
$$\frac{\mathrm{d}}{\mathrm{d}t}(m_1v_1-m_2v_2)=(m_2g-m_1g) \tag{a}$$

对式(a)积分并考虑到初始动量矩为零,得
$$m_1v_1-m_2v_2=(m_2g-m_1g)t \tag{b}$$

式(b)在 $0\sim T$ 上对时间积分,得
$$m_1\int_0^T v_1\mathrm{d}t-m_2\int_0^T v_2\mathrm{d}t=\frac{1}{2}(m_2g-m_1g)T^2 \tag{c}$$

在时间 T 内,两人上升的绝对路程分别为 l_1 和 l_2,由此得
$$l_1=\int_0^T v_1\mathrm{d}t,\quad l_2=\int_0^T v_2\mathrm{d}t \tag{d}$$

将式(d)代入式(c),得
$$m_1l_1-m_2l_2=\frac{1}{2}(m_2g-m_1g)T^2$$

所以
$$T=\sqrt{\frac{2(m_1l_1-m_2l_2)}{(m_2-m_1)g}}$$

思考:

(1) 若不考虑绳子能在平面内摆动,则该题中系统为 3 个自由度,已知隐藏条件 $v_2/v_1=l_2/l_1$,则需列 2 个动力学积分方程,可该题为何只列了 1 个呢?

(2) 若均质滑轮半径为 r,质量为 m,那么该题又如何计算呢?此种情形下,左端绳子下降多少呢?

上述两个问题实际上是一个问题。对于问题(2),系统对滑轮 O 的动量矩为 $L_O=m_1v_1r-m_2v_2r+J_O\omega$,两次积分得
$$m_1\int_0^T v_1\mathrm{d}t-m_2\int_0^T v_2\mathrm{d}t+\frac{J_O}{r}\int_0^T \omega\mathrm{d}t=\frac{1}{2}(m_2g-m_1g)T^2$$

从而有
$$m_1l_1-m_2l_2+\frac{J_O}{r}\int_0^T \omega\mathrm{d}t=\frac{1}{2}(m_2g-m_1g)T^2$$

由此可知,该题无法求解,或认为任意相同时间都可以实现同时到达。为什么如此呢?因为考虑轮子质量时,轮子自由转动,绳子可以运动。两人作用在绳上的力不同,绳子运动的快慢就不同,只要两人同时用力且保持一定的比,就可以在任意相同时间同时到达。那么,不考虑滑轮质量,为何有唯一时间呢?不考虑滑轮质量,绳子相对于滑轮又无滑动,对轮子应用动量矩定理,得到轮子两侧的拉力相等,则轮子不转动,绳子在此情形下就无运动。故该题实际上隐藏着给了两个已知速度条件,不考虑滑轮质量的假设隐藏着轮的角速度恒为0,故问题(1)只用列一个动力学方程。在问题(2)中,没有给定轮的角速度,要能有解,就需要给定同时达到的时间 T,求 T 时间内的其他问题,比如绳子下降的距离。

从该题可知,对多自由度系统,利用自由度来分析,可以较容易地找到不同方

法的联系和差异,深刻了解问题的本质特点。

* 9.6　碰撞

当物体受到冲击或运动遇到障碍时,在非常短的时间内,它的速度发生急剧的改变,这种现象称为碰撞或冲击,实际上这仍是一个过程的速度问题,只是这时计算速度比较困难,所以用冲量、冲量矩来分别取代速度、角速度,冲量定理(动量定理的积分形式)、冲量矩定理(动量矩定理的积分形式)分别取代动量定理、动量矩定理,分析方法本质上与上述求一个过程所引起速度变化的问题相同。碰撞是一种广泛而重要的现象。它既有有利的一面,如锻铁、打桩、激发炮弹等,也有不利的一面,它会引起机械和结构的破坏。碰撞后物体会产生转动。下面探讨发生碰撞时刚体系统的运动、力和能量的变化规律。

9.6.1　碰撞现象的基本特征

1. 基本特征

碰撞过程(碰撞开始至结束)在极短时间($10^{-4} \sim 10^{-2}$ s)内完成,而碰撞物体的速度或动量却发生有限改变,故加速度很大,进而相互作用力也很大。碰撞过程中的作用力称为碰撞力或瞬时力。

碰撞过程虽然极其短暂,但却非常复杂,会发生各种物理和化学变化。本书只研究简单系统在碰撞前后的运动状态的变化。由于碰撞过程时间很短,因此碰撞物体的位移很小,认为碰撞前后位置保持不变。

2. 两点简化

(1) 在碰撞过程中,非碰撞力与碰撞力相比一般很小,所以非碰撞力的冲量忽略不计。

(2) 在碰撞过程中,时间很短,物体的位移忽略不计。

9.6.2　碰撞时的动量定理(冲量定理)

对系统的碰撞过程应用质点系动量定理的积分形式,得

$$\sum m v_2 - \sum m v_1 = \sum I^{(e)} \tag{9.39}$$

$$I^{(e)} = \int_0^\tau F^{(e)} \, dt \tag{9.40}$$

其中,v_1 为碰撞开始瞬时系统各质点的速度矢量;v_2 为碰撞结束瞬时系统各质点的速度矢量;$I^{(e)}$ 为外碰撞力 $F^{(e)}$ 的冲量,简称**碰撞冲量**;τ 为碰撞时间。当 $I^{(e)}$ 和 τ 已知时,碰撞力的平均值为

$$F_{\text{aver}}^{(e)} = I^{(e)} / \tau \tag{9.41}$$

方程(9.39)称为冲量定理。由于碰撞过程很短暂,外碰撞力的变化又很复杂,因此研究碰撞只使用整个碰撞过程的冲量,而不去注意外碰撞力的变化,也不用考

虑非碰撞外力的冲量(如重力、已知的常规外作用力等)。

注意:力是否为外碰撞力随分析对象的不同而不同。

9.6.3　碰撞时的动量矩定理(冲量矩定理)

1. 绝对运动冲量矩定理

由质点系动量矩定理有

$$\frac{\mathrm{d}L_O}{\mathrm{d}t} = \sum M_O(F^{(e)}) = \sum r \times F^{(e)} \quad \Rightarrow \quad \mathrm{d}L_O = \sum r \times F^{(e)}\mathrm{d}t \quad (9.42)$$

在碰撞过程中,已假设各质点的位置 r 不变,由此,式(9.42)在碰撞过程时间内积分,可得

$$L_{O2} - L_{O1} = \sum \int_0^\tau r \times F^{(e)}\mathrm{d}t = \sum r \times \int_0^\tau F^{(e)}\mathrm{d}t = \sum r \times I^{(e)} = \sum M_O(I^{(e)})$$

即

$$L_{O2} - L_{O1} = \sum M_O(I^{(e)}) \quad (9.43)$$

其中,L_{O1}、L_{O2} 分别为在碰撞开始和结束瞬时系统对固定点 O 的动量矩,$M_O(I^{(e)})$ 为外碰撞力冲量 $I^{(e)}$ 对点 O 的**冲量矩**。方程(9.43)为研究碰撞的绝对运动**冲量矩定理**。

2. 相对质心的冲量矩定理

由质点系相对质心的动量矩定理,有

$$\frac{\mathrm{d}L_C}{\mathrm{d}t} = \sum M_C(F^{(e)}) = \sum r \times F^{(e)} \quad \Rightarrow \quad \mathrm{d}L_C = \sum r \times F^{(e)}\mathrm{d}t \quad (9.44)$$

其中,L_C 为质点系相对质心 C 的相对运动动量矩,r 为各质点相对质心的矢径,它们在碰撞过程中不变,因此,对式(9.44)在碰撞过程时间内积分,可得

$$L_{C2} - L_{C1} = \sum \int_0^\tau r \times F^{(e)}\mathrm{d}t = \sum r \times \int_0^\tau F^{(e)}\mathrm{d}t = \sum r \times I^{(e)} = \sum M_C(I^{(e)})$$

$$L_{C2} - L_{C1} = \sum M_C(I^{(e)}) \quad (9.45)$$

方程(9.45)称为质点系相对质心的**冲量矩定理**。

在相对运动动量矩定理中,还可以取瞬时加速度为零和加速度指向质心两种动矩心,但这两种动矩心一般只使定理瞬时成立,而在上面的积分中,要求相对运动动量矩定理对所选动矩心在碰撞过程中始终成立,因此,这两种动矩心在碰撞问题的相对冲量矩方程中一般不能使用,而只采用相对质心的冲量矩定理(9.45)。

9.6.4　两物体的碰撞及其恢复系数

1. 两物体的对心碰撞

当两个物体发生碰撞时,如果这两个物体的质心在碰撞接触面的公法线上,则称这两个物体做**对心碰撞**。

如图 9.27 所示,做对心碰撞的两个物体,如果它们的质心速度也在碰撞接触面的公法线上,则称这两个物体做**对心正碰撞**;否则,称这两个物体做**对心斜碰撞**。

图 9.27　两物体的对心碰撞

(a) 对心正碰撞；　(b) 对心斜碰撞

2. 对心正碰撞的恢复系数

实验证明,给定材料的两个物体发生正碰撞时,不论碰撞前后的速度如何,两物体碰撞前后的相对速度大小的比值是不变的,该比值称为恢复系数,用 k 表示:

$$k=\frac{|u_{\mathrm{r}}|}{|v_{\mathrm{r}}|} \tag{9.46}$$

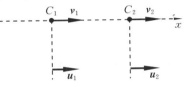

图 9.28　对心正碰撞前后的速度

设质量为 m_1、m_2 的两物体发生正碰撞,碰撞前的速度分别为 v_1、v_2,碰撞后的速度分别为 u_1、u_2。取两物体质心的连线作为 x 轴,因为对心正碰撞,v_1、v_2、u_1、u_2 与 x 轴共线,假设 v_1、v_2、u_1、u_2 与 x 轴正向相同,如图 9.28 所示。恢复系数 k 为

$$k=\frac{u_2-u_1}{v_1-v_2} \tag{9.47}$$

其中,v_1、v_2、u_1、u_2 分别为 v_1、v_2、u_1、u_2 在 x 轴正方向的投影。在 x 轴正方向应用冲量定理得

$$(m_1u_1+m_2u_2)-(m_1v_1+m_2v_2)=0 \tag{9.48}$$

方程(9.47)(9.48)是求解对心正碰撞问题的两个基本方程。

3. 对心正碰撞过程的动能关系

碰撞前两物体的动能为

$$T_1=\frac{1}{2}m_1v_1^2+\frac{1}{2}m_2v_2^2 \tag{9.49}$$

碰撞后两物体的动能为

$$T_2=\frac{1}{2}m_1u_1^2+\frac{1}{2}m_2u_2^2 \tag{9.50}$$

考虑到方程(9.47)(9.48),可得

$$T_1-T_2=\frac{m_1m_2}{2(m_1+m_2)}(1-k^2)(v_1-v_2)^2 \tag{9.51}$$

或

$$T_1-T_2=\frac{1-k}{1+k}\left[\frac{1}{2}m_1\ (v_1-u_1)^2+\frac{1}{2}m_2\ (v_2-u_2)^2\right] \tag{9.52}$$

由于两物体在碰撞过程中无外界能量输入,故必有

$$T_1 \geqslant T_2 \quad \text{或} \quad T_1 - T_2 \geqslant 0 \tag{9.53}$$

由此得
$$0 \leqslant k \leqslant 1 \tag{9.54}$$

因此,$T_1 - T_2$ 就是碰撞前后系统的动能损失,由此将碰撞过程分为以下几种。

(1) $k=1$ 时,动能无损失,称为**完全弹性碰撞**。

(2) $k=0$ 时,$u_2 = u_1$,两物体碰撞后不分开,动能损失达最大值,称为**塑性碰撞**或**完全非弹性碰撞**。

(3) $0<k<1$ 时,有动能损失,但两物体碰撞后分开,称为**非完全弹性碰撞**。

图 9.29　对心斜碰撞前后的速度

因此,恢复系数 k 的大小表征了两物体在碰撞过程中动能损失的大小。

4. 对心斜碰撞的恢复系数

对于斜碰撞问题,恢复系数定义为
$$k = \frac{u_{2n} - u_{1n}}{v_{1n} - v_{2n}} \tag{9.55}$$

其中,v_{1n}、v_{2n}、u_{1n}、u_{2n} 分别为 v_1、v_2、u_1、u_2 在碰撞接触面公法线上的投影,如图 9.29 所示。此外,将方程(9.49)至方程(9.53)中的 v_1、v_2、u_1、u_2 改为 v_{1n}、v_{2n}、u_{1n}、u_{2n} 仍然成立。

5. 两物体非对心碰撞的恢复系数

以上关于恢复系数的定义对于非对心碰撞的两物体也近似适用,这时恢复系数定义与方程(9.55)相同,但 v_{1n}、v_{2n}、u_{1n}、u_{2n} 为两物体在碰撞接触点的法向速度。

9.6.5　碰撞对定轴转动刚体和平面运动刚体的作用

1. 对定轴转动刚体的作用和撞击中心

设如图 9.30 所示的刚体可绕轴 O 转动,其质心在点 C,对轴 O 的转动惯量为 J_O、质量为 m,对转轴应用冲量矩定理,得

$$J_O \omega_2 - J_O \omega_1 = \sum M_O(\boldsymbol{I}^{(e)})$$

或
$$\omega_2 - \omega_1 = \frac{\sum M_O(\boldsymbol{I}^{(e)})}{J_O} \tag{9.56}$$

其中,ω_1、ω_2 为碰撞前后刚体的角速度。

再来研究撞击中心的问题。设定轴转动刚体在外碰撞冲量 $\boldsymbol{I}^{(e)}$ 的作用下,在轴承 O 处产生的反作用冲量为 $\boldsymbol{I}_O = I_{Ox}\boldsymbol{i} + I_{Oy}\boldsymbol{j}$。由冲量定理有

$$m(\omega_2 - \omega_1)b = I^{(e)}\cos\theta + I_{Ox}$$

$$0 = I^{(e)}\sin\theta + I_{Oy}$$

得
$$I_{Oy} = -I^{(e)}\sin\theta, \quad I_{Ox} = mb(\omega_2 - \omega_1) - I^{(e)}\cos\theta \tag{9.57}$$

图 9.30　受冲击的定轴转动刚体

希望 $I_{Ox} = I_{Oy} = 0$，为此，必须有

$$\theta = 0, \quad I^{(e)} = mb(\omega_2 - \omega_1) \tag{9.58}$$

由冲量矩定理，并考虑到 $\theta = 0$，得

$$\omega_2 - \omega_1 = \frac{hI^{(e)}}{J_O} \tag{9.59}$$

由式(9.58)(9.59)，得

$$h = \frac{J_O}{mb} \tag{9.60}$$

可见，定轴转动刚体在外碰撞冲量 $I^{(e)}$ 的作用下，当外碰撞冲量 $I^{(e)}$ 垂直于转轴 O 与质心 C 的连线 OC，垂足到转轴 O 的距离由式(9.60)确定时，轴承 O 处将无反作用冲量。外碰撞冲量 $I^{(e)}$ 的这种作用点 K 称为撞击中心，撞击中心与冲量的大小无关。对于经常受到冲击的旋转物体，让冲击点在物体的撞击中心上，可以保护该物体，如当用一个杆子击打另一个物体（如击球）时，使打击点在撞击中心上，可以使握杆的手不受到或少受到杆的反作用冲击。

2. 对平面运动刚体的作用

将冲量定理和相对于质心的冲量矩定理用于平面运动刚体的碰撞过程，可得研究平面运动刚体碰撞的基本方程为

$$\begin{cases} m(u_{Cx} - v_{Cx}) = \sum I_x^{(e)} \\ m(u_{Cy} - v_{Cy}) = \sum I_y^{(e)} \\ J_C(\omega_2 - \omega_1) = \sum M_C(I^{(e)}) \end{cases} \tag{9.61}$$

其中，ω_1、ω_2 为碰撞前后刚体的平面运动角速度；v_C、u_C 为碰撞前后刚体的质心速度。

例 9.18　如图 9.31 所示，一长为 $2l$ 的均质杆与垂直线成 θ 角，自高处无初速落下时与光滑水平面做完全非弹性碰撞。证明：若杆中心下落高度

$$H > \frac{l(1 + 3\sin^2\theta)^2}{18\sin^2\theta\cos\theta}$$

则杆下端与地面接触后又立即离开地面。

证明　杆下落时在空中做平动，A 端碰到地面时杆的速度为

$$v_C = \sqrt{2gH} \tag{a}$$

由于杆与光滑水平面做完全非弹性碰撞，所以碰撞结束时 A 端的速度 u_A 沿地面。应用冲量定理和对点 C 的冲量矩定理，得

$$m(u_C - v_C) = -I \tag{b}$$

$$\frac{1}{12}m \cdot 4l^2 \omega_2 = Il\sin\theta \tag{c}$$

运动约束关系：

$$\omega_2 = \frac{u_C}{l\sin\theta} \tag{d}$$

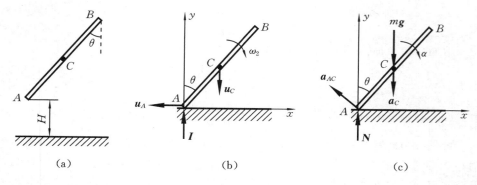

图 9.31　例 9.18 图

(a) 均质杆系统　(b) 碰撞过程中杆的运动和冲量　(c) 碰撞后杆的运动和受力

由式(a)(b)(c)解得

$$u_C = \frac{3\sin^2\theta}{1+3\sin^2\theta}v_C, \quad \omega_2 = \frac{3\sin\theta}{1+3\sin^2\theta}\frac{v_C}{l} \tag{e}$$

碰撞结束后,杆开始做平面运动。由平面运动动力学方程,得

$$ma_C = mg - N \tag{f}$$

$$\frac{1}{12}m \cdot 4l^2\alpha = Nl\sin\theta \tag{g}$$

如果 A 端触地后立刻离开地面,则 $N=0$,这样由式(f)(g)可得

$$a_C = g, \quad \alpha = 0$$

因此 A 端的加速度为　　　　　$\boldsymbol{a}_A = \boldsymbol{a}_C + \boldsymbol{a}_{AC}^{n}$

进而 A 端的 y 方向速度为

$$a_{Ay} = -a_C + a_{AC}^{n} \cdot \cos\theta = -g + \omega_2^2 l\cos\theta \tag{h}$$

要使 A 端离开地面,必须有 $a_{Ay} > 0$,由式(a)(e)和(h),得

$$H > \frac{l\,(1+3\sin^2\theta)^2}{18\sin^2\theta\cos\theta}$$

证毕。

例 9.19　如图 9.32 所示,一长为 $2r$、质量为 m 的均质杆 PQ 自由地铰接在一圆盘的边缘 P 处,圆盘是均质的,半径为 r,质量为 m,圆心为 O。系统静止在光滑水平面上,且 OPQ 在同一直线上。今有冲量 $\boldsymbol{I}$ 作用在点 Q,方向垂直 PQ。求:(1)圆盘受冲击后的初始角速度;(2)如果杆与圆盘固连在一起,在相同的冲击下,圆盘的角速度。

解　(1)对杆 PQ 应用 y 方向的冲量定理和相对质心的冲量矩定理(见图 9.32(b)),得

$$mv_{Cy} = I + I_{Py}$$

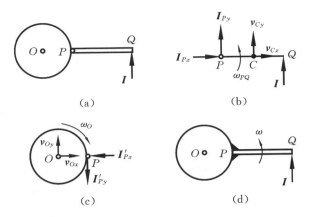

图 9.32　例 9.19 图

(a) 均质杆系统　　(b) 杆与盘铰接时运动、冲量分析(对杆 PQ)

(c) 杆与盘铰接时运动、冲量分析(对圆盘 O)；　(d) 杆与盘固连时运动、冲量分析

$$\frac{1}{12}m \cdot 4r^2 \omega_{PQ} = (I - I_{Py})r$$

对圆盘 O 应用 y 方向的冲量定理和相对于质心的冲量矩定理(见图 9.32(c))，得

$$mv_{Oy} = -I_{Py}$$

$$\frac{1}{2}mr^2\omega_O = I_{Py}r$$

由点 P 的 y 方向的速度协调条件，得

$$v_{Oy} - \omega_O r = v_{Cy} - \omega_{PQ}r$$

在以上五个方程中消去 v_{Oy}、v_{Cy}、I_{Py}，得

$$\frac{5}{6}r\omega_{PQ} - \frac{1}{2}\omega_O r = \frac{3I}{2m}, \qquad -\frac{1}{2}\omega_{PQ}r + r\omega_O = -\frac{1}{2}\frac{I}{m}$$

由此解得

$$\omega_O = \frac{4I}{7mr}$$

(2) 当杆与圆盘固连时，变成一个刚体，整体质心在点 P。应用相对质心的冲量矩定理(见图 9.32(d))，得

$$\left(\frac{4}{3}mr^2 + \frac{3}{2}mr^2\right)\omega = 2Ir$$

所以

$$\omega = \frac{12I}{17mr}$$

习　题

9.1　判断下列各系统的自由度。

1. 一个刚体有一个固定铰接点，一个刚体有两个固定铰接点，一个刚体有三个固定铰接点(三点不共线)，各有多少自由度？

2. 直角三角块 A(见题9.1.2图)可沿水平面滑动,在三角块的斜面上有做纯滚动的均质圆柱体 B,其上绕有不可伸长的绳索,绳索又通过滑轮 C 悬挂重物 D,问系统有多少自由度? 指出如何选择广义坐标(绳与滑轮间无相对滑动)。

3. 平面连杆机构如题9.1.3图所示,有多少自由度?

题 9.1.2 图   题 9.1.3 图

4. 平面连杆机构如题9.1.4图所示,有多少自由度?

5. 平面连杆机构 $ABCD$ 如题9.1.5图所示,其中 A 和 B 可沿水平槽移动,该机构有多少自由度?

题 9.1.4 图   题 9.1.5 图

6. 如题9.1.6图所示,刚度系数为 k 的弹簧 OA,O 端固定,A 端连接长 L、重 P 的均质杆 AB 在垂直面内运动,系统有多少自由度? 并指出广义坐标。

7. 平面连杆机构如题9.1.7图所示,有多少自由度?

9.2   如题9.2图所示,摆的质量为 m,点 D 为其质心,端 O 为光滑铰支座,在点 C 处用弹簧悬挂,可在垂直面摆动。设摆对水平轴 O 的转动惯量为 J_O,弹簧的刚度系数为 k,摆杆在水平位置处于静平衡。设 $OC = DC = b$,求摆从水平位置以初始角速度 ω_0 向下做微幅摆动时,摆的角度 θ 与转速的关系。

题 9.1.6 图   题 9.1.7 图   题 9.2 图

9.3   如题9.3图所示,均质平板 AB 质量为 m_1,放在 n 个半径均为 r、质量分

别为 $m_2+\dfrac{i-1}{n}m_2(i=1,2,3,\cdots,n)$ 的均质圆形轮子上。平板上作用一大小不变的水平力 F,轮子在水平面上做纯滚动,平板与轮子之间无相对滑动。平板从静止开始运动,求平板移动 L 时,AB 的加速度。

9.4 如题 9.4 图所示,均质杆 O_1A 在垂直面内绕水平轴 O_1 转动时,推动均质圆盘在水平面上做纯滚动。已知圆盘质量为 m_0,半径为 R;杆的质量为 m_1,长为 $2R$,不计杆与圆盘间摩擦。试求系统在杆的重力作用下,自图示位置(圆盘圆心 O 正好位于 O_1 的正下方,且 $\angle AO_1O=45°$)由静止开始运动时,杆 O_1A 的角加速度。

题 9.3 图　　　　　　　　　　　　　　　题 9.4 图

9.5 如题 9.5 图所示的机构,均质杆 OA 在竖直面内绕水平轴 O 转动时,推动均质圆盘 B、C、D 在粗糙水平面上做纯滚动,盘 D 的圆心通过刚度系数 $k=1\times 10^5$ N/m 的弹簧水平连接,圆盘 B、C、D 质量分别为 m_1、$2m_1$ 和 $3m_1$,半径均为 R。杆 OA 的质量为 $0.75m_1$,长为 $2R$,$R=\dfrac{\sqrt{2}}{2}$ m,不计杆与圆盘间的摩擦。杆 BCD 的质量为 m_1,不计地面对圆盘的滚动摩擦,但需考虑静滑动摩擦力。图示瞬时,B、O 在共线的竖直线上,$\theta=45°$,圆盘 C 上作用有力偶矩 $M=500\sqrt{2}$ N·m,弹簧的压缩量 $\delta=1$ cm。杆 OA 逆时针转动,其角速度 $\omega_1=1$ rad/s。求图示瞬时圆盘 B 的加速度(重力加速度 $g=10$ m/s^2)。

9.6 如题 9.6 图所示,整个机构在竖直面内。已知质量为 m、长度为 r 的均质杆 OA 在未知力偶矩 M 驱动下以角速度 ω_0 匀速转动;杆 BD 长度为 $3r$;OB 为竖

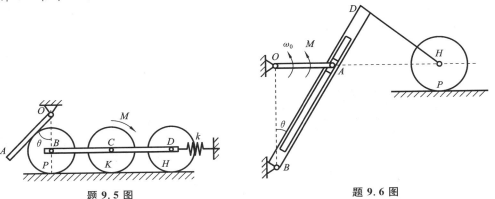

题 9.5 图　　　　　　　　　　　　　　　题 9.6 图

直线;半径为 R、质量为 m 的均质圆盘的质心 H 通过不计质量的细绳系在 BD 的端点 D,由细绳带动在粗糙水平地面做纯滚动。图示瞬时,OAH 水平且共线,$\theta=30°$,绳 DH 与杆 BD 垂直;不计杆 BD 和滑块 A 的质量及其相互间的摩擦,也不考虑圆盘 H 与地面的滚动摩擦。求图示瞬时驱动力偶矩 M。

9.7　如题 9.7 图所示,质量为 m、半径为 r 的均质圆柱,在其质心 C 与 O 同一高度时,由静止开始沿斜面滚动而不滑动。求滚至半径为 R 的圆弧 $\overset{\frown}{AB}$ 上时,作用于圆柱上的正压力及摩擦力,并表示为 θ 的函数。

9.8　一质量 $m_1=15$ kg、半径 $R=0.135$ m 的均质圆盘,圆心 B 与长 $L=0.225$ m 的均质杆 AB 连接,如题 9.8 图所示。杆的质量 $m_2=6$ kg,A 端为光滑连接。系统由图示位置无初速地释放,试求点 B 在通过最低点时的速度。

(1) 假定圆盘与杆焊接在一起;

(2) 假定圆盘与杆在 B 点用光滑销钉连接。

题 9.7 图　　　　　　　　　　　　　题 9.8 图

9.9　如题 9.9 图所示,长为 $2a$、重为 P 的均质杆 AB 可在半径为 $\sqrt{2}a$ 的光滑半圆筒内运动。开始时杆处于 A_0B_0 位置且在垂直平面内。若将杆无初速地释放,则杆将在自身重力作用下运动。试求任意瞬时杆的角速度及 A、B 两端的反力(以图示 φ 角表示)。

9.10　如题 9.10 图所示,均质圆盘半径为 R,质量为 m,偏心矩 $OC=R/4$,开始时重心 C 在 O 的正上方。在轮缘上固连一质量为 $m/4$ 的质点 A。设圆盘受扰动后,由静止进入运动。求 OA 到达水平位置($\theta=0°$)时,圆盘的角速度 ω、角加速度 α 及轴承 O 处的水平方向的约束反力。

题 9.9 图　　　　　　　　　　　　　题 9.10 图

9.11　两个相同的弹性球 A 与 B 正面相对运动,碰撞的恢复系数为 k,问两者在碰撞前速度之比为多少方能使球 A 在碰撞后停止?

9.12 一摆由一直杆及一圆盘固连而成,如题 9.12 图所示,设杆长为 L,圆盘的半径为 r,且 $L=4r$。试求当摆的撞击中心正好与圆盘的质心相重合时,直杆与圆盘的质量之比。

*9.13 如题 9.13 图所示,摆锤 A 的质量 $m_A=4$ kg,悬线长 $L_A=3$ m,摆锤自偏角 $\theta_A=90°$ 处无初速地落下,击中静止在水平面上质量 $m_B=5$ kg 的物块 B。撞击后物块 B 在水平面上滑行了距离 s_B 后停止,设恢复系数 $k=0.8$,动摩擦因数 $f=0.3$,求 s_B 以及摆锤碰撞后升高的偏角 θ_A'。

*9.14 如题 9.14 图所示,物体 A、B 质量均为 m,A 自高度 h 自由落下,与物体 B 相碰撞,支持 B 的弹簧(刚度系数为 k)在碰撞前已有静压缩量 mg/k,假定碰撞是塑性的,求碰撞结束时弹簧的总压缩量。

题 9.12 图　　　　题 9.13 图　　　　题 9.14 图

*9.15 如题 9.15 图所示,带有 n 个齿的凸轮驱使桩锤运动。设凸轮与锤相撞前锤是静止的,而凸轮的角速度为 ω_1。若凸轮对轴 O 的转动惯量为 J_O,锤的质量为 m,并且碰撞是完全非弹性的,试求碰撞后凸轮的角速度 ω_2、锤的速度 v 及碰撞时凸轮对锤的碰撞冲量 I。

*9.16 如题 9.16 图所示,两均质杆 OA 和 O_1B 上端固定铰支,下端与杆 AB 铰接,使杆 OA 与杆 O_1B 竖直,而杆 AB 水平。如在铰链 A 处向右作用一水平冲量 I,试求杆 OA 及 O_1B 的最大偏角 φ。设各铰链均光滑,三杆的质量均为 m,且杆长 $OA=O_1B=AB=L$。

题 9.15 图　　　　　　题 9.16 图

第 10 章　达朗贝尔原理

　　机械系统一般由多个构件组成以实现期望的运动,对于多刚体构成的复杂系统的动力学分析,探索高效的分析方法尤为必要。比如,如图 10.1 所示的内燃机机构,在分析计算某一时刻活塞对缸套 B 的支持力时,对于该图所示机构,为了应用简约式动量矩定理 $\sum M_D = J_D \alpha$,从例 8.9 可知,必须取单个刚体为研究对象,而该定理只能对特殊的动矩心 D 成立,故不可避免会引入刚体间不待求的相互作用力,比如该图 A 处的约束反力,增加计算量。而应用功率方程,对单自由度系统且待求的力做功时,才比较合适。那么,能否建立功率方程以外的一种新的分析方法来尽量避免引入刚体间相互作用力,克服应用动量定理和动量矩定理分析问题计算量大的缺点呢?

图 10.1　内燃机机构

　　若图 10.1 的机构处于静平衡状态,则在静力学中可以取一个或任意多个物体为研究对象,对任意点取矩。这样就可以对刚体间的相互作用点处列矩方程,解决动量矩定理会引入不待求的刚体间的相互作用力的问题。受此启发,能否将动力学方程转化为形式上类似静力学形式的平衡方程呢?哲学上认为,世界是运动的,静止是运动的特殊情形,二者在一定条件下可以相互转化。这个转化条件从哲学上讲是很抽象的条件。虽然抽象,至少从哲学上讲,动力学问题是一定可以转化为类似静平衡问题的。那么,是否有某种方法,在明确具体的条件下,可将上述动力学问题转化为类似静平衡问题呢?本章探讨动力学问题转化为类似静平衡问题的具体条件,即即将介绍的达朗贝尔原理。

　　牛顿提出的牛顿第二定律及由此推导出的动力学三大定理:动量定理、动量矩定理与动能定理,构成了经典力学的牛顿-欧拉体系,也是矢量力学的主要内容。达朗贝尔原理是动力学基本规律的另一种叙述方法,它可看成牛顿第二定律的演变。依据达朗贝尔原理建立起来的动静法是解决工程问题的一种实用方法。更重要的是,为了克服经典力学的牛顿-欧拉体系的缺点,本章的达朗贝尔原理与第 11 章的虚位移原理结合起来,可以得出质点系动力学问题的动力学普遍方程,进而产生了分析力学。分析力学在某些类型的问题中比牛顿-欧拉体系更便于应用,是建立分析非自由质点系力学问题的较有效方法。如果说矢量力学以力作为核心概念,则分析力学将核心概念由力转移到能量。在经典力学范围内,以力为核心概念与以能量为核心概念是等价的;但在物理学的其他领域,力与加速度的概念可能显得没有意义,而能量的概念却无处不在。因此,分析力学成为由经典力学过渡到现代物理的桥梁。达朗贝尔原理与虚位移原理是矢量力学发展到分析力学的重要阶段,从本章开始,介绍分析力学的部分内容。

10.1　达朗贝尔原理

10.1.1　惯性力及质点的达朗贝尔原理

如图 10.2 所示,设光滑水平面上的质点 m,受主动力 F、重力 P 和地面的约束力 F_N,由牛顿定律有

$$F + P + F_N = ma$$

将上式移项写为

$$F + P + F_N - ma = 0$$

令

$$F_I = -ma \qquad (10.1)$$

有

$$F + P + F_N + F_I = 0 \qquad (10.2)$$

图 10.2　质点受力

F_I 具有力的量纲,且与质点的质量有关,称为质点的**惯性力**。它的大小等于质点的质量与加速度的乘积,方向与质点加速度方向相反。式(10.2)可解释为作用在质点上的主动力、约束反力和虚加的惯性力在形式上组成平衡力系。这就是质点的达朗贝尔原理,也称为**动静法**或**惯性力法**。

需要说明的是:惯性力是力学中的一个重要概念。但对其物理意义上的解释,各类力学书籍说法不同。传统的说法有两种。一些《工程力学》和工科用《理论力学》把它解释为完全真实的力。即物体在受力作用产生加速度的同时,由于本身的惯性而表现出对施力物体的一种反抗作用,这种反抗作用就定义为惯性力,这是从施力物体的角度来定义的。而多数理科用《理论力学》和普通物理力学用《理论力学》则把惯性力解释为一种虚拟的“假想力”。即惯性力是为了使真实力和虚加的惯性力从形式上组成平衡力系而引入的一个概念,其量纲与力相同,但并不是真实的力。这是从所研究的受力物体的角度来定义的。质点并非处于平衡状态,引入惯性力的目的是使得我们可利用静力学方法来解决动力学问题。本书采用后者的概念。一个原因是与先前所学的物理中的概念一致,避免与先前观念冲突。概念的引入是方便研究问题,学习动静法最重要的是学习其分析方法及其力学转化的思想,本书不过分关注惯性力的物理意义。另一个原因是,为了在非惯性系中继续使用牛顿运动定律,可以假想在这个非惯性系中,除了相互作用所引起的力之外系统还受到一种由于非惯性系而引起的力,即惯性力。从这个观点来看,惯性力概念是在非惯性坐标系里为了方便而引入的,不是一个实际的力。

10.1.2 质点系的达朗贝尔原理

设有 N 个质点的质点系,每个质点上的主动力 $\boldsymbol{F}_i$、约束力 $\boldsymbol{F}_{\mathrm{N}i}$ 和惯性力 $\boldsymbol{F}_{\mathrm{I}i}$ 组成形式上的静平衡力系,即

$$\boldsymbol{F}_i + \boldsymbol{F}_{\mathrm{N}i} + \boldsymbol{F}_{\mathrm{I}i} = \boldsymbol{0}, \quad i = 1, 2, \cdots, N \tag{10.3}$$

现在来考察整个质点系的主矢式和主矩式方程。

对式(10.3)的所有方程求和得到主矢方程为

$$\sum \boldsymbol{F}_i + \sum \boldsymbol{F}_{\mathrm{N}i} + \sum \boldsymbol{F}_{\mathrm{I}i} = \boldsymbol{0} \tag{10.4}$$

再以任一点 D 为矩心对式(10.3)取力矩运算后求和,得到主矩方程:

$$\sum \boldsymbol{M}_D(\boldsymbol{F}_i) + \sum \boldsymbol{M}_D(\boldsymbol{F}_{\mathrm{N}i}) + \sum \boldsymbol{M}_D(\boldsymbol{F}_{\mathrm{I}i}) = \boldsymbol{0} \tag{10.5}$$

这里,力矩 $\boldsymbol{M}_D(\boldsymbol{F}_i) = \boldsymbol{r}_{Di} \times \boldsymbol{F}_i$。

其中定义

$$\boldsymbol{F}_{\mathrm{I}} = \sum \boldsymbol{F}_{\mathrm{I}i}, \quad \boldsymbol{M}_{\mathrm{I}} = \sum \boldsymbol{M}_D(\boldsymbol{F}_{\mathrm{I}i}) \tag{10.6}$$

分别为惯性力系的主矢(简称惯性力)和惯性力系的主矩(简称惯性力矩)。这就是**质点系的达朗贝尔原理**。

需要指出,主动力系与约束力系等于系统受到的全部外力与内力,由于内力为自动平衡力系,因此在应用达朗贝尔原理解决实际问题时,无须考虑主动力系与约束力系中的内力。从这一点看,在达朗贝尔原理中,将系统实际受到的力分成外力和内力更合理。但是,在后面的两章中我们要用能量方法并应用达朗贝尔原理来研究系统动力学问题,由于内力一般是要做功的,而许多约束力是不做功的,因此将系统实际受到的力分成主动力系与约束力系更合理。

与"专题 2"的非惯性系动力学不同的是,达朗贝尔原理中无需统一的非惯性参考系,而是将动力系统内各质点在任一瞬时的"惯性力"附加在该质点上,从而使各点转化为"静力状态"来达到整个动力系统处于"静态平衡"。尽管这一转化从数学方程上看只是移项处理,但它蕴涵的方法论意义却十分重大,因为这不仅仅简化动力学计算,而且更重要的是这一原理为开创新的动力学方法,即分析力学提供了重要的前提与基础。

*例 10.1 如图 10.3 所示,一均质杆 AB,长为 $2a$,质量为 m,两端点 A 和 B 分别沿一框架的竖直杆和水平杆无摩擦地滑动,框架以匀角速度 ω 绕其竖直杆转动,忽略滑块 A 和 B 的质量。求杆相对于框架的运动微分方程和相对平衡位置。

解 杆 AB 的运动和受力分析如图 10.3(b)(c)(d)所示。以框架为动系,则杆上任一点 E 的加速度为

$$\boldsymbol{a} = \boldsymbol{a}_{\mathrm{r}x} + \boldsymbol{a}_{\mathrm{r}y} + \boldsymbol{a}_{\mathrm{e}} + \boldsymbol{a}_{\mathrm{k}}$$

式中:科氏加速度 $\boldsymbol{a}_{\mathrm{k}}$ 垂直于框架平面;$\boldsymbol{a}_{\mathrm{r}x}$、$\boldsymbol{a}_{\mathrm{r}y}$ 和 $\boldsymbol{a}_{\mathrm{e}}$ 在框架平面内。牵连加速度 $\boldsymbol{a}_{\mathrm{e}}$ 的大小为

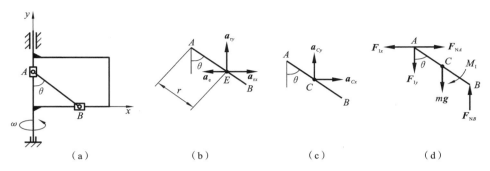

图 10.3　例 10.1 图

$$a_e = \omega^2 r\sin\theta$$

$\boldsymbol{a}_{rx}$、$\boldsymbol{a}_{ry}$ 的大小可以由点 E 的坐标 (x, y)（见图 10.3(b)）来计算：

$$x = r\sin\theta, \quad y = (2a - r)\cos\theta$$

所以　　　$a_{rx} = r(\ddot{\theta}\cos\theta - \dot{\theta}^2\sin\theta), \quad a_{ry} = -(2a - r)(\ddot{\theta}\sin\theta + \dot{\theta}^2\cos\theta)$

于是，在框架平面内，点 E 的加速度在 x、y 方向的分量为

$$a_x = r(\ddot{\theta}\cos\theta - \dot{\theta}^2\sin\theta - \omega^2\sin\theta), \quad a_y = -(2a - r)(\ddot{\theta}\sin\theta + \dot{\theta}^2\cos\theta)$$

所以质心 C 的加速度（见图 10.3(b)）为

$$a_{Cx} = a(\ddot{\theta}\cos\theta - \dot{\theta}^2\sin\theta - \omega^2\sin\theta), \quad a_{Cy} = -a(\ddot{\theta}\sin\theta + \dot{\theta}^2\cos\theta)$$

将框架平面内的惯性力系向点 A 简化，惯性力主矢为

$$F_{Ix} = ma_{Cx} = ma(\ddot{\theta}\cos\theta - \dot{\theta}^2\sin\theta - \omega^2\sin\theta)$$

$$F_{Iy} = ma_{Cy} = -ma(\ddot{\theta}\sin\theta + \dot{\theta}^2\cos\theta)$$

　　　　　　(a)

惯性力主矩按照式(10.6)直接计算，为

$$M_I = \int_0^{2a} r\cos\theta \cdot a_x \frac{m}{2a}\mathrm{d}r + \int_0^{2a} r\sin\theta \cdot a_y \frac{m}{2a}\mathrm{d}r$$

$$= \int_0^{2a} \frac{m}{2a}r^2\cos\theta(\ddot{\theta}\cos\theta - \dot{\theta}^2\sin\theta - \omega^2\sin\theta)\mathrm{d}r$$

$$- \int_0^{2a} \frac{m}{2a}r(2a - r)\sin\theta(\ddot{\theta}\sin\theta + \dot{\theta}^2\cos\theta)\mathrm{d}r$$

$$= \frac{2m}{3}a^2(2\ddot{\theta}\cos^2\theta - \ddot{\theta}\sin^2\theta - 3\dot{\theta}^2\sin\theta\cos\theta) - \frac{4m}{3}a^2\omega^2\sin\theta\cos\theta \quad\text{(b)}$$

按照达朗贝尔原理建立平衡方程，有

$$\sum M_A = 0: \qquad M_I - F_{NB} \times 2a\sin\theta + mga\sin\theta = 0 \qquad\text{(c)}$$

$$\sum F_y = 0: \qquad\qquad F_{Iy} + mg - F_{NB} = 0 \qquad\qquad\text{(d)}$$

由式(c)(d)消去 F_{NB}，得

$$M_I - (F_{Iy} + mg) \times 2a\sin\theta + mga\sin\theta = 0 \qquad\text{(e)}$$

将式(a)(b)代入式(e)，得

$$\frac{2m}{3}a^2(2\ddot{\theta}\cos^2\theta-\ddot{\theta}\sin^2\theta-3\dot{\theta}^2\sin\theta\cos\theta)-\frac{4m}{3}a^2\omega^2\sin\theta\cos\theta$$

$$-[-ma(\ddot{\theta}\sin\theta+\dot{\theta}^2\cos\theta)+mg]\times2a\sin\theta+mga\sin\theta=0$$

整理得杆相对于框架的运动微分方程为

$$\ddot{\theta}-\omega^2\sin\theta\cos\theta-\frac{3g}{4a}\sin\theta=0$$

当 $\ddot{\theta}=0$ 时杆相对平衡,相对平衡位置为

$$\theta=0$$

从图 10.3(a)显然可见,这个平衡位置是不稳定的,因为一旦杆偏离平衡位置,就不能恢复。

10.1.3   质点系及刚体惯性力系的简化

1. 质点系惯性力系的简化

用质点系的达朗贝尔原理求解质点系动力学问题,需要给质点系内每个质点加上各自的惯性力,这些惯性力也形成一个力系,称为惯性力系。对于由无限个质点构成的刚体,其惯性力系中有无限个惯性力,这给分析带来困难。然而,若利用静力学力系简化的理论,求出惯性力系的主矢和主矩,将给解题带来极大的方便。下面推导质点系惯性力系简化的一般公式。

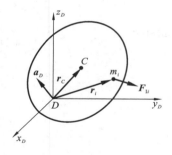

图 10.4   惯性力系向任一点 D 简化

如图 10.4 所示,任一瞬时的惯性力系向任一点 D 简化。惯性力系的主矢为

$$\boldsymbol{F}_{\mathrm{I}}=\sum\boldsymbol{F}_{\mathrm{I}i}=-\sum m_i\boldsymbol{a}_i=-M\boldsymbol{a}_C \quad (10.7)$$

因此,惯性力主矢的大小和方向与简化中心无关,但是**主矢代表的惯性力合力必须作用在简化中心上**。

惯性力主矩可以按照式(10.6)直接计算,如例 10.1 所示。但是,对于多个物体,在跟随简化中心 D 平动的坐标系中计算相对运动惯性力主矩更方便。

在简化中心 D 上附加一个平动动系 $Dx_Dy_Dz_D$,如图 10.4 所示,可得

$$\boldsymbol{M}_{\mathrm{I}}=\sum\boldsymbol{M}_D(\boldsymbol{F}_{\mathrm{I}i})=-\sum\boldsymbol{r}_i\times m_i\boldsymbol{a}_i=-\sum\boldsymbol{r}_i\times m_i(\boldsymbol{a}_{ri}+\boldsymbol{a}_D)$$

$$=-\sum\boldsymbol{r}_i\times m_i\boldsymbol{a}_{ri}-\sum\boldsymbol{r}_i\times m_i\boldsymbol{a}_D=-\sum\boldsymbol{r}_i\times m_i\boldsymbol{a}_{ri}-(\sum m_i\boldsymbol{r}_i)\times\boldsymbol{a}_D$$

$$=\sum\boldsymbol{r}_i\times(-m_i\boldsymbol{a}_{ri})+\boldsymbol{r}_C\times(-M\boldsymbol{a}_D)$$

$$(10.8)$$

其中,$\boldsymbol{r}_C$ 为平动参考系中看到的质心 C 的矢径。式(10.8)最后一个等式将惯性力主矩分解为两项,第一项为平动参考系中看到的惯性力主矩,即**相对运动惯性力主矩**;第二项为质点系的质量集中到简化中心 D 产生的惯性力矩。为了简化计算,

通常希望这一项不出现。这可以通过选择特殊的简化中心实现,选择方法与相对运动动量矩定理中的特殊动矩心相同,这三种特殊的简化中心为:

(1) 选择质心 C 为点 D,这时 $r_C = 0 \Rightarrow r_C \times (-Ma_D) = 0$;

(2) 选择加速度为零的点作为 D,这时 $a_D = 0 \Rightarrow r_C \times (-Ma_D) = 0$;

(3) 选择加速度矢量通过质心点 C 的点作为 D,这时 $a_D /\!/ r_C \Rightarrow r_C \times (-Ma_D) = 0$。

为了简化计算,总是选择这三种特殊的简化中心 D,进而惯性力主矩为

$$M_I = \sum r_i \times (-m_i a_{ri}) \tag{10.9}$$

结论:在选择特殊简化中心的条件下,惯性力主矩等于相对运动惯性力主矩。

* 2. 刚体惯性力系的简化

在图 10.4 中,将其中的质点系看作刚体,则刚体的惯性力主矢仍然为方程(10.7)。刚体相对于平动坐标系 $Dx_D y_D z_D$ 为定点转动,刚体上任意质点的相对速度和相对加速度为

$$v_{ri} = \omega \times r_i, \quad a_{ri} = \alpha \times r_i + \omega \times v_{ri}$$

其中: ω、α 为刚体的瞬时角速度和角加速度矢量。若点 D 为上述三种特殊简化中心,将上式代入式(10.9),得

$$M_I = \sum m_i (\alpha \times r_i + \omega \times v_{ri}) \times r_i$$
$$= \sum m_i (\alpha \times r_i + \omega \times (\omega \times r_i)) \times r_i$$

由矢量运算公式 $(U \times V) \times W = (U \cdot W)V - (W \cdot V)U$,上式可以写为

$$M_I = \sum m_i [\alpha \times r_i + (\omega \cdot r_i)\omega - (\omega \cdot \omega)r_i] \times r_i$$
$$= \sum m_i [(\alpha \times r_i) \times r_i + (\omega \cdot r_i)\omega \times r_i]$$
$$= \sum m_i [(\alpha \cdot r_i)r_i - (r_i \cdot r_i)\alpha + (\omega \cdot r_i)\omega \times r_i]$$

即

$$M_I = \sum m_i [(\alpha \cdot r_i)r_i - (r_i \cdot r_i)\alpha + (\omega \cdot r_i)\omega \times r_i] \tag{10.10}$$

其中, r_i 为从特殊简化中心 D 指向刚体上的质点 m_i 的矢径。

式(10.10)给出了对三种特殊简化中心进行简化的刚体惯性力主矩的一般公式。注意:若点 D 是任意点,则式(10.10)还需加上式(10.8)的第二项(质点系的质量集中到简化中心 D 产生的惯性力矩),对于刚体,为了简化计算,总是通过选择特殊的简化中心使得这一项不出现。下面应用式(10.7)和式(10.10)计算平动刚体、定轴转动刚体和平面运动刚体的惯性力主矢和主矩。

1) 平动刚体

取简化中心为质心 C,质心 C 为特殊简化中心,可以应用式(10.10)。因为 $\omega = \alpha \equiv 0$,由式(10.7)和式(10.10),得

$$F_{\mathrm{I}} = -Ma_C, \quad M_{\mathrm{I}} \equiv 0 \tag{10.11}$$

2) 定轴转动刚体

如图 10.5 所示,取简化中心为特殊简化中心,即转轴上任意一点 $D(a_D = 0)$ 或质心 C,惯性力主矢为

$$F_{\mathrm{I}} = -Ma_C = -Ma_C^{\mathrm{n}} - Ma_C^{\mathrm{t}} \triangleq F_{\mathrm{I}}^{\mathrm{n}} + F_{\mathrm{I}}^{\mathrm{t}} \tag{10.12}$$

（a）　　　　　　　　（b）

图 10.5　定轴转动刚体惯性力系简化

（a）简化中心 D 在转轴上　（b）简化中心为质心 C

为了计算惯性力主矩,以简化中心 D 为原点再建立一个正交坐标系 $Dxyz$,取 z 轴与转轴重合(D 为转轴上任意一点)或平行(D 为质心 C);原则上 $Dxyz$ 可以做任意运动,但一般按两种取法,一种取法是让 $Dxyz$ 随 D 平动,这时它可以取代 $Dx_Dy_Dz_D$;另一种取法是与刚体固连。下面将方程(10.10)在坐标系 $Dxyz$ 中写成投影式;按照坐标系 $Dxyz$ 的取法,有 $\boldsymbol{\omega} = \omega \boldsymbol{k}$, $\boldsymbol{\alpha} = \alpha \boldsymbol{k}$,由公式(10.10),得惯性力主矩为

$$
\begin{aligned}
\boldsymbol{M}_{\mathrm{I}} &= \sum m_i [(\boldsymbol{\alpha} \cdot \boldsymbol{r}_i)\boldsymbol{r}_i - (\boldsymbol{r}_i \cdot \boldsymbol{r}_i)\boldsymbol{\alpha} + (\boldsymbol{\omega} \cdot \boldsymbol{r}_i)\boldsymbol{\omega} \times \boldsymbol{r}_i] \\
&= \sum m_i [(\alpha \boldsymbol{k} \cdot \boldsymbol{r}_i)\boldsymbol{r}_i - r_i^2 \alpha \boldsymbol{k} + (\omega \boldsymbol{k} \cdot \boldsymbol{r}_i)\omega \boldsymbol{k} \times \boldsymbol{r}_i] \\
&= \sum m_i [\alpha z_i \boldsymbol{r}_i - r_i^2 \alpha \boldsymbol{k} + \omega^2 z_i \boldsymbol{k} \times \boldsymbol{r}_i] \\
&= \sum m_i [\alpha z_i (x_i \boldsymbol{i} + y_i \boldsymbol{j} + z_i \boldsymbol{k}) - r_i^2 \alpha \boldsymbol{k} + \omega^2 z_i (x_i \boldsymbol{j} - y_i \boldsymbol{i})] \\
&= \sum m_i [(\alpha z_i x_i - \omega^2 z_i y_i)\boldsymbol{i} + (\alpha z_i y_i + \omega^2 x_i z_i)\boldsymbol{j} - \alpha(x_i^2 + y_i^2)\boldsymbol{k}] \\
&= (\alpha \sum m_i z_i x_i - \omega^2 \sum m_i z_i y_i)\boldsymbol{i} + (\alpha \sum m_i z_i y_i + \omega^2 \sum m_i x_i z_i)\boldsymbol{j} \\
&\quad - \alpha \sum (x_i^2 + y_i^2)\boldsymbol{k} \\
&= (\alpha J_{xz} - \omega^2 J_{yz})\boldsymbol{i} + (\alpha J_{yz} + \omega^2 J_{xz})\boldsymbol{j} - \alpha J_z \boldsymbol{k} \tag{10.13}
\end{aligned}
$$

其中

$$J_{xy} = J_{yx} = \sum m_i x_i y_i, \quad J_{yz} = J_{zy} = \sum m_i y_i z_i, \quad J_{xz} = J_{zx} = \sum m_i x_i z_i$$

为刚体对坐标轴的惯性积；J_z 为刚体对 z 轴（即转轴）的转动惯量。方程（10.13）写成分量形式为

$$M_{Ix}=\alpha J_{xz}-\omega^2 J_{yz}, \quad M_{Iy}=\alpha J_{yz}+\omega^2 J_{xz}, \quad M_{Iz}=-\alpha J_z \qquad (10.14)$$

需要说明的是：由于 z 轴本身为转轴或平行于转轴，因此无论坐标系 $Dxyz$ 是否与刚体固连，J_z 均为常量，且对 z 轴的惯性力主矩 M_{Iz} 的表达式不变。但是，当坐标系 $Dxyz$ 不与刚体固连时，惯性积 J_{yz} 和 J_{xz} 一般会随时间变化，因此即使对匀速转动刚体，关于 x、y 轴的惯性力主矩 M_{Ix} 和 M_{Iy} 一般也会随时间变化；反之，如果坐标系 $Dxyz$ 与刚体固连，则惯性积 J_{yz} 和 J_{xz} 为常量。式（10.14）对简化中心为定轴转动的转轴上任意一点 D 或刚体的质心 C 才成立。

如果刚体有质量对称平面且该平面与通过特殊简化中心的转轴 z 垂直，简化中心 D 取此平面与转轴 z 的交点，则

$$J_{xz}=\sum m_i x_i z_i=0, \quad J_{yz}=\sum m_i y_i z_i=0$$

则惯性力系的简化主矩为

$$\boldsymbol{M}_I=(\alpha J_{xz}-\omega^2 J_{yz})\boldsymbol{i}+(\alpha J_{yz}+\omega^2 J_{xz})\boldsymbol{j}-\alpha J_z\boldsymbol{k}$$
$$\boldsymbol{M}_I=M_{Iz}\boldsymbol{k}=-J_z\alpha\boldsymbol{k}$$

3）平面运动刚体

如图 10.6 所示，在刚体的质心运动平面上取特殊简化中心 D，惯性力主矢为

$$\boldsymbol{F}_I=-M\boldsymbol{a}_C \qquad (10.15)$$

建立坐标系 $Dxyz$，令 z 轴与刚体平面运动角速度、角加速度矢量平行，则刚体在平动动系 $Dx_D y_D z_D$ 中绕 z 轴定轴转动，因此惯性力主矩在坐标系 $Dxyz$ 中的投影式与方程（10.13）完全相同，即

图 10.6　平面运动刚体惯性力系简化

$$\boldsymbol{M}_I=(\alpha J_{xz}-\omega^2 J_{yz})\boldsymbol{i}+(\alpha J_{yz}+\omega^2 J_{xz})\boldsymbol{j}-\alpha J_z\boldsymbol{k} \qquad (10.16)$$

惯性力矩的分量为

$$M_{Ix}=\alpha J_{xz}-\omega^2 J_{yz}, \quad M_{Iy}=\alpha J_{yz}+\omega^2 J_{xz}, \quad M_{Iz}=-\alpha J_z \qquad (10.17)$$

可见，要保持刚体做平面运动，一般需要约束力系和主动力系对点 D 的矩能够将 x、y 轴方向的惯性力矩 M_{Ix} 和 M_{Iy} 平衡掉。

3. 有质量对称平面的平面运动刚体的惯性力简化

工程中，做平面运动的刚体常常有质量对称平面，且平行于此平面运动。因此对于通过特殊简化中心的转轴 z，则

$$J_{xz}=\sum m_i x_i z_i=0, \quad J_{yz}=\sum m_i y_i z_i=0$$

则惯性力系的简化主矩

$$\boldsymbol{M}_I=(\alpha J_{xz}-\omega^2 J_{yz})\boldsymbol{i}+(\alpha J_{yz}+\omega^2 J_{xz})\boldsymbol{j}-\alpha J_z\boldsymbol{k}$$

变为

$$M_{\mathrm{I}} = M_{\mathrm{I}z}\boldsymbol{k} = -J_z\alpha\boldsymbol{k}$$

于是得到结论:有质量对称平面的刚体,平行于此平面运动时,**刚体的惯性力系可对特殊简化中心简化为此平面内的一个力偶矩和一个力**。这个力偶矩等于刚体对通过特殊简化中心且垂直于该平面的轴的转动惯量与角加速度的乘积,转向与角加速度相反。这个力等于刚体质量与质心加速度的乘积,方向与质心加速度的方向相反,作用线通过特殊简化中心。对于平面运动刚体,从动量矩定理相关知识可知,**若速度瞬心满足简约式动量矩定理成立的条件,其也满足惯性力简化的 3 个特殊条件,故也是特殊简化中心**,此时,**惯性力系向速度瞬心简化会使问题变得简单**。有质量对称面的定轴转动的刚体,是有质量对称面的平面运动的刚体的特殊情形,其惯性力简化方法也如此。

由多个刚体构成的系统,每个刚体的惯性力系向其特殊简化中心简化,得到 1 个惯性力主矢和 1 个惯性力主矩,与虚加在该刚体每个质点上的惯性力所构成的惯性力系是等效的。而对于任意质点系,每个质点上的惯性力和真实力以点 D(此处点 D 是任意点,不要求是特殊简化中心)为矩心对式(10.3)取力矩运算后求和,得到主矩方程(10.5)。因此,由多个刚体构成的系统,只要将各刚体无数个质点的惯性力所组成的惯性力系向各刚体的特殊简化中心简化后,将简化后的惯性力和惯性力偶矩视为静力学的力(作用在各刚体的特殊简化中心)和力偶矩,就可以类似静力学的分析方法,取一个或多个物体为研究对象,对任一点的力矩之和为 0,得到力矩平衡方程。这样,分析动力学问题时,就可以克服简约式动量矩定理只对单个刚体且只对特殊动矩心才成立的不足了。

*例 10.2　如图 10.7 所示,一均质杆 AB,长为 l,质量为 m,A 端与竖直轴铰接,B 端用一段水平细绳与转轴相连,转轴以匀角速度 ω 转动。求绳的张力。

图 10.7　例 10.2 图

解　杆 AB 定轴转动,取固连正交坐标系 $Axyz$,则

$$J_{xz} = 0$$

$$J_{yz} = \int_0^l zy\,\frac{m}{l}\mathrm{d}r = \int_0^l r^2\cos\theta\sin\theta\,\frac{m}{l}\mathrm{d}r$$

$$= \frac{1}{3}ml^2\cos\theta\sin\theta$$

$$J_z = \int_0^l y^2\,\frac{m}{l}\mathrm{d}r = \int_0^l r^2\sin^2\theta\,\frac{m}{l}\mathrm{d}r = \frac{1}{3}ml^2\sin^2\theta$$

将惯性力系向点 A 简化,得惯性力主矢和主矩为

$$F_{\mathrm{I}} = ma_C = \frac{1}{2}m\omega^2 l$$

$$M_{\mathrm{I}x} = -\frac{1}{3}m\omega^2 l^2\cos\theta\sin\theta,\quad M_{\mathrm{I}y} = 0,\quad M_{\mathrm{I}z} = 0$$

【杆 AB】

$$\sum M_x = 0: \qquad Tl\cos\theta + M_{1x} - \frac{1}{2}mgl\sin\theta = 0$$

解得

$$T = \frac{1}{3}m\omega^2 l\sin\theta + \frac{1}{2}mg\tan\theta$$

10.2　达朗贝尔原理的应用

10.2.1　求解加速度与力的关系问题

第 9 章已证明,由自由度与动力学方程数目的关系,有如下结论:对具有 n 个自由度的完整系统,求系统的加速度,若已知 s 个切向加速度(或角加速度),不求任何未知力,则至少需 $k=n-s$ 个来自动力学理论的方程;若还需求 m 个待求真实力,则至少还需补充 m 个方程。利用动静法可对任意点列力矩平衡方程的优点,往往能不引入其他不待求的未知。若用动静法列了 $k=n-s+m$ 个类似静力学形式不引入不待求未知力的动力学方程,则由其他任何动力学理论(比如功率方程),得到的动力学方程要么会引入新的真实未知力,要么可由已列的 k 个动力学方程联合运动学加速度关系经过复杂推导得到,是不独立的,因此无须再列。

在应用动量矩定理时,因为往往要引入刚体间作用力,不容易实现只列出 k 个动力学方程,所以上述结论往往对解题帮助不大。有了达朗贝尔原理,动力学问题就可以转化为类似静力学形式的问题,对多个刚体的任意点取矩,很多情况下可以实现不引入不待求未知力,或者即使要引入不待求未知力也很容易发现需要引入哪些量从而很容易地列出最少数目的独立动力学方程,因此能建立基于自由度的动静法统一分析格式,使动力学问题的分析步骤也变得有规律可循。

基于自由度的动静法统一分析格式如下。

(1)惯性力简化。

每个刚体的质心 C_i 的加速度量 $\boldsymbol{a}_{C_i}$ 和角加速度 α_i 向各自的特殊动矩心 A_i 简化,转为类似静力学形式的力偶矩 M_{1A_i} 和力 $\boldsymbol{F}_{1C_i}$。其中 $M_{1A_i}=J_{A_i}\alpha_i$(方向与 α_i 相反),$F_{1C_i}=m_i a_{C_i}$(方向与 $\boldsymbol{a}_{C_i}$ 相反,画在对应刚体的特殊动矩心 A_i 上)。特殊动矩心是简约式动量矩定理 $\sum M_A = J_A\alpha$ 成立的 4 个特殊点。

(2)确定至少需要列的动力学方程数目 k,$k=n-s+m$。

(3)得到 k 个类似静力学形式的方程。

借鉴静力学列静力平衡方程的方法得到 k 个类似静力学形式的动力学方程。尽量不引入不待求未知力,先由整体得到 $q=3-p$ 个方程,其中 $p(p\leqslant 3)$ 为不待求未知力个数。为了得到这样的方程,对不待求未知力点取矩或向垂直于不待求未知力方向投影。然后,再从局部找到 $k-q$ 个不包含不待求真实力的有用方程。先从包含待求力(惯性力也视为待求力)的一个物体上找,若只有 $p_1(p_1<3)$ 个不待

求真实力,则可得到 $3-p_1$ 个有用方程(当所选取的物体所受的力为任意力系时)。若不够,再从包含待求力的 2 个物体上寻找,如此层层推进。若无法避免引入不待求的真实力,就将其视为待求量,多列相应数目的方程。

(4)补充运动学方程。

因为动力学方程建立的是刚体角加速度和质心加速度与力的关系,所以运动学方程首先需要建立加速度关系。因为加速度关系可能会引入法向加速度和科氏加速度,故有时还需进一步补充运动学的速度关系。

为了得到加速度量间的关系,需要利用待求点(因为惯性力中必然会要求质心加速度,故质心是待求点)与机构间连接点的相互关系。运动的机构中各构件的运动都是通过连接点传递的,分析运动时必须体现出所有的这些联系。对于一般情形,找这样的关系可按照运动学中介绍的连线方法:将质心与刚体间的连接点连线,体现刚体间的联系,将机构复杂运动分解为运动学中所介绍的 5 种典型问题。对应相应的问题,应用合成定理建立加速度关系方程。再注意刚体与外部的联系。

对运动过程所涉及的所有速度关系都总保持比例关系或可由直角三角形得到的关系的特殊情形,可采用求导法得到加速度关系。

(5)求解。

在运动学加速度方程中消去动力学方程中未出现的加速度量,得到新的仅含有在动力学方程中出现的加速度量方程,与 k 个动力学方程联立求解即可。

当然,也可以先列运动学方程,再列类似静力学形式的动力学方程。此外,具体解题步骤的表述往往与上述思路顺序相反。

例 10.3　质量为 $m=1000$ kg,半径为 $R=3$ m 的均质实心圆盘 O,在圆盘如图 10.8(a)位置挖去半径为 $r=1$ m 的圆孔 A。圆盘垂直放在粗糙水平面上做纯滚动,图示瞬时的角速度为 $\omega=1$ rad/s。试用动静法求图示位置圆盘角加速度($g=10$ m/s²)。

解法 1　(1)惯性力简化。

孔的质量 $m_1=\left(\dfrac{r}{R}\right)^2 m$,挖孔后圆盘的总质量 $m_0=\left[1-\left(\dfrac{r}{R}\right)^2\right]m$,质心 $x_C=r^2/(R+r)$,转动惯量 $J_C=\dfrac{1}{2}mR^2+mx_C^2-\left[\dfrac{1}{2}m_1r^2+m_1(R-r+x_C)^2\right]$。质心位置如图 10.8(a)所示,质心加速度如图 10.8(b)所示。该题速度瞬心 D 不满足简化条件,不能向其简化,只能向质心 C 简化。惯性力简化如图 10.8(c)所示。其中 $M_{IC}=J_C\alpha,F_{ICx}=m_0a_{Cx},F_{ICy}=m_0a_{Cy}$。

(2)自由度为 1,未给任何角加速度或切向加速度,不求力,故尽量只列 1 个动力学方程。

$$\sum M_D=0: \qquad M_{IC}+(F_{ICy}-m_0g)x_C-F_{ICx}R=0 \qquad\qquad (a)$$

(3)补充加速度关系。

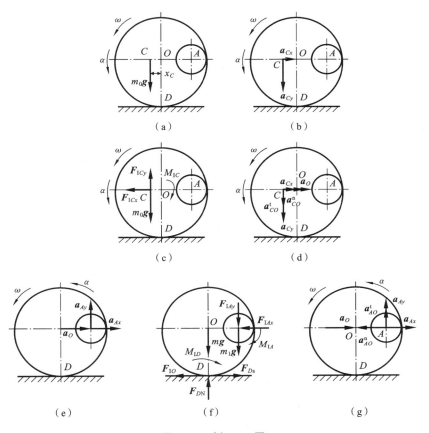

图 10.8　例 10.3 图

加速度关系如图 10.8(d)所示。

【OC】　　　　　　　　　　　$\boldsymbol{a}_{Cx} + \boldsymbol{a}_{Cy} = \boldsymbol{a}_O + \boldsymbol{a}_{CO}^t + \boldsymbol{a}_{CO}^n$　　　　　　　　　　(b)

其中　　　　　　　　$a_O = -R\alpha, \quad a_{CO}^t = x_C\alpha, \quad a_{CO}^n = x_C\omega^2$

方程(a)和矢量方程(b)共 3 个代数方程,只包含 3 个未知量,故可求解。联立求解得

$$J_C\alpha + (m_0\alpha x_C - m_0 g)x_C - m_0(x_C\omega^2 - \alpha R)R = 0$$

$$\alpha = 0.2407 \text{ rad/s}^2$$

解法 2　解法 1 计算质心位置和转动惯量比较麻烦,实际上也可将例 10.3 视为两个圆盘,孔 A 的质量和转动惯量视为负值,自由度仍为 1。

(1)惯性力简化。

孔 A 的质量 $m_1 = -\left(\dfrac{r}{R}\right)^2 m$,转动惯量 $J_A = -\dfrac{1}{2}m_1 r^2$。两部分的质心加速度如图 10.8(e)所示。实心均质圆盘惯性力可向其速度瞬心点 D 简化,孔的惯性力

向孔的质心点 A 简化。惯性力简化如图 10.8(f)所示。其中

$$M_{IA}=J_A\alpha, \quad F_{IAx}=m_1a_{Ax}, \quad F_{IAy}=m_1a_{Ay}, \quad M_{ID}=J_D\alpha=\frac{3}{2}mR^2\alpha, \quad F_{IO}=ma_O$$

（2）自由度为1，未给任何角加速度或切向加速度，不求力，故尽量只列1个动力学方程。

$$\sum M_D=0: \quad M_{IA}+M_{ID}+(F_{IAy}+m_1g)(R-r)-F_{IAx}R=0 \tag{c}$$

（3）补充加速度关系。

加速度关系如图 10.8(g)所示。

【OA】 $$\boldsymbol{a}_{Ax}+\boldsymbol{a}_{Ay}=\boldsymbol{a}_O+\boldsymbol{a}_{AO}^{t}+\boldsymbol{a}_{AO}^{n} \tag{d}$$

其中 $$a_O=-R\alpha, \quad a_{AO}^{t}=(R-r)\alpha, \quad a_{AO}^{n}=(R-r)\omega^2$$

由式(d)得 $$a_{Ax}=-R\alpha-(R-r)\omega^2, \quad a_{Ay}=(R-r)\alpha \tag{e}$$

方程(e)代入方程(c)得

$$\alpha=0.2407 \text{ rad/s}^2$$

当 $\omega=0$，该题就简化为例 8.5。

例 10.4 如图 10.9 所示，质量 $m=50$ kg 的均质杆 AB，A 端搁在光滑的水平面上，另一端由质量不计的绳子系在固定点 O，且 ABO 在同一垂直面内，当绳子在水平位置时，杆的角速度为 $\omega=1$ rad/s。求此时杆的角加速度。已知 AB 长 $L=2.5$ m，绳 BO 长 $b=1$ m，O 点高出地面 $h=2$ m。

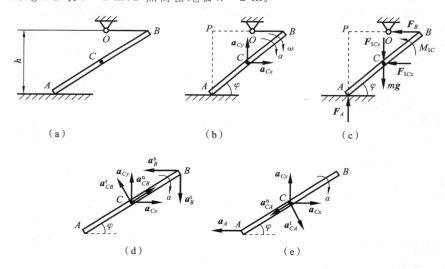

图 10.9 例 10.4 图

分析 该题有1个自由度，已知0个切向加速度信息，至少需要列1个动力学理论的方程。当 AB 的角速度不为0时，AB 的速度瞬心不是特殊动矩心，故惯性力只能向质心 C 简化。

解　（1）惯性力简化。

质心加速度如图 10.9(b) 所示，此题条件下 AB 的惯性力只能向质心 C 简化。惯性力简化如图 10.9(c) 所示，其中

$$M_{IC} = J_C \alpha, \quad F_{ICx} = ma_{Cx}, \quad F_{ICy} = ma_{Cy}$$

（2）列 1 个类似静力学形式的动力学方程。

【BA】

$$\sum M_P = 0: \quad M_{IC} - \frac{1}{2}L(mg + F_{ICy})\cos\varphi - \frac{1}{2}LF_{ICx}\sin\varphi = 0 \tag{a}$$

其中

$$\cos\varphi = \frac{3}{5}, \quad \sin\varphi = \frac{4}{5}$$

（3）补充加速度关系。

CB 的加速度关系如图 10.9(d) 所示，应用基点法得

$$\boldsymbol{a}_{Cx} + \boldsymbol{a}_{Cy} = \boldsymbol{a}_B^t + \boldsymbol{a}_B^n + \boldsymbol{a}_{CB}^t + \boldsymbol{a}_{CB}^n \tag{b}$$

其中，

$$a_B^n = \frac{v_B^2}{b} = \frac{(BP \cdot \omega)^2}{b} = 2.25, \quad a_{CB}^t = \frac{\alpha L}{2}, \quad a_{CB}^n = \frac{\omega^2 L}{2}$$

式（b）垂直 $\boldsymbol{a}_B^t$ 投影，得

$$a_{Cx} = -2.25 + 0.75 - \alpha = -1.5 - \alpha \tag{c}$$

CA 的加速度关系如图 10.9(e) 所示，应用基点法得

$$\boldsymbol{a}_{Cx} + \boldsymbol{a}_{Cy} = \boldsymbol{a}_A + \boldsymbol{a}_{CA}^t + \boldsymbol{a}_{CA}^n \tag{d}$$

其中，

$$a_{CA}^t = \frac{\alpha L}{2}, \quad a_{CA}^n = \frac{\omega^2 L}{2}$$

式（d）垂直 $\boldsymbol{a}_A$ 投影，得

$$a_{Cy} = -0.75\alpha - 1 \tag{e}$$

联立式（a）（c）（e），解得

$$\alpha = 2.52 \text{ rad/s}^2$$

当 $\omega = 0$ 时，该题就简化为例 8.6。

上述两题都是单刚体单自由度系统，其速度瞬心不是特殊动矩心，采用动量、动量矩定理会引入不待求的未知力。而采用功率方程方法，动能用质心表示，则可以如同动静法一样，不引入不待求未知力。不过，按功率方程方法的步骤，需要找速度关系，然后消去速度自变量，而动静法则不需要这一步。在补充加速度关系方面，动静法与功率方程方法完全一样，因此，对于单刚体单自由度系统，可以用功率方程方法，但采用动静法比功率方程方法稍简单些。具体分析上述两题将发现，**对于单自由度的单刚体，由功率方程得到的 1 个动力学方程用动静法必然也能得到，进一步可证明，该结论对任意自由度的单个刚体都成立，读者可自行证明。故对于单个刚体，一般可不必采用功率方程方法来求解，用动静法即可。**此外，对于单个刚体，由动静法可得到 3 个独立方程，而由功率方程方法也必然可得到 1 个方程，而 1 个独立的刚体，只有 3 个自由度，因此，这 4 个方程必然相关。对于多刚体系

统,从下文介绍的例题中将发现这个结论不成立。

例 10.5 如图 10.10 所示,曲柄滑块圆盘机构在垂直面内,均质杆 OA 在未知变化的力偶矩 M 作用下,通过均质连杆 AB 带动半径为 r 的均质圆盘 B 在半径为 $5r$ 的固定圆上做纯滚动。$AB=4r$,$OA=2r$。杆 OA 以匀角速度 3ω 转动,求图示瞬时地面对圆盘 B 的约束力。曲柄 OA、圆盘 B 和连杆 AB 的质量均为 m。OB 水平。

图 10.10 例 10.5 图

分析 该题有 1 个自由度,已知 OA 角加速度为 0 的 1 个切向加速度信息,求 2 个真实力,至少需要列 2 个动力学方程。

解 (1)惯性力简化。

质心加速度如图 10.10(b)所示,AB 的惯性力只能向 C 简化,OA 惯性力可向点 D 或 O 简化(一般向 O 简化计算更简单),圆盘 B 惯性力可向点 P 或 B 简化(该题向 B 简化计算更简单)。惯性力简化如图 10.10(c)所示,其中 $M_{IO}=J_O\alpha_1=0$,$F_{ID}^t=ma_D^t=0$,$F_{ID}^n=ma_D^n=9mr\omega^2$,$M_{IC}=J_C\alpha_2$,$F_{ICx}=ma_{Cx}$,$F_{ICy}=ma_{Cy}$,$M_{IB}=J_B\alpha_3$,$F_{IB}^t=ma_B^t$,$F_{IB}^n=ma_B^n$。

(2)列 2 个类似静力学形式的动力学方程。

【圆盘 B】

$$\sum M_B = 0: \qquad\qquad F_{Ps}r - M_{IB} = 0 \qquad\qquad (\text{a})$$

【圆盘 $B+BA$】

$$\sum M_A = 0:$$

$$3rF_{Ps} + 2\sqrt{3}r(F_{PN} - mg + F_{IB}^n) + 2rF_{IB}^t - M_{IB} - M_{IC} - 2rF_{ICy} - \sqrt{3}rmg = 0 \qquad (\text{b})$$

（3）补充加速度关系。

AB 做瞬时平动

$$\omega_{AB} = 0, \quad \omega_B = \frac{v_B}{r} = \frac{v_A}{r} = 6\omega$$

【AC】 $\qquad\qquad\qquad\qquad \boldsymbol{a}_{Cx} + \boldsymbol{a}_{Cy} = \boldsymbol{a}^n + \boldsymbol{a}_{CA}^t \qquad\qquad (\text{c})$

【BA】 $\qquad\qquad\qquad\qquad \boldsymbol{a}_B^n + \boldsymbol{a}_B^t = \boldsymbol{a}_A^n + \boldsymbol{a}_{BA}^t \qquad\qquad (\text{d})$

式（c）和（d）中，

$$a_A^n = OA \cdot \omega_1^2, \quad a_{CA}^t = CA \cdot \alpha_2, \quad a_{BA}^t = BA \cdot \alpha_2, \quad a_B^n = \frac{v_B^2}{6r}, \quad a_B^t = r\alpha_3$$

考虑加速度关系，方程（a）（b）和 2 个矢量方程（c）（d）联立求解得

$$F_{PN} = \frac{3}{2}mg - \frac{11}{3}mr\omega^2, \quad F_{Ps} = 2\sqrt{3}mr\omega^2$$

例 10.6　在光滑水平面上放置一直角三棱柱体 A，其质量为 m_1，可沿光滑水平面运动；质量为 m_2、半径为 r 的均质圆柱体，由三棱柱体的斜面滚下而不滑动，如图 10.11 所示。设三棱柱体的倾角为 θ，试求三棱柱体的加速度。

（a）　　　　　　　　　（b）　　　　　　　　　（c）

图 10.11　例 10.6 图

分析　该题有 2 个自由度，未已知任何切向加速度信息，不求任何真实力，至少需要列 2 个动力学方程。

解　（1）惯性力简化。

加速度如图 10.11（b）所示。圆盘 C 的惯性力只能向点 C 简化，惯性力简化如图 10.11（c）所示，其中 $M_{IC} = J_C\alpha = \dfrac{1}{2}m_2 r^2 \alpha$，$F_{ICx} = m_2 a_{Cx}$，$F_{ICy} = m_2 a_{Cy}$，$F_{IA}$

$$= m_1 a_A \text{。}$$

（2）列 2 个类似静力学形式格式的动力学方程。

【整体】

$$\sum F_x = 0: \qquad F_{ICy}\sin\theta - F_{ICx}\cos\theta + F_{IA} = 0 \tag{a}$$

【圆盘 C】

$$\sum M_D = 0: \qquad F_{ICx}r - m_2 gr\sin\theta + M_{IC} = 0 \tag{b}$$

（3）补充加速度关系。

取 C 为动点，动系为三棱柱体 A

$$\boldsymbol{a}_{Cx} + \boldsymbol{a}_{Cy} = \boldsymbol{a}_A + \boldsymbol{a}_r \tag{c}$$

利用纯滚动条件得到

$$a_r = r\alpha \tag{d}$$

联立式（a）至式（d）解得

$$a_A = \frac{m_2 g \sin 2\theta}{3(m_1 + m_2) - 2m_2 \cos^2\theta}$$

该题轮与斜面接触的点 D 不是特殊简化中心，惯性力不能向该点简化。证明如下。

【DC】

$$\boldsymbol{a}_{Dx} + \boldsymbol{a}_{Dy} = \boldsymbol{a}_C + \boldsymbol{a}_{DC}^n + \boldsymbol{a}_{DC}^t = \boldsymbol{a}_A + \boldsymbol{a}_r + \boldsymbol{a}_{DC}^n + \boldsymbol{a}_{DC}^t = \boldsymbol{a}_A + \boldsymbol{a}_{DC}^n$$

其中，$\boldsymbol{a}_{Dx}$、$\boldsymbol{a}_{Dy}$ 分别是与斜面平行和垂直的分量。由此可知，在静止瞬时，$\boldsymbol{a}_{Dx} = \boldsymbol{a}_A\cos\theta \neq \boldsymbol{0}$，$\boldsymbol{a}_D$ 不通过质心 C。也可以直接根据例 7.8 的式（a18），利用 $a_{Dr} - a_{Ar} = \dfrac{\mathrm{d}v_r}{\mathrm{d}t} = 0$ 来判断。

思考：若地面粗糙，滑动摩擦因数为 f_d，求例 10.6 同样的问题。即使采用动静法，仍会引入地面对三棱柱体的不待求的支持力和摩擦力。因此，除了需列按照动静法的统一分析格式得出的 k 个动力学方程，有时还需列多于 k 个的动力学方程。那么，有何方法不引入摩擦力和支持力？

例 10.7 如图 10.12 所示，均质杆 AB、BC 长度均为 l，质量均为 m，A、B 处为光滑铰接。系统在杆 AB 水平、杆 BC 垂直位置静止释放。求释放瞬时支座 A 的反力。

分析 该题有 2 个自由度，未已知任何切向加速度信息，求 2 个真实力，至少需要列 4 个动力学方程。

解 （1）运动学及惯性力简化。

杆 AB 的惯性力系向点 A 简化，惯性力主矢和主矩分别为

$$F_{I1} = m a_D = \frac{1}{2} m l \alpha_1, \quad M_{I1} = \frac{1}{3} m l^2 \alpha_1 \tag{a}$$

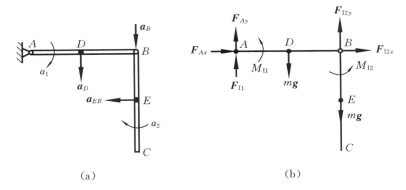

$$a_E = a_B + a_{EB}^t$$

图 10.12　例 10.7 图

因为系统由静止释放,点 B 只有切向加速度,故在图示位置,点 B 的加速度 a_B 通过杆 BC 的质心 E,所以可将杆 BC 的惯性力系向点 B 简化,因为

$$a_E = a_B + a_{EB}^t$$

因此杆 BC 的惯性力主矢和主矩为

$$F_{I2x} = ma_{EB}^t = \frac{1}{2}ml\alpha_2, \quad F_{I2y} = ma_B = ml\alpha_1, \quad M_{I2} = \frac{1}{3}ml^2\alpha_2 \qquad (b)$$

(2) 列 4 个类似静力学形式的动力学方程。

【杆 BC】

$$\sum M_B = 0: \qquad\qquad M_{I2} = 0$$

考虑到式(b),得

$$\alpha_2 = 0, \quad F_{I2x} = 0 \qquad (c)$$

【整体】

$$\sum M_B = 0: \qquad M_{I1} - \frac{1}{2}mgl - mgl + F_{I2y}l = 0$$

考虑到式(a)、(b),得

$$\alpha_1 = \frac{9g}{8l} \qquad (d)$$

$$\sum F_x = 0: \qquad\qquad F_{Ax} + F_{I2x} = 0$$

得

$$F_{Ax} = 0$$

$$\sum F_y = 0: \qquad F_{Ay} + F_{I1} + F_{I2y} - 2mg = 0$$

考虑到式(a)至式(d),得

$$F_{Ay} = \frac{5}{16}mg$$

该题演示了先求解速度和加速度,再列静力学形式的方程的解题步骤。与先列静力学形式的方程的解题步骤思路是一致的,只是表述顺序不同而已,其格式仍是有规律的。如何安排表述顺序读者可根据自己习惯选择。

例 10.8　电动机输出的运动一般都是整圈的圆周运动,有时要求实现在一定角度范围内的摆动,比如擦拭车玻璃的雨刷,这样的运动可以通过如图 10.13 所示的曲柄摇杆机构来实现。如图 10.13(a)所示,已知杆 OA 的角速度 ω_0 为常值,均质杆 OA 质量为 m、长度为 r;杆 BD 视为均质细杆,质量为 $8m$、长度为 $3r$;OB 为垂直线。图示瞬时,OA 水平、$\theta=30°$,整个机构在垂直面内,不计滑块 A 的质量和各处摩擦。求图示瞬时驱动力偶矩 M 及 O 处的约束力。

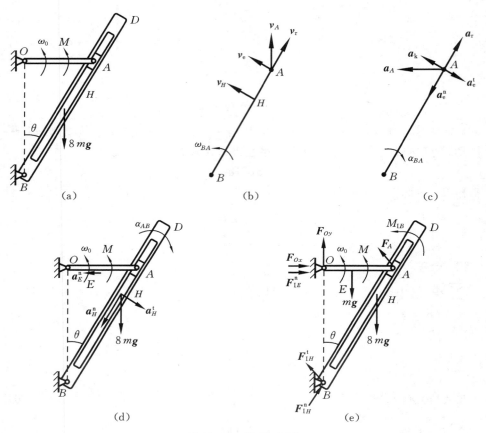

图 10.13　例 10.8 图

分析　该题为 1 个自由度,若仅求力偶矩 M,采用功率方程方法①最合适。但该题还要求 O 处的约束力,所以,用动静法更合适。根据动静法的格式,惯性力简化后,尽量只列 3 个类似静力学形式的方程。取整体为研究对象,B 处有 2 个不待求未知力,故可得到 1 个不引入不待求未知力的方程,即 $\sum M_B = 0$,取 OA 为研究对象,A 处有 1 个不待求未知力 F_A,故对点 A 取矩和垂直 F_A 投影,得到另 2 个方程。

解　(1) 运动学。

速度关系如图 10.13(b)所示,取滑块 A 为动点,BD 为动系,则

$$v_A = v_r + v_e \tag{a}$$

解得

$$v_r = \frac{\sqrt{3}}{2} v_A = \frac{\sqrt{3}}{2} \omega_0 r$$

$$\omega_{BA} = \frac{v_e}{BA} = \frac{\omega_0}{4}$$

因此

$$a_k = 2\omega_{BA} v_r = \frac{\sqrt{3}\omega_0^2 r}{4}$$

加速度关系如图 10.13(c) 所示,取滑块 A 为动点,BD 为动系,则

$$a_A = a_r + a_e^n + a_e^t + a_k \tag{b}$$

式(b)向 a_k 方向投影得

$$a_e^t = a_k - \frac{\sqrt{3}}{2} a_A = -\frac{\sqrt{3}\omega_0^2 r}{4}, \qquad \alpha_{AB} = \frac{a_e^t}{BA} = -\frac{\sqrt{3}\omega_0^2}{8}$$

(2) 动力学。

各构件质心加速度与角加速度如图 10.13(d) 所示,惯性力简化如图 10.13(e) 所示,其中

$$M_{IO} = J_O \alpha = 0, \quad F_{IE}^t = ma_E^t = 0, \quad F_{IE}^n = ma_E^n = \frac{1}{2} mr\omega_0^2$$

$$M_{IB} = J_B \alpha_{AB} = 24mr^2 \alpha_{AB}, \quad F_{IH}^t = 8ma_H^t = 12mr\alpha_{AB}, \quad F_{IH}^n = 8ma_H^n = 12mr\omega_{AB}^2$$

列 3 个类似静力学形式的动力学方程。

【整体】

$$\sum M_B = 0: \quad -M_{IB} + \sqrt{3}r(F_{Ox} + F_{IE}^n) + \frac{1}{2}mgr - M + 6mgr = 0 \tag{c}$$

【OA】

$$\sum M_A = 0: \quad rF_{Oy} - \frac{1}{2}mgr - M = 0 \tag{d}$$

向垂直 F_A 方向投影得

$$\frac{\sqrt{3}}{2}(F_{Oy} - mg) + \frac{1}{2}(F_{Ox} + F_{IE}^n) = 0 \tag{e}$$

求出速度和加速度量,就得到惯性力。将惯性力代入式(c)至式(e),联立解得

$$M = 2mgr + \frac{3\sqrt{3}}{4}mr^2\omega_0^2, \quad F_{Ox} = -\frac{3\sqrt{3}}{2}mg - \frac{11}{4}mr\omega_0^2, \quad F_{Oy} = \frac{5}{2}mg + \frac{3\sqrt{3}}{4}mr\omega_0^2$$

例 10.9 求例 9.9 中地面对轮 A 的支持力。

分析 该题系统为 1 个自由度,求 1 个不做功的力,至少需列 2 个动力学方程。用动静法将引入不待求未知力,可考虑采用动静法与功率方程方法相结合的混合法,发挥各自的优点。

解 (1) 由功率方程求出与惯性力有关的加速度量。

取图 10.14(a)的 x 轴为重力零势能点,势能

$$U=mgl\cos\theta/2$$

动能

$$T=\frac{1}{2}J_P\omega_A^2+\frac{1}{2}J_D\omega_{AB}^2$$

其中

$$\omega_A=\dot{\varphi}_A,\quad \omega_{AB}=\dot{\theta}$$

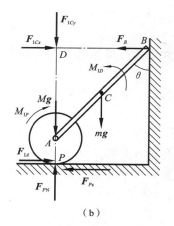

（a）　　　　　　　　　　　　（b）

图 10.14　例 10.9 图

由机械能守恒定律有

$$T+U=mgl\cos45°/2 \tag{a}$$

取 θ 为坐标自变量,由几何关系有

$$x_A=l\sin\theta,\quad \varphi_A=l\sin\theta/r,\quad y_C=l\cos\theta/2 \tag{b}$$

式(b)的第 2 个式子对时间求导有

$$\omega_A=\frac{l\cos\theta}{r}\dot{\theta} \tag{c}$$

将式(c)代入动能表达式有

$$T=\frac{1}{2}J_P\left(\frac{l\cos\theta}{r}\right)^2\dot{\theta}^2+\frac{1}{2}J_D\dot{\theta}^2$$

将动能和势能表达式代入式(a)后,对时间求导,有

$$\left[-\frac{1}{2}mgl\sin\theta+\dot{\theta}\left(J_D+\frac{J_Pl^2\cos^2\theta}{r^2}\right)\ddot{\theta}+\left(-\frac{J_Pl^2}{r^2}\sin\theta\cos\theta\right)\dot{\theta}^2\right]\dot{\theta}=0 \tag{d}$$

由式(d)得到

$$-\frac{1}{2}mgl\sin\theta+\dot{\theta}\left(J_D+\frac{J_Pl^2\cos^2\theta}{r^2}\right)\ddot{\theta}+\left(-\frac{J_Pl^2}{r^2}\sin\theta\cos\theta\right)\dot{\theta}^2=0 \tag{e}$$

当 $\theta=45°$ 时,$\dot{\theta}=0$,$J_D=\frac{1}{3}ml^2$,$J_P=\frac{3}{2}Mr^2$,代入式(e)得

$$\ddot{\theta}=\alpha_{AB}=\frac{3\sqrt{2}mg}{l(4m+9M)}$$

式(b)对时间求二阶导数,有

$$a_A = \ddot{x}_A = l\cos\theta\ddot{\theta} - l\dot{\theta}\sin\theta = \frac{3mg}{4m+9M}$$

$$\alpha_A = \frac{\ddot{x}_A}{r} = \frac{3mg}{r(4m+9M)}$$

$$a_{Cy} = -\frac{l}{2}\sin\theta\ddot{\theta} = -\frac{3mg}{2(4m+9M)} \tag{f}$$

(2) 用动静法求图 10.14(b)所示的地面对轮 A 的支持力。

质心加速度如图 10.14(a)所示,惯性力分别向特殊简化中心 P、D 简化,如图 10.14(b)所示,其中

$$F_{IC y} = ma_{Cy}, \quad F_{IC x} = ma_{Cx}, \quad M_{ID} = J_D\alpha_{AB}, \quad F_{IA} = Ma_A, \quad M_{IP} = J_P\alpha_A$$

【整体】

$$\sum F_y = 0: \qquad -F_{IC y} + F_{PN} - (m+M)g = 0 \tag{g}$$

由式(f)(g)得

$$F_{PN} = (m+M)g - \frac{3m^2 g}{2(4m+9M)}$$

思考 1　对于该题,由功率方程方法求出所有与惯性力有关的加速度量后,采用动静法将系统转化为静平衡形式。按静力学方法,对于整体,可列 3 个独立方程,求出整体所受的 3 个不做功的外力:地面对轮 A 的静滑动摩擦力和支持力,墙对 B 的支持力。功率方程和来自整体的平衡方程共 4 个方程,可求出 3 个力和 1 个加速度量,说明方程是独立的。而对于单个刚体,根据功率方程与动静法所列的 3 个方程必然相关。那么,对于多刚体任意自由度系统,对整体由动静法所列的 3 个独立方程是否一定与功率方程独立呢?

思考 2　例 9.9 中,若墙面与 B 的滑动摩擦因数 $f_s = \frac{\sqrt{3}}{3}$,仅求轮 A 的角加速度,如何不引入不待求未知力求解?

例 10.10　如图 10.15(a)所示,曲柄 OA 质量为 m_1,长为 r,电动机给 OA 施加一变化的力偶矩 M,驱使 OA 以等角速度 ω 绕水平轴 O 逆时针转动。曲柄 OA 推动质量为 m_2 的滑杆 BC,使其沿竖直方向运动。忽略摩擦,求当曲柄与水平方向的夹角为 $30°$,电动机输出力偶矩 M 为 0 时的角速度 ω 应为多少,并求该条件下的轴承 O 的约束力。

分析　可采用转化法将该题变成典型问题,转化为已知角速度,求 M 的问题。可得到关系式 $M = f(\omega)$,然后,代入条件 $M = 0$,从而求得 ω。若该题仅求角速度,用功率方程方法①较合适,但该题还求不做功的约束力,用动静法可实现不引入不待求未知力,故用动静法求解。

解　(1) 运动学。

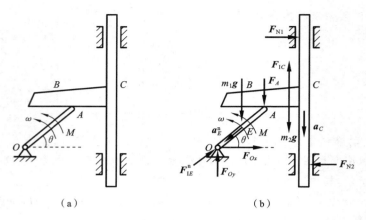

图 10.15　例 10.10 图

取曲柄 OA 上点 A 为动点,动系固结于滑杆 BC,则由加速度合成定理得到如图 10.15(b)所示的点 C 加速度 $a_C = \dfrac{1}{2}r\omega^2$。因为 BC 平动,所以质心的加速度与点 C 相同。

(2) 动力学。

各构件质心加速度及其惯性力受力和简化如图 10.15(b)所示,其中 $F_{IE}^n = m_1 a_E^n = \dfrac{1}{2}m_1 r\omega^2$,$F_{IC} = m_2 a_C$。因为对 BC 未列力矩方程,故 BC 的惯性力可以画在 BC 上任一点。

列 3 个类似静力学形式的动力学方程。

【整体】

$$\sum F_y = 0: \qquad F_{Oy} - (m_1 + m_2)g + F_{IE}^n \sin\theta + F_{IC} = 0 \qquad\qquad\text{(a)}$$

由式(a)得

$$F_{Oy} = (m_1 + m_2)g - \frac{m_1 + 2m_2}{4}r\omega^2$$

【OA】垂直 F_A 投影得

$$F_{Ox} + F_{IE}^n \cos\theta = 0 \qquad\qquad\text{(b)}$$

由式(b)得

$$F_{Ox} = -\frac{\sqrt{3}}{4}m_1 r\omega^2$$

$$\sum M_A = 0: \quad F_{Ox} r\sin\theta - F_{Oy} r\cos\theta + \frac{1}{2}m_1 gr\cos\theta + M = 0 \qquad\qquad\text{(c)}$$

由式(c)得

$$M = \frac{\sqrt{3}}{4}r[(m_1 + 2m_2)g - m_2 r\omega^2] \qquad\qquad\text{(c)}$$

当 $M = 0$ 时,由式(c)得

$$\omega=\sqrt{\frac{(m_1+2m_2)g}{m_2r}} \tag{d}$$

因此,有

$$F_{Ox}=\frac{\sqrt{3}\,m_1(m_1+2m_2)g}{4\;m_2},\quad F_{Oy}=(m_1+m_2)g-\frac{(m_1+2m_2)^2}{4m_2}g$$

对于类似该题求解满足某些条件的动力学问题,可假设待求量 y 已知,将所要满足的条件的相关参数 x 假设为未知,求出以待求量表示的关系式 $y(x)$,然后根据所要满足的条件反求出 x。一些求纯滚动轮达到滑动的临界条件等问题,都可转化为假设待求量已知,得到静滑动摩擦力及支持力与待求量的关系式,再利用滑动摩擦力与支持力的关系,求出待求量。

思考:例 9.11 的液压控制系统的伺服调节阀机构,若阀杆负载过大,导致齿断裂,在图示瞬时,轮 C 上的接触点相对轮 O 上的接触点的相对速度为 v_r,凸轮接触点处滑动摩擦因数为 f,两轮仍保持接触,如何求图示瞬时阀杆 CD 的加速度和接触点处滑动摩擦力?

目前求解动力学切向加速度或角加速度问题,所学的方法有①**动量、动量矩定理**;②**动静法**;③**功率方程方法(包括方法①、方法②和方法③)**;④**机械能守恒定律动能定理微分形式**;⑤**用动能定理积分形式求出速度表达式后对其求导**。其中方法⑤是方法④在存在非保守力时的拓展形式。方法⑤和方法④本质与功率方程方法②或方法③相同。因此,总的说来,目前所学的只有①②③3 种方法。动力学原理都来源于牛顿第二定律,但有各自的特点,导致动力学问题分析方法众多。各种方法虽然均可求解,但不仅难易程度不同,而且更困难的是,有的彼此间还隐藏复杂的相关性。若不能深刻了解各分析方法间的内在联系和差异,容易列出相关的方程或漏掉或多列了动力学方程。理论力学后续的发展目标之一就是研究如何采用高效且具有规律性的方法分析复杂的刚体动力学问题,比如建立动力学普遍方程、拉格朗日方程、正则方程,从而建立范式的动力学分析方法。那么,就目前所学的上述几种方法,如何针对具体问题选择合适的分析方法呢?

动量、动量矩定理是除了牛顿第二定律以外的动力学最基本的定理,常用来建立新的动力学理论,在力学发展中具有重要的地位。但对于刚体系统,从分析具体问题的难易程度方面比较,方法①几乎可以被方法②取代。那么,如何应用方法②和③分析复杂的平面动力学问题呢?这需要了解功率方程与动静法的相关性。有如下规律。

(1) 对于单个刚体,若由功率方程得到 1 个动力学微分方程,采用动静法一定可以得到,由动静法所得到的 3 个独立方程必然与功率方程相关。

(2) 在单刚体上连接物体,但不增加外部约束和自由度而形成的多刚体系统,对整体由动静法所列的方程与功率方程间的相关性与单个刚体的规律相同。

（3）除（2）以外的多刚体任意自由度系统,对整体由动静法列 3 个独立方程,或若仅从其中的一个局部列 3 个独立方程,则该 3 个方程必然与取整体为研究对象所得到的功率方程相互独立,可以根据问题,从中任意挑选,无须担心方程间的相关性。若除了功率方程外,由动静法对整体或局部再只需要列 1 个方程,则这 2 个方程必然独立。但若既有从整体又有从局部得到的 2 个或以上的方程,则这些方程在特殊情形下可能与功率方程相关。

学习虚功原理后,读者可结合虚功原理证明以上结论。利用上述规律,在分析问题时,就可以有目的地预判所列的方程是否独立,避免列出相关性方程。

求动力学的力与加速度关系问题,分析方法众多,比较灵活。对于常见问题,如何选择合适的分析方法呢? 下面的建议可供参考。

（1）对于单刚体单自由度系统,能用功率方程求解的,用动静法更简单。因为动静法不需要如功率方程那样进行消去速度自变量的步骤。

（2）在单刚体上连接物体,但不增加外部约束和自由度而形成的多刚体单自由度系统,选择方法与单刚体单自由度系统相同。

（3）对于可用动量、动量矩定理分析的问题,用动静法一般更简便。

（4）优选功率方程的情形: 对于具有理想约束的多刚体单自由度系统,有两种情形。①当所有未知力不做功,只求任意与切向加速度或角加速度相关的加速度量;或②已知任一与切向加速度或角加速度相关的加速度量,求做功的力。确定选择功率方程后,功率方程又有几种方法。当所有速度关系不都是比例关系或可通过直角三角形关系得到时,就选用功率方程方法①,否则,选用功率方程的其他方法。

（5）对于多刚体单自由度系统,在应用动静法会引入过多不待求未知力的情形下,尝试功率方程方法与动静法相结合的混合法。

（6）上述情形以外的其他情形,一般选用动静法。

至于运动学补充方程来源,每种方法均相同。有些情况下需用动能定理或动量、动量矩定理积分形式或对由动静法得到的方程积分等方法来确定所求时刻的速度量,从而得到运运学加速度关系中的法向加速度和科氏加速度量。

从上述可知,应用达朗贝尔原理建立动力学微分方程后,若求加速度,把加速度和力视为未知量,那就比较简单了。因为所有的动力学方程来源于 $F=ma$,该方程是常系数线性方程,故所有的动力学方程都是线性的。而所补充的运动学加速度方程中,与速度有关的非线性项法向加速度和科氏加速度通过速度关系必然可以求出,只有切向加速度或角加速度才是真正的未知量。而切向加速度 $a_i^t=l\alpha$,该方程也是常系数线性方程。因此,求加速度问题得到的方程是常系数线性方程组 $Ma=F$,真正的未知量是力和角加速度。应用线性代数的求解方法求解 $a=M^{-1}F$,无论多少个方程,都可以求解了。

10.2.2　求解速度变化问题

目前求解动力学中一个过程的速度变化问题,有时应用动能定理的积分形式,有时应用动量定理的积分形式(动量守恒),有时应用动量矩定理的积分形式(动量矩守恒),有时联合使用。对于多自由度系统,选用哪些定理的积分形式并不那么容易确定。类似上述求解做平面运动的机构的切向加速度或角加速度问题,求速度问题由第 9 章也能得到如下结论:**对具有 n 个自由度的完整系统,已知待求时刻 s 个速度时,至少需要列 $n-s$ 个动力学一重积分方程,若已得到 $n-s$ 个不引入待求未知力的冲量的积分方程,则再由其他任何动力学理论得到的不引入待求未知力的冲量的积分方程,必然可由已列的 $n-s$ 个积分方程与运动学的速度关系方程联立推出,不需要再列。**

采用动静法的积分形式,相对于动量、动量矩定理,因为其更容易避免引入刚体间作用点处不待求未知力(更准确说是冲量),往往可以使这类问题的分析也变得有规律。与求加速度稍不同的是,对于 n 个自由度系统,所有做功的力均已知时,先选用动能定理积分形式(因为其可以不引入与速度方向垂直的力,且不似功率方程中既有速度量又有加速度量)。因为一般情形下,多个动力学二阶微分方程积分无解析解,只有特殊问题才有。故所差方程一般从动量守恒、动量矩守恒中寻找。若仍不易找到,可按照动静法得到微分方程再积分。运动关系要补充的是速度关系,其他步骤同求加速度类似。

例 10.11　如图 10.16(a)所示,半径为 R、质量为 m 的均质薄圆环直立在光滑水平面上,环上有一质量为 m 的甲虫,原来环和甲虫静止,后甲虫相对圆环以匀速 u 沿圆环逆时针爬行。求甲虫开始运动时圆环的角速度。

前面的章节应用动量守恒和动量矩守恒求解,但不一定很容易就能想到应用动量矩守恒。若根据上述多自由度系统求速度的分析步骤,可以更容易地确定分析方法。

分析　该系统 3 个自由度,已知相对速度,因此至少需列 2 个动力学积分方程。又因为虫子自身利用生物能所做的功未知,所以不能应用动能定理积分形式。应用动静法,取整体为研究对象,只有地面一个不待求支持力 F_N,可列 $3-1=2$ 个动力学方程。因此,垂直于 F_N 和对 F_N 作用点(地面)取矩,然后积分。再补充运动学的速度关系。对于此题,也可以对 F_N 作用线上任意点比如点 O 取矩,但这样的方程未引入任何新的未知力,其必然可以通过此 2 个动力学积分方程再联合运动学速度关系,经过复杂的推导得到。

解　(1)惯性力简化:质心加速度如图 10.16(b)所示,简化结果如图 10.16(c)所示,其中

$$F_{IO}=ma_O,\quad M_{IO}=J_O\alpha,\quad F_{IAr}=ma_{Ar},\quad F_{IAy}=ma_{Ay}$$

(2)列 2 个类似静力学形式的方程。

图 10.16　例 10.11 图

【整体】

$$\sum F_x = 0：\qquad\qquad F_{IO} - F_{IAx} = 0$$

积分得
$$mv_O - mv_{Ax} = 0 \qquad\qquad (a)$$

$$\sum M_A = 0：\qquad\qquad M_{IO} - F_{IO}R = 0$$

积分得
$$mR\omega - mv_{Ax} = 0 \qquad\qquad (b)$$

(3) 补充运动学关系。

取虫 A 为动点，环 O 为动系，速度关系如图 10.16(d)所示，有
$$\boldsymbol{v}_{Ax} + \boldsymbol{v}_{Ay} = \boldsymbol{v}_O + \boldsymbol{v}_{AO} + \boldsymbol{v}_r \qquad\qquad (c)$$

式(c)垂直 $\boldsymbol{v}_{Ay}$ 投影有
$$v_{Ax} = -v_O + R\omega + u \qquad\qquad (d)$$

联立式(a)(b)(d)解得 $\omega = \dfrac{u}{3R}$。

思考： 试用动静法求解例 9.15 第(2)(3)问。

例 10.12　如图 10.17 所示，均质圆柱 C 半径为 r，质量为 $2m$，可沿粗糙水平轨道做纯滚动，物块 A 质量为 m，可沿光滑水平轨道滑动，C、A 两点在同一水平直线上，用刚度系数为 k 的弹簧相连。初瞬时弹簧伸长为 δ，无初速地释放，求当弹簧回复到自然长度时，圆柱轴心 C 的速度。

解　该系统自由度为 2，故至少需列 2 个动力学积分方程，质心速度如图 10.17(a)所示。

【整体】　所有做功的力均已知，故优先应用动能定理积分形式，有

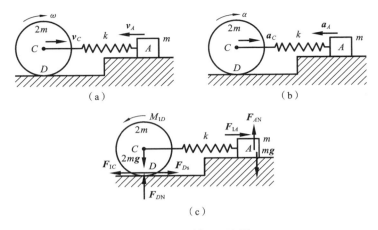

图 10.17　例 10.12 图

$$T_1 = 0, \qquad T_2 = \frac{1}{2}\frac{3}{2}2mr^2\left(\frac{v_C}{r}\right)^2 + \frac{1}{2}mv_A^2 = \frac{3}{2}mv_C^2 + \frac{1}{2}mv_A^2$$

$$W_{12} = \frac{k}{2}\delta^2$$

故

$$\frac{3}{2}mv_C^2 + \frac{1}{2}mv_A^2 = \frac{k}{2}\delta^2 \tag{a}$$

采用动静法再补充一个动力学方程。质心加速度如图 10.17(b)所示,惯性力简化
如图 10.17(c)所示。其中

$$F_{IC} = ma_C, \qquad F_{IA} = ma_A, \qquad M_{ID} = J_D\alpha$$

【整体】　对与圆柱 C 的特殊简化中心 D 重合的地面上的点列力矩平衡方
程,有

$$\sum M_D = 0: \qquad M_{ID} - F_{IA}r + (F_A - mg)r = 0 \tag{b}$$

【A】
$$F_{AN} = mg \tag{c}$$

由式(b)(c)得

$$M_{ID} - F_{IA}r = 0 \tag{d}$$

整个运动过程中,式(d)均成立,故对式(d)积分得

$$v_A = 3r\omega = 3v_C \tag{e}$$

联立式(a)(e)解得
$$v_C = \frac{\delta}{2}\sqrt{\frac{k}{3m}}$$

需要说明的是,上述用动静法求速度问题仅说明应用动静法可以使问题分析
变得更有规律。当然,若能想到动量矩守恒,用第 9 章的方法更简单。

10.2.3　求解轨迹问题

上述思想也可以推广到求一个过程的轨迹问题。在求点(x,y)的轨迹问题时,将系统中某一个坐标(比如 x_1)当作自变量,轨迹问题就转化为已知 x_1 时,求点 (x,y) 的位置。

例 10.13　如图 10.18 所示,半径为 r,质量为 m_1 的光滑圆柱放在光滑水平面上,一质量为 m_2 的小球,从圆柱顶点无初速地下滑,试求小球离开圆柱前的轨迹。

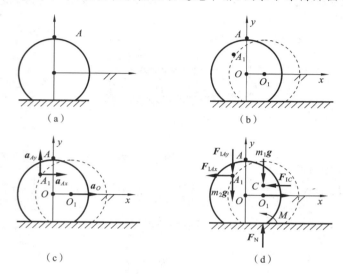

图 10.18　例 10.13 图

分析　该题利用系统质心水平位置不变当然最简单,但有时不易想到该方法。那么,对于本题,如何一定能想到质心 $x_C=0$?又为何只列 1 个动力学方程呢?若从动静法入手,那就很容易想到,只是步骤烦琐些。按动静法分析格式,该题有 2 个自由度,求轨迹,可将问题转化为:已知 x_O,求对应的 m_2 的坐标 $A(x,y)$。由于假设了一个坐标变量 x_O,有 2 个自由度,1 个已知坐标 x_O,所以需列的动力学方程数为 $2-1=1$ 个。故惯性力简化后,取整体为研究对象,地面对圆柱 O 有未知支持力和力偶矩,故列 $3-2=1$ 个类似静力学形式的方程 $\left(\sum F_x=0\right)$,二次积分后就可知系统质心水平位置不变。然后再补充 m_2 与圆柱 O 的中心距离为 r 的几何位置关系,得到用自变量 x_O 表示的 $A(x,y)$,消去自变量 x_O,就得到轨迹。

解　将问题转化为如图 10.18(b)所示的系统,求已知 x_O 时 A 的位置。加速度如图 10.18(c)所示,惯性力简化如图 10.18(d)所示,其中,$F_{IC}=m_1a_C=m_1a_O$,$F_{IAx}=m_2a_{Ax}$,$F_{IAy}=m_2a_{Ay}$。

【整体】

$$\sum F_x=0: \qquad\qquad F_{IC}+F_{IAx}=0 \qquad\qquad\qquad (a)$$

式(a)在运动过程中均成立,故可对式(a)二次积分得

$$m_1x_O+m_2x_A=0 \qquad\qquad\qquad (b)$$

补充几何位置关系方程

$$(x_O - x_A)^2 + y_A{}^2 = r^2 \qquad\qquad (c)$$

由式(b)(c)消去 x_O,得到 A 的运动轨迹方程:

$$\frac{x_A^2}{\left(\dfrac{m_1 r}{m_1 + m_2}\right)^2} + \frac{y_A^2}{r^2} = 1$$

上述求速度和位置问题,需要对得到的运动微分方程进行积分。本书仅给出了动量守恒和动量矩守恒或者只有一个积分方程的简单动力学问题。实际上,动量守恒和动量矩守恒的问题是很少的,对动量和动量矩不守恒或求解多自由度系统的速度和位置问题,读者可能会感觉比较复杂。这是因为对于这些问题,需要求解积分方程组,读者根据目前所学的数学知识可能还不具备求解能力。求解复杂的积分方程是后续数学课程需要解决的问题,本课程主要目的之一是建立数目尽量少的独立的动力学微分方程,便于应用数学方法求解。由本课程得到了运动微分方程组,求一个过程的速度和位置问题,对方程组进行积分。那么如何求解积分方程组呢?求解积分方程组,可分为解析法和数值计算方法。对运动微分方程组积分有时有解析解,但多数情况下它们是非线性的,只能求数值解。其中数值计算方法将在后续本科课程"计算方法"或研究生课程"数值分析"中学习。解析法包括后续本科课程"复变函数"中的拉氏变换法或本科课程"自动控制原理"和研究生课程"矩阵论"中的状态方程法,状态方程法在有些振动力学方面的书籍中也可以找到。因为研究动力学问题往往需要研究如何求解微分方程,所以,很多力学巨匠一般也是杰出的数学家,比如牛顿、伯努利、达朗贝尔、拉格朗日、哈密顿和欧拉等。

*10.2.4　求解碰撞问题

从第 9 章可知,碰撞问题采用冲量、冲量矩定理将引入接触点的不待求的作用力引起的未知不待求的冲量、冲量矩。这是因为所推导的冲量、冲量矩定理本质上是基于动量、动量矩定理的积分形式,因此在分析碰撞问题时,只能取分离体分别分析,因此不可避免会引入接触点的不待求作用力引起的冲量、冲量矩。

许多碰撞问题无须求接触点的不待求的作用力所引起的冲量、冲量矩,有无更简单的方法不引入不待求的冲量、冲量矩呢?采用动静法的思想,将动静法积分求速度问题用来求碰撞问题便可以。这样,求碰撞问题不仅可以避免引入不待求的作用力所引起的冲量、冲量矩,还可以事先知道至少(尽量)需列几个冲量、冲量矩方程。原因同前文动静法的积分形式,不再赘述。

例 10.14　如图 10.19(a)所示,一长为 $2r$、质量为 m 的均质杆 PQ 自由地铰接在一圆盘的边缘 P 处,圆盘是均质的,半径为 r,质量为 m,圆心为 O。系统静止在光滑水平面上,且 OPQ 在同一直线上。今有冲量 I 作用在点 Q,方向垂直 PQ。

求圆盘受冲击后的初始角速度。

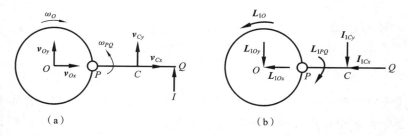

图 10.19　例 10.14 图

解　动静法求积分。

(1) 惯性力简化积分后的惯性冲量和冲量矩如图 10.19(b)所示。其中惯性冲量和冲量矩为

$$I_{IOx} = mv_{Ox}, \quad I_{IOy} = mv_{Oy}, \quad L_{IO} = J_O\omega_O,$$
$$I_{ICx} = mv_{Cx}, \quad I_{ICy} = mv_{Cy}, \quad L_{IPQ} = J_C\omega_{PQ}$$

(2) 二者在接触点有 2 个约束,故自由度 $n = 6 - 2 = 4$。若不引入接触点的两个力,则可列 4 个类似静力学形式的方程。

【整体】可列 3 个方程。

$$\sum F_y = 0: \qquad\qquad I_{IOy} + I_{ICy} + I = 0 \qquad\qquad\text{(a)}$$

$$\sum F_x = 0: \qquad\qquad I_{IOx} + I_{ICx} = 0 \qquad\qquad\text{(b)}$$

$$\sum L_P = 0: \qquad\quad I_{IOy}r - I_{ICy}r - L_{IPQ} + L_{IO} = 0 \qquad\qquad\text{(c)}$$

【局部 OP 或轮 O】取轮 O。

$$\sum L_P = 0: \qquad\qquad I_{IOy}r + L_{IO} = 0 \qquad\qquad\text{(d)}$$

由点 P 的 y 方向的速度协调条件,得

$$v_{Oy} - \omega_O r = v_{Cy} - \omega_{PQ}r$$

在方程(a)至方程(d)中消去 v_{Oy}、v_{Cy},得

$$\frac{5}{6}r\omega_{PQ} - \frac{1}{2}\omega_O r = \frac{3I}{2m}, \quad -\frac{1}{2}\omega_{PQ}r + r\omega_O = -\frac{1}{2}\frac{I}{m}$$

由此解得

$$\omega_O = \frac{4I}{7mr}$$

*10.3　定轴转动刚体对轴承的附加动反力

如图 10.20 所示为一个一般的定轴转动刚体,定轴转动刚体也称为**刚性转子**。取转轴上点 D 为惯性力系的简化中心,取坐标系 $Dxyz$,z 轴与转轴重合,$Dxyz$ 可以与刚体固连,也可以不固连。

由方程(10.12),可得惯性力主矢为

$$F_{\mathrm{I}} = -Ma_C = -Ma_C^{\mathrm{n}} - Ma_C^{\mathrm{t}} = -M\omega^2 r_C \mathbf{n} - M\alpha r_C \boldsymbol{\tau}$$
$$= M(\omega^2 x_C + \alpha y_C)\mathbf{i} + M(\omega^2 y_C - \alpha x_C)\mathbf{j} \qquad (10.18)$$

由于转轴上点 D 为惯性力系的特殊简化中心,故可以应用公式(10.13),得惯性力主矩为

$$M_{\mathrm{I}} = (\alpha J_{xz} - \omega^2 J_{yz})\mathbf{i} + (\alpha J_{yz} + \omega^2 J_{xz})\mathbf{j} - \alpha J_z \mathbf{k}$$
$$(10.19)$$

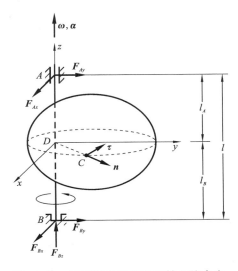

其中

$$J_{xy} = J_{yx} = \sum m_i x_i y_i,$$
$$J_{yz} = J_{zy} = \sum m_i y_i z_i,$$
$$J_{xz} = J_{zx} = \sum m_i x_i z_i$$

为刚体对坐标轴的惯性积;J_z 为刚体对 z 轴的转动惯量。当 Dxy 平面为刚体的质量对称面,或 z 轴为刚体的质量对称轴时,$J_{xz} = J_{yz} = 0$,这时 z 轴为刚体的惯性主轴,惯性力主矩在 x、y 轴上无分量。

图 10.20　定轴转动刚体及其轴承约束力

下面求出轴承在 A、B 处的支座反力的表达式。设主动力系向点 D 简化结果为

$$\begin{cases} 主矢:F = F_x \mathbf{i} + F_y \mathbf{j} + F_z \mathbf{k} \\ 主矩:M_F = M_{Fx}\mathbf{i} + M_{Fy}\mathbf{j} + M_{Fz}\mathbf{k} \end{cases}$$

约束反力为轴承的支座反力,向点 D 简化的结果为

$$\begin{cases} 主矢:F_N = (F_{Ax} + F_{Bx})\mathbf{i} + (F_{Ay} + F_{By})\mathbf{j} + F_{Bz}\mathbf{k} \\ 主矩:M_N = (F_{By}l_B - F_{Ay}l_A)\mathbf{i} + (F_{Ax}l_A - F_{Bx}l_B)\mathbf{j} + 0\mathbf{k} \end{cases}$$

由达朗贝尔原理,有

$$F + F_N + F_{\mathrm{I}} = 0, \qquad M_F + M_N + M_{\mathrm{I}} = 0$$

写成投影形式,可得六个平衡方程:

$$\begin{cases} F_x + F_{Ax} + F_{Bx} + M(\omega^2 x_C + \alpha y_C) = 0 \\ F_y + F_{Ay} + F_{By} + M(\omega^2 y_C - \alpha x_C) = 0 \\ F_z + F_{Bz} = 0 \\ M_{Fx} + F_{By}l_B - F_{Ay}l_A + \alpha J_{xz} - \omega^2 J_{yz} = 0 \\ M_{Fy} + F_{Ax}l_A - F_{Bx}l_B + \alpha J_{yz} + \omega^2 J_{xz} = 0 \\ M_{Fz} - \alpha J_z = 0 \end{cases}$$

第六个方程为刚体的定轴转动动力学方程。由前五个方程解得轴承支座反力为

$$\begin{cases} F_{Ax} = -\dfrac{1}{l}\big[F_x l_B + M_{Fy} + Ml_B(\omega^2 x_C + \alpha y_C) + (\alpha J_{yz} + \omega^2 J_{xz})\big] \\[2mm] F_{Ay} = -\dfrac{1}{l}\big[F_y l_B - M_{Fx} + Ml_B(\omega^2 y_C - \alpha x_C) - (\alpha J_{xz} - \omega^2 J_{yz})\big] \\[2mm] F_{Bx} = -\dfrac{1}{l}\big[F_x l_A - M_{Fy} + Ml_A(\omega^2 x_C + \alpha y_C) - (\alpha J_{yz} + \omega^2 J_{xz})\big] \\[2mm] F_{By} = -\dfrac{1}{l}\big[F_y l_A + M_{Fx} + Ml_A(\omega^2 y_C - \alpha x_C) + (\alpha J_{xz} - \omega^2 J_{yz})\big] \\[2mm] F_{Bz} = -F_z \end{cases}$$

以上各式中与转动有关(与 ω,α 有关)的项称为**轴承的附加动反力**,它们为

$$\begin{cases} F_{Ax}^{(d)} = -\dfrac{1}{l}\big[Ml_B(\omega^2 x_C + \alpha y_C) + (\alpha J_{yz} + \omega^2 J_{xz})\big] \\[2mm] F_{Bx}^{(d)} = -\dfrac{1}{l}\big[Ml_A(\omega^2 x_C + \alpha y_C) - (\alpha J_{yz} + \omega^2 J_{xz})\big] \\[2mm] F_{Ay}^{(d)} = -\dfrac{1}{l}\big[Ml_B(\omega^2 y_C - \alpha x_C) - (\alpha J_{xz} - \omega^2 J_{yz})\big] \\[2mm] F_{By}^{(d)} = -\dfrac{1}{l}\big[Ml_A(\omega^2 y_C - \alpha x_C) + (\alpha J_{xz} - \omega^2 J_{yz})\big] \end{cases}$$

如果刚体不转动,轴承支座反力中便不会出现以上这些项。

当转子的转速较高或很高时,附加动反力是很大的,会对轴承和机械造成损害,甚至发生安全事故,因此希望消除附加动反力。 从上式可见,为了消除附加动反力,要求转子满足以下条件:

$$\begin{cases} \omega^2 x_C + \alpha y_C = 0 \\ \omega^2 y_C - \alpha x_C = 0 \end{cases}, \qquad \begin{cases} \alpha J_{yz} + \omega^2 J_{xz} = 0 \\ \alpha J_{xz} - \omega^2 J_{yz} = 0 \end{cases}$$

将它们写成矩阵形式的线性方程组为

$$\begin{bmatrix} \omega^2 & \alpha \\ -\alpha & \omega^2 \end{bmatrix} \begin{bmatrix} x_C \\ y_C \end{bmatrix} = 0, \qquad \begin{bmatrix} \omega^2 & \alpha \\ \alpha & -\omega^2 \end{bmatrix} \begin{bmatrix} J_{xz} \\ J_{yz} \end{bmatrix} = 0$$

这是两个齐次线性方程组,只要转子运动,ω 和 α 就不会同时等于零,因此它们的系数矩阵行列式一定不为零,方程组只有零解。 由此得到消除附加动反力的条件:

(1) $x_C = y_C = 0$,即转轴通过转子质心,这种情况称为**静平衡**。

(2) $J_{xz} = J_{yz} = 0$,即转轴为惯性主轴,若转轴还通过转子质心,即转轴为中心惯性主轴时,能消除转子对轴承的附加动反力,这种情况称为**动平衡**。

*10.4　求解空间动力学问题

对于完整约束的空间动力学系统,其动静法的分析格式类似平面格式。

(1) 惯性力简化。

每个刚体的质心 C_i 的加速度量 $\boldsymbol{a}_{C_i}$ 和角加速度 $\boldsymbol{\alpha}_i$ 向各自的特殊动矩心 A_i 简化转为类似静力学形式的力偶矩 $\boldsymbol{M}_{1A_i}$ 和力 $\boldsymbol{F}_{1C_i}$。其中 $\boldsymbol{M}_{1A}$ 为

$$\boldsymbol{M}_{1A} = \sum m_i \left[(\boldsymbol{\alpha} \cdot \boldsymbol{r}_i)\boldsymbol{r}_i - (\boldsymbol{r}_i \cdot \boldsymbol{r}_i)\boldsymbol{\alpha} + (\boldsymbol{\omega} \cdot \boldsymbol{r}_i)\boldsymbol{\omega} \times \boldsymbol{r}_i \right]$$

对于均质球体,设 $\boldsymbol{\omega} = \omega_1 \boldsymbol{i} + \omega_2 \boldsymbol{j} + \omega_3 \boldsymbol{k}, \boldsymbol{\alpha} = \alpha_1 \boldsymbol{i} + \alpha_2 \boldsymbol{j} + \alpha_3 \boldsymbol{k}$。因为其对任意直径具有对称性,因此,对质心简化的力偶矩中的惯性积为 0,惯性矩都为 J,且 $\sum m_i x_i^2 = \sum m_i y_i^2 = \sum m_i z_i^2$。将这些特点代入上式,得到其向质心简化的力偶矩

$$\begin{aligned}
\boldsymbol{M}_{1C} &= \left[-J\alpha_1 + \left(\sum m_i z_i^2 - \sum m_i y_i^2 \right)\omega_2\omega_3 \right]\boldsymbol{i} \\
&\quad + \left[-J\alpha_2 + \left(\sum m_i x_i^2 - \sum m_i z_i^2 \right)\omega_1\omega_3 \right]\boldsymbol{j} \\
&\quad + \left[-J\alpha_3 + \left(\sum m_i y_i^2 - \sum m_i z_i^2 \right)\omega_1\omega_2 \right]\boldsymbol{k} \\
&= -J\alpha_1 \boldsymbol{i} - J\alpha_2 \boldsymbol{j} - J\alpha_3 \boldsymbol{k}
\end{aligned} \tag{10.20}$$

类似可以得到,对于均质圆柱体、长方体等物体,以质心 C 为原点 O,建立正交坐标轴 x、y、z,当物体分别相对 Oxy,Oyz,Oxz 平面对称时,其向质心简化的力偶矩不包含角速度和惯性积项,具有如下形式

$$\boldsymbol{M}_{1C} = -J_x \alpha_1 \boldsymbol{i} - J_y \alpha_2 \boldsymbol{j} - J_z \alpha_3 \boldsymbol{k} \tag{10.21}$$

(2) 确定至少需要列的动力学方程数目 k:$k = n - s + m$。

一个空间自由刚体和一个质点的自由度分别为 6 和 3。空间约束如表 4.1 所示。

(3) 得到 k 个类似静力学形式的方程:尽量对轴而不是对点列力矩平衡方程;不能对过一点的 3 根以上的轴或 3 根以上的平行轴列力矩平衡方程。

(4) 补充运动学方程。

因为动力学方程建立的是刚体角加速度和质心加速度与力的关系,所以运动学方程首先需要建立加速度关系。因为加速度关系可能会引入法向加速度和科氏加速度,故有时还需进一步补充运动学的速度关系。

为了得到加速度量间的关系,需要利用待求点(质心是待求点)与机构间连接点的相互关系。运动的机构中各构件都是通过连接点传递运动的,分析运动必须体现出这些联系。空间运动的加速度合成定理和基点法公式的形式与平面问题的相同,刚体上任意两点 M 和 A 的速度和加速度关系式分别为式(6.9)和式(6.11)空间矢量形式。

$$\boldsymbol{v}_M = \boldsymbol{v}_A + \boldsymbol{v}_{MA} = \boldsymbol{v}_A + \boldsymbol{\omega} \times \boldsymbol{r}_{AM}$$

$$\boldsymbol{a}_M = \boldsymbol{a}_A + \boldsymbol{a}_{MA}^n + \boldsymbol{a}_{MA}^t$$

其中,
$$\boldsymbol{a}_{MA}^n = \boldsymbol{\omega} \times \boldsymbol{v}_{MA} = \boldsymbol{\omega} \times (\boldsymbol{\omega} \times \boldsymbol{r}_{AM}), \quad \boldsymbol{a}_{MA}^t = \boldsymbol{\alpha} \times \boldsymbol{r}_{MA}$$

(5) 求解。

在运动学加速度方程中消去动力学方程中未出现的加速度量,得到新的仅含

有动力学方程中出现的加速度量方程,与 k 个动力学方程联立求解即可。

例 10.15　在真空中处于失重状态的均质球形刚体,其半径 $r=1$ m,质量 $M=2.5$ kg,对直径的转动惯量 $J=1$ kg·m²,球体固连坐标系 $Oxyz$,如图 10.21 所示。另有质量 $m=1$ kg 的质点 A 在内力驱动下沿球体大圆上的光滑无质量管道(位于 Oxy 平面内)以相对速度 $v_r=1$ m/s 运动。初始时,系统质心速度为零,质点 A 在 x 轴上。

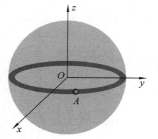

(1) 试判断系统自由度;

(2) 当球体初始角速度 $\omega_{x0}=0$, $\omega_{y0}=0$, $\omega_{z0}=1$ rad/s 时,求球心 O 的绝对速度 v_O、球体的角速度沿 z 轴分量 ω_z、质点 A 的绝对速度 v_A 和绝对加速度 a_A;

(3) 当球体初始角速度 $\omega_{x0}=1$ rad/s;$\omega_{y0}=0$;$\omega_{z0}=0.4$ rad/s 时,求球体的角速度 $\boldsymbol{\omega}$ 和角加速度 $\boldsymbol{\varepsilon}$。

图 10.21　例 10.15 图

解　第 1 问:对于完整系统,需要 7 个独立坐标(广义坐标)确定系统的位形,其中球 6 个,质点 1 个,独立坐标数就是自由数。对于非完整系统,给定的一个加速度可视为一个二阶非完整约束,那么,按非完整系统计算自由度的方法,自由度就是 7 个广义坐标减去 1 个非完整约束,结果为 6。该题是完整系统,自由度为 7。

第 2 问:该题优选动静法。

设 $\boldsymbol{\omega}=\omega_1\boldsymbol{i}+\omega_3\boldsymbol{k}$(该题(2)和(3)问具有此通式),$\boldsymbol{\alpha}=\alpha_1\boldsymbol{i}+\alpha_2\boldsymbol{j}+\alpha_3\boldsymbol{k}$。根据题意有 $\boldsymbol{r}=\boldsymbol{r}_{OA}=\boldsymbol{i}$, $\boldsymbol{v}_r=\pm\boldsymbol{j}$, $\boldsymbol{a}_r^n=-\dfrac{v_r^2}{r}\boldsymbol{i}=-\boldsymbol{i}$。下面先讨论 $\boldsymbol{v}_r=\boldsymbol{j}$ 的情形。

(1) 求速度。

① 惯性力简化(球的惯性力向质心 O 简化,图中未画出)$\boldsymbol{M}_{IO}=-J\alpha_1\boldsymbol{i}-J\alpha_2\boldsymbol{j}-J\alpha_3\boldsymbol{k}$, $\boldsymbol{F}_{IO}=-M\boldsymbol{a}_O$, $\boldsymbol{F}_{IA}=-m\boldsymbol{a}_A$

② 已知待求时刻 $\boldsymbol{\omega}$(相当于已知了 3 个分量)和 1 个相对速度 v_r,故需要列 $7-4=3$ 个动力学积分方程。

③ 按静力学方法,列 3 个不引入不待求力冲量的积分方程,先从整体出发,再分析局部。

【整体】　　$m\boldsymbol{a}_A+M\boldsymbol{a}_O=\boldsymbol{0}$(相当于列了 3 个方程,还差 3 个)　　　　(a)

式(a)在任意时刻均成立,初始质心速度为 0,积分有

$$m\boldsymbol{v}_A+M\boldsymbol{v}_O=\boldsymbol{0}$$

因此　　　　　　　　　　　　　　$$\boldsymbol{v}_O=-\frac{m}{M}\boldsymbol{v}_A$$　　　　　　　　　(b)

④ 积分方程已有 3 个,只需补充速度关系。

取质点 A 为动点,球为动系(存在稳定接触点问题),则

$$v_A = v_{A_1} + v_r \tag{c}$$

【OA_1】(同一刚体两点问题,采用基点法),则

$$v_{A_1} = v_O + v_{A_1 O} = v_O + \boldsymbol{\omega} \times \boldsymbol{r} \tag{d}$$

⑤ 求解。

将式(b)和式(d)代入式(c),有

$$\left(1 + \frac{m}{M}\right)v_A = \boldsymbol{\omega} \times \boldsymbol{r} + \boldsymbol{v}_r = \boldsymbol{k} \times \boldsymbol{i} + \boldsymbol{j} = 2\boldsymbol{j}$$

因此

$$v_A = \frac{10}{7}\boldsymbol{j} \tag{e}$$

将式(e)代入式(b),有

$$v_O = -\frac{4}{7}\boldsymbol{j}$$

(2) 求加速度。

① 惯性力简化。

② 确定至少所需列的动力学方程数目 k:$k = 7$ 个自由度 -1 个已知相对切向加速度($a_r^t = 0$)$= 6$ 个。

③ 静力学列 6 个方程的流程。

原则:尽量不引入不待求未知力(在该题中指 A 与滑道的作用力)。

具体方法:先整体,再局部。

【整体】空间平衡问题,正好可列 6 个方程。因此

$$m\boldsymbol{a}_A + M\boldsymbol{a}_O = \boldsymbol{0} \Rightarrow \boldsymbol{a}_O = -\frac{m}{M}\boldsymbol{a}_A \text{(相当于列了 3 个方程,还差 3 个)} \tag{f}$$

$$\sum M_x = 0: \qquad -J_x \alpha_1 = 0 \Rightarrow \alpha_1 = 0 \tag{g}$$

$$\sum M_y = 0: \qquad -J_y \alpha_2 + m a_{Az} r = 0 \Rightarrow -\alpha_2 + a_{Az} = 0 \tag{h}$$

$$\sum M_z = 0: \qquad -J_z \alpha_3 - m a_{Ay} r = 0 \Rightarrow -\alpha_3 - a_{Ay} = 0 \tag{i}$$

动力学方程数目已够,且未引入任何不待求的力,再由其他任何动力学理论所列的方程,若不引入不待求力,则必然可由上述 6 个方程和后面的运动学加速度方程推出,不用再列,或会引入不待求的未知力。所以,下面要做的是补充运动学加速度关系。

④ 补充运动学加速度关系。

取质点 A 为动点,球为动系(存在稳定接触点问题),则

$$\boldsymbol{a}_A = \boldsymbol{a}_{A_1} + \boldsymbol{a}_r^n + \boldsymbol{a}_k \tag{j}$$

【OA_1】(同一刚体两点问题,用基点法),则

$$\boldsymbol{a}_{A_1} = \boldsymbol{a}_O + \boldsymbol{a}_{A_1 O}^n + \boldsymbol{a}_{A_1 O}^t = \boldsymbol{a}_O + \boldsymbol{\omega} \times (\boldsymbol{\omega} \times \boldsymbol{r}) + \boldsymbol{\alpha} \times \boldsymbol{r} \tag{k}$$

⑤ 求解。

将公式(f)(k)代入式(j),有

$$\left(1+\frac{m}{M}\right)a_A=\boldsymbol{\omega}\times(\boldsymbol{\omega}\times\boldsymbol{r})+\boldsymbol{\alpha}\times\boldsymbol{r}+\boldsymbol{a}_r^n+2\boldsymbol{\omega}\times\boldsymbol{v}_r \tag{l}$$

将 $\boldsymbol{\omega}=\omega_1\boldsymbol{i}+\omega_3\boldsymbol{k},\boldsymbol{\alpha}=\alpha_1\boldsymbol{i}+\alpha_2\boldsymbol{j}+\alpha_3\boldsymbol{k},\boldsymbol{r}=\boldsymbol{r}_{OA}=\boldsymbol{i},\boldsymbol{v}_r=\boldsymbol{j},\boldsymbol{a}_r^n=-\boldsymbol{i}$ 代入式(l),有

$$\frac{7}{5}\boldsymbol{a}_A=(-\omega_3^2-1-2\omega_3)\boldsymbol{i}+\varepsilon_3\boldsymbol{j}+(-\varepsilon_2+\omega_1\omega_3+2\omega_1)\boldsymbol{k} \tag{m}$$

因此
$$a_{Ax}=\frac{5}{7}(-\omega_3^2-1-2\omega_3) \tag{n}$$

$$a_{Ay}=\frac{5}{7}\alpha_3 \tag{o}$$

$$a_{Az}=\frac{5}{7}(-\alpha_2+\omega_1\omega_3+2\omega_1) \tag{p}$$

将式(n)代入式(i),得
$$\alpha_3=0,\quad a_{Ay}=0 \tag{q}$$

将式(p)代入式(h),得
$$\alpha_2=\frac{5\omega_1(\omega_3+2)}{12},\quad a_{Az}=\frac{5[-\alpha_2+\omega_1(\omega_3+2)]}{7} \tag{r}$$

【讨论1】第(2)问,$\omega_3=1,\omega_1=0$。

代入式(n)(q)(r)有

$$\alpha_2=\frac{5\omega_1(\omega_3+2)}{12},\quad a_{Az}=\frac{5[-\alpha_2+\omega_1(\omega_3+2)]}{7}$$

$$a_A=a_{Ax}=\frac{5}{7}(-1^2-1-2)=-\frac{20}{7}\ \mathrm{m/s^2}$$

【讨论2】第(3)问,$\omega_3=0.4,\omega_1=1$。

由式(g)得出 $\alpha_1=0$;由式(r)得出 $\alpha_2=1\ \mathrm{rad/s^2}$;由式(q)得出 $\alpha_3=0$;故
$$\boldsymbol{\alpha}=\alpha_2\boldsymbol{j}=\boldsymbol{j}$$

当相对速度方向与 y 轴正方向相反时,将上述求解中的 $\boldsymbol{v}_r=\boldsymbol{j}$ 换成 $\boldsymbol{v}_r=-\boldsymbol{j}$,得到第(2)问:$v_0=v_A=0,a_0=a_A=0$,得到第(3)问:$\boldsymbol{\alpha}=-\frac{2}{3}\boldsymbol{j}$。

该题若考虑重力,且球非均质,球的质心仍在球心,求该题同样的问题时,仍可以采用上述同样的分析步骤,只是要考虑惯性积等参数的惯性力矩,球的惯性力简化的特殊简化中心是质心。

该题演示了应用动静法分析空间动力学问题的规律。对于由刚体或质点构成的动力学系统,无论是平面问题还是空间问题,都可以应用达朗贝尔原理,转化为静力学形式的平衡问题,按本书所给出的规律性的分析格式,就很容易建立独立的动力学方程。当求加速度与力的关系时,得到的是线性方程组,采用代入法或消元法或线性代数的求解方法即可。当求一个过程的速度变化或位移问题时,建立动力学微分方程后,根据初始条件求解积分方程,除了一些守恒问题,找到解析解有

时不是很容易的事,需要读者重点学习求解微分方程组,无解析解的用数值计算法。但从本课程来说,能建立独立的动力学微分方程是主要学习目的。至目前为止,文书已介绍了矢量力学的主要内容。动力学问题分析方法众多,其中动量、动量矩定理在建立动力学理论方程方面具有重要的作用,在后续一些课程中经常采用其推导新的理论。但从刚体系统解题简便性上,动静法克服了动量、动量矩定理的一些缺点,除了单自由度系统的一些特殊问题用动量矩定理更简单外,一般动静法较合适。读者掌握动静法和功率方程这两种分析方法及其选择判据后,在以后工作学习中便可以较容易且有规律地建立几乎所有由平面和空间运动刚体构成的系统的动力学微分方程。

动静法只是将动力学问题转化为矢量静力学形式的平衡问题,而矢量静力学仍不能实现一定不引入不待求的未知力,在上述动静法的应用中,基于自由度数确定动力学问题至少需要列 k 个动力学方程是核心。那么,能否有一种理论一定能实现只列 k 个动力学方程呢?

此外,动力系统有时工作在多物理场环境下,比如,电动机转子工作在电磁场下,涡轮机工作在流体和热力场下,而动静法等矢量力学仅仅研究的是机械系统的力学分析方法,如何建立多物理场下的分析方法呢?

习　　题

10.1　如题 10.1 图所示,质量 $m=0.01\ \mathrm{kg}$ 的质点,在半径 $r=0.1\ \mathrm{m}$ 的圆环内按箭头方向以相对速度 $v=0.5\ \mathrm{m/s}$ 做匀速运动,圆环以匀角速度 $\omega=5\ \mathrm{rad/s}$ 绕轴 O 转动。求此质点在点 A、B 处的惯性力的大小,并将惯性力的方向画在图上。

10.2　如题 10.2 图所示,已知曲柄 $OA /\!/ O_1B$,$OA=O_1B=r$,转动角速度和角加速度分别为 ω 和 α。$ABCD$ 为一个弯杆,滑块 E 的质量为 m。求滑块 E 的惯性力的大小,并将惯性力的方向画在图上。

10.3　如题 10.3 图所示,质量为 m,半径为 r 的均质圆轮沿水平轨道做纯滚动。已知轮心在某瞬时的速度 v_C 和加速度 a_C,此时惯性力系向速度瞬心简化所得主矢和主矩的大小,在下述五种答案中正确的是(　　　)。

① $F_{\mathrm{I}}=mv_C^2/r,M_{\mathrm{I}}=\dfrac{1}{2}mra_C$　　　　② $F_{\mathrm{I}}=mv_C^2/r,M_{\mathrm{I}}=\dfrac{3}{2}mra_C$

③ $F_{\mathrm{I}}=ma_C,M_{\mathrm{I}}=\dfrac{1}{2}mra_C$　　　　④ $F_{\mathrm{I}}=ma_C,M_{\mathrm{I}}=\dfrac{3}{2}mra_C$

⑤ $F_{\mathrm{I}}=m\sqrt{a_C^2+\dfrac{v_C^4}{r^2}},M_{\mathrm{I}}=\dfrac{3}{2}mra_C$

10.4　题 10.4 图中各处光滑,处于垂直面的构件 AB 质量均匀分布。AB 的角

题 10.1 图　　　　　　　题 10.2 图　　　　　　　题 10.3 图

① $\omega_{AB}=1\ \text{rad/s}$, $\theta=90°$　　　　　② $\omega_{AB}=0$, $\theta=120°$

③ $\omega_{AB}=0$, $\theta=90°$　　　　　④ $\omega_{AB}=1\ \text{rad/s}$, $\theta=120°$

题 10.4 图

加速度和质心 C 的加速度不能向其速度瞬心 P 转化为惯性力 $\boldsymbol{F}_{IC}=-m\boldsymbol{a}_C$(作用在速度瞬心 P 上)和惯性力矩 $M_{IP}=-J_{P\alpha}$(α 为角加速度,ω 为角速度)的是(　　　)。

10.5　如题 10.5 图所示,质量为 m,长为 L 的均质细直杆绕轴 O 转动,角速度 ω 与角加速度 α 均为逆时针转向,在下列四种惯性力系的简化情况中正确的是(　　　)。

① $M_I=\dfrac{1}{3}mL^2\alpha$, $F_I^t=\dfrac{1}{2}mL^2\alpha$, $F_I^n=\dfrac{1}{2}mL\omega^2$

② $M_I=\dfrac{1}{12}mL^2\alpha$; $F_I^t=\dfrac{1}{2}mL^2\alpha$; $F_I^n=\dfrac{1}{2}mL\omega^2$

③ $M_I=\dfrac{1}{12}mL^2\alpha$; $F_I^t=\dfrac{1}{2}mL\alpha$; $F_I^n=\dfrac{1}{2}mL\omega^2$

④ $M_I=\dfrac{1}{3}mL^2\alpha$; $F_I^t=\dfrac{1}{2}mL\alpha$; $F_I^n=\dfrac{1}{2}mL\omega^2$

10.6　如题 10.6 图所示,边长为 $L=0.5$ m 的均质立方体 A,重为 $P=1$ kN,

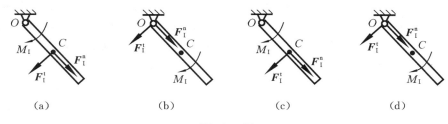

(a)　　　　　　　(b)　　　　　　　(c)　　　　　　　(d)

题 10.5 图

放在水平运输车 B 上,接触面间的摩擦因数 $f=0.2$,试问车的加速度取何值时,才能保证重物安全运输(既不翻转,也不滑动)。

10.7　均质长方形平板 $ABCD$,其质量 $m=27$ kg,尺寸如题 10.7 图所示,于点 A 用光滑铰链悬挂起来,自 AB 边水平时静止释放,求释放瞬时板绕 A 转动的角加速度和 A 点的约束反力。

10.8　如题 10.8 图所示,均质杆 AB 长 $2L$,重 P,沿光滑的圆弧轨道运动,杆的质心 C 与圆弧中心 O 的距离为 L。开始运动时,杆与水平直径成 $\theta=45°$,初速度为零。求此时轨道对杆的约束力。

题 10.6 图　　　　　　　题 10.7 图　　　　　　　题 10.8 图

10.9　如题 10.9 图所示,嵌入墙内的悬臂梁的 B 端装有重为 G,半径为 R 的均质鼓轮(可视为均质圆盘),有主动转矩 M 作用于鼓轮以提升重为 P 的重物 C。设 $AB=L$,梁和绳的重量都略去不计,求固定端支座 A 处的约束反力。梁 AB 水平。

10.10　水平的均质杆重为 P,长为 L,用两根等长的绳索悬挂,如题 10.10 图所示。求一根绳突然断开时,杆的质心加速度 a_C 及另一根绳的拉力 T。

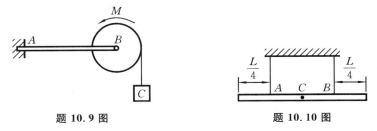

题 10.9 图　　　　　　　题 10.10 图

10.11 在题 10.11 图所示机构中,质量为 m 的均质圆盘在一变化力偶矩作用下,以角速度 $\omega_0 = 12$ rad/s 绕垂直于图面的轴 A 转动(逆时针方向),均质杆 BD 长 $4r$,质量为 m,不计套筒 E 质量。若机构在水平面内,试求图示瞬时套筒 E 对杆 BD 的约束力(不计摩擦)。

10.12 如题 10.12 图所示,长为 L、质量为 m 的两个相同的水平均质杆 AB 和 CD 以软绳 AC 与 BD 相连,并在 AB 的中点用铰链 O 固定。求当绳 BD 被剪断的瞬间 B 与 D 两点的加速度。

10.13 如题 10.13 图所示,均质杆长 $L=1$ m,质量 $m_1 = 10$ kg,B 端铰接于直径 $d = 0.5$ m,质量 $m_2 = 20$ kg 的均质圆盘上。B 与圆盘中心 C 相距 $e = 0.23$ m,处于静平衡状态。若在圆盘上施加力偶矩为 $M = 15$ N · m 的力偶,试求此瞬时杆 AB 和圆盘的角加速度。

题 10.11 图　　　　　　题 10.12 图　　　　　　题 10.13 图

10.14 如题 10.14 图所示,均质杆 OA 长 r,重为 P;均质杆 AB 长 L,重为 G;两者用铰链连接。杆 OA 的 O 端用铰链固定,距离地面的高度为 r。杆 AB 的 B 端在光滑的水平面上。初始时,杆 OA 水平,将系统由静止状态自由释放,求在重力作用下,杆 OA 即将运动到垂直位置(此时杆 AB 仍只有点 B 与地面接触)时,点 B 的速度及水平面对 B 的反力。

10.15 如题 10.15 图所示,均质鼓轮 A 用一绳悬于天花板上,另一绳悬重物 B,绳重不计。开始时鼓轮和重物同时由静止释放。鼓轮重 $P_A = 50$ kN,重物重 $P_B = 100$ kN,$r = 0.1$ m,$R = 0.2$ m,鼓轮对中心轮的回转半径 $\rho = 0.15$ m。求鼓轮中心 A 与重物 B 的加速度。

10.16 如题 10.16 图所示,一质量为 m_1、长为 L 的单摆,其上端连在圆轮的中心 O 上。圆轮的质量为 m_2,半径为 r,可视为均质圆盘。圆轮放在水平面上,圆轮与平面间有足够的摩擦力阻止滑动。求单摆在图示位置无初速地开始运动时,轮心 O 的加速度。

題 10.14 图　　　　　　題 10.15 图　　　　　　題 10.16 图

10.17　如题 10.17 图所示,在粗糙水平面上放置一直角三棱柱体 A,其质量为 m_1,通过两个不计质量的小滚轮放置在地面上。小滚轮相对水平面和三棱柱体做纯滚动。重量为 Q 的物块通过水平绳索和不计质量的定滑轮 O 与三棱柱体相连,质量为 m_2、半径为 r 的均质圆柱体 C 在三棱柱体的斜面滚下而不滑动,三棱柱体的倾角为 θ,试求三棱柱体的加速度。

10.18　如题 10.18 图所示,质量为 m、半径为 r 的圆环 O,垂直放在水平面上做纯滚动。在圆环的边缘上刚性连接一质量为 m 的质点 A。试用动静法建立系统的运动微分方程。

題 10.17 图　　　　　　　　題 10.18 图

10.19　质量为 m 的均质直角三角形薄板,绕直角边 AB 以匀角速度 ω 转动。尺寸如题 10.19 图所示,求在图示位置时轴承 A、B 的附加动反力。

10.20　如题 10.20 图所示,一圆盘在水平面 Oxy 内,在一变化力偶矩作用下,以匀角速度 ω 绕其中心轴 Oz 转动。沿盘的直径有一光滑槽,一质量为 m 的质点 M 在槽内运动。如质点在开始时与盘心的距离为 b,其相对槽的初速度等于零,求质点沿槽的相对运动规

題 10.19 图

律及槽给质点的反作用力 N。

10.21　如题 10.21 图所示,细直管在水平面内,在一变化力偶矩作用下,以匀角速度 ω 绕管上一点 O 转动。小球可以在管中无摩擦地运动。在初瞬时 $t_0=0$,球离 O 的距离 $OM_0=r_0$。试写出小球的相对运动微分方程,并求出通解。欲使球能以无限小的速度无限地接近轴心 O,则小球相对于直管的初速度应满足什么条件? 小球相对直管的运动规律又是什么?

10.22　如题 10.22 图所示,均质圆柱 A 的半径为 r,质量为 M;均质杆 AB 的长度为 l,质量为 m。铰 A 和墙 B 处都是光滑接触,地面粗糙使得圆柱做纯滚动,竖直墙面与水平地面垂直。初始时系统静止,且 $\theta=45°$,然后释放,求初始时刻:

题 10.20 图　　　　　　　　　题 10.21 图

(1) 地面对轮 A 的静摩擦力(要求不引入不待求的未知力);

(2) 铰链 A 对 AB 的约束反力(要求不引入不待求的未知力)。

10.23　在很多机器内,如压气机、牛头刨床等,为了使负荷平稳及转速均匀,常装有如题 10.23 图所示的飞轮,为了使飞轮的效用高,飞轮必须以很大的角速度旋转,这样在轮缘和轮辐上由于法向惯性力(离心力)的作用将产生很大的动应力。设轮缘厚度远小于半径 R,略去轮辐的影响,把飞轮简化为半径为 R、绕垂直于其几何中心的轴旋转的均质圆环(这样的结果强度偏于安全),材料的密度为 ρ,许用拉应力为 $[\sigma]$(单位面积上的拉力)。求轮缘的极限转速。

题 10.22 图　　　　　　　　　题 10.23 图

第 11 章　虚位移原理(虚功原理)

　　应用达朗贝尔原理可以将图 11.1 所示的动力学问题转化为类似静力学问题来分析,实现动向静的转化,在很大程度上避免了引入刚体间相互作用力,克服了应用动量定理和动量矩定理分析问题计算量大的缺点;但在基于自由度确定所需列的动力学方程数目时,只能确定至少所需列的方程的数目,有时还需要引入不待求未知力,多列动力学方程,所建立的统一分析格式还不那么完美。此外,对于如图 11.1 所示的机构,当 OA 的转速 ω 为 0,角加速度也为 0 时,系统在未知力偶矩 M 和已知力 F 的作用下处于静平衡。然而,即使是静平衡系统,若需求 M,静力学分析方法仍然不能保证一定不引入不待求的未知力,这是以前所学的静力学(几何静力学)分析方法固有的不足,同样也是动静法的不足。如何克服这一缺陷呢?

　　若图 11.1 所示的静平衡系统的曲柄 OA 转速增加到以无限小的转速匀速转动,此时认为该系统是运动的还是静止的呢?若认为是运动的,则可以应用功率方程来分析。对于单自由度系统,得到如下功率方程格式

图 11.1　平衡系统

$$f_1(F_1, F_2, F_3, \cdots, F_i, M_1, M_2, \cdots, M_j) = f_2(\alpha_1, \omega_1^2) \qquad (11.1)$$

　　由该式可知,若 OA 以无限小的转速匀速转动,式(11.1)右边为 0,就能实现不引入不待求力而求出 M 了,该方程实际上就是另一种形式的静平衡方程,该方法似乎启发我们可能有一种有别于动静法的新思想:若不希望引入某个力,只要让该力不做功即可。但该方法却不能求不做功的力,比如滑道对滑块 B 的支持力。因为运动的机构,其运动状态是唯一确定的,力是否做功是不以人的意志为转移的。那么,如何解决呢?

　　哲学上认为,世界是运动的,静止是运动的特殊情形,那么,能否将静平衡系统看作以无限小的速度运动呢?既然是静止的,那么,运动的可能性能否在一定条件下按我们所希望的目的来假设呢?比如,假设每一个不待求未知力在作用点处以垂直于该力且无限小的速度运动,那样,该力就不做功了,在所假设的运动模式下,应用功率方程就不会引入该力了。系统在 n 个未知作用力下处于静平衡,为了求其中一个力,若能假设其他 $n-1$ 个力在作用点处的速度与其垂直,对静平衡系统就能实现应用一次功率方程求某一个力了,当然该功率方程是想象出来的。那么这能否成为可能呢?哲学上认为,动静在一定条件下可以相互转化。达朗贝尔原

理给出了明确、具体的转化条件,实现了动向静的转化,证实了哲学原理。现在的问题是如何实现从静到动的转化,既然从哲学原理上来说是可以的,那么其明确、具体的转化条件是什么呢?本章将探讨静向动转化的具体条件。

11.1　虚位移原理

11.1.1　可能位移、实位移和虚位移

设有 N 个质点的质点系,已选定广义坐标 $q_k, k=1,2,\cdots,n$,因为广义坐标确定系统的位置,因此质点 $m_i, i=1,2,\cdots,N$ 的位置矢径 r_i 由广义坐标和时间 t 确定

$$r_i=r_i(q_1,q_2,\cdots,q_n,t), \quad i=1,2,\cdots,N \tag{11.2}$$

对定常系统,式(11.2)中不显含 t。若在 dt 时间内各广义坐标改变了 $dq_k, k=1,2,\cdots,n$,则有

$$d\boldsymbol{r}_i=\frac{\partial \boldsymbol{r}_i}{\partial q_1}dq_1+\frac{\partial \boldsymbol{r}_i}{\partial q_2}dq_2+\cdots+\frac{\partial \boldsymbol{r}_i}{\partial q_n}dq_n+\frac{\partial \boldsymbol{r}_i}{\partial t}dt, \quad i=1,2,\cdots,N \tag{11.3}$$

如果 $dq_k, k=1,2,\cdots,n$ 满足约束,则位移 $d\boldsymbol{r}_i, i=1,2,\cdots,N$ 是各质点在 $[t,t+dt]$ 时间内可能实现的一组位移。这种在 dt 时间内产生、满足所有约束条件的位移 $d\boldsymbol{r}_i, i=1,2,\cdots,N$ 称为系统的**可能位移**。

如果可能位移还满足系统的运动微分方程和初始条件,则一定是系统的一组真实运动位移,称为系统的**实位移**。

显然实位移是可能位移中的一组位移。

在系统任意一个确定时刻可能存在的位形(真实位形和可能位形)上,如果给系统一组满足约束的坐标变分 $\delta q_k, k=1,\cdots,n$,则系统所有质点会产生一组等时位移,用 $\delta r_i, i=1,2,\cdots,N$ 表示,有

$$\delta \boldsymbol{r}_i=\frac{\partial \boldsymbol{r}_i}{\partial q_1}\delta q_1+\frac{\partial \boldsymbol{r}_i}{\partial q_2}\delta q_2+\cdots+\frac{\partial \boldsymbol{r}_i}{\partial q_n}\delta q_n, \quad i=1,2,\cdots,N \tag{11.4}$$

式(11.4)对任何约束系统均适合。

由于等时位移的发生不需要时间,这在实际中是不可能的,因此,这种满足约束的等时位移 $\delta r_i, i=1,2,\cdots,N$ 称为系统的一组虚位移。显然,任意两组虚位移之间一般是不相互独立的。

虚位移这种不需要时间的位移总是使人感到很困惑,下面来讨论一下虚位移的含义和本质。用 $\Omega(t)$ 表示系统在任意时刻 t 的位形(真实位形或(和)可能位形),不管该位形是怎么来的,也不管该位形要往何处去,只考察在满足约束的条件下,在位形 $\Omega(t)$ 附近系统还可以出现的位形,这种位形用 $\Omega^*(t)$ 表示。显然,位形 $\Omega^*(t)$ 是完全由约束确定的,或者说是事先就存在的(只是发现它需要时间),因此位形 $\Omega^*(t)$ 与位形 $\Omega(t)$ 是同时出现的。虚位移就是这两个位形中同一质点的位

移矢量之差,因此虚位移也是由约束事先规定好的、事先就存在的,这种位移不需要时间,只是发现它花了时间。到此已经很明白了,虚位移实际上是一种只满足瞬时约束的位移,这也是它与可能位移和实位移的区别之处,而可能位移和实位移是随时间改变的,它们需要满足一段时间内(dt 时间内)系统出现的所有约束。

前面已经知道,实位移是可能位移的一组,这对任何系统都如此。但是,实位移与虚位移之间、虚位移与可能位移之间的关系,需要根据系统是否定常来确定。

对于定常系统,$\boldsymbol{r}_i = \boldsymbol{r}_i(q_1, q_2, \cdots, q_n)$,$i = 1, 2, \cdots, N$,各质点的可能位移为

$$d\boldsymbol{r}_i = \frac{\partial \boldsymbol{r}_i}{\partial q_1}dq_1 + \frac{\partial \boldsymbol{r}_i}{\partial q_2}dq_2 + \cdots + \frac{\partial \boldsymbol{r}_i}{\partial q_n}dq_n, \quad i = 1, 2, \cdots, N \quad (11.5)$$

因此对于定常系统,无限小的可能位移组成的集合与虚位移组成的集合相同,进而无限小实位移是某一组虚位移。

对非定常约束系统,可能位移和虚位移二者却完全不同,不能混同起来。三种位移之间并没有普遍明确的关系,但是从各自对应的系统位形集合来看,它们之间却存在普遍明确的关系(注意位移和位形的区别)。首先,因为可能位移包含了真实位移,所以由可能位移规定的系统位形集合一定包含系统的真实位形。其次,因为虚位移是在任意一个真实位形和可能位形上瞬时满足约束的位移,所以,由所有时刻的虚位移规定的系统位形集合一定包含系统的可能位形和真实位形。

综上所述,任意时刻的虚位移给出了该时刻系统可能出现的所有位形,但在具体、真实的力作用下,其真实位形是唯一的。力学的一个主要任务就是在所有可能的位形中挑选出系统在具体、真实的力作用下的真实位形。

11.1.2　虚位移的分析计算

虚位移的分析包括各点虚位移的大小、方向的确定和各点虚位移之间的数量比例关系,主要有以下两种分析方法。

1. 解析法

选取一个坐标系,将各点的坐标表达为广义坐标的函数,再求等时变分。

2. 几何法

先根据系统的约束和运动关系画出各点的虚位移间的几何关系,再分析计算,称为几何法。分析方法一般又可分为 2 种。方法 1 是直接根据几何学知识,比如相似三角形、平行四边形性质和三角恒等变换等知识得到虚位移之间的关系。该方法一般比较复杂,可用方法 2 替代,即系统虚位移的确定和分析是通过速度分析方法完成的。其原理和做法如下:将系统的任意一组虚位移除以 dt,便得到一组具有速度量纲的量,称为**虚速度**。换言之,虚速度是在时间固定的条件下,系统可能出现的一组瞬时速度。显然,任意一组虚速度满足系统的约束,并且各点的虚速度与各点的虚位移方向相同、大小成比例。因此,我们可以将任一组虚位移看成系统的一组瞬时速度(在时间固定的条件下),虚速度之比等于虚位移之比,进而可用

速度分析的方法来很分析虚位移,不妨称该方法为**虚速度法**。

例 11.1　在如图 11.2 所示机构中,杆 OA 与直角弯杆 BCD 始终接触,$OA=l$,$BC=b$,以 φ 为广义坐标。求点 A 与点 D 的虚位移大小之间的比值。

图 11.2　例 11.1 图

解　(1) 解析法。

建立坐标系 Oxy,点 A 和点 D 的坐标分别为
$$x_A = l\cos\varphi, \quad y_A = l\sin\varphi$$
$$x_D = b\cot\varphi + CD, \quad y_D = 0$$

坐标的变分为
$$\delta x_A = -l\delta\varphi\sin\varphi, \quad \delta y_A = l\delta\varphi\cos\varphi$$
$$\delta x_D = -\frac{b\delta\varphi}{\sin^2\varphi}, \quad \delta y_D = 0$$

所以点 A 和点 D 的虚位移大小分别为
$$\delta r_A = \sqrt{(\delta x_A)^2 + (\delta y_A)^2} = l\delta\varphi$$
$$\delta r_D = |\delta x_D| = \frac{b\delta\varphi}{\sin^2\varphi}$$

因此
$$\frac{\delta r_A}{\delta r_D} = \frac{\sqrt{(\delta x_A)^2 + (\delta y_A)^2}}{|\delta x_D|} = \frac{l}{b}\sin^2\varphi$$

(2) 几何法。取 BCD 上 B 为动点,OA 为动系,根据速度合成定理有
$$v_B = v_e + v_r \quad (各虚速度方向与图 11.2 中虚位移方向相同)$$

可得
$$\frac{v_A}{v_D} = \frac{l}{b}\sin^2\varphi$$

所以
$$\frac{\delta r_A}{\delta r_D} = \frac{l}{b}\sin^2\varphi$$

11.1.3　虚功

设有一个有 N 个质点、n 个自由度的完整质点系,广义坐标为 q_k,$k=1,2,\cdots,n$,各质点 m_i 的矢径可表为
$$r_i = r_i(q_1, q_2, \cdots, q_n, t), \quad i = 1, 2, \cdots, N$$

各质点 m_i 的虚位移为
$$\delta r_i = \sum_{k=1}^{n} \frac{\partial r_i}{\partial q_k}\delta q_k, \quad i = 1, 2, \cdots, N \tag{11.6}$$

质点上作用的力与对应虚位移的点积之和称为该力系的虚功。

在应用动能定理分析动力学问题时,为了分析方便,将约束用约束处的一对作用力与反作用力在运动过程中做功之和是否为 0 来分类。做功之和为 0 的称为理想约束,反之为非理想约束。类似地,在应用下文的虚位移原理分析静力学问题

时,为了分析方便,约束可根据约束处的一对作用力与反作用力在所选取的虚位移模式中做虚功之和是否为 0 来分类。做虚功之和为 0 称为理想约束,反之为非理想约束。

在图 11.3(a)中,弹簧 k 是滑块 A 和轮 C 的约束,因为作用在点 C 和滑块 A 的一对作用力与反作用力(约束反力)在滑块 A 向左、轮 C 向右运动的虚位移模式中,其虚功之和不为 0,所以弹簧 k 不是理想约束。若假设轮 C 在地面做纯滚动且不考虑地面对轮 C 的滚动摩擦力偶的虚位移模式,在此虚位移模式下,地面对轮 C 的力做的虚功和轮对地面的作用力做的虚功都为 0,其虚功之和为 0,所以接触点 D 处约束是理想约束。在图 11.3(b)中,假设三棱体运动,轮 C 相对其做纯滚动,在此虚位移模式下,三棱体对轮 C 的力做的虚功和轮 C 对三棱体的作用力做的虚功都不为 0,但其虚功之和为 0,所以接触点 D 处约束是理想约束。当然,若考虑接触面间的滚动摩擦力偶,D 处约束就不是理想约束。假设轮相对于三棱体只滑动不滚动,接触面间的一对摩擦力副在该虚位移模式下,做的虚功之和不为 0,故不是理想约束。在图 11.3(c)中,假设构件连接铰链 O、A 和 B 处光滑,在这些约束处,相互作用力大小相等、方向相反,作用点的虚位移矢量相同,所以也是理想约束。

（a）　　　　　　　　　（b）　　　　　　　　　（c）

图 11.3　常见约束

11.1.4　虚位移原理

应用虚功和理想约束的概念,可以得到下面的虚位移原理。

虚位移原理　设 N 个质点组成的完整系统具有定常、双面的理想约束,原处于静止状态,则此系统保持平衡(静止)的充要条件是:主动力系在系统的任何一组虚位移上所做的虚功之和等于零。

设质点 m_i,$i=1,2,\cdots,N$ 上主动力的合力为 $\boldsymbol{F}_i$,则该系统保持平衡(静止)的充要条件是:在任何虚位移 $\delta\boldsymbol{r}_i$ 上有

$$\sum_{i=1}^{N} \boldsymbol{F}_i \cdot \delta\boldsymbol{r}_i = 0 \tag{11.7}$$

式(11.7)称为系统的**虚位移原理**,也称为**虚功方程**或**虚功原理**。

下面证明虚位移原理。

证明 **必要性** 设质点 m_i 所受的约束力的合力为 $\boldsymbol{N}_i$,系统的平衡意味着每个质点都处于平衡状态,即

$$\boldsymbol{F}_i + \boldsymbol{N}_i = \boldsymbol{0}, \quad i = 1, 2, \cdots, N$$

故对系统的任何一组虚位移均有

$$\sum_{i=1}^{N} (\boldsymbol{F}_i + \boldsymbol{N}_i) \cdot \delta\boldsymbol{r}_i = 0$$

由于系统具有理想约束,故 $\sum_{i=1}^{N} \boldsymbol{N}_i \cdot \delta\boldsymbol{r}_i = 0$,进而 $\sum_{i=1}^{N} \boldsymbol{F}_i \cdot \delta\boldsymbol{r}_i = 0$。必要性证毕。

充分性 用反证法。假定任一组虚位移方程均成立,但系统不能保持平衡。因此至少有一个质点 m_i 不平衡,所以 $\boldsymbol{F}_i + \boldsymbol{N}_i \neq \boldsymbol{0}$,进而质点 m_i 将沿 $\boldsymbol{F}_i + \boldsymbol{N}_i$ 的方向产生加速度。若运动开始时 m_i 处于静止状态,则在 dt 时段内其必沿 $\boldsymbol{F}_i + \boldsymbol{N}_i$ 的方向产生实位移 $d\boldsymbol{r}_i$,因而必有

$$(\boldsymbol{F}_i + \boldsymbol{N}_i) \cdot d\boldsymbol{r}_i > 0 \tag{11.8}$$

式(11.8)适用于任何不平衡质点,从而有

$$\sum_{i=1}^{N} (\boldsymbol{F}_i + \boldsymbol{N}_i) \cdot d\boldsymbol{r}_i > 0$$

由于系统具有定常约束,实位移是某一组虚位移,故可将上面的实位移作为某组虚位移,即可以令 $d\boldsymbol{r}_i = \delta\boldsymbol{r}_i$,同时考虑到系统具有理想约束,所以有

$$\sum_{i=1}^{N} \boldsymbol{F}_i \cdot \delta\boldsymbol{r}_i > 0$$

与原假设矛盾。充分性证毕,从而定理得证。

当存在力偶矩 $\boldsymbol{M}_j$ 时,虚功可以写为

$$\delta W = \sum \boldsymbol{F}_i \cdot \delta\boldsymbol{r}_i + \sum \boldsymbol{M}_j \cdot \delta\boldsymbol{\Phi}_j$$

虚位移原理萌芽是荷兰学者 S. 斯蒂文(16 世纪)提出的著名的"黄金定则"。这一原理的现代提法是瑞士学者约翰·伯努利(Johann Bernoulli, 1667. 8. 6—1748. 1. 1)于 1717 年提出的。虚位移原理提供了一个准则,把系统的静止状态与同样约束条件下运动学上可能的其他运动区分开来,它是静力学的一个变分原理,由此,以前的基于力的概念的几何静力学分析方法转变为基于能量概念的分析静力学分析方法。将静力学问题转化为动力学问题,从数学方程上看只是对静平衡方程两边进行简单的点积处理,但它蕴含的方法论意义却十分重大。从后续介绍中可以看出,由此不仅仅可以实现分析静平衡问题不引入任何不待求的未知力,而且更为重要的是,这一原理与达朗贝尔原理结合起来为开创新的动力学方法,即为分析力学提供了重要的前提和基础。

11.2　虚位移原理的应用

例 11.2　如图 11.4(a)所示,长度为 $2L$ 的均质杆 OA 质量为 m_1,长为 $1.5L$ 的非均质杆 AB 的质量 m_2,质心 D 距离 A 的长度为 L。在垂直面内,在 A、B 处分别作用与 OA、AB 垂直的未知力 F_A、F_B,在 $\varphi_1=60°$、$\varphi_2=30°$ 位置,系统处于静平衡。求图示位置的 F_A。

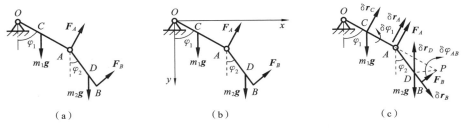

图 11.4　例 11.2 图

解　(1)解析法。

建立坐标系 Oxy 如图 11.4(b)所示,点 C、A、D 和 B 的坐标分别为

$$x_C=L\sin\varphi_1,\quad y_C=L\cos\varphi_1$$

$$x_A=2L\sin\varphi_1,\quad y_A=2L\cos\varphi_1$$

$$x_D=2L\sin\varphi_1+L\sin\varphi_2,\quad y_D=2L\cos\varphi_1+L\cos\varphi_2$$

$$x_B=2L\sin\varphi_1+1.5L\sin\varphi_2,\quad y_B=2L\cos\varphi_1+1.5L\cos\varphi_2$$

其虚位移分别为

$$\delta x_C=L\cos\varphi_1\delta\varphi_1,\quad \delta y_C=-L\sin\varphi_1\delta\varphi_1$$

$$\delta x_A=2L\cos\varphi_1\delta\varphi_1,\quad \delta y_A=-2L\sin\varphi_1\delta\varphi_1$$

$$\delta x_D=2L\cos\varphi_1\delta\varphi_1+L\cos\varphi_2\delta\varphi_2,\quad \delta y_D=-2L\sin\varphi_1\delta\varphi_1-L\sin\varphi_2\delta\varphi_2$$

$$\delta x_B=2L\cos\varphi_1\delta\varphi_1+1.5L\cos\varphi_2\delta\varphi_2,\quad \delta y_B=-2L\sin\varphi_1\delta\varphi_1-1.5L\sin\varphi_2\delta\varphi_2$$

由虚功原理

$$m_1g\delta y_C-F_A\sin\varphi_1\delta y_A+F_A\cos\varphi_1\delta x_A+m_2g\delta y_D$$

$$-F_B\sin\varphi_2\delta y_B+F_B\cos\varphi_2\delta x_B=0 \tag{a}$$

将虚位移代入式(a)得

$$f_1(F_A,F_B)\delta\varphi_1+f_2(F_A,F_B)\delta\varphi_2=0 \tag{b}$$

因为 $\delta\varphi_1$ 与 $\delta\varphi_2$ 可为任意无限小量,故使式(b)成立的条件为

$$f_1(F_A,F_B)=0,\quad f_2(F_A,F_B)=0 \tag{c}$$

由条件(c),解得

$$F_A=\frac{\sqrt{3}}{4}m_1g+\frac{\sqrt{3}}{3}m_2g$$

　　上述建立坐标、对坐标进行变分的方法是解析法。从该题可知,该方法若只需求 1 个力,往往需要引入不待求的未知力,需列多个动力学方程。

　　(2) 几何法(虚速度法)。

　　图 11.4(a)所示的系统的自由度为 2。假设点 B 的虚位移 δr_B 与不待求的未知力 $\boldsymbol{F}_B$ 垂直,使 $\boldsymbol{F}_B$ 不做虚功。做这样一个假设,相当于给系统施加了一个约束,这样,系统就变成了 1 个自由度的系统。为了求该 1 个自由度系统各虚位移间的关系,可以利用虚速度法。我们可以假想虚位移 δr_A、δr_B 是在某个极短的时间 $\mathrm{d}t$ 内发生的,这时对应点 A 和点 B 的虚速度 $\boldsymbol{v}_A = \dfrac{\delta \boldsymbol{r}_A}{\mathrm{d}t}$ 和 $\boldsymbol{v}_B = \dfrac{\delta \boldsymbol{r}_B}{\mathrm{d}t}$。虚速度可以理解为,**设想约束瞬间"凝固",质点保持原有位置不变时约束允许发生的可能速度。**它是一种可能情况,不是实际中的速度。它给虚位移计算带来了方便。

　　对于 1 个自由度的系统,可假设虚位移模式如图 11.4(c)所示。由虚位移原理有

$$\delta W = m_1 \boldsymbol{g} \cdot \delta \boldsymbol{r}_C + \boldsymbol{F}_A \cdot \delta \boldsymbol{r}_A + m_2 \boldsymbol{g} \cdot \delta \boldsymbol{r}_D = 0 \tag{d}$$

　　若用虚速度法有

$$m_1 \boldsymbol{g} \cdot \boldsymbol{v}_C + \boldsymbol{F}_A \cdot \boldsymbol{r}_A + m_2 \boldsymbol{g} \cdot \boldsymbol{v}_D = 0 \tag{e}$$

　　式(e)中的虚速度关系类似图 11.4(c)的虚位移关系,只需把虚位移改成虚速度即可。

　　由式(e)得

$$-m_1 g v_C \sin\varphi_1 + F_A v_A - m_2 g v_D \sin(\varphi_1 + \varphi_2) = 0 \tag{f}$$

　　类似功率方程,对于 1 个自由度的系统,取虚角速度 $\omega = \dot\varphi_1$ 为自变量,其他任一虚速度一定有 $v_i = s_i\omega$。对于该题,由运动学求速度的方法可得

$$v_C = L\omega, \quad v_A = 2L\omega, \quad \omega_{AB} = \frac{v_A}{AP} = \frac{2}{\sqrt{3}}\omega, \quad v_D = PD \cdot \omega_{AB} = \frac{2}{\sqrt{3}}L\omega$$

　　将上述速度关系代入式(f)得

$$\left[-m_1 g L\cos\varphi_1 + 2LF_A - m_2 g \frac{2L}{\sqrt{3}}\sin(\varphi_1 + \varphi_2) \right]\omega = 0 \tag{g}$$

　　消除 ω,由式(g)得

$$F_A = \frac{\sqrt{3}}{4}m_1 g + \frac{\sqrt{3}}{3}m_2 g$$

　　n 个自由度系统的静定问题,相当于已知 n 个加速度为 0,一定有 n 个未知主动力。解析法建立坐标,对坐标进行变分,若只需求 1 个力,往往需要引入不待求的未知力,需列多个动力学方程。这也是一种应用虚位移原理的方法。解析法实际上对应运动学中采用数学求导求速度的方法,而几何法基于运动学的点的速度合成定理。从运动学知识可知,对于复杂机构,采用数学求导法没有直接应用点的

速度合成定理方便,所以,下面重点介绍采用几何法的虚位移原理的一般分析格式。

对于静定问题,类似例 11.2 的几何法,若仅求某一力,采用虚速度法一定可不引入不待求未知力,分析格式如下。

(1) 对于 0 个自由度的完整系统,主动力一定已知,在求任意方向的约束力或力矩时,将该待求力对应方向的约束去除,该系统便变成 1 个自由度系统。对于 1 个自由度系统,在其几何约束允许下,将任意一个虚速度作为自变量,得到虚速度模式,对该模式对应的类似虚位移模式应用虚位移原理。

(2) n 个自由度的完整系统,一定有 n 个未知主动力,若求主动力 F_i,假设其他 $n-1$ 个未知主动力作用点处分别有一与其方向垂直的虚速度(若是未知力偶矩,假设其作用的刚体虚角速度为 0),这样,相当于施加了 $n-1$ 个约束,该系统便变成 1 个自由度系统;若求某一方向的约束力或力矩,将该待求力对应方向的约束去除,并假设所有未知主动力作用点处有一与其方向垂直的虚速度。这样系统变成 1 个自由度系统。对于 1 个自由度系统,在其几何约束允许下,得到虚速度模式,对该模式对应的类似虚位移模式应用虚位移原理。

(3) 对于一些特殊问题,比如内部具有多个弹簧的静定问题等,可通过假设弹簧两端所连接的物体的虚速度具有一定的关系来消除不待求的未知弹簧内力,系统仍能变成 1 个自由度。对于 1 个自由度系统,在其几何约束允许下,得到虚速度模式,对该模式应用虚位移原理。

例 11.2 的解析法和几何法的内在联系,可通过线性代数求解方程组的过程来理解。在线性代数中,将需要联立求解的方程通过一系列坐标变换变成对角矩阵,得到对角矩阵,就实现了不联立求解的解耦方程的目的,其变换过程所体现的意义比较抽象。例 11.2 的几何法就是通过虚速度的方法,从几何上直接实现了解耦,是线性代数一系列抽象坐标变换的具体实现形式。对于本课程,应用所学的点的速度合成定理,较容易实现数学上方程组的解耦,省去了采用解析法得到联立方程组后再求解(相当于进行解耦)的步骤,故若不考虑运动速度关系,该方法比解析法计算简单。但计算运动速度关系时要计算一些线段长度,若线段长度计算很复杂,有时解析法计算量要小些。两种方法各有优劣,读者可综合考虑后,选择相应解法。从解题简便性上,如下判据可供参考:当所有相关坐标都可通过比例关系或直角三角形关系得到,且不引入不待求未知力时,解析法一般比较简单。否则,虚速度法相对简单。解析法在后续力学分析中也有很重要的作用,只需要建立广义坐标,采用数学上类似微分的变分法,代入虚位移原理便可求解,不再赘述。下面通过例题主要介绍几何法(虚速度法)要注意的问题。

例 11.3　如图 11.5(a)所示,半径为 R 的滚子放在粗糙水平面上,连杆 AB 的两端分别与轮缘上的点 A 和滑块 B 铰接。现在滚子上施加力矩为 M 的力偶,使系统在图示位置处于平衡,D、A、B 共线。忽略滚动摩阻和各构件的重量,弹簧刚度系数为 k,不计滑块和各铰接处的摩擦。求平衡时弹簧变形量 Δ。

图 11.5　例 11.3 图

解　系统处于平衡时,弹簧处于拉伸状态,假设圆盘做纯滚动,其虚位移如图 11.5(b)所示,由虚位移原理有

$$\delta W = M\delta\Phi - F_k\delta r_B = 0$$

其中,

$$F_k = k\Delta$$

若用虚速度法,有

$$M\omega - F_k v_B = 0 \qquad\qquad (a)$$

式(a)中的虚速度关系类似图 11.5(b)中的虚位移关系,只需把虚位移改成虚速度即可。

对于 1 个自由度系统,取虚角速度 $\omega = \dot\varphi$ 为自变量,其他任一虚速度一定有 $v_1 = s_i\omega$。对于该题,由运动学求速度的方法可得

$$v_B = v_A / \cos\varphi = \sqrt{2}R\omega / \cos\varphi \qquad\qquad (b)$$

将式(b)代入式(a)得

$$(M-2Rk\Delta)\omega=0$$

故

$$\Delta=\frac{M}{2Rk}$$

该题弹簧力所做的虚功也可以如此计算。

$$\delta W=\frac{1}{2}k(\Delta+\delta r_B)^2-\frac{1}{2}k\Delta^2=k\Delta\delta r_B-\frac{1}{2}k(\delta r_B)^2 \tag{c}$$

因为 δr_B 是虚位移,根据定义是无穷小量,其是实际弹簧变形量 Δ 的无穷小量。故式(c)变成 $\delta W=k\Delta\delta r_B$,该结果与将**弹簧力视为常力**得到的结果一样。

该题若仅求滑块受轨道的支持力 F_{BN},在图示实际约束中,该力不做功,那么如何处理呢? 可去除轨道约束,则该系统变成 2 个自由度。为了不引入弹簧力 F_k,假设 B 的虚位移 δr_B 与 F_k 垂直,圆盘做纯滚动,于是系统又变成了 1 个自由度系统,虚位移如图 11.5(c)所示 。由虚位移原理有

$$\delta W=M\delta\Phi+F_{BN}\delta r_B=0$$

若用虚速度法,有

$$M\omega+F_{BN}v_B=0 \tag{d}$$

式(d)中的虚速度关系类似图 11.5(c)中的虚位移关系,只需把虚位移改成虚速度即可。

取虚角速度 $\omega=\dot\varphi$ 为自变量,由运动学求速度的方法可得

$$v_B=v_A/\sin\varphi=2R\omega \tag{e}$$

将式(e)代入式(d)得

$$(M+2RF_{BN})\omega=0$$

故

$$F_{BN}=-\frac{M}{2R}$$

该题若仅求圆盘受地面的静滑动摩擦力,为不引入不待求未知力,可假设虚位移如图 11.5(d)所示,δr_P 与地面支持力 F_{PN} 垂直,滑块 B 的虚位移为 0。系统于是变成了 1 个自由度系统,由虚位移原理有

$$\delta W=M\delta\Phi+F_{Ps}\delta r_P=0$$

若用虚速度法,有

$$M\omega+F_{Ps}v_P=0 \tag{f}$$

式(f)中的虚速度关系类似图 11.5(d)中的虚位移关系,只需把虚位移改成虚速度即可。取虚角速度 $\omega=\dot\varphi$ 为自变量,D 为圆盘的虚速度瞬心,由运动学求速度的方法可得

$$v_P=2R\omega \tag{g}$$

将式(g)代入式(f)得

$$F_{Ps} = -\frac{M}{2R}$$

该题若仅求铰链 A 对圆盘的水平约束反力，可将 A 处的约束解除，如图 11.5 (e)所示，AB 的点 A 相对圆盘有水平虚位移 δr_r，圆盘做纯滚动，滑块 B 的虚位移为 0。系统于是变成了 1 个自由度系统，由虚位移原理有

$$\delta W = \boldsymbol{M} \cdot \delta\boldsymbol{\Phi} + \boldsymbol{F}_{Ax} \cdot \delta\boldsymbol{r}_A + \boldsymbol{F}'_{Ax} \cdot \delta\boldsymbol{r}_{A_1} = 0 \qquad (i)$$

考虑到 $\boldsymbol{F}_{Ax}$ 与 $\boldsymbol{F}'_{Ax}$ 是一对相互作用力，且 $\delta\boldsymbol{r}_A - \delta\boldsymbol{r}_{A_1} = \delta\boldsymbol{r}_r$，故式(i)可写成

$$\delta W = \boldsymbol{M} \cdot \delta\boldsymbol{\Phi} + \boldsymbol{F}_{Ax} \cdot \delta\boldsymbol{r}_r = 0 \qquad (j)$$

若用虚速度法，有

$$M\omega + F_{Ax}v_r = 0 \qquad (k)$$

式(k)中的虚速度关系类似图 11.5(e)中的虚位移关系，只需把虚位移改成虚速度即可。取 AB 上点 A 为动点，圆盘为动系，则

$$\boldsymbol{v}_A - \boldsymbol{v}_{A_1} = \boldsymbol{v}_r \qquad (l)$$

其中

$$v_{A_1} = \sqrt{2}R\omega$$

取虚角速度 $\omega = \dot{\varphi}$ 为自变量，式(l)垂直 $\boldsymbol{v}_A$ 投影得

$$v_r = 2R\omega \qquad (m)$$

将式(m)代入式(k)得

$$F_{Ax} = -\frac{M}{2R}$$

需要说明的是，在图 11.5(e)中，在圆盘上画一个水平槽来形象地说明所假设的 AB 上点 A 相对圆盘有一个水平虚位移。若对虚位移理解不深刻，这样的画法将会引起一些误解：若在图中画出了一个有形的槽约束，则 AB 上点 A 相对圆盘的相对加速度也是沿着槽的方向，那么，分析虚位移时，将发现在下一微小时刻圆盘被槽锁死，不能运动，从而，无法理解虚位移的产生。这要从虚位移的真正意义来理解。虚速度是设想约束瞬间"凝固"，质点保持原有位置不变时约束允许发生的可能速度，与加速度无关。虚位移表示的仅仅是该位置在无限小时间内的位移变化，或者说仅仅考虑此位置的虚速度关系，无须考虑下一时刻的运动和加速度问题。故严格来说，画虚位移图时仅仅画出虚位移关系才合理，画出有形约束仅仅为方便说明，需要明白有形约束仅仅示意虚速度的关系，不涉及约束所隐含的加速度关系。或理解为，在圆盘转动后下一个无限小时刻，圆盘上的槽子变成了一个新的水平槽。

例 11.4　求图 11.6(a)所示的不计自重的组合梁固定端 A 处的垂直反力和反力偶。已知 $q = 2 \text{ kN/m}$，$P = 5 \text{ kN}$，$M = 6 \text{ kN} \cdot \text{m}$，$L = 2 \text{ m}$。

解　虚速度法。

(1) 求 M_A。

图 11.6　例 11.4 图

将 A 处固定端约束变成如图 11.6(b)所示的铰链附加一力偶矩 M_A，系统就变成 1 个自由度系统，其虚位移如图 11.6(b)所示。由虚位移原理有

$$\delta W = M_A \delta\varphi - 2qL\delta r_1 + M\delta\varphi_{BC} - F\delta r_E = 0$$

若用虚速度法，有

$$M_A\omega - 2qLv_1 + M\omega_{BC} - Fv_E = 0 \qquad\qquad (a)$$

式(a)中的虚速度关系类似图 11.6(b)中的虚位移关系，只需把虚位移改成虚速度即可。其中，对 BC 应用速度投影定理得 $v_C = 0$，故 C 是 BC 的速度瞬心，这也意味点 B 垂直方向的虚位移所引起的点 C 的水平虚位移是无穷小量，点 E 的虚位移与点 C 相同。故作用在点 E 的水平力的虚功可忽略不计。

由运动学求速度的方法可得

$$v_1 = L\omega, \quad \omega_B = \frac{v_B}{2L} = \frac{2L\omega}{2L} = \omega, \quad v_E = v_C = v_B\cos 90° = 0 \qquad (b)$$

将式(b)代入式(a)得

$$M_A = 2qL^2 - M = 10 \text{ kN} \cdot \text{m}$$

(2) 求 F_{Ay}。

将 A 处固定端约束变成如图 11.6(c)所示的约束附加一力 F_{Ay}，系统就变成 1 个自由度。其虚位移如图 11.6(b)所示。由虚位移原理有

$$\delta W = F_{Ay}\delta r_A - 2qL\delta r_1 + M\delta\varphi_{BC} - F\delta r_E = 0$$

若用虚速度法,有

$$F_{Ay}v_A - 2qLv_1 + M\omega_{BC} - Fv_E = 0 \tag{c}$$

式(c)中的虚速度关系类似图 11.6(c)中的虚位移关系,只需把虚位移改成虚速度即可。由运动学求速度的方法可得

$$v_B = v_1 = v_A, \quad \omega_{BC} = \frac{v_B}{2L} = \omega, \quad v_E = v_C = v_B \cos 90° = 0 \tag{d}$$

将式(d)代入式(c)得

$$F_{Ay} = 2qL - \frac{M}{2L} = 5.5 \text{ kN}$$

例 11.5　如图 11.7 所示,桁架中节点 C 处作用有水平力 P。试用虚位移原理证明杆 CD 的内力为 0。

图 11.7　例 11.5 图

证明　断开 CD,系统变成 1 个自由度。虚位移如图 11.7(b)所示。由虚位移原理有

$$\delta W = \boldsymbol{P} \cdot \delta\boldsymbol{r}_C + \boldsymbol{F}'_{CD} \cdot \delta\boldsymbol{r}_C + \boldsymbol{F}_{CD} \cdot \delta\boldsymbol{r}_D = 0$$

若用虚速度法,有

$$\boldsymbol{P} \cdot \boldsymbol{v}_C + \boldsymbol{F}'_{CD} \cdot \boldsymbol{v}_C + \boldsymbol{F}_{CD} \cdot \boldsymbol{v}_D = 0 \tag{a}$$

式(a)中的虚速度关系类似图 11.7(b)中的虚位移关系,只需把虚位移改成虚速度即可。

对 BD,由速度投影定理得

$$v_B = 0 \cdot v_D \tag{b}$$

对 BC,由速度投影定理得

$$v_B \cos 30° = v_C \cos\varphi_1 \tag{c}$$

由式(b)(c)得

$$v_C = 0 \cdot v_D \tag{d}$$

将式(d)代入式(a)得 $F_{CD} = 0$。

* 例 11.6　求如图 11.8(a)所示桁架中杆 AB 的内力。

解　断开 AB,系统变成 1 个自由度。虚位移如图 11.8(b)所示。由虚位移原理有

$$\delta W = F_1 \delta x_A - F'_1 \delta x_B + P\delta x_B - P\delta r_N = 0 \tag{a}$$

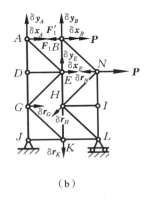

（a）　　　　　　　　　　　（b）

图 11.8　例 11.6 图

若用虚速度法,有

$$F_1 v_{Ax} - F_1' v_{Bx} + P v_{Bx} - P v_N = 0 \qquad (b)$$

式(b)中的虚速度 v_{Ax}、v_{Bx}、v_N 关系类似图11.7(b)的虚位移 δx_A、δx_B、δr_N 的关系,只需把虚位移改成虚速度即可。

取虚速度 v_K 为自变量,对 GK 由速度投影定理得

$$v_G = v_K \qquad (c)$$

因为 L 为 $LKHN$ 的速度瞬心,所以

$$v_H = \sqrt{2} v_K, \qquad v_N = 2 v_K \qquad (d)$$

对 EH 由速度投影定理得

$$v_{Ey} = -v_H \cos 45° \qquad (e)$$

对 EG 由速度投影定理得

$$v_{Ey} + v_{Ex} = v_G \qquad (f)$$

由式(d)(e)(f)得

$$v_{Ey} = -v_K, \qquad v_{Ex} = 2 v_K \qquad (g)$$

对 GA 由速度投影定理得

$$v_{Ay} = 0 \qquad (h)$$

对 EA 由速度投影定理得

$$-v_{Ay} + v_{Ax} = v_{Ex} - v_{Ey} \qquad (i)$$

由式(g)(h)(i)得

$$v_{Ax} = 3 v_K \qquad (j)$$

对 EB 由速度投影定理得

$$v_{By} = v_{Ey} = -v_K \qquad (k)$$

对 NB 由速度投影定理得

$$v_{By} - v_{Bx} = v_N \qquad (l)$$

由式(d)(k)(l)得

$$v_{Bx} = -3v_K \tag{m}$$

将用 v_K 表示的 v_{Bx}、v_N、v_{Ax} 代入式(b)得

$$F_1 = \frac{5}{6}P$$

该题采用静力平衡方程方法,引入地面对支座 L 的支持力,列 2 个静力学平衡方程,将更简单,但得到 2 个静力学平衡方程的解题思路比较巧妙,不易想到。从此题可知,仅仅求静平衡问题,虚位移原理不一定最简单。但是,从此题也可以发现,对于静定的复杂桁架结构,若不考虑计算虚速度的计算量,求任意一个杆件内力,应用虚位移的虚速度法,必然可以不引入不待求的未知力,求解方法更有规律。从具体解题难易程度来考量,选择静力平衡方程方法还是虚位移原理,需要视具体问题而定。虚位移原理更重要的意义是其与动静法结合为开创分析力学提供了重要的前提与基础。

*例 11.7　推导单自由度振动系统的运动微分方程中,弹簧静变形和重力项消失的条件。

图 11.9　例 11.7 图
(a) 单自由度振动系统
(b) 弹簧两端点运动传递路径

解　(1) 动能中弹簧静变形。

如图 11.9(a)所示由均质刚体 HN 和均质圆盘 C_1 构成的机构,圆盘 C_1 在静平衡位置做微幅纯滚动的振动,其代表单自由度的复杂机构。对于类似该类单自由度系统,已知圆盘 C_1 转角 $\varphi(t)$,就可以确定系统该时刻的位形,因此可以确定系统的任意点 i 的坐标,选取 $\varphi(t)$ 为自变量,则 $x_i(t) = f_i(\varphi)$。

当位形确定时,该时刻的 $\dfrac{\partial f_i}{\partial \varphi}$ 就可确定了,i 的速度分量 $\dot{x}_i(t) = \dfrac{\partial f_i}{\partial \varphi}\dot{\varphi} = \dfrac{\partial f_i}{\partial x_i}\omega$

就可以确定。i 的加速度分量

$$\ddot{x}_i(t) = \frac{\partial^2 f_i}{\partial^2 \varphi}(\dot{\varphi})^2 + \frac{\partial f_i}{\partial \varphi}\ddot{\varphi} = g_i(\varphi)\omega^2 + c_i(\varphi)\alpha$$

对于单自由度仅具有势力的振动系统,取 φ、$\omega_0 = \dot{\varphi}$ 和 $\alpha_0 = \ddot{\varphi}$ 分别为坐标、角速度和角加速度的自变量,则系统动能可以表示为

$$T = \sum \left(\frac{1}{2}m_i v_{C_i}^2 + \frac{1}{2}J_{C_i}\omega_i^2 \right) \tag{a}$$

其中,m_i、v_{C_i}、J_{C_i}、ω_i 分别为第 i 个刚体质量、质心的速度、对质心的转动惯量和角

速度。当 $J_{C_i}=0$ 时,式(a)就退化为质点的动能。其他速度因变量

$$v_{C_i}=\frac{\mathrm{d}s_{C_i}}{\mathrm{d}t}=\frac{\partial s_{C_i}}{\partial\varphi}\omega_0=a_i(\varphi)\omega_0$$

类似地,$\omega_i=b_i(\varphi)\omega_0$。其中 s_{C_i} 为质心运动轨迹的弧长,$a_i(\varphi)$、$b_i(\varphi)$ 分别为刚体各质心速度和角速度与速度自变量 ω_0 的比例系数,与坐标自变量 φ 有关。因此,单自由度系统的动能可用自变量 ω_0 表示为

$$T=\sum\left(\frac{1}{2}m_ia_i^2+\frac{1}{2}J_{C_i}b_i^2\right)\omega_0^2 \tag{b}$$

因为弹簧不限制其连接点的位移,只传递力而不传递运动,因此弹簧两端点的速度是独立的,也不会影响系统自由度。对于单自由度系统中的弹簧,如图 11.9(b)所示,若其两端点都可以运动,则至少是 2 个自由度系统。若是单自由度系统,弹簧一端必须是固定的,所以该点的速度与 ω_0 之比为 0。弹簧的另一运动端必然全部是通过没有弹簧的构件与坐标自变量 φ 建立联系的,如图 11.9(b)中,点 A、B 的运动是通过 $B\to O\to A$ 来传递的,式(b)中,a_i、b_i 与弹簧静变形无关。因此,对于单自由度系统,弹簧静变形不会在动能中出现。

(2) 势能中弹簧静变形和重力消失的条件。

对于处于静平衡位置的仅具有有势力的单自由系统,取实际位移为虚位移,则由虚位移原理的虚速度方法有

$$\sum m_i\boldsymbol{g}_i\cdot\tilde{\boldsymbol{v}}_i+\sum\boldsymbol{F}_j\cdot\tilde{\boldsymbol{v}}_j=0 \tag{c}$$

其中,$\tilde{\boldsymbol{v}}_i$、$\tilde{\boldsymbol{v}}_j$ 为虚速度,$\boldsymbol{F}_j$ 为弹簧力。

对于单自由度系统,不妨取 φ 为坐标自变量,则虚角速度 $\tilde{\omega}=\dfrac{\delta\varphi}{\delta t}$,$\delta\varphi$ 为虚位移,δt 可以理解为虚时间。$\tilde{v}_i=s_i(\varphi_0)\tilde{\omega}$,$F_j=k_i\Delta_j$,$\varphi_0$、$\Delta_j$ 分别为静平衡时的位置和第 j 个弹簧的静变形量。将其代入式(c)有

$$\sum m_igc_i(\varphi_0)\cos\theta_{i0}+\sum k_j\Delta_jc_j(\varphi_0)\cos\phi_{j0}=0 \tag{d}$$

其中,θ_{i0}、ϕ_{j0} 分别为重力、弹力与相应作用点的虚速度的夹角。

对于单自由度仅具有有势力的振动系统,由功率方程 $\sum\boldsymbol{F}_i\cdot\boldsymbol{v}_i=\dfrac{\mathrm{d}T}{\mathrm{d}t}$ 有

$$\sum m_i\boldsymbol{g}_i\cdot\boldsymbol{v}_i+\sum\boldsymbol{F}_j\cdot\boldsymbol{v}_j=h(\varphi,\omega_0^2,\alpha_0)\omega_0 \tag{e}$$

因为是单自由度系统,$\dfrac{\mathrm{d}T}{\mathrm{d}t}$ 必然可以有式(e)右边的形式,上述已证明方程(b)与弹簧静变形无关,与此时刻的位置、速度和加速度的自变量有关。所以下面只需考察势能中弹簧静变形和重力项消失的条件。

对于类似图 11.9(a)的机构,其在静平衡位置做微幅振动时,$v_i(t)=c_i(\varphi)\omega_0$,将其代入式(e),消去自变量 ω_0 有

$$\sum m_i g c_i \cos\theta_i + \sum (k_j \delta_j + k_j \Delta_j) c_j \cos\phi_j = h(\varphi, \omega_0^2, \alpha_0) \tag{f}$$

因在静平衡位置做微幅振动时,式(f)左边为

$$\sum m_i g c_i(\varphi_0 + \Delta\varphi) \cos(\theta_{i0} + \Delta\theta_i) + \sum (k_j \delta_j + k_j \Delta_j) c_j(\varphi_0 + \Delta\varphi) \cos(\phi_{j0} + \Delta\phi_j)$$
$$\tag{g}$$

保留一阶小量,式(g)可近似为

$$\sum m_i g \left[c_i(\varphi_0) + \frac{\partial c_i}{\partial \varphi}(\varphi_0) \Delta\varphi \right] \left[\cos\theta_{i0} \cos\Delta\theta_i - \sin\theta_{i0} \sin\Delta\theta_i \right]$$
$$+ \sum (k_j \delta_j + k_j \Delta_j) \left[c_j(\varphi_0) + \frac{\partial c_j}{\partial \varphi}(\varphi_0) \Delta\varphi \right] \left[\cos\phi_{i0} \cos\Delta\phi_i - \sin\phi_{i0} \sin\Delta\phi_i \right] \tag{h}$$

考虑到 $\Delta\varphi$、$\Delta\theta_i$、$\Delta\phi_i$ 为一阶小量,故 $\sin\Delta\theta_i = \Delta\theta_i$,$\sin\Delta\phi_i = \Delta\phi_i$。

式(h)中 $\cos\Delta\theta_i = 1 - 2\sin^2\dfrac{\Delta\theta_i}{2} = 1 - \dfrac{(\Delta\theta_i)^2}{2} = 1$,类似地,$\cos\Delta\phi_i = 1$。

因此,式(h)变为

$$\sum m_i g c_i(\varphi_0) \cos\theta_{i0} + \sum m_i g \frac{\partial c_i}{\partial \varphi}(\varphi_0) \Delta\varphi\cos\theta_{i0}$$
$$- \sum m_i g c_i(\varphi_0) \sin\theta_{i0} \Delta\theta_i - \sum m_i g \frac{\partial c_i}{\partial \varphi}(\varphi_0) \sin\theta_{i0} \Delta\theta_i \Delta\varphi$$
$$+ \sum k_j \delta_j \left[c_j(\varphi_0) + \frac{\partial c_j}{\partial \varphi}(\varphi_0) \Delta\varphi \right] (\cos\varphi_{i0} - \sin\varphi_{i0} \Delta\varphi_i)$$
$$+ \sum k_j \Delta_j c_j(\varphi_0) \cos\varphi_{i0} - \sum k_j \Delta_j c_j(\varphi_0) \sin\varphi_{i0} \Delta\varphi_i$$
$$+ \sum k_j \Delta_j \frac{\partial c_j}{\partial \varphi}(\varphi_0) \Delta\varphi(\cos\varphi_{i0} - \sin\varphi_{i0} \Delta\varphi_i) \tag{i}$$

考虑式(i)中 $\Delta\theta_i \cdot \Delta\varphi$ 为二阶小量,将式(d)代入式(i),若式(i)中不包含弹簧静变形和重力项,则要求下式成立。

$$\sum m_i g \frac{\partial c_i}{\partial \varphi}(\varphi_0) \Delta\varphi\cos\theta_{i0} + \sum k_j \Delta_j \frac{\partial c_j}{\partial \varphi}(\varphi_0) \Delta\varphi(\cos\varphi_{i0} - \sin\varphi_{i0} \Delta\varphi_i)$$
$$- \sum m_i g c_i(\varphi_0) \sin\theta_{i0} \Delta\theta_i - \sum k_j \Delta_j c_j(\varphi_0) \sin\varphi_{i0} \Delta\varphi_i = 0 \tag{j}$$

式(j)就是单自由度系统在静平衡位置做微幅振动的固有频率中不包含弹簧静变形和重力项的充要条件。

从式(j)可知,只要同时满足以下两个条件,式(j)便成立。

① $\dfrac{\partial c_i}{\partial \varphi} = 0$,$\dfrac{\partial c_j}{\partial \varphi} = 0$:有势力作用点处的速度与速度自变量的比例系数 c_i、c_j 保持不变;或 c_i、c_j 对坐标变量 φ 的二阶导数为 0。

② (i) $\theta_i = 0$,π 及 $\varphi_i = 0$,π:在静平衡位置的有势力作用点处的速度矢量与有势力矢量共线或 $\Delta\theta_i = 0$,$\Delta\varphi_i = 0$,即有势力作用点处的速度矢量与有势力矢量夹角 θ_i、φ_i 保持不变或 $\Delta\theta_i = 0$,$\Delta\varphi_i = 0$,即 θ_i、φ_i 对坐标变量 φ 的二阶导数为 0。

　　上述两个条件仅是充分条件,研究消失条件的目的就是能采用简单的分析方法。其他满足式(j)的情形很少见,即使遇到,也需要经过复杂的分析才能确定是否满足条件(j),在这样的情形下,还不如不应用简单的分析法。所以,了解这些充分条件对于分析工程问题就足够了。基于同样的考量,上述条件中相关变量对坐标变量的二阶导数计算也很复杂,所以,也不用考虑这样的特殊条件。因此,在工程应用,计算势能时,只需同时满足以下两个条件即可不考虑弹簧静变形和重力势能:(1)在静平衡位置做微幅振动时,有势力作用点处的速度与速度自变量的比例系数 c_i、c_j 一直保持不变;(2)在静平衡位置的有势力作用点处的速度矢量与有势力矢量共线,或在静平衡位置做微幅振动时,有势力作用点处的速度矢量与有势力矢量夹角 θ_i、φ_i 一直保持不变。如图 11.10 所示的 4 个单自由度系统,在静平衡位置弹簧轴线与其端点速度方向一致,均质圆盘在静平衡位置附近做微幅纯滚动的振动。根据简单的判据容易知道,推导图 11.10(a)的运动微分方程时,计算势能不需考虑弹簧静变形和重力项。但其他图就不容易判断,那么,就不一定要采用这种简便方法。虽然图 11.10(c)也可以采用简便方法,因为可证明其 $\frac{\partial c_i}{\partial \varphi} = 0$,$\frac{\partial c_j}{\partial \varphi} = 0$,但证明过程比较复杂,所以就不必刻意采用简便方法。经过复杂推导,可以证明其他两种情况不能同时满足条件(1)(2),故推导其运动微分方程时,计算势能需考虑弹簧静变形和重力项。

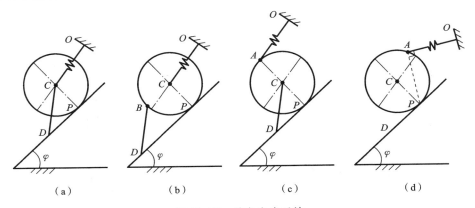

图 11.10　单自由度系统

　　类似地,可以证明,求解类似例 9.6 这样大幅振动的单自由度保守系统,应用机械能守恒定律求速度问题时,若在振动过程中,同时满足如下两个条件,则在计算势能时,不考虑弹簧静变形和重力势能:(1)有势力作用点处的速度与速度自变量的比例系数一直保持不变;(2)有势力作用点处的速度矢量与有势力矢量夹角一直保持不变。

小　　结

　　对于静平衡系统,采用静力学力平衡方程的方法,不一定能做到不引入其他不待求的未知力。但应用虚位移原理的虚速度法,选取合适的虚位移模式,就可以实现。虚位移原理揭示了自然界静止与运动的统一。该方法采用能量和功等标量来描述力学系统,这些量与具体的坐标无关,摒弃了位移和力的这些向量概念,因此,以这些术语表达的力学方程具有更广泛的用途,其适用范围甚至超出了力学本身而被应用于物理学的其他领域,比如,在多物理场耦合系统的分析中,其中的机械系统、热力学系统、电磁场等就可以通过共同的量——能量来建立相对于牛顿力学体系来说更简单的关系。在虚位移原理和动静法基础上,得到的动力学普遍方程是分析力学的基础,分析力学中所有重要的动力学方程都可以以它为起点推导出来。因此,虚位移原理的思想在力学分析方法的突破上有相当重要的作用。

习　　题

11.1　虚位移分析。

　　1. 在题 11.1.1 图所示的平面机构中,已知 $O_2B=BC$,$O_3O_4=DE$,$O_3D=O_4E$,求点 A 和点 E 的虚位移之间的关系。

　　2. 在如题 11.1.2 图所示的连杆机构中,当曲柄 OC 绕轴 O 摆动时,滑块 A 沿曲柄自由滑动,从而带动杆 AB 在垂直导槽内移动。已知:$OC=a$,$OK=L$。求机构平衡时,点 C 和点 B 虚位移之间的关系(要求分别用解析法和虚速度法求解)。

题 11.1.1 图

题 11.1.2 图

　　11.2　如题 11.2 图所示的构架由直杆 BC、CD 及直角弯杆 AB 组成,各杆自重不计,载荷分布及尺寸如图所示。AB 及 BC 两构件通过销钉 B 铰链连接,在销钉 B 上作用竖直力 P。已知 q、a、M,且 $M=qa^2$。求固定端 A 的约束力偶矩。

　　11.3　在如题 11.3 图所示平面机构中,曲柄 OA 上作用一力偶,其矩为 M,在滑块 D 上作用一水平力 P,机构尺寸如图示。求当机构平衡时 P 与 M 之间的关系。各处光滑,各构件自重不计。

11.4　如题 11.4 图所示,在压榨机手轮上作用一力偶,其矩为 M,手轮轴上的两端各有螺距均为 h 但方向相反的螺纹,螺纹上套有螺母,这两个螺母用销子分别与边长为 a、由销钉连接的菱形框架的两顶点相连。框架上顶点 D 固定而下顶点 C 连接在压榨机的水平板上,求当顶角为 2α 时,压榨机对被压物体的压力。各处光滑,各构件自重不计。

　　题 11.2 图　　　　　　　　题 11.3 图　　　　　　　　题 11.4 图

11.5　如题 11.5 图所示三孔拱桥,本身重量不计,各处光滑。已知拱的尺寸 a 和作用的两力 P 和 Q,用虚位移原理求支座 C 的约束反力。

11.6　题 11.6 图所示机构中,杆长 $AB=BC=L$,弹簧原长为 h,刚度系数为 k,不计两杆及小轮 C 的重量,各处光滑。求平衡时角 φ 和弹簧张力 F 的表达式。

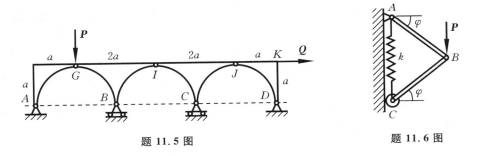

　　　　题 11.5 图　　　　　　　　　　题 11.6 图

11.7　如题 11.7 图所示机构中,$OA=0.2$ m,$O_1D=0.15$ m,弹簧的刚度系数 $k=10$ kN/m,图示位置弹簧拉伸变形 $\lambda=0.02$ m,$\angle OBA=30°$,$M_1=200$ N·m。试求系统处于图示平衡位置时 M_2 的大小(M_1 和 M_2 为力偶矩)。各处光滑,不计各构件自重。

11.8　如题 11.8 图所示,平面机构中,$AC=CE=BC=CD=DF=EF$,在点 F 上作用一力 P,其方向如图所示,同时于 B 处作用一水平力 Q。试问系统平衡时,角 φ 应等于多大?各处光滑,不计各构件自重。

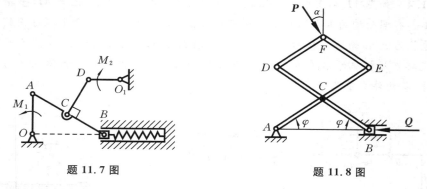

题 11.7 图　　　　　　　　　　题 11.8 图

11.9　结构及其尺寸、载荷如题 11.9 图所示。已知 $Q=1000$ N，$P=500$ N，力偶矩 $M=150$ N·m。求销钉 B 对杆 AB 的水平作用力。除物块 Q 的重量外，各处光滑，不计各构件自重。

11.10　求如题 11.10 图所示组合梁支座 A 处的垂直反力。各处光滑，不计各构件自重。

题 11.9 图　　　　　　　　　　题 11.10 图

11.11　试用虚位移原理求如题 11.11 图所示桁架中支座 A 的约束力及杆 AD 的内力。节点 C 处作用有水平力 P。

11.12　如题 11.12 图所示机构位于垂直平面内，已知各杆长 $OA=a$，$OB=b$，$AC=BD=L$。在点 C 作用一垂直力 F_1，在点 D 作用一水平力 F_2，各杆重量不计，使系统在图示位置处于平衡。求杆 AB、CD 与水平线的夹角 φ_1 和 φ_2。

11.13　如题 11.13 图所示，桁架由边长为 a 的等腰直角三角形为基本单元构成，已知外力 $F_1=10$ kN，$F_2=F_3=20$ kN。求杆 7 的内力。

11.14　构架 ABC 由三杆 AB、AC 和 DF 组成，杆 DF 上的销子 E 可在杆 AB 的光滑槽内滑动，构架尺寸和载荷如题 11.14 图所示，已知 $M=2400$ N·m，$P=200$ N，试求固定支座 B 的水平约束反力。不计各构件自重。

题 11.11 图

题 11.12 图

题 11.13 图

题 11.14 图

第 12 章　动力学普遍方程及第二类拉格朗日方程

　　应用达朗贝尔原理,基于自由度,在分析动力学问题时,可以确定至少需要列的动力学方程数目,但若能准确地确定所需列的动力学方程数目,而不是至少,则使动力学分析变得更简单和有规律。当应用虚速度法求静定问题中任意一个未知力时,一定可以采取一种合适的虚位移模式,不引入其他不待求未知力,仅应用一次虚位移原理就可求出待求未知力或力偶。上述是两种不同的力学分析方法,具体地体现了自然界动静相互转化的哲学原理,也体现了研究客观世界规律的方法的多样性,这也是哲学上所认为的事物具有多样性的特点。但哲学也认为,客观世界具有同一性,是多样性和同一性的统一,那么,能否将虚功原理和达朗贝尔原理统一起来呢? 根据这两个原理各自特点,应用达朗贝尔原理,将具有理想约束的动力学问题转化为类似静力学形式的问题,然后,利用虚速度法求静平衡系统的方法,就一定能实现不引入其他不待求未知力,并明确确定所需列的动力学方程数目,这就是动力学普遍方程(达朗贝尔-拉格朗日方程)。

12.1　动力学普遍方程

12.1.1　广义力

　　设质点系上作用的力系为 $\boldsymbol{F}_i, i=1,2,\cdots,N$,则对应于该力系的虚功表达式为

$$\delta W = \sum_{i=1}^{N} \boldsymbol{F}_i \cdot \delta \boldsymbol{r}_i = \sum_{i=1}^{N} \boldsymbol{F}_i \cdot \left(\sum_{k=1}^{n} \frac{\partial \boldsymbol{r}_i}{\partial q_k} \delta q_k \right) = \sum_{k=1}^{n} \left(\sum_{i=1}^{N} \boldsymbol{F}_i \cdot \frac{\partial \boldsymbol{r}_i}{\partial q_k} \right) \delta q_k$$

$$= \sum_{k=1}^{n} Q_k \delta q_k \tag{12.1}$$

即

$$\delta W = \sum_{k=1}^{n} Q_k \delta q_k \tag{12.2}$$

其中

$$Q_k = \sum_{i=1}^{N} \boldsymbol{F}_i \cdot \frac{\partial \boldsymbol{r}_i}{\partial q_k} \tag{12.3}$$

称为力系 $\boldsymbol{F}_i, i=1,2,\cdots,N$ 关于广义坐标 q_k 的**广义力**。

　　具体求广义力时,一般不用式(12.3)。因为对于完整系统,$\delta q_k, k=1,2,\cdots,n$ 相互独立,故可取某个 $\delta q_k \neq 0$,而取其他坐标变分等于零,计算出 $\delta W = \delta W(\delta q_k)$,则

$$\delta W(\delta q_k) = Q_k \delta q_k \quad \Rightarrow \quad Q_k = \frac{\delta W(\delta q_k)}{\delta q_k} \tag{12.4}$$

该方法的本质是认为系统总的虚功可分解为在各广义坐标或自由度方向的独立分量。在例 11.2 的解法 1(解析法)中式(b)认为 $\delta W = f_1(F_A, F_B)\delta\varphi_1 + f_2(F_A, F_B)$ $\delta\varphi_2 = \delta W(\delta\varphi_1) + \delta W(\delta\varphi_2)$，其中广义力 Q_k 就是 $f_k(F_A, F_B)$。而虚速度法与此不同，认为系统总的虚功可分解为如下虚位移模式上的独立分量：每个虚位移模式除待求力做功外，其他力作用点处也有虚位移，但其虚位移方向与该力垂直。这与以后振动力学中将系统的能量分解为独立的模态能量思想相同。从线性代数角度来理解，虚速度法相当于选用如下的独立坐标：由解析法中的广义坐标经过一系列坐标变换，使广义力矩阵解耦变成对角阵的一组向量。

设质点系上作用了势力，各个质点上作用的势力及其矢径分别为

$$\boldsymbol{F}_i = F_{ix}\boldsymbol{i} + F_{iy}\boldsymbol{j} + F_{iz}\boldsymbol{k}, \quad \boldsymbol{r}_i = x_i\boldsymbol{i} + y_i\boldsymbol{j} + z_i\boldsymbol{k}, \quad i = 1, 2, \cdots, N \quad (12.5)$$

设系统的势能为 V，则有

$$F_{ix} = -\frac{\partial V}{\partial x_i}, \quad F_{iy} = -\frac{\partial V}{\partial y_i}, \quad F_{iz} = -\frac{\partial V}{\partial z_i} \quad (12.6)$$

假定势力场是定常的，即

$$x_i = x_i(q_1, q_2, \cdots, q_n), \quad y_i = y_i(q_1, q_2, \cdots, q_n), \quad z_i = z_i(q_1, q_2, \cdots, q_n)$$

所以

$$\frac{\partial \boldsymbol{r}_i}{\partial q_k} = \frac{\partial x_i}{\partial q_k}\boldsymbol{i} + \frac{\partial y_i}{\partial q_k}\boldsymbol{j} + \frac{\partial z_i}{\partial q_k}\boldsymbol{k} \quad (12.7)$$

于是势力的广义力为

$$Q_k = \sum_{i=1}^N \boldsymbol{F}_i \cdot \frac{\partial \boldsymbol{r}_i}{\partial q_k} = -\sum_{i=1}^N \left(\frac{\partial V}{\partial x_i}\frac{\partial x_i}{\partial q_k} + \frac{\partial V}{\partial y_i}\frac{\partial y_i}{\partial q_k} + \frac{\partial V}{\partial z_i}\frac{\partial z_i}{\partial q_k} \right), \quad k = 1, 2, \cdots, n$$

$$(12.8)$$

另一方面势能 V 是位置的函数，可写成 $V = V(x_1, y_1, z_1, x_2, y_2, z_2, \cdots, x_n, y_n, z_n)$，于是由复合函数求导法则得

$$\frac{\partial V}{\partial q_k} = \sum_{i=1}^N \left(\frac{\partial V}{\partial x_i}\frac{\partial x_i}{\partial q_k} + \frac{\partial V}{\partial y_i}\frac{\partial y_i}{\partial q_k} + \frac{\partial V}{\partial z_i}\frac{\partial z_i}{\partial q_k} \right), \quad k = 1, 2, \cdots, n$$

所以势力的广义力为

$$Q_k = -\frac{\partial V}{\partial q_k}, \quad k = 1, 2, \cdots, n \quad (12.9)$$

例 12.1　如图 12.1 所示，一条平行于光滑斜面的弹簧的刚度系数为 k，一端固定，另一端与物块 A 连接，杆 AB 与物块 A 铰接，物块和杆的质量均为 m、杆长 l。系统的广义坐标为 x、φ，x、φ 的原点取在系统的平衡位置，求系统弹性力和重力的广义力。

解　方法 1：先计算势能再求广义力。

取系统的平衡位置为零势位，如图 12.1(a)所示，系统的势能为

$$V = \frac{1}{2}mgl(1 - \cos\varphi) + \frac{1}{2}kx^2$$

(a)　　　　　　　　　　(b)　　　　　　　　　　(c)

图 12.1　例 12.1 图

所以广义力为

$$Q_x = -\frac{\partial V}{\partial x} = -kx$$

$$Q_\varphi = -\frac{\partial V}{\partial \varphi} = -\frac{1}{2}mgl\sin\varphi$$

方法 2:应用公式(12.4)计算广义力。

令 $\delta x \neq 0$、$\delta\varphi = 0$,此时系统弹性力、重力及其虚位移如图 12.1(b)所示,虚功为

$$\delta W(\delta x) = 2mg\boldsymbol{j} \cdot \delta\boldsymbol{r}_A + \boldsymbol{F}_k \cdot \delta\boldsymbol{r}_A = 2mg\delta x\sin\theta - k(x+\Delta)\delta x \qquad (\text{a})$$

其中,$\boldsymbol{j}$ 为垂直向下的单位矢量,Δ 为系统平衡时弹簧的伸长量,由平衡条件易知

$$k\Delta = 2mg\sin\theta \quad \Rightarrow \quad \Delta = \frac{2mg\sin\theta}{k}$$

所以式(a)变为

$$\delta W(\delta x) = -kx\delta x$$

所以

$$Q_x = \frac{\delta W(\delta x)}{\delta x} = -kx$$

令 $\delta x = 0$、$\delta\varphi \neq 0$,此时只有杆的重力在其质心 C 的虚位移上做虚功,如图12.1(c)所示,虚功为

$$\delta W(\delta\varphi) = mg\boldsymbol{j} \cdot \delta\boldsymbol{r}_C = -mg \cdot \frac{1}{2}l\delta\varphi\sin\theta$$

所以

$$Q_\varphi = \frac{\delta W(\delta\varphi)}{\delta\varphi} = -\frac{1}{2}mgl\sin\theta$$

12.1.2　用广义力表示的虚位移原理

设系统的主动力系 $\boldsymbol{F}_i, i=1,2,\cdots,N$ 形成的广义力为 $Q_k, k=1,2,\cdots,n$,由方程(12.1)和虚功原理可得

$$\delta W = \sum_{i=1}^{N}\boldsymbol{F}_i \cdot \delta\boldsymbol{r}_i = \sum_{k=1}^{n}\boldsymbol{Q}_k \cdot \delta q_k = 0 \qquad (12.10)$$

对于完整系统，δq_k，$k=1,2,\cdots,n$ 是相互独立的，因此式（12.10）成立的充要条件即系统保持平衡的充要条件是

$$Q_k=0,\quad k=1,2,\cdots,n \tag{12.11}$$

这就是**用广义力表示的虚功原理**。

请读者仔细思考该方程与静力学平衡方程的联系和差异，从中得到何启迪？实际上，该原理揭示的是在广义坐标方向上的广义力作用下，系统在该广义坐标方向上处于静平衡，类似静力学中在物理坐标下所建立的某个方向（比如 x 方向）的平衡方程。这种将物理坐标下的平衡方程转化为相互独立的广义坐标下的平衡方程的思想，提供了一种新的分析力学问题的视角，以后在振动力学里将物理空间下的振动方程转化为模态空间的振动方程的思想与此相似。

如果系统做功的力均为势力，则有

$$Q_k=-\frac{\partial V}{\partial q_k},\quad k=1,2,\cdots,n \tag{12.12}$$

进而

$$\delta V=\sum_{i=1}^{N}\frac{\partial V}{\partial q_i}\delta q_k=-\sum_{i=1}^{N}Q_k\delta q_k \tag{12.13}$$

因此，势力系统保持平衡的充要条件为

$$\frac{\partial V}{\partial q_k}=0,\quad k=1,2,\cdots,n\quad 或\quad \delta V=0 \tag{12.14}$$

式（12.14）是保守系统处于平衡的条件。但处于平衡状态的质点系，在此平衡状态如果受到一个微小干扰偏离其平衡状态后，其力学系统在干扰去掉后能回到其平衡位置或构形，则称其平衡状态为稳定平衡。若在干扰去掉后不能回到其平衡位置或构形，则称其平衡状态为不稳定平衡。平衡状态的稳定性研究在许多工程中有着重要的需求。例如船舶处于悬浮的平衡状态若是不稳定平衡，受到扰动后，将可能倾翻。那么，如何分析稳定性问题呢？感兴趣的读者可阅读"专题5 平衡稳定性"。

12.1.3　动力学普遍方程

设 N 个质点组成的质点系处于运动状态，各个质点 m_i，$i=1,2,\cdots,N$ 上的主动力合力为 $\boldsymbol{F}_i$，约束力的合力为 $\boldsymbol{N}_i$，其加速度为 $\boldsymbol{a}_i$，根据达朗贝尔原理或牛顿定律，在任一瞬时有

$$\boldsymbol{F}_i+\boldsymbol{N}_i-m_i\boldsymbol{a}_i=\boldsymbol{0},\quad i=1,2,\cdots,N$$

如果系统具有理想约束，在质点的任意一组虚位移 $\delta\boldsymbol{r}_i$，$i=1,2,\cdots,N$ 上，有

$$\sum_{i=1}^{N}\boldsymbol{N}_i\cdot\delta\boldsymbol{r}_i=0 \tag{12.15}$$

故

$$\sum_{i=1}^{N}(\boldsymbol{F}_i-m_i\boldsymbol{a}_i)\cdot\delta\boldsymbol{r}_i=0 \tag{12.16}$$

这一方程适用于任何理想系统的所有运动过程,称为**动力学普遍方程**(达朗贝尔-拉格朗日方程),也叫作**动力学的虚位移原理**,用文字表述为:具有理想约束的质点系运动时,在任意瞬时,主动力和惯性力在任意虚位移上所做的虚功之和等于零。

说明

(1) 本原理只限定约束为理想的情形,没有规定约束的其他性质,因此它适合任何形式的理想约束的质点系,对具有非理想约束的质点系,可将非理想约束力作为主动力来处理,本原理同样适用,因此它适合任何形式的质点系。动力学普遍方程的普遍性也正在于此。

(2) 本原理是分析力学的基本原理,由它可得出非自由系统动力学所需要的全部方程。

(3) 本原理虽有如此普遍的意义,但仍然不能取代牛顿定律,这只要指出不可能由它推出作用力与反作用力定律就够了。此外,本原理只是建立了整个系统所受主动力与运动之间的整体规律,不能由它得到每个质点的力与运动的关系,即牛顿第二定律,因为各质点的虚位移并不相互独立。

(4) 它也不能取代虚位移原理,因为若令 $\boldsymbol{a}_i = \boldsymbol{0}$,且规定约束是定常的,由它只能得到系统平衡的必要条件: $\sum\limits_{i=1}^{N} \boldsymbol{F}_i \cdot \delta \boldsymbol{r}_i = 0$,而平衡的充分性需单独证明。

对于 n 个自由度的完整系统,动力学普遍方程可写为

$$\sum_{k=1}^{n} (Q_k + S_k) \delta q_k = 0 \tag{12.17}$$

其中

$$S_k = \sum_{i=1}^{N} (-m_i \boldsymbol{a}_i) \cdot \frac{\partial \boldsymbol{r}_i}{\partial q_k}, \quad k = 1, 2, \cdots, n \tag{12.18}$$

称为**广义惯性力**,即系统的惯性力系对应于广义坐标 q_k 的广义力。由于 $\delta q_k, k = 1, 2, \cdots, n$ 是相互独立的,所以方程(12.17)变为

$$Q_k + S_k = 0, \quad k = 1, 2, \cdots, n \tag{12.19}$$

这就是用广义力表示的、完整系统的动力学普遍方程。

动力学普遍方程的主要用途是以它为起点推导非自由系统的动力学方程和建立基于能量的拉格朗日力学体系,在很多场合,也可以直接用于动力学问题的求解。在具体分析动力学问题时,相比达朗贝尔原理,它能明确确定所需列的动力学方程数目,而不是至少需列的方程数目,这使动力学分析变得更简单和有规律。下面举例说明其如何实现明确确定所需列的动力学方程数目。

例 12.2　如图 12.2(a)所示,长度为 $2L$ 的均质杆 OA 质量为 m_1,长为 $1.5L$ 的非均质杆 AB 的质量为 m_2,质心 D 距离 A 的长度为 L,对质心 D 的转动惯量为 J_D。在垂直面内,在 A、B 处作用分别与 OA、AB 垂直的未知力 F_A、F_B,在 $\varphi_1 = 60°$、$\varphi_2 = 30°$ 位置,OA 与 AB 的角速度均为 0,角加速度分别为 α_1 和 α_2。求图示位

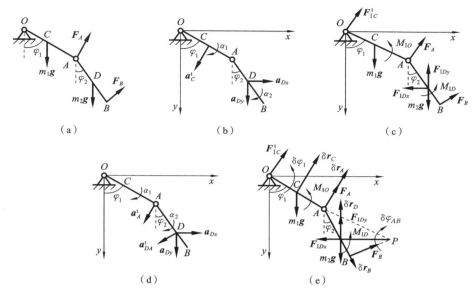

图 12.2　例 12.2 图

置的 F_A。

解法 1　广义坐标法。

本题为 2 个自由度系统,由动力学普遍方程,可得 2 个独立的动力学方程。对系统取两组独立的虚位移,在这两组虚位移上令系统的主动力系和惯性力系的虚功之和为零,就得到这 2 个方程。取系统的广义坐标为 φ_1、φ_2,如图 12.2(a)所示,质心加速度如图 12.2(b)所示,惯性力简化如图 12.2(c)所示,其中

$$M_{IO}=J_O\alpha_1,\quad M_{ID}=J_D\alpha_2,\quad F_{IDx}=m_2a_{Dx},\quad F_{IDy}=m_2a_{Dy}$$

令 $\delta\varphi_1=0$,$\delta\varphi_2\neq0$,由动力学普遍方程,得

$$[M_{ID}+1.5LF_B-(m_2g-F_{IDy})L\sin\varphi_2-F_{IDx}L\cos\varphi_2]\delta\varphi_2=0$$

即

$$M_{ID}+1.5LF_B-(m_2g-F_{IDy})L\sin\varphi_2-F_{IDx}L\cos\varphi_2=0 \qquad(a)$$

令 $\delta\varphi_2=0$、$\delta\varphi_1\neq0$,由动力学普遍方程,得

$$M_{IO}\delta\varphi_1+2LF_A\delta\varphi_1+2LF_B\cos(\varphi_2-\varphi_1)\delta\varphi_1-Lm_1g\sin\varphi_1\delta\varphi_1$$
$$-2L(m_2g-F_{IDy})\sin\varphi_1\delta\varphi_1-2LF_{IDy}\cos\varphi_1\delta\varphi_1=0$$

即

$$M_{IO}+2LF_A+2LF_B\cos(\varphi_2-\varphi_1)-Lm_1g\sin\varphi_1$$
$$-2L(m_2g-F_{IDy})\sin\varphi_1-2LF_{IDy}\cos\varphi_1=0 \qquad(b)$$

对 DA,由基点法,有如图 12.2(d)所示的运动学加速度关系

$$a_{Dx}+a_{Dy}=a_A^t+a_{DA}^t \qquad(c)$$

其中,

$$a_A^t=2L\alpha_1,\quad a_{DA}^t=L\alpha_2$$

由式(c)得

$$a_{Dx} = -L\alpha_1 - \frac{\sqrt{3}}{2}L\alpha_2, \quad a_{Dy} = \sqrt{3}L\alpha_1 + \frac{1}{2}L\alpha_2 \qquad (d)$$

由式(a)(b)和(d),得

$$F_A = m_1\left(\frac{\sqrt{3}}{4}g - \frac{2}{3}L\alpha_1\right) + \frac{\sqrt{3}}{3L}J_D\alpha_2 + \frac{\sqrt{3}}{3}m_2\left(g - \sqrt{3}L\alpha_2 - \frac{1}{2}L\alpha_2\right)$$

从上述求解步骤可知,采用广义坐标的方法,当仅仅求某一个力时,有时需要引入不待求的未知力,比如该题 F_B。为了明确确定需要且只需要列的动力学方程数目,使动力学分析变得更有规律,可采用如下基于虚速度的几何法替代广义坐标法。

解法 2 虚速度法。

为了不引入不待求的未知力 F_B,如图 12.2(e)所示,假设 $\boldsymbol{F}_B$ 作用点 B 的虚位移 $\delta\boldsymbol{r}_B$ 与 $\boldsymbol{F}_B$ 垂直。由于做了这一假设,相当于给了一个约束,因此,该 2 个自由度的系统就变成了 1 个自由度的系统。对于 1 个自由度系统,可假设虚位移如图 12.2(e)所示。由虚位移原理有

$$\delta W = M_{IO}\delta\varphi_1 - m_1 g\sin\varphi_1\delta r_C + F_A\delta r_A - M_{IO}\delta\varphi_{AB} - (m_2 g - F_{IDy})\sin(\varphi_1 + \varphi_2)\delta r_D = 0$$

若用虚速度法,有

$$M_{IO}\omega - m_1 g\sin\varphi_1 v_C + F_A v_A - M_{IO}\omega_{AB} - (m_2 g - F_{IDy})\sin(\varphi_1 + \varphi_2)v_D = 0 \qquad (e)$$

式(e)中的虚速度关系类似图 12.2(e)中的虚位移关系,只需把虚位移改成虚速度即可。

取虚角速度 $\omega = \dot{\varphi}_1$ 为自变量,对于其他任一虚速度一定有 $v_i = s_i\omega$,其中 P 为 AB 的虚速度瞬心。由运动学求速度的方法可得

$$v_C = L\omega, \quad v_A = 2L\omega, \quad \omega_{AB} = \frac{v_A}{AP} = \frac{2}{\sqrt{3}}\omega, \quad v_D = PD \cdot \omega_{AB} = \frac{2}{\sqrt{3}}L\omega \qquad (f)$$

将上述速度关系代入式(e)得

$$\left[M_{IO} - m_1 gL\sin\varphi_1 + 2LF_A - M_{ID}\frac{2}{\sqrt{3}} - (m_2 g - F_{IDy})\frac{2L}{\sqrt{3}}\sin(\varphi_1 + \varphi_2)\right]\omega = 0 \qquad (g)$$

对 DA,由基点法,有如图 12.2(d)所示的运动学加速度关系

$$\boldsymbol{a}_{Dx} + \boldsymbol{a}_{Dy} = \boldsymbol{a}_A^t + \boldsymbol{a}_{DA}^t \qquad (h)$$

其中,
$$a_A^t = 2L\alpha_1, \quad a_{DA}^t = L\alpha_2$$

由式(h)得

$$a_{Dx} = -L\alpha_1 - \frac{\sqrt{3}}{2}L\alpha_2, \quad a_{Dy} = \sqrt{3}L\alpha_1 + \frac{1}{2}L\alpha_2 \qquad (i)$$

由式(g)和式(i),得

$$F_A = m_1\left(\frac{\sqrt{3}}{4}g - \frac{2}{3}L\alpha_1\right) + \frac{\sqrt{3}}{3L}J_D\alpha_2 + \frac{\sqrt{3}}{3}m_2\left(g - \sqrt{3}L\alpha_2 - \frac{1}{2}L\alpha_2\right)$$

例 12.3　均质圆柱 A 的半径为 r,质量为 M,均质杆 AB 的长度为 $4r$,质量为 m。铰 A 光滑,AB 的 B 端可在摩擦角 $\varphi_f = 30°$ 的墙面滑动,地面粗糙使得圆柱做纯滚动,墙面与水平地面垂直。初始时系统静止,且 $\theta = 60°$,然后释放,求开始运动时点 A 的加速度(要求不引入任何不待求未知力)。

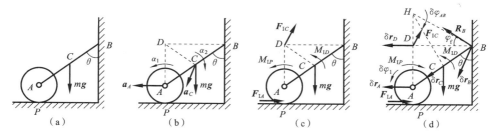

图 12.3　例 12.3 图

解　用虚速度法。

本题为 1 个自由度系统,由动力学普遍方程,可得 1 个独立的动力学方程。质心加速度如图 12.3(b)所示,惯性力简化如图 12.3(c)所示,其中 $M_{IP} = J_P \alpha_A$,$F_{IA} = m_1 a_A$,$M_{ID} = J_D \alpha_2$,$F_{IC} = m a_C$,$J_P = \dfrac{3}{2} M r^2$,$J_D = \dfrac{16}{3} m r^2$。为了不引入墙面对 AB 的不待求的摩擦力与支持力,将摩擦力与支持力用合力 $\boldsymbol{R}_B$ 表示,如图 12.3(d)所示。假设 $\boldsymbol{R}_B$ 作用点 B 的虚位移 δr_B 与 $\boldsymbol{R}_B$ 垂直,并假设圆柱 A 做纯滚动。对于 1 个自由度的系统,可假设虚位移如图 12.3(d)所示。由虚位移原理有

$$\delta W = -M_{IP} \delta \varphi_1 - M_{ID} \delta \varphi_{AB} + mg\cos 60° \delta r_C + F_{IC}\cos 120° \delta r_D = 0$$

若用虚速度法,有

$$-M_{IP}\omega_1 - M_{ID}\omega_{AB} + mg\cos 60° v_C + F_{IC}\cos 120° v_D = 0 \qquad (a)$$

式(a)中的虚速度关系类似图 12.3(d)中的虚位移关系,只需把虚位移改成虚速度即可。

取虚角速度 $\omega_1 = \dot{\varphi}_1$ 为自变量,对于其他任一虚速度一定有 $v_i = s_i \omega$,其中 H 为 AB 的虚速度瞬心,P 为圆柱 A 的虚速度瞬心。由运动学求速度的方法可得

$$\omega_{AB} = \frac{v_A}{AH} = \frac{1}{4}\omega_1, \quad v_C = 2\sqrt{3} r\omega_{AB} = \frac{\sqrt{3} r}{2}\omega_1, \quad v_D = 2r\omega_{AB} = \frac{r}{2}\omega_1$$

将上述速度关系代入式(a)得

$$\left(-M_{IP} - \frac{1}{4}M_{ID} + \frac{\sqrt{3}}{4} rmg - \frac{1}{4} r F_{IC}\right)\omega_1 = 0$$

即

$$-M_{IP} - \frac{1}{4}M_{ID} + \frac{\sqrt{3}}{4} rmg - \frac{1}{4} r F_{IC} = 0 \qquad (b)$$

由运动学可知,AB 的实际速度瞬心 D 的加速度为 0,又因为实际角速度为 0,故

$$\alpha_{AB} = \frac{a_A}{DA} = \frac{1}{2r}a_A, \quad a_C = DC \cdot \alpha_{AB} = a_A \tag{c}$$

对于圆柱 A, $$\alpha_1 = \frac{a_A}{r} \tag{d}$$

将式(c)(d)和代入式(b)得

$$a_A = \frac{3\sqrt{3}mg}{18M+11m}$$

本题为 1 个自由度系统,若求地面对圆柱的支持力 F_{PN},故要列 2 个来自动力学理论的方程。除了由上述的虚位移模式得到的 1 个动力学普遍方程,还需补充 1 个。可去除地面的约束,再假设一种让 F_{PN} 做虚功,其他不待求力不做虚功的模式,得到另一个动力学普遍方程。

说明:对于上述两题,采用动静法都会引入不待求未知力,而动力学普遍方程则不需要。

从例 12.2 可知,采用广义坐标法不能保证一定不引入不待求未知力,但采用虚速度法则一定可以实现,从而可以达到如下目标:对于 n 个自由度具有理想约束的完整约束系统,已知 s 个与切向加速度(或角加速度)有关的加速度量,若不求任何未知力,则需且只需列 $k=n-s$ 个动力学二阶微分方程。若还需求 m 个待求真实力,则需且只需补充 m 个。由其他任何动力学理论,得到的不引入其他不待求未知力的动力学二阶微分方程必然可由这 k 个方程联合运动学加速度关系推出,是不独立的,因此无须再列。采用虚速度的动力学普遍方程的方法,可使得动力系统分析变得更有规律。

此外,对于 n 个自由度具有理想约束的完整约束系统,已知 n 个切向加速度(或角加速度),若求任意 s 个未知力,则必然需且只需列 s 个独立的动力学普遍方程,不需联立求解(指普遍方程之间)。但若已知切向加速度(或角加速度)数目少于 n,需列的动力学普遍方程之间还不能解耦,普遍方程之间还需要联立。

由上述分析,总结出的普遍方程采用虚速度的几何法的一般分析步骤如下。(1) 类似达朗贝尔原理,将动力学问题转化为静力学形式后,根据题意,确定所需列的 k 个动力学方程。这里所需列的方程数目不是至少,而是需且只需列的方程数目。(2) 再分别选取 k 个虚位移模式,得到 k 个不含不待求未知力的动力学方程。位移模式可借助广义坐标来选取。当不求任何真实力时,要求满足在所选取的广义坐标方向有虚速度时,不待求的未知力或力偶矩不做功。当还需求某一真实力时,除了上述虚位移模式外,再补充让待求力做虚功、不待求的未知力或力偶矩不做功的虚位移模式。

12.2　第二类拉格朗日方程

应用动力学普遍方程,可以建立任何有限自由度系统的运动微分方程,但一般仍需要补充复杂的运动学关系。在理论力学的运动学部分,重点介绍了应用点的速度和加速度合成定理,而不推荐采用数学求导的方法,主要是因为对于复杂的机构,采用数学求导的方法很复杂。但真理是相对的,是在否定之否定中发展的。仅仅只分析运动学关系,点的加速度合成定理相对于求导法在很多情形下具有优势,但若兼顾动力学分析,数学求导法是否能重新焕发生命力呢?

　　以前的动力学分析方法之所以要补充加速度关系,根本原因在于一些本来相关的加速度量在分析的第一步被当作独立变量,所以需要在后续步骤补充运动方程来体现其相关性。如果所有的加速度采用由广义坐标对应的加速度来表示,因为广义坐标间是相互独立的,那么就不需要补充复杂的加速度关系了,使求解动力学问题变得更简单和规范,这就逐渐发展到基于能量意义来分析的第二类拉格朗日(Lagrange)方程。

　　除了第二类拉格朗日方程,还有第一类拉格朗日方程。第一类拉格朗日方程是用不独立坐标表示的一组系统动力学方程,它与约束方程一起构成封闭方程组,适用于所有系统。通常说的拉格朗日方程是指第二类拉格朗日方程,它是用广义坐标表示的一组一般形式的系统动力学方程,只能用于完整系统,用它可以建立任何有限自由度系统的运动微分方程。拉格朗日方程结构形式规范优美,使用过程直接简便,因此它是建立有限自由度系统动力学方程的最常用和有效的方法之一。

　　约瑟夫・拉格朗日(Joseph Lagrange,1736.1.25—1813.4.11),法国籍意大利裔数学家和天文学家。拉格朗日曾为普鲁士腓特烈大帝在柏林工作了 20 年,被腓特烈大帝称为"欧洲最伟大的数学家",后受法国国王路易十六的邀请定居巴黎直至去世。拉格朗日才华横溢,在数学、物理和天文等领域做出了很多重大的贡献,其中尤以数学方面的成就最为突出。他的成就包括著名的拉格朗日中值定理、创立了拉格朗日力学等等。18 岁时,拉格朗日用意大利语写了第一篇论文,是用牛顿二项式定理处理两函数乘积的高阶微商,他又将论文用拉丁语写出,寄给了当时在柏林科学院任职的数学家欧拉。不久后,他获知这一成果早在半个世纪前就被莱布尼兹取得了。这个并不幸运的开端并未使拉格朗日灰心,相反,更坚定了他投身数学分析领域的信心。1755 年拉格朗日 19 岁时,在探讨数学难题"等周问题"的过程中,他以欧拉的思路和结果为依据,用纯分析的方法求变分极值。第一篇论文"极大和极小的方法研究",发展了欧拉所开创的变分法,为变分法奠定了理论基础。变分法的创立,使拉格朗日在都灵名声大振,并使他在 19 岁时就当上了都灵皇家炮兵学校的教授,成为当时欧洲公认的第一流数学家。1756 年,受欧拉的举荐,拉格朗日被任命为普鲁士科学院通讯院士。

　　拉格朗日在数学、力学和天文学三个学科都有重大历史性贡献,但他主要是数学家,研究力学和天文学的目的是表明数学分析的威力。而与他同时代的达朗贝尔认为力学应该是数学家的主要兴趣,所以达朗贝尔一生对力学也做了大量研究。

二者合作发现了动力学普遍方程。拉格朗日的学术生涯主要在 18 世纪后半期。当时对数学、物理学和天文学的研究是自然科学主体,数学的主流是由微积分发展起来的数学分析,以欧洲大陆为中心;物理学的主流是力学;天文学的主流是天体力学。数学分析的发展使力学和天体力学研究深化,而力学和天体力学的课题又成为数学分析发展的动力,当时的自然科学代表人物都在此三个学科做出了历史性重大贡献。

12.2.1　第二类拉格朗日方程的推导

设一个完整理想系统由 N 个质点组成,其自由度为 n,对应的广义坐标用 q_1, q_2, $\cdots$, q_n 表示。第 12.1.3 节已经得到,用广义力表示的完整系统动力学普遍方程为

$$Q_k + S_k = 0, \quad k = 1, 2, \cdots, n \tag{12.20}$$

其中,Q_k 为主动力系的广义力,S_k 为惯性力系的广义力。从方程(12.20)出发可推导出拉格朗日方程。

先给出两个拉格朗日经典关系。因为任一质点的矢径 $\boldsymbol{r}_i = \boldsymbol{r}_i(q_1, q_2, \cdots, q_n, t)$,所以

$$\dot{\boldsymbol{r}}_i = \frac{\mathrm{d}\boldsymbol{r}_i}{\mathrm{d}t} = \sum_{j=1}^{n} \frac{\partial \boldsymbol{r}_i}{\partial q_j} \dot{q}_j + \frac{\partial \boldsymbol{r}_i}{\partial t}, \quad i = 1, 2, \cdots, N \tag{12.21}$$

因为 $\partial \boldsymbol{r}_i / \partial q_j$,$\partial \boldsymbol{r}_i / \partial t$ 是 $q_1, q_2, \cdots, q_n, t$ 的函数,因此将式(12.21)对广义坐标 q_k 求偏导数可得

$$\frac{\partial \dot{\boldsymbol{r}}_i}{\partial q_k} = \sum_{j=1}^{n} \frac{\partial^2 \boldsymbol{r}_i}{\partial q_k \partial q_j} \dot{q}_j + \frac{\partial^2 \boldsymbol{r}_i}{\partial q_k \partial t}$$

另一方面,将 $\partial \boldsymbol{r}_i / \partial q_k$ 直接对 t 求全导数可得

$$\frac{\mathrm{d}}{\mathrm{d}t} \left(\frac{\partial \boldsymbol{r}_i}{\partial q_k} \right) = \sum_{j=1}^{n} \frac{\partial^2 \boldsymbol{r}_i}{\partial q_j \partial q_k} \dot{q}_j + \frac{\partial^2 \boldsymbol{r}_i}{\partial q_k \partial t}$$

比较上面两式得

$$\frac{\mathrm{d}}{\mathrm{d}t} \left(\frac{\partial \boldsymbol{r}_i}{\partial q_k} \right) = \frac{\partial \dot{\boldsymbol{r}}_i}{\partial q_k}, \quad k = 1, 2, \cdots, n \tag{12.22}$$

再将式(12.21)对广义速度 $\dot{q}_k$ 求偏导数,并考虑到 $\partial \boldsymbol{r}_i / \partial q_j$,$\partial \boldsymbol{r}_i / \partial t$ 与广义速度无关,得

$$\frac{\partial \dot{\boldsymbol{r}}_i}{\partial \dot{q}_k} = \frac{\partial \boldsymbol{r}_i}{\partial q_k}, \quad k = 1, 2, \cdots, n \tag{12.23}$$

两式(12.22)(12.23)便是**两个拉格朗日经典关系式**。

对方程(12.20)中的广义惯性力做以下推演:

$$S_k = \sum_{i=1}^{N} (-m_i \boldsymbol{a}_i) \cdot \frac{\partial \boldsymbol{r}_i}{\partial q_k} = -\sum_{i=1}^{N} m_i \frac{\mathrm{d}\dot{\boldsymbol{r}}_i}{\mathrm{d}t} \cdot \frac{\partial \boldsymbol{r}_i}{\partial q_k}$$

$$= -\frac{\mathrm{d}}{\mathrm{d}t}\sum_{i=1}^{N}m_i\dot{\boldsymbol{r}}_i\cdot\frac{\partial \boldsymbol{r}_i}{\partial q_k}+\sum_{i=1}^{N}m_i\dot{\boldsymbol{r}}_i\cdot\frac{\mathrm{d}}{\mathrm{d}t}\frac{\partial \boldsymbol{r}_i}{\partial q_k}$$

应用以上两个经典关系,得

$$
\begin{aligned}
S_k &= -\frac{\mathrm{d}}{\mathrm{d}t}\sum_{i=1}^{N}m_i\dot{\boldsymbol{r}}_i\cdot\frac{\partial \dot{\boldsymbol{r}}_i}{\partial \dot{q}_k}+\sum_{i=1}^{N}m_i\dot{\boldsymbol{r}}_i\cdot\frac{\partial \dot{\boldsymbol{r}}_i}{\partial q_k}\\
&= -\frac{\mathrm{d}}{\mathrm{d}t}\sum_{i=1}^{N}\frac{1}{2}\frac{\partial(m_i\dot{\boldsymbol{r}}_i\cdot\dot{\boldsymbol{r}}_i)}{\partial \dot{q}_k}+\sum_{i=1}^{N}\frac{1}{2}\frac{\partial(m_i\dot{\boldsymbol{r}}_i\cdot\dot{\boldsymbol{r}}_i)}{\partial q_k}\\
&= -\frac{\mathrm{d}}{\mathrm{d}t}\frac{\partial}{\partial \dot{q}_k}\left(\frac{1}{2}\sum_{i=1}^{N}m_i\dot{\boldsymbol{r}}_i\cdot\dot{\boldsymbol{r}}_i\right)+\frac{\partial}{\partial q_k}\left(\frac{1}{2}\sum_{i=1}^{N}m_i\dot{\boldsymbol{r}}_i\cdot\dot{\boldsymbol{r}}_i\right)\\
&= -\frac{\mathrm{d}}{\mathrm{d}t}\frac{\partial T}{\partial \dot{q}_k}+\frac{\partial T}{\partial q_k}
\end{aligned}
\tag{12.24}
$$

其中,$T=\dfrac{1}{2}\displaystyle\sum_{i=1}^{N}m_i\dot{\boldsymbol{r}}_i\cdot\dot{\boldsymbol{r}}_i$ 为系统的动能。将式(12.24)代入方程(12.20),得

$$\frac{\mathrm{d}}{\mathrm{d}t}\frac{\partial T}{\partial \dot{q}_k}-\frac{\partial T}{\partial q_k}=Q_k,\quad k=1,2,\cdots,n \tag{12.25}$$

这组方程就是适用于完整系统的第二类拉格朗日方程,也就是通常所说的**拉格朗日方程**。

这是由 n 个独立方程组成的方程组,系统的动能 T 可以写成广义速度、广义坐标和时间的函数,因此这组方程是关于 n 个广义坐标的封闭方程组,完全描述了完整系统在广义坐标的位形空间中的动力学规律。

第二类拉格朗日方程与动力学普遍方程的内在联系是:采用广义坐标法建立动力学普遍方程,不用补充加速度关系,就是拉格朗日方程;差异是拉格朗日方程将动静法中的加速度与力的量转化为动能、势能和功的量。因此,可认为动力学普遍方程是属于牛顿力学体系向拉格朗日力学体系的过渡。

当系统的主动力均为势力时,其广义力为

$$Q_k=-\frac{\partial V}{\partial q_k},\quad k=1,2,\cdots,n \tag{12.26}$$

因为 V 不显含广义速度,拉格朗日方程可写成

$$\frac{\mathrm{d}}{\mathrm{d}t}\frac{\partial \mathscr{L}}{\partial \dot{q}_k}-\frac{\partial \mathscr{L}}{\partial q_k}=0,\quad k=1,2,\cdots,n \tag{12.27}$$

其中,$\mathscr{L}=T-V$ 称为**拉格朗日函数**.

拉格朗日方程所揭示的物理意义是:系统总能量可由各自由度上的分能量组成,且各分能量间是彼此独立的。各分能量在其自由度方向满足能量最小原理,即存在的稳定状态必然是能量最小的,故各分能量对其广义坐标的偏导数为 0 得到条件极值。

12.2.2　第二类拉格朗日方程的应用

有限自由度系统动力学研究的一个基础工作就是建立系统的运动微分方程,

对于自由度不太大的完整系统,用第二类拉格朗日方程来完成这项工作是较有效和直接的方法,其步骤为:分析系统,确定自由度,选取广义坐标;写出系统的动能表达式;求出系统主动力系(包括非理想约束力)的广义力;最后将动能和广义力代入拉格朗日方程并对动能做微分运算,这样就得到了系统的运动微分方程。

例 12.4　如图 12.4 所示的系统,三角滑块 A 质量为 m_1,放在光滑水平面上;圆柱 C 质量为 m_2、半径 r,圆柱在三角滑块的斜面上做无滑动的滚动。以图示 x、y 为广义坐标,试用拉格朗日方程建立系统的运动微分方程,并求出三角块的加速度 a。

解　系统的动能为

$$T = \frac{1}{2}m_1\dot{x}^2 + \frac{1}{2}m_2\left[(\dot{x}+\dot{y}\cos\beta)^2 + (\dot{y}\sin\beta)^2\right] + \frac{1}{2}\left(\frac{1}{2}m_2r^2\right)\left(\frac{\dot{y}}{r}\right)^2$$

$$= \frac{1}{2}(m_1+m_2)\dot{x}^2 + \frac{3}{4}m_2\dot{y}^2 + m_2\dot{x}\dot{y}\cos\beta$$

图 12.4　例 12.4 图

系统的势能为　　　　　　　　$V = -m_2gy\sin\beta$

将 $L = T - V$ 代入拉格朗日方程

$$\begin{cases} \dfrac{\mathrm{d}}{\mathrm{d}t}\dfrac{\partial L}{\partial \dot{x}} - \dfrac{\partial L}{\partial x} = 0 \\[2mm] \dfrac{\mathrm{d}}{\mathrm{d}t}\dfrac{\partial L}{\partial \dot{y}} - \dfrac{\partial L}{\partial y} = 0 \end{cases}$$

得系统的运动微分方程为

$$\begin{cases} (m_1+m_2)\ddot{x} + m_2\ddot{y}\cos\beta = 0 \\ 2m_2\ddot{x}\cos\beta + 3m_2\ddot{y} - m_2g\sin\beta = 0 \end{cases}$$

由此可解得

$$a = \ddot{x} = -\frac{m_2g\sin2\beta}{3(m_1+m_2) - 2m_2\cos^2\beta}$$

思考:(1) 为了求地面的支持力,要求不引入不待求未知力,可假设三角滑块匀速向上运动,将该题变成 3 个自由度,那么如何应用拉格朗日第二类方程求解该题中地面对三角滑块不做功的支持力?

(2) 采用广义坐标来表示动能和势能,如何应用功率方程求解多自由度系统的加速度问题? 如何应用功率方程求解该题中地面对三角滑块不做功的支持力?

(3) 当都采用广义坐标来表示动能和势能时,请比较拉格朗日第二类方程与功率方程的联系和差异。

(4) 如果地面与三角滑块的滑动摩擦因数为 $\tan\varphi_f$,如何不引入不待求未知力,应用拉格朗日第二类方程求解该题?

例 12.5　如图 12.5 所示,半径为 R 的半圆柱 O 固定,其上有一质量为 m、长为 l 的均质杆 AB 做无滑动摆动,静平衡时,杆的中心与半圆柱顶点 C 重合。试以 θ 为广义坐标,用拉格朗日方程建立系统的运动微分方程。

解　系统的动能为

$$T = \frac{1}{2}J_D\dot{\theta}^2 = \frac{1}{2}\left(\frac{1}{12}ml^2 + mR^2\theta^2\right)\dot{\theta}^2$$

以地面为零势位,得系统的势能为

$$V = mg(R\cos\theta + R\theta\sin\theta)$$

所以广义力为

$$Q_\theta = -\frac{\partial V}{\partial\theta} = -mgR\theta\cos\theta \qquad (a)$$

图 12.5　例 12.5 图

拉格朗日方程中的动能微分项为

$$\frac{\mathrm{d}}{\mathrm{d}t}\frac{\partial T}{\partial\dot{\theta}} = \frac{\mathrm{d}}{\mathrm{d}t}\left\{\frac{\partial}{\partial\dot{\theta}}\left[\frac{1}{2}\left(\frac{1}{12}ml^2 + mR^2\theta^2\right)\dot{\theta}^2\right]\right\} = \frac{\mathrm{d}}{\mathrm{d}t}\left[\left(\frac{1}{12}ml^2 + mR^2\theta^2\right)\dot{\theta}\right]$$

$$= \left(\frac{1}{12}ml^2 + mR^2\theta^2\right)\ddot{\theta} + 2mR^2\theta\dot{\theta}^2 \qquad (b)$$

$$\frac{\partial T}{\partial\theta} = \frac{\partial}{\partial\theta}\left[\frac{1}{2}\left(\frac{1}{12}ml^2 + mR^2\theta^2\right)\dot{\theta}^2\right] = mR^2\theta\dot{\theta}^2 \qquad (c)$$

本题的拉格朗日方程的一般形式为

$$\frac{\mathrm{d}}{\mathrm{d}t}\frac{\partial T}{\partial\dot{\theta}} - \frac{\partial T}{\partial\theta} = Q_\theta \qquad (d)$$

将式(a)至式(c)代入式(d),就得到系统的运动微分方程

$$\left(\frac{1}{12}l^2 + R^2\theta^2\right)\ddot{\theta} + R^2\theta\dot{\theta}^2 + gR\theta\cos\theta = 0$$

例 12.6　图示系统中,均质细杆 AB 长为 l,均质圆柱半径为 r,两者的质量均为 m,弹簧的刚度系数为 k,圆柱 A 在水平面上做纯滚动。以 θ 和 φ 为广义坐标,广义坐标的原点取在系统的平衡位置,用拉格朗日方程求系统的运动微分方程。

图 12.6　例 12.6 图

解　杆 AB 速度分析如图 12.6(b)所示。杆 AB 的质心速度为

$$\boldsymbol{v}_C = \boldsymbol{v}_A + \boldsymbol{v}_{CA}$$

其中

$$v_A = r\dot{\varphi}, \qquad v_{CA} = \frac{1}{2}l\dot{\theta}$$

所以
$$v_C^2 = (\boldsymbol{v}_A + \boldsymbol{v}_{CA}) \cdot (\boldsymbol{v}_A + \boldsymbol{v}_{CA}) = v_A^2 + v_{CA}^2 + 2\boldsymbol{v}_A \cdot \boldsymbol{v}_{CA}$$
$$= r^2\dot{\varphi}^2 + \frac{1}{4}l^2\dot{\theta}^2 + rl\dot{\varphi}\dot{\theta}\cos\theta$$

由此,系统的动能为
$$T = \frac{1}{2} \times \left(\frac{3}{2}mr^2\right)\dot{\varphi}^2 + \frac{1}{2}mv_C^2 + \frac{1}{2} \times \left(\frac{1}{12}ml^2\right)\dot{\theta}^2$$
$$= \frac{3}{4}mr^2\dot{\varphi}^2 + \frac{1}{2}m\left(r^2\dot{\varphi}^2 + \frac{1}{4}l^2\dot{\theta}^2 + rl\dot{\varphi}\dot{\theta}\cos\theta\right) + \frac{1}{24}ml^2\dot{\theta}^2$$
$$= \frac{5}{4}mr^2\dot{\varphi}^2 + \frac{1}{6}ml^2\dot{\theta}^2 + \frac{1}{2}mrl\dot{\varphi}\dot{\theta}\cos\theta$$

以系统的平衡位置作为零势位,得系统的势能为
$$V = \frac{1}{2}k(r\varphi)^2 + \frac{1}{2}lmg(1-\cos\theta)$$

所以
$$\begin{cases} \dfrac{\mathrm{d}}{\mathrm{d}t}\dfrac{\partial T}{\partial \dot{\varphi}} = \dfrac{5}{2}mr^2\ddot{\varphi} + \dfrac{1}{2}mrl\ddot{\theta}\cos\theta - \dfrac{1}{2}mrl\dot{\theta}^2\sin\theta, & \dfrac{\partial T}{\partial \varphi} = 0 \\[3mm] \dfrac{\mathrm{d}}{\mathrm{d}t}\dfrac{\partial T}{\partial \dot{\theta}} = \dfrac{1}{3}ml^2\ddot{\theta} + \dfrac{1}{2}mrl\ddot{\varphi}\cos\theta - \dfrac{1}{2}mrl\dot{\varphi}\dot{\theta}\sin\theta, & \dfrac{\partial T}{\partial \theta} = -\dfrac{1}{2}mrl\dot{\varphi}\dot{\theta}\sin\theta \end{cases} \quad (\mathrm{a})$$

广义力为
$$Q_\varphi = -\frac{\partial V}{\partial \varphi} = kr^2\varphi, \quad Q_\theta = -\frac{\partial V}{\partial \theta} = -\frac{1}{2}lmg\sin\theta \quad (\mathrm{b})$$

将式(a)、式(b)代入拉格朗日方程
$$\begin{cases} \dfrac{\mathrm{d}}{\mathrm{d}t}\dfrac{\partial T}{\partial \dot{\varphi}} - \dfrac{\partial T}{\partial \varphi} = Q_\varphi \\[3mm] \dfrac{\mathrm{d}}{\mathrm{d}t}\dfrac{\partial T}{\partial \dot{\theta}} - \dfrac{\partial T}{\partial \theta} = Q_\theta \end{cases} \quad (\mathrm{c})$$

得系统的运动微分方程为
$$\begin{cases} 5r\ddot{\varphi} + l\ddot{\theta}\cos\theta - l\dot{\theta}^2\sin\theta - \dfrac{2kr}{m}\varphi = 0 \\[3mm] 3r\ddot{\varphi}\cos\theta + 2l\ddot{\theta} + 3g\sin\theta = 0 \end{cases}$$

例 12.7　如图 12.7 所示,质量为 M 的滑块放在光滑水平面上,其上有半径为 R 的圆弧形凹槽,一质量为 m、半径 r 的均质圆柱 C 在凹槽内做纯滚动,滑块侧面通过刚度系数为 k 的弹簧与基础连接。取图示 x、θ 为广义坐标,坐标原点为系统的静平衡位置。试用拉格朗日方程求系统的运动微分方程。

解　圆柱中心的坐标为
$$x_C = x + (R-r)\sin\theta, \quad y_C = (R-r)\cos\theta$$

由此,系统的动能为

$$T = \frac{1}{2}M\dot{x}^2 + \frac{1}{2}m(\dot{x}_C^2 + \dot{y}_C^2) + \frac{1}{2}J_C\left[\frac{\dot{\theta}(R-r)}{r}\right]^2$$

$$= \frac{1}{2}M\dot{x}^2 + \frac{1}{2}m[\dot{x} + (R-r)\dot{\theta}\cos\theta]^2$$

$$+ \frac{1}{2}m(R-r)^2\dot{\theta}^2\sin^2\theta + \frac{1}{4}m(R-r)^2\dot{\theta}^2$$

以系统的静平衡位置为零势位,得系统的势能为

$$V = mg(R-r)(1-\cos\theta) + \frac{1}{2}kx^2$$

将 $\mathscr{L} = T - V$ 代入拉格朗日方程,得系统的运动微分方程为

图 12.7　例 12.7 图

$$\begin{cases} (M+m)\ddot{x} + m(R-r)\cos\theta\,\ddot{\theta} - m(R-r)\sin\theta\,\dot{\theta}^2 + kx = 0 \\ m(R-r)\cos\theta\ddot{x} + \frac{3}{2}m(R-r)^2\,\ddot{\theta} + mg(R-r)\sin\theta = 0 \end{cases}$$

例 12.8　如图 12.8 所示的系统,长为 l 的均质细杆 OA 和套筒 B 的质量均为 m,套筒 B 套在细杆 OA 上,刚度系数为 k、原长为 a 的弹簧将套筒 B 与支座 O 相连,系统在垂直面内。试以 θ、x 为广义坐标,用拉格朗日方程建立系统的运动微分方程(各处摩擦不计,套筒可视为质点)。

解　系统动能为

$$T = \frac{1}{2}\times\left(\frac{1}{3}ml^2\right)\dot{\theta}^2 + \frac{1}{2}m(x^2\dot{\theta}^2 + \dot{x}^2)$$

$$= \frac{1}{2}m\left(\frac{1}{3}l^2 + x^2\right)\dot{\theta}^2 + \frac{1}{2}m\dot{x}^2$$

以 $x = a$ 作为弹性势能的零势位,以过点 O 的水平线作为重力势能的零势位,则系统势能为

$$V = \frac{1}{2}k(x-a)^2 - mg\left(\frac{1}{2}l + x\right)\cos\theta$$

图 12.8　例 12.8 图

所以广义力为

$$Q_x = -\frac{\partial V}{\partial x} = -k(x-a) + mg\cos\theta, \qquad Q_\theta = -\frac{\partial V}{\partial \theta} = -mg\left(\frac{1}{2}l + x\right)\sin\theta$$

由拉格朗日方程,得系统运动微分方程为

$$\begin{cases} m\ddot{x} - mx\dot{\theta}^2 + k(x-a) - mg\cos\theta = 0 \\ m\left(\frac{1}{3}l^2 + x^2\right)\ddot{\theta} + 2mx\dot{x}\dot{\theta} + mg\left(\frac{1}{2}l + x\right)\sin\theta = 0 \end{cases}$$

例 12.9　如图 12.9 所示,飞轮在水平面内绕轴 O 转动,轮辐上套一滑块 A,并以弹簧与轴心 O 相连。已知飞轮的质心在点 O,转动惯量为 J_O,滑块的质量为

图 12.9　例 12.9 图

m,弹簧刚度系数为 k,原长为 l。取广义坐标为飞轮的转角 θ 和弹簧的伸长量 x,试用拉格朗日方程求系统的运动微分方程。

解　系统的动能为

$$T = \frac{1}{2}J_O\dot{\theta}^2 + \frac{1}{2}m[(l+x)^2\dot{\theta}^2 + \dot{x}^2]$$

$$= \frac{1}{2}[J_O + m(l+x)^2]\dot{\theta}^2 + \frac{1}{2}m\dot{x}^2$$

系统的势能为
$$V = \frac{1}{2}kx^2$$

将 $\mathcal{L} = T - V$ 代入拉格朗日方程

$$\begin{cases} \dfrac{\mathrm{d}}{\mathrm{d}t}\dfrac{\partial\mathcal{L}}{\partial\dot{x}} - \dfrac{\partial\mathcal{L}}{\partial x} = 0 \\ \dfrac{\mathrm{d}}{\mathrm{d}t}\dfrac{\partial\mathcal{L}}{\partial\dot{\theta}} - \dfrac{\partial\mathcal{L}}{\partial\theta} = 0 \end{cases}$$

得系统的运动微分方程为

$$\begin{cases} \dfrac{\mathrm{d}}{\mathrm{d}t}[J_O\dot{\theta} + m(l+x)^2\dot{\theta}] = 0 \\ m\ddot{x} - m(l+x)\dot{\theta}^2 + kx = 0 \end{cases}$$

分析一个动力学问题,目前有牛顿力学与分析力学 2 类理论体系的方法。每一体系又有不同的分析方法。每一种分析方法在力学发展过程中都有自己独特的作用。在目前所学的方法中,仅仅从解题简便性上,根据各方法的特点,可以按下面的判据选择合适的方法来建立动力学微分方程。

（1）对于动静法和功率方程之间的选择方法,可参考第 10 章的总结。

（2）对于动静法与第二类拉格朗日方程间的选择,当拉格朗日函数中的变量与广义坐标间都是比例关系或直角三角形关系时,可采用第二类拉格朗日方程方法,否则,采用动静法一般更简单。

（3）对于动静法与动力学普遍方程间的选择,当动静法需要引入过多未知力时,采用动力学普遍方程一般更简单。

（4）对于动力学普遍方程与第二类拉格朗日方程间的选择,当拉格朗日函数中的变量与广义坐标间都是比例关系或直角三角形关系时,采用第二类拉格朗日方程方法,相对动力学普遍方程一般更简单。

12.3　完整系统的能量关系

12.3.1　系统的动能

将系统各质点的速度表示为广义坐标的列向量形式

$$\dot{\boldsymbol{r}}_i = \sum_{j=1}^{n} \frac{\partial \boldsymbol{r}_i}{\partial q_j} \dot{q}_j + \frac{\partial \boldsymbol{r}_i}{\partial t} = \left(\frac{\partial \boldsymbol{r}_i}{\partial q}\right)^{\mathrm{T}} \dot{\boldsymbol{q}} + \frac{\partial \boldsymbol{r}_i}{\partial t}, \quad i = 1, 2, \cdots, N \tag{12.28}$$

其中　　$\dot{\boldsymbol{q}} = (\dot{q}_1, \dot{q}_2, \cdots, \dot{q}_n)^{\mathrm{T}}, \quad \dfrac{\partial \boldsymbol{r}_i}{\partial q} = \left(\dfrac{\partial \boldsymbol{r}_i}{\partial q_1}, \dfrac{\partial \boldsymbol{r}_i}{\partial q_2}, \cdots, \dfrac{\partial \boldsymbol{r}_i}{\partial q_n}\right)^{\mathrm{T}}, \quad i = 1, 2, \cdots, N$

因此系统动能可写为

$$T = \frac{1}{2} \sum_{i=1}^{N} m_i \dot{\boldsymbol{r}}_i \cdot \dot{\boldsymbol{r}}_i = \frac{1}{2} \sum_{i=1}^{N} \left\{ m_i \left[\left(\frac{\partial \boldsymbol{r}_i}{\partial q}\right)^{\mathrm{T}} \dot{\boldsymbol{q}} + \frac{\partial \boldsymbol{r}_i}{\partial t} \right] \cdot \left[\left(\frac{\partial \boldsymbol{r}_i}{\partial q}\right)^{\mathrm{T}} \dot{\boldsymbol{q}} + \frac{\partial \boldsymbol{r}_i}{\partial t} \right] \right\}$$

$$= \frac{1}{2} \dot{\boldsymbol{q}}^{\mathrm{T}} \left[\sum_{i=1}^{N} m_i \frac{\partial \boldsymbol{r}_i}{\partial q} \left(\frac{\partial \boldsymbol{r}_i}{\partial q}\right)^{\mathrm{T}} \right] \dot{\boldsymbol{q}} + \left[\sum_{i=1}^{N} m_i \frac{\partial \boldsymbol{r}_i}{\partial t} \left(\frac{\partial \boldsymbol{r}_i}{\partial q}\right)^{\mathrm{T}} \right] \dot{\boldsymbol{q}} + \frac{1}{2} \sum_{i=1}^{N} m_i \frac{\partial \boldsymbol{r}_i}{\partial t} \frac{\partial \boldsymbol{r}_i}{\partial t}$$

$$\tag{12.29}$$

令 $\boldsymbol{M}_2$ 为 n 阶对称方矩阵

$$\boldsymbol{M}_2 = \sum_{i=1}^{N} m_i \frac{\partial \boldsymbol{r}_i}{\partial q} \left(\frac{\partial \boldsymbol{r}_i}{\partial q}\right)^{\mathrm{T}}$$

$\boldsymbol{M}_1$ 为 n 阶列向量

$$\boldsymbol{M}_1 = \sum_{i=1}^{N} m_i \frac{\partial \boldsymbol{r}_i}{\partial t} \frac{\partial \boldsymbol{r}_i}{\partial q}$$

广义速度的二次齐次式 T_2 为

$$T_2 = \frac{1}{2} \dot{\boldsymbol{q}}^{\mathrm{T}} \boldsymbol{M}_2 \dot{\boldsymbol{q}}$$

广义速度的一次齐次式 T_1 为

$$T_1 = \boldsymbol{M}_1^{\mathrm{T}} \dot{\boldsymbol{q}}$$

广义速度的零次齐次式 T_0 为

$$T_0 = \frac{1}{2} \sum_{i=1}^{N} m_i \frac{\partial \boldsymbol{r}_i}{\partial t} \frac{\partial \boldsymbol{r}_i}{\partial t}$$

则动能表达成

$$T = T_2 + T_1 + T_0 \tag{12.30}$$

因为系统处于运动状态,广义速度不可能都为零,因此 $T_2 > 0$,进而 $\boldsymbol{M}_2$ 为一正定矩阵。

当系统定常时,$\boldsymbol{r}_i = \boldsymbol{r}_i(q_1, q_2, \cdots, q_n)$,$\dfrac{\partial \boldsymbol{r}_i}{\partial t} = 0$,这时 $T_1 = T_0 = 0$,$T = T_2$。

12.3.2　系统动能的变化规律

由以上讨论,系统动能一般是广义坐标、广义速度和时间的函数,即

$$T = T(\boldsymbol{q}, \dot{\boldsymbol{q}}, t)$$

因此　　$$\frac{\mathrm{d}T}{\mathrm{d}t} = \sum_{j=1}^{n} \frac{\partial T}{\partial \dot{q}_j} \ddot{q}_j + \sum_{j=1}^{n} \frac{\partial T}{\partial q_j} \dot{q}_j + \frac{\partial T}{\partial t}$$

$$= \frac{\mathrm{d}}{\mathrm{d}t}\Big(\sum_{j=1}^{n}\frac{\partial T}{\partial \dot{q}_j}\dot{q}_j\Big) + \sum_{j=1}^{n}\Big(\frac{\partial T}{\partial q_j} - \frac{\mathrm{d}}{\mathrm{d}t}\frac{\partial T}{\partial \dot{q}_j}\Big)\dot{q}_j + \frac{\partial T}{\partial t}$$

由拉格朗日方程,得

$$\frac{\mathrm{d}T}{\mathrm{d}t} = \frac{\mathrm{d}}{\mathrm{d}t}\Big(\sum_{j=1}^{n}\frac{\partial T}{\partial \dot{q}_j}\dot{q}_j\Big) - \sum_{j=1}^{n}Q_j\dot{q}_j + \frac{\partial T}{\partial t} \tag{12.31}$$

根据欧拉齐次函数公式,m 次齐次函数 $f=f(x_1,x_2,\cdots,x_n)$,有

$$\sum_{j=1}^{n}\frac{\partial f}{\partial x_j}x_j = mf$$

所以

$$\sum_{j=1}^{n}\frac{\partial T}{\partial \dot{q}_j}\dot{q}_j = \sum_{j=1}^{n}\frac{\partial(T_2+T_1+T_0)}{\partial \dot{q}_j}\dot{q}_j$$

$$= 2T_2 + T_1 = 2T - T_1 - 2T_0 \tag{12.32}$$

将式(12.32)代入式(12.31),得

$$\frac{\mathrm{d}T}{\mathrm{d}t} = \sum_{j=1}^{n}Q_j\dot{q}_j + \frac{\mathrm{d}}{\mathrm{d}t}(T_1+2T_0) - \frac{\partial T}{\partial t} \tag{12.33}$$

这就是用广义坐标表示的、完整系统的动能定理的微分形式。其积分形式为

$$T_B - T_A = \sum_{j=1}^{n}\int_{A}^{B}Q_j\,\mathrm{d}q_j + \big[(T_1+2T_0)_B - (T_1+2T_0)_A\big] - \int_{t_A}^{t_B}\frac{\partial T}{\partial t}\mathrm{d}t \tag{12.34}$$

对完整定常系统,动能定理为

微分形式
$$\frac{\mathrm{d}T}{\mathrm{d}t} = \sum_{j=1}^{n}Q_j\dot{q}_j \tag{12.35}$$

积分形式
$$T_B - T_A = \sum_{j=1}^{n}\int_{A}^{B}Q_j\,\mathrm{d}q_j \tag{12.36}$$

从式(12.36)看出,定常系统的动能变化等于广义力所做的功。但是,从式(12.36)看出,非定常系统的动能变化却不等于广义力所做的功,由于系统只受主动力和理想约束力的作用,因此唯一的原因是非定常系统的理想约束力在系统的真实运动过程中(实位移中)做了功。这从一个侧面说明了虚位移和实位移之间的本质区别;同时要求在对非定常系统应用动能定理时,一定要细心。

12.3.3　系统机械能的变化规律

当系统的主动力均为势力时,其广义力为

$$Q_k = -\frac{\partial V}{\partial q_k}, \quad k=1,2,\cdots,n$$

同时
$$\frac{\partial V}{\partial t} = 0$$

因此
$$\sum_{j=1}^{n}Q_j\dot{q}_j = -\sum_{j=1}^{n}\frac{\partial V}{\partial q_j}\dot{q}_j = -\frac{\mathrm{d}V}{\mathrm{d}t}$$

设动能 T 不显含 t(这并不要求系统一定是定常的),则 $\partial T/\partial t=0$。这样,由式

(12.33)得

$$\frac{\mathrm{d}T}{\mathrm{d}t}=-\frac{\mathrm{d}V}{\mathrm{d}t}+\frac{\mathrm{d}}{\mathrm{d}t}(T_1+2T_0)$$

即

$$\frac{\mathrm{d}E}{\mathrm{d}t}=\frac{\mathrm{d}}{\mathrm{d}t}(T_1+2T_0) \qquad (12.37)$$

或

$$E-(T_1+2T_0)=常数 \qquad (12.38)$$

其中，$E=T+V$ 为系统的机械能。对于非定常系统，T_1+2T_0 不恒等于零，因此有结论：对于非定常系统，即使主动力均为势力，机械能也不守恒。

方程(12.38)也可写成如下能量守恒形式：

$$T_2+(V-T_0)=常数 \qquad (12.39)$$

还可写成　$(2T_2+T_1)-\mathcal{L}=常数$　或　$\sum_{j=1}^{n}\frac{\partial \mathcal{L}}{\partial \dot{q}_j}\dot{q}_j-\mathcal{L}=常数$ $\qquad (12.40)$

其中，$\mathcal{L}=T-V$ 为系统的拉格朗日函数。方程(12.39)或方程(12.40)称为**雅可比**（Jacobi）**积分**或**广义机械能守恒方程**。

对于定常系统，$T=T_2$，主动力均为势力时，机械能守恒。

例 12.10　如图 12.10 所示，质量为 m 的小球在光滑细管中自由滑动，细管弯成半径为 R 的圆环，以匀角速度 ω 绕竖直直径上的轴 AB 转动，细管和轴的质量不计，不考虑各处摩擦。取系统的广义坐标为 θ，写出该非定常系统的广义机械能守恒表达式。

解　系统的动能为

$$T=\frac{1}{2}mR^2\dot{\theta}^2+\frac{1}{2}m\omega^2R^2\sin^2\theta$$

所以

$$T_2=\frac{1}{2}mR^2\dot{\theta}^2,\quad T_1=0,\quad T_0=\frac{1}{2}m\omega^2R^2\sin^2\theta$$

系统的势能为

$$V=-mgR\cos\theta$$

所以系统的广义机械能守恒表达式为

$$\frac{1}{2}mR^2\dot{\theta}^2-mgR\cos\theta-\frac{1}{2}m\omega^2R^2\sin^2\theta=常数$$

例 12.11　如图 12.11 所示，质量为 m、长为 l 的均质杆 AB 沿直角架 DOB 两边无摩擦地滑动，直角边 OD 是垂直的。杆的点 A 用刚度系数为 k 的弹簧与固定点连接。架 DOB 以匀角速度 ω 绕边 OD 转动，如果在 $\varphi=\varphi_0$ 时弹簧为原长，写出杆 AB 的广义机械能守恒表达式（不考虑架 DOB 及弹簧的质量）。

解　以直角架 DOB 为动系，杆 AB 相对运动的速度瞬心为点 P，所以，杆上与点 A 距离为 r 的点的速度分析如图 12.11(b)所示。因为在整个杆上有 $\boldsymbol{v}_\mathrm{r}\perp\boldsymbol{v}_\mathrm{e}$，所以杆的动能为

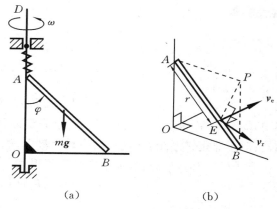

(a)　　　　　　　　　(b)

图 12.10　例 12.10 图

图 12.11　例 12.11 图

$$T = \frac{1}{2}\sum m v_{\mathrm{r}}^2 + \frac{1}{2}\sum m v_{\mathrm{e}}^2 = \frac{1}{2}J_P\dot{\varphi}^2 + \frac{1}{2}\int_0^l (\omega r \sin\varphi)^2 \frac{m}{l}\mathrm{d}r$$

$$= \frac{1}{6}m l^2 (\dot{\varphi}^2 + \omega^2 \sin^2\varphi)$$

所以　　　　　　$T_2 = \frac{1}{6}m l^2 \dot{\varphi}^2, \quad T_1 = 0, \quad T_0 = \frac{1}{6}m \omega^2 l^2 \sin^2\varphi$

以 $\varphi = \varphi_0$ 为弹性势能的零势位,以线 OB 为重力势能的零势位,则势能为

$$V = \frac{1}{2}m g l \sin\varphi + \frac{1}{2}k l^2 (\cos\varphi - \cos\varphi_0)^2$$

所以系统的广义机械能守恒表达式为

$$\frac{1}{6}m l^2 \dot{\varphi}^2 + \frac{1}{2}m g l \sin\varphi + \frac{1}{2}k l^2 (\cos\varphi - \cos\varphi_0)^2 - \frac{1}{6}m \omega^2 l^2 \sin^2\varphi = 常数$$

　　本章介绍了动力学普遍方程和第二类拉格朗日方程。第二类拉格朗日方程是用广义坐标表示的一组系统动力学方程,只能用于完整系统;而第一类拉格朗日方程是用不独立坐标表示的一组系统动力学方程,它与约束方程一起构成封闭方程组,适用于所有系统。欲了解第一类拉格朗日方程的读者可阅读"专题 6　第一类拉格朗日方程"。

12.4　结语

　　理论力学在牛顿力学的基础上,通过拉格朗日等科学家的努力,提出了基于能量的分析体系,逐渐发展到拉格朗日力学体系,建立了分析力学。分析力学所建立的基于能量的拉格朗日力学体系克服了基于力与加速度的牛顿力学体系的缺陷。拉格朗日方程所揭示的物理意义是:系统总能量可由各自由度上分能量组成,且各分能量间是彼此独立的。各分能量在其自由度方向满足能量最小原理,即存在的稳定状态必然是能量最小的,故各分能量对其广义坐标求偏导数得到条件极值。

拉格朗日方程蕴含着基于能量概念来建立分析多物理场的新方法。基于此思想，对多物理场，系统能量可认为由独立的物理场的各能量分量加上耦合场间的能量构成，若各能量分量相互独立，则各分能量也满足能量最小原理。基于能量的拉格朗日力学体系的分析方法对各学科有重大的影响。电场、磁场、热力学、化学等不同的学科，每门学科都从微观角度建立一种理论，但后来都发展出了一种基于能量的分析方法，其原因与本课程从牛顿力学体系演变到拉格朗日力学体系是相似的。研究在多物理场中工作的系统时，比如工作在电场、磁场和温度场的机械系统，将拉格朗日函数延伸到能量函数，采用能量来描述，比如，电场采用电场能、磁场采用磁场能、温度场采用热能来描述。尽管每个物理场间的物理规律不同，但各物理场之间可以通过能量这一共同平台进行交换来相互影响。比如求解某个多物理场作用下的物理系统的未知力 F、未知电场 E 和未知温度 T，基于各学科的理论建立包含待求独立变量（F、E 和 T）的能量函数 $\phi(F, E, T)$，而客观存在的稳定的物理系统必然是能量最小的，即能量最小原理。基于此原理，能量函数 $\phi(F, E, T)$ 分别对独立变量求偏导数，就是求条件极值，得到 3 个独立方程，从而求得 F、E 和 T。若能量函数中包含 n 个独立变量，对 n 个变量求偏导数，必然得到 n 个条件极值的方程，联立求解便得到 n 个变量。1834 年，哈密顿提出正则方程和用变分法表示的哈密顿原理，使复杂动力系统分析变得更有规律和范式，动力学得到进一步的发展。这种高效的分析方法，读者在进一步的科研和学习中将逐渐体会。

　　本课程所介绍的揭示机械运动一般规律性的科学和规律性的分析方法及其哲学思想，具有普遍性，因此对其他学科将会很多启发和借鉴意义。读者深刻了解本课程的分析方法及其发展历程，对后续课程的学习和在进一步的科研中提出自己的独创方法是有帮助的。

　　本书所介绍的力学原理及其分析方法揭示了自然界所蕴含的很多哲学原理：静力学的先整体再局部的分析方法体现了整体与局部的关系；一道力学问题有多种方法，体现了客观物理世界的多样性；动力学、静力学问题都可以用同一种方法求解体现了客观物理世界的同一性；动静法和虚功原理体现了客观物理的运动和静止可以相互转化；动力系统普遍方程体现了客观物理世界是统一的；本书所追求的尽量列最少的方程的目标，最终通过拉格朗日方程可以实现，体现了客观物理世界本质是简单和优美的。这些哲学原理无处不在，所以，从本课程中学的思想和方法，可以移植到其他学科。本书所介绍的力学原理对人类文明进步产生了巨大的影响，是科学巨匠的创新能力的展现和结晶。读者在学习中体会科学巨匠如何取得突破的同时，可以潜移默化地提高创新思维能力。需要说明的有以下几点。（1）本课程主要基于尽量不引入不待求未知量的主线，逐渐引入动静法、虚功原理、动力学普遍方程。实际上，发现这些原理的原因有的并不仅仅是出于不引入不待求未知量，还有其他更重要的因素，感兴趣读者可阅读原著。（2）平面动力学分析方法很多,不同的视角和思维方式,所偏好的分析方法不同,有些同类教材采用的分析方法与本书差异很大,有的教材偏重于一题多解,偏重于揭示自然界的多样性,也有其优点。本课程为了使读者更容易掌握该课程,对于平面动力学偏重介绍同一性的分析方法。(3)动力学原理众多,其产生的原因之一是为了克服先前发现的原理的不足,而这些不足在例题的求解方法上体现得更突出,所以,本教材在注重力学基本原理介绍的基础上,花较大篇幅对典型例题采用不同解法,然后进行比较,探讨应用各原理分析相应问题的优缺点,发现规律性的一般分析方法,从而揭示新发现的力学原理的优点及其重要性。(4)鉴于学时有限,本课程主要介绍平面运动学和动力学理论及其分析方法。空间运动有与平面运动不同的特殊之处,空间动力学的分析方法与刚体平面动力学的分析方法有些不同。但将二维空间的理论推广到三维空间,其思想仍有很多相同之处,值得借鉴。掌握了刚体平面运动学和刚体平面动力学的理论和分析方法,对深刻理解和学习刚体空间运动有很大帮助。对于刚体空间运动学和动力学理论,感兴趣读者可阅读后续的专题。

习　题

12.1　在如题 12.1 图所示的系统中,已知物块 A、B、C 的质量均为 m,光滑斜面的倾角分别为 α 和 β,滑轮质量均忽略不计。试以动力学普遍方程求:(1)系统的运动微分方程;(2)物块 A 和 B 的加速度 a_A 和 a_B。

12.2　如题 12.2 图所示,重物 A 的质量为 m,铰盘 C 与 D 的半径均为 R,对各自转轴的转动惯量均为 J。在两铰盘上分别作用力偶矩 M_1 和 M_2,忽略各滑轮的质量及摩擦,试用动力学普遍方程求重物 A 加速度的大小。

题 12.1 图

题 12.2 图

12.3　如题 12.3 图所示,质量为 m 的均质杆 OA 在变化力偶矩作用下,在垂直面内匀速转动,并带动均质连杆 AB 和半径为 r 的均质圆盘在半径为 $5r$ 的固定圆上做纯滚动。$AB=4r$,$OA=2r$。杆 OA 以匀角速度 3ω 转动,试用动力学普遍方程求图示瞬时固定圆对圆盘 B 的支持力。圆盘 B 和连杆 AB 的质量均为 m。

12.4　如题 12.4 图所示,球面摆(即在重力作用下沿半径 L 的光滑球面上运动的质点 m)的自由度是多少? 选择一组广义坐标,写出动能表达式。

12.5　如题 12.5 图所示,均质杆 AB 长 $2L$、重 P,端点 A 沿垂直线滑动。(1) 如果杆的 B 端可以在 Oxy 平面上自由运动,自由度是多少? 选出适当的广义坐标,并写出系统的动能和势能。(2) 如果杆的 B 端被限制沿 Oxy 平面上的直线 BC 滑动,BC 平行于轴 y、与轴 y 的距离为 b,问其自由度又是多少? 选出适当的广义坐标,并写出系统的动能和势能。

题 12.3 图　　　　　　　题 12.4 图　　　　　　　题 12.5 图

12.6　如题 12.6 图所示,质量为 m 的物体 A 挂在绳子上,绳子跨过不计质量的定滑轮 D 而绕在鼓轮 B 上,由重物下降带动轮 C 沿水平轨道做纯滚动。已知鼓轮半径 r,轮 C 半径 R,二者固连一起,总质量为 m_0,对质心轴 O 的回转半径为 ρ,用拉格朗日方程求重物 A 的加速度。

12.7　如题 12.7 图所示,质量为 m 的小球在光滑细管中自由滑动,细管弯成半径为 R 的圆环,圆环绕垂直直径上的轴 AB 转动,轴上作用转矩 M_z。试用拉格朗日方程建立系统的运动微分方程;如果圆环绕轴 AB 以匀角速度 ω 转动,求出转矩 M_z 的表达式(不计圆环质量)。

12.8　均质杆 AB 长 L,质量为 M,弹簧的刚度系数为 k,弹簧的原长为 a_0,小球的质量为 m,杆、弹簧和小球连成如题 12.8 图所示的系统,且在光滑水平面内运动,设杆以匀角速度 ω 绕垂直于图面的固定轴 A 转动。试用拉格朗日方程求此系统的运动微分方程。

12.9　如题 12.9 图所示,用刚度系数均为 k 的两根弹簧与两端固定墙连接,并连接质量为 m 的物块,物块可在光滑的水平上滑动。物块上质量为 $m/2$、半径为 r 的均质圆盘做无滑动的滚动,圆盘中心 C 与物块的一端用刚度系数为 $2k$ 的弹簧连接。试用拉格朗日方程建立系统的运动微分方程。

12.10　实心均质圆柱 A 和质量分布在边缘的空心圆柱 B 的质量分别为 m_A 和 m_B,半径皆为 R,如题 12.10 图所示,两者由绕在 B 上的细绳并通过不计质量的定滑轮相连。设圆柱 A 沿水平面做纯滚动(滚阻不计),圆柱 B 垂直下降。试用拉格朗日方程求两圆柱的圆心的加速度 a_A 和 a_B。

题 12.6 图　　　　题 12.7 图　　　　题 12.8 图

题 12.9 图　　　　　　题 12.10 图

12.11　如题 12.11 图所示,均质圆柱 B 的质量 $m_1=2$ kg,半径 $R=0.1$ m,通过绳和弹簧与质量为 $m_2=1$ kg 的物体 D 相连,弹簧的刚度系数为 $k=0.2$ kN/m,斜面倾角 $\alpha=30°$,如圆柱 B 沿斜面滚而不滑,定滑轮 A 的质量不计。试用拉格朗日方程写出系统的运动微分方程。

12.12　一均质杆 AB 长为 $2L$,质量为 m,两端分别沿框架的垂直边与水平边滑动(不计摩擦),框架以匀角速度 ω 绕其垂直边转动,如题 12.12 图所示,试用拉格朗日方程求杆 AB 的运动微分方程。

12.13　如题 12.13 图所示,一质量为 m_1,长为 L 的单摆,其上端连在圆轮的中心 O 上。圆轮的质量为 m_2,半径为 r,可视为均质圆盘。圆轮放在水平面上,圆轮与平面间有足够的摩擦力阻止滑动。用拉格朗日方程求轮心 O 的加速度。

题 12.11 图　　　　题 12.12 图　　　　题 12.13 题

专题 1　在极坐标、柱坐标和球坐标下点的合成运动

本书前面运动学部分给出了点的运动速度、加速度的直角坐标和自然轴系表示法,这两种坐标系都是正交轴系,前面已经将点的速度、加速度在这两种坐标系中表示为投影式。有些情况下采用极坐标、柱坐标和球坐标描述运动更方便,那么,如何用合成运动方法分析在这三种描述方法下的动点运动呢? 本专题介绍此方面理论。

1. 极坐标描述

如专题图 1.1(a)所示,当动点 M 在平面内运动时,其瞬时位置可以用矢径 $\boldsymbol{r}=\overrightarrow{OM}$ 的长度 r 和矢径的转角 φ 来确定,即动点的瞬时位置为 (r,φ),这就是动点位置的极坐标描述。再在矢径方向取单位矢量 $\boldsymbol{e}_1$,将 $\boldsymbol{e}_1$ 沿 φ 的正转向转 $90°$,得到单位矢量 $\boldsymbol{e}_2$,将 $\boldsymbol{e}_1,\boldsymbol{e}_2$ 作为极坐标系的正交矢量基。

动点 M 的直角坐标为 (x,y),其与极坐标 (r,φ) 的关系为

$$x=r\cos\varphi,\quad y=r\sin\varphi \tag{1}$$

由此可以求出用 $r、\varphi、\dot{r}、\dot{\varphi}、\ddot{r}、\ddot{\varphi}$ 表示的 $\dot{x}、\dot{y}、\ddot{x}、\ddot{y}$,进而可以用 $r、\varphi、\dot{r}、\dot{\varphi}、\ddot{r}、\ddot{\varphi}$ 表示动点 M 在 $x、y$ 方向的速度和加速度分量。如果需要求动点 M 在 $\boldsymbol{e}_1、\boldsymbol{e}_2$ 方向的速度和加速度分量,则可以将 $\ddot{x}\boldsymbol{i}、\ddot{y}\boldsymbol{j}、\ddot{x}\boldsymbol{i}、\ddot{y}\boldsymbol{j}$ 向 $\boldsymbol{e}_1、\boldsymbol{e}_2$ 方向投影叠加得到,这是一种处理方法,作为练习,请读者自行推演。下面用合成运动方法来完成这一工作。

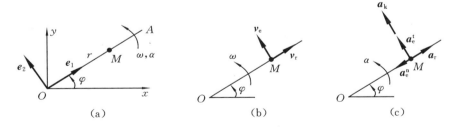

专题图 1.1　点运动的极坐标描述

(a) 极坐标　(b) 速度分析　(c) 加速度分析

以矢径所在直线 OA 为动系,动点 M 本身为动点,速度、加速度的合成运动分析如专题图 1.1(b)(c)所示。动系的角速度 ω、角加速度 α 分别为

$$\omega=\dot{\varphi},\quad \alpha=\ddot{\varphi} \tag{2}$$

由速度合成定理,动点的绝对速度 $\boldsymbol{v}$ 为

$$\boldsymbol{v}=\boldsymbol{v}_\mathrm{r}+\boldsymbol{v}_\mathrm{e} \tag{3}$$

其中
$$v_r = \dot{r}, \quad v_e = \omega r = \dot{\varphi} r \tag{4}$$
所以动点速度的极坐标表示为
$$\boldsymbol{v} = \dot{r}\boldsymbol{e}_1 + \dot{\varphi} r \boldsymbol{e}_2 \tag{5}$$

由加速度合成定理,动点的绝对加速度 $\boldsymbol{a}$ 为
$$\boldsymbol{a} = \boldsymbol{a}_r + \boldsymbol{a}_e^n + \boldsymbol{a}_e^t + \boldsymbol{a}_k \tag{6}$$
其中　　　$a_r = \ddot{r}, \quad a_e^n = \omega^2 r = \dot{\varphi}^2 r, \quad a_e^t = \alpha r = \ddot{\varphi} r, \quad a_k = 2\omega v_r = 2\dot{\varphi}\dot{r}$
所以动点加速度的极坐标表示为
$$\boldsymbol{a} = (\ddot{r} - \dot{\varphi}^2 r)\boldsymbol{e}_1 + (\ddot{\varphi} r + 2\dot{\varphi}\dot{r})\boldsymbol{e}_2 \tag{7}$$

例 1　专题图 1.2 中的凸轮以角速度 ω 绕 O 轴匀速转动,使杆件 CD 升降。欲使杆 CD 匀速上升,凸轮上的 AB 段轮廓线应满足何条件?

专题图 1.2　例 1 图

　　解　如专题图 1.2 所示,以凸轮为参考系,O 为极坐标的原点,取极坐标研究杆上点 C 的运动。

　　根据题意有
$$\frac{\mathrm{d}\varphi}{\mathrm{d}t} = \omega(常数), \quad \frac{\mathrm{d}\rho}{\mathrm{d}t} = v(常数)$$

　　对上式进行一重积分,并设点 A 为动点 C 在 $t=0$ 时的初始位置,则以极坐标表示的点 C 相对于凸轮的运动方程为
$$\varphi = \omega t, \quad \rho = R + vt$$
消去时间 t,得到点 C 相对凸轮的运动轨迹为
$$\rho = R + \frac{\varphi v}{\omega}$$

　　凸轮转动,杆件 CD 匀速上升,故 ω、v 应为常数,可知上式为阿基米德螺旋线,即轮廓线应满足的条件。

例 2　有 $n(n \geqslant 3)$ 条小狗,初始时刻正好分别位于边长为 L 的正 n 边形的顶点上,小狗的速率均为 v(常数),同时出发,沿逆时针鱼贯追逐,且在任何时刻,某一条狗 A_1 的速度方向均指向它前方那条狗 A_2 的方向。求:(1)小狗的运动轨迹方程;(2)小狗们相遇的时间。

　　解　小狗的速率不变,但其方向在变,通过画图观察各小狗的位置变化趋势,将发现小狗们最终会在正 n 边形的中心点 O 相遇,且在任意时刻小狗的位置连线构成一个新的正 n 边形,小狗在其顶点上。建立如专题图 1.3 所示的极坐标。
$$\theta = \frac{\pi}{n}, \quad \angle A_2 O A_1 = 2\theta = \frac{2\pi}{n}$$

初始条件
$$t = 0, \quad r = r_0 = \frac{L}{2\sin\theta}, \quad \varphi = 0$$

(1)求小狗的运动轨迹方程。

速度关系为

$$\begin{cases} \dot{r} = -v\sin\theta & \text{(a)} \\ r\dot{\varphi} = v\cos\theta & \text{(b)} \end{cases}$$

将式（a）除以式（b）得

$$\frac{\mathrm{d}r}{r} = -\tan\theta\,\mathrm{d}\varphi \qquad\qquad \text{(c)}$$

专题图 1.3　例 2 图

对式（c）两边积分有

$$r = C\mathrm{e}^{-\tan\theta} = C\mathrm{e}^{-\tan(\pi/n)}$$

代入初始条件得

$$r = \frac{L}{2\sin\dfrac{\pi}{n}}\mathrm{e}^{-\tan(\pi/n)}$$

上式为小狗的运动轨迹方程（对数螺旋线）。

（2）求小狗的相遇时间。

每条小狗沿着径向方向的速率大小为 $|\dot{\boldsymbol{r}}| = v\sin\dfrac{\pi}{n}$，为常数。

相遇时小狗的径向位移为 $r_0 = \dfrac{L}{2\sin\dfrac{\pi}{n}}$，故小狗相遇的时间为

$$t = \frac{r_0}{|\dot{\boldsymbol{r}}|} = \frac{L}{2v\sin^2\left(\dfrac{\pi}{n}\right)}$$

例 3 　如专题 1.4 图（a）所示的平面机构，杆件 OA 长度为 L，以匀角速度 ω 转动。杆 AB 始终与方角保持接触，$AC = 2L$，在图示瞬时，点 C 在方角的位置，$\theta = 60°$。求杆 AB 上点 C 在图示瞬时绝对运动轨迹的曲率半径。

解 　该题可采用弧坐标描述方法，利用速度合成定理求出速度大小，再利用加速度合成定理求出法向加速度，从而得到曲率半径。此处给出极坐标的求解方法。

专题 1.4 图（a）可转化为专题 1.4 图（b）所示的套筒/滑杆问题，套筒绕地面的角点做定轴转动。取角点为极坐标的原点，AB 上任意点 M 的速度和加速度用极坐标描述法表示。

（1）先分析点 A 的速度（见专题图 1.4（c））。

此时，

$$r = 2L, \quad \dot{r} = v_A\sin 60° = L\omega\sin 60° = \frac{\sqrt{3}}{2}L\omega$$

$$r\dot{\varphi} = v_A\cos 60° = \frac{1}{2}L\omega$$

图示位置时，$r = 2L$，因此 $\dot{\varphi} = \dfrac{\omega}{4}$。

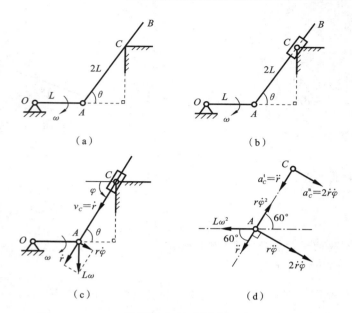

专题图 1.4　例 3 图

(2) 分析点 A 的加速度(见专题图 1.4(d))。

将加速度分别向径向与切向投影得

径向：
$$\ddot{r}-r\dot{\varphi}^2=\frac{1}{2}L\omega^2$$

$$\ddot{r}=r\dot{\varphi}^2+\frac{1}{2}L\omega^2=2L\left(\frac{\omega}{4}\right)^2+\frac{1}{2}L\omega^2=\frac{5}{8}L\omega^2$$

切向：
$$r\ddot{\varphi}+2\dot{r}\dot{\varphi}=-\frac{\sqrt{3}}{2}L\omega^2$$

$$2L\ddot{\varphi}+2\left(\frac{\omega}{4}\right)\left(\frac{\sqrt{3}}{2}L\omega\right)=-\frac{\sqrt{3}}{2}L\omega^2$$

$$\ddot{\varphi}=-\frac{3\sqrt{3}}{8}L\omega^2$$

(3) 分析杆 AB 上点 C 的速度和加速度(即 $r=0$ 的点,见专题图 1.4(c)(d))。

$$v_C=\dot{r}=\frac{\sqrt{3}}{2}L\omega,\quad a_C^n=2\dot{\varphi}\dot{r}=\frac{\sqrt{3}}{4}L\omega^2$$

$$\rho=\frac{v_C^2}{a_C^2}=\sqrt{3}L$$

2. 柱坐标描述

点的空间运动可以用柱坐标来描述,这对于在柱面上运动的点显得更具优越性。如专题图 1.5(a),动点 M 瞬时位置的柱坐标为 (r,φ,z)。同时,将 $\boldsymbol{e}_1$、$\boldsymbol{e}_2$、$\boldsymbol{k}$ 作为柱坐标系的正交矢量基，其中 e_1、e_2 的取法与极坐标中的相同。

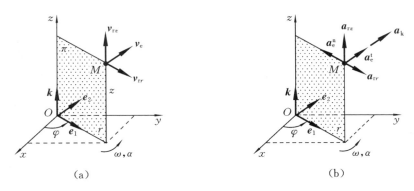

专题图 1.5　动点的柱坐标描述和运动分析

(a) 动点 M 的柱坐标描述、速度分析　(b) 加速度分析

动点的柱坐标 (r,φ,z) 与对应的直角坐标 (x,y,z) 的关系为

$$x=r\cos\varphi,\quad y=r\sin\varphi,\quad z=z \tag{8}$$

由此可以直接对 t 求导数得到动点 M 的速度和加速度的直角坐标分量及在柱坐标系正交矢量基 e_1、e_2、k 中的分量。下面用合成运动方法来完成这一工作。

以过动点 M、绕轴 z 转动的平面 π 为动系，动点 M 本身为动点，速度、加速度的合成运动分析分别如专题图 1.5(a)(b)所示。动系的角速度 ω、角加速度 α 为

$$\omega=\dot{\varphi},\quad \alpha=\ddot{\varphi} \tag{9}$$

由速度合成定理，动点的绝对速度 v 为

$$v=v_{rr}+v_{rz}+v_e \tag{10}$$

可见，现在相对速度有两个分量 v_{rr}、v_{rz}。其中

$$v_{rr}=\dot{r},\quad v_{rz}=\dot{z},\quad v_e=\omega r=\dot{\varphi}r \tag{11}$$

所以动点速度的柱坐标表示为

$$v=\dot{r}e_1+\dot{\varphi}re_2+\dot{z}k \tag{12}$$

由加速度合成定理，动点的绝对加速度 a 为

$$a=a_{rr}+a_{rz}+a_e^n+a_e^t+a_k \tag{13}$$

相对加速度也有两个分量 a_{rr}、a_{rz}。其中

$$a_{rr}=\ddot{r},\quad a_{rz}=\ddot{z},\quad a_e^n=\omega^2 r=\dot{\varphi}^2 r,\quad a_e^t=\alpha r=\ddot{\varphi}r$$

所以动点加速度的柱坐标表示为

$$a=(\ddot{r}-\dot{\varphi}^2 r)e_1+(\ddot{\varphi}r+2\dot{\varphi}\dot{r})e_2+\ddot{z}k \tag{14}$$

3. 球坐标描述

点的空间运动也可以用球坐标来描述，这对于在球面上运动的点显得更具优越性。如专题图 1.6(a)所示，动点 M 瞬时位置的球坐标为 (r,θ,φ)，其中 $r=OM$。

同时,将 e_1、e_2、e_3 作为球坐标系的正交矢量基,其中 e_1 沿矢径 $r=\overrightarrow{OM}$ 的方向,e_2 在轴 z 与 OM 所成的平面上,由 e_1 沿转角 θ 的正向转 $90°$ 就得到 e_2,而 $e_3=e_1\times e_2$。

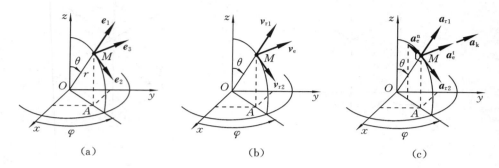

专题图 1.6　动点的球坐标描述和运动分析

(a) 球坐标　(b) 速度分析　(c) 加速度分析

　　动点的球坐标 (r,φ,z) 与对应的直角坐标 (x,y,z) 的关系为

$$x=r\sin\theta\cos\varphi,\quad y=r\sin\theta\sin\varphi,\quad z=r\cos\theta \tag{15}$$

同样,由此可以直接对 t 求导数得到的动点 M 的速度和加速度的直角坐标分量和在球坐标系正交矢量基 e_1、e_2、e_3 中的分量。下面用合成运动方法来完成这一工作。

　　以过动点 M、绕轴 z 转动的平面作为动系,动点 M 本身作为动点,如专题图 1.6(a)所示。可见,动点的相对运动可以用动系平面内的极坐标 (ρ,θ) 描述,因此,由式(5)(7)可得相对速度、相对加速度为

$$v_r=\dot{r}e_1+\dot{\theta}re_2=v_{r1}+v_{r2} \tag{16}$$

其中

$$v_{r1}=\dot{r}e_1,\quad v_{r1}=\dot{\theta}re_2 \tag{17}$$

$$a_r=(\ddot{r}-\dot{\theta}^2r)e_1+(\ddot{\theta}r+2\dot{\theta}\dot{r})e_2=a_{r1}+a_{r2} \tag{18}$$

$$a_{r1}=(\ddot{r}-\dot{\theta}^2r)e_1,\quad a_{r2}=(\ddot{\theta}r+2\dot{\theta}\dot{r})e_2 \tag{19}$$

于是,速度、加速度的合成运动分析分别如专题图 1.6(b)(c)所示。动系的角速度 ω、角加速度 α 分别为

$$\omega=\dot{\varphi},\quad \alpha=\ddot{\varphi} \tag{20}$$

　　由速度合成定理,动点的绝对速度 v 为

$$v=v_{r1}+v_{r2}+v_e \tag{21}$$

其中,计算 v_e 时所对应的转动半径为 OA,所以

$$v_e=\omega r\sin\theta e_3=\dot{\varphi}r\sin\theta e_3 \tag{22}$$

所以动点速度的球坐标表示为

$$v=\dot{r}e_1+\dot{\theta}re_2+\dot{\varphi}r\sin\theta e_3 \tag{23}$$

　　由加速度合成定理,动点的绝对加速度 a 为

$$a=a_{r1}+a_{r2}+a_e^n+a_e^t+a_k \tag{24}$$

其中,计算 a_e^n,a_e^t 的转动半径为 OA,a_e^n 的方向与 $\overrightarrow{OA}$ 反向,所以

$$a_e^n = -\omega^2 r \sin\theta \frac{\overrightarrow{OA}}{OA} = \dot{\varphi}^2 r \sin\theta \frac{\overrightarrow{OA}}{OA} = -\dot{\varphi}^2 r \sin\theta\cos\theta e_1 - \dot{\varphi}^2 r \sin\theta\sin\theta e_2 \tag{25}$$

$$a_e^t = \alpha r \sin\theta e_3 = \ddot{\varphi} r \sin\theta e_3$$

而
$$a_k = 2\boldsymbol{\omega} \times \boldsymbol{v}_r = 2\omega\boldsymbol{k} \times \boldsymbol{v}_{r1} + 2\omega\boldsymbol{k} \times \boldsymbol{v}_{r2} = 2\omega\boldsymbol{k} \times \dot{r}e_1 + 2\omega\boldsymbol{k} \times \dot{\theta}r e_2$$
$$= (2\dot{r}\dot{\varphi}\sin\theta + 2r\dot{\varphi}\dot{\theta}\cos\theta)e_3 \tag{26}$$

所以动点加速度的球坐标表示为

$$a = (\ddot{r} - \dot{\theta}^2 r)e_1 + (\ddot{\theta}r + 2\dot{\theta}\dot{r})e_2 - \dot{\varphi}^2 r \sin\theta\cos\theta e_1 - \dot{\varphi}^2 r \sin\theta\sin\theta e_2 + \ddot{\varphi}r\sin\theta e_3$$
$$+ (2\dot{r}\dot{\varphi}\sin\theta + 2r\dot{\varphi}\dot{\theta}\cos\theta)e_3$$

即
$$a = (\ddot{r} - r\dot{\theta}^2 - r\dot{\varphi}^2\sin\theta\cos\theta)e_1 + (r\ddot{\theta} + 2\dot{r}\dot{\theta} - r\dot{\varphi}^2\sin\theta\sin\theta)e_2$$
$$+ (r\ddot{\varphi}\sin\theta + 2\dot{r}\dot{\varphi}\sin\theta + 2r\dot{\theta}\dot{\varphi}\cos\theta)e_3 \tag{27}$$

习　　题

专题 1.1　杆 AB 的一端 A 以匀速 v_A 沿直线导轨 CD 移动,如专题 1.1 题图所示。杆 AB 始终穿过一与导轨 CD 相距为 a 的可转动套筒 O。杆 AB 上的点 M 至滑块 A 的距离是 b,取为极点。试用极坐标 r、φ 表示点 M 的速度和加速度。

专题 1.2　点 M 沿螺旋线运动的柱坐标形式的运动方程为

$$r = a, \quad \varphi = kt, \quad z = st$$

求该点的加速度在柱坐标轴上的投影,加速度的切向与法向分量,以及螺旋线的曲率半径。

专题 1.3　海船沿着与地理子午线成不变的航向角 α 航行,如专题 1.3 题图所示,描出斜航线。假定船的速度 v 的大小不变,求船的加速度在球坐标 r、λ、φ 各轴上的投影(λ 和 φ 分别是当地的经度和纬度),并求加速度的大小和斜航线的曲率半径。

专题 1.1 题图

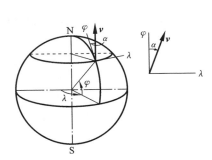

专题 1.3 题图

专题 2　质点相对运动动力学

1. 基本方程

所谓质点的相对运动动力学问题,是指质点在非惯性系中的运动与力之间的关系。这种问题在实际中经常会遇到,比如,交通工具上质点的相对运动,流体质点在转动坐标系中的运动,高速、大范围运动物体(炮弹、导弹、飞船等)相对地球的运动等。

专题图 2.1　质点的相对运动

如专题图 2.1,将惯性系 $Oxyz$ 作为静系,相对于该惯性系做任意运动的参考系 $Dx_1x_2x_3$ 作为动系,质点 m 作为动点。由点的加速度合成定理,有

$$\boldsymbol{a} = \boldsymbol{a}_r + \boldsymbol{a}_e + \boldsymbol{a}_k$$

所以
$$m\boldsymbol{a} = m\boldsymbol{a}_r + m\boldsymbol{a}_e + m\boldsymbol{a}_k \tag{1}$$

将此代入质点的动力学基本方程,得

$$m\boldsymbol{a}_r = \boldsymbol{F} - m\boldsymbol{a}_e - m\boldsymbol{a}_k \tag{2}$$

令
$$\boldsymbol{F}_{Ie} = -m\boldsymbol{a}_e, \quad \boldsymbol{F}_{IC} = -m\boldsymbol{a}_k \tag{3}$$

$\boldsymbol{F}_{Ie}$ 和 $\boldsymbol{F}_{IC}$ 具有力的量纲,分别称为**牵连惯性力**和**科氏惯性力**(或**科氏力**)。于是,方程(2)可写为

$$m\boldsymbol{a}_r = \boldsymbol{F} + \boldsymbol{F}_{Ie} + \boldsymbol{F}_{IC} \tag{4}$$

方程(4)给出了质点在任意参考系中的加速度 $\boldsymbol{a}_r$ 需要满足的规律,或者说给出了质点在任意参考系中的相对运动规律,因此方程(4)称为**质点的相对运动动力学基本方程**。用这个方程可以研究质点在任意非惯性系中的运动规律。

由方程(4)可得质点相对运动动力学微分方程,有以下几种形式。

1) 矢量式

如专题图 2.1,令质点在动系中的相对运动矢径为 $\boldsymbol{r}_r$,则有

$$m\frac{\mathrm{d}^2\boldsymbol{r}_r}{\mathrm{d}t^2} = \boldsymbol{F} + \boldsymbol{F}_{Ie} + \boldsymbol{F}_{IC} \tag{5}$$

这就是矢量形式的质点相对运动微分方程。

2) 直角坐标形式

$\boldsymbol{F}$、$\boldsymbol{F}_{Ie}$、$\boldsymbol{F}_{IC}$ 和相对运动矢径 $\boldsymbol{r}_r$ 在动系 $Dx_1x_2x_3$ 中的投影式分别为

$$\boldsymbol{F} = F_1\boldsymbol{e}_1 + F_2\boldsymbol{e}_2 + F_3\boldsymbol{e}_3, \quad \boldsymbol{F}_{Ie} = F_{Ie1}\boldsymbol{e}_1 + F_{Ie2}\boldsymbol{e}_2 + F_{Ie3}\boldsymbol{e}_3$$

$$\boldsymbol{F}_{IC} = F_{IC1}\boldsymbol{e}_1 + F_{IC2}\boldsymbol{e}_2 + F_{IC3}\boldsymbol{e}_3, \quad \boldsymbol{r}_r = x_1\boldsymbol{e}_1 + x_2\boldsymbol{e}_2 + x_3\boldsymbol{e}_3$$

代入方程(5),得

$$
\begin{cases}
m\,\dfrac{\mathrm{d}^2 x_1}{\mathrm{d}t^2}=F_1+F_{Ie1}+F_{IC1} \\[2mm]
m\,\dfrac{\mathrm{d}^2 x_2}{\mathrm{d}t^2}=F_2+F_{Ie2}+F_{IC2} \\[2mm]
m\,\dfrac{\mathrm{d}^2 x_3}{\mathrm{d}t^2}=F_3+F_{Ie3}+F_{IC3}
\end{cases}
\tag{6}
$$

这就是矢量直角坐标形式的质点相对运动微分方程。

3) 自然坐标形式

相对加速度 a_r 在相对运动轨迹的自然轴系中的表达式

$$
a_r=\frac{v_r^2}{\rho}n_r+\frac{\mathrm{d}v_r}{\mathrm{d}t}\tau_r=\frac{v_r^2}{\rho_r}n_r+\frac{\mathrm{d}^2 s_r}{\mathrm{d}t^2}\tau_r
$$

其中, s_r 表示质点在相对轨迹上的弧坐标; τ_r、n_r 分别为相对轨迹的切向和主法向单位矢量。同样可写出 F、F_{Ie}、F_{IC} 在相对运动轨迹的自然轴系中的投影式分别为

$$
F=F_t\tau_r+F_n n_r+F_b b_r,\quad F_{Ie}=F_{Iet}\tau_r+F_{Ien}n_r+F_{Ieb}b_r,\quad F_{IC}=F_{ICt}\tau_r+F_{ICn}n_r+F_{ICb}b_r
$$

其中, b_r 为相对轨迹的副法向单位矢量。此外,因为恒有 $F_{IC}\perp v_r\Rightarrow F_{IC}\perp \tau_r$,所以 $F_{ICt}\equiv 0$。将这些结果代入方程(4)得

$$
\begin{cases}
m\,\dfrac{\mathrm{d}^2 s_r}{\mathrm{d}t^2}=F_t+F_{Iet}\quad 或\quad m\,\dfrac{\mathrm{d}v_r}{\mathrm{d}t}=F_t+F_{Iet} \\[2mm]
m\,\dfrac{v_r^2}{\rho}=F_n+F_{Ien}+F_{ICn} \\[2mm]
0=F_b+F_{Ieb}+F_{ICb}
\end{cases}
\tag{7}
$$

这就是自然坐标形式的质点相对运动微分方程。

例 1　如专题图 2.2 所示,质量为 m 的小环套在以光滑的金属丝上,金属丝的形状为一顶点在上方的抛物线,其方程为 $x^2=4ay$,a 为常数,轴 y 竖直向上。如果金属丝以匀角速度绕轴 y 转动,求小环相对于金属丝的运动微分方程。

解　如图所示,将直角坐标系 Oxy 与金属丝固连作为动系,因此小环的相对运动方程为

$$
m\ddot{r}=-mgj+N+F_{Ie}+F_{IC}
\tag{a}
$$

其中

$$
\begin{cases}
r=xi+yj \\
F_{Ie}=m\omega^2 xi \\
F_{IC}=2\omega j\times \dot{r}=-2\omega\dot{x}k
\end{cases}
\tag{b}
$$

将式(b)代入式(a),得

$$
m\ddot{x}=-N\sin\theta+m\omega^2 x,\quad m\ddot{y}=N\cos\theta-mg
\tag{c}
$$

切线角 θ 为　　$\theta=\arctan\dfrac{\mathrm{d}y}{\mathrm{d}x}=\arctan\dfrac{x}{2a}$ 　(d)

专题图 2.2　例 1 图

式(c)(d)中消去 θ 和 N，得

$$\frac{\ddot{x}-\omega^2 x}{\ddot{y}+g}=-\tan\theta=-\frac{x}{2a} \tag{e}$$

由抛物线方程可得 $\ddot{y}=(x\ddot{x}+\dot{x}^2)/(2a)$，代入方程(e)，得

$$\left(1+\frac{x^2}{4a^2}\right)\ddot{x}+\frac{x}{4a^2}\dot{x}^2+\left(\frac{g}{2a}-\omega^2\right)x=0$$

例2　如专题图 2.3 所示，一质点放在光滑水平面上，该平面绕固定垂直轴 z 以匀角速度 ω 转动。现给质点一水平初速度，证明在质点的相对运动中，以下等式成立。

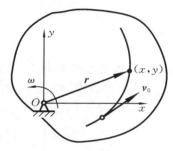

专题图 2.3　例 2 图

$$\dot{x}^2+\dot{y}^2-\omega^2(x^2+y^2)=常数$$
$$y\dot{x}-x\dot{y}+\omega(x^2+y^2)=常数$$

证明　不妨设质点的初始位置在轴 x 上，否则，可事先将 Oxy 坐标系转一个角度。如图所示，将 Oxy 坐标系与转动平面固连，质点的相对运动矢径 $\boldsymbol{r}$ 为

$$\boldsymbol{r}=x\boldsymbol{i}+y\boldsymbol{j}$$

质点在水平面内没有主动力，所以其相对运动微分方程为

$$m\ddot{\boldsymbol{r}}=m\omega^2\boldsymbol{r}+2m\omega\boldsymbol{k}\times\dot{\boldsymbol{r}} \tag{a}$$

展开式(a)得

$$\begin{cases}\ddot{x}=\omega^2 x-2\omega\dot{y} \tag{b}\\\ddot{y}=\omega^2 y+2\omega\dot{x} \tag{c}\end{cases}$$

方程(b)乘以 $\dot{x}$，方程(c)乘以 $\dot{y}$，将结果相加，得

$$\dot{x}\ddot{x}+\dot{y}\ddot{y}-\omega^2(x\dot{x}+y\dot{y})=0 \Rightarrow d(\dot{x}^2+\dot{y}^2)-\omega^2 d(x^2+y^2)=0$$

积分得

$$\dot{x}^2+\dot{y}^2-\omega^2(x^2+y^2)=常数$$

方程(b)乘以 y，方程(c)乘以 x，将结果相减，得

$$y\ddot{x}-x\ddot{y}+2\omega(x\dot{x}+y\dot{y})=0 \tag{d}$$

因为

$$\frac{d(y\dot{x})}{dt}=y\ddot{x}+\dot{x}\dot{y},\quad \frac{d(x\dot{y})}{dt}=x\ddot{y}+\dot{x}\dot{y} \tag{e}$$

式(c)代入式(d)，得

$$d(y\dot{x})-d(x\dot{y})+\omega d(x^2+y^2)=0$$

积分得

$$y\dot{x}-x\dot{y}+\omega(x^2+y^2)=常数$$

证毕。

2. 质点相对于地球的运动

过地心但不与地球一起旋转的参考系称为**地心参考系**，研究相对于地球的运动时，将地心参考系作为惯性系。

于是，与地球固连的参考系(即地球本身)在地心参考系中几乎做匀速定轴转

动,角速度大小为

$$\omega = \frac{2\pi}{8614} \text{ rad/s} = 7.29 \times 10^{-5} \text{ rad/s} \tag{8}$$

尽管这一角速度很小,但在某些问题中必须考虑它的影响,因此,地球本身是一个非惯性系。下面讨论在这个非惯性系中的几个重要结果。

1) 竖直线不通过地球中心

在地面上用细线 AB 挂一个质量为 m 的小球,如专题图 2.4 所示。当小球处于平衡时,通常称线 AB 为**铅垂线**或**竖直线**。实际上,线 AB 并不经过地心点 O,而与线 OB 有一个夹角 θ。在地心参考系中,质点受到的力有:地心引力 $\boldsymbol{W}$,它的大小为 $W = mg_0$,方向指向地心;牵连惯性力(或离心惯性力)$\boldsymbol{F}$,其大小为 $F = m\omega^2 R\cos\lambda$,方向与地球自转轴垂直,指向外,其中 l 为当地的纬度,R 为地球半径;细线张力 $\boldsymbol{T}$。小球相对地球平衡时,即相对于地球的相对加速度 $\boldsymbol{a}_r \equiv 0$,由方程 (4),这三个力构成平衡力系,即

$$\boldsymbol{T} + \boldsymbol{W} + \boldsymbol{F} = 0 \quad \Rightarrow \quad m\boldsymbol{g} = m\boldsymbol{g}_0 + \boldsymbol{F} = -\boldsymbol{T} \tag{9}$$

即细线中的张力 $T = mg$,这就是我们平时认为的重力,其中 g 称为**表观重力加速度**。由于受地球自转的影响,在地球表面附近观察或测量到的重力加速度是 g 而不是地心引力造成的加速度 g_0。

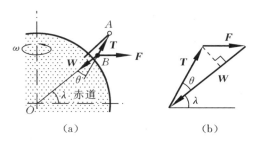

专题图 2.4　考虑地球自转时的单摆及其受力分析
(a) 小球的受力　(b) 力三角形

由于 $F \ll mg_0$(或 $R\omega^2 \ll g_0$),由力三角形近似可得

$$\begin{cases} \theta = \frac{F\sin\lambda}{W} = \frac{R\omega^2 g_0}{W}\sin\lambda\cos\lambda \\ m(g_0 - g) = W - T = F\cos\lambda = mR\omega^2\cos^2\lambda \end{cases} \tag{10}$$

将 $R = 6370 \times 10^3$ m,$g_0 = 9.82$ m/s² 代入式(10),得

$$\begin{cases} \theta \approx \frac{1}{290}\sin\lambda\cos\lambda \\ 1 + \frac{g}{g_0} \approx \frac{1}{290}\cos^2\lambda \end{cases} \tag{11}$$

由此可以计算任意纬度处竖直线与地心轴之间的偏角 θ 以及表观重力加速度

值 g。

2) 自由落体东偏

设物体在离地球表面高度为 h 的 A 处自由落下,如专题图 2.5 所示。由于地球自转的影响,落体并不沿着竖直线下降,落地点将比垂足点 O 稍微偏东一些。现在计算这个偏东量 Δ。

专题图 2.5　考虑地球自转时的自由落体运动
(a) 坐标系　(b) 几何、运动关系

以地心系作为惯性系。取地面上的点 O 作为坐标原点,以当地的东、北、天方向组成直角坐标系 $Oxyz$,相应的矢量基为 i、j、k;$Oxyz$ 即为动系。设当地的纬度为 l(北半球),因此地球自转角速度矢量可表示为

$$\boldsymbol{\omega} = \omega\cos\lambda\boldsymbol{j} + \omega\sin\lambda\boldsymbol{k} \tag{12}$$

质点相对于地球的运动微分方程为

$$m\ddot{\boldsymbol{r}} = \boldsymbol{W} + \boldsymbol{F}_{\text{Ie}} + \boldsymbol{F}_{\text{IC}} \tag{13}$$

其中,r 为质点的相对运动矢径;W 为地心引力,方向指向地心;F_{Ie} 为牵连惯性力(或离心惯性力),方向与地球自转轴垂直;F_{IC} 为科氏惯性力。由前述分析知道,$W + F_{\text{Ie}}$ 为表观重力,它近似为

$$\boldsymbol{W} + \boldsymbol{F}_{\text{Ie}} \approx -mg\boldsymbol{k} \tag{14}$$

其中,g 称为表观重力加速度。r 和科氏惯性力 F_{IC} 的表达式分别为

$$\boldsymbol{r} = x\boldsymbol{i} + y\boldsymbol{j} + z\boldsymbol{k} \tag{15}$$

$$\boldsymbol{F}_{\text{IC}} = -2m\boldsymbol{\omega} \times \dot{\boldsymbol{r}} = -2m[(\dot{z}\omega\cos\lambda - \dot{y}\omega\sin\lambda)\boldsymbol{i} + \dot{x}\omega\sin\lambda\boldsymbol{j} + \dot{x}\omega\cos\lambda\boldsymbol{k}] \tag{16}$$

将式(14)和式(15)、式(16)和代入式(13),得

$$\begin{cases} \ddot{x} = 2\omega(\dot{y}\sin\lambda - \dot{z}\cos\lambda) \\ \ddot{y} = -2\omega(\dot{x}\sin\lambda) \\ \ddot{z} = -g + 2\omega(\dot{x}\cos\lambda) \end{cases} \tag{17}$$

自由落体的初始条件为

$$\begin{cases} x(0)=0, y(0)=0, z(0)=h \\ \dot{x}(0)=\dot{y}(0)=\dot{z}(0)=0 \end{cases} \tag{18}$$

方程组(17)是一个常系数线性常微分方程组,可以求出精确解,但需要用到线性代数的知识。为了简单起见,这里给出初值问题(17)(18)的近似解。以上微分方程的解必然与 ω 有关,因为 ω 是小量,因此将方程的解展成 ω 的幂级数,略去二阶以上的微小项,可将近似解设为

$$x(t)=x_0(t)+x_1(t)\omega, \quad y(t)=y_0(t)+y_1(t)\omega, \quad z(t)=z_0(t)+z_1(t)\omega \tag{19}$$

将近似解(19)代入初值问题(17)(18),将得到一组 ω 的幂级数方程,在每个方程中,令方程两边 ω 的同次幂系数相等,可得 $x_0(t)$、$y_0(t)$、$z_0(t)$ 满足以下方程和初始条件:

$$\ddot{x}_0=0, \quad \ddot{y}_0=0, \quad \ddot{z}_0(t)=-g \tag{20}$$

初始条件

$$\begin{cases} x_0(0)=0, \quad y_0(0)=0, \quad z_0(0)=h \\ \dot{x}_0(0)=\dot{y}_0(0)=\dot{z}_0(0)=0 \end{cases} \tag{21}$$

解得

$$x_0(t)=0, \quad y_0(t)=0, \quad z_0(t)=h-\frac{1}{2}gt^2 \tag{22}$$

$x_1(t)$、$y_1(t)$、$z_1(t)$ 满足以下方程和初始条件:

$$\ddot{x}_1=2\omega(\dot{y}_0\sin\lambda-\dot{z}_0\cos\lambda), \quad \ddot{y}_1=-2\dot{x}_0\sin\lambda, \quad \ddot{z}_1=\dot{x}_0\cos\lambda$$

初始条件

$$\begin{cases} x_1(0)=y_1(0)=z_1(0)=0 \\ \dot{x}_0(0)=\dot{y}_0(0)=\dot{z}_0(0)=0 \end{cases} \tag{23}$$

解得

$$x_1(t)=\frac{1}{3}g\omega t^3\cos\lambda, \quad y_1(t)=0, z_1(t)=0 \tag{24}$$

将式(22)(24)代入式(19),得到自由落体的一阶近似解为

$$x(t)=\frac{1}{3}g\omega t^3\cos\lambda, \quad y(t)=0, \quad z(t)=h-\frac{1}{2}gt^2 \tag{25}$$

可见,质点落地点的 x 坐标大于零,即落地点东偏。偏东量 Δ 就是落地点的 x 坐标,计算如下。

质点从开始至落到地面的时间为 $t=(2h/g)^{1/2}$,所以由式(25)得偏东量 Δ 为

$$\Delta=x=\frac{1}{3}g\omega\left(\frac{2h}{g}\right)^{3/2}\cos\lambda \tag{26}$$

3) 傅科摆(Foucault Pendulum)

在北纬纬度 l 处有一摆长为 l 的单摆。以地心系作为惯性系,取地面上的点 O 作为坐标原点,以当地的东、北、天方向组成直角坐标系 $Oxyz$,相应的矢量基为 $\boldsymbol{i}$,$\boldsymbol{j}$,$\boldsymbol{k}$,$Oxyz$ 即为动系。将摆长 l 做得很长,这样摆锤 M 可以近似地认为在水平面 Oxy 内运动,参见专题图 2.6。科氏加速度为 $2\boldsymbol{\omega}\times\boldsymbol{v}$,它在水平面上的分量为 $2\omega_z\boldsymbol{k}\times\boldsymbol{v}$,其中 $\omega_z=\omega\sin\lambda$,参照专题图 2.5。绳子中的张力 $\boldsymbol{T}$ 在水平面上的分量近似为 $-(Tr/l)\boldsymbol{e}_2$,而 $T\approx mg$。所以摆锤 M 在水平面内的相对运动微分方程为

专题图 2.6　傅科摆

$$m\frac{\mathrm{d}\boldsymbol{v}}{\mathrm{d}t}=-mg\frac{r}{l}\boldsymbol{e}_2-2m\omega\sin\lambda\boldsymbol{k}\times\boldsymbol{v} \quad (27)$$

采用专题图 2.6 中的平面极坐标系,则根据专题 1 中极坐标系中的速度和加速度表达式,方程(27)可写为两个极坐标投影方程:

$$\begin{cases} m(\ddot{r}-\dot{\varphi}^2 r)=-\dfrac{mgr}{l}+2mr\dot{\varphi}\omega\sin\lambda \\ m(\ddot{\varphi}r+2\dot{\varphi}\dot{r})=-2m\omega\dot{r}\sin\lambda \end{cases} \quad (28)$$

如果 $\ddot{\varphi}\equiv 0$,则由方程(28)的第二个方程,得

$$\dot{\varphi}=-\omega\sin\lambda \quad (29)$$

将此代入方程组(28)的第一个方程,略去 ω^2 项,得

$$\ddot{r}+\frac{g}{l}r=0 \quad (30)$$

假定初始时 $r(0)=r_0$、$\dot{r}(0)=0$,则方程(30)的解为

$$r=r_0\cos\sqrt{\frac{g}{l}}t \quad (31)$$

可见摆锤在水平面径向做简谐规律的周期摆动,摆动周期为

$$T=2\pi\sqrt{\frac{l}{g}} \quad (32)$$

式(29)和式(31)为摆锤在水平面内的运动方程。将摆绳与轴 z 组成的平面称为**摆动平面**,那么,摆锤一方面在摆动平面内沿径向做简谐规律的周期摆动,同时摆动平面绕轴 z 以匀角速度顺时针(从上向下看)旋转,即摆动平面做匀速顺时针进动,周期为

$$\tau=\frac{2\pi}{\omega\sin\lambda} \quad (33)$$

傅科于 1851 年在巴黎($\lambda=49°$)通过单摆实验证明了地球的自转,实验使用的摆锤为 28 kg 的铁球,摆长 70 m。

对自由落体东偏问题和傅科摆稍做检查就可发现,出现其中一些奇特现象的原因是科氏力的存在。地球上许多运动现象都与科氏力的存在有关,这里不再一一研究。

专题 3　空间运动刚体的相对运动动量矩定理及陀螺运动

第 8 章给出了刚体做平面运动的相对运动动量矩定理,刚体做空间运动的相对运动动量矩定理又如何呢? 本专题给出相应理论。

1. 空间运动刚体的相对运动动量矩定理

如专题图 3.1 所示为一个在惯性系 $Oxyz$ 中任意运动的刚体,其运动可分解为随质心 C 的平动和绕基点 D 的转动。质心 C 的运动由质心运动定理控制,其方程不再写出。下面来研究刚体绕基点 D 的转动。

1) 定理的推导

现在将相对运动动量矩定理应用于空间运动刚体。取基点 D 为三种特殊动矩心之一,取平动坐标系 $Dx_D y_D z_D$,再取一个任意运动的正交坐标系 $Dx_1 x_2 x_3$。

设刚体的瞬时角速度为 $\boldsymbol{\omega}$,动系 $Dx_1 x_2 x_3$ 的角速度为 $\boldsymbol{\Omega}$。首先计算刚体的相对运动动量矩 $\boldsymbol{L}_{Dr}$,有

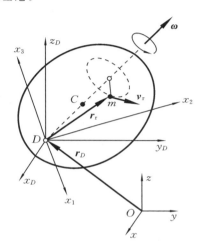

专题图 3.1　空间运动刚体

$$\boldsymbol{L}_{Dr} = \sum \boldsymbol{r}_r \times m\boldsymbol{v}_r = \sum \boldsymbol{r}_r \times (m\boldsymbol{\omega} \times \boldsymbol{r}_r)$$

$$= \sum m\left[(\boldsymbol{r}_r \cdot \boldsymbol{r}_r)\boldsymbol{\omega} - (\boldsymbol{\omega} \cdot \boldsymbol{r}_r)\boldsymbol{r}_r\right] \tag{1}$$

其中用到了三个矢量 $\boldsymbol{a}$、$\boldsymbol{b}$、$\boldsymbol{c}$ 的三重矢积公式:

$$\boldsymbol{a} \times (\boldsymbol{b} \times \boldsymbol{c}) = (\boldsymbol{a} \cdot \boldsymbol{c})\boldsymbol{b} - (\boldsymbol{a} \cdot \boldsymbol{b})\boldsymbol{c} \tag{2}$$

设矢量 $\boldsymbol{r}_r$、$\boldsymbol{\omega}$ 在动系 $Dx_1 x_2 x_3$ 中的投影式为

$$\boldsymbol{r}_r = x_1 \boldsymbol{e}_1 + x_2 \boldsymbol{e}_2 + x_3 \boldsymbol{e}_3, \quad \boldsymbol{\omega} = \omega_1 \boldsymbol{e}_1 + \omega_2 \boldsymbol{e}_2 + \omega_3 \boldsymbol{e}_3 \tag{3}$$

其中,$\boldsymbol{e}_1$、$\boldsymbol{e}_2$、$\boldsymbol{e}_3$ 分别为三个坐标轴 x_1、x_2、x_3 的正向单位矢量。将式(3)代入(1),得

$$\boldsymbol{L}_{Dr} = L_{D1} \boldsymbol{e}_1 + L_{D2} \boldsymbol{e}_2 + L_{D3} \boldsymbol{e}_3 \tag{4}$$

其中

$$\begin{cases} L_{D1} = J_{11}\omega_1 - J_{12}\omega_2 - J_{13}\omega_3 \\ L_{D2} = -J_{21}\omega_1 + J_{22}\omega_2 - J_{23}\omega_3 \\ L_{D3} = -J_{31}\omega_1 - J_{32}\omega_2 + J_{33}\omega_3 \end{cases} \tag{5}$$

或写成矩阵形式

$$\begin{bmatrix} L_{D1} \\ L_{D2} \\ L_{D3} \end{bmatrix} = \begin{bmatrix} J_{11} & -J_{12} & -J_{13} \\ -J_{21} & J_{22} & -J_{23} \\ -J_{31} & -J_{32} & J_{33} \end{bmatrix} \begin{bmatrix} \omega_1 \\ \omega_2 \\ \omega_3 \end{bmatrix} \tag{6}$$

其中
$$\begin{cases} J_{11} = \sum m(x_2^2 + x_3^2) \\ J_{22} = \sum m(x_1^2 + x_3^2) \\ J_{33} = \sum m(x_1^2 + x_2^2) \end{cases} \tag{7}$$

$$\begin{cases} J_{12} = J_{21} = \sum m x_1 x_2 \\ J_{13} = J_{31} = \sum m x_1 x_3 \\ J_{23} = J_{32} = \sum m x_2 x_3 \end{cases} \tag{8}$$

J_{ii} 称为刚体对轴 x_i 的**转动惯量**,J_{ij} 称为刚体的**惯性积**。由于刚体与动系 $Dx_1x_2x_3$ 之间有相对运动,因此,J_{ij} 一般是时变量。但是,如果 $Dx_1x_2x_3$ 与刚体固连,则 J_{ij} 为常量。方程(6)右边由 J_{ij} 构成的矩阵称为惯量矩阵,它是一个实对称正定矩阵。

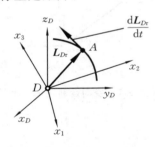

专题图 3.2 $\mathrm{d}L_{Dr}/\mathrm{d}t$ 的几何解释

为了对空间运动刚体应用相对运动动量矩定理,需要计算 $\mathrm{d}L_{Dr}/\mathrm{d}t$。已知 $\mathrm{d}L_{Dr}/\mathrm{d}t$ 是在平动动系 $Dx_Dy_Dz_D$ 中求导数,如专题图 3.2 所示,L_{Dr} 是从平动动系 $Dx_Dy_Dz_D$ 的原点 D 出发的一个时变矢量,因此对平动动系 $Dx_Dy_Dz_D$ 中的观察者而言,$\mathrm{d}L_{Dr}/\mathrm{d}t$ 是矢量 L_{Dr} 终点的速度。将矢量 L_{Dr} 的终点取为动点(专题图 3.2 中的点 A),将 $Dx_Dy_Dz_D$ 视为静系、$Dx_1x_2x_3$ 视为动系,由点的复合运动方法可得

$$\frac{\mathrm{d}L_{Dr}}{\mathrm{d}t} = \sum_{i=1}^{3} \frac{\mathrm{d}L_{Di}}{\mathrm{d}t} e_i + \Omega \times L_{Dr} \tag{9}$$

式(9)右边第一项为相对速度,第二项为牵连速度。方程(9)称为赖柴尔(Resal)定理。

由相对运动动量矩定理 $\mathrm{d}L_{Dr}/\mathrm{d}t = M_D^{(e)}$ 和方程(9),得

$$\sum_{i=1}^{3} \frac{\mathrm{d}L_{Di}}{\mathrm{d}t} e_i + \Omega \times L_{Dr} = M_D^{(e)} \tag{10}$$

这就是**空间运动刚体相对于特殊动矩心 D 的相对运动动量矩定理**。将角速度矢量 Ω 和外力矩矢量 $M_D^{(e)}$ 写成在任意动系 $Dx_1x_2x_3$ 中的投影式

$$\Omega = \Omega_1 e_1 + \Omega_2 e_2 + \Omega_3 e_3, \quad M_D^{(e)} = M_{D1}^{(e)} e_1 + M_{D2}^{(e)} e_2 + M_{D3}^{(e)} e_3 \tag{11}$$

将方程(4)(11)代入方程(10),得

$$
\begin{cases}
\dfrac{\mathrm{d}L_{D1}}{\mathrm{d}t} + (\Omega_2 L_{D3} - \Omega_3 L_{D2}) = M_{D1}^{(e)} \\[2mm]
\dfrac{\mathrm{d}L_{D2}}{\mathrm{d}t} + (\Omega_3 L_{D1} - \Omega_1 L_{D3}) = M_{D2}^{(e)} \\[2mm]
\dfrac{\mathrm{d}L_{D3}}{\mathrm{d}t} + (\Omega_1 L_{D2} - \Omega_2 L_{D1}) = M_{D3}^{(e)}
\end{cases}
\tag{12}
$$

这就是**空间运动刚体相对于特殊动矩心 D 的动量矩定理在任意动系 $Dx_1x_2x_3$ 中的投影方程**。其中 L_{D1}、L_{D2}、L_{D3} 由方程(5)或方程(6)给出。

当动系 $Dx_1x_2x_3$ 与刚体固连时,有 $\boldsymbol{\Omega} = \boldsymbol{\omega}$,方程(12)变为

$$
\begin{cases}
\dfrac{\mathrm{d}L_{D1}}{\mathrm{d}t} + (\omega_2 L_{D3} - \omega_3 L_{D2}) = M_{D1}^{(e)} \\[2mm]
\dfrac{\mathrm{d}L_{D2}}{\mathrm{d}t} + (\omega_3 L_{D1} - \omega_1 L_{D3}) = M_{D2}^{(e)} \\[2mm]
\dfrac{\mathrm{d}L_{D3}}{\mathrm{d}t} + (\omega_1 L_{D2} - \omega_2 L_{D1}) = M_{D3}^{(e)}
\end{cases}
\tag{13}
$$

同时方程(5)或方程(6)中的刚体惯性积 J_{ij} 为常量,将方程(6)代入方程(13),得

$$
\begin{bmatrix}
J_{11} & -J_{12} & -J_{13} \\
-J_{21} & J_{22} & -J_{23} \\
-J_{31} & -J_{32} & J_{33}
\end{bmatrix}
\begin{bmatrix}
\dot{\omega}_1 \\ \dot{\omega}_2 \\ \dot{\omega}_3
\end{bmatrix}
+
\begin{bmatrix}
0 & -\omega_3 & \omega_2 \\
\omega_3 & 0 & -\omega_1 \\
-\omega_2 & \omega_1 & 0
\end{bmatrix}
\begin{bmatrix}
J_{11} & -J_{12} & -J_{13} \\
-J_{21} & J_{22} & -J_{23} \\
-J_{31} & -J_{32} & J_{33}
\end{bmatrix}
\begin{bmatrix}
\omega_1 \\ \omega_2 \\ \omega_3
\end{bmatrix}
$$
$$
=
\begin{bmatrix}
M_{D1}^{(e)} \\ M_{D2}^{(e)} \\ M_{D3}^{(e)}
\end{bmatrix}
\tag{14}
$$

这就是**空间运动刚体相对于特殊动矩心 D 的动量矩定理在与刚体固连的坐标系 $Dx_1x_2x_3$ 中的投影方程**。这组方程与刚体的质心运动定理一起,构成空间运动刚体的完备的动力学方程组,是研究空间运动刚体的基础。

2) 惯性主轴,欧拉运动方程

一个与刚体固连的正交轴系,如果刚体在这个轴系中的所有惯性积为零,则这一轴系称为**惯性主轴系**,如果这一条件只是对某一轴满足,则该轴称为**惯性主轴**,比如,若 $\sum mx_1x_3 = \sum mx_2x_3 = 0$,则轴 x_3 为惯性主轴。通过质心的惯性主轴称为**中心惯性主轴**。刚体对惯性主轴的转动惯量称为**主转动惯量**。

定理　在刚体的任意点 D,总可以找到至少一个正交的惯性主轴系 $D\xi\eta\zeta$。

证明　显然,惯性主轴系的存在和方向与刚体的转动无关,即与刚体的角速度矢量 $\boldsymbol{\omega}$ 无关。因此为了证明定理,只需证明存在 $J > 0$ 和 $\boldsymbol{\omega} \neq \boldsymbol{0}$,使下面的方程成立。

$$
\boldsymbol{L}_{Dr} = J\boldsymbol{\omega}
\tag{15}
$$

如果确实如此,那么根据定义,过点 D 与 $\boldsymbol{\omega}$ 平行的轴线就是一根惯性主轴,而 J 则

为刚体对该惯性主轴的转动惯量。

另一方面，L_{Dr}总是可以在任意正交坐标系 $Dx_1x_2x_3$ 中表示为方程(4)和方程(6)的形式，所以方程(15)等价于下面的方程：

$$
(e_1,e_2,e_3)\begin{bmatrix} J_{11} & -J_{12} & -J_{13} \\ -J_{21} & J_{22} & -J_{23} \\ -J_{31} & -J_{32} & J_{33} \end{bmatrix}\begin{bmatrix} \omega_1 \\ \omega_2 \\ \omega_3 \end{bmatrix}=J(e_1,e_2,e_3)\begin{bmatrix} \omega_1 \\ \omega_2 \\ \omega_3 \end{bmatrix} \tag{16}
$$

由于矢量基(e_1,e_2,e_3)是任取的，所以式(16)变为

$$
\begin{bmatrix} J_{11} & -J_{12} & -J_{13} \\ -J_{21} & J_{22} & -J_{23} \\ -J_{31} & -J_{32} & J_{33} \end{bmatrix}\begin{bmatrix} \omega_1 \\ \omega_2 \\ \omega_3 \end{bmatrix}=J\begin{bmatrix} \omega_1 \\ \omega_2 \\ \omega_3 \end{bmatrix} \tag{17}
$$

这是一个矩阵特征值问题，其中的惯量矩阵是实对称正定矩阵，根据线性代数理论，它一定存在三个正的特征根 J_1、J_2、J_3，以及三个正交的特征向量。三个正交特征向量就是在坐标系 $Dx_1x_2x_3$ 中的惯性主轴系 $D\xi\eta\zeta$ 的三个正交方向。这样就证明了存在满足方程(15)的 $J>0$ 和 $\boldsymbol{\omega}=(\omega_1,\omega_2,\omega_3)\neq\mathbf{0}$。

J_1、J_2、J_3 为下面方程的解：

$$
\begin{vmatrix} J_{11}-J & -J_{12} & -J_{13} \\ -J_{21} & J_{22}-J & -J_{23} \\ -J_{31} & -J_{32} & J_{33}-J \end{vmatrix}=0 \tag{18}
$$

求出 J_1、J_2、J_3 后，将它们分别回代入方程(17)，可解出对应的特征向量，这些特征向量所在的方向就是刚体在点 D 的惯性主轴的方向。证毕。

在与刚体固连的惯性主轴系 $D\xi\eta\zeta$ 中，由方程(5)(13)或方程(14)，可得刚体的相对运动动量矩方程体系为

$$
L_\xi=J_\xi\omega_\xi,\quad L_\eta=J_\eta\omega_\eta,\quad L_\zeta=J_\zeta\omega_\zeta \tag{19}
$$

$$
\begin{cases} J_\xi\dot{\omega}_\xi+(J_\zeta-J_\eta)\omega_\eta\omega_\zeta=M_\xi^{(e)} \\ J_\eta\dot{\omega}_\eta+(J_\xi-J_\zeta)\omega_\zeta\omega_\xi=M_\eta^{(e)} \\ J_\zeta\dot{\omega}_\zeta+(J_\eta-J_\xi)\omega_\xi\omega_\eta=M_\zeta^{(e)} \end{cases} \tag{20}
$$

或

$$
\begin{bmatrix} J_\xi\dot{\omega}_\xi \\ J_\eta\dot{\omega}_\eta \\ J_\zeta\dot{\omega}_\zeta \end{bmatrix}+\begin{bmatrix} 0 & -\omega_\zeta & \omega_\eta \\ \omega_\zeta & 0 & -\omega_\xi \\ -\omega_\eta & \omega_\xi & 0 \end{bmatrix}\begin{bmatrix} J_\xi & 0 & 0 \\ 0 & J_\eta & 0 \\ 0 & 0 & J_\zeta \end{bmatrix}\begin{bmatrix} \omega_\xi \\ \omega_\eta \\ \omega_\zeta \end{bmatrix}=\begin{bmatrix} M_\xi^{(e)} \\ M_\eta^{(e)} \\ M_\zeta^{(e)} \end{bmatrix} \tag{21}
$$

方程(20)或方程(21)称为刚体的欧拉(Euler)运动方程。

显然，方程(20)或方程(21)适合刚体的定点转动，因此方程(20)或方程(21)也是定点转动刚体的欧拉运动方程。

例1　如专题图 3.3 所示，坐标系 $Dx_1x_2x_3$ 与边长为 a 的均质等厚正方形薄板固连，已知板的质量为 m。在坐标系 $Dx_1x_2x_3$ 中，求：(1) 薄板的转动惯量和惯

性积;(2) 惯性主轴系 $D\xi\eta\zeta$ 的方向以及相应的主转动惯量 J_1、J_2、J_3。

解 (1) 板的质量面密度为 $\rho_S = m/a^2$,各个惯量元素计算如下。

$$J_{11} = \int_0^a \int_0^a x_2^2 \rho_S \, dx_1 dx_2 = \frac{1}{3}ma^2$$

$$J_{22} = \int_0^a \int_0^a x_1^2 \rho_S \, dx_1 dx_2 = \frac{1}{3}ma^2$$

$$J_{33} = \int_0^a \int_0^a (x_1^2 + x_2^2) \rho_S \, dx_1 dx_2 = \frac{2}{3}ma^2$$

$$J_{12} = J_{21} = \int_0^a \int_0^a x_1 x_2 \rho_S \, dx_1 dx_2 = \frac{1}{4}ma^2$$

$$J_{13} = J_{31} = \int_0^a \int_0^a x_1 x_3 \rho_S \, dx_1 dx_2 = \int_0^a \int_0^a x_1 \cdot 0 \rho_S \, dx_1 dx_2 = 0$$

同理 $$J_{23} = J_{32} = 0$$

专题图 3.3 例 1 图

(2) 将以上各个惯量元素代入方程(18),得

$$\begin{bmatrix} \frac{1}{3}ma^2 & -\frac{1}{4}ma^2 & 0 \\ -\frac{1}{4}ma^2 & \frac{1}{3}ma^2 & 0 \\ 0 & 0 & \frac{2}{3}ma^2 \end{bmatrix} \begin{bmatrix} \omega_1 \\ \omega_2 \\ \omega_3 \end{bmatrix} = J \begin{bmatrix} \omega_1 \\ \omega_2 \\ \omega_3 \end{bmatrix}$$

即

$$\begin{bmatrix} \frac{1}{3} & -\frac{1}{4} & 0 \\ -\frac{1}{4} & \frac{1}{3} & 0 \\ 0 & 0 & \frac{2}{3} \end{bmatrix} \begin{bmatrix} \omega_1 \\ \omega_2 \\ \omega_3 \end{bmatrix} = \bar{J} \begin{bmatrix} \omega_1 \\ \omega_2 \\ \omega_3 \end{bmatrix}, \quad \bar{J} = \frac{J}{ma^2}$$

这个特征值问题很容易解出,关于 J 的特征值结果为

$$J_1 = \frac{1}{12}ma^2, \quad J_2 = \frac{7}{12}ma^2, \quad J_3 = \frac{2}{3}ma^2$$

这就是三个主转动惯量。对应的特征向量为

$$\begin{bmatrix} \omega_1 \\ \omega_2 \\ \omega_3 \end{bmatrix}_1 = \begin{bmatrix} 1 \\ 1 \\ 0 \end{bmatrix}, \quad \begin{bmatrix} \omega_1 \\ \omega_2 \\ \omega_3 \end{bmatrix}_2 = \begin{bmatrix} -1 \\ 1 \\ 0 \end{bmatrix}, \quad \begin{bmatrix} \omega_1 \\ \omega_2 \\ \omega_3 \end{bmatrix}_3 = \begin{bmatrix} 0 \\ 0 \\ 1 \end{bmatrix}$$

这就是过点 D 的三个惯性主轴的方向,即如专题图 3.3 所示惯性主轴系 $D\xi\eta\zeta$,其中 ζ 与轴 x_3 重合。

例 2 如专题图 3.4 所示,均质刚体绕固定点 O 转动,与刚体固连的正交轴系

专题图 3.4　例 2 图

$O\xi\eta\zeta$ 为刚体的惯性主轴系,其中轴 ζ 为刚体的对称轴,设除了作用在固定点 O 的力之外,刚体上没有其他力的作用。求刚体的角速度及其变化规律。

解　由于刚体均质且对称于轴 ζ,所以 $J_\eta = J_\xi$。由题意,对点 O 的外力矩为零,于是欧拉方程变为

$$\begin{cases} J_\xi\dot\omega_\xi + (J_\zeta - J_\xi)\omega_\eta\omega_\zeta = 0 \\ J_\xi\dot\omega_\eta + (J_\xi - J_\zeta)\omega_\zeta\omega_\xi = 0 \\ J_\zeta\dot\omega_\zeta = 0 \end{cases} \tag{a}$$

由式(a)的第三个方程,得 $\omega_\zeta = $ 常数 $= A$,将此代入方程组(a)的第一、第二个方程,得

$$\dot\omega_\xi + \left(\frac{J_\zeta - J_\xi}{J_\xi}\right)A\omega_\eta = 0 \tag{b}$$

$$\dot\omega_\eta + \left(\frac{J_\xi - J_\zeta}{J_\xi}\right)A\omega_\xi = 0 \tag{c}$$

方程(c)对 t 求导,再将方程(b)代入方程(c),得

$$\ddot\omega_\eta + \kappa^2\omega_\eta = 0$$

其中

$$\kappa = A\frac{|J_\zeta - J_\xi|}{J_\xi} \tag{d}$$

方程(d)的解为　　　　　$\omega_\eta = B\cos\kappa t + C\sin\kappa t$

其中,B、C 为积分常数。设 $t=0$ 时,$\omega_\eta(0)=0$,则 $B=0$,所以

$$\omega_\eta = C\sin\kappa t$$

由方程(c)得　　　　　$\omega_\xi = C\cos\kappa t$

因此刚体的角速度矢量为

$$\boldsymbol{\omega} = \omega_\xi\boldsymbol{e}_\xi + \omega_\eta\boldsymbol{e}_\eta + \omega_\zeta\boldsymbol{e}_\zeta = C\sin\kappa t\,\boldsymbol{e}_\xi + C\cos\kappa t\,\boldsymbol{e}_\eta + A\boldsymbol{e}_\zeta \tag{e}$$

$\boldsymbol{\omega}$ 的大小、与轴 ζ 的夹角 θ 均为常值,分别为

$$\omega = \sqrt{C^2 + A^2}, \quad \theta = \arctan\frac{C}{A} \tag{f}$$

可见刚体的角速度矢量 $\boldsymbol{\omega}$ 相对于固连坐标系 $O\xi\eta\zeta$ 大小不变,以恒定角速度 κ 和恒定夹角 θ 绕轴 ζ 做定轴转动,转动周期为

$$T = \frac{2\pi}{\kappa} = \frac{2\pi J_\xi}{A|J_\zeta - J_\xi|} \tag{g}$$

将本题的结果用于地球的运动。点 O 可以认为是地心,轴 ζ 为地球的南北极轴,轴 ξ、η 分别为赤道面内的任意两根正交轴。地球的形状近似为一个对称于轴 ζ 的扁球,其中南北极直径为 $d_1 = 12\ 711$ km,赤道面内圆的直径为 $d_2 = 12\ 753$ km。如果认为地球是均质刚体,则在 d_1、d_2 相差甚微的情况下,不难证明

$$\frac{J_\xi}{|J_\zeta - J_\xi|} \approx \frac{d_2}{d_2 - d_1} = 303.643$$

而地球每天转一周,所以地球绕南北极轴 ζ 的角速度 $\omega_\zeta = A = 2\pi$ rad/d,进而由式(g)可得地球整个角速度矢量 $\boldsymbol{\omega}$ 绕南北极轴 ζ 的运动周期为

$$T = \frac{2\pi J_\xi}{A|J_\zeta - J_\xi|} \approx 304 \text{ d}$$

实际观测到的周期大约为 430 d,二者的差别主要来源于地球实际上并不是均质刚体。

2. 陀螺运动

陀螺仪(或回转仪)在动力系统制导等装置中有重要的应用,本专题介绍其理论基础:陀螺运动。

1) 欧拉角

如专题图 3.5 所示,设 $Oxyz$ 为一个正交坐标惯性系,另一个正交坐标系 $Ox_1x_2x_3$ 或 $O\xi\eta\zeta$ 绕坐标原点 O 定点转动,坐标系 $Ox_1x_2x_3$(动系)相对于 $Oxyz$ 的角位置关系可以用多种方法来描述,其中用三个**欧拉角** ϕ、θ、ψ 来描述是刚体动力学中常见的方法。

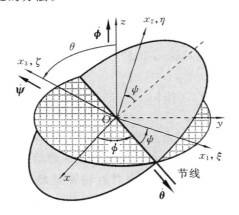

注:节线是 Ox_1x_2 平面与 Oxy 平面的交线;节线与 Ozx_3 平面垂直。

专题图 3.5 欧拉角的定义

参见专题图 3.5,坐标系 $Ox_1x_2x_3$ 的当前位置,可以将坐标系 $Oxyz$ 转动三次到达,先将 $Oxyz$ 绕轴 z 转 ϕ 角,记为坐标系 1,其中轴 x 到达节线的位置;再将坐标系 1 绕节线转 θ 角,记为坐标系 2,这时轴 z 变为轴 x_3;最后将坐标系 2 绕轴 x_3 转 ψ 角就得到 $Ox_1x_2x_3$,其中原来的轴 x 变为轴 x_1,轴 y 变为轴 x_2,轴 z 变为轴 x_3。这三个角是相互独立的,分别称为动系的**进动角**(ϕ)、**章动角**(θ)和**自转角**(ψ)(节线绕轴 z 的转动为**进动**,动系绕节线的转动为**章动**,动系绕自转轴 x_3 的转动为**自转**)。一般情况下,它们唯一地确定动系(刚体)的瞬时角位置。

再来确定动系 $Ox_1x_2x_3$ 的角速度矢量 $\boldsymbol{\Omega}$。在 $t \sim t + \Delta t$ 的时间内,设动系角位置的无穷小增量为 $\Delta\phi$、$\Delta\theta$ 和 $\Delta\psi$,动系的这种无穷小角位置改变可以将动系分别绕轴 z 转 $\Delta\phi$、绕节线转 $\Delta\theta$ 和绕轴 x_3 转 $\Delta\psi$ 后叠加得到,且结果与转动次序无关

(对此不做证明,但必须注意,刚体多次有限转动的结果与转动次序有关,因此不能叠加。比如,将一本书沿任意两条边以一种次序各转 90°,再重新按不同的次序各转 90°,结果是不同的)。$\Delta\phi$、$\Delta\theta$ 和 $\Delta\psi$ 的时间导数为

$$\dot{\phi}=\frac{\Delta\phi}{\Delta t}, \quad \dot{\theta}=\frac{\Delta\theta}{\Delta t}, \quad \dot{\psi}=\frac{\Delta\psi}{\Delta t} \tag{22}$$

根据角速度的定义,它们分别为动系绕轴 z、节线和轴 x_3 转动的角速度,将它们按右手规则化为矢量,记为 $\dot{\boldsymbol{\phi}}$、$\dot{\boldsymbol{\theta}}$、$\dot{\boldsymbol{\psi}}$,由刚体角速度在同一瞬时的唯一性,$\dot{\boldsymbol{\phi}}$、$\dot{\boldsymbol{\theta}}$、$\dot{\boldsymbol{\psi}}$,一定是动系 $Ox_1x_2x_3$ 角速度矢量 $\boldsymbol{\Omega}$ 在轴 z、节线和轴 x_3 方向的分量(否则同一瞬时刚体在某个方向上会出现两种不同的角速度,这对刚体是不可能的),所以动系 $Ox_1x_2x_3$ 的角速度 $\boldsymbol{\Omega}$ 用欧拉角表示为

$$\boldsymbol{\Omega}=\dot{\boldsymbol{\phi}}+\dot{\boldsymbol{\psi}}+\dot{\boldsymbol{\theta}} \tag{23}$$

$\dot{\boldsymbol{\phi}}$、$\dot{\boldsymbol{\theta}}$、$\dot{\boldsymbol{\psi}}$ 分别称为动系的**进动角速度**、**章动角速度**和**自转角速度**。

注意到 $\dot{\boldsymbol{\phi}}$、$\dot{\boldsymbol{\theta}}$、$\dot{\boldsymbol{\psi}}$ 这三个矢量不完全正交,也不完全沿动系 $Ox_1x_2x_3$ 的 x_1、x_2、x_3 三根轴,因此角速度 $\boldsymbol{\Omega}$ 沿坐标轴 x_1、x_2、x_3 的三个投影 Ω_1、Ω_2、Ω_3 需要用欧拉角表示,即

$$\begin{cases} \Omega_1=\dot{\phi}\sin\theta\sin\psi+\dot{\theta}\cos\psi \\ \Omega_2=\dot{\phi}\sin\theta\cos\psi-\dot{\theta}\sin\psi \\ \Omega_3=\dot{\phi}\cos\theta+\dot{\psi} \end{cases} \tag{24}$$

因动系 $Ox_1x_2x_3$ 是任意的,故式(24)对于与刚体固连的主轴轴系 $O\xi\eta\zeta$ 也适用。

2) 陀螺的运动方程

具有质量对称轴的刚体绕对称轴上一固定点做定点转动时,该刚体称为**陀螺**(或**回转仪**);如专题图 3.6 所示。研究陀螺的运动,要反映陀螺的特点,其特点是陀螺往往绕对称轴**高速旋转**,对称轴是陀螺的一个中心惯性主轴,与对称轴垂直的任意轴亦是惯性主轴,且转动惯量相等。

取动系 $O\xi\eta\zeta$,且取上述对称轴作为轴 ζ,即陀螺的自转轴,由陀螺的特点,不管 ξ、η 如何选择,其总是陀螺的惯性主轴。因此选取在陀螺的运动过程中始终与节线重合的轴为轴 ξ,这时陀螺相对于动系的角速度称为**陀螺的自转角速度**,动系的自转角 ψ 和角速度 $\dot{\psi}$ 恒为零。而 $\dot{\phi}$、$\dot{\theta}$ 分别为动系(亦为陀螺)的进动角速度、章动角速度。陀螺自转轴的方向由

专题图 3.6 陀螺的运动及其坐标系的选取

ϕ、θ 唯一确定。

　　设动系 $O\xi\eta\zeta$ 的三个轴向单位矢量为 $\boldsymbol{e}_\xi$、$\boldsymbol{e}_\eta$、$\boldsymbol{e}_\zeta$。设陀螺的自转角速度为

$$\tilde{\boldsymbol{\omega}}=\bar{\omega}\boldsymbol{e}_\zeta \tag{25}$$

动系 $O\xi\eta\zeta$ 的瞬时角速度为 $\boldsymbol{\Omega}$，其投影式为

$$\boldsymbol{\Omega}=\Omega_\xi\boldsymbol{e}_\xi+\Omega_\eta\boldsymbol{e}_\eta+\Omega_\zeta\boldsymbol{e}_\zeta \tag{26}$$

则陀螺的瞬时角速度 $\boldsymbol{\omega}$ 为

$$\boldsymbol{\omega}=\tilde{\boldsymbol{\omega}}+\boldsymbol{\Omega}=\Omega_\xi\boldsymbol{e}_\xi+\Omega_\eta\boldsymbol{e}_\eta+(\Omega_\zeta+\bar{\omega})\boldsymbol{e}_\zeta \tag{27}$$

所以陀螺对固定点 O 的动量矩 $\boldsymbol{L}_O$ 为

$$\boldsymbol{L}_O=J_\xi\Omega_\xi\boldsymbol{e}_\xi+J_\eta\Omega_\eta\boldsymbol{e}_\eta+J_\zeta(\Omega_\zeta+\bar{\omega})\boldsymbol{e}_\zeta \tag{28}$$

由方程(5)(12)，并考虑到所有惯性积恒为零，所有转动惯量为常数，且 $J_\xi=J_\eta$，可得陀螺的动力学方程为

$$\begin{cases} J_\xi\dot{\Omega}_\xi+(J_\zeta-J_\eta)\Omega_\eta\Omega_\zeta+J_\zeta\Omega_\eta\bar{\omega}=M_\xi^{(e)} \\ J_\eta\dot{\Omega}_\eta+(J_\xi-J_\zeta)\Omega_\xi\Omega_\zeta-J_\zeta\Omega_\xi\bar{\omega}=M_\eta^{(e)} \\ J_\zeta(\dot{\Omega}_\zeta+\dot{\bar{\omega}})=M_\zeta^{(e)} \end{cases} \tag{29}$$

式(29)中动系 $O\xi\eta\zeta$ 的瞬时角速度分量 Ω_ξ、Ω_η、Ω_ζ 由方程(24)给出，考虑到 ψ 和 $\dot{\psi}$ 恒为零，可得

$$\Omega_\xi=\dot{\theta}，\quad \Omega_\eta=\dot{\phi}\sin\theta，\quad \Omega_\zeta=\dot{\varphi}\cos\theta \tag{30}$$

因此，方程组(29)可以用欧拉角写成

$$\begin{cases} J_\xi\ddot{\theta}+(J_\zeta-J_\eta)\dot{\phi}^2\sin\theta\cos\theta+J_\zeta\dot{\phi}\bar{\omega}\sin\theta=M_\xi^{(e)} \\ J_\eta(\ddot{\varphi}\sin\theta+\dot{\phi}\dot{\theta}\cos\theta)+(J_\xi-J_\zeta)\dot{\phi}\dot{\theta}\cos\theta-J_\zeta\dot{\theta}\bar{\omega}=M_\eta^{(e)} \\ J_\zeta(\ddot{\varphi}\cos\theta-\dot{\phi}\dot{\theta}\sin\theta+\dot{\bar{\omega}})=M_\zeta^{(e)} \end{cases} \tag{31}$$

　　3）陀螺的运动规律

　　当陀螺以恒定转速高速自转，而其章动、进动角速度相对很小时，陀螺的瞬时角速度 $\boldsymbol{\omega}$ 近似为

$$\boldsymbol{\omega}\approx\tilde{\boldsymbol{\omega}}=\bar{\omega}\boldsymbol{e}_\zeta \tag{32}$$

陀螺的动量矩 $\boldsymbol{L}_O$ 近似为

$$\boldsymbol{L}_O\approx J_\zeta\bar{\omega}\boldsymbol{e}_\zeta \tag{33}$$

而由方程组(29)的第三个方程，有

$$M_\zeta^{(e)}\approx0 \tag{34}$$

故

$$\boldsymbol{M}_O^{(e)}\approx M_\xi^{(e)}\boldsymbol{e}_\xi+M_\eta^{(e)}\boldsymbol{e}_\eta \tag{35}$$

因此，近似有

$$\boldsymbol{L}_O\perp\boldsymbol{M}_O^{(e)} \tag{36}$$

进而，由方程组(31)的第一、二个方程可得

$$M_\xi^{(e)}\approx J_\zeta\dot{\phi}\bar{\omega}\sin\theta，\quad M_\eta^{(e)}\approx-J_\zeta\dot{\theta}\bar{\omega} \tag{37}$$

由此可得以下结论。

(1) 当 $M_\xi^{(e)}=0, M_\eta^{(e)}=0$ 时，由方程(37)得

$$\dot{\phi}=0, \quad \dot{\theta}=0 \quad \Rightarrow \quad \phi=常数, \quad \theta=常数$$

此时，陀螺既不进动，也不章动。

(2) 当 $M_\eta^{(e)}=0$ 时，由方程(35)和方程(37)得

$$\boldsymbol{M}_O^{(e)} \approx M_\xi^{(e)} \boldsymbol{e}_\xi \quad \Rightarrow \quad \boldsymbol{M}_O^{(e)} \approx J_\zeta \dot{\boldsymbol{\phi}} \times \tilde{\boldsymbol{\omega}} \tag{38}$$

(3) 当 $M_\xi^{(e)}=0$ 时，由方程(35)和方程(37)得

$$\boldsymbol{M}_O^{(e)} \approx M_\eta^{(e)} \boldsymbol{e}_\eta \quad \Rightarrow \quad \boldsymbol{M}_O^{(e)} \approx J_\zeta \dot{\boldsymbol{\theta}} \times \tilde{\boldsymbol{\omega}} \tag{39}$$

综上所述，得出以下结论。

(1) 当陀螺上无外力矩作用时，陀螺的自转角速度方向不变，这称为陀螺的**指向性**。

(2) 要使陀螺的自转角速度方向发生进动，必须作用一个外力矩，外力矩的方向不沿进动角速度矢量 $\dot{\boldsymbol{\phi}}$ 的方向，而是力图使进动角速度矢量 $\dot{\boldsymbol{\phi}}$ 以最短的途径向自转角速度矢量 $\tilde{\boldsymbol{\omega}}$ 方向偏转，即 $\boldsymbol{M}_O^{(e)} \approx J_\zeta \dot{\boldsymbol{\phi}} \times \tilde{\boldsymbol{\omega}}$（外力矩矢量 $\boldsymbol{M}_O^{(e)}$ 沿陀螺的节线）。这便是陀螺的**进动规律**。

(3) 要使陀螺的自转角速度方向发生章动，必须作用一个外力矩，外力矩的方向不沿章动角速度矢量 $\dot{\boldsymbol{\theta}}$ 的方向，而是力图使章动角速度矢量 $\dot{\boldsymbol{\theta}}$ 以最短的途径向自转角速度矢量 $\tilde{\boldsymbol{\omega}}$ 方向偏转，即 $\boldsymbol{M}_O^{(e)} \approx J_\zeta \dot{\boldsymbol{\theta}} \times \tilde{\boldsymbol{\omega}}$。这便是陀螺的**章动规律**。

4) 陀螺力矩与陀螺效应

当章动角速度 $\dot{\theta} \equiv 0$，即 $\theta =$ 常数时，陀螺的进动称为**规则进动**。这时

$$M_\eta^{(e)} \equiv 0, \quad \boldsymbol{M}_O^{(e)} \equiv M_\xi^{(e)} \boldsymbol{e}_\xi \tag{40}$$

由方程(37)，规则进动角速度为

$$\dot{\phi} \approx \frac{M_O^{(e)}}{J_\zeta \tilde{\omega} \sin\theta} \tag{41}$$

陀螺规则进动时，陀螺必有一个与外作用力矩 $\boldsymbol{M}_O^{(e)}$ 等值、反向的力矩 $\boldsymbol{M}_G$ 反作用于外界刚体(如轴承、支架)上，这个反作用力矩称为**陀螺力矩**，工程中把产生陀螺力矩的现象称为**陀螺效应**。显然

$$\boldsymbol{M}_G = -\boldsymbol{M}_O^{(e)} = J_\zeta \tilde{\boldsymbol{\omega}} \times \dot{\boldsymbol{\phi}} \quad 或 \quad M_G = -J_\zeta \tilde{\omega} \dot{\phi} \sin\theta \tag{42}$$

思考：请分析自行车轮子的章动和进动，它不会翻倒的原因何在？

专题 4　空间运动刚体的动能

前面章节介绍的动力学普遍定理给出了刚体做平面运动的动能,刚体做空间运动的动能又如何表示呢? 本专题给出相应理论。

1. 定点转动刚体的动能

如专题图 4.1 所示,刚体绕固定点 O 定点转动,正交坐标系 $Ox_1x_2x_3$ 与刚体固连。刚体的瞬时角速度矢量为 $\boldsymbol{\omega}$,因此刚体中任意质点 m 的瞬时速度为 $\boldsymbol{v}=\boldsymbol{\omega}\times\boldsymbol{r}$,由此刚体的动能为

$$T=\frac{1}{2}\sum mv^2=\frac{1}{2}\sum m(\boldsymbol{\omega}\times\boldsymbol{r})\cdot(\boldsymbol{\omega}\times\boldsymbol{r})$$

而　　$\boldsymbol{\omega}=\omega_1\boldsymbol{e}_1+\omega_2\boldsymbol{e}_2+\omega_3\boldsymbol{e}_3,\quad \boldsymbol{r}=x_1\boldsymbol{e}_1+x_2\boldsymbol{e}_2+x_3\boldsymbol{e}_3$

$$\boldsymbol{\omega}\times\boldsymbol{r}=\begin{vmatrix} \boldsymbol{e}_1 & \boldsymbol{e}_2 & \boldsymbol{e}_3 \\ \omega_1 & \omega_2 & \omega_3 \\ x_1 & x_2 & x_3 \end{vmatrix}$$

专题图 4.1　定点转动刚体

$$=(\omega_2x_3-\omega_3x_2)\boldsymbol{e}_1+(\omega_3x_1-\omega_1x_3)\boldsymbol{e}_2+(\omega_1x_2-\omega_2x_1)\boldsymbol{e}_3$$

所以　$T=\dfrac{1}{2}\sum m\big[(\omega_2x_3-\omega_3x_2)^2+(\omega_3x_1-\omega_1x_3)^2+(\omega_1x_2-\omega_2x_1)^2\big]$

$$=\frac{1}{2}\Big[\omega_1^2\sum m(x_2^2+x_3^2)+\omega_2^2\sum m(x_1^2+x_3^2)+\omega_3^2\sum m(x_1^2+x_2^2)$$

$$-2\big(\omega_1\omega_2\sum mx_1x_2+\omega_1\omega_3\sum mx_1x_3+\omega_2\omega_3\sum mx_2x_3\big)\Big]$$

$$=\frac{1}{2}\big[J_1\omega_1^2+J_2\omega_2^2+J_3\omega_3^2-2(J_{12}\omega_1\omega_2+J_{13}\omega_1\omega_3+J_{23}\omega_2\omega_3)\big] \tag{1}$$

其中 $\begin{cases} J_1=\displaystyle\sum m(x_2^2+x_3^2),\quad J_2=\sum m(x_1^2+x_3^2),\quad J_3=\sum m(x_1^2+x_2^2) \\ J_{12}=\displaystyle\sum mx_1x_2,\quad J_{13}=\sum mx_1x_3,\quad J_{23}=\sum mx_2x_3 \end{cases}$　(2)

为刚体对固连正交轴系 $Ox_1x_2x_3$ 的转动惯量和惯性积。如果 $Ox_1x_2x_3$ 为刚体的刚性主轴系,则所有惯性积为零,方程(1)变为

$$T=\frac{1}{2}(J_1\omega_1^2+J_2\omega_2^2+J_3\omega_3^2) \tag{3}$$

可见,以上结果只与刚体的质量特性和角速度有关,因此,以上结果也适用于点 O 运动、刚体在随点 O 平动的坐标系中的相对运动动能的计算。此时,在随点 O 平动的坐标系中,刚体的瞬时角速度矢量仍为 $\boldsymbol{\omega}$,以上计算中用到的速度 $\boldsymbol{v}=\boldsymbol{\omega}$

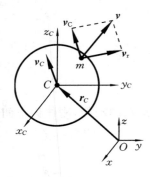

专题图 4.2 质点系运动分解

$\times \boldsymbol{r}$ 成为平动动系中的相对速度;而转动惯量和惯性积是相对于固连轴系 $Ox_1x_2x_3$ 计算的,与刚体的运动无关。因此,当点 O 运动时,方程(1)表示刚体在随点 O 平动的坐标系中的相对运动动能。

2. 空间运动刚体的动能

将专题图 4.2 所示的质点系看成刚体,则空间运动刚体的动能仍然由方程(8.89)给出。需要变动的是,对于在平动的动系 $Cx_Cy_Cz_C$ 中绕质心 C 做相对定点运动的刚体,其相对运动动能 T_r 可以由方程(1)计算,只是现在与刚体固连的正交轴系的原点要取在质心 C,即原来的固连轴系 $Ox_1x_2x_3$ 变为 $Cx_1x_2x_3$。

专题 5 平衡稳定性

专题图 5.1 所示的 7 个小球,其中球 2 和球 7 不处于静平衡状态。其他处于静平衡状态的小球,具有不同的平衡状态。球 3 和球 5 在一个凹曲面的最低点上平衡,在给小球一个很小的扰动后,小球在重力作用下,在平衡位置往复振动,由于摩擦力等原因,最后仍然会在原来的平衡位置处于平衡,这样的平衡状态称为稳定平衡。而球 4,当给小球一个很小的扰动后,将逐渐远离平衡位置,到达新的稳定平衡点 3 或 5;球 1 和球 6 将逐渐远离平衡位置,到达新的稳定平衡点或一直远离平衡点运动下去,这样的平衡,称为不稳定平衡。

研究平衡状态的稳定性方法很多,常见有静力法、动力法和能量法。动力法涉及固有频率的计算,能量法涉及泛函,鉴于目前读者对这些知识还不太了解,下面仅仅介绍从静力平衡方程和线性代数知识出发介绍静力法。更复杂的稳定性问题的分析见《振动力学》《系统稳定性》等书籍。

专题图 5.1 平衡稳定性

若系统处于某一平衡状态,受到任意扰动,从数学上,如果静平衡状态下只存在零解,该平衡状态就是稳定的。若存在非零扰动解,该平衡状态就是不稳定的。下面仅仅讨论势力系统的稳定性问题。

设势力系统平衡状态的解为 $q_{k0}(k=1,2,3,\cdots,n)$,即满足式(12.14)。若系统在此平衡状态下受一组任意扰动 $\delta q_k(k=1,2,3,\cdots,n)$ 的作用,在扰动后各广义坐标变为

$$q_k = q_{k0} + \delta q_k \quad (k=1,2,3,\cdots,n) \tag{1}$$

在扰动后系统仍应满足式(12.14),即有

$$\frac{\partial V(q_1,q_1,\cdots,q_n)}{\partial q_k} = 0 \quad (k=1,2,3,\cdots,n) \tag{2}$$

将式(1)代入式(2),并将各项在原平衡位置进行泰勒展开,只取线性项有

$$\sum_{r=1}^{n} \frac{\partial^2 V(q_{10},q_{20},\cdots,q_{n0})}{\partial q_k \partial q_r} \delta q_r = 0 \quad (k=1,2,3,\cdots,n) \tag{3}$$

式(3)是关于扰动量 $\delta q_r = 0(r=1,2,3,\cdots,n)$ 的齐次线性方程组,其表征了系

统的内在本质属性,通过该方程可以研究平衡点稳定性,称为平衡稳定性特征方程。从线性代数的有解性可知,当式(3)的系数矩阵的行列式不为 0(即矩阵非奇异)时,其只能有唯一解,且唯一解是所有扰动量均为 0。即在静平衡位置附近的微小扰动不为 0 时,系统不会处于静平衡状态,在微小扰动附近只有原来平衡位置一个平衡状态,则该平衡是稳定的。由此可知,若系数矩阵的行列式等于 0(即矩阵奇异)时,说明在静平衡位置存在其他的解,系统不会回到原来的平衡位置,故原来的平衡位置是不稳定的。

$$\begin{vmatrix} \dfrac{\partial^2 V}{\partial q_1^2} & \cdots & \dfrac{\partial^2 V}{\partial q_1 \partial q_n} \\ \vdots & & \vdots \\ \dfrac{\partial^2 V}{\partial q_n \partial q_1} & \cdots & \dfrac{\partial^2 V}{\partial q_n^2} \end{vmatrix} = 0 \qquad (4)$$

从线性代数理论可知,若矩阵方程(4)的系数矩阵是正定的,其系数行列式非0,则系统平衡状态是稳定的,否则是非稳定的。有关矩阵是否正定的判别方式请参考线性代数,其中一种正定判别法要求系数矩阵中每一阶的主子式行列式均大于 0。下面给出常见的单自由度和 2 个自由度系统的稳定性判据。

对于单自由度系统,判别条件为$\dfrac{\partial^2 V}{\partial q_1^2} > 0$ 时,其对应的平衡状态是稳定的,$\dfrac{\partial^2 V}{\partial q_1^2} < 0$ 时,其对应的平衡状态是不稳定的;$\dfrac{\partial^2 V}{\partial q_1^2} = 0$ 时,其对应的平衡状态是否稳定还需要由高阶导数来确定。对于 2 个自由度系统,在 $\Delta = \left[\left(\dfrac{\partial^2 V}{\partial q_1 \partial q_2} \right)^2 - \dfrac{\partial^2 V}{\partial q_1^2} \dfrac{\partial^2 V}{\partial q_2^2} \right] \Big|_{q_{10}, q_{20}} < 0$ 的条件下,若$\dfrac{\partial^2 V}{\partial q_i^2} > 0 (i=1,2)$,系数矩阵是正定的,系统的平衡状态是稳定的,若$\dfrac{\partial^2 V}{\partial q_i^2} < 0 (i=1,2)$,系统的平衡状态是不稳定的。在 $\Delta < 0$ 的条件下,若$\dfrac{\partial^2 V}{\partial q_1^2} = 0$ 或$\dfrac{\partial^2 V}{\partial q_2^2} = 0$ 以及 $\Delta = 0$,其对应的平衡状态是否稳定还需要由高阶导数来确定。需要说明的是,方程(3)的泰勒展开中只取了线性项进行讨论,该稳定性分析理论称为稳定性的线性理论。对于系数矩阵中主子式行列式等于 0 的情形,该理论无法确定平衡状态的稳定性,需要取高阶项(系数矩阵的主子式中含有高阶导数),通过矩阵的正定性来判断,是稳定性的非线性理论。

由式(4)的系数矩阵的正定性条件就可以获得平衡状态随系统参数变化时,系统由稳定过渡到不稳定的条件,从而设计出抗干扰能力强、可以稳定工作的系统。

例 1　在固定的光滑圆柱上放置长为 $2L$、重为 P 的两个相同的均质杆件,两杆顶端用光滑的铰链连接,如专题图 5.2 所示。已知圆柱的半径为 R,求系统的平衡位置及给出平衡稳定性的条件。

解　系统自由度为 2。取杆 AB 和 AH 为研究对象,如专题图 5.2 所示,设点 A 到圆心 O 的距离为 x,OA 与竖直线的夹角 φ 为广义坐标,点 C 为系统的杆 AB 和 AH 总的质心。取点 O 为重力零势能点,系统的势能为

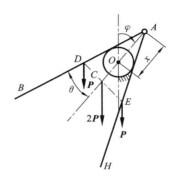

专题图 5.2　例 1 图

$$V = -2P \cdot OC \cdot \cos\varphi \tag{a}$$

其中

$$OC = AC - AO = L\cos\theta - x = \frac{L\sqrt{x^2 - R^2}}{x} - x \tag{b}$$

由式(a)和(b)得

$$V = -2P\left(\frac{L\sqrt{x^2 - R^2}}{x} - x\right)\cos\varphi \tag{c}$$

根据式(12.14)有

$$\frac{\partial V}{\partial x} = -2P\left(\frac{LR^2}{x^2\sqrt{x^2 - R^2}} - 1\right)\cos\varphi = 0 \tag{d}$$

$$\frac{\partial V}{\partial \varphi} = 2P\left(\frac{L\sqrt{x^2 - R^2}}{x} - x\right)\sin\varphi = 0 \tag{e}$$

由式(d)(e)得

$$\frac{LR^2}{x^2\sqrt{x^2 - R^2}} = 1 \tag{f}$$

$$\sin\varphi = 0 \tag{g}$$

考虑到 φ 应满足 $-\dfrac{\pi}{2} < \varphi < \dfrac{\pi}{2}$,$x$ 应满足 $x > R$ 的条件,由式(f)可解得 x 的一个实根(不妨记作 x_0),由式(g)解得 $\varphi = 0$。因此,系统的平衡位置为 $\varphi = 0$,$x = x_0$。

下面分析系统平衡位置的稳定性。从方程(d)可知,需要给出 2 个自由度系统系数矩阵中的偏导数:

$$\frac{\partial^2 V}{\partial x^2} = 2PLR^2\frac{3x^2 - 2R^2}{x^3(x^2 - R^2)^{3/2}}\cos\varphi \tag{h}$$

$$\frac{\partial^2 V}{\partial \varphi^2} = 2P\left(\frac{L\sqrt{x^2 - R^2}}{x} - x\right)\cos\varphi = -V = 2P \cdot OC \tag{i}$$

$$\frac{\partial^2 V}{\partial \varphi \partial x} = 2P\left(\frac{LR^2}{x^2\sqrt{x^2 - R^2}} - 1\right)\sin\varphi \tag{j}$$

将 $\varphi = 0$,$x = x_0$ 到代入式(h)(i)(j)有

$$\left.\frac{\partial^2 V}{\partial x^2}\right|_{\varphi=0,x=x_0} = 2PLR^2\frac{3x_0^2 - 2R^2}{x_0^3(x_0^2 - R^2)^{3/2}} \tag{k}$$

$$\left.\frac{\partial^2 V}{\partial \varphi^2}\right|_{\varphi=0,x=x_0} = -V = 2P \cdot OC \tag{l}$$

$$\frac{\partial^2 V}{\partial \varphi \partial x}\bigg|_{\varphi=0, x=x_0} = 0 \qquad\qquad (\text{m})$$

因而

$$\Delta = \left[\left(\frac{\partial^2 V}{\partial x \partial \varphi}\right)^2 - \frac{\partial^2 V}{\partial x^2}\frac{\partial^2 V}{\partial \varphi^2}\right]\bigg|_{\varphi=0, x=x_0}$$

$$= -\frac{\partial^2 V}{\partial x^2}\bigg|_{\varphi=0, x=x_0} \cdot 2P \cdot OC \qquad\qquad (\text{n})$$

因为 $x_0 > R$,所以

$$\frac{\partial^2 V}{\partial x^2}\bigg|_{\varphi=0, x=x_0} > 0 \qquad\qquad (\text{o})$$

　　根据式(n),当 $OC > 0$ 取正值(即系统的质心在 O、A 两点连线之外)时,有 $\Delta < 0$。由式(k)(l)知 $\dfrac{\partial^2 V}{\partial x^2}\bigg|_{\varphi=0, x=x_0} > 0$ 和 $\dfrac{\partial^2 V}{\partial \varphi^2}\bigg|_{\varphi=0, x=x_0} > 0$。因此,系统的平衡处于稳定的条件是 $OC > 0$。

专题 6   第一类拉格朗日方程

拉格朗日方程是一组一般形式的系统动力学方程,用它可以建立任何有限自由度系统的运动微分方程。拉格朗日方程有两类,分别称为第一类拉格朗日方程和第二类拉格朗日方程。前面章节所介绍的第二类拉格朗日方程是用广义坐标表示的一组系统动力学方程,只能用于完整系统,并且要用广义坐标表示,对于复杂多自由度系统,选取广义坐标绝非易事。此外,到目前为止,还没有办法对非完整系统建立其运动微分方程。第一类拉格朗日方程就是要解决这些问题。第一类拉格朗日方程是用不独立坐标表示的一组系统动力学方程,它与约束方程一起构成封闭方程组,适用于所有系统。本专题介绍第一类拉格朗日方程。

设 N 个质点组成的理想质点系处于运动状态,质点 $m_i,i=1,2,\cdots,N$ 的主动力合力为 $\boldsymbol{F}_i$,约束力的合力为 $\boldsymbol{N}_i$,加速度为 $\boldsymbol{a}_i$,由动力学普遍方程,有

$$\sum_{i=1}^{N}(\boldsymbol{F}_i - m_i\boldsymbol{a}_i)\boldsymbol{\cdot}\delta\boldsymbol{r}_i = 0 \tag{1}$$

设系统可用 n 个时变坐标(或参数)$u_1,u_2,\cdots,u_n$ 确定其位形,注意,这里只要求这 n 个参数能描述系统的位置,而没有要求它们相互独立。因此各质点的矢径可表示为

$$\boldsymbol{r}_i = \boldsymbol{r}_i(u_1,u_2,\cdots,u_n,t), \quad i=1,2,\cdots,N \tag{2}$$

求等时变分,得

$$\delta\boldsymbol{r}_i = \sum_{k=1}^{n}\frac{\partial\boldsymbol{r}_i}{\partial u_k}\delta u_k, \quad i=1,2,\cdots,N \tag{3}$$

代入动力学普遍方程可得

$$\sum_{k=1}^{n}(Q_k + S_k)\delta u_k = 0 \tag{4}$$

其中,$Q_k = \sum_{i=1}^{N}\boldsymbol{F}_i\boldsymbol{\cdot}\frac{\partial\boldsymbol{r}_i}{\partial u_k}$,$S_k = \sum_{i=1}^{N}(-m_i\boldsymbol{a}_i)\boldsymbol{\cdot}\frac{\partial\boldsymbol{r}_i}{\partial u_k}$。对方程(1)至方程(4)未做任何进一步的限制,因此方程(1)与方程(4)是完全等价的。

Q_k 和 S_k 可以认为是在一般坐标体系下,系统的**广义力**和**广义惯性力**,但是,现在不能由方程(4)得到 $Q_k + S_k = 0(k=1,2,\cdots,n)$ 的结论,因为各个 δu_k 之间不独立。

仿照第 12 章中的推导,很容易验证,两个拉格朗日经典关系式现在仍然成立,即有

$$\frac{\mathrm{d}}{\mathrm{d}t}\left(\frac{\partial \boldsymbol{r}_i}{\partial u_k}\right)=\frac{\partial \dot{\boldsymbol{r}}_i}{\partial u_k}, \quad \frac{\partial \dot{\boldsymbol{r}}_i}{\partial \dot{u}_k}=\frac{\partial \boldsymbol{r}_i}{\partial u_k} \tag{5}$$

进一步容易验证 S_k 现在变为

$$S_k=-\frac{\mathrm{d}}{\mathrm{d}t}\left(\frac{\partial T}{\partial \dot{u}_k}\right)+\frac{\partial T}{\partial u_k} \tag{6}$$

其中,T 为系统的动能,$T=\dfrac{1}{2}\displaystyle\sum_{i=1}^{N}m_i\dot{\boldsymbol{r}}_i\cdot\dot{\boldsymbol{r}}_i$。式(6)代入方程(4),得

$$\sum_{k=1}^{n}\left(\frac{\mathrm{d}}{\mathrm{d}t}\frac{\partial T}{\partial \dot{u}_k}-\frac{\partial T}{\partial u_k}-Q_k\right)\delta u_k=0 \tag{7}$$

方程(7)称为**拉格朗日变分方程**。显然,它与方程(4)等价,进而与方程(1)等价,因此对完整系统和非完整系统都适用。

现在从拉格朗日变分方程(7)出发,来推导在一般坐标体系 $u_1,u_2,\cdots,u_n$ 下,非完整系统的拉格朗日方程。设系统受到 m 个约束,其中有 l 个完整约束,$m-l$ 个非完整约束,只对一阶线性非完整约束进行讨论,因此约束方程可写为

$$f_j(u_1,u_2,\cdots,u_n,t)=0, \quad j=1,2,\cdots,l \tag{8}$$

$$\sum_{k=1}^{n}a_{jk}\dot{u}_k+a_j=0, \quad j=l+1,l+2,\cdots,m; \quad m<n \tag{9}$$

其中,a_{jk} 和 a_j 一般为 $u_1,u_2,\cdots,u_n,t$ 的函数。

对式(8)求等时变分,得

$$\sum_{k=1}^{n}a_{jk}\delta u_k=0, \quad j=1,2,\cdots,l \tag{10}$$

其中,$a_{jk}=\dfrac{\partial f_j}{\partial u_k}$。式(9)可写成微分形式

$$\sum_{k=1}^{n}a_{jk}\mathrm{d}u_k+a_j\mathrm{d}t=0, \quad j=l+1,l+2,\cdots,m \tag{11}$$

式(11)中,$\mathrm{d}t=0$ 时,$\mathrm{d}u_k$ 变成坐标的等时变分 δu_k,得

$$\sum_{k=1}^{n}a_{jk}\delta u_k=0, \quad j=l+1,l+2,\cdots,m \tag{12}$$

式(10)(12)是完整和非完整约束对坐标变分的限制方程,可统一写成

$$\sum_{k=1}^{n}a_{jk}\delta u_k=0, \quad j=1,2,\cdots,m \tag{13}$$

将式(13)的各个方程分别乘以未定乘子 $\lambda_j,j=1,2,\cdots,m$ 后相加,得

$$\left(\sum_{j=1}^{m}\lambda_j a_{j1}\right)\delta u_1+\left(\sum_{j=1}^{m}\lambda_j a_{j2}\right)\delta u_2+\cdots+\left(\sum_{j=1}^{m}\lambda_j a_{jn}\right)\delta u_n=0 \tag{14}$$

将式(14)与拉格朗日变分方程(7)相加,得

$$\sum_{k=1}^{n}\left(\frac{\mathrm{d}}{\mathrm{d}t}\frac{\partial T}{\partial \dot{u}_k}-\frac{\partial T}{\partial u_k}-Q_k-\sum_{j=1}^{m}\lambda_j a_{jk}\right)\delta u_k=0 \tag{15}$$

式(15)是关于变分 $\delta u_k, k=1,2,\cdots,n$ 的 m 个线性方程组,矩阵 $(a_{jk})_{m\times n}$ 的秩一般为 m(否则,可以事先合并多余的约束方程),因此,由方程(13)一定可以选出其中 $n-m$ 个变分作为独立变量,而其余 m 个变分是这些独立变分的线性组合,不妨设 $\delta u_{m+1}, \delta u_{m+2}, \cdots, \delta u_n$ 为独立变量。现在选择乘子 $\lambda_j, j=1,2,\cdots,m$,使式(15)前 m 个括号内的各项等于零,即

$$\sum_{j=1}^m \lambda_j a_{jk} = \frac{\mathrm{d}}{\mathrm{d}t}\frac{\partial T}{\partial \dot u_k} - \frac{\partial T}{\partial u_k} - Q_k, \quad k=1,2,\cdots,m \tag{16}$$

因为式(16)是关于 m 个乘子的 m 个线性方程,矩阵 $(a_{jk})_{m\times m}$ 的秩一般为 m,因此存在唯一的解,即一定存在 $\lambda_j, j=1,2,\cdots,m$ 的一组取值使方程(16)成立。于是方程(15)变为

$$\sum_{k=m+1}^n \left(\frac{\mathrm{d}}{\mathrm{d}t}\frac{\partial T}{\partial \dot u_k} - \frac{\partial T}{\partial u_k} - Q_k - \sum_{j=1}^m \lambda_j a_{jk} \right)\delta u_k = 0 \tag{17}$$

因为 $\delta u_{m+1}, \delta u_{m+2}, \cdots, \delta u_n$ 为独立变量,式(17)中各个括号内的项必须等于零,即

$$\frac{\mathrm{d}}{\mathrm{d}t}\frac{\partial T}{\partial \dot u_k} - \frac{\partial T}{\partial u_k} - Q_k - \sum_{j=1}^m \lambda_j a_{jk} = 0, \quad k=m+1, m+2, \cdots, n \tag{18}$$

式(16)(18)共有 n 个方程,但有 $n+m$ 个未知量,即 $u_k, k=1,2,\cdots,n$ 和 $\lambda_j, j=1,2,\cdots,m$,因此式(16)(18)的 n 个方程不封闭。如果将约束方程(8)(9)的 m 个方程考虑进来,便得到一组关于坐标和未定乘子的封闭动力学方程组,共有 $n+m$ 个方程,完整的方程组为

$$\begin{cases} \dfrac{\mathrm{d}}{\mathrm{d}t}\dfrac{\partial T}{\partial \dot u_k} - \dfrac{\partial T}{\partial u_k} = Q_k + \sum\limits_{j=1}^m \lambda_j a_{jk}, & k=1,2,\cdots,n \\[2mm] f_j(u_1, u_2, \cdots, u_n, t) = 0, & j=1,2,\cdots,l \\[2mm] \sum\limits_{k=1}^n a_{jk}\dot u_k + a_j = 0, & j=l+1, l+2, \cdots, m \end{cases} \tag{19}$$

其中, $a_{jk} = \partial f_j/\partial u_k, j=1,2,\cdots,l$。

这就是**非独立坐标体系下、适合于非完整系统的第一类拉格朗日方程**,也称为**拉格朗日乘子方程**。如果方程(19)中没有非完整约束,就变为完整系统在非独立坐标体系下的拉格朗日方程。对于用广义坐标表示的非完整系统,方程变为

$$\begin{cases} \dfrac{\mathrm{d}}{\mathrm{d}t}\dfrac{\partial T}{\partial \dot q_k} - \dfrac{\partial T}{\partial q_k} = Q_k + \sum\limits_{j=1}^m \lambda_j a_{jk}, & k=1,2,\cdots,n \\[2mm] \sum\limits_{k=1}^n a_{jk}\dot q_k + a_j = 0, & j=1,2,\cdots,m \end{cases} \tag{20}$$

这组方程称为**罗思(Routh)方程**。

至此,已解决了如何建立非完整系统在任意坐标体系下的运动微分方程(建模

问题),进一步的问题是求出方程的解,即研究系统的演化问题。一般情况下,这是一项非常困难的工作。

例 1 冰橇的简单问题　如专题图 6.1 所示的冰橇,设冰刀安装在冰橇的质心 C,研究在没有主动力作用的情况下,冰橇的平面运动,此时冰橇的非完整约束为 $\dot{x}\sin\varphi-\dot{y}\cos\varphi=0$,冰橇质量为 m,冰橇对质心的转动惯量 $I_C=mk^2$,k 为冰橇对质心轴的回转半径。

专题图 6.1　例 1 图

解　动能为 $T=\dfrac{1}{2}m(\dot{x}_C^2+\dot{y}_C^2+k^2\dot{\varphi}^2)$

非完整约束为

$$\dot{x}_C\sin\varphi-\dot{y}_C\cos\varphi=0 \tag{a}$$

由此得系统运动微分方程为

$$\begin{cases} m\ddot{x}_C=\lambda\sin\varphi \\ m\ddot{y}_C=-\lambda\cos\varphi \\ mk^2\ddot{\varphi}=0 \\ \dot{x}_C\sin\varphi-\dot{y}_C\cos\varphi=0 \end{cases} \tag{b}$$

由式(b)的第三个方程得

$$\dot{\varphi}=\omega=常数 \quad\Rightarrow\quad \varphi=\omega t$$

由式(b)的第一、第二个方程消去乘子 λ,得

$$\ddot{x}_C\cos\varphi+\ddot{y}_C\sin\varphi=0 \tag{c}$$

因为　$\dfrac{\mathrm{d}}{\mathrm{d}t}(\dot{x}_C\cos\varphi+\dot{y}_C\sin\varphi)=\ddot{x}_C\cos\varphi+\ddot{y}_C\sin\varphi-(\dot{x}_C\sin\varphi-\dot{y}_C\cos\varphi)\dot{\varphi}$

由式(a)、式(c)得

$$\frac{\mathrm{d}}{\mathrm{d}t}(\dot{x}_C\cos\varphi+\dot{y}_C\sin\varphi)=0 \quad\Rightarrow\quad \dot{x}_C\cos\varphi+\dot{y}_C\sin\varphi=v_C=常数 \tag{d}$$

由式(a)和式(d)解得

$$\dot{x}_C=v_C\cos\varphi,\quad \dot{y}_C=v_C\sin\varphi$$

积分一次,得到冰橇质心的运动方程为

$$x=v\omega^{-1}\sin\omega t+x_0,\quad y=-v\omega^{-1}\cos\omega t+y_0$$

即冰橇质心做圆周运动。

如本例这样能得到解析解的非完整系统是很少的。

例 2　滚盘问题:半径为 b、质量为 m 的均质圆盘在水平面上做纯滚动,如专题图 6.2 所示,试用第一类拉格朗日方程建立圆盘的运动微分方程。

解　设盘心 C 的直角坐标为 (x,y,z),三个欧拉角为 φ、θ、ψ(如专题图 6.2(b)所示,滚盘由水平位置开始,先绕轴 z 转 φ 角,再绕节线轴转 θ 角,最后绕法线转 ψ 角)。这六个坐标完全确定系统位置。

由于圆盘做纯滚动,所以接触点 P 的速度

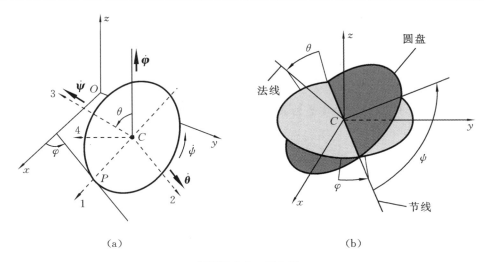

专题图 6.2　例 2 图

$$v_P = v_C + \boldsymbol{\omega} \times \overrightarrow{CP} = \mathbf{0} \tag{a}$$

为了得到式(a)的投影方程,将式(a)中各矢量向正交轴系 C123 投影,得滚盘的角速度

$$\boldsymbol{\omega} = (\omega_1, \omega_2, \omega_3)^{\mathrm{T}} = (-\dot{\varphi}\sin\theta, \dot{\theta}, \dot{\psi} + \dot{\varphi}\cos\theta)^{\mathrm{T}} \tag{b}$$

矢径

$$\overrightarrow{CP} = (b, 0, 0)^{\mathrm{T}} \tag{c}$$

v_C 的投影可按以下方法获得:先作过点 C 与轴 2 垂直的水平轴 4,注意轴 2、4 在水平面内,而轴 1、3、4 在垂直面内,因此 v_{Cx} 和 v_{Cy} 可先向轴 2、4 分解,再将轴 4 的分量向轴 1、3 分解;而 v_{Cz} 则直接向轴 1、3 分解。由此可得

$$\begin{aligned}
\boldsymbol{v}_{Cx} &= \dot{x}\boldsymbol{i} = \dot{x}(\cos\varphi\, \boldsymbol{e}_2 + \sin\theta\, \boldsymbol{e}_4) = \dot{x}[\cos\varphi\, \boldsymbol{e}_2 + \sin\varphi(\cos\theta\, \boldsymbol{e}_1 + \sin\theta\, \boldsymbol{e}_3)] \\
&= \dot{x}\sin\varphi\cos\theta\, \boldsymbol{e}_1 + \dot{x}\cos\varphi\, \boldsymbol{e}_2 + \dot{x}\sin\varphi\sin\theta\, \boldsymbol{e}_3
\end{aligned}$$

$$\begin{aligned}
\boldsymbol{v}_{Cy} &= \dot{y}\boldsymbol{j} = \dot{y}(\sin\varphi\, \boldsymbol{e}_2 - \cos\varphi\, \boldsymbol{e}_4) = \dot{y}[\sin\varphi\, \boldsymbol{e}_2 - \cos\varphi(\cos\theta\, \boldsymbol{e}_1 + \sin\varphi\, \boldsymbol{e}_3)] \\
&= -\dot{y}\cos\varphi\cos\theta\, \boldsymbol{e}_1 + \dot{y}\sin\varphi\, \boldsymbol{e}_2 - \dot{y}\cos\varphi\sin\theta\, \boldsymbol{e}_3
\end{aligned}$$

$$\boldsymbol{v}_{Cz} = \dot{z}\boldsymbol{k} = -\dot{z}\sin\theta\, \boldsymbol{e}_1 + \dot{z}\cos\theta\, \boldsymbol{e}_3$$

其中,$\boldsymbol{e}_1$、$\boldsymbol{e}_2$、$\boldsymbol{e}_3$ 为轴 1、2、3 的正向单位矢量。所以有

$$\begin{aligned}
\boldsymbol{v}_C &= \boldsymbol{v}_{Cx} + \boldsymbol{v}_{Cy} + \boldsymbol{v}_{Cz} \\
&= (\dot{x}\sin\varphi\cos\theta - \dot{y}\cos\varphi\cos\theta - \dot{z}\sin\theta)\boldsymbol{e}_1 + (\dot{x}\cos\varphi + \dot{y}\sin\varphi)\boldsymbol{e}_2 \\
&\quad + (\dot{x}\sin\varphi\sin\theta - \dot{y}\cos\varphi\sin\theta + \dot{z}\cos\theta)\boldsymbol{e}_3
\end{aligned} \tag{d}$$

综合式(a)至式(d),得

$$\dot{x}\sin\varphi\cos\theta - \dot{y}\cos\varphi\cos\theta - \dot{z}\sin\theta = 0 \tag{e}$$

$$\dot{x}\cos\varphi + \dot{y}\sin\varphi + b(\dot{\psi} + \dot{\varphi}\cos\theta) = 0 \tag{f}$$

$$\dot{x}\sin\varphi\sin\theta - \dot{y}\cos\varphi\sin\theta + \dot{z}\cos\theta - b\dot{\theta} = 0 \tag{g}$$

式(e)与$\cos\theta$之积加上式(g)与$\sin\theta$之积，式(e)与$\sin\theta$之积加上式(g)与$\cos\theta$之积，得

$$\dot{x}\sin\varphi-\dot{y}\cos\varphi-b\dot{\theta}\sin\theta=0 \tag{h}$$

$$\dot{z}-b\dot{\theta}\cos\theta=0 \tag{i}$$

其中，式(i)可积，因此它是完整约束，最后由式(f)(h)(i)，得系统的约束方程为

非完整约束
$$\begin{cases}\dot{x}\sin\varphi-\dot{y}\cos\varphi-b\dot{\theta}\sin\theta=0\\\dot{x}\cos\varphi+\dot{y}\sin\varphi+b(\dot{\psi}+\dot{\varphi}\cos\theta)=0\end{cases} \tag{j}$$

完整约束
$$z=b\sin\theta \tag{k}$$

由于完整约束的存在，系统可取 x、y、φ、θ、ψ 这五个变量为广义坐标。

现在计算动能。专题图 6.2(a)中三条虚线轴 1、2、3 为滚盘的三根中心惯性主轴，设滚盘对法线主轴的转动惯量为 J_B，对两根直径主轴的转动惯量为 J_A，则滚盘的动能为

$$T=\frac{1}{2}m(\dot{x}^2+\dot{y}^2+\dot{z}^2)+\frac{1}{2}(J_A\omega_1^2+J_A\omega_2^2+J_B\omega_3^2)$$

$$=\frac{1}{2}m(\dot{x}^2+\dot{y}^2+b^2\dot{\theta}^2\cos^2\theta)+\frac{1}{2}J_A(\dot{\varphi}^2\sin^2\theta+\dot{\theta}^2)+\frac{1}{2}J_B(\dot{\psi}+\dot{\varphi}\cos\theta)^2 \tag{l}$$

系统的势能为

$$V=mgz=mgb\sin\theta \tag{m}$$

由于系统为势力系统，并且使用了广义坐标，因此广义力可由势能直接求出，为

$$Q_x=Q_y=Q_\varphi=Q_\psi=0,\quad Q_\theta=-\partial V/\partial\theta=-mgb\cos\theta \tag{n}$$

由罗思方程得系统的运动微分方程为

$$\begin{cases}m\ddot{x}=(\lambda_1\sin\varphi+\lambda_2\cos\varphi)\\m\ddot{y}=(\lambda_1\cos\varphi-\lambda_2\sin\varphi)\\\frac{\mathrm{d}}{\mathrm{d}t}[J_A\dot{\varphi}\sin^2\varphi+J_B(\dot{\psi}+\dot{\varphi}\cos\theta)\cos\theta]=\lambda_2 b\cos\theta\\\frac{\mathrm{d}}{\mathrm{d}t}[(mb^2\cos^2\theta+J_A)\dot{\theta}]+mb^2\dot{\theta}^2\cos\theta\sin\theta-J_A\dot{\varphi}^2\cos\theta\sin\theta+J_B(\dot{\psi}+\dot{\varphi}\cos\theta)\dot{\varphi}\sin\theta\\=-\lambda_1 b\sin\theta-mgb\cos\theta\\\frac{\mathrm{d}}{\mathrm{d}t}[J_B(\dot{\psi}+\dot{\varphi}\cos\theta)]=\lambda_2 b\end{cases}$$

再加上式(j)的两个非完整约束方程，就组成封闭的动力学方程组。

习题参考答案

第 2 章

2.3 $F_R \approx -200$ N, $F_2 \approx 150$ N

2.4 $P = 2144.5$ N, $P_{min} \approx 1516.2$ N

2.5 $F_{Ey} = \dfrac{P}{2\sin^2\alpha}$, $F_{Ex} = \dfrac{P}{\sin 2\alpha}$

2.6 $F_C = 2000$ N, $F_B = F_A = 2010$ N

2.7 $N_1 = N_2 = N_3 = N_4 = 70.7$ kN,各杆内力均为拉力;$S_1 = S_2 = S_3 = 50$ kN

2.8 $T_1 = T_3 = 3.015$ kN,$T_2 = 3$ kN

2.9 $\varphi_1 = 2 - \varphi_2$, $\tan\varphi_2 = \dfrac{\sin 2}{2 + \cos 2}$

    $\varphi_1 = 84°45'$, $\varphi_2 = 29°50'$

    $N_1 = \cos\varphi_1 \ N = 0.092 \ N$

    $N_2 = 2\cos\varphi_2 \ N = 1.73 \ N$

2.10 $H = 3h\sin\alpha$

2.11 $Q = 430$ N

2.12 $l, \dfrac{l}{2}, \dfrac{l}{3}, \dfrac{l}{4}, \dfrac{l}{5}, \cdots$以此类推

2.13 $x = 2$ cm

2.14 $h = 1.36$ m

2.15 $M_A = 502$ N·m, $M_B = 214$ N·m, $M_C = 33$ N·m

2.16 $M_2 = 1$ kN·m, $M_2 = 2$ kN·m

2.17 不对。在做整体分析时可按题中方法处理;但是,对各构件进行分析时必须保持各自原来的主动力不变,否则结果会错误。比如:杆 BC 是力偶系平衡构件,如果按题中方法处理,则变为一个二力杆,显然结果不对

2.20 (a) $y = 2x - 3a$ (b) $x = \dfrac{\pi r}{2}$

2.21 $F_{Ax} = 137$ kN, $F_{Ay} = 25$ kN, $M_A = -270$ kN·m

2.22 $\tan\theta = -\dfrac{P_2 + P_1\cos\alpha}{P_1\sin\alpha}$, $T_1 = P_1 \dfrac{\sin\left(\theta - \dfrac{\alpha}{2}\right)}{\cos\dfrac{\alpha}{2}}$,

    $T_2 = P_2 \dfrac{\sin\left(\theta - \dfrac{\alpha}{2}\right)}{\cos\dfrac{\alpha}{2}}$, $N = P_2 \dfrac{|\cos\theta|}{\cos\dfrac{\alpha}{2}}$

2.23　$F_{Ax}=-qa$,　$F_{Ay}=F+qa$,　$M_A=(F+qa)a$,

　　　　$F_{BAx}=-\dfrac{1}{2}qa$,　$F_{BAy}=-(F+qa)$,

　　　　$F_{BCx}=\dfrac{1}{2}qa$,　$F_{BCy}=qa$

2.24　$F_1=-6.25\ \text{kN}$,　$F_2=F_3=-5.77\ \text{kN}$,　$F_4=1.25\ \text{kN}$,

　　　　$F_{Ax}=\pm 2.89\ \text{kN}$,　$F_{Ay}=\pm 3.75\ \text{kN}$

2.25　$F_{AD}=-87.5\ \text{kN}$,　$F_{AC}=179.2\ \text{kN}$

2.26　$F_{Ax}=0$,　$F_{Ay}=42.5\ \text{kN}$,　$M_A=165\ \text{kN}\cdot\text{m}$,　$N_B=7.5\ \text{kN}$

2.27　$F_{BAx}=3\ \text{kN}$,　$F_{BAy}=10\ \text{kN}$,　$F_{BCx}=-23\ \text{kN}$,　$F_{BCy}=-30\ \text{kN}$

2.28　(1)　$F_{Ax}=-\dfrac{\sqrt{3}}{4}P-\dfrac{3}{4}Q$,　$F_{Ay}=-\dfrac{1}{2}P-\dfrac{\sqrt{3}}{2}Q$

　　　　(2)　$F_{ADx}=-\dfrac{\sqrt{3}}{4}P-\dfrac{3}{4}Q$,　$F_{ADy}=-\dfrac{1}{2}P-\dfrac{\sqrt{3}}{2}Q$,　$F_{AEx}=\dfrac{\sqrt{3}}{4}P-\dfrac{3}{4}Q$,

　　　　　　$F_{AEy}=\dfrac{1}{2}P+\dfrac{\sqrt{3}}{2}Q$

2.29　$F_{Ax}=25.875\ \text{kN}$,　$F_{Ay}=2.5\ \text{kN}$,　$M_A=40.125\ \text{kN}\cdot\text{m}$,

　　　　$F_{Dx}=1.125\ \text{kN}$,　$F_{Dy}=2.5\ \text{kN}$

2.30　$F_{Cx}=325\ \text{N}$,　$F_{Cy}=600\ \text{N}$

2.32　(a)　$N_1=2P$,　$N_2=-\sqrt{5}P$,　$N_3=P$,　$N_4=-2P$,　$N_5=0$,　$N_6=\sqrt{5}P$

　　　　(b)　$N_1=\dfrac{2}{3}P$,　$N_2=-\dfrac{5}{6}P$,　$N_3=P$

2.33　$N_{AB}=\dfrac{5}{6}P$

2.34　$N_1=-\dfrac{50}{3}\ \text{kN}$,　$N_2=50\ \text{kN}$,　$N_3=-\dfrac{100}{3}\text{kN}$,　$N_4=10\ \text{kN}$

2.35　$F_A=70.7\ \text{kN}$,　$F_B=-60\ \text{kN}$,　$F_C=67.08\ \text{kN}$

2.36　$F_{Ax}=12\ \text{kN}$,　$F_{Ay}=1.5\ \text{kN}$,　$N_{BC}=15\ \text{kN}$

2.37　$N_1=\dfrac{175}{6}\ \text{kN}$,　$N_2=-\dfrac{31}{2}\ \text{kN}$,　$N_3=-\dfrac{39}{2}\ \text{kN}$,　$N_4=\dfrac{175}{6}\ \text{kN}$

第 3 章

3.2　$f=0.226$

3.3　$\dfrac{\cos\theta-f\sin\theta}{\sin\theta+f\cos\theta}\cdot\dfrac{M}{r}\leqslant G\leqslant\dfrac{\cos\theta+f\sin\theta}{\sin\theta-f\cos\theta}\cdot\dfrac{M}{r}$

3.4　$49.6\ \text{N}\cdot\text{m}\leqslant M_C\leqslant 70.4\ \text{N}\cdot\text{m}$

3.5　$a=16.7\ \text{cm}$

3.6　$b\leqslant 110\ \text{mm}$

3.7　$\dfrac{Qr}{2a(\sin\alpha+f\cos\alpha)}\leqslant P\leqslant\dfrac{Qr}{2a(\sin\alpha-f\cos\alpha)}$

3.8　$0.335\ \text{kN}\leqslant Q\leqslant 4.665\ \text{kN}$

3.9 $P=10$ kN

3.10 $P_{\min}=\dfrac{G}{2(1-f)}$

3.11 $Q=P_1\left(\sin\alpha+f\cos\alpha+\dfrac{2\delta}{r}\cos\alpha\right)+P_2(-\sin\alpha+f\cos\alpha)$

第 4 章

4.3 $\boldsymbol{P}=100\sqrt{5}(-2\boldsymbol{i}+\boldsymbol{k})$ N, $\boldsymbol{Q}=50\sqrt{14}(-2\boldsymbol{i}-3\boldsymbol{j}+\boldsymbol{k})$ N

4.4 $T_A=\dfrac{\sqrt{3}}{3}P$, $T_B=T_C=\dfrac{\sqrt{2}}{3}P$

4.5 $M_x=-151.6$ N·m, $M_y=-173.2$ N·m, $M_z=8.8$ N·m

4.6 $M_x=20\sqrt{3}-8$ N·m, $M_y=6-15\sqrt{3}$ N·m, $M_z=0$

4.7 $\boldsymbol{M}=-29.3\boldsymbol{i}-70.7\boldsymbol{j}+100\boldsymbol{k}$ N·m

4.8 $P_3=500$ N, $\alpha=\dfrac{\pi}{2}+\arcsin\dfrac{3}{5}$

4.9 $M_\xi=\dfrac{3.06}{\sqrt{5}}$ N·m$=1.37$ N·m

4.10 $N_1=Q$, $N_2=-\sqrt{2}Q$, $N_3=-\sqrt{2}Q$, $N_4=\sqrt{6}Q$, $N_5=-P-\sqrt{2}Q$, $N_6=Q$

4.11 合力偶 $\boldsymbol{M}$ 的大小为 M，方向垂直于面 ABC 指向四面体内部，因此，如果在面 ABC 上施加的力偶 $M_3=M$ 的方向与力偶 $\boldsymbol{M}$ 的相反，则四面体平衡

4.12 合成的最后结果为一力螺旋：$\boldsymbol{F}_R=-200\boldsymbol{k}$，$\boldsymbol{M}=200\boldsymbol{k}$，其中合力 $\boldsymbol{F}_R$ 过点$(0,-2,0)$

4.13 $\boldsymbol{F}_R=-20\boldsymbol{i}-30\boldsymbol{j}+40\boldsymbol{k}$ N, $\boldsymbol{M}_A=40\boldsymbol{i}+160\boldsymbol{j}+160\boldsymbol{k}$ N·m, $M_{AB}=64$ N·m

4.14 $T_{EF}=320$ N, $F_{Ax}=69.3$ N, $F_{Ay}=-280$ N, $F_{Bx}=207.9$ N, $F_{By}=440$ N, $F_{Bz}=640$ N

4.15 $F_{Ax}=-5.2$ kN, $F_{Az}=6$ kN, $F_{Bx}=-7.8$ kN, $F_{Bz}=1.5$ kN, $T_1=10$ kN, $T_2=5$ kN

4.16 $F_{Ax}=5\,683.1$ N, $F_{Ay}=2\,218.6$ N, $F_{Az}=0$

4.17 $F=200$N, $F_{Bz}=F_{Bx}=0$, $F_{Ax}\approx86.6$ N, $F_{Ay}=150$ N, $F_{Az}=100$ N

4.18 $F=14.8$ N

4.19 $F_{DE}\approx666.7$ N, $F_{Kx}\approx-666.7$ N, $F_{Kz}=-100$ N, $F_{Hx}\approx133.3$ N, $F_{Hz}=500$ N, $F_{Bz}=F_{Bx}=0$

第 5 章

5.5 $v_D=0.54$ m/s，点 D 的轨迹方程：$\dfrac{x_D^2}{0.12^2}+\dfrac{y_D^2}{0.36^2}=1$

5.6 $s=25t^2$

5.7 $\rho=\dfrac{13\sqrt{13}}{6}$ cm

5.9 $v_B=0.5$ m/s, $a_B=0.045$ m/s^2

5.10　$\phi=\dfrac{\sqrt{3}}{3}\ln\dfrac{1}{1-\sqrt{3}\omega_0 t}$, $\omega=\omega_0\,e^{\sqrt{3}\phi}$

5.11　$\alpha=\dfrac{v^2 b}{2\pi r^3}$

5.12　走刀速度 $v=16$ mm/s

5.13　$v_C=\dfrac{\sqrt{5}\,v\cos^2\varphi}{\sin\varphi}$, 　$a_C=\dfrac{\sqrt{5}\,v^2}{a}\cot^3\varphi\,\sqrt{1+3\sin^2\varphi}$

5.14　$\boldsymbol{v}_M=60(4\boldsymbol{i}+5\boldsymbol{j}-3\boldsymbol{k})$ mm/s　或　$v_M=424.26$ mm/s

5.15　$v_B=7.8$ mm/s

5.16　$\omega_{\min}=\pi$ rad/s , 　$\omega_{\max}=81\,\pi$ rad/s

第 6 章

6.3　$v_A=\dfrac{bLu}{x^2+b^2}$, 　$a_A^{\mathrm{n}}=\dfrac{b^2 u^2 L}{(x^2+b^2)^2}$, 　$a_A^{\mathrm{t}}=\dfrac{2u^2 bxL}{(x^2+b^2)^2}$

6.4　$\omega=\dfrac{v\cos^2\varphi}{L}$, 　$v_{\mathrm{r}}=v\sin\varphi$

6.5　$v_{CDE}=\dfrac{\sqrt{3}}{3}\omega r$

6.6　$v_M=\sqrt{\dfrac{v_1^2+v_2^2-2v_1 v_2\cos\alpha}{\sin^2\alpha}}$

6.7　$v_D=\dfrac{3}{2}\omega r$, 　$a_D=\dfrac{21}{4}\omega^2 r$

6.8　$\omega=\dfrac{v}{2L}$, 　$\alpha=-\dfrac{v^2}{2L^2}$

6.9　$v_M=0.763$ m/s , 　$a_M=3.12$ m/s^2

6.10　$v_{CD}=\dfrac{\sqrt{3}}{2}\omega r$, 　$a_{CD}=\dfrac{7}{8}\omega^2 r$

6.11　$v_M=0.283$ m/s , 　$a_M=0.132$ m/s^2

6.12　$v_{AB}=\omega e\cos\varphi$, 　$a_{AB}=\omega^2 e\sin\varphi$

6.13　$a_M=35.55$ cm/s^2

6.14　(a) $a_A=6\omega^2 r$, 　$a_B=2\sqrt{5}\omega^2 r$　　(b) $a_A=4\omega^2 r$, 　$a_B=3\omega^2 r$

6.15　$v_P=\sqrt{\omega^2 L^2+v^2}$, 　$a_P=2\omega v$

6.16　$\omega_{AB}=\dfrac{\sqrt{3}}{6}\omega$, 　$\alpha_{AB}=\dfrac{18+5\sqrt{3}}{36}\omega^2$

6.17　(a) $v_D=\sqrt{3}\omega r$, 　$a_D=3\sqrt{3}\omega^2 r$

6.18　(1) $\omega_{CD}=1$ rad/s　(2) $a_{By}=0.2$ m/s^2　(3) $\alpha_{OA}=0.025$ rad/s^2

6.19　$\omega_{AB}=\dfrac{3v}{4R}$, 　$\alpha_{AB}=\dfrac{5\sqrt{3}v^2}{8R^2}$

6.20　$a_M=0.860$ m/s^2 , 　$a_N=0.841$ m/s^2

6.21　科氏加速度向西。$a_k=1.89\times10^{-4}$ m/s^2 , 靠右岸的水面较高,高出 0.0096 m

6.22　$a = 2.937\ \mathrm{m/s^2}$

6.23　$a_M = \omega^2 [\varphi_0^2 (l-a) - a(2\varphi_0 + 1)]$，方括号内的数值为正时表示加速度的方向竖直向上

第 7 章

7.3　(a)　$a_A = 0$，　$a_B = \omega^2 r$，　$a_P = \omega^2 r$

　　(b)　$a_A = \dfrac{r}{R-r} \omega^2 r$，　$a_B = \dfrac{2r-R}{R-r} \omega^2 r$，　$a_P = \dfrac{R}{R-r} \omega^2 r$

　　(c)　$a_A = \dfrac{r}{R+r} \omega^2 r$，　$a_B = \dfrac{2r+R}{R+r} \omega^2 r$，　$a_P = \dfrac{R}{R+r} \omega^2 r$

7.4　$\omega_{AC} = \dfrac{6\sqrt{3}\pi}{17}\ \mathrm{rad/s}$，　$v_D = 24\pi\ \mathrm{cm/s}$

7.5　$\omega_{DE} = 0.5\ \mathrm{rad/s}$

7.6　$\omega_{BC} = \dfrac{1}{3}\omega$，　$\alpha_{BC} = \dfrac{8\sqrt{3}}{27}\left(1 + \dfrac{\sqrt{3}b}{R-r}\right)\omega^2$，　$\omega_C = \dfrac{2\sqrt{3}\omega b}{3r}$，　$\alpha_C = \dfrac{2b}{9r}\left(1 - \dfrac{2\sqrt{3}b}{R-r}\right)\omega^2$

7.7　$\omega_{O_1 A} = 0.2\ \mathrm{rad/s}$

7.8　$v_C = 0.436\ \mathrm{m/s}$

7.9　$\omega_{OB} = 3.75\ \mathrm{rad/s}$，　$\omega_{\mathrm{I}} = 6\ \mathrm{rad/s}$

7.10　$v_C = 2.83\ \mathrm{m/s}$

7.11　$\omega = \dfrac{v_1 - v_2}{a+b}\cos^2 \alpha$，当 $v_1 > v_2$ 时

7.12　速度瞬心的轨迹为半径等于 $2r$、圆心在点 A 的圆

7.13　$a_D = 29.4\ \mathrm{cm/s^2}$，$\alpha_{AB} = 5.2\ \mathrm{rad/s^2}$

7.14　$a_D = 32.4\ \mathrm{cm/s^2}$，$\alpha_{BD} = 2.56\ \mathrm{rad/s^2}$

7.15　$a_C = 6\ \mathrm{cm/s}$

7.16　$\omega_{AB} = 0.6\ \mathrm{rad/s}$，　$\alpha_{AB} = 0.62\ \mathrm{rad/s^2}$

7.17　$v_C = 0$，　$a_C = \sqrt{\dfrac{v_A^4}{L_1^2} + \dfrac{v_B^4}{L_2^2}}$

7.18　$a_B^n = 2\omega_O^2 r$，　$a_B^t = \sqrt{3}\omega_O^2 r - 2\alpha_O r$

7.19　$\omega_{\mathrm{I}} = \sqrt{\dfrac{a\cos\beta - a_1}{2(r_1 + r_2)}}$，　$\alpha_{\mathrm{I}} = \dfrac{a\sin\beta}{2(r_1 + r_2)}$，　$\omega_{\mathrm{II}} = \sqrt{\dfrac{a\cos\beta + a_1}{2r_2}}$，　$\alpha_{\mathrm{II}} = \dfrac{a\sin\beta}{2r_2}$

7.20　$v_C = \dfrac{3}{2}\omega_O r$，　$a_C = \dfrac{\sqrt{3}}{12}\omega_O^2 r$

7.21　$\omega_3 = -2n_0 = -60\ \mathrm{r/min}$，负号表示与 n_0 转向相反

7.22　$\omega = \dfrac{\sqrt{3}}{4}\omega_O$，　$\alpha = \dfrac{1 + \sqrt{3}}{8}\omega_O^2$

7.23　$\omega_{CD} = \omega$，　$\alpha_{CD} = -4\sqrt{3}\omega^2$

7.24　$\omega_{BD} = 1\ \mathrm{rad/s}$，　$\alpha_{BD} = \dfrac{8}{3}\ \mathrm{rad/s}$

7.25　$v_M = 450\ \mathrm{cm/s}$，　$a_M = 1170\ \mathrm{cm/s^2}$

7.26　$v_M = 129$ cm/s，　$a_A = 278$ cm/s²，　$a_D = 380$ cm/s²

7.27　$v_A = 314$ cm/s，　$a_A = 7170$ cm/s²

第 8 章

8.1　1. (a) $p = \dfrac{1}{2} m\omega l$　(b) $p = m\omega r$　(c) $p = mv$　(d) $p = m(R-r)\dot{\theta}$

　　　2. $p = 2m\omega r$

　　　3. $p_x = \dfrac{1}{2}(m_1 + 2m_2 + 4m_3)\omega L\sin\theta$，　$p_y = \dfrac{1}{2}(m_1 + 2m_2)\omega L\cos\theta$

　　　4. $I_x = -10.96$ N · s，　$I_y = 3.96$ N · s

　　　5. $x_C = \dfrac{m_3 l + (m_1 + 2m_2 + 2m_3)l\cos\omega t}{2(m_1 + m_2 + m_3)}$，　$y_C = \dfrac{(m_1 + 2m_2)l\sin\omega t}{2(m_1 + m_2 + m_3)}$

　　　6. 运动方程：$x_C = \dfrac{(4Q+5P)l\cos\omega t}{2(2Q+3P)}$，　$y_C = \dfrac{(4Q+5P)l\sin\omega t}{2(2Q+3P)}$；

　　　　　轨迹方程：$x_C^2 + y_C^2 = \left[\dfrac{(4Q+5P)l}{2(2Q+3P)}\right]^2$

8.2　$v = \dfrac{(5P+4G_1)}{2(3P+2G_1+G)}\omega L\sin\omega t$

8.3　$N_{xd} = -\dfrac{P+G}{g}\omega^2 e\cos\omega t$，　$N_{yd} = -\dfrac{P}{g}\omega^2 e\sin\omega t$

8.4　$N_{x\max} = \dfrac{P_1 + 2P_2 + 2P_3}{g}\omega^2 l$

8.5　$\varphi = 0$ 时，$N_x = -\dfrac{1}{12}(6P_1 + 13P_2 + 14P_3)\dfrac{\omega^2 r}{g}$，

　　　$\varphi = \pi$ 时，$N_x = \dfrac{1}{12}(6P_1 + 11P_2 + 10P_3)\dfrac{\omega^2 r}{g}$

8.6　$N_x = -7\,846.7$ N，　$N_y = 3\,250.2$ N

8.7　(a) $x_C = 5.3$ cm，$y_C = 13.24$ cm　(b) $x_C \approx 19$ cm，$y_C \approx 19$ cm

8.8　$x_C = 31.12$ mm，$y_C = 48.88$ mm，$z_C = 31.12$ mm

8.11　(1) $v_{a1} = v_{a2} = \dfrac{v_1 + v_2}{2}$；　(2) $v_{a1} = \dfrac{5v_1 + 4v_2}{9}$，$v_{a2} = \dfrac{4v_1 + 5v_2}{9}$

8.12　$a = \dfrac{(Mk - PR)R}{\dfrac{P}{g}R^2 + J_1 k^2 + J_2}$

8.13　$P = \dfrac{600\pi}{7}$ N $= 269.3$ N

8.14　(1) $L_O = mv_0(L+r)$；　(2) $\omega = \dfrac{mv_0 L(1-\cos\varphi)}{J_0 + m(r^2 + L^2 + 2rL\cos\varphi)}$

8.15　$t = \dfrac{1+f^2}{2gf(1+f)}\omega_0 r$

8.16　$a = \dfrac{3[F - (m_1 + m_2)gf]}{3m_1 + m_2}$

8.17　$\theta = \arctan\dfrac{f}{1+36k^2}$

8.18　$\alpha = 2.52\ \text{rad/s}$

8.19　$a_C = \dfrac{3\sqrt{3}-2}{9}g$

8.20　(1) $a_O = \dfrac{1}{2mR}(M - mgR\sin\theta)$，$T = \dfrac{1}{4R}(3M + mgR\sin\theta)$；

　　　(2) $F_{Cx} = \dfrac{\cos\theta}{4R}(3M + mgR\sin\theta)$，$F_{Cy} = \dfrac{\sin\theta}{4R}(3M + mgR\sin\theta) + mg$，

　　　　$M_C = \dfrac{l\cos\theta}{4R}(3M + mgR\sin\theta)$

8.21　1. 动能依次为：$\dfrac{1}{6}mL^2\omega^2$，$\dfrac{3}{4}mr^2\omega^2$，$\dfrac{3}{4}mr^2\omega^2$

　　　2. $T = \dfrac{1}{16}(8m_1 + 12m_2 + 3m_3)v^2$

　　　3. $T = \dfrac{r^2}{6a^2}m(3\rho^2 + a^2)\omega^2$

　　　4. $T = 6\,276.5\ \text{J}$

8.22　1. $W = -4.7\ \text{N}\cdot\text{m}$；　2. $W = 40\ \text{N}\cdot\text{m}$；　3. $W = (P + G + P_1)L$；

　　　4. $W_F = F(s + \delta_1)$，力 $\boldsymbol{F}$ 所做之功不等于 M_1 和 M_2 的动能之和

8.23　$\omega = 2\sqrt{\dfrac{3gr(m_1 + m_2)}{m_1 r^2 + 3J_O}}$

8.24　$v = \sqrt{\dfrac{6Lg(2 - \sqrt{2})}{5}} = 2.63\ \text{m/s}$

8.25　$\omega = \dfrac{1}{r}\sqrt{\dfrac{3M\varphi}{8m_1 + 33m}}$，$\alpha = \dfrac{3M}{(16m_1 + 66m)R^2}$

8.26　$\omega = \sqrt{\dfrac{6P\pi}{13mb}}$

8.27　$k = 145.6\ \text{N/cm}$

8.28　$k = 89.2\ \text{N/cm}$

8.30　$v = \dfrac{p}{kS}(1 - e^{-\frac{kS}{M}t})$

8.31　$R = 2.83\ \text{m}$

8.32　$T = \dfrac{2J}{kD}\ln\left(1 + \dfrac{kD\omega_0}{2M_2}\right)$

8.33　$J_z = \dfrac{Mr^2}{2}\left(\dfrac{T_1}{T_2}\right)^2$

8.34　$J = hMg\left(\dfrac{T^2}{\pi^2} - \dfrac{h}{g}\right)$

第 9 章

9.2　$\omega = \sqrt{\omega_0^2 - kb^2\theta^2/J_O}$

9.3　$a = \dfrac{16F}{16m_1 + 3(3n - 1)m_2}$

9.4 $\alpha_{O_1 A} = \dfrac{3\sqrt{2}\,m_1 g}{2R(4m_1 + 9m_0)}$

9.5 $a_B = 13/42 \text{ m/s}^2$

9.6 $M = \dfrac{1}{2}mgr + \dfrac{21\sqrt{3}\,r^2}{32}m\omega_0^2$

9.7 $N = \dfrac{7}{3}mg\cos\theta, \quad F = \dfrac{1}{3}mg\sin\theta$

9.8   (1) $v_B = 1.42 \text{ m/s}$;   (2) $v_B = 1.53 \text{ m/s}$

9.9 $\dot{\varphi} = \sqrt{\dfrac{3g}{2a}\left(\sin\varphi - \dfrac{\sqrt{2}}{2}\right)}, \quad N_A = \left(\dfrac{5\sqrt{2}}{4}\sin\varphi - \dfrac{\sqrt{2}}{8}\cos\varphi - \dfrac{3}{4}\right)P,$

    $N_B = \left(\dfrac{5\sqrt{2}}{4}\sin\varphi + \dfrac{\sqrt{2}}{8}\cos\varphi - \dfrac{3}{4}\right)P$

9.10 $\omega = 6\sqrt{\dfrac{2g}{61R}}, \quad \alpha = \dfrac{36g}{61R}, \quad F_{Ox} = -\dfrac{81}{122}mg$

9.11 $\dfrac{v_A}{v_B} = \dfrac{1+k}{1-k}$

9.12 $\dfrac{m_1}{m_2} = \dfrac{3}{28}$

9.13 $s_B = 6.4 \text{ m}, \quad \theta'_A = 0$

9.14 $\lambda = \dfrac{mg}{k}\left(2 + \sqrt{1 + \dfrac{kh}{mg}}\right)$

9.15 $\omega_2 = \dfrac{J_O\omega_1}{J_O + mR^2}, v = \dfrac{J_O\omega_1 R}{J_O + mR^2}, I = \dfrac{mJ_O\omega_1 R}{J_O + mR^2}$

9.16 $\varphi = 2\arcsin\left(\dfrac{I}{2m}\sqrt{\dfrac{3}{10gL}}\right)$

第 10 章

10.6 $a \leqslant 0.2g$

10.7 $\alpha = 47.04 \text{ rad/s}^2, \quad F_{Ax} = -95.3 \text{ N}, \quad F_{Ay} = 137.6 \text{ N}$

10.8 $N_A = \dfrac{5}{8}P, \quad N_B = \dfrac{3}{8}P$

10.9 $F_{Ay} = P + G + \dfrac{2P(M - PR)}{(2P + G)R}, \quad M_A = (P + G)L + \dfrac{2P(M - PR)L}{(2P + G)R}$

10.10 $a_C = \dfrac{3}{7}g, \quad T = \dfrac{4}{7}P$

10.11 $N_E = \dfrac{\sqrt{3}}{6}m\omega_0^2 r$

10.12 $a_B = \dfrac{3}{7}g, \quad a_D = \dfrac{9}{7}g$

10.13 $\alpha_{AB} = 3.81 \text{ rad/s}^2, \quad \alpha_C = 19.33 \text{ rad/s}^2$

10.14 $v_B = \sqrt{\dfrac{3(P + G)r}{P + 3G}g}, \quad N_B = \dfrac{G(P + 2G)}{P + 3G}$

10.15 $a_A = a_B = 1.87 \text{ m/s}^2$

10.16 $a_O = -\dfrac{m_1 \sin 2\theta}{3 m_2 + 2 m_1 \sin^2 \theta} g$

10.17 $a_A = \dfrac{3Qg + m_2 g^2 \sin 2\theta}{3(m_1 g + Q + m_2 g) - 2 m_2 g \cos^2 \theta}$

10.18 $2(2 - \cos\varphi)\ddot{\varphi} + \left(\dot{\varphi}^2 + \dfrac{g}{r} \right) \sin\varphi = 0$

10.19 $N_A = \dfrac{1}{12} m \omega^2 h$, $N_B = \dfrac{1}{4} m \omega^2 h$

10.20 $x' = b \cosh \omega t$, $N = 2 m \omega^2 b \sinh \omega t$

10.21   通解：$r = C e^{-\omega t} + (r_0 - C) e^{\omega t}$，$C$ 为积分常数；$v_0 = -\omega r_0$，$r = r_0 e^{-\omega t}$

10.22   (1) $F_{Ds} = \dfrac{9}{2} \dfrac{mMg}{4m + 9M}$（向左）

           (2) $F_{Ax} = \dfrac{15}{2} \dfrac{mMg}{4m + 9M}$（向左）， $F_{Ay} = mg\left(1 - \dfrac{3}{2} \dfrac{m}{4m + 9M} \right)$（向上）

10.23 $v_{\max} = \sqrt{[\sigma]/\rho}$

第 11 章

11.1   1. $\dfrac{\delta r_E}{\delta r_A} = \cos\alpha \tan 2\theta$ 2. $\dfrac{\delta r_B}{\delta r_C} = \dfrac{L}{a \cos^2 \varphi}$

11.2 $M_A = (P + qa)a$

11.3 $P = \dfrac{M}{a} \cot 2\theta$

11.4 $N = \dfrac{\pi M}{h} \cot \alpha$

11.5 $N_C = -(P + Q)$

11.6 $\varphi = \arcsin \dfrac{2kh + P}{4kL}$, $F = \dfrac{P}{2}$

11.7 $M_2 = 120\sqrt{3} \text{ N} \cdot \text{m}$

11.8 $\varphi = \arctan \dfrac{3P \cos\alpha}{2Q - P \sin\alpha}$

11.9 $F_{BAx} = 500 \text{ N}$（向右）

11.10 $F_{Ay} = \dfrac{3}{8} P_1 - \dfrac{11}{14} P_2$

11.11 $F_{Ax} = -P$, $F_{Ay} = -\dfrac{\sqrt{3}}{6} P$, $N_{AD} = \dfrac{P}{2}$

11.12 $\varphi_1 = \arctan \dfrac{F_1 a}{F_2 b}$, $\varphi_2 = \arctan \dfrac{F_1}{F_2}$

11.13 $N_7 = -11.83 \text{ kN}$

11.14 $F_{Bx} = -325 \text{ N}$

第 12 章

12.1　(1) $\begin{cases}\dfrac{5}{4}\ddot{x}_A+\dfrac{1}{4}\ddot{x}_B+\left(\dfrac{1}{2}-\sin\alpha\right)g=0\\[2mm]\dfrac{1}{4}\ddot{x}_A+\dfrac{5}{4}\ddot{x}_B+\left(\dfrac{1}{2}-\sin\beta\right)g=0\end{cases}$

　　　(2) $a_A=\ddot{x}_A=\dfrac{5\sin\alpha-\sin\beta-2}{6}g,\quad a_B=\ddot{x}_B=\dfrac{5\sin\beta-\sin\alpha-2}{6}g$

12.2　$a_A=\ddot{x}_A=\dfrac{(2M_1+M_2-5mgR)R}{J+5mR^2}g$

12.3　$N=\dfrac{3}{2}mg-\dfrac{11}{3}m\omega^2r$

12.4　2 个自由度,广义坐标 φ,θ,$T=\dfrac{1}{2}mL^2(\dot{\varphi}^2+\dot{\theta}^2\sin^2\varphi)$

12.5　(1) 自由度为 2,广义坐标 φ,θ,$T=\dfrac{2}{3}\dfrac{P}{g}L^2(\dot{\varphi}^2+\dot{\theta}^2\sin^2\varphi)$,$V=PL\cos\varphi$

　　　(2) 自由度为 1,广义坐标 φ,$T=\dfrac{2}{3}\dfrac{PL^2}{g}\cdot\dfrac{4L^2\sin^2\varphi-b^2\sin^2\varphi}{4L^2\sin^2\varphi-b^2}\cdot\dot{\varphi}^2$,$V=PL\cos\varphi$

12.6　$a=\dfrac{m(R+r)^2}{m_0(\rho^2+R^2)+m(R+r)^2}g$

12.7　$\begin{cases}\ddot{\theta}+\left(\dfrac{g}{R}-\dot{\varphi}^2\cos\theta\right)\sin\theta=0\\[2mm]mR^2(\ddot{\varphi}\sin^2\theta+\dot{\varphi}\dot{\theta}\sin2\theta)=M_z\end{cases}$, $M_z=m\omega R^2\dot{\theta}\sin2\theta$

12.8　取弹簧总长度 r、弹簧与轴 x 的夹角 φ 为广义坐标,则方程为

$$\begin{cases}\ddot{r}-L\omega^2\cos(\varphi-\omega t)-r\dot{\varphi}^2+(r-a_0)\dfrac{k}{m_2}=0\\[2mm]r^2\ddot{\varphi}+2r\dot{r}\dot{\varphi}+L\omega^2r\sin(\varphi-\omega t)=0\end{cases}$$

12.9　取物块的位移 x、圆盘的平面运动转角 φ 为广义坐标,则方程为

$$\begin{cases}3m\ddot{x}+mr\ddot{\varphi}+4kx=0\\[2mm]2m\ddot{x}+3mr\ddot{\varphi}+8kr\varphi=0\end{cases}$$

12.10　$a_A=\dfrac{m_B}{3m_A+m_B}g,\quad a_B=\dfrac{3m_A+2m_B}{2(3m_A+m_B)}g$

12.11　取柱心 B 的绝对位移 x_1、物块 D 的绝对位移 x_2 为广义坐标,则方程为

$$\begin{cases}3\ddot{x}_1+200(x_1-x_2)=0\\[2mm]\ddot{x}_2+200(x_2-x_1)=0\end{cases}$$

12.12　$\dfrac{4}{3}L\ddot{\theta}-\left(\dfrac{4}{3}L\omega^2\cos\theta+g\right)\sin\theta=0$

12.13　$a_O=-\dfrac{m_1\sin2\theta}{3m_2+2m_1\sin^2\theta}g$

专题 1

专题 1.1 题　$v_M=\dfrac{v_A}{a}\sqrt{a^2\sin^2\varphi+r^2\cos^4\varphi}$,　$a_M=\dfrac{v_A^2b}{a^2}\cos^3\varphi\sqrt{1+3\sin^2\varphi}$

其中，$\qquad r = \dfrac{v_A^2 b}{a^2} \cos^3\varphi \sqrt{v_A^2 t^2 + a^2} - b, \quad \varphi = \arctan(v_A t/a)$

专题 1.2 题　(1) $a_r = -ak^2, a_\varphi = 0, a_z = 0$

(2) $a_t = 0, a_n = ak^2$

(3) $\rho = (ak^2 + s^2)/(ak^2)$

专题 1.3 题　$a_r = -\dfrac{v}{R}, \quad a_\lambda = -\dfrac{v^2}{R}\sin\alpha\cos\alpha\tan\varphi$

$a_\varphi = -\dfrac{v^2}{R}\sin^2\alpha\tan\varphi, \quad a = \dfrac{v^2}{R}\sqrt{1 - \sin^2\alpha\tan^2\varphi}$

$\rho = \dfrac{R}{\sqrt{1 + \sin^2\alpha\tan^2\varphi}}$

其中，R 是地球半径，$\varphi = \varphi_0 + \dfrac{v\sin\alpha}{R}t$

参 考 文 献

[1]   朱照宣,周起钊,殷金生.理论力学[M].上、下册.北京:北京大学出版社,1982.

[2]   何锃.理论力学[M].武汉:华中科技大学出版社,2007.

[3]   哈尔滨工业大学理论力学教研室.理论力学[M].上、下册.6 版.北京:高等教育出版社,2002.

[4]   王光远.应用分析动力学[M].北京:高等教育出版社,1981.

[5]   郑权旌.工程静力学[M].武汉:华中工学院出版社,1987.

[6]   郑权旌.工程运动学[M].武汉:华中理工大学出版社,1988.

[7]   郑权旌.工程动力学[M].武汉:华中理工大学出版社,1991.

[8]   贾书慧.理论力学教程[M].北京:清华大学出版社,2004.

[9]   范钦珊,刘燕,王琪.理论力学[M].北京:清华大学出版社,2004.

[10]   Hibbeler R C. Engineering Mechanics:Statics,Dynamics[M]. Tenth Edition,影印版. 北京:高等教育出版社,2004.

[11]   高云峰,蒋持平,吴鹤华,等.力学小问题及全国大学生力学竞赛试题[M].北京:清华大学出版社,2003.

[12]   中国大百科全书总编辑委员会.中国大百科全书(力学卷)[M].北京:中国大百科全书出版社,1985.

[13]   谈开孚.分析力学[M].哈尔滨:哈尔滨工业大学出版社,1985.

[14]   周又和.理论力学[M].北京:高等教育出版社,2015.

[15]   郝桐生.理论力学[M].3 版.北京:高等教育出版社,2004.

[16]   密歇尔斯基.理论力学习题集[M].李俊峰,译.50 版.北京:高等教育出版社,2013.

[17]   郑慧明,张雄.理论力学万能解题法[M].武汉:华中科技大学出版社,2020.

与本书配套的二维码资源使用说明

　　本书部分课程资源以二维码的形式在书中呈现,读者第一次利用智能手机在微信下扫码成功后提示微信登录,授权后进入注册页面,填写注册信息。按照提示输入手机号后点击获取手机验证码,稍等片刻收到4位数的验证码短信,在提示位置输入验证码成功后,设置密码,选择相应专业,点击"立即注册",注册成功。(若手机已经注册,则在"注册"页面底部选择"已有账号?绑定账号",进入"账号绑定"页面,直接输入手机号和密码登录)。接着提示输入学习码,需刮开教材封底防伪涂层,输入13位学习码(正版图书拥有的一次性使用学习码),输入正确后提示绑定成功,即可查看二维码数字资源。手机第一次登录查看资源成功后,以后在微信端扫码可直接微信登录进入查看。